Hager · Abwasserhydraulik

Springer

Berlin
Heidelberg
New York
Barcelona
Budapest
Hong Kong
London
Mailand
Paris
Tokyo

W. H. Hager

Abwasser-hydraulik

Theorie und Praxis

Mit 272 Abbildungen

 Springer

PD Dr. sc. techn., Dipl. Bau-Ing. Willi H. Hager

Eidgenössische Technische Hochschule
ETH-Zentrum
Versuchsanstalt für Wasserbau,
Hydrologie und Glaziologie (VAW), CH-8092 Zürich

Korrigierter Nachdruck 1995

Die Deutsche Bibliothek - CIP-Einheitsaufnahme
Hager, Willi H.: Abwasserhydraulik . Theorie und Praxis/Willi H. Hager. - Berlin ; Heidelberg
, New York , London , Paris ; Tokyo ; Hong Kong ; Barcelona ,Budapest, Springer 1994
ISBN-13: 978-3-642-77430-0   e-ISBN-13: 978-3-642-77429-4
DOI: 10.1007/ 978-3-642-77429-4

Satz· Reproduktionsfertige Vorlagen vom Autor
SPIN· 10503416   62/3020 - 5 4 3 2 1 - Gedruckt auf säurefreiem Papier

Meinem Vater in Dankbarkeit gewidmet

VORWORT

Da Abwasser physikalisch praktisch Wasser entspricht, wird normalerweise zur hydraulischen Berechnung von Abwassertransportsystemen Wasser üblicher Qualität vorausgesetzt. Die Hydraulik in der Abwassertechnik unterscheidet sich jedoch bedeutend von vergleichbaren Wissenszweigen, etwa des Wasserbaus oder der Bewässerungstechnik. Da Abwasser im Rohzustand feste Inhaltsstoffe enthält, muss der Ablagerung oder der Verstopfung besondere Aufmerksamkeit gewidmet werden. Weiterhin speziell im Abwassersektor ist die meistens geschlossene Profilform des Transportsystems, in welchem üblicherweise Freispiegelabfluss herrscht. Schlägt ein Leitungssystem infolge Überlastung voll, d.h. findet ein Übergang statt von Freispiegel- auf Druckabfluss, so können unübersichtliche Abflusszustände auftreten, die ein Überfluten bestimmter Kanalabschnitte erzeugen. Dieser Extremfall muss vermieden werden, es dürfen aber auch keine Zustände auftreten, bei denen Abwasser unkontrolliert aus dem dafür vorgesehenen System tritt. Dieser Zweig der Abwassertechnik wird massgeblich durch die hydraulische Berechnung sichergestellt.

Im Vergleich zur mechanischen, biologischen und chemischen Behandlung von Abwasser ist der Stellenwert der Abwasserhydraulik auch heute vergleichsweise gering. So liegt momentan kein Fachbuch vor, das sich ausschliesslich diesem Wissenszweig widmet, obwohl der hydraulische Leistungsnachweis und die hydraulische Bemessung von den Behörden verlangt werden. Ein Ziel des vorliegenden Werkes ist es, diese Lücke zu füllen. Dabei wird der Kanalhydraulik - also dem Abfluss von Abwasser in Kanalisationen - der Vorzug gegeben. Die Beckenhydraulik, also etwa Strömungen in Regenbecken, Absetz- oder Belüftungsbecken werden dagegen nicht behandelt.

Die Abwasserhydraulik ist auch heute noch sprachlich ausgerichtet. Es sind im deutschen Sprachraum erstaunlich wenige Beiträge aus anderen Sprachregionen, insbesondere des englischen, französischen und italienischen bekannt. Ein weiteres Ziel ist deshalb das Aufzeigen von Ansätzen aus anderssprachigen Gebieten zur Lösung von Problemen der Abwasserhydraulik. Da die numerische Modellierung in der Abwasserhydraulik vergleichsweise wenig entwickelt ist, sollen speziell rechnerisch einfache Ableitungen vorgestellt und, falls möglich, durch experimentelle Resultate belegt werden. Das Buch ist in deutscher Sprache abgefasst, da sich in Deutschland, aber auch in Österreich und in der Schweiz neben den anglophonen Ländern die Abwasserhydraulik stark entwickelt hat. Um den nationalen Anspruch zu wahren, sind ausgewählte Fachwörter auch in englisch und französisch übersetzt angegeben.

Drittens soll sich das vorliegende Werk nicht nur an den Spezialisten wenden, sondern auch dem Praktiker Dienste leisten. Es kann in den höheren Stufen einer Universitätsausbildung als Lehrbuch herangezogen werden, hat aber mehr den Charakter eines Referenzbuches. Es wendet sich in erster Linie an den Abwasserhydrauliker, der in seinem Berufsleben auf eine Vielzahl von Problemen stösst, und dem sich häufig keine fundierten Lösungswege anbieten. Um das theoretische Wissen und die experimentellen Resultate aufzulockern, sind in jedem Kapitel Berechnungsbeispiele eingestreut. Um die wichtigsten historischen Zusammenhänge nicht zu verlieren, sind hie und da kurze biographische Notizen und die Lebensdaten wichtiger Hydrauliker angegeben. Die relativ grosse Zahl von Literaturangaben soll den Einstieg in das vertiefte Studium erleichtern. Die verwendeten Bezeichnungen werden bei deren erster Verwendung definiert und sind zusätzlich am Ende jedes Kapitels zusammengestellt.

Die vorliegende Arbeit entstand auf Anregung von Herrn Prof. Dr.-Ing. Dr.e.h. D. Vischer, dem ich für seine stete Förderung an dieser Stelle meinen freundlichen Dank aussprechen möchte. Meinem Vater, bei dem ich das Handwerk der Abwassertechnik lernen durfte, sowie meinem Bruder Kurt, der mich beruflich stets mit grossem Interesse begleitete, möchte ich für ihre Hingabe danken. Die Herren Dipl.Bau-Ing. J. Speerli, VAW, ETHZ, Ing.HTL W. Rickli, Uznach, Dipl.Bau-Ing. R. Reinauer, VAW, und Obering. H. Schmidt, c/o Ingenieurbüro Dr. R. Pecher, D-40699 Erkrath, haben mir viele wertvolle Ratschläge erteilt, die ich verdanken möchte. Schliesslich ist es mir eine Freude, meinen Kollegen im ATV-Ausschuss 1.2.2 'Hydraulische Berechnung von Kanälen und Leitungen' zu danken für ihre wertvollen Anregungen und Gespräche. Frau Dr. K. Schram hat mit grosser Sorgfalt die Buchunterlagen zusammengestellt und mir für die endgültige Gestaltung wertvolle Hinweise gegeben. Dem Springer Verlag danke ich für die gute Zusammenarbeit und den überzeugenden Design.

Willi H. Hager

INHALT

1 GRUNDGLEICHUNGEN

Basis der hydraulischen Berechnung sind drei Erhaltungssätze. Sie werden in diesem Kapitel im Sinne einer hydraulischen Anwendung in der Praxis diskutiert.

Die Kontinuitätsgleichung stellt den Massenerhalt sicher. Bezeichnungen wie Durchfluss und mittlere Geschwindigkeit werden definiert.

Der Stützkraftsatz basiert auf dem Impulssatz und verlangt das Kräftegleichgewicht. Diesem in der Praxis wichtigen Gesetz wird vertiefte Aufmerksamkeit geschenkt und es werden die Probleme bei Anwendungen erläutert.

Der Energiesatz schliesslich wird vorgestellt und einige einfache Schlüsse hinsichtlich des Energieflusses abgeleitet. Die Diskussion der Resultate bezieht sich insbesondere auf den Vergleich zwischen hydraulischer und hydromechanischer Betrachtungsweise.

1.1 Einleitung

Strömungen von Fluiden lassen sich durch eine mathematische Darstellung beschreiben. Der Formalismus baut auf physikalischen Gesetzmässigkeiten, die wesentlich durch Newton im 17. Jahrhundert entwickelt wurden. Noch heute lässt sich die klassische Mechanik, d.h. also auch die Hydromechanik, auf die vier von Newton aufgestellten Axiome gründen.

Die *Hydromechanik* bezieht sich auf Fliessvorgänge, bei denen drei örtliche Strömungskomponenten auftreten können. Im allgemeinen Fall des instationären Abflusses, bei dem die Fliessstruktur also auch noch zeitlichen Veränderungen unterliegt, müssen vier voneinander unabhängige Koordinaten, resp. Dimensionen betrachtet werden. Solche Strömungen lassen sich heute grundsätzlich behandeln, die Lösung der sie beschreibenden Gleichungen ist aber normalerweise äusserst komplex und nur numerisch durch hochentwickelte Berechnungsverfahren möglich. Solche Lösungen werden für die wissenschaftliche Untersuchung komplexer Detailprobleme herangezogen, das Vorgehen eignet sich aber schlecht, praktische Probleme mit grosser örtlicher Ausdehnung oder über beträchtliche Zeitabschnitte anzugehen.

Im Gegensatz zum erwähnten mehrdimensionalen Berechnungsmodell stellt die *Hydraulik* die Fliessvorgänge örtlich in einen eindimensionalen Zusammenhang. Dieses vereinfachte Berechnungsverfahren lässt sich anwenden, falls die Strömung sich längs einer ausgezeichneten Bahn abspielt. Letztere ist beispielsweise gegeben bei Kanalströmungen, da die Kanalgeometrie sich örtlich nur wenig verändert, und alle Stromlinien fast parallel zur Kanalachse verlaufen. Bild 1.1 vergleicht eine zweidimensionale Drehströmung mit einer fast eindimensionalen Kanalströmung und veranschaulicht die Unterschiede zwischen den beiden. Insbesondere geht klar hervor, dass bei einer Kanalströmung die Kenntnis der Fliessverhältnisse längs der Achse Rückschlüsse zulässt auf die Fliessstruktur von Nachbarströmungen; eine solche Übertragung ist im Fall des Bildes 1a) aber nicht gegeben.

Obwohl jede Strömung eines Fluides immer dreidimensional verläuft, lassen sich demnach insbesondere Rohr- und Kanalströmungen recht gut durch ein eindimensionales Berechnungsverfahren annähern. Durch diese Vereinfachung wird die Lösung der Modellgleichungen entscheidend erleichtert, gleichzeitig gehen jedoch auch Informationen verloren über den mehrdimensionalen Strömungsverlauf. Diese Einzelheiten, beispielsweise die Wirbelbildung oder die Grenzschicht, also die dünne Zone nahe der Strömungsberandung, sind in der Praxis nicht immer relevant. Hier hat sich die hydraulische Lösung von Strömungsproblemen als vernünftiger Kompromiss durchgesetzt zwischen Berechnungsaufwand und Informationsgenauigkeit. In der Folge wird deshalb diesem hydraulischen Gedankengerüst der Vorzug gegeben.

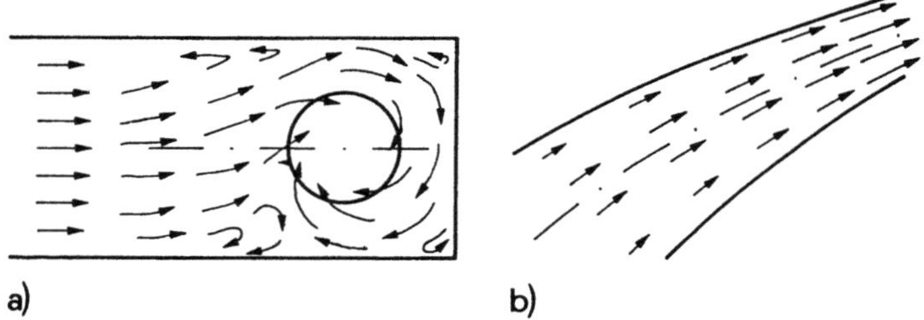

Bild 1.1   Zweidimensionale Strömung a) mit beträchtlicher Rotationskomponente, b) fast eindimensionale Fliess-Struktur.

Strömungen lassen sich sowohl hydraulisch als auch hydrodynamisch durch drei Grundgesetze physikalisch untersuchen. Es handelt sich um drei *Erhaltungssätze*, in denen Aussagen über die Masse, den Impuls und die Energie gemacht werden. Diese verknüpfen mechanische Grössen wie Druck, Geschwindigkeit mit Lage und Zeit, und ergeben als Lösung die örtliche und zeitliche Bewegung der Flüssigkeitsströmung.

1.2 Kontinuitätsgleichung

Bei Strömungen von homogenen Fluiden, bei denen also keine unterschiedlichen Partikeleigenschaften auftreten, drückt die Kontinuitäts-Beziehung die Erhaltung der Masse aus. Bevor auf diese Beziehung eingegangen wird, soll der Begriff des *Kontrollvolumens* erläutert werden, welches ein beliebiges, während der Betrachtung aber fixiertes Volumen umschliesst. Es soll - einfach ausgedrückt - durch einen zusammenhängenden Linienzug darstellbar sein. Weiter versteht man unter einer stationären Strömung eine zeitlich unveränderliche Bewegung, die im Gegensatz zur instationären Strömung steht. Bei letzterer liegt also in jedem Zeitpunkt eine andere Strömungsgeometrie vor, beispielsweise wie die Wetterbewegung oder die Entleerung eines Beckens. In der Folge sollen ausschliesslich *stationäre Strömungen* betrachtet werden.

Stationäre Strömungen lassen sich durch *Stromlinien* beschreiben, wie sie beispiels-

weise durch die Verbindung der Geschwindigkeitsvektoren von Bild 1.2 entstehen. Wie
Bild 1.2a) zeigt, sind diese immer tangential zur Stromlinie. Deshalb können sich Stromlinien nie schneiden. Kommen sich aber die Stromlinien näher, so wird die Strömung
beschleunigt, divergieren dagegen die Stromlinien, so tritt Verzögerung ein. Die Summe
aller Stromlinien inklusive die Begrenzungen bilden die *Stromröhre*. Die Stromröhre
eignet sich zur Beschreibung eindimensionaler Abfluss-Prozesse, also von Linien-
strömungen. Die Schar der zu allen Stromlinien senkrecht stehenden Kurven heisst
Äquipotentiallinie. Durch Aufzeichnen der Stromlinien erhält man oft gute Einsicht in den
zweidimensionalen Strömungsverlauf.

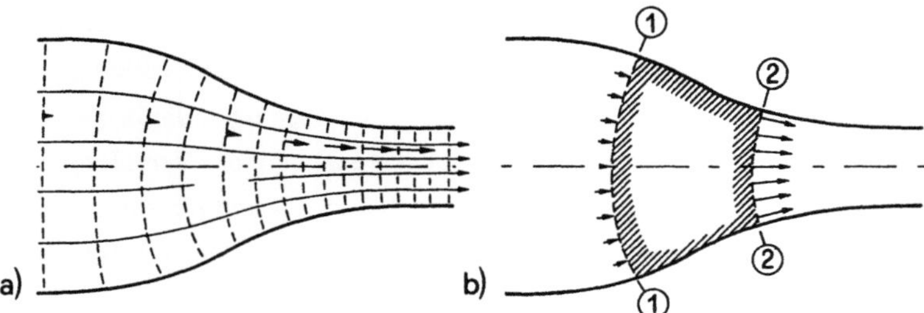

Bild 1.2 Stromlinien und Kontrollvolumen. a) Stromlinien und Äquipotentiallinien in
einer allmählichen Verengung mit entsprechenden Geschwindigkeitsvektoren,
b) Äquipotentiallinien an den Schnitten ① und ② mit zugehöriger
Geschwindigkeitsverteilung.

In Bild 1.2b) ist ein *Kontrollvolumen* für die in Bild 1.2a) betrachtete, allmähliche
Stromverengung eingetragen. Die Geschwindigkeitsvektoren, die sich bei der ebenen
Strömung aus der Richtung bezüglich der Achse und dem Absolutwert definieren lassen,
eine nahezu uniforme Geschwindigkeitsverteilung darstellen. Da die Vektoren tangentiell
zu den Stromlinien stehen, ist ihre Richtung bezüglich der Äquipotentiallinie auch
senkrecht. Üblicherweise wählt man das Kontrollvolumen in der nach Bild 1.2b)
eingezeichneten Art, d.h. man achtet darauf, dass sich die Begrenzung des Kontrollvolumens aus Strom- und Äquipotentiallinien zusammensetzt. Der Grund hängt mit dem
Massenfluss zusammen.

Unter dem *Durchfluss* Q (engl.: discharge; franz.: débit) versteht man das Skalar-
produkt von Geschwindigkeitsvektor mit dem Flächenvektor. Einfacher ausgedrückt
entspricht Q dem Produkt aus Geschwindigkeit mal der auf diesen Vektor senkrecht
stehenden Fläche. Dementsprechend ist der Durchfluss Q_1 durch die Äquipotentialfläche
① gleich der Summe aller Geschwindigkeitsvektoren mal der Elementlänge der Äquipotentiallinie mal deren Tiefe. Dieselbe Aussage gilt auch für die Äquipotentiallinie ②.

Die *Kontinuitätsgleichung* besagt nun für die stationäre Strömung, dass die
Durchflüsse Q_1 und Q_2 gleich sind, falls das Kontrollvolumen weder seitliche Zu- noch

Ausflüsse aufweist. Allgemeiner wird durch dieses Prinzip ausgedrückt, dass sich die Masse weder schaffen noch vernichten lässt (wie beispielsweise bei Atomexplosionen) und demnach die Summe aller Zuflüsse in ein Kontrollvolumen gleich derjenigen der Ausflüsse ist. Dabei ist zu beachten, dass der Elementardurchfluss gleich ist dem Produkt aus Geschwindigkeit und der darauf senkrecht stehenden, durchflossenen Fläche.

Häufig ist in Anwendungen der Durchfluss Q und die Querschnittfläche F, beispielsweise eines Rohres, gegeben. Dann berechnet sich die *mittlere Geschwindigkeit* V zu

$$V = Q/F. \tag{1.1}$$

Diese Geschwindigkeit V stimmt nach den Ausführungen unter 1.1 mit dem Mittelwert der Geschwindigkeit umso genauer überein, je besser sich die betrachtete Strömung als eindimensionaler Abfluss vereinfachen lässt. Bei einer sogenannt *uniformen Geschwindigkeitsverteilung* stimmt der rechnerische Mittelwert exakt mit der Verteilung überein.

Üblicherweise treten bei einem Kanal keine seitlichen Zu- und Ausflüsse auf wie etwa in einem Vereinigungsschacht oder einer Regenentlastung. Dann vereinfacht sich die Kontinuitätsgleichung auf

$$Q_1 = Q_2. \tag{1.2}$$

Der Zufluss Q_1 in das Kontrollvolumen ist dann also gleich dem Ausfluss Q_2 aus dem Kontrollvolumen. Setzt man nach Gl.(1.1) für die Durchflüsse Q=VF, so wird

$$V_1 F_1 = V_2 F_2. \tag{1.3}$$

Daraus folgt bei grosser Querschnittsfläche eine kleine Geschwindigkeit und umgekehrt.

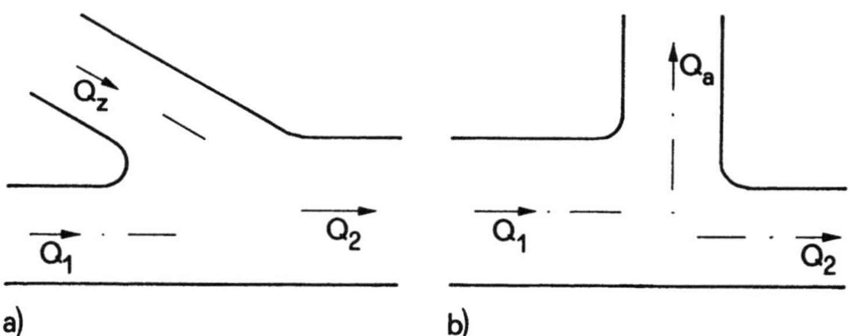

Bild 1.3   Durchflüsse bei a) seitlichem Zufluss Q_z und b) seitlichem Ausfluss Q_a.

Hingegen muss die Massenbilanz bei den in Bild 1.3 skizzierten Fällen modifiziert werden. Bei der Vereinigung von zwei Kanälen gilt nämlich

$$Q_1 + Q_z = Q_2 \tag{1.4}$$

mit Q_z als *seitlichem Zufluss*. Wird aus einem Kanal dagegen Wasser entnommen - beispielsweise durch eine Entlastung oder durch ein Pumpwerk - , so folgt

$$Q_1 = Q_2 + Q_a \qquad (1.5)$$

mit Q_a als *seitlichem Ausfluss*. Die Verallgemeinerung von Gl.(1.2) lautet demnach

$$Q_1 + Q_z = Q_2 + Q_a \, . \qquad (1.6)$$

Die Massenbilanz stellt die einfachste der drei Bilanzgleichungen dar. Sie lässt sich einfach erklären und bietet deshalb in der Anwendung keine Probleme.

1.3 Stützkraftsatz

Unter Impuls versteht man den Vektor **I**, der das Produkt von Masse m mal deren Geschwindigkeitsvektor **V** darstellt. Nach Newton muss die Summe aller an einem Körperelement angreifenden, äusseren Kräfte gleich sein der zeitlichen Änderung des Impulses. Diese Beziehung ergibt die sogenannte *Bewegungsgleichung*. Obwohl sie sich bei praktischen Problemen der Hydraulik oft erfolgreich anwenden lässt, stösst sie auch heute noch auf gewisse Ablehnung in der Praxis. Hauptgrund ist die nicht-elementare Anwendung von Funktionen, die hinsichtlich der Berechnung etwas umständlichere Ausdrücke ergeben. Für Strömungen, bei denen Energieverluste wesentlichen Einfluss auf die Strömung ausüben, sollte i.a. dem Impulssatz der Vorzug gegeben werden. Eine Möglichkeit, diesem Ziel durch vereinfachte Betrachtungsweise in der Praxis näher zu kommen, besteht in der Einführung der sogenannten *Stützkraft*.

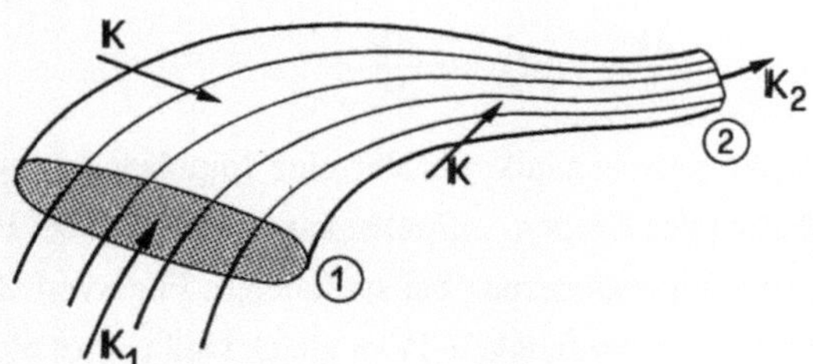

Bild 1.4 Stromröhre mit an der Oberfläche angreifenden, äusseren Kräften.

Man betrachte eine Stromröhre nach Bild 1.4. Sie hat einen Eingangsquerschnitt ① und einen Ausgangsquerschnitt ②. Zwischen diesen beiden Begrenzungsquerschnitten liegt die Stromröhre von der Länge L_R. Auf dieser das Kontrollvolumen beschreibenden Oberfläche können verschiedene, im Impulssatz relevante Kräfte **K** angreifen. Es handelt sich einerseits um *Druckkräfte* $\mathbf{K}_D$, die einfach ausgedrückt immer dann auftreten, falls bei deren Entfernung entweder Flüssigkeit in das Kontrollvolumen ein- oder austreten würde. Die Druckkräfte wirken immer senkrecht auf die Begrenzungsfläche. Im Gegensatz dazu entsprechen *Tangentialkräfte* K_T Wirkungen infolge der viskosen Reibung. Sie stören das Abflussgeschehen sowohl in mathematischer Hinsicht durch eine Erschwerung der Vorgänge als auch physikalisch, da sie die Strömung durch Fremdkräfte verzerren. Die letzte Tatsache wirkt sich u. U. auf hydraulische Modelle aus.

Weitere Kräfte, die im folgenden aber nicht berücksichtigt werden und nur der Vollständigkeit halber aufgezählt werden, sind die Kapillarkraft und die Corioliskraft infolge der Erdrotation. Wichtig scheint mehr die Feststellung, dass normalerweise als Oberflächenkräfte nur Druckeinflüsse zu berücksichtigen sind, die ev. um die Reibungskräfte ergänzt werden müssen. Weiterhin unter die äusseren Kräfte fallen die Körperkräfte, also das Gewicht des im betrachteten Kontrollvolumen eingeschlossenen Fluids. Nicht zu berücksichtigen sind hingegen die inneren, dissipativen Kräfte. Kennt man demnach alle auf das Kontrollvolumen angreifenden, *äusseren* Kräfte - was nicht immer einfach ist - so lässt sich der Impulssatz ohne Kenntnis der im Inneren des Kontrollvolumens ablaufenden Vorgänge anwenden. Die Einfachheit und Übersichtlichkeit hat sicher massgeblich zum Erflog der Axiome Newtons beigetragen.

Unter dem Impuls (engl: momentum; franz.: impulsion) versteht man den Ausdruck I=mV, dessen zeitliche Änderung wird somit nach den Regeln der Differentialrechnung

$$\frac{dI}{dt} = \frac{d}{dt}(mV) = V\frac{dm}{dt} + m\frac{dV}{dt}. \tag{1.7}$$

Da sich die Masse ausdrücken lässt durch das Produkt aus Dichte mal Volumen, ergibt sich für deren zeitliche Änderung bei einem Fluid von konstanter Dichte ρ der Ausdruck V(dm/dt)=V(ρQ) und deshalb anstelle von Gl.(1.7)

$$\frac{dI}{dt} = V(\rho Q) + m\frac{dV}{dt}. \tag{1.8}$$

Im Gegensatz zur Festkörpermechanik, bei der eine Impulsänderung nur durch eine Geschwindigkeitsänderung des Körpers auftreten kann, stellt sich bei Fluiden mit einem Massenfluss Q auch eine Impulsänderung bei stationärem Fliessverhalten ein. Dann ist die *zeitliche* Änderung der Geschwindigkeit dV/dt gleich Null und es bleibt der Ausdruck V(ρQ). Nach Newton muss also für stationäre Strömungen gelten

$$\rho QV = \Sigma K_a. \tag{1.9}$$

Diese Vektorbeziehung hat i.a. drei Komponentengleichungen, wobei in der hydraulischen, also eindimensionalen Betrachtungsweise nur eine davon relevant ist. Die Richtung, auf die diese eine Komponentengleichung bezogen wird, ist vollkommen willkürlich, nur muss sie für alle in Gl.(1.9) auftretenden Kräfte immer dieselbe bleiben. Bild 1.5 zeigt zwei Anwendungen dieses Prinzips. In Bild 1.5a) folgen die Begrenzungen des

Kontrollvolumens etwa jenen eines Schachtes, es stehen also insbesondere die Durchflussflächen senkrecht zu den Stromlinien, und diese sind soweit von der Schachtmitte entfernt, dass man noch von parallelen Stromlinien ausgehen kann. Die Betrachtungsrichtung stimmt mit der Achsrichtung des Hauptstranges überein, womit die zugehörigen Wanddruckkräfte belanglos bleiben. Man beachte aber, dass die Tangentialkräfte trotzdem eine Komponente in Hauptrichtung aufweisen. Bei der Anwendung des Impulssatzes muss die Summe aller äusseren Kräfte, im eindimensionalen Fall also mit + oder − Zeichen versehene Beträge, gleichgesetzt werden der Änderung des Impulses. Im stationären Fall ergibt sich deshalb

$$\rho Q_o V_o + \rho Q_z V_z - \rho Q_u V_u = \Sigma K_a . \tag{1.10}$$

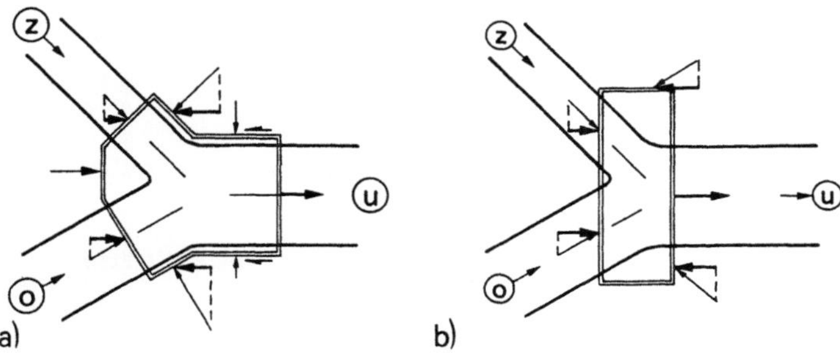

Bild 1.5 Anwendung des Impulssatzes auf Stromvereinigung mit massgebenden Kräften bei a) vernünftiger und b) wenig sinnvoller Abgrenzung des Kontrollvolumens.

Die rechte Seite von Gl.(1.10) besteht wesentlich aus *Druckkräften*, die einerseits auf die Durchflussfläche und andererseits auf die Umrandungsfläche des Kontrollvolumens wirken. Die Kräfte auf den Zulauf- und Auslaufquerschnitt treten immer auf, sie lassen sich darstellen als Produkt aus Druck p_S im Schwerpunkt der Fläche und den als Vektor betrachteten Querschnitt $\mathbf{F}$, entsprechend einer statischen Kraft $\mathbf{P}_S = p_S \mathbf{F}$. Der Kraftfluss oder die im deutschen Sprachraum als *Stützkraft* S (engl.: specific force; franz.: impulsion totale) bezeichnete Grösse lässt sich also darstellen als die Summe von statischer und sogenannt dynamischer Impulsänderung dividiert durch das spezifische Gewicht ρg

$$S = \frac{p_S}{\rho g}\mathbf{F} + \frac{QV}{g} . \tag{1.11}$$

Die Dimension dieser normierten Stützkraft ist die eines Volumens. In der hydraulischen Praxis ist diese Darstellung üblich, ändern doch für homogene Fluide weder die Dichte ρ noch die Gravitationskonstante g. Es bleibt an dieser Stelle zu beachten, dass die Stützkraft eine Vektorgrösse darstellt.

Gl. (1.11) erlaubt nun eine modifizierte Darstellung des Impulssatzes. Werden nämlich die statischen Druckkräfte auf die linke Seite zu den entsprechenden dynamischen
Kräften addiert, so folgt

$$\Sigma S = \Sigma K_B.$$ (1.12)

Diese Beziehung sagt aus, dass die Summe aller Stützkräfte gleich ist der Summe aller
äusseren, auf die *Begrenzungsflächen* (Index «B») des Kontrollvolumens wirkenden
Kräfte. Letztere lassen sich für die Belange der Kanalhydraulik einfach auflisten:
- Reaktionskraft auf Wände, deren Richtung von der Hauptstromrichtung abweicht.
  Darunter fallen nichtprismatische und gekrümmte Begrenzungsflächen,
- Volumenkraft infolge des Flüssigkeitsgewichtes in Hauptstromrichtung,
- Summe aller Reibungskräfte infolge Viskosität und Wandrauheit und
- Kräfte infolge verteilter oder konzentrierter seitlicher Flüssigkeitszuleitung oder
  seitlichen Ausflüssen.

Anwendungen des Impulssatzes werden noch eingehend beschrieben. An dieser Stelle
soll nochmals auf die wesentlichen Punkte hingewiesen werden:
- der Impuls- oder die hier vereinfachte Version des Stützkraftsatzes lässt sich exakt
  anwenden, falls alle *äusseren* Kräfte bekannt sind. Da die inneren, Arbeit leistenden
  Kräfte unberücksichtigt bleiben, lassen sich mit dem Impulssatz Rückschlüsse auf
  Energieverluste (vergl. 1.4) ziehen.
- die Hauptschwierigkeit bei der Anwendung des Impulssatzes liegt in der Abschätzung
  der äusseren, auf die Berandungsflächen wirkenden Kräfte. Bei einer «Black-Box»
  Berechnung, in der also lediglich die Kenngrössen der Ein- und Auslaufquerschnitte
  von Belang sind, müssen plausible Annahmen über die *Druckverteilung* längs der
  Berandungsflächen und über die massgebenden Fliessrichtungen getroffen werden.
- die üblichen Gefällsverhältnisse erlauben häufig Vereinfachungen hinsichtlich der
  Volumen- und Reibungskräfte. Entweder können sie gegenüber den Stützkräften als
  Mittelwerte in Rechnung gestellt werden, oder sie lassen sich vollständig vernachlässigen.
- Bei kompakten Bauteilen wie etwa bei den Sonderbauwerken darf üblicherweise sogar
  vorausgesetzt werden, dass sich die Volumenkraft durch die Reibungskräfte kompensiert. Durch diese Annahme lassen sich entscheidende Vereinfachungen erzielen, die
  zu übersichtlichen und demnach praxisrelevanten Lösungen führen.
- der Impulssatz lässt sich sowohl in integraler Form - also in der Darstellung nach Gl.
  (1.12) - oder in der Differentialform anwenden, um so eine kontinuierliche Variation
  eines oder verschiedener Parameter zu ermöglichen. Beide Darstellungsarten sollen
  nachfolgend betrachtet werden.

1.4 Energiesatz

Das Prinzip der Energieerhaltung besagt, dass die Änderung der Energie (engl.: energy; franz.: energie) eines Systems gleich ist der Zugabe von Wärme vermindert um die durch das System geleistete Arbeit. Diese Aussage lässt sich jedoch nur schwierig auf die hydraulische Praxis umsetzen. Vorerst sei als *hydraulische Energie* E definiert

$$E = \rho g Q[z + p/(\rho g) + V^2/(2g)] \tag{1.13}$$

mit p als Druck und V als Geschwindigkeitsbetrag. Für eine stationäre Strömung ist die zeitliche Änderung von Wärmezugabe minus die geleistete und anschliessend dissipierte Arbeit an zwei Durchflussquerschnitten ① und ② gleich der hydraulischen Energiedifferenz E_1-E_2. Daraus wird die Abnahme des mechanischen Energieinhaltes einer Strömung in Fliessrichtung ersichtlich. Weil im Sinne der mechanischen Energieform die dissipierte Energie E_d verloren ist, spricht man auch von einem *Energieverlust.* Zwischen zwei Fliessquerschnitten ① und ② gilt deshalb

$$E_1 - E_2 = E_d > 0. \tag{1.14}$$

Grundsätzlich ist die *Viskosität* (engl.: viscosity; franz.: viscosité) eines Fluides die Ursache für Energieverluste. Die Wandreibungsverluste sind im Impulssatz als Wandreaktionen zu berücksichtigen, während *Formverluste* bei Kenntnis aller äusseren Kräfte nicht bekannt sein müssen. Auch bei Formverlusten bewirkt die Viskosität Geschwindigkeitsgradienten, die eine Strömung nachteilig beeinflussen.

Häufig bleibt der Durchfluss Q zwischen den betrachteten Querschnitten konstant, bei Wasser gilt auch für die Dichte üblicherweise $\rho_1=\rho_2$ und damit anstelle von Gl.(1.13) für die auf das spezifische Gewicht (ρg) und den Durchfluss Q bezogene Energie

$$H = E/(\rho g Q) = z + p/(\rho g) + V^2/(2g). \tag{1.15}$$

Die Grösse H bezeichnet man als *Energiehöhe* (engl.: energy head; franz.: charge), da die auf der rechten Seite stehenden Ausdrücke die Dimension einer Länge aufweisen und physikalisch Höhen ausdrücken. Man unterscheidet (Bild 1.6):
- z, die vertikale *Lagehöhe* bezüglich eines beliebigen aber festgehaltenen Niveaus,
- p/(ρg), die *Druckhöhe* in Meter Wassersäule und
- $V^2/(2g)$, die *Geschwindigkeitshöhe*, mit V als Geschwindigkeitsbetrag.

Die Energiehöhe H lässt sich in einem beliebigen Punkt (x;z) ermitteln, falls die Höhenlage, der Druck und die Geschwindigkeit an diesem Punkt bekannt sind (Bild 1.6a). Bewegt man sich längs einer Stromlinie, so wird nach Gl.(1.14) die Energiehöhe immer abnehmen, also an der Stelle ② eine Verlusthöhe ΔH gegenüber der Stelle ① auftreten.

Betrachtet man anstatt einer beliebigen Stromlinie den Abfluss in der *Stromröhre*, so kann näherungsweise der Energiesatz auch darauf bezogen werden. Die Gleichung für den Abfluss in der Stromröhre stimmt dabei umso besser, desto kleinere Ungleichförmigkeiten quer zur Achsenrichtung auftreten. Die eindimensionale Hydraulik bezieht sich also auf den in Bild 1.6b) skizzierten Fall, bei dem die Energiehöhe H der Achsenstromlinie fast identisch ist mit der Energiehöhe einer beliebigen Stromlinie im gleichen Querschnitt. Deshalb sollte dann die Geschwindigkeit uniform und der Druck hydrostatisch über den Querschnitt verteilt sein. Obwohl die Geschwindigkeit in Wandnähe infolge der Viskosität des Fluids nie gleichförmig ist, gibt es eine Vielzahl von technischen Strömungsproblemen mit praktisch *uniformer Geschwindigkeitsverteilung*.

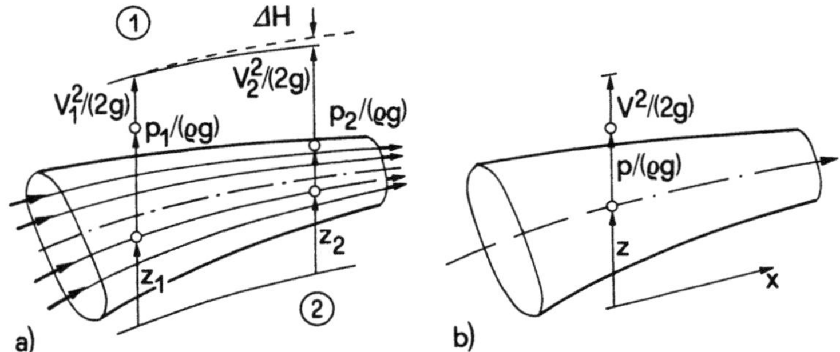

Bild 1.6   a) Energiehöhe an den Stellen ① und ② einer Stromlinie mit Energiehöhenverlust ΔH, b) Energiehöhe einer Stromröhre.

Bezeichnet h_p die *Druckhöhe im Flächenschwerpunkt* eines Druckprofils, so gilt bei konstanter Geschwindigkeit über dem Querschnitt

$$h_p = H - V^2/(2g) = z + p/(\rho g). \tag{1.16}$$

Löst man diese Beziehung auf die Druckhöhe und tritt für $z=h_p$ Atmosphärendruck $p(z=h_p)=0$ auf, so stellt sich *hydrostatische Druckverteilung* über dem Querschnitt ein

$$p/(\rho g) = h_p - z. \tag{1.17}$$

Diese Darstellung lässt somit die Entkoppelung zwischen Druck und Geschwindigkeit zu und erlaubt die vereinfachte Analyse von eindimensionalen Stömungen. Bild 1.7 zeigt die Geschwindigkeits- und Druckverteilung von Abflüssen in Druckrohren und Freispiegelkanälen. Beide lassen sich grundsätzlich gleich behandeln, nur dass:

- die Drucklinie nicht mit der oberen Rohrbegrenzung übereinstimmt und
- bei Freispiegelkanälen die freie Oberfläche *a priori* unbekannt ist.

Bezeichnet z_s den Abstand des Flächenschwerpunktes von der unteren Begrenzungslinie und h_p die Druckhöhe im Schwerpunkt, so gilt im Falle des *Druckrohres* (engl: conduit; franz.: conduite) für die Energiehöhe

$$H = z_s + h_p + V^2/(2g),\qquad(1.18)$$

wobei sich sowohl z_s als auch h_p mit der Längskoordinate verändern können. Dagegen bezeichnet man die Summe $z_s + h_p = h$ eines *Freispiegelabfluss* als Wassertiefe, wobei die Energiehöhe bezüglich des Kanalbodens gegeben ist durch

$$H_* = h + V^2/(2g).\qquad(1.19)$$

Damit sind zu Gl.(1.11) analoge Beziehungen für Energiebetrachtungen bereitgestellt. Wird zusätzlich noch von der Definition der mittleren Geschwindigkeit $V=Q/F$ nach Gl.(1.1) Gebrauch gemacht, so gilt für die Energiehöhe $H=H_* + z$ im Freispiegelkanal mit der Sohlengeometrie $z(x)$ über einem Referenzniveau

$$H = z + h + Q^2/(2gF^2),\qquad(1.20)$$

wobei nun die Querschnittsfläche F von der Wassertiefe h, der Sohlengeometrie $z(x)$ und ev. von der Längskoordinate x abhängt.

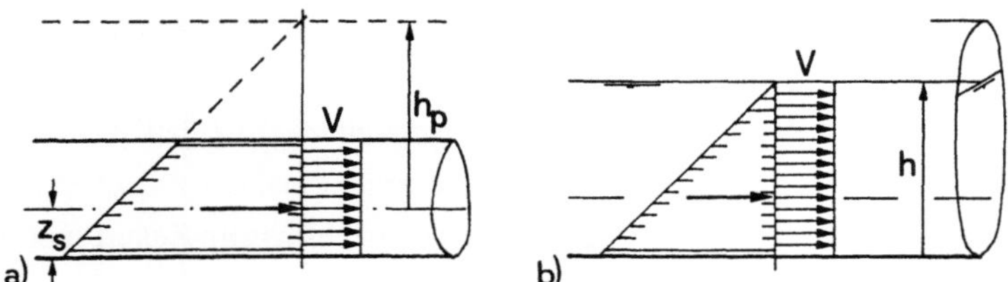

Bild 1.7   Druck- und Geschwindigkeitsverteilung im a) Druckrohr, b) Freispiegelkanal.

Nach diesen Umformungen gilt deshalb als sogenannt *verallgemeinerter Energiesatz* zwischen zwei Querschnitten ① und ② der Stromröhre

$$H_1 - H_2 = \Delta H\qquad(1.21)$$

mit $\Delta H > 0$ als Energieverlusthöhe. Sind diese Verluste vernachlässigbar, gilt also $\Delta H \Rightarrow 0$, so folgt die Beziehung von *Bernoulli* (Daniel Bernoulli, 1700-1782)

$$H_1 = H_2 .\qquad(1.22)$$

Sie besagt, dass bei einer stationären Strömung mit lokal konstantem Durchfluss die

Summe aus Lagehöhe z, Druckhöhe $p/(\rho g)$ und Geschwindigkeitshöhe $V^2/(2g)$ unveränderlich ist. Kennt man die Energiehöhe an einem Ort, so lassen sich unmittelbar Rückschlüsse auf das restliche Strömungsgebiet ziehen.

In der Praxis wird der Energiesatz dem Impulssatz vorgezogen, weil sich "Energie" in hydraulischem Sinne als Höhe abtragen lässt. Man spricht dann von der *"Energielinie"*, also einer auf ein festgelegtes Referenzniveau abgetragenen Linie H(x), die an jeder Stelle den Energieinhalt der Strömung bildlich spiegelt. Bei stationärer Strömung mit konstantem Durchfluss darf dabei die Energielinie in Fliessrichtung nie ansteigen.

1.5 Diskussion der Resultate

Die vorliegenden Angaben befassen sich mit den drei Erhaltungssätzen der Mechanik, die Aussagen über den Massen-, den Impuls- und den Energiefluss gestatten. Heute wird in der Praxis fast ausschliesslich die *Stromröhrentheorie* angewendet, d.h. es werden:

- *hydrostatische* Druckverteilung und
- *uniforme* Geschwindigkeitsverteilung

im gesamten Strömungsfeld vorausgesetzt. Dann reduziert sich die Kontinuitätsgleichung auf die Aussage, dass die Summe aller Zuflüsse und Ausflüsse eines Kontrollvolumens gleich Null ist.

Hinsichtlich des Impulssatzes definiert man als Hilfsgrösse die Stützkraft; der daraus abgeleitete Stützkraftsatz besagt, dass die Summe aller Stützkräfte gleich ist der Summe aller auf die Umhüllungsfläche wirkenden Kräfte.

Der Energiesatz schliesslich besagt, dass der Energieinhalt im Zulaufquerschnitt gleich der Summe aus dem Energieinhalt im Auslaufquerschnitt und der zwischen den beiden Querschnitten dissipierten Energie ist. Für gleichen Durchfluss im Zulauf- und Auslaufquerschnitt kann die Aussage sinngemäss auf die Energiehöhe übertragen werden.

Üblicherweise gilt die Voraussetzung *gleichförmiger Geschwindigkeitsverteilung* nur näherungsweise. Um den Impuls und die Energie aller Stromlinien einer Stromröhre in Rechnung zu stellen, sind sogenannte *Geschwindigkeitsbeiwerte* eingeführt worden. Anhand der Basisgleichung für eine einzelne Stromlinie ergibt sich durch Integration über den Querschnitt für den Impulssatz

$$\beta = \frac{F}{Q^2} \int u_i^2 dF_i \qquad (1.23)$$

mit u als Längskomponente des Geschwindigkeitsvektors. Analog gilt für Energiebetrachtungen mit V_i als Betrag des Geschwindigkeitsvektors

$$\alpha = \frac{F^2}{Q^3} \int V_i^3 dF_i \qquad (1.24)$$

Demnach lautet also beispielsweise die Verallgemeinerung von Gl.(1.20)

$$H = z + h + \alpha Q^2/(2gF^2).
\tag{1.25}$$

Es lässt sich zeigen, dass allgemein gilt $1<\beta<\alpha$. Die Grössenordnung dieser Korrekturwerte ist normalerweise so klein, dass man sie im Vergleich zu den anderen Annahmen der Stromröhrentheorie vernachlässigen kann, entsprechend $\alpha=\beta=1$.

Für Abflüsse, bei denen die Druckverteilung nicht hydrostatisch ist, muss im Term «h» nach Gl.(1.25) ein Druckbeiwert ($\alpha_p h$) eingeführt werden. Dieser hängt massgeblich von der *Stromlinienkrümmung* (engl.: streamline curvature; franz.: courbure des lignes de courant) ab und wird durch Press und Schröder (1966) besprochen. Ist der Krümmungsmittelpunkt über dem Abfluss wird $\alpha_p>1$. Eine typische Strömung mit $\alpha_p>1$ findet sich unter Schützen, bei Überfällen stellt sich $\alpha_p<1$ ein.

Ein weiterer Einfluss stellt sich bei *steilen* Kanälen mit praktisch geraden Stromlinien ein. Bild 1.8a) zeigt die Bodenstromlinie (Index b) und die Oberflächenstromlinie (Index o) sowie die Vertikalwassertiefe t_w, die Nomalenlänge N_w und die Druckhöhe h. Die Form der Normalen lässt sich durch einen Kreisbogen mit dem Radius R annähern, womit $t_w=R cos\theta_b(tan\theta_o-tan\theta_b)$, $N_w=R(\theta_o-\theta_b)$ und $h=R cos\theta_b(sin\theta_o-sin\theta_b)$ wird. Somit gilt mit $\theta_b=dz/dx=z'$ und $\theta_o=(dz+dh)/dx=z'+h'$

$$\frac{h}{N_w} = \frac{sin\theta_o-sin\theta_b}{\theta_o-\theta_b} \cong 1 - \frac{3z'^2+3z'h'+h'^2}{6}
\tag{1.26}$$

$$\frac{t_w}{N_w} = cos\theta_b \frac{tan\theta_o-tan\theta_b}{\theta_o-\theta_b} \cong 1 + \frac{3z'^2+6z'h'+2h'^2}{6}.
\tag{1.27}$$

Die Approximationen auf den rechten Seiten sind für kleine Werte von h' und z', also für kleine Stromlinienneigung gültig.

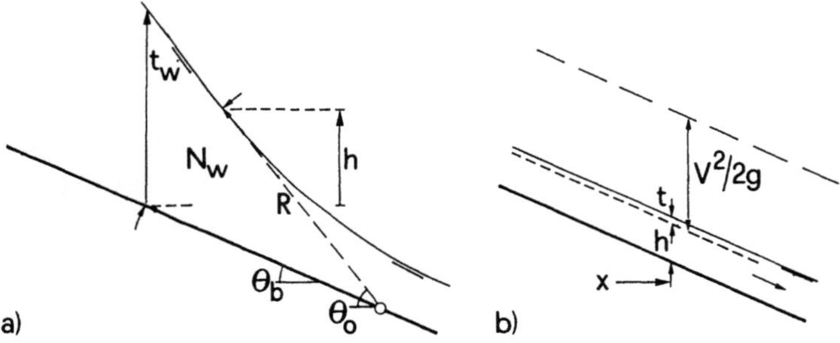

Bild 1.8   Abfluss im geneigten Kanal bei praktisch geraden Stromlinien und a) stetig veränderlicher Strömung, b) Normalabfluss.

Gl.(1.25) lässt sich mit diesen Ausdrücken nun für Rechteckprofile mit $F=bN_w$ erweitern. Die auf die *Druckhöhe* h bezogene Beziehung lautet in erster Näherung

$$H = z + h + \frac{Q^2}{2gb^2h^2}\left[1 - z'^2 - z'h' - \frac{1}{3}h'^2 \right] . \qquad (1.28)$$

Für Normalabfluss reduziert sich der Korrekturausdruck auf $1-z'^2$, resp. $cos^2\theta_b$ für grosse Gefälle. Bei bekannter Sohlengeometrie z(x) sowie gegebener Energiehöhe und bekanntem Durchfluss lässt sich h(x) durch eine Differentialgleichung erster Ordnung ermitteln.

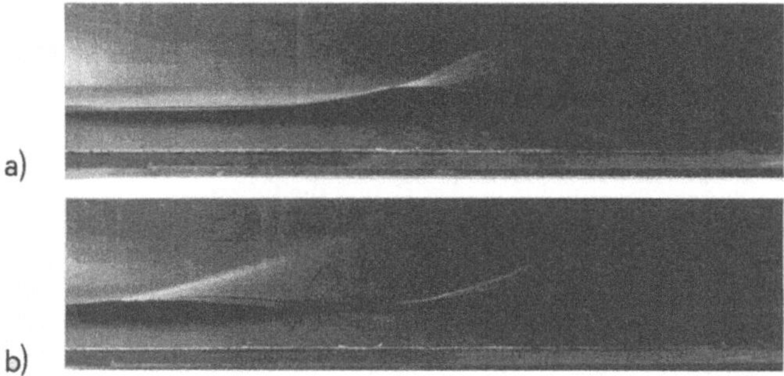

Bild 1.9   a) Solitärwelle und b) Cnoidalwelle im rechteckigen Laborkanal.

Treten *Krümmungseinflüsse* (engl.: curvature effect; franz.: effet de courbure) auf, so werden Terme in hh" und hz" hinzugefügt. Damit entstehen sogenannte Boussinesq-gleichungen (Joseph Boussinesq, 1842-1929), die aufwendig zu lösen sind. Nach Sinniger und Hager (1989) gilt unter Voraussetzung einer linearen Variation der Strom-linienkrümmung längs der Äquipotentiallinie von der Boden- zur Oberflächenstromlinie

$$H = z + h + \frac{Q^2}{2gb^2h^2}\left[1 + \frac{2hh" - h'^2}{3} + hz" - z'^2 - z'h' \right] . \qquad (1.29)$$

Diese Gleichung lässt sich für einige ausgewählte Fälle analytisch lösen, ist jedoch üblicherweise numerisch auszuwerten. Das wohl bekannteste Beispiel ist die *Solitär-welle*, wie sie in Bild 1.9 dargestellt und in 7.7 beschrieben ist. Diese Welle besitzt nur eine Einzelerhebung und strebt beidseitig davon gegen die Ruhewassertiefe h_0. Sie stellt sich typischerweise als Folge von Eintauchvorgängen ein. Sie lässt sich nur durch Voraussetzung nicht-hydrostatischer Druckverteilung ableiten. Entsprechende Beispiele folgen in den Kap.6 und 12. Es liegen auch Verallgemeinerungen für nicht-rechteckige Profile vor, und die Geschwindigkeits- und Druckverteilung lässt sich bei bekanntem

Drucklinienprofil h(x) einfach ermitteln. Im Normalfall lassen sich aber sowohl Neigungs- als auch Krümmungseinflüsse vernachlässigen. Dann reduziert sich Gl.(1.29) auf Gl.(1.20), welche sich unter den Voraussetzungen hydrostatischer Druck- und uniformer Geschwindigkeitsverteilung herleitet.

Die im Literaturnachweis zusammengestellten Werke beziehen sich auf allgemeinere Aspekte, unter denen sich die Grundgleichungen ableiten und deren Anwendungen auf komplexere Strömungen, wie sie üblicherweise in der Hydrodynamik auftreten. Sie lassen sich als Zusatzinformation wahlweise konsultieren.

Literaturnachweis

- Eck, B. (1966). *Technische Strömungslehre*. 7. Aufl. Springer: Wien.
- Hutter, K. (1991). *Einführung in die Fluid- und Thermodynamik*. Selbstverlag: Darmstadt.
- Kozeny, J. (1953). *Hydraulik*. Springer-Verlag: Wien.
- Naudascher, E. (1992). *Hydraulik der Gerinne und Gerinnebauwerke*. Springer: Wien und New York.
- Prandtl, L. (1965). *Führer durch die Strömungslehre*. 6. Aufl. Vieweg: Braunschweig.
- Press, H. und Schröder, R. (1966). *Hydrodynamik im Wasserbau*. Ernst & Sohn: Berlin.
- Schlichting, H. (1965). *Grenzschicht-Theorie*. 5. Aufl. G. Braun: Karlsruhe.
- Sinniger, R.O. und Hager, W.H. (1989). *Constructions Hydrauliques - Ecoulements Stationnaires*. Presses Polytechniques Romandes: Lausanne.
- Truckenbrodt, E. (1968). *Strömungsmechanik*. Springer-Verlag: Berlin.
- White, F.M. (1991). *Viscous fluid flow*. McGraw-Hill: New York.

Bezeichnungen

b	[m]	Kanalbreite
E	[Nm]	Energie
F	[m^2]	Querschnittsfläche
g	[ms^{-2}]	Erdbeschleunigung
h	[m]	Wassertiefe
h_p	[m]	Druckhöhe
H	[m]	Energiehöhe
H$*$	[m]	Energiehöhe bez. Boden
I	[N]	Impuls

K	[N]	Kraft
L	[m]	Länge
m	[kg]	Masse
N_W	[m]	Normalenlänge
p	[Nm^{-2}]	Druck
P	[N]	Druckkraft
Q	[m^{3}s^{-1}]	Durchfluss
S	[m^3]	Stützkraft
t	[s]	Zeit
t_W	[m]	Vertikalwassertiefe
u	[ms^{-1}]	Geschwindigkeitskomponente
V	[ms^{-1}]	Geschwindigkeitsbetrag
x	[m]	Längskoordinate
z	[m]	Lagekoordinate
z_S	[m]	Lage des Schwerpunktes
α	[-]	Energiekorrekturbeiwert
α_p	[-]	Druckhöhenbeiwert
β	[-]	Impulskorrekturbeiwert
ΔH	[m]	Verlusthöhe
ρ	[kgm^{-3}]	Dichte
θ	[-]	Stromlinienneigung

Indizes

a	seitlicher Ausfluss	D	Druck	u	Auslauf, unten
b	Boden	o	Einlauf, oben	z	seitlicher Zufluss
B	Berandungfläche	s	statisch	1	Zuflussquerschnitt
d	dissipiert	T	tangential	2	Ausflussquerschnitt

2 STRÖMUNGSVERLUSTE

Strömungsverluste stellen sich ein entweder durch Wandreibung und Viskosität als Reibungsverluste oder bedingt durch die Rohr- resp. Kanalgeometrie als lokale Verluste. Beide Verlustarten werden ausführlich für Rohrströmungen beschrieben.

Bei den *Reibungsverlusten* wird das Übergangsgesetz von Colebrook und White vorgestellt und der Schritt auf die Gleichung von Manning und Strickler vollzogen. Die Anwendungskriterien der zweiten Formel werden angegeben und die Rauhigkeitswerte tabellenhaft dargestellt.

Die *lokalen Verluste* werden für eine Vielzahl von Rohrgeometrien und Kanaleinbauten ermittelt und es wird auf optimale Einbauverhältnisse hingewiesen. Abschliessend wird das Druckrohr mit dem Freispiegelabfluss bei Strömen miteinander verglichen.

2.1 Einleitung

Bekanntlich laufen mechanische Prozesse immer mit begleitenden Dissipationsvorgängen ab. Es ist demnach unmöglich, die mechanische Anfangsenergie über eine gewisse zeitliche Dauer oder örtliche Distanz ohne zusätzliche Energiespende aufrecht zu erhalten, sondern jede Bewegung wird durch physikalische Umwandlungsvorgänge in vor allem thermische Energie begleitet. Man spricht deshalb von *Energieverlust*, wobei man nur den Verlust bezüglich der ursprünglichen mechanischen Energie betrachtet.

Grundsätzlich wird in der Hydraulik zwischen zwei Arten von Energieverlusten unterschieden. Es handelt sich einerseits um Verluste infolge der Berandung, die sich also auf die *Grenzschicht* beziehen und in engem Zusammenhang stehen mit der Viskosität des Fluides und der Wandbeschaffenheit. Andererseits treten Verluste bei jeglicher Änderung der Bewegung auf. Wenn immer die Strömung beschleunigt oder insbesondere verzögert wird, können sich *Ablösungen* einstellen, die durch grossräumige Wirbelbewegungen der Strömung mechanische Energie entziehen.

Die erste Art von Verlusten hängt eng mit der Grenzschichtbildung zusammen und wird in Anlehnung an klassische Arbeiten als *Wandreibungsverlust* bezeichnet. Die zweite Art von Verlusten hängt eng zusammen mit der durchströmten Geometrie und wird deshalb als *Formverlust* oder als zusätzlicher Verlust (zusätzlich zum Wandreibungsverlust) bezeichnet. Die Reibungsverluste werden dabei durch Schubspannungen längs der Berandung erzeugt, sind also beim Impulssatz in Rechnung zu stellen, während die zusätzlichen Verluste durch innere Schubspannungen entstehen und entsprechend nicht direkt zu berücksichtigen sind.

In der Folge sollen beide Verlustarten einzeln behandelt werden. Der *Gesamtverlust* ΔH_g entspricht definitionsgemäss der Summe aus Reibungs- und zusätzlichen Verlusten (Index «L» für lokal), also

$$\Delta H_g = \Delta H_R + \Delta H_L \tag{2.1}$$

Demgemäss gilt für die hydraulischen Verluste das *Superpositionsprinzip*. Es darf natürlich streng nur angewendet werden, falls die Verlustquellen von zusätzlichen Verlusten genügend weit auseinanderliegen. Von diesem Grundsatz wird anschliessend ausgegangen.

2.2 Reibungsverluste

2.2.1 Gleichung von Colebrook und White

Wie bereits erwähnt, stellt der Ausdruck "Reibungsverluste" eine landläufig übliche Bezeichnung dar für Verluste infolge der Grenzschichtbildung. Obwohl nicht korrekt, hat sich dieser Ausdruck bis heute durchgesetzt und soll auch hier benutzt werden.

Betrachten wir vorerst ein zylindrisches, sehr langes *Kreisrohr*, in dem Flüssigkeit einer bestimmten Temperatur strömt. Der Durchfluss betrage Q, der Durchmesser des Rohres D, also die mittlere Geschwindigkeit $V=Q/(\pi D^2/4)$. v stellt die kinematische Viskosität dar. Als Reibungsverlust ΔH_R pro Einheitslänge Δx bezeichnet man den *Reibungsgradienten* $J_f=\Delta H_R/\Delta x$. Es geht also im folgenden darum, J_f in Abhängigkeit der am Prozess teilnehmenden Grössen darzustellen.

Der englische Forscher Osborne Reynolds (1842-1912) stellte fest, dass die heute nach ihm benannte Kennzahl

$$R = VD/v \tag{2.2}$$

wesentlich das Abflussrégime beschreibt. Anhand von Versuchen mit verschiedenen Fluiden wies er nach, dass die laminare - also die geschichtete - Bewegung übergeht in die turbulente - also die hohen zeitlichen Schwankungen unterworfene - Strömung, wenn eine bestimmte Reynoldszahl R_t von rd. 2300 überschritten wird. Bei Wasser üblicher Qualität von rd. 10°C entspricht die zugehörige Übergangs-Geschwindigkeit (Index «t») bei D=1m rund $V_t=10^{-6}ms^{-1}$. Also tritt in der hydraulischen Praxis fast ausschliesslich die *turbulente Bewegung* auf.

Der Reibungsgradient J_f nimmt bei der turbulenten Rohrströmung fast quadratisch mit der Geschwindigkeitshöhe $(V^2/2g)$ zu und etwa linear mit dem Rohrdurchmesser D ab. Dieser Charakteristik folgend schlugen deshalb die beiden Forscher Darcy (1803-1858) und Weisbach (1808-1871) vor, J_f darzustellen durch die Beziehung

$$J_f = \frac{V^2}{2g} \cdot \frac{f}{D}, \tag{2.3}$$

wobei nun der sogenannte *Reibungsbeiwert* f (im deutschen Sprachraum auch durch λ

beschrieben) fast konstant sein müsste. Ausführliche Messungen zu Beginn des 20. Jahrhunderts zeigten jedoch, dass f wesentlich abhängig ist von der *Reynoldszahl* **R** nach Gl.(2.2) und der sogenannten *relativen Wandrauheit* $\varepsilon = k_S/D$. Mit k_S bezeichnet man diejenige Wandrauheit eines Rohres, die denselben Reibungsverlust erzeugt wie ein nach Prandtl und Nikuradse sandrauhes Rohr. Dieses Rauhigkeitsmass wird auch als äquivalente Sandrauheit beschrieben.

Die Idee, eine sehr komplexe Oberfläche eines Rohres durch eine wohldefinierte Grösse zu ersetzen, ist genial und wurde von Ludwig Prandtl (1875-1953) angeregt. Die sandrauhen Rohre wurden künstlich mit Sandkörnern identischen Durchmessers beklebt und dann die sich ergebenden Verluste experimentell ausgemessen. Zu jedem Wertepaar (**R**; ε) ergibt sich deshalb ein Reibungsbeiwert f. Wiederholt man dasselbe Vorgehen für ein Rohr mit beliebiger Rauheitsmatrix, so entsteht u.U. dieselbe Kombination von Parametern, obwohl das zweite Rohr gänzlich andere Wandbeschaffenheit aufweist. Trotzdem würde es dann für diesen Abfluss eine identische *relative Sandrauheit* besitzen. Man beachte jedoch, dass der Wert von k_S mit dem Durchfluss Q - entsprechend also je nach **R** - i.a. veränderlich ist. Der Grund liegt darin, dass sich sandrauhe und kommerziell rauhe Rohre verschieden verhalten hinsichtlich der Grenzschichtbildung.

Aufbauend auf Resultaten bezüglich sogenannt *glatten Rohren* - bei denen also der Einfluss von der Reynoldszahl **R** dominiert - und *rauhen Rohren* - für die hauptsächlich der Parameter ε wichtig ist - fanden die Engländer Colebrook und White im Jahre 1937 für beliebige turbulente Rohrströmungen das universelle Gesetz für den Reibungsbeiwert f in Abhängigkeit von der relativen Wandrauheit $\varepsilon = k_S/D$ und der Reynoldszahl $R = VD/\nu$

$$\frac{1}{\sqrt{f}} = -2lg\left[\frac{\varepsilon}{3.7} + \frac{2.51}{R\sqrt{f}}\right], \qquad R > 2300. \qquad (2.4)$$

Bild 2.1 zeigt die Auswertung von Gl.(2.4) wie sie der Amerikaner Moody (1880-1953) vorschlug (Moody-Diagramm). Man erkennt verschiedene Kurven f(**R**), die sich je nach der relativen Rauheit ε asymptotisch bei einem bestimmten Niveau einpendeln. Dieses Niveau f ist umso höher, je grösser der Wert von ε angenommen wird. Im *rauhen Abflussrégime* lässt sich deshalb jeder relativen Rauheit ε für **R**→∞ ein minimaler Reibungswert f_{min} zuordnen, der sich nicht unterschreiten lässt. Da f nach Gl.(2.4) asymptotisch dem Wert

$$f_{min}^{-1/2} = -2lg(\varepsilon/3.7) \qquad (2.5)$$

zustrebt, betrachtete Hager (1987) eine Abweichung in f von f_{min} von 1.5% als Grenze des sogenannten *praktisch rauhen Ausflussrégimes*. Damit ergab sich für die relative Grenzrauhigkeit ε_r der Ausdruck

$$\varepsilon_r = \frac{1050}{R}. \tag{2.6}$$

Ist $\varepsilon \geq \varepsilon_r$, so befindet sich der Abfluss im praktisch rauhen Régime, und Gl.(2.5) lässt sich anwenden. Ist dagegen $\varepsilon < \varepsilon_r$, so muss auf die allgemeine Gl. (2.4) nach Colebrook und White zurückgegriffen werden.

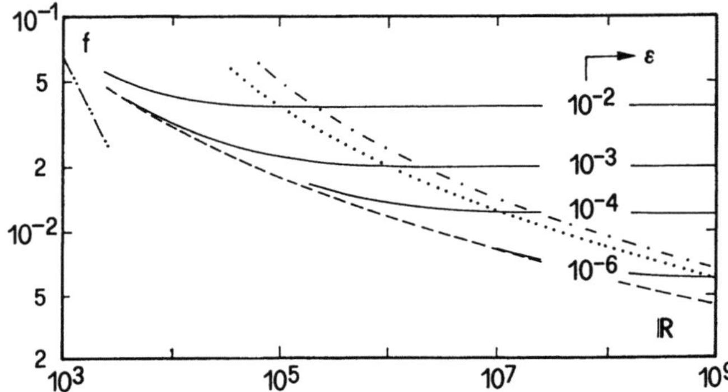

Bild 2.1   Moody-Diagramm, Reibungsbeiwert f in Abhängigkeit von der Reynoldszahl $R=VD\nu^{-1}$ für verschiedene Wandrauheiten $\varepsilon = k_s/D$ nach Gl.(2.4). (—··—) Laminarströmung, (—·—) 0.75% und (···) 1.5% Abweichung vom turbulent rauhen Régime.

Im Gegensatz zum rauhen Régime beschreibt das turbulent *glatte Abflussrégime* Strömungen, die nur unwesentlich abweichen von der Beziehung $\varepsilon \rightarrow 0$. Dann ist der Einfluss der Wandrauheit im Vergleich zum Zähigkeitseinfluss verschwindend klein und man spricht vom *praktisch glatten Abflussrégime*. Dies ist der Fall, wenn $\varepsilon < \varepsilon_s$ gilt mit (Hager 1987)

$$\varepsilon_s = (3.475R)^{-0.9}. \tag{2.7}$$

Index «s» bezieht sich dabei auf das englische Wort smooth (glatt). Für den Bereich $\varepsilon_s < \varepsilon < \varepsilon_r$ spricht man vom turbulenten *Übergangsrégime*, bei dem sowohl Einflüsse der Viskosität als auch der Wandrauheit zu berücksichtigen sind.

Für Kanäle mit den in der Praxis auftretenden Bereichen von Reynoldszahlen **R** zwischen $3 \cdot 10^4$ und $3 \cdot 10^7$ sowie relativen Rauheiten ε zwischen 10^{-5} und 10^{-1} ist nach Bild 2.1 das glatte Abflussrégime belanglos. In der Folge sollen demnach nur das Übergangsrégime und besonders das praktisch rauhe Abflussrégime berücksichtigt werden.

2.2.2 Übergangsrégime

Der Abflussprozess im Kreisprofil wird durch fünf voneinander unabhängige Parameter beschrieben:

- Reibungsgefälle J_f,
- Durchfluss Q,
- Durchmesser D,
- äquivalente Sandrauheit k_S und
- kinematische Viskosität v.

In praxisbezogenen Aufgabenstellungen ist lediglich die Bestimmung der ersten drei Parameter relevant. Sowohl k_S (Tab.2.1) als auch v (Tab.3.1) werden als bekannt vorausgesetzt.

Bei der *ersten Aufgabenstellung* sind sowohl die Reynoldszahl $\mathbf{R}=4Q/(\pi vD)$ als auch die Rauhigkeitscharakteristik $\varepsilon=k_S/D$ unmittelbar bekannt, f lässt sich demnach graphisch durch Bild 2.1 oder durch iteratives Lösen der Gl.(2.4) finden. Diese implizite Beziehung in f wurde auch durch explizite Darstellung angenähert, wie beispielsweise nach Zigrang und Sylvester (1985)

$$f = \frac{1}{4}\left[lg(\frac{\varepsilon}{3.7} + \frac{1}{R}\frac{3}{}) \right]^{-2} \tag{2.8}$$

wobei Gl.(2.8) Abweichungen von 2% zu Colebrook und Whites Beziehung im oben abgegrenzten Bereich aufweisen kann. Weitere Vorschläge erläutert Chen (1985).

Die *zweite Aufgabenstellung*, bei der also der Durchfluss Q gesucht wird, lässt sich explizit mit der transformierten Gl.(2.4) durchführen. Setzt man als neue Parameter

$$\hat{q} = Q/Q_0 , \quad N = Q_0/(Dv) \tag{2.9}$$

mit $Q_0=(gJ_fD^5)^{1/2}$ als auf J_f und D normierter Durchfluss, so lautet die Bestimmungsgleichung für (Sinniger und Hager 1989)

$$\hat{q} = -\frac{\pi}{\sqrt{2}} lg\left[\frac{\varepsilon}{3.7} + \frac{2.51}{\sqrt{2}N} \right] . \tag{2.10}$$

Die Anwendung von Gl.(2.10) geht aus Bild 2.2 hervor.

Die *dritte Aufgabenstellung* ist die häufigste, handelt es sich dabei doch um die Bemessung des Rohrdurchmessers D. Vorerst werden die neuen, mit * bezeichneten dimensionslosen Parameter

$$D^* = D/D_0 , \quad k_S^* = k_S/D_0 , \quad v^* = D_0v/Q \tag{2.11}$$

eingeführt mit $D_0=[Q^2/(gJ_f)]^{1/5}$, um damit den unbekannten Durchmesser D nur in einer Unabhängigen vorzufinden. Einsetzen in Gl.(2.4) ergibt dann den impliziten Ausdruck

$$v^* = \left[10^{-\sqrt{2}/(\pi D^{*5/2})} - \frac{k_s^*}{3.7D^*} \right] \frac{D^{*3/2}}{1.776},$$ (2.12)

der in Bild 2.3 ausgewertet ist. Darnach schwankt D* lediglich im Bereich zwischen 0.35 und 0.55. Das glatte Abflussregime bildet die untere Umhüllende der Kurvenschar, während das rauhe Regime durch die horizontalen Linien, also die Beziehungen $D^*(k_s^*)$ abgedeckt wird. Überschlägig gilt also etwa D*=0.4, entsprechend $D=0.4[Q^2/(gJ_f)]^{1/5}$ oder $Q=[gJ_f(2.5D)^5]^{1/2}$. Der Durchfluss verändert sich also mit $D^{5/2}$.

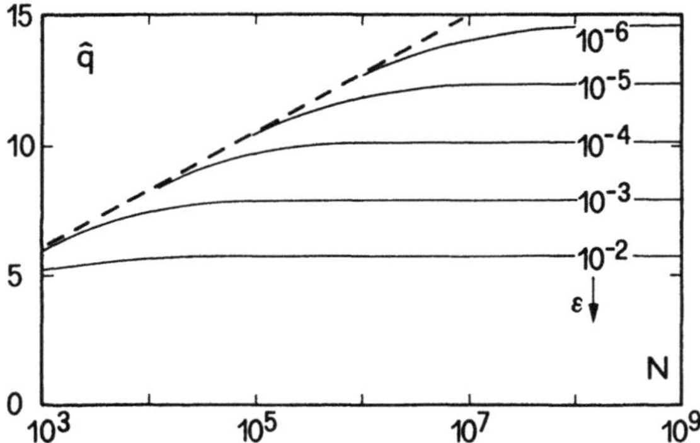

Bild 2.2   Relativer Durchfluss $\hat{q}=Q/(gJ_fD^5)^{1/2}$ in Abhängigkeit von $N=(gJ_fD^3)^{1/2}\,v^{-1}$ für verschiedene relative Rauheiten $\varepsilon=k_s/D$. (---) Glattes Abflussrégime.

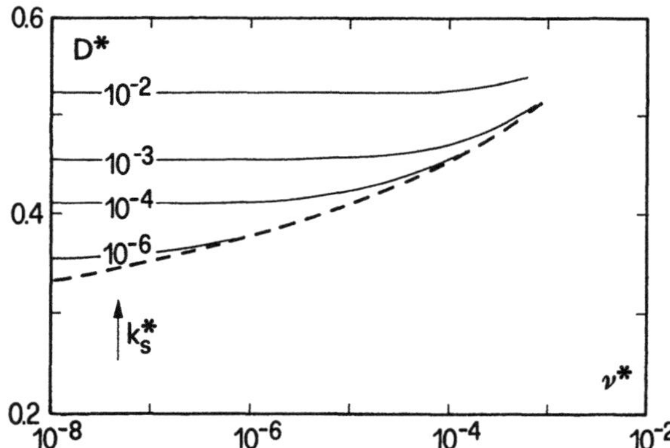

Bild 2.3   Relativer Rohrdurchmesser $D^*=D/D_0$ in Abhängigkeit von der relativen kinematischen Zähigkeit $v^*=vD_0/Q$ für verschiedene Werte von $k_s^*=k_s/D_0$ mit $D_0=[Q^2/(gJ_f)]^{1/5}$. (---) Glattes Abflussrégime.

Damit sind alle drei Aufgabenstellungen auf eine Form gebracht, die die iterative Lösung in einer einfachen Parameterkombination zulässt. Die Grössenordnung der *äquivalenten Sandrauheit* k_S in [mm] lässt sich aus den Tabellen 2.1 bis 2.3 entnehmen. Ausserordentlich umfangreiche Angaben zum Rauheitsproblem liegen von Schröder (1990) vor. Darin werden sowohl Methoden zur Rauheitsbestimmung als auch äquivalente Sandrauheiten angegeben.

Tabelle 2.1   Äquivalente Sandrauheit k_S (Auswahl nach Richter, 1971).

Werkstoff und Rohrart	Zustand	k_S [mm]
Gezogene und gepresste Rohre aus Kupfer und Messing, Glasrohre	technisch glatt, auch Rohre mit Metallüberzug (Kupfer, Nickel, Chrom)	0.00135 - 0.00152
Kunststoffrohre	neu	0.0015 - 0.0070
Nahtlose Stahlrohre, gewalzt und gezogen (handelsüblich) neu	typische Walzhaut	0.02 - 0.06
	gebeizt	0.03 - 0.04
	ungebeizt	0.03 - 0.06
	rostfreier Stahl, mit Metallspritzüberzug	0.08 - 0.09
	sauber verzinkt	0.07 - 0.10
	handelsübliche Verzinkung	0.10 - 0.16
Aus Stahlblech geschweisst neu	typische Walzhaut	0.04 - 0.10
	bituminiert	0.01 - 0.05
	zementiert	etwa 0.18
	galvanisiert, für Belüftungsrohre	etwa 0.008
Stahlrohre gebraucht	gleichmässige Rostnarben	etwa 0.15
	mässig verrostet, leichte Verkrustung	0.15 - 0.40
	mittelstarke Verkrustung	etwa 0.15
	starke Verkrustung	2 - 4
	nach längerem Gebrauch gereinigt	0.15 - 0.20
	bituminiert, z.T. beschädigt, Roststellen	etwa 0.1
	nach mehrjährigem Betrieb	etwa 0.5
	Ablagerungen in blättriger Form	etwa 1.1
	25 Jahre in Betrieb, unregelmässige Teer- und Naphtalinablagerungen	etwa 2.5
gusseiserne Rohre	neu, typische Gusshaut	0.2 - 0.3
	neu, bituminiert	0.1 - 0.13
	gebraucht, angerostet	1 - 1.5
	verkrustet	1.5 - 4
	nach mehrjährigem Betrieb gereinigt	0.3 - 1.5
	städt. Kanalisationen	etwa 1.2
	stark verrostet	4.5
Betonrohre	neu, handelsüblich, Glattstrich	0.3 - 0.8
	neu, handelsüblich, mittelrauh	1 - 2
	neu, handelsüblich, rauh	2 - 3
	neu, Stahlbeton, glatt	0.1 - 0.15
	neu, Schleuderbeton, glatt	0.1 - 0.15
	neu, Schleuderbeton, ohne Verputz	0.2 - 0.8
	glatte Rohre, nach mehrjährigem Betrieb	0.2 - 0.3
	Mittelwert Rohrstrecken ohne Stösse	0.2
	Mittelwert Rohrstrecken mit Stössen	2.0
Rohre aus Asbestzement	neu, glatt	0.03 - 0.10
Tonrohre	neu, Drainagerohre	etwa 0.7
	neu, aus rohen Tonziegeln	etwa 9

Tabelle 2.2   Äquivalente Sandrauheit k_s für Rohre verschiedener Oberflächenbeschaffenheit (Auswahl nach Idel´cik 1979).

Gruppe	Rohr- und Materialtyp	Oberflächenbeschaffenheit und Nutzungsart	k_s [mm]
I	gezogene Rohre aus		
	Messing,Kupfer	Technisch glatt	0.0015-0.01
	Aluminiuim	Technisch glatt	0.015-0.06
II	gezogene Stahlrohre	Neu, ungebraucht	0.02-0.10
	ohne Lötstelle	Gereinigt, nach einigen Jahren im Gebrauch	bis 0.04
		mit Bitumen beschichtet	bis 0.04
		Heizwasserrohre	0.20
		Oelleitung, normal,	0.20
		mittel korrodiert mit kleinen Teerdepots	≈ 0.40
		Wasserleitung nach langer Einsatzzeit	1.2-1.5
		bei grossen Teerrückständen	≈ 3.0
		Rohr mit schlechtem Oberflächenzustand	≥ 5.0
III	Geschweisste Stahlrohre	Neu oder alt, in gutem Zustand, Übergänge geschweisst oder genietet	0.04-0.10
		Neu, bitumenbeschichtet	≈ 0.05
		Lange im Service, korrodiert	≈ 0.10
		Lange im Gebrauch, uniforme Korrosion	≈ 0.15
		Gute Übergangsstellen aber schlechter Oberflächenzustand	0.3-0.4

Tabelle 2.3   Äquivalente Sandrauheit k_s (Auswahl nach ASCE, 1969).

Rohrmaterial	Zustand	k_s [mm]	K [m$^{1/3}$s^{-1}]
ROHRE			
Asbest-Zementrohr		0.3 - 3	67 - 91
Backstein		1.5 - 6	58 - 77
Gusseisenrohr	neu, unbeschichtet	0.25	–
	neu, bituminiert	0.12	–
	neu, zementiert	0.3 - 3	67 - 91
Beton, monolitisch	glatt	0.3 - 1.5	70 - 83
	rauh	1.5 - 6	58 - 67
Betonrohr		0.3 - 3	67 - 91
Wellblechrohr	roh	30 - 60	38 - 45
	Bodenanstrich	10 - 30	45 - 55
	teer-beschichtet	0.3 - 3	67 - 90
Kunststoffrohr	glatt	3	70 - 90
Gebranntes Tonrohr		0.3 - 3	70 - 90
KANÄLE			
Beschichtet mit			
Asphalt		–	60 - 77
Backstein		–	55 - 83
Beton		0.3 - 0.10	50 - 90
Steinwurf		6	30 - 50
Vegetation		–	25 - 33
Ausgehoben			
Erde, gerade		3	33 - 50
gewunden		-	25 - 40
Fels		-	22 - 33
Ununterhalten		-	7 - 20
Natürlich			
kleine Flüsse		30 - 1000	–
ziemlich gleichmässig		–	14 - 30
ungleichmässig, mit Pfützen		–	10 - 25

2.2.3 Turbulent rauhes Régime

Beim turbulent rauhen Régime (eng.: fully turbulent regime; franz.: régime turbulent rugueux) ist der Zähigkeitseinfluss gegenüber dem Effekt der Wandrauheit vernachlässigbar. Dann wird der Reibungsbeiwert f nach Gl.(2.4) vereinfacht in

$$f = \frac{1}{4}\left[lg(\varepsilon/3.7)\right]^{-2} , \qquad (2.13)$$

der normierte Durchfluss nach Gl.(2.10)

$$\hat{q} = -\frac{\pi}{\sqrt{2}}\, lg(\varepsilon/3.7) \qquad (2.14)$$

und der bezogene Durchmesser muss implizit ermittelt werden aus der nach Gl.(2.12) abgeleiteten Beziehung

$$k_s^* = 3.7D^* \cdot 10^{-\sqrt{2}/(\pi D^{*5/2})} . \qquad (2.15)$$

Dafür lassen sich die folgenden, expliziten *Approximationen* finden (Sinniger und Hager, 1989)

$$D^* = k_s^{*0.03}/1.853, \quad \text{falls } 10^{-8} < \varepsilon < 7 \cdot 10^{-4} ; \qquad (2.16)$$

$$D^* = k_s^{*1/16}/1.422, \quad \text{falls } 7 \cdot 10^{-4} < \varepsilon < 7 \cdot 10^{-2}. \qquad (2.17)$$

Dabei ist die zweite Gleichung von speziellem Interesse, liegt doch ε im bereits erwähnten, typischen *Anwendungsbereich* der hydraulischen Praxis. Löst man diese Beziehung auf, so folgt

$$Q = 2.56\,\sqrt{gJ_f}\,k_s^{-1/6}\,D^{8/3} \quad \text{oder} \quad V = 3.256\,\sqrt{gJ_f}\,k_s^{-1/6}D^{2/3} . \qquad (2.18)$$

Daraus wird ersichtlich, dass der Durchfluss bei diesem Spezialfall stark vom Durchmesser abhängt, wenig vom Druckliniengefälle J_f und nur ganz unbedeutend von der äquivalenten Sandrauheit k_s.

Historische *Fliessformeln* haben einen Aufbau, der sich nur unwesentlich von Gl.(2.18) unterscheidet. Vergleicht man den üblichen Ausdruck $V=(2gJ_f)^{1/2}\sqrt{D/f}$ für die Fliessgeschwindigkeit nach Gl.(2.3) mit Gl.(2.18), so ergibt sich $f=(1/21.2)(k_s/D)^{1/3}$. Bezieht man sich anstelle des Durchmessers D auf den hydraulischen Radius $R_h=D/4$, und fasst man den Ausdruck

$$K = 6.51 g^{1/2} k_s^{1/6} \tag{2.19}$$

als *dimensionsbehafteten Reibungsbeiwert* $K[m^{1/3}s^{-1}]$ zusammen, so folgt die nach Gauckler (1826-1905), Manning (1826-1897) und Strickler (1887-1963) benannte Beziehung («GMS-Gleichung»)

$$V = K J_f^{1/2} R_h^{2/3} \; . \tag{2.20}$$

In der Schweiz spricht man häufig nur von der *Strickler-Formel*, Gl.(2.20) wurde jedoch erstmals vom Franzosen Gauckler (1867) bei der Analyse der Messdaten von Darcy und Bazin propagiert, im Jahre 1889 vom Irländer Manning nochmals neu eingeführt, aber bereits 1895 durch eine andere Beziehung ersetzt. Mannings erste Formel (2.20) setzte sich jedoch rasch in den USA durch und wird dort noch heute als die "Manning-formula" bezeichnet. Der Schweizer Albert Strickler analysierte im Jahre 1923 eine Vielzahl von Naturmessungen in Druckrohren und Flüssen und empfahl dabei Gl.(2.20). Sein Verdienst ist eindeutig die Aufstellung einer Formel nach Art von Gl.(2.19). Dabei bezog sich Strickler jedoch auf den mittleren Korndurchmesser einer natürlichen Gewässerberandung und fand den Zahlenwert 6.72 anstatt 6.51, wie er aus der vorliegenden Betrachtung hervorgeht. Gl.(2.20) soll im folgenden als *Formel von Manning und Strickler* bezeichnet werden.

Gl.(2.19) erlaubt den direkten Übergang zwischen dem K-Wert und dem k_s-Wert, falls sich der Abfluss im rauhen Abflussrégime befindet. Nach Sinniger und Hager (1989) liegt dieser vor, wenn die folgenden zwei *Anwendungskriterien* erfüllt sind:
• der Abfluss befindet sich, wie bereits erwähnt, im turbulent vollrauhen Régime,
   also die Ungleichung

$$k_s > 30 v (g^2 J_f^2 Q)^{-1/5} \tag{2.21}$$

gilt, gleichbedeutend mit einem unbedeutenden Viskositätseinfluss und
• die relative Rauheit befindet sich im Bereich

$$7 \cdot 10^{-4} < \varepsilon < 7 \cdot 10^{-2}, \tag{2.22}$$

also es werden weder sehr glatte noch sehr rauhe Oberflächen betrachtet.

Auch heute, über 50 Jahre nach dem Vorschlag von Colebrook und White und bald 80 Jahre nach den grundlegenden Untersuchungen von Blasius und Prandtl in Göttingen, besitzt die Beziehung von Manning und Strickler noch Bedeutung. Diese lässt sich besonders durch zwei Tatsachen begründen:

• Zum einen ist - wie in der Folge noch gezeigt wird - die pauschale Bestimmung des K-Wertes von Fliessberandungen mit Schwierigkeiten behaftet, was eine "exakte Berechnung" von Rohrabflüssen nicht zulässt,

• Zum anderen bietet die einfache Potenzformel nach Gl.(2.20) viele Vorteile in der praktischen Berechnung von typischen Parametern wie Durchfluss Q, Geschwindigkeit V oder Durchmesser D. Diese Vorteile treten bei Freispiegelabfluss noch deutlicher zutage als bei Druckabfluss.

Grundsätzlich sollte der *Minimalwert* von $K=20 m^{1/3} s^{-1}$ eingehalten sowie die Anwendungskriterien (2.21) und (2.22) immer überprüft werden. Als Anhaltspunkt sei weiter erwähnt, dass der *Maximalwert* $K=90 m^{1/3} s^{-1}$ nicht überschritten und der *Minimalwert* von $J_f=0.1\%$ nicht unterschritten werden dürfen. Ferner sei wiederholt, dass Gl.(2.4) oder auch Gl.(2.10) strikte nur für das prismatische Rohr mit uniformer Rauhigkeitsverteilung gilt. Tabelle 2.4 gibt Zahlenwerte für den Reibungsbeiwert. Daraus erkennt man die Unterscheidung des Zustandes der Wandbeschaffenheit von gut, normal und schlecht. Tabelle 2.4 sagt nichts aus über die zeitliche Entwicklung des K-Wertes.

Tabelle 2.4   Reibungsbeiwert $K[m^{1/3} s^{-1}]$ nach der Formel von Manning und Strickler in Abhängigkeit von der Beschaffenheit der Wandung (Chow, 1959).

Wandtyp	Wandbeschaffenheit		
	gut	mittel	schlecht
Gusseisen, ohne Belag	85	70	65
Gusseisen, mit Belag	90	85	75
Stahl	75	65	60
Steingut	90	75	65
Ton (Drainagerohr)	85	70	60
Beton	85	65	60
Ziegelstein poliert	90	75	65
Ziegelstein gemauert	85	65	60
geglätteter Beton	90	85	75
mit Beton verkleidet	85	65	55
Bruchstein gemörtelt	60	50	35
getrockneter Stein	40	30	25
Mauerwerk	75	65	60

Die Tabellen 2.4 und 2.5 geben die Genauigkeitsansprüche der Fliessformel wieder. Nach Gl.(2.20) ist die Geschwindigkeit und darnach auch der Durchfluss direkt proportional zum K-Wert. Üblicherweise lässt sich ein K-Wert angeben auf ±5% Genauigkeit, falls es sich dabei um ein bekanntes Fabrikat handelt. Bei älteren Transportkanälen müssen aber Abweichungen in der Schätzung von K von mindestens ±10% in Rechnung gestellt werden, falls keine ausführlichen Messungen vorliegen. Die *Genauigkeit der Fliessformeln* wird durch die Schwierigkeit bei der Abschätzung des K-Wertes deshalb relativiert; trotz dieser praktischen Unzulänglichkeit der Ermittlung eines exakten K-Wertes sollte die Berechnung von Rohren mit den genauesten zur Verfügung stehenden Beziehungen erfolgen. Im Normalfall genügt dabei die Formel von Manning und Strickler bei turbulent rauhen Abflüssen, bei grösseren Objekten sollte der Nachweis anhand der Gln.(2.21) und (2.22) geführt werden, dass diese Formel angewendet werden darf, andernfalls ist auf die Verallgemeinerung nach Colebrook und White zurückzugreifen.

Tabelle 2.5   Reibungsbeiwert $K[m^{1/3}s^{-1}]$ nach der Formel von Manning und Strickler in Abhängigkeit von der Wandbeschaffenheit (Auszug nach Naudascher, 1987).

Kanalbeschreibung	$K\ [m^{1/3}s^{-1}]$
BLECHGERINNE	
glatte Rohre mit versenkten Nietköpfen	90 - 95
neue gusseiserne Rohe	90
genietete Rohre, Niete unversenkt	65 - 70
BETONKANÄLE	
mit Zementglattstrich	100
mit Verwendung von Stahlschalung	90 - 100
mit Glattverputz	90 - 95
mit geglättetem Beton	90
mit glattem, unversehrten Zementputz	80 - 90
bei Verwendung von Holzschalung, ohne Verputz	65 - 70
Stampfbeton mit glatter Oberfläche	60 - 65
alter Beton, saubere Flächen	60
grobe Betonauskleidung	55
ungleichmässige Betonflächen	50
GEMAUERTE KANÄLE	
aus Ziegelmauerwerk, auch Klinker, gut gefugt	80
aus Hausteinquadern	70 - 80
aus sorgfältigem Bruchsteinmauerwerk	70
aus Mauerwerk (normal)	60
aus grobem Bruchsteinmauerwerk	50
aus Bruchsteinwänden, gepflasterte Böschungen	45 - 50
ERDKANÄLE	
in festem Material, glatt	60
in festem Sand mit etwas Ton und Schotter	50
mit Sohle aus Sand und Kies, gepflasterte Böschungen	45 - 50
aus Feinkies, etwa 10/20/30mm	45
aus mittlerem Kies, etwa 20/40/60mm	40
aus Grobkies, etwa 50/100/150mm	35
aus scholligem Lehm	30
mit gröberen Steinen ausgelegt	25 - 30
aus Sand, Lehm oder Kies, stark bewachsen	20 - 25
NATÜRLICHE WASSERLÄUFE	
mit fester Sohle, regelmässig	40
mit mässigem Geschiebe	33 - 35
verkrautet	30 - 35
mit Geröll, unregelmässig	30
stark geschiebeführend	28
mit grobem Geröll, etwa von 0.2-0.3m	25 - 28
mit grobem Geröll und bei Geschiebetrieb	19 - 22

Wie noch gezeigt wird, lässt sich die Formel von Colebrook und White wie auch diejenige von Manning und Strickler auf Strömungen in *Freispiegelkanälen* einfach verallgemeinern. Deshalb sind in den Tabellen 2.1 und 2.2 auch Oberflächenbeschaffenheiten solcher Transportsysteme aufgeführt.

Eine Verallgemeinerung der Formel von Manning und Strickler wird in Kap.3 hergeleitet.

2.3 Örtliche Verluste

2.3.1 Beschreibung

Örtliche Verluste stellen sich überall dort ein, wo die Stromlinien aus der axialen Richtung abgelenkt werden, sei es durch die Änderung der Wandgeometrie oder seitlicher Zu- oder Abführung von Fluid. Dann wird die Hauptströmung nämlich entweder beschleunigt oder verzögert. Besonders bei verzögerter Bewegung können nicht alle Partikel der mittleren, der für das eindimensionale Strömungsbild massgebenden Geschwindigkeit folgen, sondern werden seitlich von der Hauptströmung weggedrängt. In Gebieten mit starker Richtungsänderung - als Beispiel betrachte man Bild 2.4 - liegen demnach Primär- und Sekundärströmungsgebiete vor. Im Fall des *Diffusors*, also einer Querschnittserweiterung (Bild 2.4a), folgt der Hauptstrom nicht den Wänden, an dessen Unterwasserende kann sich u.U. der Hauptstrom praktisch noch nicht aufgeweitet haben, dagegen liegen beidseitig davon zwei ausgeprägte Zonen von *Strömungsablösung* vor, die dem Hauptstrom beträchtliche Energie entziehen und damit wesentlich zu den örtlichen Verlusten beitragen.

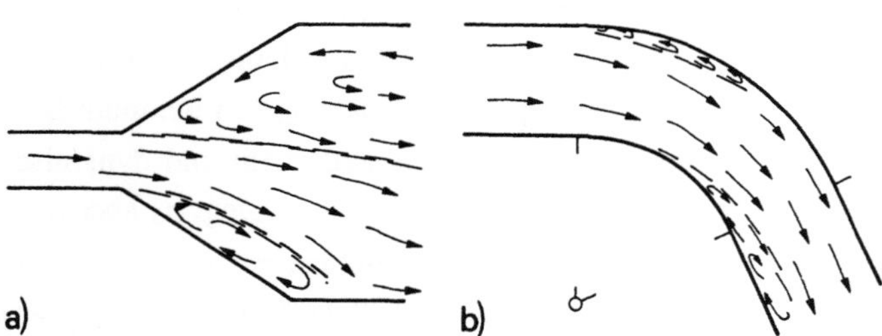

Bild 2.4   Örtliche Verluste a) im Diffusor, b) im Krümmer. Schematische Unterteilung in Primär- und Sekundär-Strömungsgebiete. (---) Schergrenzen.

Beim im Bild 2.4b) dargestellten *Krümmer* können sich genauso verwickelte Vorgänge einstellen. Infolge des zu hohen Druckes an der Krümmeraussenseite folgen Randpartikel dem Primärstrom nicht, sondern werden seitlich abgedrängt in die

Sekundärströmungszone. Weiter im Unterwasser ergibt sich eine analoge Situation an der Krümmerinnenseite, womit sich die wesentlichen Verluste in Krümmern häufig durch Ablösung und nicht durch Umlenkung ergeben (Eck, 1991).

Hydraulische Ablösungsgebiete sind charakterisiert durch hochturbulente Vorgänge, d.h. alle an der Strömung teilnehmenden Parameter haben eine ausgeprägt dynamische Komponente. Nach Reynolds lässt sich ein beliebiger Parameter, beispielsweise der lokale Druck p, darstellen als Summe des *zeitlichen Mittelwertes* $\bar{p}$ und der *turbulenten Schwankungsgrösse* p´. Bei stationärem Abfluss wird dabei verlangt, dass die integrierte Schwankungsgrösse $\int$p´dt über eine genügend lange Zeit gleich Null wird. Die Turbulenzzahl **T** stellt nun das Verhältnis dar zwischen einer festgelegten Druckschwankung p´ (etwa der Standardabweichung) und dem zeitlichen Mittelwert $\bar{p}$, entsprechend beispielsweise $(p'^2)^{1/2}/\bar{p}$, um immer positive Zahlen zu erhalten. Die Turbulenzzahl wird im Bereich der Hauptströmung klein bleiben, im Sekundarströmungsbereich jedoch um Grössenordnungen wachsen. Die Maximalwerte bezüglich Druck oder Geschwindigkeit treten normalerweise an den Schergrenzen auf, also längs den (zeitlich variablen) Grenzlinien oder Grenzflächen zwischen Primär- und Sekundärströmung (Bild 2.4). Die verwickelten Vorgänge im Inneren von Ablösungsgebieten interessieren häufig wenig, wichtiger vom praktischen Standpunkt aus ist die Beantwortung der Frage: Wie lassen sich die Strömungsverluste reduzieren? Um die Antwort darauf zu finden, sind Grundkenntnisse über den Mechanismus der abgelösten Strömung als Voraussetzung zu betrachten. Daneben muss aber auch ein *Mass* für die Strömungsverluste bereitgestellt werden, mit dem verschiedenartige Elemente untereinander verglichen werden können. Deshalb definiert man sogenannte dimensionslose Verlustbeiwerte oder Widerstandswerte.

Bei turbulenten Strömungen, wie sie in der Praxis auftreten, sind Zähigkeitsverluste meistens untergeordnet. Die örtlichen Verluste hängen dann fast nur vom Geschwindigkeitsfeld ab. In Anlehnung an die Gleichung von Bernoulli (1.15) lässt sich die Energiehöhe H darstellen als Summe von statischem und dynamischem Druck $H=(p_s+p_d)/(\rho g)$, wobei p_s senkrecht zur Stromlinienrichtung, p_d aber tangential dazu gemessen wird. Als *dynamischen Druck* bezeichnet man deshalb den Ausdruck $p_d/(\rho g)=V^2/(2g)$. Der Gesamtdruck schliesslich stellt die Summe dar $p_g=p_s+p_d$.

Die lokalen Energieverluste ΔH_L hängen eng zusammen mit dem dynamischen Druck p_d. Falls sich das Fluid nicht bewegt ($p_d=0$), so sind auch keine Verluste zu erwarten. Je höher aber die Geschwindigkeit des Fluids ist, desto grössere Verluste werden festgestellt. Die vorangehende Diskussion zeigt sogar, dass diese Verluste proportional zum dynamischen Druck sind, weshalb man das Verhältnis von Energieverlust und dynamischem Druck als fast konstante Zahl erhält. Man bezeichnet diese Zahl als *Verlustbeiwert*

$$\xi = \Delta H_L / (V_i^2 / 2g) \qquad\qquad (2.23)$$

und V_i als einer wohldefinierten Referenzgeschwindigkeit. In der Praxis wird oft festgestellt, dass:

- entweder Auswertungen vorliegen, bei denen die Bezugsgrösse V_i unzureichend oder gar nicht definiert ist, oder
- Berechnungen durchgeführt werden, bei denen falsche Bezugsgeschwindigkeiten verwendet werden.

Es ist deshalb wichtig, bei allen Angaben von ξ-Werten auch die *Referenzgeschwindigkeit* zu definieren. Zudem soll diese Basisgrösse so gewählt werden, dass keine Probleme bei deren Ermittlung auftreten. Häufig wird V_i einer Nominalgeschwindigkeit gleichgesetzt, beispielsweise dem Mittelwert im Zulauf oder Auslauf des zu untersuchenden Strömungselementes. Zudem bezieht man sich üblicherweise auf den grösseren der beiden Werte, also im Fall des Bildes 2.4a) auf den Zulaufwert. Bei Stromvereinigung stellt V_i normalerweise den Wert im Unterwasser dar, bei Verzweigungen bezieht man sich dagegen auf den Zulaufquerschnitt. Somit bleibt die Referenzgeschwindigkeit immer positiv und grösser als Null.

Weitere Eigenheiten über Verlustbeiwerte erklärt beispielsweise Naudascher (1987). Vorerst weist er auf den engen Zusammenhang hin, der besteht zwischen Verlustbeiwert ξ und Widerstandsbeiwert c_w. Anschliessend wird beispielsweise der *Pfeilerstau bei Brücken* resp. der *Rechenstau* genauer betrachtet. Es werden die Einflüsse erläutert von:
- der Reynoldszahl und der Pfeilerform,
- der Rauheit und der Turbulenz,
- der Sohle und den Pfeilerenden,
- der Wellenbildung und den Bauwerksschwingungen sowie
- der Verbauung und von Nachbarbauten.

In diesem Falle liegt ein umfangreiches Versuchsmaterial vor, das nicht immer verfügbar ist. Zudem ist von der Praxis nicht immer diese Fülle von Datenmaterial verarbeitbar, weshalb im Normalfall *Richtwerte* von ξ vorliegen. Werden für ausgewählte Anordnungen trotzdem vertiefte Informationen verlangt, so sollten Standardwerke wie Richter (1971), Miller (1971, 1978), Idel'cik (1979, 1986), Ward-Smith (1980), Blevins (1984) konsultiert werden. Darin findet sich eine Fülle von Detailmaterial, das hier nicht besprochen werden kann.

In der Folge soll eine Auswahl von Zahlenwerten mitgeteilt werden, die sich auf Standardfälle beziehen und grundsätzlich nur bei *Druckabfluss* gelten. Der Übergang auf Freispiegelabfluss wird unter 2.4 diskutiert. Bei den zu besprechenden Elementen handelt es sich um Krümmer, Verengungen, Erweiterungen, Ein- und Ausläufe, Vereinigungen und Verzweigungen sowie Spezialelemente. Bezüglich der Querschnittsform wird grundsätzlich das *Kreisprofil* betrachtet.

2.3.2 Krümmer

Misst man die Wanddrücke längs eines Kreiskrümmers (engl: circular bend; franz.: coude circulaire), so ergibt sich eine Darstellung nach Bild 2.5. Beidseitig des Elementes besitzt die Drucklinie eine Neigung J_f, die dann längs des Krümmers steiler wird, um S-förmig im Unterwasser wieder in die Neigung J_f überzugehen.

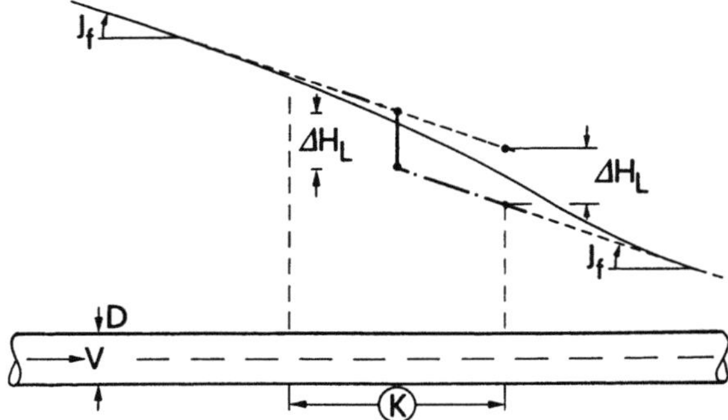

Bild 2.5   (–) Drucklinie entlang eines Kreiskrümmers K, (---) Neigung J_f, (-.-) Berechnungskurve mit lokal konzentriertem Krümmungsverlust ΔH_L.

Die Berechnung des *Energieverlustes* ΔH_L infolge des Krümmers wird nun dahingehend vereinfacht, dass anstelle des verteilten Verlustes dieser örtlich konzentriert als vertikaler Abstand zwischen den ungestörten Energie-, resp. Drucklinien gemessen wird. Bei einer experimentellen Untersuchung wird vorerst der Krümmer nicht berücksichtigt, also die äquivalente Sandrauheit des Rohrmaterials ermittelt, um anschliessend die Werte ΔH_L getrennt zu bestimmen. Bei Berechnungen geht man den umgekehrten Weg. Bezüglich der Reibungsverluste wird die Anwesenheit des Krümmer vorerst ignoriert, es wird also ΔH_R entlang des Rohres berechnet, um anschliessend den örtlichen Verlust nach Gl.(2.1) zu addieren. Dieses Verfahren betrachtet demnach das Verluste erzeugende Element ohne jegliche Längenausdehnung, obwohl aus den Bildern 2.4b) und 2.5 klar hervorgeht, dass sich die wesentliche Verlustbildung nicht längs des Krümmers, sondern erst im Unterwasser desselben einstellt.

Beim Kreisrohr hängt der Verlustbeiwert ξ_k infolge Kreiskrümmers wesentlich ab vom Verhältnis des mittleren Krümmungsradius R zum Rohrdurchmesser D, vom Umlenkungswinkel δ und von der Reynoldszahl $R=VD/\nu$. Bild 2.6 zeigt experimentelle Kurven nach Ito (1960) für eine Reynoldszahl $R\approx10^6$, welche sich also bei einem Durchmesser von rund 1m bei einer Geschwindigkeit von $V=1ms^{-1}$ ergibt. Dabei handelt es sich um Angaben, bei denen der Einfluss des Reibungsverlustes längs der Kurve in die Rechnung einfliesst.

Aus Bild 2.6 geht hervor, dass für jeden Umlenkungswinkel δ ein *minimaler totaler Verlustbeiwert* $\bar{\xi}_{km}$ existiert bei rund R/D=2. Dieses Verhalten widerspiegelt die Tatsache, dass:

- bei kleinem Krümmungsradius R/D die Ablösungszone gross ist und
- bei grossem Krümmungsradius R/D die Reibungseinflüsse dominant werden.

Zwischen diesen beiden Extremen entsteht ein Optimum, welches bei R/D zwischen 2 und 3 liegt. Die in Bild 2.6 dargestellten Kurven sind als Minimalwerte zu betrachten. Wird nämlich die Reynoldszahl R kleiner als 10^6, so ist $\bar{\xi}_k$ mit dem Faktor $(10^6/R)^{1/6}>1$ zu multiplizieren.

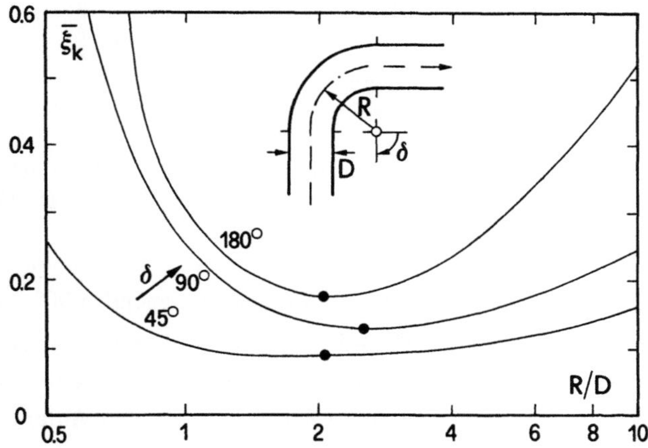

Bild 2.6 Totaler Verlustbeiwert $\xi_k=\Delta H_k/(V^2/2g)$ in Abhängigkeit des relativen Krümmungsradius R/D und des Umlenkwinkels δ für $R\geq10^6$ nach Ito (1960), resp. Blevins (1984). (•) Minimalwert.

Bild 2.7 stellt den eigentlichen *Verlustbeiwert* ξ_k nach Miller (1971) dar. Daraus geht ebenfalls eine optimale Umlenkung R/D zwischen 1 und 3 hervor. Es ist beachtlich, dass bei R/D=2 der Verlustbeiwert ξ_k nie grösser wird als 0.2, sogar bei 180°-Umlenkung. Deshalb sollte in der Praxis der mittlere Krümmungsradius R etwa *doppelt* so gross wie der Rohrdurchmesser gewählt werden. Andererseits geht aus der Darstellung auch die rasche Zunahme der ξ_k-Werte für Umlenkungen über 60° hervor. Als oberste Grenze einer hydraulisch gut ausgebildeten Rohrleitung sollten deshalb Winkel von 90° betrachtet werden.

Bild 2.7 gilt für eine Reynoldszahl von $R=VD/\nu \approx 10^6$. Für andere Reynoldszahlen ist das Verhältnis wie folgt zu korrigieren (Sinniger und Hager 1989)

$$\xi_k / \xi_k(\mathbf{R}=10^6) = \frac{3.7}{lg\mathbf{R}-2.3} \, , \tag{2.24}$$

womit dieses Verhältnis bei $\mathbf{R}=10^6$, also $lg\mathbf{R}=6$ gleich Eins wird.

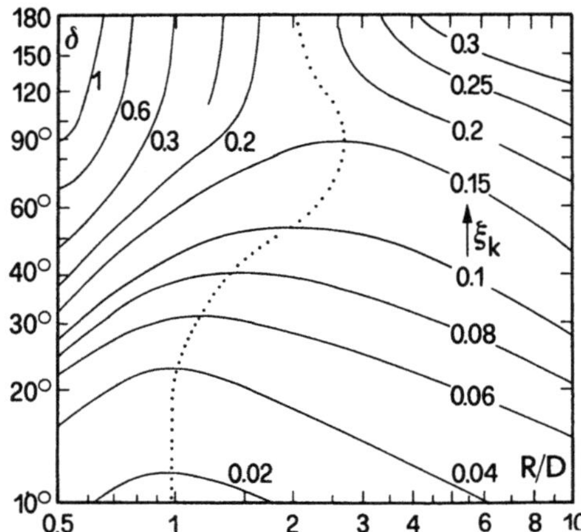

Bild 2.7   Verlustbeiwert ξ_k infolge Rohrkrümmer nach Miller (1971) in Abhängigkeit vom relativen Umlenkungsradius R/D und vom Umlenkungswinkel δ für Kreisprofil bei $\mathbf{R}=10^6$. $(\cdot\cdot\cdot)$ Minimalwerte.

Doppelkrümmer, bestehend aus zwei im Abstand L_k liegenden 90°-Umlenkungen, wurden von Blevins (1984) betrachtet. Das Verhältnis Ξ des totalen ξ_{ktot}-Wertes zur Summe der Einzelwerte $\Sigma\xi_{ki}$ variiert mit der Relativumlenkung R/D und mit dem Relativabstand L_k/D (L_k wird zwischen Ende des ersten und Anfang des zweiten Krümmers gemessen). Für L_k/D>20 darf $\Xi=1$ gesetzt werden, für kleinere Relativabstände gilt jedoch $\Xi<1$, so etwa $\Xi\cong0.85$ für L_k/D=0. Mit der üblichen Annahme $\Xi=1$ werden die Verluste demnach überschätzt. Ebenfalls angegeben sind Zahlenwerte für zwei 90°-Krümmer, welche in zwei verschiedenen Ebenen liegen. Es ist praktisch kein Unterschied mit dem ebenen Doppelkrümmer feststellbar. Tabelle 2.6 gibt Detailangaben.

Tabelle 2.6   Verlustkoeffizient $\Xi=\xi_{ktot}/\Sigma\xi_{ki}$ für zwei hintereinanderliegende 90°-Krümmer a) in einer Ebene, b) in zwei Ebenen.

	R/D	L/D				
		0	4	10	20	30
a)	1.85	0.86	0.72	0.82	0.95	0.96
	3.3	0.84	0.82	0.86	0.96	1.0
	7.5	0.93	0.96	0.97	1.0	1.0
b)	1.85	0.88	0.73	0.86	0.96	0.97
	3.3	0.86	0.81	0.88	0.97	1.0

Kniekrümmer, bei denen also die Umlenkung abrupt erfolgt, können generell nicht empfohlen werden, da schon bei einer Umlenkung von $\delta=40^\circ$ ein Verlustbeiwert von $\xi_k=0.25$ entsteht, bei $\delta=90^\circ$ wird ξ_k schon etwa 1.2, also weit über dem minimalen Verlustbeiwert für Kreisbögen. Sie sind ev. bei untergeordneten Bauwerken angebracht. Eine Reihe weiterer Einzelheiten zu Krümmern stellten Sinniger und Hager (1989) und Hager (1992) zusammen.

2.3.3 Erweiterung

Die Intensität einer Erweiterung (engl: expansion; franz.: expansion) lässt sich durch den Erweiterungswinkel δ und das Flächen-Verhältnis F_1/F_2 beschreiben. Der *Verlustbeiwert* $\xi_e=\Delta H_{12}/(V_1^2/2g)$ wird dabei auf die Zulaufgeschwindigkeit V_1 bezogen (Bild 2.8).

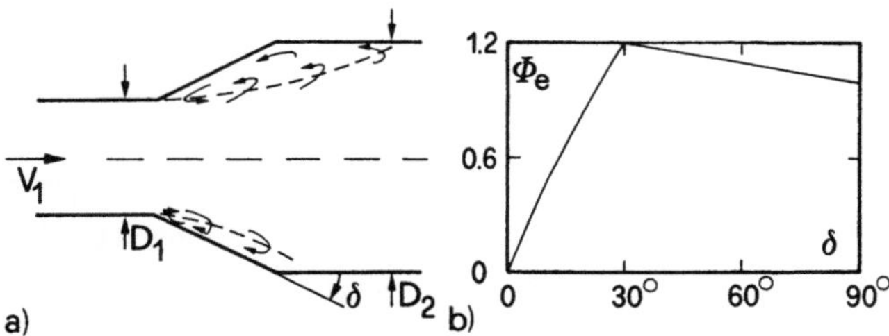

Bild 2.8 Rohrerweiterung, a) Bezeichnung und Fliessstruktur, b) Verlustbeiwert $\xi_e=\Delta H_{12}/(V_1^2/2g)$ in Abhängigkeit vom Erweiterungswinkel δ.

Rohrerweiterungen zeichnen sich aus durch asymmetrisches Strömungsverhalten. Bereits bei einem Durchmesserverhältnis von $D_2/D_1>1.4$ legt sich der Zuflussstrahl an eine der beiden Unterwasserwände an (Bild 2.8a), und es entsteht je nach Erweiterungswinkel, Reynoldszahl und Erweiterungsverhältnis eine oszillierende oder gar eine stabil asymmetrische Strömung. Die Geschwindigkeitsverhältnisse, Ablösungsstrukturen und die sich ergebenden Konsequenzen für *Diffusoren* wurden von Blevins (1984) und Hager (1990) zusammengefasst. Sie sollen hier nicht weiter verfolgt werden.

Hinsichtlich des Erweiterungsverlustes nimmt der *abrupte 90°-Diffusor* eine Sonderstellung ein, da der Verlustbeiwert sich elementar ermitteln lässt. Nimmt man für den auf die Erweiterungsseiten wirkenden Druck den Zulaufwert p_1 an, so folgt mit dem Stützkraftsatz nach Vernachlässigung der Wandreibung der nach Borda und Carnot bezeichnete Ausdruck

$$\xi_{e90^\circ} = \Delta H_{12}/(V_1^2/2g) = [1 - (F_1/F_2)]^2 , \tag{2.25}$$

wobei sich ξ_{e90° auf die Zulaufgeschwindigkeit bezieht. Beim Rohrdiffusor hängt damit der Verlustbeiwert vom Verhältnis der Durchmesser (D_1/D_2) ab.

In Analogie zu diesem Spezialfall stellt man den *Einfluss des Erweiterungswinkels* δ auf ξ_e dar durch

$$\xi_e = \Phi_e(\delta) \cdot \xi_{e90^\circ}. \tag{2.26}$$

Dadurch wird der Verlustbeiwert ξ_e aufgespalten in Anteile, die entweder nur den Winkel δ oder das Flächenverhältnis F_1/F_2 beinhalten. Die Messwerte lassen sich darstellen durch die Beziehung (Sinniger und Hager, 1989)

$$\Phi_e(\delta) = \frac{\delta}{90^\circ} + sin(2\delta), \qquad 0 \le \delta \le 30^\circ; \tag{2.27}$$

$$\Phi_e(\delta) = \frac{5}{4} - \frac{\delta}{360^\circ}, \qquad 30^\circ \le \delta \le 90^\circ. \tag{2.28}$$

Darnach ergibt sich für die Grenzwerte $\Phi_e(\delta=0)=0$ und $\Phi_e(\delta=90^\circ)=1$ (Bild 2.8b). Das Maximum stellt sich beim Erweiterungswinkel $\delta=30^\circ$ ein. Erfahrungsgemäss verhalten sich Erweiterungen mit δ grösser als rund 30° ähnlich. Einsparungen an Verlusten lassen sich demnach nur bei ganz kleinen Erweiterungswinkeln ($\delta<10^\circ$) erzielen. Maximal kann der ξ_e-Wert also rd. 1 werden, d.h. die gesamte Zulauf-Geschwindigkeitshöhe $V_1^2/(2g)$ wird dann vollständig dissipiert.

Der *Rohrauslauf* kann als Spezialfall einer Erweiterung betrachtet werden. Dann strömt das Wasser beispielsweise in ein Becken oder in einen See, das Erweiterungsverhältnis beträgt also $F_1/F_2 \rightarrow 0$. Nach Gl.(2.25) wird also $\xi_{e90^\circ}=1$ und für den Verlustbeiwert folgt $\xi_e=\Phi_e(\delta)$. Üblicherweise ist $\delta>30^\circ$, also wird an einer Erweiterung mit grosser Unterwasserfläche alle kinetische Energie dissipiert.

Es bleibt zu beachten, dass die oben abgeleiteten Beziehungen nur für den Fall einer Wasserströmung in Wasser gelten. Für Ausflüsse von Wasser in Luft in der Form eines kompakten Ausflussstrahles ist der Verlust praktisch Null. Weitere Angaben über Rohrerweiterungen mit einschlägigen Literaturhinweisen sind ebenfalls Sinniger und Hager (1989) zu entnehmen.

2.3.4 Verengung

Obwohl die Verengung (engl.: contraction; franz.: contraction) geometrisch durch Umkehrung der Fliessrichtung in einer Rohrerweiterung erzielt wird, sind infolge der Ablösungsstruktur grundsätzlich verschiedene Strömungen in den beiden Rohrelementen zu erwarten. Wie in Bild 2.9 schematisch dargestellt ist, erfährt die Strömung durch die scharfkantig ausgeführte Verengung eine zusätzliche Kontraktion K und dehnt sich im Unterwasser auf den vollen Querschnitt F_2 aus. Bekanntlich ergibt sich oberhalb der Kontraktionen eine nahezu verlustfreie Strömung, weshalb die sich bei der Verengung einstellenden Strömungsverluste eindeutig der der Kontraktion folgenden *Strömungserweiterung* zugeschrieben werden müssen. Die Kontraktion wird wesentlich beeinflusst durch den Verengungswinkel δ und das Flächenverhältnis $\phi = F_2/F_1 < 1$.

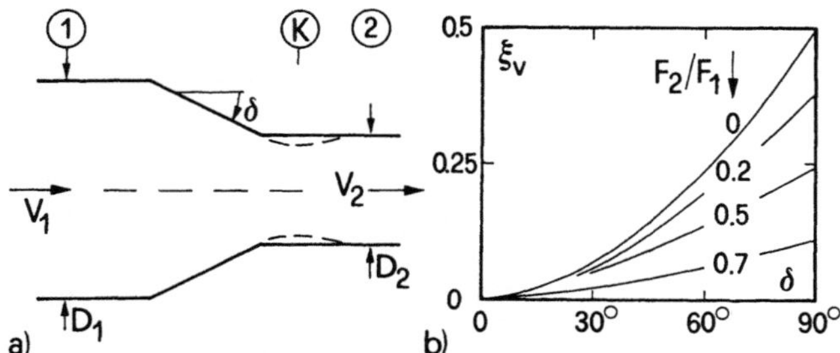

Bild 2.9 Rohrverengung a) Bezeichnungen und Fliessstruktur, b) Verlustbeiwert $\xi_v = \Delta H_{12}/(V_2^2/2g)$ in Abhängigkeit vom Verengungswinkel δ für verschiedene Flächenverhältnisse $\phi = F_2/F_1$ nach Gardel (1962).

Über Rohrverengungen liegen einige experimentelle Untersuchungen vor, insbesondere jene von Gardel (1962). Seine aus Versuchen abgeleitete Beziehung für den Verlustbeiwert ξ_v lässt sich vereinfachen auf

$$\xi_v = \Delta H_{12}/(V_2^2/2g) = \frac{1}{2}(1 - \phi)(\delta/90^\circ)^{1.83(1-\phi)^{0.4}}. \qquad (2.29)$$

Daraus wird ersichtlich, dass der Verengungs-Verlustbeiwert immer kleiner ist als der entsprechende Erweiterungsbeiwert. Zudem nimmt ξ_v wesentlich zu mit dem Verengungswinkel δ; hier zahlt sich demnach die Verengung unter $\delta < 30^\circ$ verlustmässig aus. Für $\delta = 90^\circ$ wird $\xi_v = (1-\phi)/2$, d.h. der Verlust nimmt linear mit dem Verengungsverhältnis zu. Weitere Angaben dazu teilen Benedict, et al. (1966) mit.

Ein *Rohreinlauf* (engl.: conduit inlet; franz.: entrée de conduite) kann als Spezialfall der Verengung betrachtet werden, für den das Verhältnis ϕ gegen Null strebt. Dann folgt aus Gl.(2.29) für $\xi_v(\phi=0) = \frac{1}{2}(\delta/90^\circ)^{1.83}$, also für den üblichen Fall $\delta = 90^\circ$ der Wert $\xi_v = 0.5$. Bei einem scharfkantigen Rohreinlauf fällt demnach die halbe Geschwindigkeitshöhe $(1/2)[V_2^2/2g]$ als Verlusthöhe an. Dieser bei höheren Rohrgeschwindigkeiten beträchtliche Wert lässt sich durch *Ausrundung* mit dem Radius r_v beträchtlich senken. Die von Idel´cik (1979) publizierten Messungen lassen sich annähern durch

$$\xi_v = \frac{1}{2}\,exp(-15r_v/D). \qquad (2.30)$$

Nach Bild 2.10b) nimmt der Verlustbeiwert ξ_v stark ab mit der Vergrösserung des Ausrundungsradius r_v. Vergleicht man Gl.(2.30) mit Angaben von Knapp (1960), so darf angenommen werden, dass für $r_v/D > 1/6$ praktisch keine Einlaufverluste mehr auftreten. Dann nämlich besteht fast keine Druckdifferenz mehr zwischen Rohrachse und Wandstromlinie. Die Ausrundung von scharfen Kanten zahlt sich hier hydraulisch also stark aus, dafür ist der Ablösepunkt nicht mehr eindeutig definiert und das Übergangsstück ist teurer.

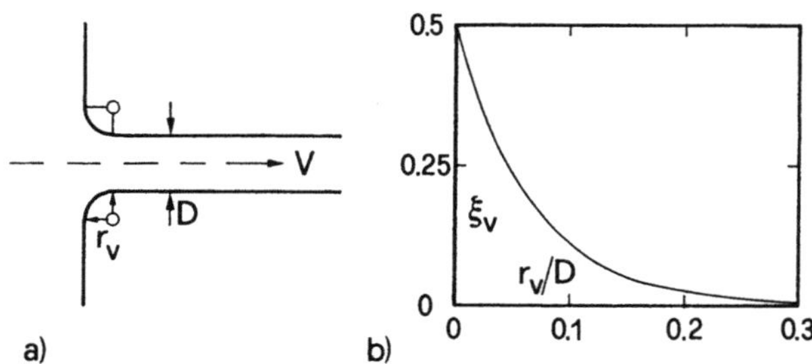

Bild 2.10 Ausgerundeter Rohreinlauf a) Bezeichnungen, b) Verlustbeiwert $\xi_v = \Delta H_v/(V^2/2g)$ in Abhängigkeit des relativen Ausrundungsradius r_v/D.

2.3.5 Rohrvereinigung

In Rohrleitungssystemen treten Vereinigungen und Trennungen (vergl. 2.3.6) häufig auf, zudem sind die Verlustbeiwerte teilweise recht hoch. Deshalb ist es wichtig, auf diese Zahlenwerte einzugehen.

Bild 2.11a) zeigt die Definitionsskizze für die Rohrvereinigung. Grundsätzlich wird unterschieden zwischen dem Oberwasserstrang (Indizes "o") und dem Zulaufstrang (Indizes "z"). Die Vereinigungswinkel sind entsprechend δ_o und δ_z, die Querschnittsflächen F_o und F_z. Um das Durchflussverhältnis immer zwischen Null und Eins zu erhalten, wird der Durchfluss auf Q_u bezogen. Mit $q = Q_z/Q_u$ bezeichnet man demnach den relativen Zufluss, und es ergibt sich also $Q_o = Q_u - Q_z = Q_u(1-q)$. Für die Flächenverhältnisse bezieht man sich ebenfalls auf den Unterwasserquerschnitt, womit

$$m = F_z/F_u \ , \quad n = F_o/F_u \ , \quad q = Q_z/Q_u \ . \tag{2.31}$$

Als *Verlustbeiwerte* definiert man für den Zulauf- und den Oberwasserstrang

$$\xi_z = \frac{H_z - H_u}{V_u^2/2g} \ , \quad \xi_o = \frac{H_o - H_u}{V_u^2/2g} \ . \tag{2.32}$$

Beide Werte sind auf die Unterwasser-Geschwindigkeit $V_u > 0$ bezogen.

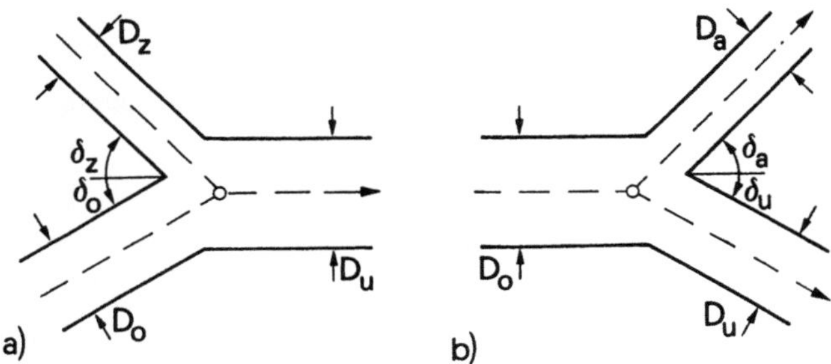

Bild 2.11 Schematische Darstellung und Bezeichnungen a) Rohrvereinigung, b) Rohrtrennung.

Rohrvereinigungen (engl.: conduit junction; franz.: jonction de conduite) lassen sich durch zusätzliche Annahmen hinsichtlich der Druckverteilung mit dem Impulssatz berechnen. Vischer (1958) erhält dann für die mit *scharfen Kanten* ausgebildete Vereinigung

$$\xi_z = 1 - 2m^{-1} q^2 \cos\delta_z - 2n^{-1} (1-q)^2 \cos\delta_o + (m^{-1}q)^2, \tag{2.33}$$

$$\xi_o = 1 - 2m^{-1} q^2 \cos\delta_z - 2n^{-1} (1-q)^2 \cos\delta_o + [n^{-1}(1-q)]^2. \tag{2.34}$$

Diese beiden Beziehungen unterscheiden sich nur im letzten Term. Die Verlustbeiwerte hängen ab von den fünf unabhängigen Parametern δ_o, δ_z, m, n und q. Häufig treten jedoch *Spezialfälle* auf, beispielsweise n=1 ($F_o=F_u$) und $\delta=0$ (gerader durchgehender Strang). Dann erhält man die Resultate von Favre (1937)

$$\xi_z = -1 + 4q + (m^{-2} - 2m^{-1} \cos\delta_z - 2)q^2, \tag{2.35}$$

$$\xi_o = q\,[2 - (1 + 2m^{-1} \cos\delta_z)q]. \tag{2.36}$$

Diese Beziehungen sind ebenfalls von Idel'cik (1986) übernommen worden. Die Auswertung der Gln.(2.33) und (2.34) zeigt, dass der Einfluss des Vereinigungswinkels δ_z sowohl auf ξ_o als auch auf ξ_z recht klein ist. Bild 2.12 zeigt Darstellungen für $\delta_z=45°$, die nur wenig Änderungen für andere Winkel δ_z erfahren. Daraus geht der grosse Einfluss der beiden verbleibenden Parameter m und n auf ξ_o und ξ_z hervor. Mit Ausnahme von kleinen Werten von q ist ξ_z immer positiv, d.h. die Energiehöhe des seitlich zulaufenden Stranges ist bei grossem Seitenzufluss immer grösser als die Unterwasser-Energiehöhe H_u. Umgekehrt dazu ist ξ_o praktisch bei allen grossen Werten von q negativ, d.h. Wasser im Oberwasserstrang wird durch den zufliessenden Strang - ähnlich wie bei

Strahlpumpen - angesogen. Deshalb ergibt sich für den Oberwasserstrang ein mechanischer Energiegewinn, was einem negativen Verlustbeiwert ξ_0 entspricht. Der gesamte Energiehaushalt, also die Summe von Oberwasser- und Seitenstrang, ist natürlich immer grösser als die Energie im Unterwasserstrang.

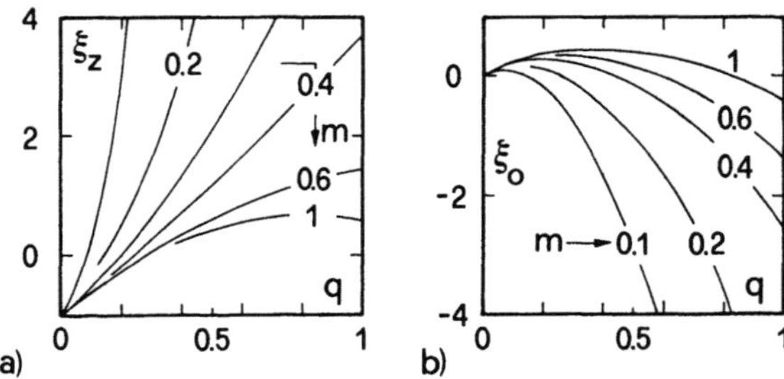

Bild 2.12 Verlustbeiwert in Rohrvereinigungen bei $\delta_z=45°$ und $\delta_0=0$ für a) seitlichen Zulaufstrang ξ_z und b) Oberwasserstrang ξ_0 in Abhängigkeit vom Durchflussverhältnis $q=Q_z/Q_u$ für verschiedene Flächenverhältnisse $m=F_z/F_u$ bei n=1.

Von praktischem Interesse sind Vereinigungen, bei denen minimale Energieverluste auftreten. Abgesehen vom Fall mit $\delta_0 \rightarrow 0$ und $\delta_z \rightarrow 0$, bei dem also die beiden Zulaufstränge möglichst ohne Querkomponente auf den Hauptstrom treffen, sind Ausdrücke für *optimale Flächenverhältnisse* (Vischer, 1958)

$$m_{opt} = q/cos\delta_z, \quad n_{opt} = (1-q)/cos\delta_0. \tag{2.37}$$

Diese Beziehungen drücken aus, dass die auf das Unterwasserrohr projizierten Flächen F_0 und F_z entsprechend der Mengenverteilung auszuführen sind. Bei variablem Durchflussverhältnis q ist das Optimum für den Bemessungsfall anzustreben. Um grundsätzlich kleine Verlustbeiwerte zu erzielen, sind die Geschwindigkeiten der drei Stränge anzugleichen und die scharfen Kanten durch *Ausrundungen* zu brechen. Weitere Resultate lassen sich aus den umfangreichen Messungen von Gardel (1957) sowie Gardel und Rechsteiner (1970) ableiten. Ito (1973) fasst die Literatur dazu zusammen und gibt Bemessungsgleichungen an. Die Verlustbeiwerte in ausgerundeten Vereinigungen werden zudem in 16.2.2 vorgestellt.

2.3.6 Rohrverzweigung

Während die Rohrvereinigung ähnliche Fliessstrukturen wie die Rohrverengung aufweist und demnach elementar berechenbar bleibt, ist die Trennung analog zu einer Rohrerweiterung. Beide Elemente werden durch *Ablösungen* der Strömung von den Wänden beherrscht, die sich bei Geschwindigkeitsabnahme noch verstärken.

Bezeichnet man den Oberwasserstrang mit Index "o", den seitlichen Ablauf mit "a" und den Unterwasserstrang mit Index "d" (durchgehend), so definiert man analog zur Vereinigung die Verlustbeiwerte (Bild 2.11b)

$$\xi_a = \frac{H_o-H_a}{V_o^2/2g} \;,\quad \xi_d = \frac{H_o-H_d}{V_o^2/2g} \;. \tag{2.38}$$

Sie sind demnach auf die immer grösser als Null bleibende Zuflussgeschwindigkeit V_o bezogen. Unter Annahme einer plausiblen Verteilung des seitlichen Verzweigungswinkels δ_a berechnet Hager (1984) für den Fall $A_o{=}A_a{=}A_d$ und $\delta_d{=}0$ mit $\bar{q}= Q_a/Q_o$

$$\xi_a = 1 - 2\bar{q}\, cos\left(\frac{3}{4}\,\delta_a\right) + \bar{q}^2 \;, \tag{2.39}$$

$$\xi_d = \frac{4}{5}\,\bar{q}\,(\bar{q}-\frac{1}{2}) \;. \tag{2.40}$$

Idel'cik (1979) behandelt neben vielen weiteren Konfigurationen den Fall $\delta_d{=}0$ und $F_a{+}F_d{=}F_o$, d.h. *flächengleiche Querschnitte* der in die Trennung ein- und austretenden Stränge. Bezeichnen

$$\mu_a = V_a/V_o,\quad \mu_d = V_d/V_o \tag{2.41}$$

die Geschwindigkeitsverhältnisse, so gilt näherungsweise

$$\xi_a = 1 - 2\,cos\delta_a\,\mu_a + (1 - sin^3\delta_a)\,\mu_a^2, \tag{2.42}$$

$$\xi_d = (1 + \mu_d)\,(1 - \mu_d)^2. \tag{2.43}$$

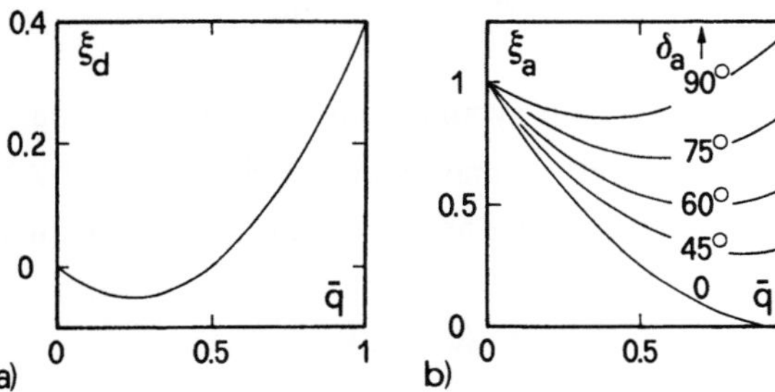

Bild 2.13 Verlustbeiwerte bei der Rohrverzweigung mit $\delta_d{=}0$ und $F_o{=}F_a{=}F_d$, a) durchgehender Strang und b) abgehender Strang in Abhängigkeit vom Durchflussverhältnis $\bar{q}{=}Q_a/Q_o$ und vom Verzweigungswinkel δ_a.

Allgemein lässt sich feststellen, dass der Verlustbeiwert ξ_d des durchgehenden Stranges unabhängig ist vom Abzweigwinkel δ_a. Weiterhin gilt bei kleinem relativen Abzweigdurchfluss q«1 für ξ_a nahezu Eins. Fliesst also nahezu alle Flüssigkeit in den Unterwasserkanal, so wird im Abzweigkanal die Geschwindigkeitshöhe des Zuflusskanals dissipiert. Der Einfluss von Ausrundungen ist auch hier beträchtlich und wurde von Idel´cik ausführlich untersucht.

2.3.7 Y-Stück

Unter einem Y-Stück versteht man die symmetrische Vereinigung oder Verzweigung nach Bild 2.14. Bei einem T-Stück stehen die Zulaufstücke senkrecht auf dem Ablaufstück. In der Folge soll dem Fall $\delta_z=\delta_0$, resp. $\delta_a=\delta_d$ mit erstens überall gleichem Querschnitt und zweitens mit gleicher Zuström- wie Abströmfläche Aufmerksamkeit geschenkt werden. Die entsprechenden Informationen sind Miller (1978) entnommen.

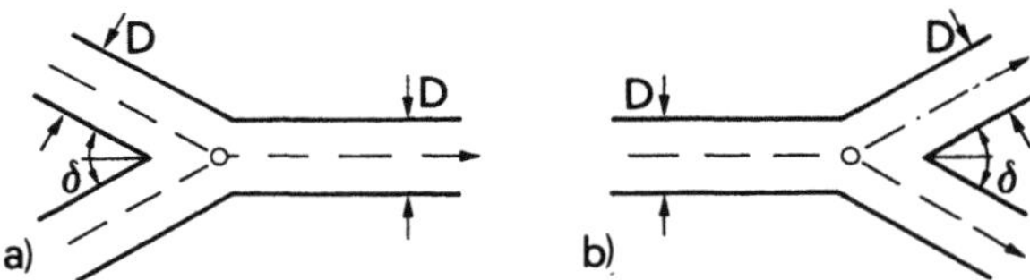

Bild 2.14   Y-Stücke als a) Vereinigung und b) Verzweigung.

Hinsichtlich der *Stromvereinigung* in T-Stücken können die Resultate von Idel'cik (1979) betrachtet werden. Bezeichnet $\xi_{Tv}=\Delta H_{Tv}/(V_u^2/2g)$ den auf die Ablaufgeschwindigkeit bezogenen Verlustbeiwert, $q_z=Q_z/Q_u$ das Durchflussverhältnis und $\phi=F_u/F_z$ das Flächenverhältnis des Unterwasserstranges und des seitlich zukommenden Stranges, so gilt für $\delta_z=90°$

$$\xi_{Tv} = 1 + \phi^2 + 3\phi^2(q_z^2 - q_z) \, . \tag{2.44}$$

Die Kurven $\xi_{Tv}(\phi)$ sind deshalb symmetrisch bezüglich dem optimalen Verhältnis $q_z=0.5$, und der Verlustbeiwert ist immer grösser als eins (Bild 2.15a). Er lässt sich beträchtlich reduzieren durch Einbau einer *Trennwand* (Bild 2.15b) und beträgt dann

$$\xi_{Tvo} = 7(q_z - 0.4) \, . \tag{2.45}$$

Der Verlustbeiwert des anderen Stranges ermittelt sich durch das entsprechende Durchflussverhältnis.

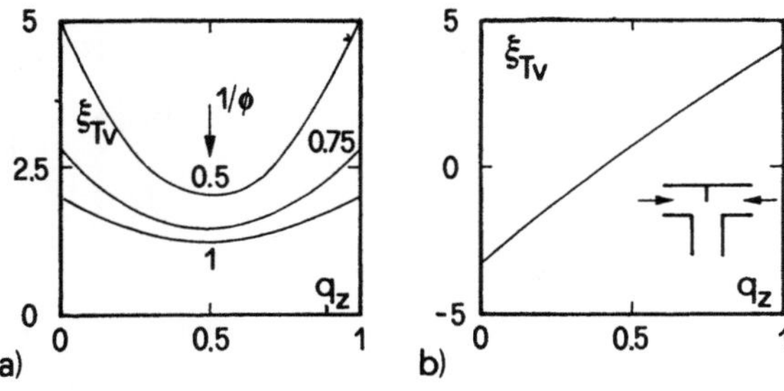

Bild 2.15 Vereinigung im T-Stück, $\xi_{TV}=\Delta H/(V_u^2/2g)$ in Abhängigkeit des Mengen-verhältnisses $q_z=Q_z/Q_u$ und des Flächenverhältnisses $1/\phi=F_z/F_u$ für $\delta_z=90°$. a) ohne Trennwand, b) mit Trennwand.

Die *Stromtrennung* in Y-Stücken wurde von Miller (1978) untersucht. Bild 2.16 zeigt experimentelle Resultate sowohl für identische Querschnitte in allen drei Strängen als auch für gleiche Querschnitte des zukommenden und der abgehenden Querschnitte. Um die Verluste im Rahmen zu halten, sollte der Trennungswinkel kleiner als 60° sein, und es sind möglichst symmetrisch Fliesszustände anzustreben.

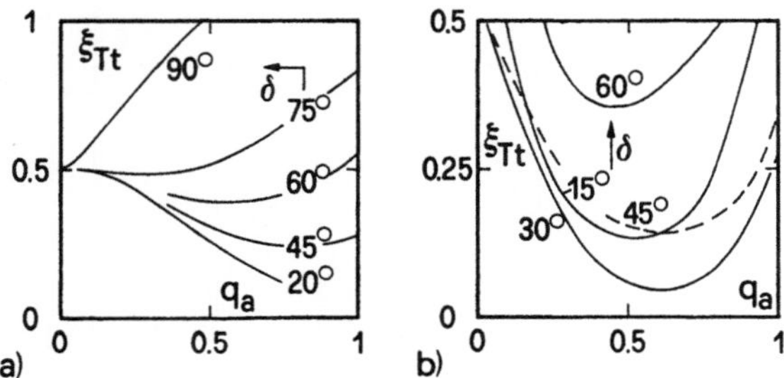

Bild 2.16 Verzweigung im Y-Stück, $\xi_{Tt}=\Delta H_{Tt}/(V^2/2g)$ in Abhängigkeit des Durch-flussverhältnisses $q_a=Q_a/Q_o$ für verschiedene Trennungswinkel δ (Miller, 1978). a) identische Querschnitte, b) gleiche Querschnitte des zukommenden und der abgehenden Stränge.

2.3.8 Rechen

Bild 2.17a) zeigt einen Rechen (engl: rack; franz.: grille), welcher einen Anstellwinkel δ_{Re} besitzt. Die Zuflussgeschwindigkeit beträgt V_o, der 'Rechenverlust' ist ΔH_{Re}. Der auf die Zuflussgeschwindigkeit V_o bezogene Verlustbeiwert lässt sich darstellen durch (Sinniger und Hager, 1989)

$$\xi_{Re} = \beta_{Re}\,\zeta_{Re}c_{Re}sin\delta_{Re} \tag{2.46}$$

mit β_{Re} als Rechenkoeffizient nach Bild 2.18. Darin bedeuten $\bar{a}$ die lichte Rechenweite und $\bar{b}$ den Rechenabstand. $\bar{L}$ ist die Rechenlänge und $\bar{d}$ die Rechenstärke.

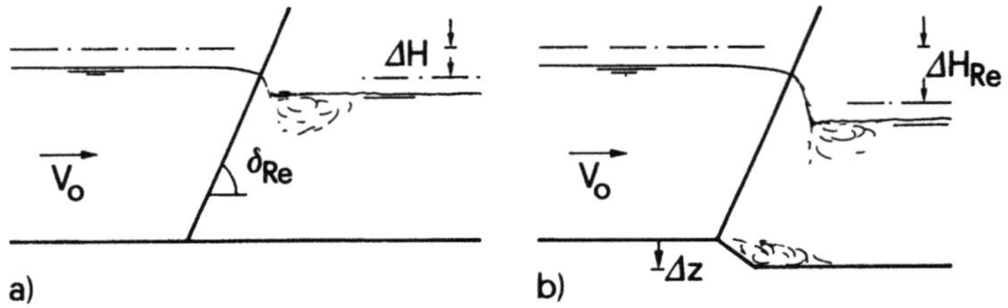

Bild 2.17 Rechen (schematisch) im Freispiegelkanal a) ohne und b) mit Bodenabsatz.

Für den freigelegten Rechen gilt $c_{Re}=1$, für den mechanisch gereinigten Rechen schwankt c_{Re} zwischen 1.1 und 1.3 und bei manueller Rechenreinigung ist c_{Re} zwischen 1.5 und 2 anzunehmen. Die Rechenbeiwerte β_{Re} lassen sich aus Tabelle 2.3 entnehmen. Durch den Beiwert ζ_{Re} lässt sich die Rechengeometrie berücksichtigen (Idel'cik, 1979). Üblicherweise beträgt ζ_{Re} rund 1. Nachfolgend wird ein vereinfachtes Verfahren vorgestellt.

Tab.2.7   Rechenbeiwert β_{Re} in Abhängigkeit der Rechengeometrie nach Bild 2.18.

Typ	1	2	3	4	5	6	7
β_{Re}	1	0.76	0.76	0.43	0.37	0.30	0.74

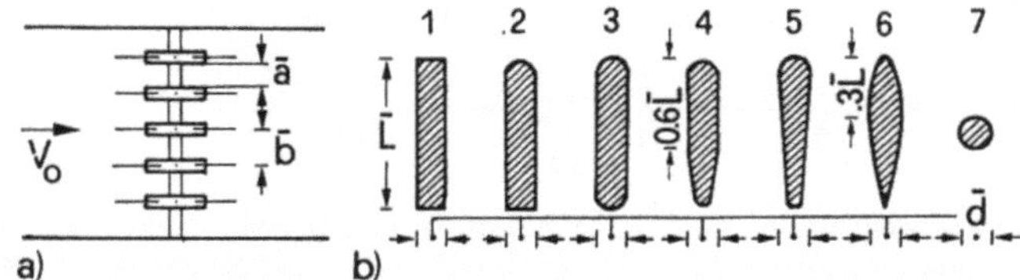

Bild 2.18   a) Grundriss des Rechens und b) Rechenstabtypen.

Gl.(2.46) lässt sich vereinfachen, falls das Verhältnis $\bar{L}/\bar{d}$ etwa gleich 5 ist, und die Bedingung $\bar{a}/\bar{b}>0.5$ erfüllt, der Stab also 'schlank' ist. Dann gilt nach Idel'cik (1979)

$$\zeta_{Re} = \frac{7}{3}\beta_{Re}c_{Re}\left[\frac{\bar{b}}{\bar{a}} - 1\right]^{4/3} sin\delta_{Re}. \qquad (2.47)$$

Für *Überschlagsberechnungen* bei einer üblichen Anströmungsgeschwindigkeit von rd. 1ms^{-1} wird häufig ein Rechenverlust von 5cm bei maschineller und max. 10cm bei manueller Reinigung pauschal veranschlagt. Um diese Verlusthöhe $\Delta H_{Re}=\xi_{Re}V_0^2/2g$ zu kompensieren, wird die Sohle oft um die Höhe $\Delta z=\Delta H_{Re}$ im Unterwasser des Rechens abgesenkt (Bild 2.17b).

2.3.9 Plattenschieber

Plattenschieber (engl.: slider; franz.: tiroir) in Druckrohren treten recht häufig als Absperr- oder Regulierorgane auf. Bild 2.19 zeigt drei häufig vorkommende Varianten mit a) gerader und b) halbkreisförmiger Abschlusskante vom Radius R_s sowie c) mit Leitrohr. Der Rohrdurchmesser sei D und die Axialöffnungshöhe s. Ferner sei r_v der Ausrundungsradius und t_p die Plattenstärke (Bild 2.19d).

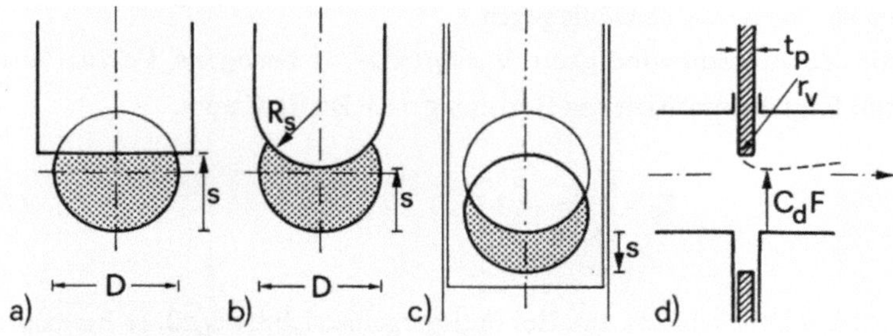

Bild 2.19 Plattenschieber, Bezeichnungen.

In der Folge soll der übliche Schieber im Kreisprofil mit der Querschnittsfläche $F_0=\pi D^2/4$ und mit halbkreisförmiger Kante von $2R_s/D \cong 1.2$ betrachtet werden. Näherungsweise gilt dann für die Beziehung zwischen der relativen Querschnittsfläche F/F_0 und dem Plattenschieberöffnungsgrad $S=s/D$

$$\text{gerade Abschlusskante} \qquad F/F_0 = 1.70S^{3/2}\left[1 - \frac{1}{4}S - \frac{4}{25}S^2\right], \qquad (2.48)$$

$$\text{halbkreisförmige Abschlusskante} \qquad F/F_0 = 1.20S\left[1 - \frac{1}{6}S^3\right], \qquad (2.49)$$

$$\text{mit Leitrohr} \qquad F/F_0 = S^{4/3}. \qquad (2.50)$$

Modellversuche von Schedelberger (1975) zeigen, dass der Kontraktionsbeiwert C_d (Bild 2.19d), resp. der Verlustbeiwert ξ_p, nur vom Kantenausrundungsradius r_v und vom Flächenverhältnis $\phi=F/F_0$ abhängt. Dagegen konnte kein Einfluss weder der Schieberplattendicke t_p/D, der Schieberplattenform noch der Reynoldszahl $R=V_0D/\nu$ im

Zulaufrohr eruiert werden. Die Messresultate lassen sich darstellen durch den Minimalwert

$$C_{do} = 0.61 + \frac{2}{3}\rho_p^{1/2} \,, \qquad (2.51)$$

wobei $\rho_p = r_v/D < 0.2$ dem Ausrundungsgrad entspricht. Für $\rho_p = 0$ erhält man den
Basiswert 0.61. Die Abhängigkeit des *Durchflussbeiwertes* C_d vom Flächenverhältnis ϕ
folgt der Beziehung

$$C_d = C_{do} + 0.73\left[\phi - \frac{2}{3}\rho_p^{1/7}\right]^2 \qquad (2.52)$$

Für $\phi = 1$ streben alle Werte C_d ebenfalls gegen 1.

Der auf die Zulaufgeschwindigkeit $V_o = Q/(\pi D^2/4)$ bezogene *Verlustbeiwert*
$\xi_p = \Delta H/[V_o^2/(2g)]$ folgt der modifizierten Beziehung nach Borda-Carnot

$$\xi_p = \left[\frac{1}{C_d\phi} - 1\right]^2 . \qquad (2.53)$$

Er stellt sich nur bei Druckabfluss ein. Bei Freispiegelbetrieb ist $\xi_p \cong 0$, es herrscht also
näherungsweise eine Potentialströmung und der *Durchfluss* Q ist mit Gl.(2.52)

$$Q = C_d F[2g(h_o - h_u)]^{1/2} \qquad (2.54)$$

mit h_o als Zulaufdruckhöhe und h_u als mittlere Unterwassertiefe. Häufig darf h_u
gegenüber h_o vernachlässigt werden. Eine alternative Ableitung findet sich in Kap.4.

2.4 Diskussion der Resultate

Die bisherigen Untersuchungen bezüglich örtlicher Verluste beziehen sich vornehmlich auf *Druckkanäle*. Dadurch wird der Einfluss der freien Oberfläche eliminiert, wie
noch diskutiert wird; es handelt sich also um den Spezialfall bei dem die Froudezahl
(Kap.6) gegen Null strebt.

Die vorliegenden Resultate beziehen sich nur auf die wichtigsten Fälle, es liegt jedoch
hinsichtlich Verlustbeiwerte ein riesiges Datenmaterial vor, welches beispielsweise von
Idel´cik (1979) oder Blevins (1984) übersichtlich zusammengestellt ist. Von den hier
erwähnten Strömungselementen lassen sich gewisse nur mit Druckrohren ausführen, die
Mehrzahl kann aber sowohl unter Druck wie auch im *Freispiegelkanal* betrieben werden.

Beispielsweise trifft man in der Kanalisationstechnik Krümmer oder Vereinigungselemente häufiger in Freispiegelkanälen als in Druckrohren an. Andererseits liegt aber hinsichtlich des experimentellen Datenmaterials der Schwerpunkt bei Druckrohren, während sich nur verhältnismässig wenige Untersuchungen mit offenen Kanälen befassen. Es stellt sich die Frage, ob die Vielzahl der in Druckrohren gemessenen Zahlenwerte auf Freispiegelkanäle übertragbar sind, und falls ja, wo Grenzen zu setzten wären.

Um diese Frage zu beantworten, soll vorerst die Gleichung der Drucklinie, resp. des Wasserspiegels in geschlossenen und offenen Kanälen aufgestellt werden. Es bezeichne J_E das Energieliniengefälle und J_S das Gefälle der Rohrachse, resp. der Kanalsohle. Mit $h_p=p/(\rho g)$ als Druckhöhe gilt dann für das *Druckrohr* an der Stelle $x=x_*$ (Bild 2.20)

$$H = h_p + \frac{V^2}{2g}, \quad \frac{dH}{dx} = J_s - J_E \tag{2.55}$$

und für den *Freispiegelkanal* mit der Wassertiefe h

$$H = h + \frac{V^2}{2g}, \quad \frac{dH}{dx} = J_s - J_E. \tag{2.56}$$

Hinsichtlich der *Querschnittsfläche* F gilt für das Druckrohr F=F(x), deren Variation längs der Fliessrichtung ist demnach möglich (Bild 2.20a), während bei Freispiegelkanälen der Querschnitt sowohl mit der Wassertiefe h an einem Querschnitt $x=x_*$, als auch in Längsrichtung variabel sein kann, also durch F=F(x,h) auszudrücken ist. Setzt man für die Geschwindigkeit V=Q/F in die Gln.(2.55) und (2.56) ein und leitet diese nach x ab, so folgt bei konstantem Durchfluss Q für das *Druckrohr*

$$\frac{dh_p}{dx} - \frac{Q^2}{gF^3}\frac{dF}{dx} = J_s - J_E \tag{2.57}$$

und für den Freispiegelkanal

$$\frac{dh}{dx} - \frac{Q^2}{gF^3}\frac{dF}{dx} = J_s - J_E. \tag{2.58}$$

Gl.(2.57) lässt sich nun bei Vorgabe der Rohrgeometrie - also der Flächenfunktion F(x), der Achsneigung $J_s(x)$ - sowie bei Kenntnis des Durchflusses Q und des Reibungsgesetzes J_E auf den lokalen Verlauf der Druckhöhe $h_p(x)$ lösen. Im Gegensatz dazu lässt sich Gl.(2.58) noch weiter entwickeln, falls man bedenkt, dass die *totale Ableitung* einer Funktion der Art F=F(x,h) gleich ist

$$\frac{dF}{dx} = \frac{\partial F}{\partial x} + \frac{\partial F}{\partial h} \cdot \frac{dh}{dx}; \qquad\qquad (2.59)$$

dementsprechend folgt anstelle der Gl.(2.58) für

$$\frac{dh}{dx}[1 - F^2] - \frac{Q^2}{gF^3}\frac{\partial F}{\partial x} = J_S - J_E. \qquad\qquad (2.60)$$

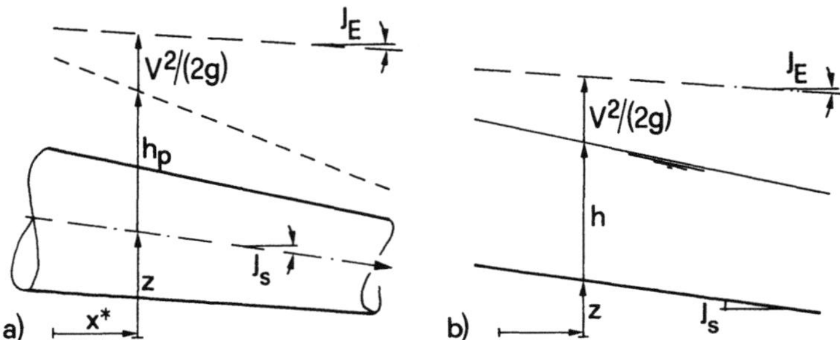

Bild 2.20   Vergleich zwischen Abfluss in a) Druckrohr und b) Freispiegelkanal.

Der Vergleich von Gl.(2.57) mit Gl.(2.60) zeigt, dass der Druckabfluss und die Freispiegelströmung identisch sind bei $F^2=Q^2/(gF^3)\cdot(\partial F/\partial h)=0$, also wenn die *Froudezahl* (Kap.6) gleich Null wird. Wie in Kapitel 6 besprochen wird, charakterisiert die Kennzahl F die Abflussdynamik. Aus den vorangehenden Ableitungen geht nun eindeutig hervor, dass Druckabfluss einen Spezialfall der Freispiegelströmung darstellt, dass also die Verlustbeiwerte in offenen Kanälen übernommen werden können, falls die Froudezahl klein bleibt. Die oberste Grenze der Übertragung stellt **F=1** - also sogenannt kritischer Abfluss - dar, da dann der Druckterm in Gl.(2.60) vollständig verschwindet. In der Praxis darf das Konzept der Übertragung von Verlustbeiwerten auf Freispiegelkanäle angewandt werden bis rund **F=0.7**, darüber hinaus treten auf jeden Fall Zusatzeffekte infolge Stromlinienkrümmung in der Form von *stehenden Oberflächenwellen* auf, die das vereinfachte Konzept vollständig modifizieren.

Die vorangegangene Aussage, nach der Verlustbeiwerte sowohl für Druckrohre wie auch strömende Kanalabflüsse angewendet werden dürfen, ist von grosser Tragweite. Wäre dem nicht so, dann müssten viel umfangreichere Versuchsserien ausgeführt werden mit dem zusätzlichen Parameter **F**. Verschiedene Ansätze deuten auf das Konzept der Übertragbarkeit von Verlustbeiwerten hin. In der Praxis wurde dieser Berechnungsgang hauptsächlich in Ermangelung anderer Grundlagen schon lange angewandt. Ein strenger

Nachweis fehlt bis heute jedoch. Ist man sich aber des *Übertragungsprinzips* von Druck-auf Freispiegelströmungen bewusst, so lassen sich daraus oft genügend genaue Angaben ableiten. Es ist an ausgewählten Beispielen wie an der Vereinigungsströmung (Kap.16) verifiziert worden.

An dieser Stelle darf deshalb ein weiterer Vorschlag eingeführt werden, der die nachfolgenden Berechnungen wesentlich vereinfacht. Ausgehend vom Begriff der Energiehöhe

$$H = z + h + \frac{Q^2}{2gF^2} \tag{2.61}$$

bezüglich eines Querschnitts an der Stelle x=x$_*$ (Bild 2.21) gilt mit J_E als mittlerem Energieliniengefälle für zwei benachbarte Querschnitte ① und ②

$$z_1 + h_1 + \frac{Q_1^2}{2gF_1^2} = z_2 + h_2 + \frac{Q_2^2}{2gF_2^2} + J_E L_{12}. \tag{2.62}$$

Der *Energieverlust* $\Delta H_{12}=J_E L_{12}$ setzt sich zusammen aus Reibungsverlust $\Delta H_R = J_f L_{12}$ und aus zusätzlichem Verlust $\Delta H_L=\xi_{12}(V_1^2/2g)$. Ist das Sohlengefälle J_s, also beträgt die Höhendifferenz $(z_1-z_2)=J_s L_{12}$, so gilt auch (Bild 2.21)

$$(J_s - J_f)L_{12} = h_2 - h_1 + \frac{Q_2^2}{2gF_2^2} - \frac{Q_1^2}{2gF_1^2}(1-\xi_{12}). \tag{2.63}$$

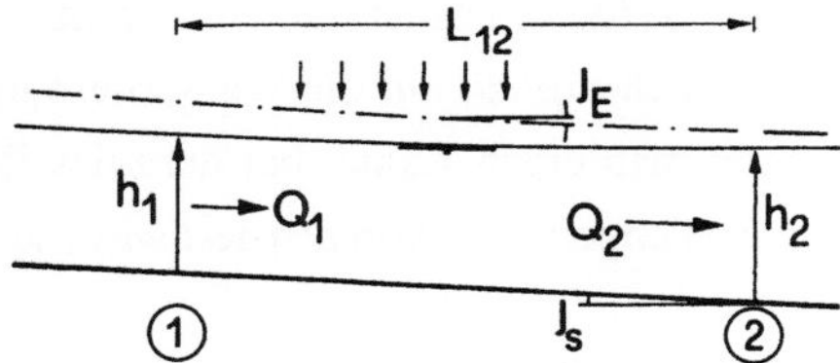

Bild 2.21 Abfluss im offenen Kanal mit hydraulischen Verlusten.

Dies ist die Hauptgleichung für *Wasserspiegelberechnungen* über ein Element der Länge L_{12} mit Zusatzverlusten. Bei strömendem Abfluss, auf den sich diese Aussagen beziehen, sind alle Parameter im Unterwasserquerschnitt ② bekannt, jene des Oberwasserquerschnittes jedoch gesucht (Kap.8). Mit Gl.(2.63) kann demnach auf die Oberwassertiefe h_1 geschlossen werden, falls die Gerinnegeometrie gegeben ist.

Strömende Abflüsse (F<1) sind gekennzeichnet durch einen grösseren statischen

Druckanteil h als dynamischen Anteil $V^2/(2g)$ der auf die Sohle bezogenen Energiehöhe

$$H_* = H(z=0) = h + \frac{Q^2}{2gF^2} \,. \tag{2.64}$$

Bei den sogenannt 'schwach' strömenden Abflüssen ($F<0.5$), auf die sich das Hauptaugenmerk hier richtet, gilt immer $Q^2/(2gF^2h) \ll 1$. Demnach darf bei einer Näherungs-
methode das dynamische Glied leicht verändert werden. Die Berechnung vereinfacht sich
nämlich signifikant, wenn eine konstante Geschwindigkeitshöhe über die Länge L_{12}
vorausgesetzt wird, wodurch anstelle von Gl.(2.63) entsteht

$$h_1 - h_2 = (J_s - J_f)L_{12} - \frac{Q_2^2}{2gF_2^2}\xi_{12} \,. \tag{2.65}$$

Diese Beziehung wird *explizit* auf die unbekannte Oberwassertiefe h_1 lösbar, wenn
anstelle des Mittelwertes $J_f=(J_{f1}-J_{f2})/2$ ein *konstantes* Energieliniengefälle $J_f=J_{f2}$ vorausgesetzt wird, also

$$h_2 - h_1 = (J_s - J_{f2})L_{12} - \frac{Q_2^2}{2gF_2^2}\xi_{12} \,. \tag{2.66}$$

Die letzte Vereinfachung ist wiederum statthaft, da das Energieliniengefälle stark von der
Froudezahl abhängt und bei kleinem Wert von F gegen Null strebt. Zudem ist die Länge
L_{12} im Vergleich zur Länge eines Rohrstranges meistens sehr kurz und damit der
Reibungseinfluss nicht signifikant. Gl.(2.66) besitzt nun eine Form, die der praktischen
Rechnung sehr zugänglich ist und sich *explizit* auf die Wassertiefe h_1 im Oberwasserquerschnitt lösen lässt. Betrachtet man einen Kanal, bei dem das Reibungsgefälle J_f
näherungsweise sogar durch das Sohlengefälle J_s kompensiert wird, so entsteht

$$h_1 = h_2 + \frac{Q_2^2}{2gF_2^2}\xi_{12} \,. \tag{2.67}$$

Kanäle, die der Bedingung $J_s=J_f$ gehorchen, sind - jedenfalls vom praktischen Standpunkt aus gesehen - relativ häufig, da das Reibungsgefälle J_f oft zwischen 0.1% und 1%
liegt. Gl.(2.67) besagt dann nichts anderes, als dass die Oberwassertiefe h_1 gleich der
Unterwassertiefe h_2 plus der mit dem Verlustbeiwert ξ_{12} multiplizierten Geschwindigkeitshöhe $V_2^2/(2g)$ ist. Anwendungen dieser Beziehung sollen in der Folge diskutiert
werden.

Literaturnachweis

- American Society of Civil Engineers ASCE (1969). Design and construction of sanitary and storm sewers. *Manuals and Reports of Civil Engineering Practise* **37**. ASCE: New York.
- Benedict, R.P., Carlucci, N.A. und Swetz, S.D. (1966). Flow loss in abrupt enlargements and contractions. *Journal of Engineering for Power* **88**(1): 73-81.
- Blevins, R.D. (1984). *Applied fluid dynamics handbook*. Van Nostrand Reinhold Company: New York.
- Chen, J.J.J. (1985). Systematic explicit solutions of the Prandtl and Colebrook-White equations for pipe flow. *Proc. Institution Civil Engineers* **79**: 383-389; **81**: 159-165.
- Chow, V.T. (1959). *Open channel hydraulics*. McGraw-Hill: New York.
- Eck, B. (1991). *Technische Strömungslehre*. 9. Aufl. Springer: Berlin.
- Favre, H. (1937). Sur les lois régissant le mouvement des fluides dans les conduites en charge avec adduction latéral. *Revue Universelle des Mines* **80**: 502-512.
- Gardel, A. (1957). Les pertes de charge dans les écoulements au travers de branchements an té: *Bulletin Technique de la Suisse Romande* **83**(9): 123-130; **83**(10): 143-148.
- Gardel, A. (1962). Perte de charge dans un étranglement conique. *Bulletin Technique de la Suisse Romande* **88**(21): 313-320; **88**(22): 325-337.
- Gardel, A. und Rechsteiner, G.F. (1970). Les pertes de charge dans les branchements en té des conduites de section circulaire. *Bulletin Technique de la Suisse Romande* **96**(25): 363-391.
- Hager, W.H. (1984). An approximate treatment of flow in branches and bends. *Proc. Institution of Mechanical Engineers* **198**C(4): 63-69.
- Hager, W.H. (1987). Die Berechnung turbulenter Rohrströmungen. *3R-International* **26**(2): 116-121.
- Hager, W.H. (1990). Stömungsverhältnisse in Rohr- und Kanal-Erweiterungen. *Österreichische Wasserwirtschaft* **42**(11/12): 305-312.
- Hager, W.H. (1992). Kniekrümmer. *3R-International* **32**(2/3): 94-100.
- Idel'cik, I.E. (1979). *Memento des pertes de charge*. 2. Auflage. Eyrolles: Paris.
- Idel'cik, I.E. (1986). *Handbook of hydraulic resistance*. Hemisphere Publishing Corporation: Washington.
- Ito, H. (1960). Pressure losses in smooth pipe bends. *Journal of Basic Engineering* **82**: 131-143.
- Ito, H. und Imai, K. (1973). Energy losses at 90° pipe junctions. *Journal of Hydraulics Division* ASCE **99**(HY9): 1353-1368; **100**(HY8): 1183-1185; **100**(HY9): 1281-1283; **100**(HY100): 1491-1493; **101**(HY6): 772-774.

- Knapp, F.H. (1960). *Ausfluss, Überfall und Durchfluss im Wasserbau*. G. Braun: Karlsruhe.
- Miller, D.S. (1971). *Internal flow*. BHRA: Cranfield-Bedford.
- Miller, D.S. (1978). *Internal flow systems*. BHRA Fluid Engineering: Cranfield-Bedford.
- Naudascher, E. (1987). *Hydraulik der Gerinne und Gerinnebauwerke*. Springer-Verlag: Wien und New York.
- Richter, H. (1971). *Rohrhydraulik*. Springer-Verlag: Berlin.
- Schedelberger, J. (1975). Schliesscharakteristiken von Einplattenschiebern. *3R-International* **14**(3): 174-177.
- Schröder, R.C.M. (1990). Hydraulische Methoden zur Erfassung von Rauheiten. *DVWK Schrift* **92**. Verlag Paul Parey: Hamburg und Berlin.
- Sinniger, R.O. und Hager, W.H. (1989). *Constructions hydrauliques - écoulements stationnaires*. Presses Polytechniques Romandes: Lausanne.
- Vischer, D. (1958). Die zusätzlichen Verluste bei Stromvereinigung in Druckleitungen. *Dissertation* TH Karlsruhe, auch erschienen als 147. *Arbeit*. Th. Rehbock-Laboratorium: Karlsruhe.
- Ward-Smith, A.I. (1980). *Internal fluid flow*. Clarendon Press: Oxford.
- Zigrang, D.J. und Sylvester, N.D. (1985). Diskussion zu "A simple explicit formula for the estimation of pipe friction factor", von J.J.J. Chen. *Proc. Institution Civil Engineers* **79**: 218-219.

Bezeichnungen

$\bar{a}$	[m]	lichte Rechenweite
$\bar{b}$	[m]	Rechenabstand
c_{Re}	[-]	Beiwert für Rechenbelegung
c_w	[-]	Widerstandsbeiwert
C_d	[-]	Durchflussbeiwert
$\bar{d}$	[m]	Rechenstärke
D	[m]	Durchmesser
D_0	[m]	auf J_f und D normierter Durchmesser
D^*	[-]	auf D_0 normierter Durchfluss
f	[-]	Reibungsbeiwert
F	[m²]	Querschnittsfläche
F	[-]	Froudezahl
g	[ms⁻²]	Erdbeschleunigung

h	[m]	Wassertiefe
h_p	[m]	Druckhöhe
H	[m]	Energiehöhe
J_E	[-]	Energielinienneigung
J_f	[-]	Reibungsgefälle
J_s	[-]	Sohlengefälle
K	$[m^{1/3}s^{-1}]$	Rauhigkeitsbeiwert
k_s	[m]	äquivalente Sandrauheit
k_s^*	[-]	auf D_0 normierte Sandrauheit
L	[m]	Rechenlänge
L_k	[m]	Krümmerlänge
L_{12}	[m]	Distanz zwischen zwei Querschnitten
m	[-]	Flächenverhältnis bei Vereinigung
n	[-]	Flächenverhältnis bei Vereinigung
N	[-]	Zähigkeitsparameter
p	$[Nm^{-2}]$	Druck
$\bar{p}$	$[Nm^{-2}]$	Mittelwert des Druckes
p'	$[Nm^{-2}]$	Schwankungsgrösse des Druckes
p_d	$[Nm^{-2}]$	dynamischer Druck
p_g	$[Nm^{-2}]$	Gesamtdruck
p_s	$[Nm^{-2}]$	statischer Druck
q	[-]	Durchflussverhältnis bei Vereinigung
$\hat{q}$	[-]	Relativdurchfluss
Q	$[m^3s^{-1}]$	Durchfluss
Q_0	$[m^3s^{-1}]$	auf J_f und D normierter Durchfluss
r_v	[m]	Ausrundungsradius
R	[m]	mittlerer Krümmungsradius
R_s	[m]	Ausrundungsradius der Kante
$\mathbf{R}$	[-]	Reynoldszahl
s	[m]	Öffnungshöhe
S	[-]	Öffnungsgrad
t	[s]	Zeit
t_p	[m]	Plattenstärke
T	[-]	Turbulenzzahl
V	$[ms^{-1}]$	mittlere Geschwindigkeit
x	[m]	Längskoordinate
z	[m]	Lagekoordinate

β_{Re}	[-]	Rechenkoeffizient
δ	[-]	Winkel
δ_{Re}	[-]	Rechenwinkel
ε	[-]	relative Wandrauheit
ϕ	[-]	Flächenverhältnis
Φ_e	[-]	Einfluss der Erweiterungswinkel
μ	[-]	Geschwindigkeitsverhältnis
ν	$[m^2 s^{-1}]$	kinematische Zähigkeit
ν^*	[-]	auf D_0 und Q normierte Zähigkeit
ρ	$[kgm^{-3}]$	Dichte
ρ_p	[-]	Ausrundungsgrad
ξ	[-]	Verlustbeiwert
ξ_{12}	[-]	Verlustbeiwert zwischen zwei Querschnitten
ζ_{Re}	[-]	Rechenbeiwert
Ξ	[-]	Verhältnis von Verlustbeiwerten

Indizes

a	seitlicher Auslauf		Re	Rechen
d	durchgehender Strang		s	glatt
e	Erweiterung		t	Übergang
g	Gesamt		T_t	T-Stück, Trennung
k	Krümmer		T_v	T-Stück, Vereinigung
L	zusätzlich		tot	total
m	Minimum		u	unterer Strang
o	oberer Strang		v	Verengung
opt	Optimum		z	seitlicher Zulauf
p	Plattenschieber		1	Zulauf
R	Reibung		2	Auslauf
r	rauh			

3 BEMESSUNG VON ABWASSERKANÄLEN

Dem Bemessungsvorgang ist in der Praxis eine fundamentale Bedeutung zuzuordnen, geht es doch darum, die Abmessungen eines Kanalisationssystems anzugeben. Dabei ist auf zwei Durchflüsse besonderes Augenmerk zu richten, nämlich dem Minimal- und dem Maximalanfall. Der erste hat Einfluss auf das *Kanalgefälle*, treten sonst doch Ablagerungen auf, während der zweite die *Kaliberabmessung* festlegt. Eine Bemessung ist umso flexibler, je näher Minimal- und Maximalanfall sind, die Verhältnisse werden jedoch schwieriger bei grossem Unterschied der beiden Extremwerte. Schliesslich wird auch die *optimale Profilform* diskutiert.

3.1 Einleitung

Der Bemessung von Abwasserkanälen ist zentrale Wichtigkeit zuzuordnen. Um das Bemessungsvorgehen übersichtlich zu gestalten, muss es einfach und nicht kleinlich ausgelegt sein. Es sind im Regelfall mindestens die Extremdurchflüsse in die Rechnung einzubeziehen.

Beim *Maximaldurchfluss* (Abschnitt 3.2) muss das Schluckvermögen einer bestimmten Kanalstrecke bei Normalabfluss nachgewiesen werden. Dabei wird der rechnerisch einfach zu handhabende Vollfüllungszustand in Rechnung gestellt. Im Regelfall sollte das Kreisprofil als Profilform berücksichtigt werden. Die Bemessung geht demnach nicht auf vom Normalabflusszustand abweichende Abflussarten ein. Es ist deshalb der *Normalabfluss* (Kap.5) schon bei der Wahl des Trassees in Betracht zu ziehen, indem nach Möglichkeit keine abrupten Änderungen des Gefälles, des Durchmessers und des Durchflusses planerisch gewählt werden. Dies ist natürlich häufig nur bedingt möglich. In Fällen mit grosser Beschleunigung oder Verzögerung des Durchflusses ist unter Einbezug der Stau- und Senkungskurven (Kap.8) u.U. nachzuweisen, dass die Kapazität einer Haltung gewährleistet ist.

Beim *Minimaldurchfluss* treten Probleme beim Feststofftransport auf. Es muss folglich nachgewiesen werden, dass insbesondere bei grossem Verhältnis von Maximal- zu Minimalanfall die zum Feststofftransport notwendige Schleppkraft in der Kanalisation mobilisiert wird. In Abschnitt 3.3 wird vorerst auf verschiedene Verfahren eingegangen, um anschliessend zwei Vorschläge aufzugreifen. Beiden gemeinsam ist das Konzept der *minimalen Wandschubspannung*, welches mit zunehmendem Durchmesser des Rohres auf eine zunehmende Minimalgeschwindigkeit führt.

Bis heute sind die Einflüsse von *Abrasion* und *Alterung* nur in Ausnahmefällen ermittelt worden. Beide Aspekte lassen sich nicht verallgemeinert behandeln, sondern müssen je nach lokalen Gegebenheiten analysiert werden. Obwohl nach Pfeiff (1960) als Maximalgeschwindigkeit etwa 5ms^{-1} angesetzt werden dürfen, sind heute Steilkanäle in Betrieb, bei denen Geschwindigkeiten bis zu 15ms^{-1} ohne nachhaltige Auswirkung hinsichtlich Abrasion auftreten.

3.2 Maximaldurchfluss

3.2.1 Vollfüllungszustand

Die Bemessung von Abwasserkanälen orientiert sich am *"Vollfüllungszustand"*, also beim Übergang zwischen Freispiegel- und Druckabfluss. Wie in Kap. 5 noch näher erläutert wird, lässt sich dieser überdruckfreie Zustand jedoch experimentell nicht realisieren. Da aber rd. 85% Teilfüllung dem Vollfüllung entsprechenden Durchfluss ergibt, stellt sich der "Vollfüllungszustand" physikalisch bei rund 85% Teilfüllung ein.

Der Vollfüllungszustand (Index "v") ist ausgezeichnet gegenüber der Teilfüllung durch eine einfache Geometrie. Im üblichen *Kreisprofil* gilt für die Querschnittsfläche $F_v=(\pi/4)D^2$ mit D als Kreisdurchmesser, für den benetzten Umfang $P_v=\pi D$, also für den hydraulischen Radius $R_{hv}=F_v/P_v=D/4$. Unter Voraussetzung des Widerstandsgesetzes nach Colebrook und White (Kap.2) gilt dann für den *Relativ-Durchfluss* $q_r=Q_v/(J_EgD^5)^{1/2}$ die Beziehung

$$q_r = -\frac{\pi}{\sqrt{2}}\, lg\left[\frac{2.51v}{(2gJ_ED^3)^{1/2}} + \frac{k_s}{3.71D}\right].\qquad(3.1)$$

Dabei bezeichnen v die kinematische Viskosität, g die Erdbeschleunigung, J_E das Energieliniengefälle, und k_s die äquivalente Sandrauheit. Gl.(3.1) lässt sich auch umschreiben in

$$q_r = -\frac{\pi}{\sqrt{2}}\, lg\left[1.77q_r R_r^{-1} + 0.27\kappa_s\right].\qquad(3.2)$$

Der Relativ-Durchfluss q_r hängt demnach ab von einer Reynoldszahl $\mathbf{R_r} = Q/(vD)$ und einer Relativrauheit $\kappa_s=k_s/D$. Die Reynoldszahl berücksichtigt den Einfluss der *Viskosität* v, die relative Sandrauheit die *Oberflächenstruktur* einer Abwassertransportleitung.

Die *kinematische Viskosität* v variiert bei Reinwasser wesentlich mit der Temperatur. Tabelle 3.1 gibt verbindliche Werte nach ATV (1988). Im Regelfall wird der Bemessungswert $v=1.31\cdot10^{-6}m^2s^{-1}$ für Abwasserkanäle zugrunde gelegt. Darin sind die üblicherweise höhere Temperatur sowie die gegenüber Reinwasser veränderte Zusammensetzung des Abwassers berücksichtigt.

Gl.(3.1) hängt von den sechs Parametern Q_v, J_E, g, D, v, und k_s ab. Sind fünf dieser Parameter gegeben, so lässt sich der sechste ermitteln. Beim *Bemessungsvorgang* ist der Durchmesser D zu bestimmen, welcher jedoch in allen drei Relativparametern q_r, $\mathbf{R_r}$ und κ_s nach Gl.(3.2) erscheint. Zudem wird das Energieliniengefälle J_E gleichgesetzt dem Sohlengefälle J_S, es wird also *Normalabfluss* (Kap.5) vorausgesetzt. Wie in 2.2 beschrieben, lässt sich der Durchmesser dann näherungsweise explizit ermitteln.

Tabelle 3.1 Kinematische Viskosität ν für Reinwasser in Abhängigkeit der Temperatur T.

T [°C]	5	10	15	20	25	30
$\nu \cdot 10^6$ [m^{2}s^{-1}]	1.52	1.31	1.15	1.01	0.90	0.80

3.2.2 Betriebliche Rauheit k_b

Je nachdem ob der Einfluss der Viskosität denjenigen der relativen Rauheit überwiegt oder nicht ist die äquivalente Rauheit genau zu kennen. Dominiert der Viskositätseinfluss, ist der Abfluss also im turbulent glatten Regime, so benötigt man keine genaue Angabe der äquivalenten Sandrauheit k_s. Ist jedoch der Abfluss im *turbulent rauhen Fliessregime*, so kann der Einfluss der Viskosität vernachlässigt werden, dafür aber genaue Informationen über die äquivalente Sandrauheit vorliegen. Beim Übergangs-Regime, in welchem sich Abflüsse in Abwasserkanälen häufig befinden, ist die Kenntnis der äquivalenten Sandrauheit natürlich genau so wichtig.

Die Wandreibung infolge Viskosität des Fluids und Rauheit der Gerinneberandung macht einen gewichtigen Teil des Energietransfers in Abwasserkanälen aus. Daneben sind jedoch viele weitere Einflüsse in Rechnung zu stellen. Es handelt sich nach Kap.2 vornehmlich um Zusatzverluste, die sich aus der nichtprismatischen Leitungsführung ergeben. Gemäss dem Energiesatz lassen sich die Verlustwerte additiv zu einem *Gesamtverlustbeiwert* berechnen, in welchem Reibungs- und Einzelverluste eingerechnet sind. Man kann näherungsweise auch umgekehrt anstelle von Einzelverlusten kombiniert mit den Reibungsverlusten eine erhöhte, mittlere Rauheit, die sogenannte *betriebliche Rauheit* k_b einsetzen, durch die sich derselbe totale Energieverlust ergibt. Anders ausgedrückt werden bei dieser Modellvorstellung die Einzelverluste über die gesammte Berechnungsstrecke verschmiert und in einem repräsentativen Mittelwert angegeben. Das Konzept der betrieblichen Rauheit (ATV, 1988; Howe, 1989) besitzt den Vorteil der *Pauschalannahme* ohne weiteren Nachweis von Einzelwerten. Es hat jedoch den *Nachteil*, bei langen, fast prismatischen Kanälen zu hohe Verluste vorzutäuschen und deshalb nicht der hydraulisch wirtschaftlichsten Lösung zu entsprechen. Gesamthaft dürfte sich der Arbeitsaufwand für den Einzelnachweis etwa die Waage halten mit den Mehrkosten für das Rohrmaterial.

Der *Pauschalansatz* für die betriebliche Rauheit k_b enthält folgende Einflüsse (ATV 1988):

- Wandrauheit,
- Lageungenauigkeit und Lageänderung,
- Rohrstösse,
- Zulauf-Formstücke und
- Schachtbauwerke.

Für *genormte* Rohre gilt einheitlich k_s=0.10mm als Pauschal-Ansatz für die effektive Wandrauheit, wobei die Auswirkungen des Kanalbetriebes gegenüber den Verhältnissen bei neuwertigen Rohren erfasst sind. Nicht enthalten sind jedoch:

- Nennweiten-Unterschreitungen,
- Vereinigungsbauwerke und
- Ein- und Auslaufbauwerke von Drosselstrecken, Druckrohrleitungen und Dükern.

Bei *Unterschreitung der Nennweite* ist nach ATV (1988) mit dem effektiven mittleren Lichtmass zu rechnen. Bei der Bemessung sind kleine Unterschreitungen zulässig, beim Leistungsnachweis ist jedoch grundsätzlich mit 95% der Nennweite zu rechnen, falls die effektive Lichtweite im Einzelfall nicht festgestellt worden ist.

Hinsichtlich *Vereinigungsbauwerken* (Kap.16) sind Verluste im Einzelfall nachzuweisen. Nach ATV (1988) kann auf den Nachweis verzichtet werden, falls entweder ein Sohlsprung von der Höhe D/20 eingebaut wird, oder der Unterwasserkanal auf einen Durchfluss von 85% anstelle von 90% Vollfüllung nach 3.2.1 begrenzt wird.

Tabelle   3.2   Pauschal-Werte für die betriebliche Rauheit k_b[mm] nach ATV (1988). [1] ohne Auslauf- und Krümmungsverlust, [2] ohne Drucknetz.

Anwendung	k_b [mm]
Drosselstrecken [1], Druckrohrleitungen [1],[2], Düker [1] und Reliningstrecken (Wiederbeschichtung) ohne Schächte	0.25
Transportkanäle mit Schächten	0.50
Sammelkanäle und -leitungen mit Schächten, ebenfalls mit ungeformten Schächten sowie Transportkanäle mit Sonderschächten	0.75
Sammelkanäle und -leitungen mit Sonderschächten, Mauerwerkskanäle, Ortsbetonkanäle, Kanäle aus nicht genormten Rohren ohne besonderen Nachweis der Wandrauheit	1.50

Abweichend von diesen Festlegungen für das Pauschal-Konzept ist die Verwendung der in Tabelle 3.2 angegebenen k_b-Werte in der Form eines *Individual-Konzeptes* zulässig. Die jeweiligen Verluste sind infolge der äquivalenten Wandrauheit k_s und die auftretenden Einzelverluste haltungsweise nachzuweisen, wobei grundsätzlich $k_s \geq 0.1$mm anzusetzen ist. Veränderungen gegenüber dem neuwertigen Zustand sind zu berücksichtigen. Die ATV (1988) weist ausdrücklich auf das Pauschal-Konzept sowohl für die *Bemessung* als auch für den *Leistungsnachweis* unter Verwendung der in Tabelle 3.2 angegebenen k_b-Werte bei *genormten Rohren* hin. Es ist als Regelfall zu betrachten und ohne weiteren Nachweis im Einzelfall zulässig. Für *nicht genormte Rohre* und Ortsbetonkanäle ohne besonderen Nachweis der effektiven Wandrauheit ist die betriebliche Wandrauheit gleich k_b=1.5mm.

3.3 Minimaldurchfluss

3.3.1 Bemessungsansätze

Bereits Vicari (1916) müssen zwei Bedingungen für den Minimaldurchfluss in Kanalisationen erfüllt sein:

- Minimalwassertiefe von h_m=3cm und
- Minimalschleppkraft S_m=2.5N/m^2.

Daraus lässt sich der erforderliche maximale Durchmesser errechnen.

Eine umfangreiche Untersuchung über das *Altern* von Abwasserrohren haben Ackers, et al. (1964) durchgeführt. Ihre wesentlichsten Schlussfolgerungen sind:

- die Sielhautentwicklung variiert stark mit der Lage und den Inhaltsstoffen des Abwassers. Die Sielhaut entwickelt sich relativ rasch zur Enddicke;
- bei höheren Geschwindigkeiten und sonst identischen Bedingungen wird die Sielhaut dünner als bei kleineren Geschwindigkeiten,
- bei Sielhautdicken kleiner als 3mm darf der gleiche Widerstand wie bei neuen Rohren angenommen werden. Sonst wächst der Widerstand jedoch stark,
- bei Röhren, deren Sohle mit Kies belegt ist und deren Abfluss eine Froudezahl von rund F=0.5 hat, führen stehende Wellen zu einem bedeutend höheren Widerstand,
- die empfohlenen Rauheitswerte betragen k_s=1.5mm für eine Sielhaut von weniger als 5mm Dicke im Normalzustand, bei gutem Zustand k_s=0.5mm und bei schlechtem Zustand k_s=3mm. Diese Werte nehmen um eine Grössenordnung zu bei Verkrustungen von maximal 25mm Stärke und werden nochmals rund zehnmal grösser bei Kieselablagerungen an der Sohle.

Nach Smith (1965) sollte ein Kanalisationsrohr sowohl den Maximalanfall sicher abführen als auch die Selbstreinigung bei Minimalanfall aufrechterhalten. Sein Bemessungsverfahren geht von einem Minimalwert für die Geschwindigkeit aus.

3.3.2 Verfahren nach Yao

Nach Yao (1974) hängt die Minimalgeschwindigkeit in Abwasserkanälen von den Berandungscharakteristika, den Eigenschaften der Absetzstoffe, sowie der Fliesstiefe ab. Das Konzept der Minimalgeschwindigkeit wird durch das Konzept der *minimalen Wandschubspannung* ersetzt.

Damit sich ein Partikel im unteren Profilbereich absetzt, hat der Neigungswinkel kleiner als der natürliche Ruhewinkel des Partikelmaterials zu sein. Nach Lysne (1969) darf man im Mittel den natürlichen Ruhewinkel zu 35° annehmen, im Kreisprofil ergeben sich damit nur Absetzungen unterhalb von 10% Teilfüllung.

Die *mittlere Schubspannung* τ_0 beträgt bei Normalabfluss im offenen Kanal

$$\tau_0 = \rho g R_h J_s \tag{3.3}$$

mit ρ als Dichte, g als Erdbeschleunigung, R_h als hydraulischer Radius und J_s als Sohlengefälle. Der lokale Wert von τ verändert sich jedoch längs des Umfangs vom Maximum an der Sohle zum Minimum an der freien Oberfläche. Für wenig gefüllte Rohre darf dieser Effekt vernachlässigt werden.

Die *minimale Schubspannung* τ_{om} bezieht sich auf die Initialisierung der Bewegung eines Partikels und kann bei Sand nach dem Diagramm von Shields abgeschätzt werden. Yao empfiehlt für Partikel mit Durchmessern von 0.2mm bis 1mm im Trennsystem als minimale Bodenschubspannung $\tau_{om}=1$ bis $2N/m^2$. Bei Mischsystemen sind Werte zwischen 3 bis $4N/m^2$ verbindlich. Unter Anwendung der Formel von Manning und Strickler mit K als Rauhigkeitsbeiwert ergibt sich dann für *Vollfüllung* (Index "v")

$$Q_v = 0.62K(\tau_o/\rho)^{1/2}D^{13/6}. \tag{3.4}$$

Vergleicht man nun das Konzept konstanter Minimal-Geschwindigkeiten V_m mit demjenigen konstanter Bodenschubspannung, so ergibt sich für einen bestimmten Wert V_m die kleinere Selbstreinigung bei grossen Durchmessern als bei kleinen Durchmessern.

Gl.(3.3) lässt sich auch als Beziehung zwischen Gefälle J_s, Durchmesser D und Bodenschubspannung τ_o/ρ ausdrücken zu

$$J_s = \tau_o/(\rho D). \tag{3.5}$$

Je grösser also der Durchmesser, desto weniger Gefälle wird bei konstantem Wert τ_o/ρ benötigt. Schliesslich ergibt sich als Beziehung zwischen Geschwindigkeit V_v bei Vollfüllung, Durchmesser und Schubspannung

$$\frac{V_v}{KD^{1/6}(\tau_o/\rho)^{1/2}} = 0.79 . \tag{3.6}$$

Beispiel 3.1   Welches ist die Minimalgeschwindigkeit in einem Rohr NW500 bei $K=85m^{1/3}s^{-1}$, falls eine minimale Bodenschubspannung von $2N/m^2$ bei Vollfüllung garantiert sein muss?
Nach Gl.(3.6) folgt $V_v=0.79{\cdot}85{\cdot}0.5^{1/6}(0.2/1000)^{1/2}=0.85ms^{-1}$. Der entsprechende Durchfluss beträgt $Q_v=0.85(\pi/4)0.5^2=0.167m^3s^{-1}$.

Bei *Teilfüllung* gilt Gl.(3.3) ebenfalls, dann muss nur für den hydraulischen Radius der Teilfüllungswert eingesetzt werden, entsprechend

$$V_t = K(\tau_o/\rho)^{1/2} R_h^{1/6} . \tag{3.7}$$

Für kleine Teilfüllung $y=h/D<1/2$ gilt besser als 1%

$$R_h/D = \frac{2}{3}y\left(1 - \frac{1}{2}y\right)$$ (3.8)

und damit

$$\frac{V_t}{KD^{1/6}(\tau_o/\rho)^{1/2}} = 0.935y^{1/6}\,(1 - 0.08y)\,.$$ (3.9)

Beispiel 3.2   Wie gross ist die Minimalgeschwindigkeit bei einer Teilfüllung von 15% im Falle von Beispiel 3.1?
Mit y=0.15 folgt für die rechte Seite von Gl.(3.9) die Zahl $0.935 \cdot 0.15^{1/6}(1-0.08 \cdot 0.15)=0.67$, also für $V_t=0.67 \cdot 85 \cdot 0.5^{1/6}(0.2/1000)^{1/2}=0.72 \text{ms}^{-1}$, also nur rund 15% weniger als bei Vollfüllung.

Tabelle 3.3 gibt den Zusammenhang zwischen den Geschwindigkeiten bei Teil- und Vollfüllung. Daraus ersieht man ab 40% Teilfüllung praktisch keinen Einfluss mehr der Teilfüllung auf die Minimalfüllung.

Tabelle 3.3   Verhältnis der Minimal-Geschwindigkeiten $\mu_t=V_t/V_v$ bei Teil- und Vollfüllung des Kreisprofils.

Teilfüllung y	0.05	0.1	0.2	0.4	0.6	0.8	1
Verhältnis μ_t	0.72	0.80	0.89	0.98	[1.09]	[1.13]	1

Bei einer minimalen Teilfüllung von 5% ergibt sich anstelle von Gl.(3.9)

$$\frac{V_t}{KD^{1/6}(\tau_o/\rho)^{1/2}} = 0.57\,.$$ (3.10)

Für eine minimale Sohlschubspannung von $\tau_o=2\text{N/m}^2$ folgen für $K=85\text{m}^{1/3}\text{s}^{-1}$ die in Tabelle 3.4 zusammengestellten Werte V_t. Daraus ersieht man eine leichte Zunahme von 0.50ms^{-1} für die kleinsten Kaliber bis 0.80ms^{-1} für die grössten in der Praxis vorkommenden Kaliber. Bei üblichen Durchmessern darf man *überschlägig* also mit einer *Minimal-Geschwindigkeit* von 0.60ms^{-1} bis 0.7ms^{-1} rechnen.

Tabelle 3.4   Minimale Geschwindigkeit V_t bei 5% Teilfüllung für $K=85\text{m}^{1/3}\text{s}^{-1}$ nach Gl.(3.10)

NW [mm]	150	200	250	300	400	500	600	700	800
V_t [ms^{-1}]	0.50	0.52	0.54	0.56	0.59	0.61	0.63	0.65	0.66

900	1000	1200	1400	1500	1600	1800	2000	2500
0.67	0.69	0.71	0.72	0.73	0.74	0.76	0.77	0.80

Weitere Angaben zum minimalen Gefälle, um Sand- und Kiesablagerungen in Kanalisationen zu vermeiden, stammen von Novak und Nalluri (1978).

3.3.3 Verfahren nach ATV

Die ATV (1988) bezieht sich hauptsächlich auf die Arbeit von Macke (1980, 1983) und gibt eine Tabelle an, in der für bestimmte Nennweiten die zugehörigen *Minimalgeschwindigkeiten* V_m, resp. die *Minimalgefälle* J_{sm} für 50% Teilfüllung angegeben sind, damit Ablagerungen vermieden werden. Die Beziehung zwischen dem Durchmesser D und V_m ist in Tabelle 3.5 wiedergegeben und lautet formelmässig

$$V_m \ [\mathrm{ms^{-1}}] = 0.5 + 0.55 \ NW \ [\mathrm{m}]. \tag{3.11}$$

Darnach herrscht Übereinstimmung mit Tabelle 3.4 für Nennweiten kleiner als 300mm, darüber fordert die ATV aber höhere Minimalgeschwindigkeiten. Bei 10% Teilfüllung sind die Minimalgeschwindigkeiten nach Gl.(3.11) sogar noch zusätzlich um 10% zu erhöhen.

Schütz (1985) unterstreicht den Einfluss von Rückstau. Alle vorangehend abgeleiteten Beziehungen gelten lediglich für Normalabfluss, insbesondere bei Kontrollschächten mit seitlichem Zulauf sei aber auf einen rückstaufreien Anschluss zu achten. Weiter empfiehlt er die Faustformel

$$J_{smin}[-] = 1/D[\mathrm{mm}] \ , \tag{3.12}$$

nach der also das minimale Gefälle 1‰ für ein Kaliber DN=1000 zu betragen hat. Beim Kaliber DN=250 ist dagegen ein Minimalgefälle von J_{smin}=0.4‰ ausreichend.

Tabelle 3.5   Minimal-Geschwindigkeiten V_m und zugehöriges Minimalgefälle J_{sm} in Abhängigkeit des Rohrdurchmessers bei 50% Teilfüllung. Bei 10%-30% Teilfüllung ist V_m um 10% zu erhöhen .

NW [mm]	150	200	250	300	400	500	600	800	1000
V_m [ms^{-1}]	0.48	0.50	0.52	0.56	0.67	0.76	0.84	0.98	1.12
J_{sm} [%]	0.27	0.20	0.16	0.15	0.14	0.14	0.14	0.13	0.13

1200	1400	1500	1600	1800	2000	2200	2400	3000
1.24	1.34	1.39	1.44	1.54	1.62	1.72	1.79	2.03
0.12	0.12	0.12	0.12	0.12	0.11	0.11	0.11	0.11

3.4 Profile in Kanalisationen

Da Abwasserkanäle bereits im Altertum gebaut wurden, hat sich eine Vielfalt von Typen entwickelt. Carson (1894) beschreibt beispielsweise neben dem Kreisprofil das Rohrgriff-Profil (unten ähnlich einem Maulprofil, mit vertikalen Zwischenwänden und Halbkreisscheitel), das Gotik-Profil mit einem Spitzbogen und das Ei-Profil.

French (1915) vergleicht die vier genannten Profile hinsichtlich der Geschwindigkeit bei gleichem Durchfluss unter Voraussetzung der Formel von Kutter. Daraus geht das Ei-Profil als bester Querschnitt bei Teilfüllungen unter 35% hervor, bei höherer Füllung sind alle vier Profile innerhalb von 5% hydraulisch gleichwertig, das beste Profil ist aber kreisförmig. Das Eiprofil soll im Betrieb mehr Ablagerungen aufweisen als das entsprechende Kreisprofil. Es werden dreissig in den USA gebräuchliche Querschnitte definiert und die Querschnittscharakteristika bei Vollfüllung angegeben.

Donkin (1937) vergleicht das Kreisprofil mit dem Ei- und dem U-Profil sowohl in hydraulischer als auch in kostentechnischer Hinsicht. Als Optimum wird das aus Back-steinen errichtete U-Profil knapp vor den beiden anderen Querschnitten gefunden. Dieses dürfte den heutigen Ansprüchen jedoch ausführungstechnisch nicht genügen.

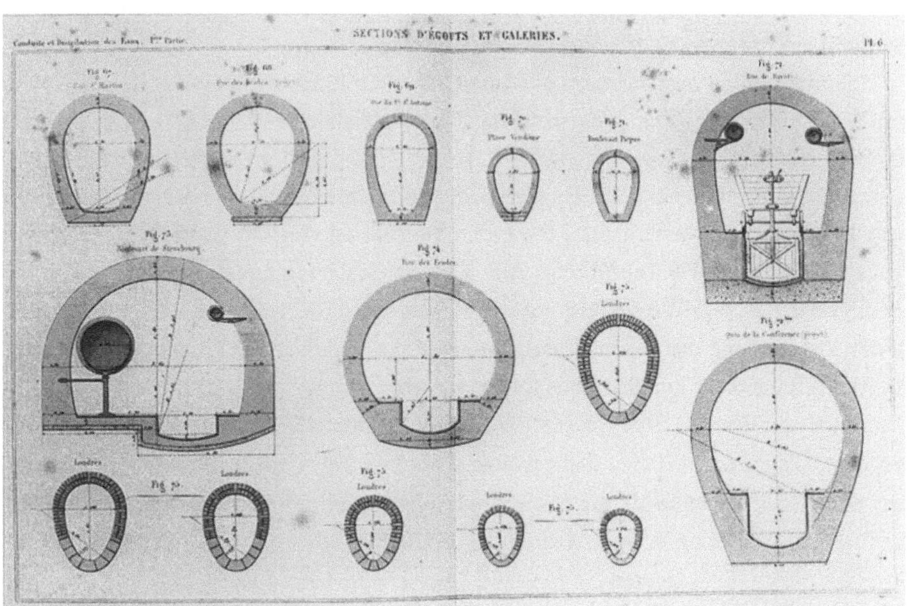

Bild 3.1   Entwässerungsquerschnitte der Stadt Paris nach J. Dupuit (1854).

Thormann (1941) hat sich um die Normung der Profiltypen in Abwasserbauwerken verdient gemacht. Es werden 15 Profile vorgeschlagen, die alle achsensymmetrisch sind und entweder eher Ei-Profilen oder Maul-Profilen entsprechen. Bezeichnet B die Profilbreite und T die Profilhöhe, so werden *Achsenverhältnisse* von B:T=2:α_p vorgeschlagen mit α_p=3.5, 3, 2.5, 2, 1.5 und 1. Die *Querschnittsformen* umfassen:

- überhöhter, normaler, gestürzter, gedrückter, gestürzt-gedrückter *Ei*-Querschnitt,
- überhöhter und normaler *Kreis*querschnitt,
- *Hauben*querschnitt für α_p=2.5 und 2,
- *Parabel*querschnitt 2:2,
- *Drachen*querschnitt 2:2 und
- *Maul*querschnitt für α_p=1.5 und 1.

Diese Querschnitte bilden die Grundlage der ATV 110 (1988). Die bautechnische Normung der Querschnitte wird durch Schoenefeldt, et al. (1943) festgelegt. Thormann (1944) definiert die Querschnittsgeometrie der fünfzehn Normprofile. Roske (1958) bezieht sich bei der dimensionslosen Darstellung von Querschnittsgrössen nur noch auf den Kreis-, den normalen Ei- und den normalen Maul-Querschnitt.

Kuhn (1976) kommt zum Schluss, dass weder Kreis-, Ei-, noch Maul-Profil eindeutige Vorteile aufweisen, damit sich allgemeine Empfehlungen abgeben liessen. Infolge der industriellen Fertigung sei jedoch der Kreisquerschnitt in einem weiteren Bereich einsatzfähig, und deshalb als *Normalprofil* anzusprechen.

Schmidt (1976) vergleicht das normale Ei-Profil mit dem Kreisprofil. Der dem Normal-Ei 2:3 entsprechende Durchmesser für Flächengleichheit beträgt D_k=1.2D_{Ei}. Anhand der Querschnittsflächen herrscht für $Q/Q_v \leq 0.22$ im Ei-Profil grössere Geschwindigkeit als im äquivalenten Kreisprofil. Es wird festgestellt, dass bei einem Nachtminimum von rund 1% des Regenwasseranfalls etwa eine Teilfüllung von 7% entsteht. Beim Kreis-Profil sind dies nur 4% Teilfüllung. Soll dieselbe Geschwindigkeit erzeugt werden, so benötigt das Kreisprofil rund 30% mehr Gefälle als das Ei-Profil. Nach Schmidt (1976) ist die Verwendung des Norm-Eiprofils sinnvoll bei ungünstigen Gefällsverhältnissen, um Ablagerungen bei Trockenwetterabfluss zu vermeiden.

Sartor und Weber (1990) folgen der Ansicht Schmidts und empfehlen das Ei-Profil besonders wegen betrieblicher und gewässerschützerischer Vorteile. Zu ihrer Quantifizierung seien Schmutzfracht-Vergleichsrechnungen notwendig. Von speziellem Interesse sei das Ei-Profil bei kleineren Querschnitten unter 500/750.

Nach ATV (1988) werden als *genormte Querschnitte* betrachtet (Kap.5):

- Kreisprofil,
- Eiprofil 2:3,
- Maulprofil 2:1.5.

Die restlichen zwölf, nach Thormann normierten und in Kap.5 beschriebenen Querschnittsformen lassen sich durch die Teilfüllungskurven der genormten Profile ersatzweise beschreiben. Für die Ermittlung der Vollfüllung muss jedoch der sogenannte Formbeiwert bekannt sein, der den Einfluss der Profilgeometrie auf den Durchfluss beschreibt. Da die entsprechenden Angaben in der Literatur fehlen, wird man zukünftig in der Praxis nur noch die *drei genormten Profile* in Betracht ziehen. In diesem Sinne wird üblicherweise im folgenden nur das Kreisprofil betrachtet, bei Fragen des Abflusses in Kanalisationen aber auch das genormte Eiprofil und das genormte Maulprofil in Rechnung gestellt. Diesem Vorgehen sind auch Pecher, et al. (1991) gefolgt, während Unger (1988) lediglich das Kreis- und das genormte Ei-Profil berücksichtigt.

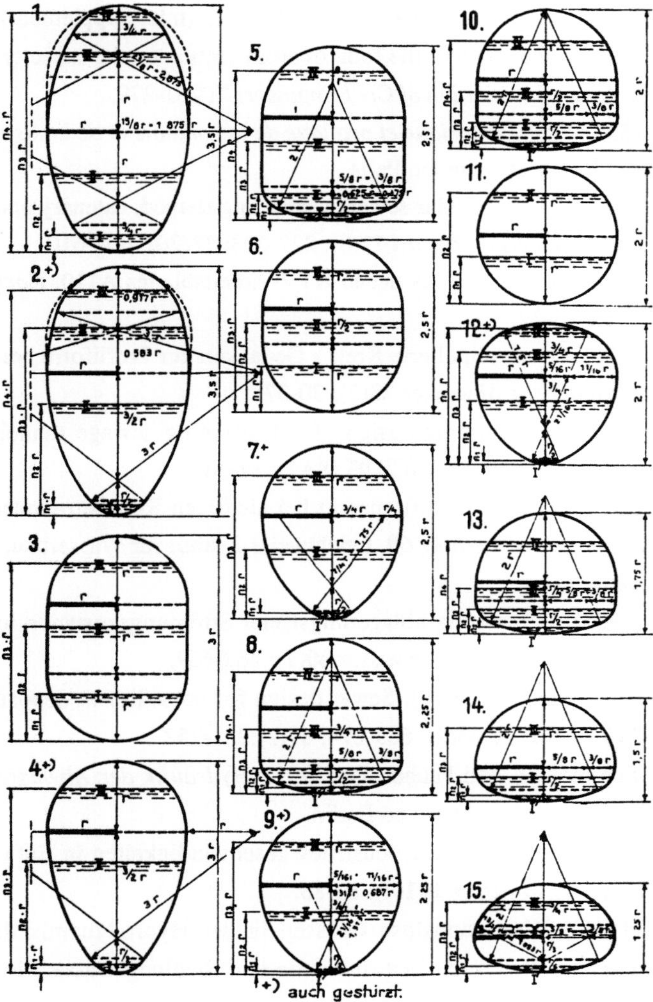

Bild 3.2   Auswahl von Leitungsquerschnitten nach Thormann (1944).

Literaturnachweis

- Ackers, P., Crickmore, M. J. und Holmes, D.W. (1964). Effects of use on the hydraulic resistance of drainage conduits. *Proc. Institution Civil Engineers* **28**: 339-360; **34**: 219-230.

- ATV (1988). Richtlinien für die hydraulische Dimensionierung und den Leistungsnachweis von Abwasserkanälen und -leitungen. Regelwerk Abwasser - Abfall, *Arbeitsblatt* **A110**. Abwassertechnische Vereinigung: St. Augustin.

- Carson, H., Kingman, H., Haynes, T. und Collison, H.N. (1894). Cross-sections of sewers and diagrams showing hydraulic elements of four general types, Metropolitan Sewerage Systems. *Engineering News* **30**(5): 121-123 (inkl. Supplement).

- Donkin, T. (1937). The effect of the form of cross-section on the capacity and cost of trunk sewers. *Journal Institution of Civil Engineers* **7**: 261-279.

- Dupuit, J. (1854). *Traité théorique et pratique de la conduite et de la distribution des eaux*. Carilian-Goeury et Dalmont: Paris.

- French, R. de L. (1915). Circular sewers versus egg-shaped, catenary and horseshoe cross-sections. *Engineering Record* **72**(8): 222-223; **72**(20): 608-610.

- Howe, H. (1989). Grundzüge des neuen ATV-Arbeitsblattes A110. *Korrespondenz Abwasser* **36**(1): 28-29.

- Kuhn, W. (1976). Der manipulierte Kreis - Gedanken zur Profilform bei Abwasserkanälen. *Korrespondenz Abwasser* **23**(2): 30-37.

- Lysne, D.K. (1969). Hydraulic design of self-cleaning sewage tunnels. *Journal Sanitary Engineering Division* ASCE **95** (SA1): 17-36.

- Macke, E. (1980). Über Feststofftransport bei niedrigen Konzentrationen in teilgefüllten Rohrleitungen. *Mitteilung* **69**. Leichtweiss-Institut für Wasserbau, TU Braunschweig: Braunschweig.

- Macke, E. (1983). Bemessung ablagerungsfreier Strömungszustände in Kanalisationsleitungen. *Korrespondenz Abwasser* **30**(7): 462-469.

- Novak, P. und Nalluri, C. (1978). Sewer design for no-sediment deposition. *Proc. Institution Civil Engineers* **65**(2): 669-674; **67**(2):251-252.

- Pecher, R., Schmidt, H. und Pecher, D. (1991). *Hydraulik der Abwasserkanäle in der Praxis*. Paul Parey: Hamburg und Berlin.

- Pfeiff, S. (1960). Mindest- und Höchstfliessgeschwindigkeiten in Entwässerungsnetzen. *gwf Wasser/Abwasser* **101**(4): 83-85.

- Roske, K. (1958). Dimensionslose Grössen in der Hydrodynamik der offenen Gerinne. *Stuttgarter Bericht* **5**. Inst. Industrie und Siedlungswasserwirtschaft, TU Stuttgart. R. Oldenbourg: München.

- Sartor, J. und Weber, J. (1990). Die Wiederentdeckung des Eiprofils aufgrund von

Schmutzfrachtbetrachtungen. *Korrespondenz Abwasser* **37**(6): 689-693.

- Schmidt, H. (1976). Die Verwendung von Eiprofilen aus hydraulischer Sicht. *Korrespondenz Abwasser* **23**(7): 209-212.

- Schoenefeldt, O., Thormann, E. und Conrads, A. (1943). Einheitliche Leitungsquerschnitte für die Stadtentwässerung. *Gesundheits-Ingenieur* **66**(16): 192-200.

- Schütz, M. (1985). Zur Bemessung weitgehend ablagerungsfreier Strömungszustände in Kanalisationsleitungen nach Macke. *Korrespondenz Abwasser* **32**(5): 415-419.

- Smith, A.A. (1965). Optimum design of sewers. *Civil Engineers and Public Works Review* **60**(2): 206-208; **60**(3): 350-353; **60**(9): 1279-1283.

- Thormann, E. (1941). Einheitliche Leitungsquerschnitte für Entwässerungsleitungen. *Gesundheits-Ingenieur* **64**(8): 103-110.

- Thormann, E. (1944). Füllhöhenkurven von Entwässerungsleitungen. *Gesundheits-Ingenieur* **67**(2): 35-47.

- Unger, P. (1988). *Tabellen zur hydraulischen Dimensionierung von Abwasserkanälen und -leitungen, DN 100-4000 und DN 300/450 - 1400/2100.* Ingwis-Verlag: Lich.

- Vicari, M. (1916). Kleinste Sohlgefälle für Schmutzwasserkanäle. *Gesundheits-Ingenieur* **39**(51): 537-540.

- Yao, K.M. (1974). Sewers line design based on critical shear stress. *Journal Environmental Engineering Division* ASCE **100**(EE2): 507-520; **101**(EE1): 179-181; **101**(EE4): 668-669.

Bezeichnungen

B	[m]	Profilbreite
D	[m]	Durchmesser
F	[m^2]	Querschnittsfläche
g	[ms^{-2}]	Erdbeschleunigung
h	[m]	Wassertiefe
J_E	[-]	Energieliniengefälle
J_s	[-]	Sohlengefälle
k_b	[m]	betriebliche Rauheit
k_s	[m]	äquivalente Sandrauheit
K	[m$^{1/3}$s^{-1}]	Rauhigkeitsbeiwert
P	[m]	benetzter Umfang
q_r	[-]	Relativdurchfluss
Q	[m^{3}s^{-1}]	Durchfluss
R_h	[m]	hydraulischer Radius
R_r	[-]	auf D bezogene Reynoldszahl

T	[m]	Profilhöhe
y	[-]	Teilfüllung
α_p	[-]	Achsenverhältnis
κ_s	[-]	relative Rauheit
μ_t	[-]	Geschwindigkeitsverhältnis
ν	[m^{2}s^{-1}]	kinematische Viskosität
ρ	[kgm^{-3}]	Dichte
τ	[Nm^{-2}]	Schubspannung

Indizes

| v | Vollfüllung | | o | Boden |
| m | minimal | | t | Teilfüllung |

4 ABWASSERPUMPWERKE - DROSSELORGANE

Obwohl Pumpen und Pumpwerke eigene Fachgebiete sind, sollen die wichtigsten
Angaben bezüglich Abwasserpumpwerken vorgestellt werden. Dabei wird die heraus-
ragende Bedeutung der Schneckenpumpe festgehalten.

Die wichtigsten Typen wie etwa die Wirbeldrossel, der Drosselschieber oder die
Drosselklappe werden hydraulisch ebenfalls beschrieben, insbesondere werden aber
die Anforderungen der ATV an solche Organe erörtert. Schliesslich wird auf die
Abflusssteuerung verwiesen.

4.1 Einleitung

Ein Pumpwerk kann oft die Wirtschaftlichkeit eines Entwässerungssystems verbessern, da es verstreut liegende Zuflüsse in eine *zentrale* Abwasserreinigungsanlage fördert.
Als Förderanlagen kommen sowohl Kreisel- als auch Schneckenpumpen in Betracht.

Um einen automatischen, störungsfreien und gefahrlosen Betrieb zu gewährleisten,
muss:

- das Wasser den Pumpem direkt zulaufen, damit Schwierigkeiten beim *Ansaugen*
  unterbleiben und
- eine *Rechenanlage* infolge des grossen Aufwandes und der mühsamen Reinigung entfallen.

Bei kleinen Pumpwerken wird demnach nicht auf den Durchfluss sondern auf *Verstop-
fungsfreiheit* bemessen. Üblicherweise ist der Mindestdurchgang einer Kugel von
100mm Durchmesser zu gewährleisten. Als Pumpenarten sind deshalb Einschaufelrad-,
Freistromrad-, bzw. Schneckenpumpen einzusetzen. Vakuum-Pumpen werden von Fass
(1970) behandelt. Mit einem Schaftdurchmesser von 200mm muss der Aussendurch-
messer von Schnecken also mindestens 500mm betragen.

Bei Druckrohrförderung ist eine minimale Geschwindigkeit von 0.5ms^{-1} bis 1ms^{-1}
vorzusehen, da sonst Verstopfungen auftreten, als obere wirtschaftliche Grenze gilt etwa
2.2ms^{-1} bis 2.5ms^{-1}. Damit lassen sich Druckverluste und Druckstösse in einem
vernünftigen Rahmen halten. Die stündliche Schaltzahl der Pumpe sollte 10 bis 12 nicht
überschreiten. Allgemeine Angaben zu Abwasserpumpen und -pumpwerken lassen sich
den Publikationen von Tuttahs (1987a und 1987b) entnehmen.

Ebenfalls Vorsicht vor Verstopfungen ist bei sämtlichen *Drosselorganen* am Platz, da
nur so die Abwasserreinigungsanlage mit einem möglichst gleichförmigen Zufluss
beschickt wird. Heute kann zwischen einer Vielzahl von Organen ausgewählt werden, die
auf verschiedenen Prinzipien basieren, im Preis recht unterschiedlich sind, und deren
Drosselwirkung von mangelhaft bis ausgezeichnet sein kann. Um diese Vielfalt sowohl
im physikalischen Sinne als auch hinsichtlich der Betriebssicherheit etwas zu vergleichmässigen und dadurch die Marktlage transparenter zu gestalten, versucht die ATV anhand
einer *Anforderungsliste* die Anbieter um aufschlussreiche Angaben zu ihren Produkten.

Darin werden Informationen hinsichtlich der Funktion, der hydraulischen Charakteristika, der Trennschärfe, der einzuhaltenden Anwendungsbedingungen sowie der betrieblichen Kriterien verlangt, die der Anbieter zu liefern hat. Neu dürfte die *Inspektion* durch einen Inhaber der Gruppe W des Güteschutzes KANALBAU sein, womit dem nicht erlaubten Verstellen von Drosselorganen Abhilfe geschaffen werden dürfte.

4.2 Pumpentypen

Grundsätzlich sollten immer mindestens *zwei* Pumpen aufgestellt werden, damit bei Versagen oder Revision ein Aggregat übrigbleibt. Allgemeine Beschreibungen über Abwasserpumpwerke gibt Lessmeier (1983).

4.2.1 Kreiselpumpen

Kreiselpumpen (engl.: centrifugal pump; franz.: pompe centrifuge) lassen sich entweder einrichten in Nass- oder Trockenaufstellung, und man unterscheidet zwischen horizontaler und vertikaler Aufstellung.

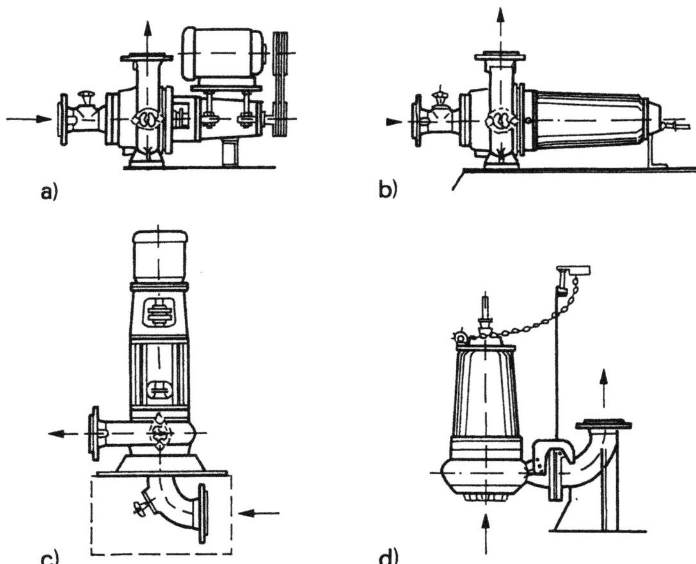

Bild 4.1   Kreiselpumpen nach ATV A134. a) Trocken und horizontal aufgestellt mit aufgesatteltem Motor, b) trocken und horizontal aufgestellte Tauchmotorpumpe, c) trocken und vertikal aufgestellt und d) nass und vertikal aufgestellt.

Während sich beim Hochbauteil kein Unterschied zwischen Trocken- und Nassaufstellung ergibt, ist im Tiefbauteil der Saug- und Maschinenraum bei *Trockenaufstellung* getrennt. Nach ATV A134 (1980) ist eine grundsätzliche Entscheidung für eine der beiden Aufstellungsarten unmöglich. Die betrieblichen, hygienischen und sicherheitstechnischen Aspekte sprechen für eine *Trockenaufstellung*, während die Baukosten dann höher sind.

Die *horizontal* aufgestellte Pumpe hat einige Vorteile gegenüber der vertikalen Aufstellung, da Reparaturen einfacher sind, und die Schwingungsempfindlichkeit geringer ist. Bild 4.1 zeigt einige Kreiselpumpen. Ausführliche Angaben zur Bemessung des Pumpensumpfes von Kreiselpumpen gibt Dasek (1989).

Die Förderhöhe setzt sich zusammen aus:

* dem Höhenunterschied zwischen dem Leitungshochpunkt und dem Saugwasserspiegel und

* der Summe aller dazwischenliegenden Strömungsverluste.

Bild 4.2 zeigt das Q-H-Diagramm einer Kreiselpumpe für eine steile und eine flache Drosselkurve sowie für zwei verschiedene Rohrkennlinien. Der *Betriebsbereich* liegt also zwischen der Drossel- und Rohrkennlinie, er ist bei der flachen Drosselkurve grösser als bei der steilen.

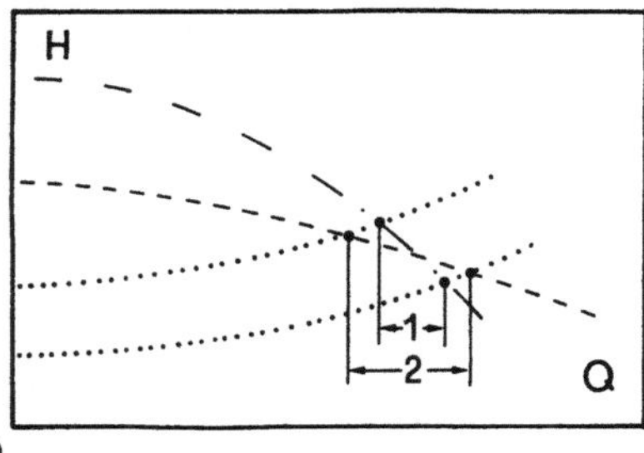

Bild 4.2   Förderdiagramm der Kreiselpumpe. (— —) steile und (——) flache Drosselkurve sowie (···) Rohrkennlinien für minimale und maximale geodätische Höhe mit zugehörigen Betriebsbereichen.

4.2.2 Schneckenpumpen

Die Förderschnecke eignet sich für die *überdrucklose* Förderung von Abwasser in offenen Kanälen. Sie ist nicht anfällig auf Feststoffe, durch die niedrige Drehzahl ist die Abnutzung gering und damit die *Betriebssicherheit* hoch. Die Förderung beginnt beim sogenannten Tastpunkt und erreicht beim Füllpunkt das Maximum. Die Schneckenpumpe (engl.: screw pump; franz.: vis d'Archimède) zeichnet sich durch einen flexiblen Arbeitsbereich aus, womit ein Dauerbetrieb möglich ist und auf Speicherraum verzichtet werden kann.

Der Anstellwinkel der Schnecke liegt zwischen 30° und 40°. Mit Rücksicht auf die statische Belastung ist die Schneckenlänge auf 8 bis 12m zu beschränken, womit sich *Förderhöhen* von 6 bis 8m ergeben. Die Gangzahl beträgt 1 bis 3, die Drehzahl 50 bis 75 pro Minute. Die Ermittlung der massgebenden Ober- und Unterwasserstände ist ausschlaggebend für die optimale Schneckenauslegung. Diese Angaben sind hier wichtiger als bei Kreiselpumpen und nachträgliche Änderungen sind oft schwierig.

Nach Bild 4.3 ist der *Füllpunkt* etwa auf der Höhe des Zulaufkanals anzuordnen. Der *Tastpunkt* ergibt sich dann aus der Schneckenabmessung. Beim Einlaufbauwerk sind wenig durchströmte Räume zu vermeiden. Der *Sturzpunkt* hat über dem maximalen Unterwasserspiegel zu liegen, damit kein Wasser in den Zulauf zurückströmt.

Jede Schnecke muss durch Dammbalken einlaufseitig absperrbar sein. Zwischen den Schneckenführungströgen werden vorteilhaft Treppen zur Schneckenreinigung angeordnet. Offenstehende Schnecken sind gegen Sonneneinstrahlung zu schützen.

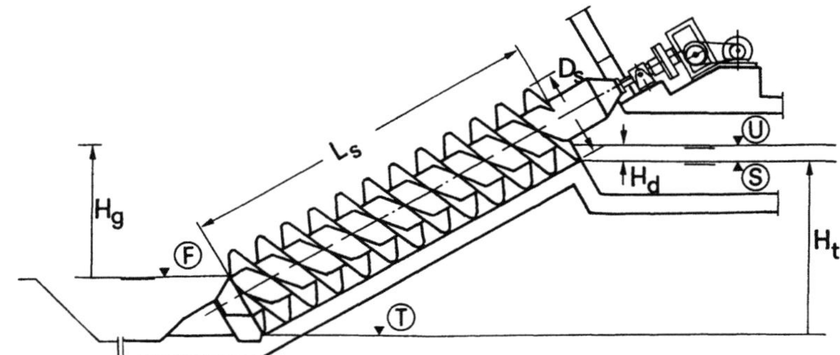

Bild 4.3   Schneckenpumpe mit D_s Schneckendurchmesser, L_s Schneckenlänge, H_g geodätischer Höhenunterschied, H_t totaler Höhenunterschied und H_d Mehrstau maximal $0.2D_s$, bei absolutem Wasserabschluss $H_d=0$. T Tastpunkt, F Füllpunkt, S Sturzpunkt und U Staupunkt.

Nach Witschi (1970) lassen sich Schneckenpumpen verwenden:
- zur Hebung von Abwasser in Kläranlagen,
- zur Überwindung von Niveaudifferenzen in Kanalisationen,
- als Rücklaufschlammpumpen.
- zur Entwässerung von Überschwemmungsgebieten und
- zur Bewässerung von Feldern.

Die *Vorteile* der Schneckenpumpe sind:
- ein guter Wirkungsgrad von rund 75% bei variablem Durchfluss,
- eine grosse Betriebssicherheit,
- eine selbständige Anpassung an den Zulauf,
- problemloser Transport von Feststoffen,
- keine Stossbelastung, was den Absetzeffekt in Kläranlagen begünstigt,
- Anlauf der Schnecke ohne grosse Stromspitze, da sich die Schnecke zuerst füllt,

- geringer Verschleiss der Lager infolge kleiner Drehzahl und
- einfache Wartung.

Als *Nachteile* führt Witschi an:

- eine gewisse Geruchsbelästigung infolge der offenen Bauweise,
- höhere Anschaffungskosten als bei Kreiselpumpen und
- teureres Bauwerk.

Sinkt der Zufluss unter rd. 30% des Bemessungsdurchflusses, so sollte die Pumpe intermittierend arbeiten. Um die Schaltzahl kleiner als 10 pro Stunde zu erreichen, ist der *Pumpensumpf* genügend gross auszubilden. Um Leckverluste im Rahmen zu halten, sollte die Spaltgrösse zwischen Schneckenrad vom Durchmesser $D_s[m]$ und Pumptrog etwa $0.005D_s^{1/2}$ in Metern betragen.

4.3 Drosselorgane

4.3.1 Allgemeines

Im Mischsystem wird der Kläranlage nur ein bestimmtes Vielfaches des Trockenwetteranfalls zugeführt, der bei Regenwetter anfallende Mehrzufluss muss entlastet werden. Es geht dann also darum, den in ein Regenbecken geleiteten Zufluss so abzuleiten, dass der Kläranlage maximal nur der *kritische Zufluss* zugeführt wird. Dabei bezieht sich 'kritisch' hier auf den Grenzdurchfluss Q_k der Anlage und nicht auf den in Kap.6 besprochenen kritischen Durchfluss Q_c. Hydraulisch lässt sich das Problem folgendermassen formulieren: Wie ist der Ausfluss aus einem Becken zu drosseln, dass für $Q<Q_k$ alles Wasser der Kläranlage zufliesst, für $Q \geq Q_k$ jedoch nur der kritische Zufluss entsteht?

Bild 4.4 zeigt ein Becken, das durch das Zulaufrohr gespiesen wird, und dessen Auslauf durch ein Organ reguliert wird. Der *Ausfluss* Q_a folgt der Beziehung

$$Q_a = C_d F_a (2gh_a)^{1/2} \tag{4.1}$$

mit C_d als Ausflussbeiwert, F_a als massgebende Ausflussfläche und h_a als Ausflusshöhe, d.h. $(2gh_a)^{1/2}=V_a$ als massgebende Ausflussgeschwindigkeit. Der Beiwert C_d enthält alle den Ausfluss vermindernden Einflüsse wie Kontraktion, Verluste und Strahlumlenkung. Bei variablem Durchfluss $Q>Q_k$ lässt sich der Ausfluss Q_a konstant halten, entweder:

- durch Invariabilität der *Druckhöhe* h_a bei unveränderlichen Werten C_d und F_a (Typ Schwimmer),
- durch Verkleinerung der *Ausflussfläche* F_a bei Vergrösserung von h_a (Typ Schlauchdrossel), oder

- durch Verkleinerung von C_d bei Vergrösserung von h_a (Typ Wirbeldrossel).

Kombinationen von drei Parametern sind natürlich auch möglich. Die in Kap.9 diskutierte Drosselstrecke gehört zum Typ B, wird hier aber nicht weiter erwähnt, da sie nicht als Organ betrachtet werden kann.

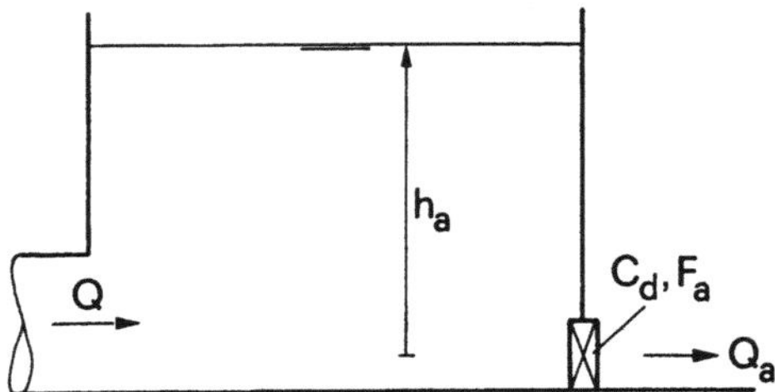

Bild 4.4   Ausfluss aus Becken.

Da bei den meisten Drosselorganen der lichte Querschnitt relativ stark reduziert wird, und es sich beim Abwasser um ein Fluid mit Inhaltsstoffen handelt, ist der *Verstopfungsbehebung* und damit der Betriebsicherheit grösste Beachtung zu schenken (Kaul, 1986).

Die ATV (1993) unterscheidet grundsätzlich zwischen Drosselorganen, zu welchen neben der Drosselstrecke die Wirbeldrossel gezählt wird, und Ausläufen, Regelorganen sowie Steuerorganen.

4.3.2 Wirbeldrossel

Die Wirbeldrossel (engl.: vortex throttle; franz.: soupape de vortex) ist eine Reduziereinrichtung, wurde in den zwanziger Jahren erfunden, in den siebziger Jahren in Stuttgart entwickelt und wird heute u.a. von UFT, Bad Mergetheim, hergestellt. Sie enthält keine beweglichen Teile, denn der Drosseleffekt beruht allein auf den hohen Beschleunigungsverlusten der *tangential* angeströmten Wirbelkammer. Im Gehäusezentrum bildet sich dadurch ein Luftkern, der über den Belüftungsstutzen direkt mit der Atmosphäre verbunden ist. Bild 4.5a) zeigt die üblicherweise horizontal liegende, flache Wirbelkammer ①. Der tangentiale Zulauf ② schliesst am Boden an, der Deckel ③ ist aufklappbar und trägt den Belüftungsstutzen ④. Die austauschbare Ausflussblende ⑥ am Boden ⑤ der Wirbelkammer bestimmt den Fliesswiderstand.

Das Wasser verlässt die Wirbelkammer praktisch drucklos als drehender Hohlstrahl mit grosser Geschwindigkeit. Die Wirbelströmung ist bei Minimaldurchfluss stabil und turbulenzarm, und auch unter Vollast arbeitet die Wirbeldrossel noch ruhig.Die kinetische Energie wird im Unterwasser der Wirbeldrossel durch ein *Tosbecken* dissipiert und damit eine ruhige Ablaufströmung erzielt.

Der kleinste Zulaufdurchmesser einer Wirbeldrossel beträgt 200mm, der Auslaufring hat mindestens diese Abmessung aufzuweisen. Bei gleichem Kugeldurchgang lässt sich mit der Wirbeldrossel etwa die Hälfte des minimalen Durchflusses des entsprechenden Drosselrohres beherrschen. Als Absturzhöhe braucht die Wirbeldrossel etwa eine Nennweite, eine zweite wird für den Einlaufsumpf benötigt. Optimal setzt man sie bei *kleineren Regenbecken* mit ausreichendem Längsgefälle ein.

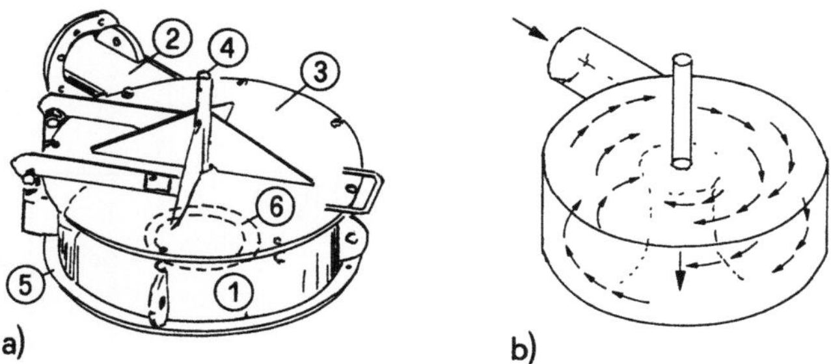

Bild 4.5 Wirbeldrossel a) Aufbau und b) Strömungsvorgänge (Brombach, 1982a). ① Wirbelkammer, ② Zulaufrohr, ③ aufklappbarer Deckel, ④ Belüftung, ⑤ Boden, ⑥ Blendenring.

Die Wirbeldrossel besitzt eine grosse *Betriebssicherheit*, da bei Verstopfungen der Fremdkörper freigespült werden kann. Dieser Selbstreinigungseffekt versagt nur, falls Störkörper wie Dachlatten oder Bewehrungseisen in den Drosselkörper gelangen. Faserstoffe dagegen sind unproblematisch und führen zu keiner Zopfbildung. Die auswechselbare Blende gestattet eine einfache nachträgliche Verstellung des Fliesswiderstandes. Da eine völlige Selbstreinigung der Becken nicht erzielt werden kann, wird das regelmässige *Abspritzen des Schlammes* empfohlen und die Wirbeldrossel dabei überprüft.

4.3.3 Regelorgane
Drosselschieber

Der *Drosselschieber* (engl.: gate valve; franz.: robinet-vanne) nach Bild 4.6a) findet sich relativ selten bei Regenbecken, hie und da vielleicht bei Regenüberläufen. Nach Brombach (1982a) mag ein Grund dafür der Mangel an Durchflusskurven sein. Das Organ besteht aus einem Kreisdurchlass vom Durchmesser D, der durch eine U-förmige oder rechteckige Blende abgedeckt wird.

Bei Schiebern muss unterschieden werden zwischen Oberwasserspiegeln, welche unter- oder oberhalb der Blendenoberkante liegen. Staut die Blende den Abfluss noch nicht ein, so kann bei grosser Geschwindigkeit der Strahl unter der Blende durchschiessen und eine Spitze in der $Q(h_p)$-Kurve erzeugen. Ist der Einstau erfolgt, so wird der Durchfluss Q reduziert und steigt nur langsam bei zunehmender Druckhöhe h_p (Bild 4.6b). Der Bemessungsdurchfluss hängt vorallem von der Nennweite des Schiebers und der zur Verfügung stehenden maximalen Druckhöhe ab. Der Anwendungsbereich von Drosselschiebern liegt vorallem bei Regenüberläufen und Regenbecken. Die minimale Öffnungshöhe sollte 10 bis 15cm bei mindestens 20cm Durchmesser betragen. Ein Blendenschieber muss gegen unbefugtes Verstellen geschützt sein. Der in 2.3.9 beschriebene Plattenschieber kann als ein Spezialfall betrachtet werden.

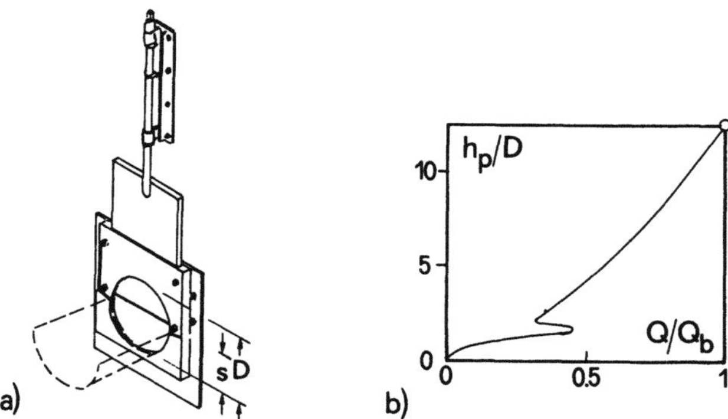

Bild 4.6   Drosselschieber. a) Aufbau und b) typische Durchflusskurve (schematisch).

Der von UFT entwickelte Drosselschieber *Fluid Gate*® weist folgende *Vorteile* auf:
- direktes Andübeln an eine senkrechte Wand,
- genaue und stufenlose Einstellung des Abflusses,
- Anzeige der Öffnungsweite auf einer Skala,
- kompakte Bauweise und geringer Höhenverlust,
- strömungsgünstiger Durchgangsquerschnitt,
- korrosionsfreie PVC- und Edelstahlkonstruktion und
- Antrieb oberhalb des Wasserspiegels.

UFT bietet Nennweiten von 250 bis 1000mm an, damit lassen sich Durchflüsse zwischen $105ls^{-1}$ und $1.9m^3s^{-1}$ bewältigen.

Hydraulisch wurde der Drosselschieber durch Hager (1987a) untersucht. Bild 4.7 zeigt die recht umständliche Geometrie bei *kreisförmiger Blende* vom Radius R_2 im Kreisrohr oder im U-Profil vom Radius R_1. Bezeichnet $r=R_2/R_1>1$ das Durchmesserverhältnis und $S=s/R_1$ die relative Öffnungshöhe (Bild 4.7), so gilt für die *Querschnittsfläche* bei der kreisförmigen Blende

$$F_D/R_1^2 = 1.9S \quad \text{bei etwa } r = 1.05 \tag{4.2}$$

$$F_D/R_1^2 = arccos(1-S) - (1-S)(2S-S^2)^{1/2} \quad \text{bei } r \to \infty. \tag{4.3}$$

Der Wert r=1.05 ist üblich, während r→∞ der geraden Blendenkante entspricht (Bild 2.19). Ähnliche Ausdrücke lassen sich auch für das U-Profil ableiten (Hager 1987a).

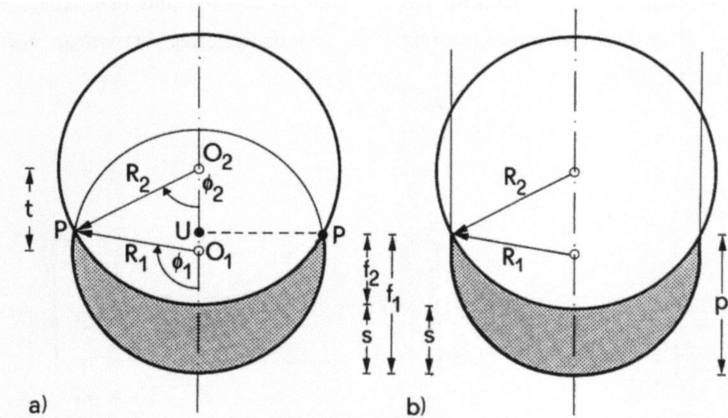

Bild 4.7   Ausflussgeometrie bei kreisförmiger Blende in a) Kreisrohr und b) U-Profil.

Der *Ausfluss* lässt sich darstellen durch

$$Q_a = C_d F_D [2g(H-s)]^{1/2} \qquad (4.4)$$

mit $H = h_0 + V_0^2/(2g)$ als auf die Ausflusskote bezogene Zuflussenergiehöhe und s als axiale Blendenöffnung. Da der Ausfluss aus Becken strömt, darf für H häufig die Zuflusswassertiefe h_0 gesetzt werden.

Anhand von Modellversuchen wurde kein Einfluss des Parameters s/H auf C_d gefunden. Mit Ausnahme von ganz kleinen Blendenöffnungen (die für die Bemessung nicht massgebend sind) darf näherungsweise für den *Ausflussbeiwert* $C_d = 0.69 \pm 0.02$ gesetzt werden. Weitere Eigenheiten des Ausflussstrahls werden von Hager (1987b) beschrieben.

Drosselklappen

Die O. Schulze GmbH, Gladbeck, bietet eine Schwimmer-Drosselklappe an, die zur Ablaufregulierung von Stauräumen eingesetzt werden kann. Die Einrichtung besteht aus einer schwimmergesteuerten *Drosselklappe* und einer *Auslaufblende* mit Schieber, die in einem gemeinsamen Schacht untergebracht sind (Bild 4.8).

Die schwimmergesteuerte *Auslaufklappe* (engl.: outlet valve; franz.: vanne de sortie) vermag einen Minimaldurchfluss von etwa $30 ls^{-1}$ zu gewährleisten. Dem Auslaufrohr werden zwei Schwimmkörper aufgesetzt, die bei steigendem Wasserstand den Ausfluss durch eine Klappe drosseln. Der Einstau im Drosselschacht wird durch eine Schieberblende eingestellt.

Die $Q(h_0)$-Linie hat als Scharparameter die Spreizung s. Je nach der Öffnungsweite der Schieberblende ergeben sich für Druckhöhen zwischen 1 und 13m Ausflüsse von 10 bis $80ls^{-1}$. Eine hydraulische Untersuchung grundsätzlicher Art wurde von Burrows (1984) durchgeführt.

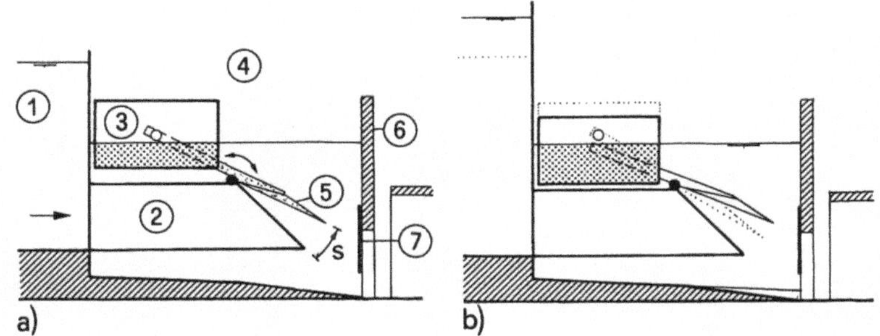

Bild 4.8   Schwimmergesteuerte Auslaufklappe a) Bezeichnung ① Becken, ② Auslaufrohr, ③ Schwimmkörper, ④ Drosselschacht, ⑤ Klappendeckel, ⑥ Stauwand
und ⑦ Schieberblende, b) Wasserspiegelanhebung.

Als *Vorteile* der Auslaufklappe werden genannt:

* keine Abflussbehinderung bis zum zulässigen Abfluss,
* Abflussleistung unabhängig vom Beckenstand,
* einfache Regulierung und Wartung,
* geringe Verstopfungsgefahr und wenige Ablagerungen sowie
* kein Stromanschluss erforderlich.

Im Vergleich zu anderen Drosselorganen liegen hier jedoch weniger ausführliche Angaben vor.

Abflussbegrenzer ALPHEUS

Dieses schwimmergesteuerte Gerät der Firma GfW, Taunusstein, erzeugt konstanten Ausfluss. Die Haube bewirkt im Innern des Abflussbegrenzers einen tieferen Wasserspiegel als im Rückhalteraum. Der Schwimmer steigt mit dem Wasserspiegel und senkt dabei die Schütze ab. Das Element wird wasserseitig vor dem Ablauf verdübelt. Es lassen sich Durchflüsse von minimal $7ls^{-1}$ bewältigen, die obere Grenze beträgt rd. $100ls^{-1}$.

Schlauchdrossel

Die Schlauchdrossel (engl.: hose throttle; franz.: vanne de tuyau souple) erlaubt einen nahezu *konstanten Ausfluss* aus Becken bei variablem Beckenstand (Vischer 1979). Sie eignet sich besonders zur Beherrschung von kleinen und kleinsten Ausflüssen bei

Druckhöhen bis zu einigen Metern in Regenbecken mit kleinen bis mittleren Volumina. Grundsätzlich lässt sich die Schlauchdrossel ausserhalb (trocken) im Unterwasser (Typ U) oder innerhalb des Beckens (nass) (Typ I) aufstellen.

Beim *Typ U* wird die eigentliche Drossel durch ein durchsichtiges, gegen aussen abgeschlossenes Hüllrohr umgeben (Bild 4.9). Von den beiden seitlichen Ausnehmungen ③ für die Drosselmembran hat das Drosselrohr zwei weitere Öffnungen, die mit einem Filtertuch ④ abgedeckt sind. Füllt sich der Stauraum, tritt Wasser durch die Drucköffnungen, füllt den Ringspalt und drückt von aussen auf den Schlauch. Die Drossel springt an, weil durch die Vorspannung der Membran der Querschnitt bei den Ausnehmungen geringfügig kleiner als der Rohrquerschnitt ist.

Die eingefangene Luft im oberen Hüllrohrteil bildet ein Luftpolster ⑤. Da bei jedem Anspringen der Drossel nur ein kleines Wasservolumen in den Ringspalt hinein- und wieder hinausfliesst, verschmutzt zwar der Ringspalt mit der Zeit, es kommt jedoch zu keiner Funktionseinbusse. Bild 4.10a) zeigt eine typische Anordnung in einem Sonderschacht.

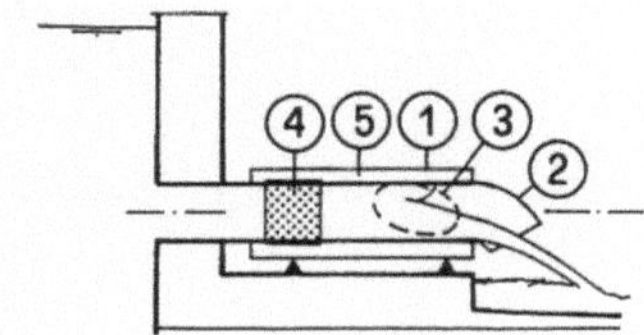

Bild 4.9 Funktionsprinzip der Schlauchdrossel Typ U. ① Hüllrohr, ② Drosselrohr, ③ Ausnehmungen, ④ Filtertuch, ⑤ Luftpolster.

Die Schlauchdrossel *Typ I* (Bild 4.10b) ist für die nasse Aufstellung konzipiert. Das freitragende Rohr mit der aufgespannten Schlauchmembran ragt in den Stauraum hinein. Die dafür notwendige Bodenvertiefung ist permanent im Wasser und dient auch als Geröllfang.

Bei Trockenwetterabfluss liegt das Drosselrohr frei, der schräge Rohranschnitt verhindert Verstopfungen. Der Ausflussstrahl soll im nachfolgenden Schacht belüftet werden. Bei höherem Abfluss wirkt der Beckendruck direkt auf die Membran und schnürt den Querschnitt ein. Der hydraulische Höhenbedarf einer Schlauchdrossel beträgt etwa eine Nennweite.

Die *Ausflusscharakteristik* der Schlauchdrossel (Brombach 1987) wird durch die Geometrie und Grösse der beiden seitlichen Ausnehmungen im Drosselrohr sowie der Elastizität der Schlauchmembran bestimmt. Nachträgliche Anpassung ist möglich. Die Ausflusskurven oberhalb des Teilfüllungsbereiches sind praktisch vertikal. Für eine bestimmte Nennweite lässt sich die Schlauchdrossel im Verhältnis $Q_{min}/Q_{max} = 1{:}3$ frei verstellen und anpassen. Für Nennweiten von DN200 und 250 sind Ausflüsse zwischen $10\,ls^{-1}$ und $60\,ls^{-1}$ möglich.

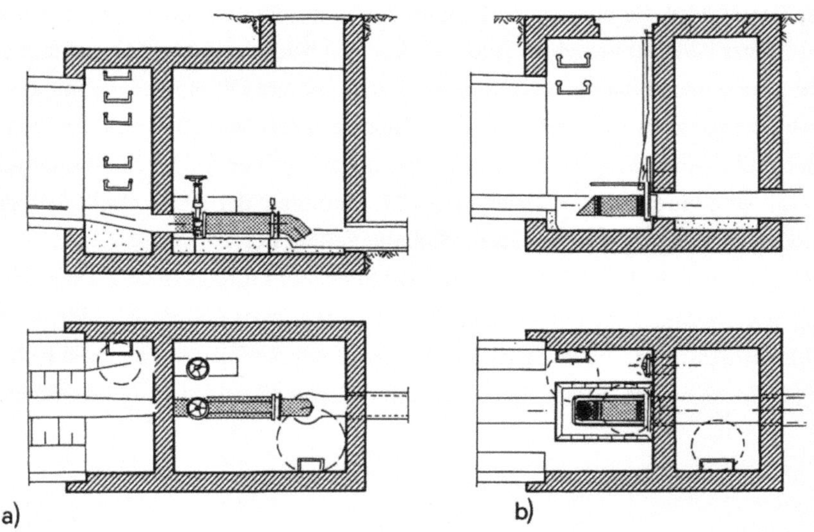

Bild 4.10 Schlauchdrossel im Spezialschacht. a) Typ U und b) Typ I. Längsschnitt (oben) und Grundriss (unten).

Hinsichtlich der *Wartung* ist die Schlauchdrossel insbesondere auf *Verstopfung* hin zu prüfen. Bei einer Verstopfung kann über die parallel angeordnete Schnellentleerung das Regenbecken unter Aufsicht ohne fremde Hilfe entleert und die Störung beseitigt werden. Die Drosselmembran ist empfindlich und sollte keiner äusseren Stossbelastung ausgesetzt werden. Sie ist periodisch zu überprüfen. Über statische und dynamische Verformungen sowie über den Hysteresiseffekt berichten Volkart und de Vries (1985).

Weitere Fabrikate bieten BgU in Bretzfeld (Waage-Drossel), der Metallbau Nill in Winterthur (Schweiz), Steinhardt in Taunusstein (HydrOslide), BAP (Schieberdrossel), ASA Technik GmbH, Krefeld-Forstwald (div. Steuerungsanlagen) usw. an.

4.4 Anforderungen der ATV

Um die Vielzahl der angebotenen Drosselorgane vom praktischen Einsatz sowie vom Umweltschutz her richtig und vergleichend zu beurteilen, schlägt die ATV 111 (1993) ein Regelwerk vor. *Regelorgane* und *Steuerorgane* lassen sich nach Regenüberläufen und Regenbecken anordnen. Ihre Bemessung erfolgt nach den Angaben des Anbieters. Als *Mindestdurchfluss* sind $10\,ls^{-1}$ einzuhalten.

Als besondere Anforderungen sind die in der Kriterienliste (Tab.4.1) aufgeführten Angaben einzuhalten. Der Nachweis ist zu führen durch Prüfungen in einem von der ATV oder einem anderen Mitgliedsverband der European Water Pollution Control Association (EWPCA) anerkannten Institut. Hinsichtlich der verwendeten Materialien

Tabelle 4.1   Kriterien für Regulierorgane.

A	*Funktionsangaben* von Seiten des Anbieters

A.1   Art des Organs
A.2   Mass- bzw. Informationsgrösse
A.3   Messglied
A.4   Steuergerät
A.5   Stellglied

B   *Funktionsnachweis*

Für alle Organe sind Kennlinien zu geben, die durch ein anzuerkennendes Prüfinstitut aufgenommen worden sind; bei konstruktiven Veränderungen sind neue Kennlinien vorzulegen. Nach Einschätzung des Prüfinstituts können Organe benachbarter Nennweiten zu Prüfgruppen zusammengefasst werden.

C   *Trennschärfe*

C.1   Trennschärfe für Organe nach *Regenbecken* höchstens ±5%.
C.2   Trennschärfe für Organe nach *Regen-Überlaufbauwerken* höchstens ±10%.

D   *Auswahlkriterien* seitens des Anbieters

D.1   externe Energiezufuhr
D.2   zusätzlichen Sohlsprung nach dem Organ
D.3   Sollwerteinhaltung
D.4   Sollwertveränderung
D.5   Grenzeinstau (UW-Höhe, ab der die Kennlinie beeinflusst wird)
D.6   Mindestdurchfluss und Mindestdurchgangsweite
D.7   verwendete Materialien

E   *Betriebliche Kriterien*

E.1   Inspektion

Das erforderliche Inspektionsintervall ist vom Anbieter anzugeben und vom Betreiber zu gewährleisten (Hinweis auf Gütezeichen Gruppe W des Güteschutz KANALBAU)

E.2   Wartungsmassnahmen

Angaben zu den erforderlichen Wartungsmassnahmen sind vom Anbieter zu machen; Veränderungen an festen Einstellungen sollen nur in Abstimmung zwischen Betreiber und Anbieter erfolgen.

E.3   Verlegungsbeseitigung

Angaben zur Verlegungsbeseitigung sind vom Anbieter zu machen; wegen der Gefahr der Verlegung auch von Zuläufen der Organe sind bauseits Warn- und Umlaufeinrichtungen vorzusehen.

sollen nur geeignete Werkstoffe verwendet werden. Für bewegliche Anlageteile sind Angaben zum Verhalten in korrosiver Umgebung erforderlich. Alle Anlagen sind mindestens einmal jährlich zu warten. Bei Verwendung von Heberwehren, beweglichen Verschlüssen, Wirbeldrosseln und Regelorganen ist mit dem Hersteller oder einem Inhaber des Gütezeichnes W des Güterschutzes-Kanalbau ein *Wartungsvertrag* abzuschliessen, sofern der Betreiber der Abwasseranlage nicht über hierfür geeignetes eigenes Personal verfügt. Die *Nachjustierung* von verstellbaren Organen ist nur zulässig unter Einschaltung des Herstellers oder eines von diesem Beauftragten.

4.5 Abflusssteuerung

Da Regenbecken räumlich oft stark verteilt sind und die Anforderung an die Betriebssicherheit in städtischen Agglomerationen oft hoch ist, liegt ein Trend zur automatischen Überwachung und Steuerung vor. Die Messwertaufnehmer und Regulierorgane an Regenbecken müssen mit vernünftigem Wartungsaufwand funktionstüchtig bleiben.

Die *Umrüstung* von ehemals mechanisch geregelten auf gesteuerte Regenbecken muss schrittweise geplant werden. Vorerst müssen Durchfluss- und Wasserstandssonden eingebaut werden, und die Erfassung der Daten unmittelbar beim Regenbecken installiert werden. Um die Ereignisse auszuwerten und Schlüsse auf den Betriebsvorgang zu ziehen, ist eine intensivere Wartung durch Fachpersonal notwendig.

Kritische Becken hinsichtlich Schmutzablagerungen, Verstopfungen usw. werden mit der Zentralstation verbunden, um dort relevante Daten zu protokollieren und Alarmzustände zu melden. In einem weiteren Schritt werden Einrichtungen zur Ausführung von *Steuerbefehlen* aus der Zentralstation auf das Regenbecken vorgesehen. Als Entscheidungshilfe lassen sich Prozessrechner einsetzen, die das vorgesehene Ereignis durchrechnen und die Konsequenzen aufzeigen. Die Befehlsgruppe, welche das optimale Resultat erzeugt, wird dann ausgeführt. *Niederschlagsereignisse* haben natürlich eine zentrale Bedeutung, sie müssen also frühzeitig erfasst und die Auswirkungen im Kanalisationsnetz entsprechend simuliert werden.

Diese z.T. futuristische Bewirtschaftung von Kanalisationssystemen hat auch Grenzen, insbesondere bei Versagen von einzelnen Systemgliedern. Weitere Probleme ergeben sich bei der Modellierung der teils schwierigen Abflussprozesse, weshalb die Umstellung von der konventionellen auf die zukünftige Bewirtschaftung Jahre dauert. Planerisch sollte man die Steuerung von Kanalisationssystemen jedoch bereits heute einbauen. Einen Überblick über die Problematik der Abflusssteuerung und Speicherbewirtschaftung in Entwässerungssystemen gibt Schilling (1990).

Literaturnachweis

* ATV (1980). Planung und Bau von Abwasserpumpwerken mit kleinen Zuflüssen. ATV-Regelwerk, *Arbeitsblatt* **A134**. ATV: St. Augustin.
* ATV (1993). Richtlinien für die hydraulische Dimensionierung und den Leistungsnachweis von Regenwasser-Entlastungsanlagen in Abwasserkanälen und -leitungen. *Arbeitsblatt* **A111**. Abwassertechnische Vereinigung: St. Augustin.
* Brombach, H. (1982a). Drosselstrecken und Wirbeldrosseln an Regenbecken. *Schweizer Ingenieur und Architekt* **102**(33/34): 670-674.
* Brombach, H. (1982b). Abflusssteuerung von Regenwasserbehandlungsanlagen. *Wasserwirtschaft* **72**(2): 44-52.
* Brombach, H. (1987). Eine späte Nutzung des Bernoulli-Effekts: die Schlauchdrossel. *Wasser und Boden* **39**(11): 564-571.
* Burrows, R. (1984). The hydraulic characteristics of hinged flap gates. *Hydraulic Design in Water Resources Engineering*; Land Drainage. K.V.H. Smith and D.W. Rycroft, ed. Springer: Berlin.
* Dasek, I.V. (1989). Pumpensumpfbemessung in Abwasserpumpwerken. *Schweizer Ingenieur und Architekt* **109**(41): 1107-1112.
* Fass, W. (1970). Vakuum in Abwasser-Pumpstationen. *Gas - Wasserfach* Wasser/ Abwasser **111**(6): 334-337.
* Hager, W.H. (1987a). Circular gates in circular and U-shaped channels. *Journal of Irrigation and Drainage Engineering* **113**(3): 413-419.
* Hager, W.H. (1987b). Abfluss im U-Profil. *Korrespondenz Abwasser* **34**(5): 468-482.
* Kaul, G. (1986). Mindestabfluss von Drosseleinrichtungen in Mischwasserkanälen. *Korrespondenz Abwasser* **33**(7): 587-591.
* Lessmeier, H. (1983). Pumpen und kleine Hebewerke für die Abwasserförderung. *Wasser und Boden* **35**(10): 452-456.
* Schilling, W. (1990). *Operationelle Siedlungsentwässerung*. R. Oldenbourg: München.
* Tuttahs, G. (1987a). Gesichtspunkte bei der Bemessung von Abwasserpumpwerken. *Wasser und Boden* **39**(1): 30-34.
* Tuttahs, G. (1987b). Förderanlagen für Abwasser. *Wasser und Boden* **39**(5): 246-250.
* Vischer, D. (1979). Die selbsttätige Schlauchdrossel zur Gewährleistung konstanter Beckenausflüsse. *Wasserwirtschaft* **65**(12):
* Volkart, P.U. und de Vries, F. (1985). Automatic throttle hose - a new flow regulator. *Journal of Irrigation and Drainage Engineering* **111**(3): 247-264.
* Witschi, R. (1970). Die Schneckenpumpe und ihr Einsatz bei der Abwasserreinigung.

Bezeichnungen

C_d	[-]	Ausflussbeiwert
D_s	[m]	Schneckendurchmesser
F_a	[m^2]	Ausflussfläche
F_d	[m^2]	Blendenfläche
h_a	[m]	Ausflusshöhe
h_p	[m]	Druckhöhe
H	[m]	Energiehöhe
H_d	[m]	Mehrstau
H_g	[m]	geodätischer Höhenunterschied
H_t	[m]	totaler Höhenunterschied
L_s	[m]	Schneckenlänge
Q	[m^{3}s^{-1}]	Durchfluss
Q_a	[m^{3}s^{-1}]	Ausfluss
Q_k	[m^{3}s^{-1}]	kritischer Ausfluss
r	[-]	Radienverhältnis
R_1	[m]	Kanalradius
R_2	[m]	Blendenradius
s	[m]	Blendenöffnung, Spreizung
S	[-]	relative Blendenöffnung
V_a	[ms^{-1}]	Ausflussgeschwindigkeit

5 NORMALABFLUSS

Der Gleichgewichtszustand von treibenden und rückhaltenden Kräften kann Normalabfluss verursachen. Die Bedingungen, unter welchen sich konstante Wassertiefe einstellt, werden vorerst ausführlich erläutert. Dann wird formelmässig Normalabfluss beschrieben und auf die Teilfüllungszustände im Kreis-, Ei- und Maulprofil angewendet. Dabei lassen sich Näherungsformeln ableiten, die einfach in der Handhabung sind. Aspekte wie Zuschlagen eines Rohres oder Energiehöhe unter Normalabfluss werden ebenfalls betrachtet, und auf den Lufteintrag bei steilen Kanalisationen wird eingegangen. Schliesslich wird das Bemessungsprinzip erläutert und anhand von Beispielen erklärt.

5.1 Einleitung

Im Gegensatz zum Abfluss in Druckrohren, bei denen der Fliessquerschnitt nur in Längsrichtung veränderlich ist, kann sich im Freispiegelkanal die Durchflussfläche sowohl mit der Abflusstiefe h als auch mit der Lagekoordinate x verändern. Entsprechend besitzen Strömungen in offenen Kanälen einen Freiheitsgrad mehr und machen im Gegensatz zu Rohrströmungen den besonderen Reiz von Freispiegelströmungen aus. Somit können im Druckrohr keine Oberflächenwellen im üblichen Sinn auftreten, und Phänomene wie Rückstau oder Absenkung existieren nicht.

Der zusätzliche Freiheitsgrad von Kanalströmungen gegenüber von Druckströmungen zeichnet sich aber auch durch eine erschwerte Berechnung aus. Vergleicht man die Basisbeziehungen der Druck- und Freispiegelabflüsse miteinander, so tritt bei letzterem das Zusatzglied $\partial(V^2/2g)/\partial x$ auf mit V als mittlerer Geschwindigkeit und g als Erdbeschleunigung. Es handelt sich dabei um die sogenannte *Konvektiv-Beschleunigung*, die die kinetische Energieänderung zwischen zwei Querschnitten berücksichtigt. Darnach kann im Gegensatz zum starren Körper das auch stationär fliessende Fluid Beschleunigungen erfahren, die den Bewegungszustand entsprechend verändern.

Grundsätzlich lassen sich stationäre - also zeitlich nicht veränderliche - Strömungen einteilen in gleichförmige und ungleichförmige Abflüsse. Unter einem *gleichförmigen Abfluss* versteht man den Zustand, bei dem sich die Geschwindigkeit weder zeitlich noch lokal verändert. Dieser Fall entspricht - wie noch ausführlich zu diskutieren ist - einem Idealzustand, der in der Natur nur selten auftritt und im Freispiegelkanal als *Normalabfluss* bezeichnet wird. In diesem Kapitel soll dem Normalabflusszustand allein die Aufmerksamkeit gewidmet werden, insbesondere sind darzustellen die Aussagekraft dieses Begriffes, die Voraussetzungen, unter welchen er sich einstellt und die Art und Weise, wie er rechnerisch erfassbar ist. Dazu sollen in diesem Kapitel Methoden angegeben werden, die eine rechnerische Ermittlung des Normalabflusses in der Praxis vereinfachen. Am Ende des Kapitels wird auch der Normalabflusszustand von *Wasser-Luftgemischen* diskutiert, wie er sich in steilen Kanälen einstellt. Der Berechnungsvorgang wird an Beispielen erläutert.

5.2 Beschreibung des Normalabflusses

Normalabfluss (engl: uniform flow; franz.: écoulement uniforme) wird verschieden definiert, beispielsweise durch den Zustand, bei welchem sich:
- die Geschwindigkeit V nicht verändert,
- die Abflusstiefe konstant hält,
- die Spiegellinie geradlinig und parallel zur Sohle einstellt oder
- die treibenden und rückhaltenden Kräfte im Gleichgewicht befinden.

Alle diese Definitionen sind jedoch ungenau, und bei bestimmten Abflusszuständen sogar falsch, da nur gewisse Abflusserscheinungen beschrieben aber nicht die nötigen Voraussetzungen für Normalabfluss angegeben sind. Da der Normalabfluss eigentlich als der Basiszustand von Kanalströmungen betrachtet werden kann, soll hier ein möglichst umfassendes Bild skizziert werden.

Kanäle, in welchen sich Normalabfluss einstellen kann, müssen den folgenden *Voraussetzungen* genügen:
- die Sohlenneigung J_S muss konstant bleiben,
- die Wandungsrauheit muss homogen verteilt sein,
- der Durchfluss Q darf weder zeitlich noch örtlich variabel sein,
- der Gerinnequerschnitt ist von prismatischer Form,
- die Kanalachse ist geradlinig,
- der Luftdruck über dem Wasser bleibt konstant,
- alle erwähnten Parameter bleiben zeitlich unveränderlich und
- das zum Abfluss gelangende Fluid ist homogen.

Erst eine Flüssigkeit, die diesen Anforderungen genügt, kann - muss aber keinesfalls - unter Normalabfluss im beschriebenen Kanal abfliessen.

Normalabfluss ist ein asymptotischer Zustand, d.h. er stellt sich erst nach sehr langer Wegstrecke ein. Ändern nämlich im Kanal weder Neigung noch Rauheit, weder Durchfluss noch Querschnitt, so kann sich nach genügend langer Wegstrecke in der Tat ein *Gleichgewichtszustand* einstellen, bei dem die Gewichtskomponente in Fliessrichtung genau durch die Wandreibungskraft kompensiert wird. Dann wirken auf ein Massenteilchen auch keine Kräfte - also nach Newton keine Beschleunigung - mehr, und der Zustand bleibt bestehen. Dies heisst dann also, dass:
- das Geschwindigkeitsfeld und somit auch die mittlere Geschwindigkeit sich nicht verändert,
- demzufolge durch die Kontinuität auch die Querschnittsfläche konstant bleibt und sich im prismatischen Querschnitt immer dieselbe Wassertiefe einstellt,
- damit die Spiegellinie geradlinig und parallel zur Sohle verläuft und
- die Energielinie sich ebenfalls parallel zur Sohle einstellt.

Betrachtet man die zahlreichen Voraussetzungen, unter denen sich Normalabfluss erst einstellen kann, und vergegenwärtigt man sich mit Hilfe der in Kapitel 8 zu besprechenden Stau- und Senkungskurven die im Vergleich zur Wassertiefe grossen Distanzen, welche in einem Kanal nötig sind, bis sich dieser Zustand einstellt, so kann man in der Tat bei Normalabfluss von einem Idealfall sprechen. Trotz der Seltenheit, mit der Normalabfluss in der Praxis auftritt, ist dessen *Aussagekraft* gross. Allein die Kenntnis der Abflusstiefe bei Normalabfluss im Vergleich zu anderen Wassertiefen kann aufzeigen, wie sich der reelle Abfluss verhält. In der Folge soll diese Fliesstiefe rechnerisch ermittelt werden. Es soll jedoch neben diesem Berechnungsprozess die Signifikanz, aber auch die Beschränkung dieses Begriffs als ganz ausgewählte Strömung nie aus den Augen gelassen werden. An dieser Stelle kann nicht genügend nachdrücklich auf die Einschränkungen des Normalabflusszustandes hingewiesen werden.

5.3 Normalabflussgesetz

Der Normalabfluss in Freispiegelkanälen hat grosse Ähnlichkeit mit Druckabflüssen ohne sogenannten Druckgradienten. Solche Abflüsse sind seit langer Zeit intensiv untersucht worden und haben mit den in Kapitel 2 gefundenen Beziehungen für das Kreisrohr den Abschluss gefunden. Bezeichnet V die mittlere Geschwindigkeit, g die Erdbeschleunigung, f den Reibungskoeffizienten und D den Rohrdurchmesser, so gilt nach der *Gleichung von Darcy und Weisbach* für den Wandreibungsgradienten

$$J_f = \frac{V^2}{2g} \frac{f}{D}.$$ (5.1)

Der Reibungskoeffizient f wird heute universell durch die *Formel nach Colebrook und White* (in Deutschland auch nach Prandtl und Colebrook benannt) berechnet, welche sich darstellen lässt durch (Press und Schröder, 1966)

$$\frac{1}{\sqrt{f}} = -2 \cdot lg \left(\frac{\varepsilon}{3.7} + \frac{2.51}{R\sqrt{f}}\right), \quad R > 2300.$$ (5.2)

Darin bezeichnet $\varepsilon = k_s/D$ die relative Rauheit und $R = VD/\nu$ die Reynoldszahl mit ν als kinematische Zähigkeit (vergl. 2.2.1).

Konventionell lassen sich die Gln. (5.1) und (5.2) auf beliebige Druck-Abflüsse in nicht-kreisförmigen Profilen ausdehnen, indem anstelle des Kreisdurchmessers D der vierfache *hydraulische Radius* $(4R_h)$ gesetzt wird. Das Vorgehen ist ebenfalls auf Normalabflüsse in offenen Kanälen ausgedehnt worden. An Abflüssen im turbulent glatten Abflussrégime wurde nachgewiesen, dass sowohl die *Querschnittsform*

(beispielsweise Marchi 1961, Bock 1966, Marchi und Rubatta 1981 oder Kazemipour
und Apelt 1982) als auch der *Abflusszustand* - ausgedrückt durch die Froude-Zahl
(beispielsweise Rouse 1965) - Zusatzeinflüsse auf das universelle Reibungsgesetz
ausüben. Um das Gleichungssystem (5.1) und (5.2) trotzdem anzuwenden, sind
sogenannte *Formbeiwerte* ϕ_f eingeführt worden, die beispielsweise Sinniger und Hager
(1989) einer Analyse unterziehen. In Anbetracht der Schwierigkeiten, die bei der
Schätzung der Wandreibung in praktischen Anwendungen auftreten, wird hier jedoch das
konventionelle Verfahren der Normalabflussbestimmung beibehalten. Die Anzahl und die
Ausdehnung der Untersuchungen sind bis heute noch zu gering, um abschliessend die
genannten Einflüsse der Querschnittsform auf das Widerstandsgesetz zu quantifizieren.
Wichtiger bleibt jedoch festzuhalten, dass im Normalfall der Druckabfluss im Kreisrohr
kleinere Strömungsverluste impliziert als der äquivalente Freispiegelkanal. Ganz allgemein lässt sich festhalten, dass die Gln. (5.1) und (5.2) umso schlechter gelten, je mehr
der Querschnitt von der Kreisform abweicht.

Als Folgerung dieser Ausführungen gilt demnach als *Normalabfluss-Gesetz von
Kanalströmungen*

$$J_f = \frac{V^2}{2g} \cdot \frac{f}{4R_h} \tag{5.3}$$

mit f nach Gl. (5.2), wobei für die relative Rauheit $\varepsilon = k_s/(4R_h)$ und für die Reynoldszahl
$R = V(4R_h)/\nu$ zu setzten ist. Sinngemäss gelten alle Approximationen des Reibungsgesetzes, für den Abfluss in Druckrohren nach Kap.2 auch für den Freispiegelabfluss,
wenn man den Übergang vom Durchmesser D auf den hydraulischen Radius $4R_h$
vollzieht.

5.4 Fliessformeln

Je nach der Grösse von der relativen Rauheit ε und der Reynoldszahl **R** unterscheidet
man drei turbulente Fliessrégime (Kap.2):

* ist der Einfluss von ε gegenüber **R** sehr viel kleiner, so spricht man vom *turbulent
  glatten Régime*,
* ist hingegen der Einfluss der Reynoldszahl **R** viel kleiner als derjenige von der relativen Rauheit ε, so wird Bezug genommen vom *turbulent rauhen Régime,*
* sind schliesslich sowohl die Einflüsse von ε als auch von **R** spürbar, so wird vom
  Übergangsrégime gesprochen.

Es soll dabei nochmals auf den Umstand hingewiesen werden, dass ein bestimmter Kanal
je nach Geschwindigkeit in allen drei Régimen Normalabflüsse erzeugen kann.

In der Abwassertechnik liegen die Verhältnisse der Basisparameter so, dass sich in der Tat Abflüsse hauptsächlich im Übergangsrégime einstellen, dabei aber sowohl das glatte als auch das rauhe Régime nicht ausser Acht gelassen werden dürfen. Dieser Umstand entsteht sowohl infolge der relativ glatten Rohrmaterialien wie PVC bei kleinen Sohlgefällen und grossen Durchmessern als auch infolge der rauheren Kanäle wie alte Betonrohre bei grossen Gefällen und kleinen Rohrdurchmessern, welche typisch turbulent rauhen Abfluss erzeugen. Bezieht man sich beispielsweise auf einen Rohrdurchmesser D=1m und übliches Wasser bei 20°C ($\nu=1\cdot10^{-6}m^2s^{-1}$), so muss die äquivalente Rauheit k_S grösser sein als k_{Sr} nach Tabelle 5.1. Analog gilt für das turbulent glatte Abflussrégime eine Rauheit k_S, die kleiner sein muss als k_{SS} nach Tabelle 5.1.

Tabelle 5.1   Grenzrauheit k_{Sr} [mm] zwischen rauhem Régime und Übergangs-Régime und Grenzrauheit k_{SS} [mm] zwischen Übergangs-Régime und glattem Régime in Abhängigkeit der mittleren Geschwindigkeit V[m/s] nach Beziehungen von Sinniger und Hager (1989).

V[m/s]	0.1	0.5	1	2	3	5	10
k_{Sr} [mm]	10.5	2.1	1	0.52	0.35	0.21	0.11
k_{SS} [mm]	0.01	0.002	0.0013	–	–	–	–

Bei einer Geschwindigkeit von $V=1ms^{-1}$ wirkt demnach ein Schleuderbetonrohr ($k_S\cong2.5$mm) rauh, ein Asbestzementrohr ($k_S\cong0.1$mm) erzeugt einen Abfluss im Übergangsrégime, während sich ein Glasrohr nahezu hydraulisch glatt verhält. Anhand der in Kapitel 2 angegebenen Abschätzungsgleichungen lässt sich ausfindig machen, in welchem Régime der Abfluss sich befindet.

Im hydraulisch rauhen Abflussrégime hat sich heute neben der Gleichung von Colebrook und White (Kap.2 und 4) fast universell die *Fliessformel von Manning und Strickler* durchgesetzt

$$V = KJ_s^{1/2}R_h^{2/3}. \tag{5.4}$$

Das quadratische Widerstandsgesetz bezüglich des Sohlengefälles ist dabei ausgezeichnet durch einen nur vom Wandungsmaterial abhängigen *Rauhigkeitsbeiwert* K. In einem Kanal mit über dem Fliessbereich unveränderlicher Oberfläche bleibt demnach der K-Wert konstant.

Nach Hager (1988) gilt Gl.(5.4) im üblichen Rauheitsbereich $7\cdot10^{-4}<k_S/D<7\cdot10^{-2}$ nur unter der Zusatzbedingung $k_S>30\nu[g^2J_s^2Q]^{-1/5}$. Dann kann zudem die äquivalente Sandrauheit k_S ausgedrückt werden durch den *Rauhigkeitsbeiwert K* nach Strickler (1923)

$$\frac{Kk_s^{1/6}}{\sqrt{g}} = 8.2 \, . \tag{5.}$$

Wird diese Beziehung in die oben angegebenen Anwendungsgrenzen eingesetzt, !
folgen als Bedingungen für Gl.(5.4)

$$0.036 < \frac{g^{1/2}}{KD^{1/6}} < 0.179 \, ; \quad K < 8.2g^{1/2}\frac{[g^2J_s^2Q]^{1/30}}{(30v)^{1/6}} \, . \tag{5.6}$$

Setzt man für $D^{1/6}\cong 1$m und $v\cong 10^{-6}$m^{2}s^{-1} ein, so ergeben sich die *dimensionsbehaftete*
Bedingungen für den K-Wert

$$18\text{m}^{1/3}\text{s}^{-1} < K < 87\text{m}^{1/3}\text{s}^{-1} \, ; \quad K < 170(J_s^2Q)^{1/30} \tag{5.6}$$

mit J_s als Absolutwert des Sohlengefälles. Aus Gl.(5.6) geht hervor, dass die Formel vc
Manning und Strickler lediglich für K-Werte zwischen rund 20 und 90m$^{1/3}$s^{-1} gültig is
und dass auch dann noch Minimalwerte von Gefälle J_s und Durchfluss Q zu erreiche
sind. Tabelle 5.2 gibt Auskunft über den Zusammenhang zwischen diesen beide
Parametern falls K zu 90m$^{1/3}$s^{-1} angenommen wird. Demnach besteht lediglich b
Gefällen kleiner als 1‰ die Gefahr, dass die Formel von Manning und Strickler nic
mehr angewendet werden darf.

Tabelle 5.2 Minimal-Durchfluss Q_{min} in Abhängigkeit des Sohlengefälles J_s nach
Gl.(5.6), bei dem die Formel von Manning und Strickler noch
angewendet werden darf.

Gefälle J_s[‰]	0.1	0.5	1	5	10
Durchfluss Q_{min}[Ls^{-1}]	520	21	5	0.2	–

Beispiel 5.1   Gegeben ein Kreisrohr mit dem Durchmesser D=0.50m, dem Gefälle J_s=1%
und der äquivalenten Sandrauheit k_s=0.1mm. Darf bei einem Durchfluss von
Q=0.15m^{3}s^{-1} mit der Formel von Manning und Strickler noch gerechnet
werden?
Mit k_s/D=10^{-4}/0.5=2·10^{-4} und 30·1.3·10^{-6}[9.81^{2}0.01^{2}0.15]$^{-1/5}$=
1.44·10^{-4}m>k_s=10^{-4}m sind beide Bedingungen für turbulent rauhes Regime
nicht erfüllt. Man darf demnach nicht mit Gl.(5.4) rechnen.

Beispiel 5.2   Weise mit denselben Zahlen wie in Beispiel 5.1 anhand der Gln.(5.6) nach,
dass die Gleichung von Manning und Strickler nicht angewendet werden darf.
Mit Gl.(5.5) ergäbe sich für K=8.2·9.81$^{1/2}$(10^{-4})$^{-1/6}$=119m$^{1/3}$s^{-1}. Dieser
Wert müsste deshalb nach der ersten Gl.(5.6$_1$) kleiner sein als
8.2·9.81$^{1/2}$[9.81^{2}0.01^{2}0.15]$^{1/30}$(30·1.3·10^{-6})$^{-1/6}$=112m$^{1/3}$s^{-1}.
Nach Gl.(5.6$_2$) ist K=119m$^{1/3}$s^{-1}>170(0.01^{2}0.15)$^{1/30}$=117m$^{1/3}$s^{-1}, die
Bedingung ist also (knapp) nicht erfüllt und man darf nicht mit Gl.(5.4)
rechnen.

Aus den vorangehenden Beziehungen geht eindeutig hervor, dass die Fliessformel (5.4) eine ganz wichtige Rolle in der Praxis spielt, ist sie doch:

- im Aufbau äusserst einfach,
- explizit lösbar sowohl auf die Geschwindigkeit V als auch auf den hydraulischen Radius R_h oder auf das notwendige Sohlengefälle J_S,
- anwendbar in weiten Grenzen von relativen Rauheiten, insbesondere im Bereich der kommerziell hergestellten Rohrmaterialien und
- mit einem Rauhigkeitsbeiwert K behaftet, der recht genau bekannt ist für die üblichen Rohrmaterialien.

Weitere Hinweise zur Formel von Manning und Strickler folgen in 5.7.2.

5.5 Teilfüllungszustände

5.5.1 Teilfüllungsdiagramme

Geschlossene Freispiegelkanäle können im Gegensatz zu offenen Kanälen sowohl mit freier Oberfläche als auch unter Druck Wasser abführen. Obwohl es experimentell einen Vollfüllungszustand unter Normalabfluss nicht gibt, d.h. ein Rohr nie genau über- oder unterdruckfrei gefüllt werden kann, lässt sich Vollfüllung rechnerisch durch Gleichsetzen der Wassertiefe mit der vertikalen Rohrabmessung erzielen. Unter *Teilfüllung* (engl.: filling; franz.: remplissage) versteht man den auf Vollfüllung bezogenen Freispiegelabfluss im geschlossenen Profil. Es entsteht deshalb für den Durchfluss Q in Abhängigkeit vom Durchfluss Q_v bei Vollfüllung (Index «v») eine Beziehung, die von der relativen Füllung des Profils h/D sowie von der Profilform abhängt. Dabei wird mit D der Durchmesser des Kreisprofils und mit T die vertikale Profilabmessung bezeichnet. Ähnliche Beziehungen lassen sich auch für die Geschwindigkeit V, die Querschnittsfläche F und andere Parameter relativ zu den entsprechenden Parametern V_v oder F_v bei Vollfüllung ableiten.

Teilfüllungsdiagramme haben sich hauptsächlich infolge der einfachen Darstellungsart durchgesetzt. Ihre Beliebtheit setzt jedoch die Beschreibung des Normalabflusses mit Potenzformeln voraus, da sonst Zusatzeinflüsse wie K-Werte, Sohlengefälle und Reynoldszahlen zu berücksichtigen wären, und damit die Geschlossenheit der Beziehungen nicht gewahrt bleibt. Mit der Formel von Manning und Strickler hingegen ergibt sich beispielsweise als *Durchflussbeziehung*

$$Q/Q_v = (F/F_v)\,(R_h/R_{hv})^{2/3}\,, \tag{5.7}$$

wobei beide Klammerausdrücke auf der rechten Seite nur von der Kanalgeometrie, nicht aber von der Rauheit oder vom Sohlengefälle abhängen. Würde man die Gleichung von Colebrook und White auf Teilfüllungszustände anwenden, so ergäben sich unhandliche Beziehungen.

5.5.2 Zuschlagen des geschlossenen Kanals

Wie bereits angetönt, treten bei Normalabfluss im Freispiegelkanal Abweichungen gegenüber dem Druckabfluss im Kreisrohr auf, die sich beim Freispiegelkanal umso mehr auswirken, je grösser die Abweichungen des Profils vom Kreis sind. Im geschlossenen Kanal gibt es daneben noch den Zusatzeinfluss infolge der nach oben geschlossenen Profilgeometrie. Während sich der erste Einfluss mit einem Formbeiwert ϕ in die Rechnung einbeziehen lässt, sind beim zweiten Einfluss insbesondere die Druckverhältnisse massgebend. Er macht sich bemerkbar bei relativ hoher Teilfüllung, da dann u.U. zu wenig Luft vom Rohreinlauf oder vom Rohrauslauf her strömt und damit kein Freispiegelabfluss mit atmosphärischem Druck gewährleistet wird. Eine kleine Abflussstörung kann dann schon genügen, damit lokal das Rohr zuschlägt. Unter "Zuschlagen" wird dabei der Prozess verstanden, bei dem sich der Abfluss *sprunghaft* vom Freispiegel- zum Druckabfluss ändert. Demgegenüber spricht man beim umgekehrten Vorgang vom "Aufschlagen des Rohres". Daneben kann der Abfluss auch als Wasser-Luft-Gemisch auftreten und mit Pulsationen (Gemischzapfen) schwallartig eine meist steile Kanalisation durchströmen. Dieser Zustand ist infolge von gefährlichen Unterdruckerscheinungen zu vermeiden.

Über das *Zuschlagen des geschlossenen Kanals* (engl.: transition from free surface to pressurized pipe flow) liegen bis heute nur wenige Untersuchungen vor. Man ist sich jedoch einig über den wesentlichen Einfluss der Zulaufgeometrie (Hager, 1991). Diese kann insbesondere den Abfluss aus einem Becken - eine Konfiguration, die eigentlich den meisten Forschungsprojekten zugrunde lag - nachhaltig beeinflussen. Bild 5.1 zeigt zwei Beispiele, durch die ein Normalabflusszustand praktisch nie erreicht werden kann.

In Bild 5.1a) entsteht das Zuschlagen durch die intermittierende *Oeffnung und Schliessung des Rohreinlaufes* aus dem nahezu stagnierenden Oberwasser. Diesen Zustand trifft man häufig bei strömendem Abfluss an, der Einlauf wirkt dann wie eine Schütze, die eine Luftströmung aus dem Oberwasser nur stossweise zulässt. Geringe Über- und Unterdrücke im Unterwasser des Einlaufs verhindern den Normalabfluss, statt dessen treten entweder von der Strömung mitbewegte Blasen auf, oder der Übergang vom Freispiegel- zum Druckabfluss ist abrupt und stationär. Dieser Zustand lässt sich verbessern durch ausreichende Belüftung und kontinuierliche Beschleunigung im Einlaufbereich. Bei den Bauwerken der Abwassertechnik lässt sich aus Kostengründen aber beides nur in Ausnahmefällen durchführen, weshalb generell mit Zuschlagen zu rechnen ist.

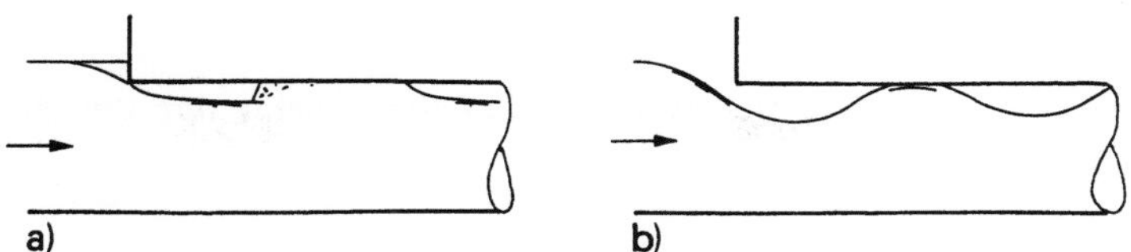

Bild 5.1 Zuschlagen von geschlossenen Profilen, a) durch Einlaufbehinderung, b) durch Wellenbildung.

Eine zweite Möglichkeit des Zuschlagens ist die Wellenbildung bei *fast kritischem Abfluss*, beispielsweise wenn im Schacht oberhalb des zu betrachtenden Kanales strömender Abfluss, im Kanal selbst sich schwach schiessender Abfluss einstellt. Es genügt dann, dass eine Wellenkrone den Kanalscheitel berührt, und die Luftzufuhr unterbunden wird. Dann können sich wiederum Blasen bilden, die die Ausbildung des Normalabflusszustandes verhindern.

Das Aufschlagen und Zuschlagen eines Kreisprofils lässt sich anhand der Daten von Sauerbrey (1969) verfolgen, falls der Anfangs-, resp. Endzustand Normalabfluss darstellt. Zuschlagen erfolgt dabei in Fliessrichtung, während sich Aufschlagen entgegen der Fliessrichtung ausbildet. Weiter stellte Sauerbrey für Sohlengefälle $J_s<0.8\%$ fest, dass Zuschlagen unabhängig von offenen oder geschlossenen Belüftungsschlitzen im Rohrscheitel eintritt. Bis heute ist der Einfluss der Zufluss- und Ausflussbedingungen jedoch noch nicht untersucht worden, weshalb die nachfolgenden Aussagen strikt nur für die Versuchsanordnung von Sauerbrey gelten.

Bezeichnet $q_D=Q/(gD^5)^{1/2}$ den Relativdurchfluss und J_{sz} das Gefälle, bei dem das Rohr zuschlägt, so ergibt sich nach der Abflusskonfiguration von Sauerbrey der im Bild 5.2a) dargestellte Zusammenhang. Das dem *Zuschlagen* entsprechende Gefälle lässt sich für $J_{sz}<0.8\%$ linear annähern durch (Hager, 1991)

$$J_{sz}\,[\text{‰}] = 20.5(q_D - 0.36)\,. \tag{5.8}$$

Weiter geht aus der Darstellung hervor, dass Zuschlagen für Durchflüsse $Q<0.36(gD^5)^{1/2}$ nie entsteht. Bei $Q/(gD^5)^{1/2}>0.7$ wird dagegen der Abfluss immer unter Druck abgeführt, da das Rohr zuschlägt.

Die Teilfüllung y, bei der Zuschlagen sich einstellt, lässt sich ebenfalls mit dem Gefälle J_{sz} in Beziehung setzen. Aus Bild 5.2b) geht - wiederum nach den Versuchen von Sauerbrey - eine maximal mögliche Teilfüllung von rund 92% bei horizontalem Rohr hervor, die dann aber linear mit zunehmendem Gefälle abnimmt und bei 12‰ nur noch rund 55% mögliche Teilfüllung ergibt. Es gilt für y>0.55

$$y = 0{,}92 - \phi \, J_s \qquad\qquad (5.9)$$

mit $\phi_z=0.03$ für Zuschlagen. Bei grösseren Gefällen scheint sich die abnehmende Tendenz stark abzuschwächen.

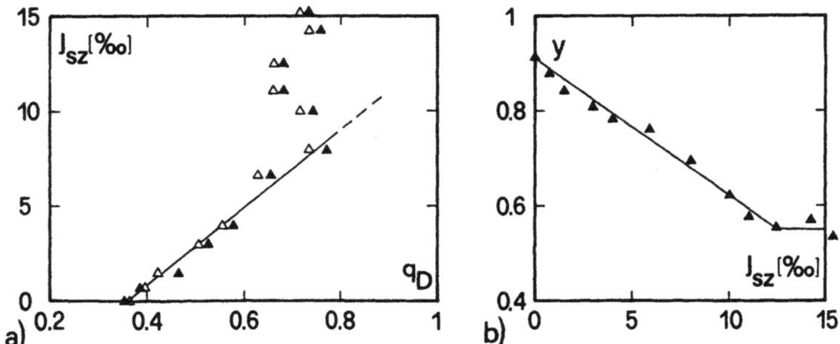

Bild 5.2 Zuschlagen des Kreisrohres nach Messwerten von Sauerbrey (1969). Grenzgefälle J_{sz} [‰], bei dem sich Zuschlagen einstellt in Abhängigkeit a) vom Durchfluss $q_D=Q/(gD^5)^{1/2}$ für (▲) unbelüftetes und (△) belüftetes Rohr, (—) Gl.(5.8) und b) von der Teilfüllung $y=h/D$, (—) Gl.(5.9).

Bild 5.3 bezieht sich auf das *Aufschlagen* eines Kreisrohres, bei dem sich unter dem Grenzgefälle J_{sa} dann Normalabfluss einstellt. Nach Bild 5.3a) schlägt ein Rohr mit einem Sohlengefälle $J_{sa}<1.6$‰ für $q_D<0.5$ immer auf. Die zum Aufschlagen zugehörige Teilfüllung y ist in Bild 5.3b) in Abhängigkeit von J_{sa} dargestellt und Gl.(5.9) gilt mit $\phi_a=0.05$. Ebenfalls eingezeichnet ist die nach Bild 5.2b) entsprechende Kurve für Zuschlagen. Daraus erkennt man, dass für eine gegebene Teilfüllung y das Rohr bei einem kleineren Gefälle J_s aufschlägt als es zuschlägt. Es kommt demnach auf die Art der Durchflussänderung an, und Zuschlagen ist nicht ein korrespondierendes Phänomen zu Aufschlagen.

Weitere Gründe, die das Zuschlagen eines geschlossenen Kanals fördern, sich aber nicht nach den Bildern 5.2 und 5.3 erfassen lassen, sind Abflussstörungen jeglicher Art. Darunter fallen beispielsweise Richtungsänderungen, Vereinigungsbauwerke, Abstürze oder Feststoffe, die im Kanal liegen. Alle haben die Tendenz, einen gestörten Abfluss mit gewellter Oberfläche auszubilden und dadurch die freie Zirkulation der über dem Abfluss befindlichen Luft zu beeinflussen. Ganz entscheidend wird dies beim schiessenden Abfluss mit Selbstbelüftung, der in 5.6 noch genauer analysiert wird.

Die vorangehenden Überlegungen, welche sich auf den strömenden und schwach schiessenden Abfluss beziehen, weisen auf einen *Zusatzeinfluss der Luftströmung* (engl.: air flow; franz.: écoulement d'air) über dem Wasserabfluss hin, welcher den Normalabfluss stören, bzw. unterbinden kann. Dieser Einfluss ist umso ausgeprägter, je höher das Profil gefüllt ist. Demnach wird das Teilfüllungsdiagramm im oberen Bereich gegenüber der auf den offenen Kanal bezogenen Rechnung - beispielsweise nach Gl.(5.7) - modifiziert. Bis heute lässt sich die Abweichung nur durch experimentelle Analyse ausmachen, wobei das Kreisprofil vorgezogen worden ist, während für andere Profile nur sehr spärlich Resultate vorliegen (Hager 1991).

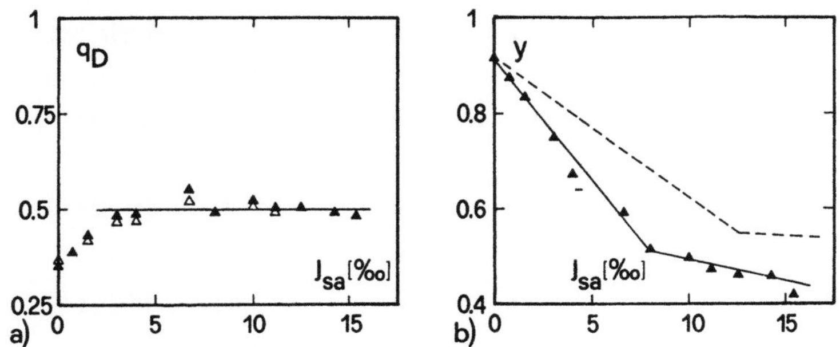

Bild 5.3   Aufschlagen des Kreisrohres nach Messwerten von Sauerbrey (1969). Grenzgefälle J_{sa} in Abhängigkeit a) vom Durchfluss q_D und b) von der Teilfüllung y. Bezeichnungen Bild 5.2, (- - -) entsprechender Verlauf für Zuschlagen.

5.5.3 Teilfüllung im Kreisprofil

Bis heute liegt die experimentell ermittelte Teilfüllungskurve nur für das Kreisprofil vor. Bevor diese mitgeteilt wird, soll die *Geometrie* des Kreisprofils betrachtet werden. Üblicherweise bezieht man sich beim Kreis auf den halben Zentriwinkel δ (Bild 5.4) und erhält dann die auf den Durchmesser D bezogenen Ausdrücke

$$\frac{h}{D} = \frac{1}{2}(1 - cos\delta), \tag{5.10}$$

$$\frac{P}{D} = \delta, \tag{5.11}$$

$$\frac{F}{D^2} = \frac{1}{4}(\delta - sin\delta\ cos\delta) \tag{5.12}$$

mit h als Wassertiefe, P als benetztem Umfang und F als Querschnittsfläche. Der hydraulische Radius berechnet sich durch $R_h = F/P$.

Bei *Vollfüllung* gilt $h_v/D=1$, also $\delta_v=180°\hat{=}\pi$, und somit $P_v/D=\pi$, $F_v/D^2=\pi/4$ und $R_{hv}/D=1/4$. Demnach wird der Durchfluss Q_v bei Vollfüllung mit Gl.(5.4)

$$Q_v = \frac{\pi}{4^{5/3}} KJ_s^{1/2}D^{8/3}. \tag{5.13}$$

Als Teilfüllungsgleichung bei Normalabfluss (Index «N») folgt mit Gl.(5.9)

$$q_v = Q/Q_v = \left(\frac{\pi}{\delta}\right)^{2/3} \left(\frac{\delta - \sin\delta \, \cos\delta}{\pi}\right)^{5/3} . \qquad (5.14)$$

Die Beziehung zwischen dem Relativ-Durchfluss q_v und der Teilfüllung $y = h/D$ lässt sich nun bewerkstelligen mittels Gl.(5.10). Die aus der Gleichung von Manning und Strickler resultierende Kurve ist durch ein *Maximum* $(y_N;q_v)_{max}=(0.94;1.076)$ ausgezeichnet, welches bei dieser Teilfüllung einen grösseren Abfluss als bei Vollfüllung liefert. Dies ist der Veränderung des hydraulischen Radius mit der relativen Wassertiefe $y_N=h/D$ zuzuschreiben, welcher einen Maximalwert bei $(y_N;R_h/R_{hv})= (0.81;1.217)$ hat.

Die sicherlich ausführlichsten Untersuchungen über das Teilfüllungsproblem wurden in den vergangenen Jahren von Sauerbrey (1969) angestellt. Er empfiehlt die *Teilfüllungskurve* (engl: filling curve; franz.: courbe de remplissage)

$$q_v = 2.656y_N^2 - 0.641y_N^3 - 0.967y_N^4 \qquad (5.15)$$

und bricht diese aber bei $y_N=0.95$ ab. Nach Sauerbrey ist der zurückgebogene Ast im Bereich $0.95<y_N<1$ physikalisch nicht relevant und wird deshalb ausgeschlossen.

Gl.(5.15) hat den Nachteil, dass sie erstens vollkommen empirisch ist, also die im Bereich kleiner Füllungen $y_N<0.5$ fundierte Gl.(5.14) nicht berücksichtigt, und zudem implizit auf die Teilfüllung y_N lösbar ist. Diese Mängel hat Hager (1985) behoben, indem die explizite Beziehung vorgeschlagen wurde

$$q_v = \frac{Q}{Q_v} = \frac{4^{5/3}}{\pi} \cdot \frac{3}{4}y_N^2 \left(1 - \frac{7}{12}y_N^2\right), \quad y_N < 0.95 \qquad (5.16)_1$$

resp.

$$q_N = \frac{Q}{KJ_s^{1/2}D^{8/3}} = \frac{3}{4} y_N^2\left(1 - \frac{7}{12}y_N^2\right) . \qquad (5.16)_2$$

Sie weicht von Gl.(5.15) im Bereich $0.2<y_N<0.95$ immer weniger als 5% ab, für $y_N>0.4$ betragen die Abweichungen gar nur 3% im Relativ-Durchfluss q_v. Gl.(5.16) gibt zudem immer leicht kleinere Werte für q_v als Gl.(5.15), liegt demnach also auf der sicheren Seite. Nach Gl.(5.15) wird der Durchfluss bei Vollfüllung $q_v=1$ erreicht mit einer Teilfüllung $y_N=0.825$, während sich dieser nach Gl.(5.16) erst bei $y_N=0.840$ einstellt.

Mit $q_N=Q/(KJ_s^{1/2}D^{8/3})$ resp. $q_v=Q/Q_v$ als Relativdurchfluss folgen für die *Teilfüllung* die expliziten Ausdrücke

$$y_N = 0.926[1 - (1 - 3.11q_N)^{1/2}]^{1/2} ,$$

resp. (5.17)

$$y_N = 0.926[1 - (1 - 0.97q_v)^{1/2}]^{1/2} .$$

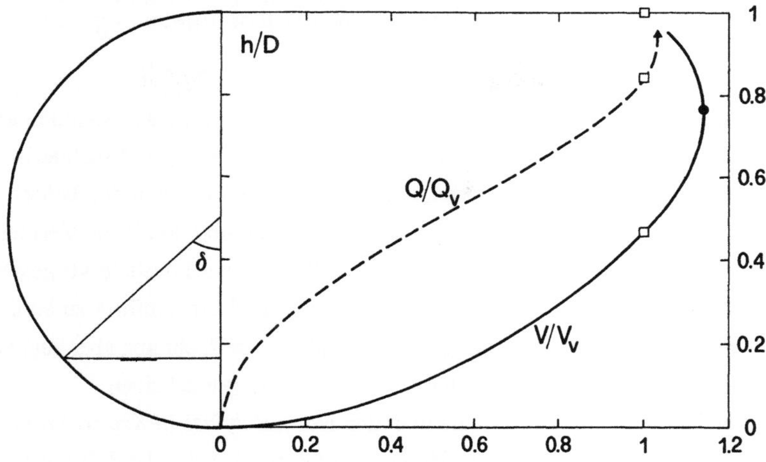

Bild 5.4 Teilfüllungskurven im Kreisprofil nach Gl.(5.16), (- - -) Durchfluss Q/Q_v und (—) Geschwindigkeit V/V_v in Abhängigkeit von h/D. (□) Vollfüllung, (•) Maximalgeschwindigkeit und (▲) Maximaldurchfluss.

Die *Querschnittsfläche* beträgt näherungsweise (Maximalabweichung gut 1%)

$$F/D^2 = \frac{4}{3}y^{3/2}\left(1 - \frac{y}{4} - \frac{4y^2}{25}\right), \qquad (5.18)_1$$

oder noch einfacher als Potenzausdruck

$$F/D^2 = y^{1.4} \qquad (5.18)_2$$

mit weniger als 10% Abweichung für 0.02<y<0.85.

Daraus lässt sich einfach die *mittlere Geschwindigkeit* V=Q/F in Abhängigkeit der Teilfüllung y ermitteln. Die Gln.(5.16) bis (5.18) geben demnach ein einfaches Hilfsmittel in die Hand, mit denen das Teilfüllungsproblem rechnerisch explizit und einfach lösbar wird. Alle auf Vollfüllung bezogenen Berechnungsgrössen wie Durchfluss, Geschwindigkeit, Querschnittsfläche oder auch hydraulischer Radius und Wasserspiegelbreite etwa nach den Gln.(3.8) und (20.2) hängen dabei nur von der Teilfüllung y ab.

Beispiel 5.3   Gegeben ein Kreisprofil mit dem Gefälle J_s=0.4%, D=0.70m und K= $85m^{1/3}s^{-1}$. Wie gross ist die Normalabflusstiefe h_N bei einem Durchfluss von $\dot{Q}$=0.46m^3s^{-1}?
Mit q_N=0.46/(85·$0.004^{1/2}0.70^{8/3}$)=0.222 als Relativdurchfluss wird y_N= $[(2/7)(3-(9-28·0.222)^{1/2}]^{1/2}$=0.616 nach Gl.(5.17), also $h_N=y_N·D$= 0.616·0.7=0.43m.
Die zugehörige Querschnittsfläche ist also F_N/D^2=(4/3)$0.616^{3/2}$[1–0.616/4– (4/25)0.616^2]=0.506, entsprechend F_N=0.506·0.7^2=0.248m^2. Daraus folgt als

mittlere Normalabfluss-Geschwindigkeit $V_N=Q/F_N=0.46/0.248=1.85ms^{-1}$, also für die Energiehöhe bei Normalabfluss $H_N=h_N+V_N^2/(2g)=0.43+1.85^2/19.62=0.605m$.

Der Einfluss des geschlossenen Kanals auf den Normalabfluss lässt sich nun angeben durch das Verhältnis q_{ex}/q_{th} der "experimentell" nach Gl.(5.16) und rechnerisch nach Gl.(5.14) ermittelten Durchflusskurven. Die Unterschiede zwischen den beiden Beziehungen im Bereich $y_N>0.5$ betragen höchstens 4% und sind somit im Vergleich zur Schätzung des Rauhigkeitsbeiwertes K untergeordnet. Es wird deshalb vorgeschlagen, den Einfluss hoher Teilfüllung $y_N>0.5$ nicht speziell im Normalabfluss zu berücksichtigen, das rechnerische Normalabflussgesetz der praktischen Rechnung aber zugänglicher zu gestalten, wobei Abweichungen von maximal 5% zulässig erscheinen.

Aufbauend auf einer Literaturstudie über den *Normalabfluss in Kreisrohren*, welche über achzig Referenzen in der rund 120 jährigen Geschichte des Teilfüllungsproblems einbezieht, fand Hager (1991):

- für praktische Fragestellungen wird die Teilfüllung vorteilhaft durch die Gleichung von Manning und Strickler auf die Vollfüllung bezogen,
- der Vollfüllungszustand ist durch das Reibungsgesetz von Colebrook und White in Rechnung zu stellen,
- die Fliessformel von Manning und Strickler darf nur für K-Werte kleiner als $90m^{1/3}s^{-1}$ die erwähnte universelle Fliessgleichung annähern,
- das Teilfüllungsdiagramm ist nach oben beschränkt, es kann sich also nie druckfreie Vollfüllung noch zweideutiger Abfluss-Zustand ausbilden. Gl.(5.16) nähert die Teilfüllungskurve mit maximal ±5% an und erlaubt zudem die einfache Anwendung, und
- der Übergang von Teilfüllung zu Vollfüllung ist immer sprunghaft und man spricht von Zu- und Aufschlagen des Profils. Die Bilder 5.2 und 5.3 geben Anhaltspunkte.

5.5.4 Teilfüllung in nicht-kreisförmigen Profilen

Obwohl heute die Tendenz vorhanden ist, fast ausschliesslich Kreisprofile in der Abwassertechnik einzusetzen, gibt es immer wieder Spezialfälle, bei denen zu anderen Formen gegriffen wird. Der Grund dazu liegt hauptsächlich bei den relativ schlechten Fliesseigenschaften für kleine Teilfüllung und den dann auftretenden Ablagerungen von Feststoffen (Kap.3) oder bei bautechnischen Gründen für grosse Kanäle in Ortsbeton. Um diesem Missstand zu begegnen und um auch den Leistungsnachweis in älteren Kanalisationen zu führen, werden zudem Profile betrachtet, die Ovalität besitzen, beispielsweise die sogenannten *Ei-Profile*.

Daneben ergeben sich u.U. spezielle Lastfälle, die statisch zu einem typischen Stollenprofil anstelle des Kreises führen. Schliesslich sind auch die Platzverhältnisse öfters so, dass nicht beliebig in die Höhe, wohl aber in Querrichtung gebaut werden kann, womit sich beispielsweise *Maulprofile* ergeben können. Anstelle eines Maulprofils liessen sich aber auch mehrere nebeneinanderliegende Kreisprofile einbauen.

Das *Rechteckprofil* wird häufig in Kläranlagen eingesetzt, es ist zudem geometrisch die einfachste Profilform. Es soll neben den drei Standardprofilen ebenfalls betrachtet werden.

Neben all diesen Überlegungen muss auch an bestehende, ev. zu sanierende Kanäle gedacht werden, die nicht-kreisförmig ausgeführt sind. Dann gilt es, auf eine einfache Art die Leistungsfähigkeit solcher Profile abzuschätzen, ohne vorerst langwierige Berechnungen durchzuführen.

Tabelle 5.3 Basisabmessung der genormten und nicht-genormten Profile nach Thormann (1944), resp. ATV (1988). B ist die grösste Querabmessung, T die Höhe des Profils, vergl. Bild 5.5.

Typ	Name	T/B	F_v/B^2	P_v/B	R_{hv}/B
A	Kreis	2:2	0.785	3.141	0.250
B	Ei	3:2	1.149	3.965	0.290
C	Maul	1.5:2	0.595	2.801	0.212
a	Gestreckter Kreis	2.5:2	1.036	3.642	0.285
b	Überhöhter Kreis	3:2	1.286	4.141	0.311
c	Überhöhtes Ei	3.5:2	1.373	4.425	0.311
d	Breites Ei	2.5:2	0.956	3.515	0.272
e	Gedrücktes Ei	2:2	0.775	3.141	0.246
f	Überhöhtes Maul	2:2	0.845	3.301	0.256
g	Gedrücktes Maul	1.25:2	0.484	2.585	0.187
h	Gestrecktes Maul	1.75:2	0.723	3.070	0.235
i	Gestauchtes Maul	1:2	0.402	2.461	0.163
k	Haube	2.5:2	1.097	3.819	0.288
l	Parabel	2:2	0.752	3.141	0.239
m	Drachen	2:2	0.730	3.063	0.238

Der Vereinheitlichung von Profilgeometrien verdient machte sich Thormann (1944), welcher gegen Ende des letzten Krieges in Berlin noch fünfzehn normierte Profile untersuchte, gleichzeitig auch die lange Zeit umstrittene "Abminderungskurve nach Thormann" mitteilte. Hier soll darüber nicht berichtet werden, sondern über die von ihm eingeführten Profiltypen. Diese umfassen fünf Eiquerschnitte, einen Ellipsenquerschnitt, drei überhöhte Kreisquerschnitte und zwei Maulquerschnitte. Die ATV(1988) behält alle diese

Querschnitte bei, unterteilt jedoch zwischen *genormten* und *nicht-genormten* Profilen. Der Kreisquerschnitt, der Eiquerschnitt 2:3 und der Maulquerschnitt 2:1.5 fallen dabei unter die erste Kategorie. Bild 5.5 zeigt die nicht-genormten Querschnitte. In Tabelle 5.3 werden deren wichtigste Abmessungen zusammengestellt. Man beachte, dass die Bezugs-länge B immer der grössten Querabmessung entspricht und das Vertikalmass mit T bezeichnet ist.

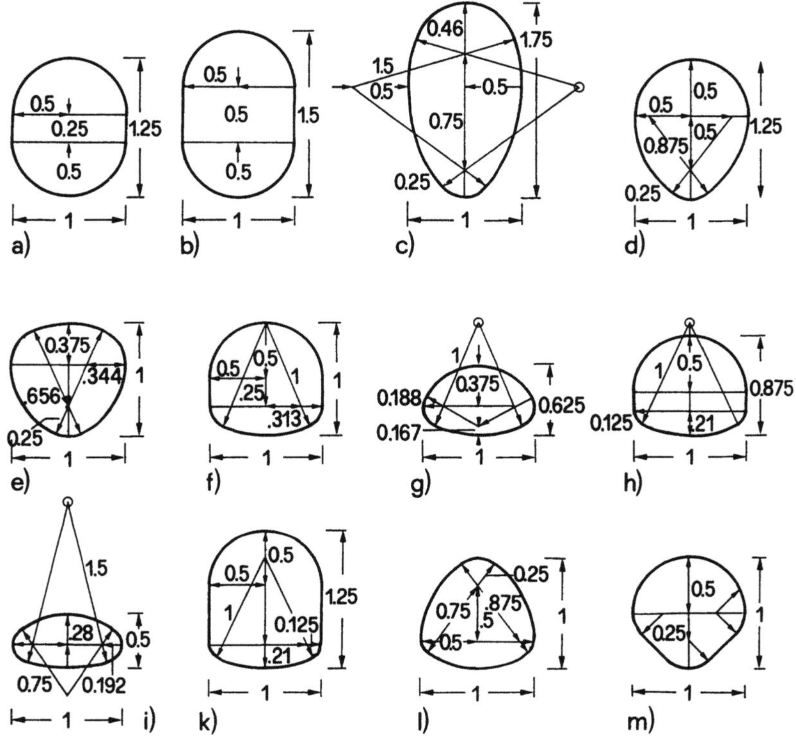

Bild 5.5   Nicht-genormte Kanalquerschnitte. Abmessungen sind mit dem grössten Quermass B zu multiplizieren (ATV 1988).

Bild 5.6 zeigt die drei *genormten* Querschnitte Kreis, Ei und Maul, wobei die Abmessungen wiederum als Vielfaches der Querschnittsbreite ausgedrückt sind. Da diese Profile auch heute noch standardmässig eingesetzt werden, sollen sie näher betrachtet werden. So werden nachfolgend die Beziehungen für den Normalabfluss abgeleitet, in 6.4 der kritische Abfluss ermittelt und in Kap.7 der Wassersprung in den Standardprofilen diskutiert. Die Querschnitts-Charakteristika der in Tabelle 5.3 aufgeführten Querschnitte werden beispielsweise vollständig durch Thormann (1944) gegeben.

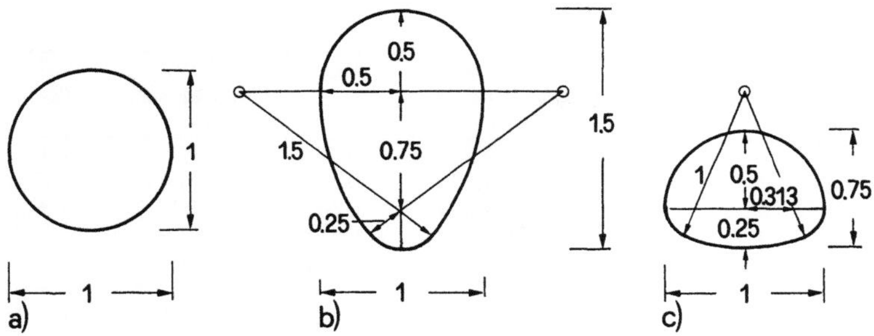

Bild 5.6   Auf grösste Querabmessung B(=1) genormte Profile. a) Kreisquerschnitt,
b) Eiquerschnitt 2:3 und c) Maulquerschnitt 2:1.5.

Ei-Profil 2:3

Das Ei-Profil (engl.: egg-shaped profile; franz.: profil ovoïd) besteht aus drei Teilen
(Bild 5.6b), nämlich zwischen h/B=0 und 0.25 aus einem Kreisbogen des Radius B/4,
dann für 0.25<h/B<1 aus zwei Kreisbögen mit Radius 1.5B und schliesslich von h/B=1
bis h/B=1.5 aus einem Halbkreis mit dem Radius B/2. Die Hauptabmessungen gehen aus
Tabelle 5.3 hervor. Für die *Vollfüllung* nach Manning und Strickler ergibt sich daraus

$$Q_v = 0.503 K J_s^{1/2} B^{8/3} = 0.171 K J_s^{1/2} T^{8/3}. \tag{5.19}$$

Tabelle 5.4 gibt die geometrischen Verhältnisse sowie die Teilfüllungen nach der
Formel von Manning und Strickler an. Daraus erkennt man den maximalen Durchfluss
bei einer Teilfüllung von rund 95%, während sich bei einer Teilfüllung von 86% das
Geschwindigkeitsmaximum einstellt. Die Vollfüllungswerte ergeben sich auch bei 57%
hinsichtlich der Geschwindigkeit, während bei 86% Teilfüllung und Vollfüllung der
Durchfluss gleich ist.

Hinsichtlich *Normalabfluss in Ei-Profilen* gilt die in Anlehnung an Gl.(5.16) aufgestellte Approximation für q_v=Q/Q_v besser als 3%

$$q_v = Q/Q_v = 1.9 y_N^2 (1 - 0.42 y_N^2) , \quad y_N < 0.95. \tag{5.20}$$

Sie lässt sich ebenfalls explizit auf die Teilfüllung y_N=h_N/T lösen

$$y_N = 1.09 \left[1 - (1 - 0.884 q_v)^{1/2} \right]^{1/2}. \tag{5.21}$$

Man beachte, dass sowohl bei Gl.(5.20) als auch bei Gl.(5.21) der Wert (y_N;q_v)=(1;1)
bei rechnerischer Vollfüllung nicht richtig berechnet wird, was aber weiter nicht von
Belang ist, da Q_v anders ermittelt wird (Kap. 3 oder Gl.(5.19)).

Tabelle 5.4 Teilfüllungstafel für das Ei-Profil 2:3 in Abhängigkeit des Scheitelradius r=B/2 mit T=3r. Maximalwerte in Italic.

h/r (-) (1)	h/T (%) (2)	F/r^2 (-) (3)	P/r (-) (4)	R_h/r (-) (5)	V/V_v (%) (6)	Q/Q_v (%) (7)
3	*100*	*4.593*	*7.930*	0.579	100	100
2.95	98.33	4.573	7.296	0.627	105.5	105.0
2.9	96.67	4.536	7.029	0.645	1.075	106.2
2.85	95.0	4.488	6.822	0.658	108.9	*106.4*
2.8	93.33	4.430	6.643	0.667	109.9	106.0
2.75	91.67	4.367	6.485	0.673	110.5	105.1
2.7	90.0	4.299	6.339	0.678	111.1	104.0
2.65	88.33	4.225	6.204	0.681	111.4	102.5
2.6	86.67	4.147	6.075	0.683	111.6	100.8
2.55	85.0	4.066	5.955	*0.683*	*111.6*	98.8
2.5	83.33	3.980	5.836	0.682	111.5	96.6
2.4	80.0	3.802	5.612	0.677	111.0	91.9
2.3	76.67	3.614	5.398	0.669	110.1	86.6
2.2	73.33	3.422	5.191	0.659	109.0	81.2
2.1	70.0	3.223	4.989	0.646	107.6	75.5
2	66.67	3.023	4.788	0.631	105.9	69.7
1.9	63.33	2.823	4.588	0.615	104.1	64.0
1.8	60.0	2.624	4.388	0.598	102.2	58.4
1.7	56.67	2.426	4.187	0.579	100.0	52.8
1.6	53.33	2.231	3.985	0.560	97.8	47.5
1.5	50	2.037	3.784	0.538	95.2	42.2
1.4	46.67	1.847	3.580	0.516	92.6	37.2
1.3	43.33	1.662	3.375	0.492	89.7	32.5
1.2	40.0	1.481	3.169	0.468	86.8	28.0
1.1	36.67	1.306	2.960	0.441	83.4	23.7
1.0	33.33	1.136	2.749	0.413	79.8	19.7
0.9	30.0	0.974	2.536	0.384	76.1	16.1
0.8	26.67	0.820	2.319	0.354	72.0	12.9
0.7	23.33	0.675	2.099	0.322	67.6	9.9
0.6	20.0	0.538	1.875	0.287	62.6	7.3
0.5	16.67	0.414	1.647	0.251	57.3	5.2
0.45	15	0.366	1.531	0.233	54.5	4.3
0.4	13.33	0.300	1.413	0.212	51.2	3.3
0.35	11.67	0.248	1.294	0.192	47.9	2.6
0.3	10.0	0.199	1.174	0.170	44.2	1.9
0.25	8.33	0.154	1.051	0.147	40.1	1.3
0.2	6.67	0.112	0.927	0.121	35.2	0.86
0.15	5.0	0.074	0.795	0.093	29.5	0.48
0.1	3.33	0.041	0.644	0.064	23.0	0.21
0.05	1.67	0.015	0.451	0.033	14.8	0.05
0	0	0	0	0	0	0

Für die auf den Scheitelradius r=T/3 bezogene *Querschnittsfläche* F in Abhängigkeit von y=h/T kann ebenfalls in Anlehnung an Gl.(5.18) die Näherung

$$F/r^2 = 6.25y^{3/2}\left[1 - 0.15y - 0.10y^4\right] \qquad (5.22)$$

angegeben werden, welche überall besser als ±2% mit der geometrisch exakten Beziehung übereinstimmt. Es ist aber zu beachten, dass bei Vollfüllung anstelle des Wertes 4.593 die Zahl 4.688 (+2.1%) berechnet wird.

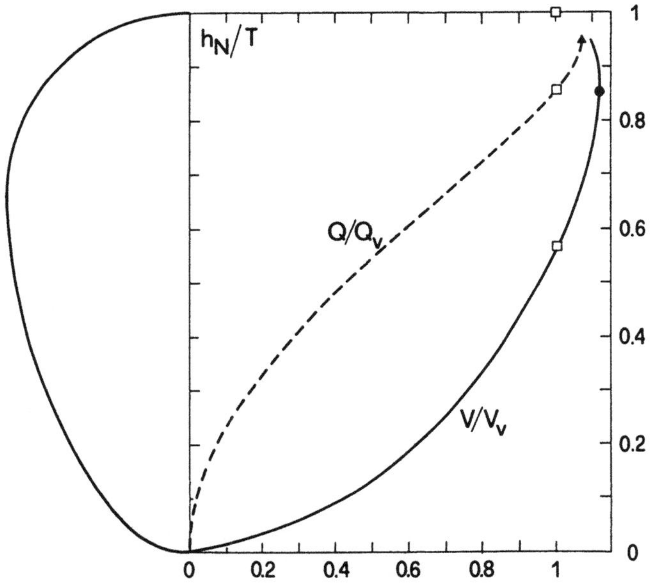

Bild 5.7   Teilfüllungsdiagramm für das Ei-Profil 2:3 mit (□) Werte der Vollfüllung, (▲) Abflussmaximum und (•) Geschwindigkeitsmaximum. Relativwerte für (—) Geschwindigkeit und (---) Durchfluss in Abhängigkeit der Füllung $y_N = h_N/T$.

Beispiel 5.4   Gegeben ein Ei-Profil 120/180 mit $J_s=1.5\%$ und einem K-Wert von $80m^{1/3}s^{-1}$. Berechne die Normalabflusstiefe für einen Durchfluss von $Q=1.2m^3s^{-1}$.
Mit dem Vollfüllungsdurchfluss $Q_v=0.503\cdot80\cdot0.015^{1/2}1.2^{8/3}=8.01m^3s^{-1}$ nach Gl.(5.19) wird mit $q_v=1.2/8.01=0.15$ die Teilfüllung $y_N=1.09[1-(1-0.884\cdot0.15)^{1/2}]^{1/2}=0.285$, also $h_N = y_N T=0.285\cdot1.8=0.51m$.
Für die Querschnittsfläche berechnet man nach Gl.(5.22) $F_N/r^2=6.25\cdot0.285^{1.5}(1-0.15\cdot0.285-0.1\cdot0.285^4)=0.91$, also mit $r=B/2=0.60m$ für $F_N=0.91\cdot0.6^2=0.327m^2$. Damit folgt für die Normalabfluss-Geschwindigkeit $V_N=Q/F_N=1.2/0.327=3.66ms^{-1}$, also für die Normalabfluss-Energiehöhe $H_N=h_N+V_N^2/(2g)=0.51+3.66^2/19.62=1.19m$.

Maul-Profil

Nach Gl.(5.7) sowie den in Tabelle 5.3 angegebenen Werten ergibt sich für die rechnerische *Vollfüllung* im genormten Maulprofil (engl.: horseshoe profile; franz.: profil aplati) mit der Querabmessung $B=(4/3)T$

$$Q_v = 0.212KJ_s^{1/2}B^{8/3} = 0.457KJ_s^{1/2}T^{8/3}. \qquad (5.23)$$

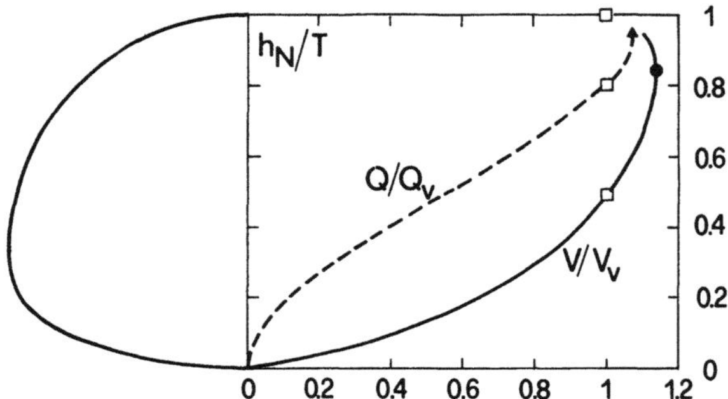

Bild 5.8   Teilfüllungsdiagramm für das Maul-Profil 2:1.5 mit (□) Werte der Vollfüllung, (▲) Abflussmaximum und (•) Geschwindigkeitsmaximum. Relativwerte für (—) Geschwindigkeit und (---) Durchfluss in Abhängigkeit der Teilfüllung h_N/T.

Da das Maulprofil (Bild 5.8) in der Anwendung nur relativ selten auftritt, soll anstelle der vom ATV (1988) angegebenen numerischen Tabellen eine Näherung (±4%) für die *Teilfüllungskurve* mitgeteilt werden

$$q_v = Q/Q_v = 2.8y_N^2\,(1 - 0.71y_N^2)\,, \quad y < 0.80. \tag{5.24}$$

Soll der Bereich $0.8 < y_N < 0.93$ ebenfalls mit einer Genauigkeit von ±3% in Rechnung gestellt werden, so folgt der komplizierte Ausdruck

$$q_v = 2.8y_N^2\,(1 - 0.8y_N^2 + 0.25y_N^6)\,, \quad y < 0.93. \tag{5.25}$$

Beide Gln.(5.24) und (5.25) weisen jedoch bei hohen Teilfüllungen bedeutende Abweichungen vom geometrisch exakten Ausdruck auf.

Als explizite Lösung für die Teilfüllung $y_N = h_N/T$ in Abhängigkeit vom Relativdurchfluss $q_v = Q/Q_v$ ergibt sich besser als 5%

$$y_N = 0.85[1 - (1 - q_v)^{1/2}]^{1/2}. \tag{5.26}$$

Die auf $F_v = 0.595B^2 = 1.058T^2$ bezogene *Querschnittsfläche* folgt besser als 5%

$$F/F_v = 2y^{3/2}[1 - 0.6y^{3/2} + 0.1y^3]\,. \tag{5.27}$$

Beispiel 5.5   Der Durchfluss in einem Maul-Profil 150/200 beträgt $Q = 2.2\text{m}^3\text{s}^{-1}$, das Gefälle ist $J_s = 2\%$ und der K-Wert $75\text{m}^{1/3}\text{s}^{-1}$. Berechne den Normalabflusszustand!
Mit B=2.00m ergibt sich für die Vollfüllung $Q_v = 0.212 \cdot 75 \cdot 0.02^{1/2} 2^{8/3} =$

14.3m^{3}s^{-1} nach Gl.(5.23). Damit wird q$_v$=2.2/14.3=0.154 und somit y$_N$= 0.85[1–(1–0.154)$^{1/2}$]$^{1/2}$=0.241 nach Gl.(5.26), also h$_N$=0.241·1.5=0.36m. Mit y$_N$=0.241 ergibt sich weiterhin für die Querschnittsfläche F$_N$/F$_v$= 2·0.241$^{3/2}$(1–0.6·0.241$^{3/2}$+0.1·0.241^3)=0.22, also F$_N$=0.22·0.595·2^2= 0.524m^2. Damit entsteht für die Normalabflussgeschwindigkeit V$_N$=Q/F$_N$= 2.2/0.542=4.2ms^{-1} und für die Energiehöhe bei Normalabfluss H$_N$=h$_N$+ V$_N^2$/(2g)=0.36+4.2^2/(19.62)=1.26m.

Zusammenfassend lässt sich die *Normalabflusstiefe* y$_N$=h$_N$/T also nur in Abhängigkeit des Relativdurchflusses q$_N$=Q/(KJ$_s^{1/2}$T$^{8/3}$) ermitteln mit T als vertikaler Profilabmessung. Tabelle 5.5 stellt die Resultate zusammen und gibt ebenfalls die Ausdrücke für die Querschnittsfläche F/T^2 in Abhängigkeit von y=h/T wieder.

Tabelle 5.5   Normalabflusstiefe für die Norm-Querschnitte

Norm-Profil (1)	Normalabflusstiefe (2)	Querschnittsfläche (3)
Kreis	y$_N$=0.926[1–(1–3.11q$_N$)$^{1/2}$]$^{1/2}$	$F/D^2=\frac{4}{3}y^{3/2}[1-\frac{1}{4}y-\frac{4}{25}y^2]$
Ei	y$_N$=1.090[1–(1–5.18q$_N$)$^{1/2}$]$^{1/2}$	$F/T^2=0.695y^{3/2}[1-0.15y-0.10y^4]$
Maul	y$_N$=0.850[1–(1–2.19q$_N$)$^{1/2}$]$^{1/2}$	$F/T^2=2.116y^{3/2}[1-0.6y^{3/2}+0.1y^3]$

Bild 5.9 vergleicht die *Teilfüllungskurven* des Kreis-Profils, des Ei-Profils und des Maul-Profils. Aus der Darstellung geht eine recht gute Übereinstimmung der Teilfüllungskurven dieser drei von der Form recht unterschiedlichen Querschnitte hervor.

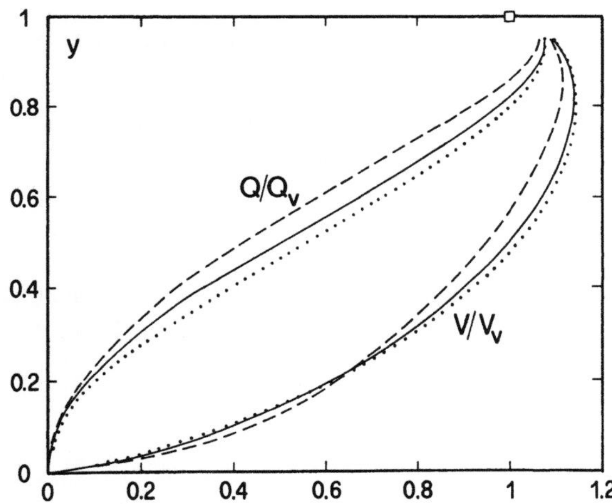

Bild 5.9   Vergleich der Teilfüllungskurven für Durchfluss und Geschwindigkeit des (——) Kreis-, (---) Ei- und (···) Maul-Profils bei Anwendung des Normal-abflussgesetzes nach Manning und Strickler. (□) Vollfüllung.

Man darf deshalb behelfsweise anstelle der "exakten" Füllkurve beispielsweise diejenige des Kreises für alle in Bild 5.5 und Bild 5.6 dargestellten Profile anwenden, ohne einen Fehler von mehr als 10% zu machen. Im Vergleich zur Schätzung des K-Wertes ist diese Abweichung meistens zumutbar, falls es sich um Überschlagsberechnungen handelt.

Die Übereinstimmung der Füllungskurven für drei so verschiedene Profiltypen wie Kreis, Ei und Maul ist erstaunlich und Abweichungen von rund 10% sind für Überschlagsrechnungen durchaus nicht gross. In *Vorprojekten* sollte von dieser Tatsache deshalb öfters Gebrauch gemacht werden.

5.5.5 Normalabfluss-Energiehöhe bei Teilfüllung

Neben der Normalabflusstiefe h_N ist auch häufig die zugehörige Energiehöhe (engl.: energy head; franz.: charge)

$$H_N = h_N + \frac{Q^2}{2gF_N^2} \qquad (5.28)$$

von Bedeutung, lässt sich damit doch der kinetische Energieinhalt einfach charakterisieren. In der Folge soll die Energiehöhe für die drei genormten Profiltypen Kreis, Ei und Maul abgeleitet werden. Bezieht man sich wiederum auf die Profilhöhe T, so gilt für den dimensionslosen Ausdruck

$$Y_N = \frac{H_N}{T} = \frac{h_N}{T} + \frac{Q^2}{2gT^5} \frac{1}{(F_N/T^2)^2} \cdot \qquad (5.29)$$

Um die relative Energiehöhe Y_N zu berechnen, benötigt man das Normalabflussgesetz $Q(y_N)$ sowie die Querschnittsfunktion $F_N/T^2(y_N)$ mit $y_N=h_N/T$ als Teilfüllung. Daraus lässt sich $Y_N=Y_N[Q/(gT^5)^{1/2}]$ ausdrücken. Bei bekanntem Durchfluss Q kann somit für ein gegebenes Profil direkt auf die Energiehöhe H_N geschlossen werden.

Kreisprofil

Die zur Berechnung notwendigen Beziehungen sind Gl.(5.17) und (5.18) und es gilt T=D. Für *kleine* Werte von $q_N=Q/(KJ_s^{1/2}D^{8/3})$ gilt anstelle von Gl.(5.17)

$$y_N = \frac{2}{\sqrt{3}} q_N^{1/2} \cdot \qquad (5.30)$$

Wird damit der Ausdruck h_N/D in Gl.(5.29) eliminiert, so entsteht mit der *Reibungscharakteristik* $\chi=KJ_s^{1/2}D^{1/6}/g^{1/2}$

$$Y_N = \frac{2}{\sqrt{3}}\, q_N^{1/2}\left[1 + \frac{1}{2}\left(\frac{9}{16}\chi\right)^2\right].\tag{5.31}$$

Eine genauere Analyse zeigt, dass der Ausdruck $Y_N/(2q_N^{1/2}/\sqrt{3})$ nahezu nur abhängig ist vom modifizierten Klammerausdruck in χ mal einer Funktion von q_N der Art

$$Y_N = 1.15 q_N^{1/2}\left[1 + \frac{1}{9}\,tg(\frac{180}{\pi}\,4q_N)\right]\left[1 + \frac{1}{6}\chi^2\right].\tag{5.32}$$

Der Einfluss von q_N bedarf einer Korrektur für grössere Werte $q_N \leq 0.321$. Nach Gl.(5.32) hängt demnach die relative Energiehöhe Y_N ab vom dimensionslosen Durchfluss q_N und von der Reibungscharakteristik χ.

Ei-Profil

Analog zum Kreisprofil ergibt sich als Beziehung zwischen Relativdurchfluss $q_N = Q/(KJ_s^{1/2}B^{8/3})$ und Normalabflusstiefe für kleine Werte von $y_N = h_N/T$

$$y_N = 1.022 q_N^{1/2}.\tag{5.33}$$

Der zu Gl.(5.31) analoge Ausdruck für $Y_N = H_N/T$ lautet

$$Y_N = 1.022 q_N^{1/2}\left[1 + \frac{1}{8}\chi^2\right].\tag{5.34}$$

Die zu Gl.(5.32) entsprechende Beziehung findet man wiederum durch numerische Anpassung zu

$$Y_N = 1.02 q_N^{1/2}\left[1 + \frac{1}{4}q_N\right]\left[1 + \frac{1}{8}\chi^2\right].\tag{5.35}$$

Da q_N nicht auf den mittleren Durchmesser sondern auf B bezogen ist, muss der entsprechende Multiplikator angepasst werden, formal ändert sich jedoch nichts. Gl.(5.35) gilt lediglich für Werte von $\chi < 2$.

Maulprofil

In Analogie zu den Gln.(5.30) und (5.33) folgt mit $q_N = Q/(KJ_s^{1/2}B^{8/3})$ für das Maulprofil

$$y_N = 1.305 q_N^{1/2}\tag{5.36}$$

und entsprechend zu den Gln.(5.31) und (5.34)

$$Y_N = 1.305 q_N^{1/2}\left[1 + \tfrac{1}{6}\chi^2\right].\tag{5.37}$$

mit $Y_N = H_N/T$. Weiterhin gilt analog zu den Gln.(5.32) und (5.35) für grössere Werte von q_N

$$Y_N = 1.30 q_N^{1/2}[1 + 1.2 q_N]\,[1 + \tfrac{1}{6}\chi^2].\tag{5.38}$$

Diese Beziehung sollte ebenfalls nicht für grosse Werte von q_N und χ angewendet werden.

Beispiel 5.6   Berechne direkt die Energiehöhe für Beispiel 5.3!
Mit $q_N = 0.222$ und $\chi = 85 \cdot 0.004^{1/2}\,0.7^{1/6}/9.81^{1/2} = 1.62$ wird $Y_N = 1.15 \cdot 0.222^{1/2}[1 + 0.11\,\mathrm{tg}(57.3 \cdot 4 \cdot 0.222)][1 + 0.167 \cdot 1.62^2] = 0.847$ nach Gl.(5.32), entsprechend $H_N = 0.847 \cdot 0.7\mathrm{m} = 0.59\mathrm{m}$. Es ergibt sich also ein Unterschied gegenüber $H_N = 0.605\mathrm{m}$ nach Beispiel 5.3 von -2%.

Beispiel 5.7   Berechne die zu Beispiel 5.4 zugehörige Energiehöhe H_N direkt!
Mit $q_v = 0.150$, also $q_N = 0.075$ und $\chi = 80 \cdot 0.015^{1/2}\,1.2^{1/6}/9.81^{1/2} = 3.22$ wird $Y_N = 1.02 \cdot 0.075^{1/2}[1 + 0.25 \cdot 0.075][1 + 0.125 \cdot 3.22^2] = 0.653$, entsprechend $H_N = 0.653 \cdot 1.8 = 1.175\mathrm{m}$. Dieser Wert weicht von $H_N = 1.19\mathrm{m}$ nach Beispiel 5.4 nur um -1% ab.

Beispiel 5.8   Man berechne die zu Beispiel 5.5 zugehörige Energiehöhe direkt!
Mit $q_v = 0.154$, also $q_N = 0.033$ und $\chi = 75 \cdot 0.02^{1/2}\,2^{1/6}/9.81^{1/2} = 3.80$ wird $Y_N = 1.3 \cdot 0.033^{1/2}[1 + 1.2 \cdot 0.033][1 + 0.167 \cdot 3.80^2] = 0.838$, damit $H_N = 0.838 \cdot 1.5 = 1.256\mathrm{m}$ und deshalb praktisch identisch mit der ausführlichen Berechnung.

5.6 Steile Kanalisation

In steilen, teilgefüllten Rohren tritt, ähnlich wie in Schussrinnen, die *Selbstbelüftung* (engl.: self-aeration; franz.: aération) bei genügender Rohrlänge auf. Dieses Phänomen muss der Turbulenz des Abflusses zugeschrieben werden, die bei Überschreiten eines Grenzzustandes Wassertropfen aus dem Abfluss auszuschleudern vermag. Wie Volkart (1980) zeigte, werden beim Wiederauftreffen dieser Wassertröpfchen auf den Abfluss Luftblasen eingetragen, womit ein *Gemischabfluss* (engl.: air-water flow; franz.: melange eau-air) aus Wasser und Luft entsteht.

Heute sind die Kenntnisse bezüglich des Beginns der Belüftung, der örtlichen Änderung der Luftkonzentration sowie der Blasenverteilung in Schussrinnen recht genau (ICOLD, 1992). Im geschlossenen Kreisprofil liegen aber lediglich Kenntnisse hinsichtlich des *Normalabflusses* vor. Diese sollen in der Folge kurz mitgeteilt und mit den wichtigsten Erkentnissen für Rechteckkanäle verglichen werden.

Bild 5.10 zeigt einen schiessenden Abfluss im Rechteckkanal mit konstantem Gefälle J_S. Ausgehend vom Einlaufquerschnitt (x=0) entwickelt sich die *Grenzschichtdicke* δ_g und schneidet den Wasserspiegel an der Stelle $x=x_i$, also dort, wo der *Belüftungsanfang* (engl.: incipient aeration) liegt. Die auf die Wassertiefe bezogene Geschwindigkeitshöhe $H_s=V_f^2/(2g)$ und die äquivalente Sandrauheit k_s bestimmen massgeblich die Entwicklung $\delta_g(x)$ der Grenzschichtdicke. Nach ICOLD (1992) gilt näherungsweise

$$\delta_g/x = 0.021(k_s/H_s)^{0.10} . \tag{5.39}$$

Unterhalb der Grenzschichtdicke ist der Abfluss voll-turbulent, darüber bildet sich eine Potentialströmung aus. Wasserpartikel können also erst an der Stelle $x(\delta_g=h)=x_i$ aus dem Abfluss ausgeworfen werden. Bei konstanter Senkungskurve h(x) lässt sich demnach die Stelle $x=x_i$ und damit der Selbstbelüftungsanfang ermitteln.

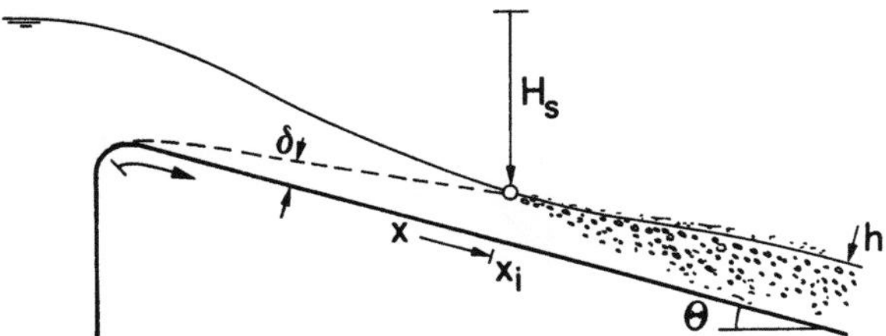

Bild 5.10 Belüftungsbeginn auf steilem Kanal.

Nach Volkart (1978) hängt die mittlere Konzentration $\bar{C}$ des Wasser-Luft-Gemisches ab von der *Boussinesq-Zahl* $B=V/(gR_h)^{1/2}$. Im Gegensatz zur Froudezahl F bezieht sich die Boussinesqzahl auf den hydraulischen Radius. Bei Normalabfluss gilt

$$\bar{C} = 1 - [1 + 0.02(B - 6)^{1.5}]^{-1}. \tag{5.40}$$

Der *Belüftungsbeginn* lässt sich also ausdrücken durch $B=6$, entsprechend einer Geschwindigkeit V grösser als $6(gR_h)^{1/2}$. Diese Bedingung lässt sich explizit ausdrücken durch den Rauhigkeitsbeiwert K nach Strickler, das Sohlengefälle J_S, den Durchmesser D und die Erdbeschleunigung g zu (Hager, 1985)

$$\chi = KJ_S^{1/2}D^{1/6}g^{-1/2} = 8 . \tag{5.41}$$

Die *Reibungscharakteristik* χ besagt, dass beispielsweise das notwendige Sohlengefälle J_S zum Belüftungsbeginn stark abhängt vom Rauhigkeitsbeiwert K aber nur schwach mit dem Rohrdurchmesser variiert.

Der *Gemischabfluss* besitzt einen Gesamtdurchfluss Q_m, der sich zusammensetzt aus Wasser- und Luftanteil. Deshalb benötigt der Gemischabfluss mehr Querschnittsfläche als der entsprechende Wasserabfluss allein. Die Gemischwassertiefe h_m wird also immer grösser als die zugehörige Wassertiefe h_N ohne Luftaufnahme. Bild 5.11 zeigt das Teilfüllungsverhältnis h_m/D in Abhängigkeit des zugehörigen Reinwasserverhältnisses h_N/D für verschiedene Reibungscharakteristika $\chi > 8$. Alle Kurven sind in Anlehnung an 5.5.3 für $y_N > 0.95$ unterbrochen. In Tat und Wahrheit wird nach 5.5.2 der Abfluss jedoch schon bei weit kleinerer Teilfüllung zuschlagen, resp. sich pulsierender Abfluss oder gar Gemischzapfen bilden.

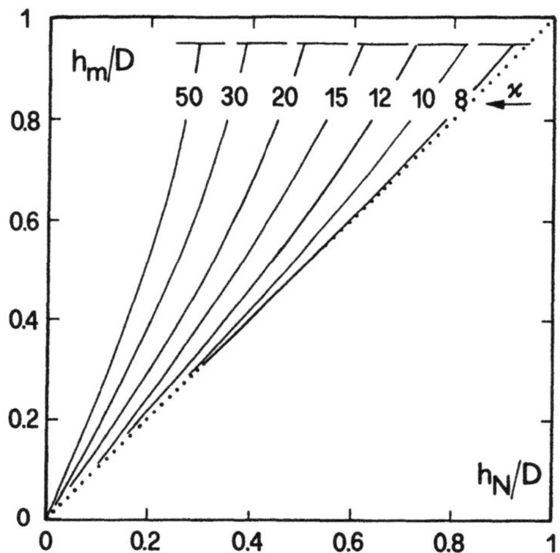

Bild 5.11 Normalabfluss im steilen Kreisrohr. Verhältnis der Teilfüllungen bei Gemischabfluss h_m/D und Reinwasserabfluss h_N/D für verschiedene Werte von χ nach Gl.(5.41). (---) maximale Teilfüllung, ($\cdot\,\cdot\,\cdot$) Grenze der Selbstbelüftung.

Die in Bild 5.11 dargestellte Beziehung lässt sich annähern durch

$$h_m/D = (1/4)\chi^{2/3}(h_N/D)^{10/9} , \qquad\qquad (5.42)_1$$

wobei nur Werte $h_m \geq h_N$ relevant sind. Einsetzen von χ nach Gl.(5.41) ergibt weiter

$$\frac{h_m}{h_N} = \frac{1}{4}\left(\frac{K^2 J_s h_N^{1/3}}{g}\right)^{1/3} . \qquad\qquad (5.42)_2$$

Folglich hängt das *Gemischtiefenverhältnis* entscheidend ab von der Gerinnerauhigkeit, weniger vom Sohlengefälle und ist praktisch unabhängig von der Wassertiefe. Auch hier ist $h_m/h_N \leq 1$ vorauszusetzen.

Beispiel 5.9   Gegeben der Durchfluss $Q=1.7 m^3 s^{-1}$, der Rohrdurchmesser $D=0.9m$, der K-Wert $K=80 m^{1/3} s^{-1}$ und das Gefälle $J_s=40\%$. Wie gross ist die Gemischabflusstiefe h_m bei Normalabfluss?
Der χ-Wert berechnet sich nach Gl.(5.40) zu $\chi=80 \cdot 0.4^{1/2} 0.9^{1/6} / 9.81^{1/2}=$ 15.87>8, es stellt sich demnach Selbstbelüftung ein. Für den Normalabfluss ohne Luftaufnahme gilt mit $q_N=1.7/(80 \cdot 0.4^{1/2} 0.9^{8/3})=0.044$ nach Gl.(5.17) $y_N=0.248$.
Mit dem Zahlenpaar $(y_N;\chi)=(0.248; 15.87)$ folgt aus Bild 5.11 für $y_m=0.34$, also $h_m=0.34 \cdot 0.9=0.305m$ als Normalabflusstiefe bei Gemischabfluss. Sie liegt um 37% höher als die Reinwassertiefe h_N. Nach Gl.(5.42) folgt $h_m/D=0.25 \cdot 15.87^{2/3} 0.248^{1.11}=0.336$, d.h. praktisch der Wert nach Bild 5.11.

Das *Bemessungsverfahren* zur Ermittlung der Gemischwassertiefe lässt sich demnach einfach integrieren in die herkömmliche Methode. Zuerst wird nach der konventionellen Methode die Normalabflusstiefe h_N entweder nach Colebrook und White oder nach Manning und Strickler ermittelt. Dann wird der Parameter χ nach Gl.(5.41) berechnet und damit entschieden, ob sich Selbstbelüftung einstellt oder nicht. Ist die Reibungscharakteristik $\chi>8$, so wird mit der Wassertiefe h_N für Reinwasser die *Gemischwassertiefe* h_m entweder über Bild 5.11 oder die Gl.(5.42) ermittelt. Für alle weiteren Berechnungen, wie zur Bemessung oder zur Berechnung von Stau- und Senkungskurven, nimmt dann h_m die Stelle von h_N ein.

Weitere Angaben zum Abfluss in Schussrinnen, die u.U. auch in steilen Kanalisationen benötigt werden, betreffen die Verteilung der Geschwindigkeit und der Luftkonzentration bei Normalabfluss, den Einfluss der Luftkonzentration auf den Widerstandsbeiwert sowie die Bodenluftkonzentration, welche zur Abschätzung der Kavitationsgefahr wichtig ist (ICOLD, 1992). Es werden ebenfalls Stau- und Senkungskurven für schiessenden Abfluss mittels eines vereinfachten Verfahrens ermittelt, welchem die Normalabflusstiefe bezüglich des Wasser-Luft-Gemisches zugunde liegt. Leider liegen für das Kreisprofil heute neben dem Normalabflusszustand keine Angaben vor, die den Be- und Entlüftungsvorgang von Wasser-Luftgemischen beschreiben.

Die Problematik des *Gemischabflusses* in Kanalisationen ist bis heute nur unzureichend untersucht worden. So lassen sich Fragen hinsichtlich Stosswellen nur näherungsweise beantworten, die hydraulischen Verhältnisse in Vereinigungs- und Umlenkungsschächten bleiben weitgehend undurchsichtig und Gemischzapfen sowie *Abflusspulsationen* lassen sich auch bei einfachsten Konfigurationen nicht vorhersagen. In Anbetracht dieser Wissenslücke wird dringend angeraten, steile Kanalisationen grosszügig zu bemessen, möglichst gerade im Grundriss zu führen und Lüftungsschächte vorzusehen. Um übersichtliche Verhältnisse zu erzielen, ist dem Lufttransport derselbe Stellenwert wie dem Gemischtransport einzuräumen.

5.7 Gas-Flüssigkeitsabflüsse

5.7.1 Einleitung

Über Gas-Flüssigkeitsströmungen (engl.: gas-liquid flow; franz.: écoulement gas-liquide) liegt eine grosse Anzahl von Studien vor, die deren bedeutende Anwendung in der industriellen Hydraulik aufzeigen. Solche Strömungen sind zu erwähnen im Zusammenhang mit Saugleitungen, Wärmetauschern, Kühltürmen und der Nukleartechnik. Von der Anwendung her sind folgende Parameter wesentlich: prozentualer Flüssigkeitsanteil in der Schwebe, Porenziffer (engl.: void fraction; franz.: indice des vides), Druckverlust und prozentualer Flüssigkeitseintrag (engl.: percentage liquid entrainment; franz.: pourcentage d'entraînement de liquide).

Nach Hewitt und Hall-Taylor (1970) lassen sich 6 Regimes für horizontalen gleichgerichteten Rohrabfluss unterscheiden (Bild 5.12):

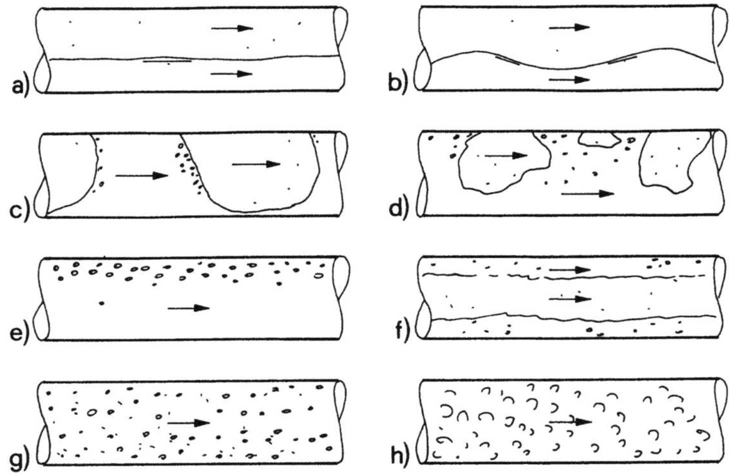

Bild 5.12 Abflussregime bei Gas-Flüssigkeitsströmung in horizontalem Rohr.

① *geschichtete Strömung* (engl.: stratified flow; franz.: écoulement stratifié), Gas und Flüssigkeit fliessen also getrennt in dieselbe Richtung,

② *gewellte Strömung* (engl.: wavy flow; franz.: écoulement ondulé), die geschichtet ist im Sinne Flüssigkeit unter dem Gas, die Grenzschicht ist nun aber gewellt,

③ *pulsierende Strömung* (engl.: slug flow; franz.: écoulement en bouchon) der Flüssigkeitsstrom besitzt Wellen, die bis zum Rohrscheitel reichen und damit die Gasphase in einzelne Zellen unterteilt,

④ *Blasenströmung* (engl.: plug flow; franz.: écoulement en bulles) mit Gasblasen, die den verbleibenden Teil des Querschnitts mit kugelförmigen Elementen besetzen,

⑤ *Tropfenströmung* (engl.: bubbly flow; franz.: écoulement en gouttes), bei welchem sich das Gas kontinuierlich in der Flüssigkeitsphase verteilt, und

⑥ *Ringströmung* (engl.: annular flow; franz.: écoulement annulaire) bei hohem Gasanteil, welcher die Flüssigkeitsphase an die Wände drängt. Dadurch formt sich ein Flüssigkeitsring um die Gasphase.

Daneben kennt man noch zusätzlich

⑦ *Sprayströmung* (engl.: spray flow; franz.: écoulement en spray) mit völliger Durchmischung der beiden Phasen sowie

⑧ *Schaumströmung* (engl.: froth flow; franz.: écoulement en mousse) mit schaumähnlichem Abflussverhalten.

Die verschiedenen Abflussarten lassen sich aus dem *Abflussdiagramm* lokalisieren, in welchem Wasser- und Luftgeschwindigkeiten mit der Dimension [kg/m^{2}s] aufgetragen sind. Daraus erkennt man vier wichtige Linien, nämlich die Übergänge von geschichteter zur Blasenströmung, resp. von gewellter zur pulsierenden Strömung einerseits, und von Blasen- resp. pulsierender Strömung zur homogenen Strömung andererseits. Für $V_a > 10^6$[kg/m^{2}s] bildet sich immer eine Ringströmung.

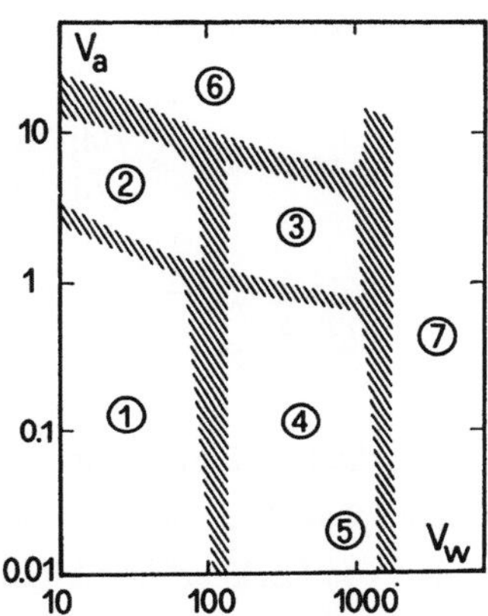

Bild 5.13 Abflussdiagramm für Zweiphasenströmung Wasser-Luft im *horizontalen* Rohr bei D=5cm. Luftmenge V_a und Wassermenge V_w in [kg/m^{2}s], Bezeichnung im Text.

Die Typen ② und ⑥ werden zusammen auch als abgelöste (engl.: separated flow; franz.: écoulement séparé) Zweiphasenströmung sowie ③ und ④ als aussetzende (engl.: intermittent flow; franz.: écoulement intermittent) Zweiphasenströmung bezeichnet.

Eine zu Bild 5.13 alternative Darstellung, die neuere Forschungsresultate beinhaltet, gibt Weismann (1983). Zudem werden Abflussdiagramme auch für andere Konfigurationen wie vertiukales Rohr oder Gegenströmung von einer Phase zur anderen vorgestellt.

Bei *gleichgerichteten* Gas-Flüssigkeitsströmungen können fünf hydrodynamische Instabilitäten auftreten; nämlich die Instabilität nach:

* *Kelvin-Helmholtz* als Folge der Interaktion beider Phasen mit verschiedener Geschwindigkeit. Man kann sie durch die Richardsonzahl **Ri** charakterisieren, welche das Verhältnis von Auftriebskraft zu Trägheitskraft darstellt.
* *Tollmien-Schlichting* als Übergang von laminarer zu turbulenter Strömung, d.h. sie lässt sich durch die Reynoldszahl **R** beschreiben,
* *Rayleigh -Taylor* ausgelöst durch den Dichteunterschied der beiden Phasen,
* *Rayleigh-Bernard* infolge Temperatur- oder Konzentrationsunterschieden zwischen den beiden Phasen, und
* *Marangoni* ausgelöst durch die Oberflächenspannung.

Aus dieser Diskussion erkennt man den komplexen Zusammenhang, welcher sich infolge physikalischer Grössen bei Zweiphasenströmungen ergeben kann.

5.7.2 Empirische Korrelationen

In der Folge sollen einige durch die Experimente von Lockhart und Martinelli (1949) ermittelte Beziehungen vorgestellt werden, die auf Flüssigkeitsstauung (eng.: holdup), Porenziffer und Druckverlust eingehen. Man bezieht sich auf die zwei Parameter

$$\Phi_g = \left(\frac{(dp/dx)_{gw}}{(dp/dx)_g}\right)^{1/2}, \quad \text{resp.} \quad \Phi_w = \left(\frac{(dp/dx)_{gw}}{(dp/dx)_w}\right)^{1/2} \tag{5.43}$$

und

$$X = \left(\frac{(dp/dx)_w}{(dp/dx)_g}\right)^{1/2}. \tag{5.44}$$

Dabei stellen $(dp/dx)_g$ und $(dp/dx)_w$ die Druckgradienten der gasförmigen Phase (Luft) und des Wasser *allein* (also als Einzelphase betrachtet) dar und $(dp/dx)_{gw}$ denjenigen des Gemisches. Obwohl die Messdaten von Lockhart und Martinelli z.T. grössere Abweichungen mit späteren Messungen ergaben, sind sie heute allgemein verbindlich. Sie lassen sich annähern durch die symmetrischen Beziehungen

$$\Phi_g = 1 + 4X^{+0.7}, \tag{5.45}$$

$$\Phi_w = 1 + 4X^{-0.7}. \tag{5.46}$$

Da sowohl Φ_g als auch Φ_w immer grösser als Eins sind, ist der Druckverlust der Zweiphasenströmung immer grösser als derjenige der Einphasenströmung, und zwar umso ausgeprägter, je grösser der andere Phasenanteil ist.

Hinsichtlich der *Flüssigkeitsstauung* in Abhängigkeit der Porenziffer R_a gilt

$$\frac{1}{X} = 1 - \frac{\rho_a}{\rho_w}\left(1 - \frac{K_h}{R_a}\right) \tag{5.47}$$

mit

$$K_h = Tanh[0.2(Z-0.5)] \tag{5.48}$$

als Parameter, der von $Z=R^{1/6}F^{2/3}Ri^{-1/4}$ abhängt mit R als Reynoldszahl, $F=V/(gD)^{1/2}$ als Froudezahl und Ri als Richardsonzahl.

5.7.3 Pulsierende Strömung

Von grosser Bedeutung im Kanalisationswesen ist die pulsierende Strömung im fast horizontalen Rohr. Diese Zweiphasenströmung kann auch beschrieben werden als Flüssigkeitsströmung mit langen Gasblasen, jedoch mit dem Unterschied, dass sich die Wellenkämme viel schneller als die verbleibende Flüssigkeit bewegen. Dadurch ergeben sich ausgeprägte Druckschwankungen im Rohr, die zu unzulässigen Zuständen führen können.

Bild 5.14 zeigt die Entwicklung einer Pulsation als Übergang zwischen geschichteter und pulsierender Strömung. Das Phänomen ereignet sich häufig im Einlaufbereich von Rohren, die durch eine geschichtete Flüssigkeits-Gasströmung beschickt werden. Bild 5.14a) zeigt den Zustand gleich nach dem Durchgang einer Welle mit tieferem Wellenschwanz und nachfolgender neuer Welle. Eine kleine Störung darauf bewegt sich an den Wellenkopf (Bild 5.14b). Durch das Aufsteilen der Wellen kann der Wellenscheitel den Kanalscheitel erreichen und damit den Lufttransport unterbinden. Der Flüssigkeitsstrom wird dann durch die Gasphase beschleunigt und es ergibt sich die in Bild 5.14d) dargestellte Absenkung, deren tiefster Punkt unter dem Zulaufspiegel liegt. Taitel und Dukler (1977) haben ein auf den Gleichungen von de Saint-Venant aufgebautes numerisches Modell vorgestellt, mit dem sich der Prozess simulieren lässt. Dabei sind natürlich die Wassertiefen vor und hinter dem Wellenkopf von spezieller Bedeutung.

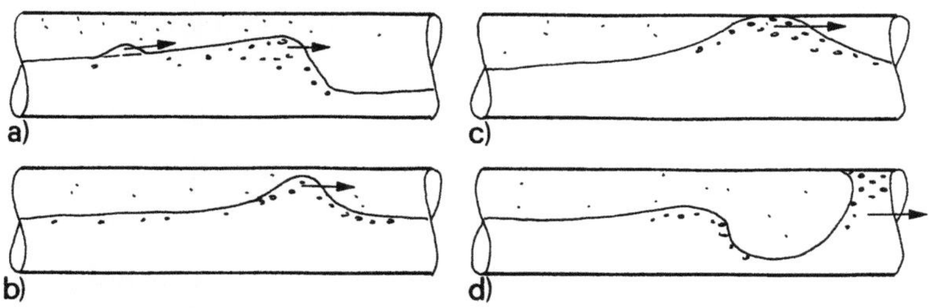

Bild 5.14 Mechanismus des Entstehens von pulsierendem Abfluss nach Taitel und Dukler (1977), Details siehe Text.

Der hydraulischen Ermittlung des Übergangs zu pulsierendem Abfluss widmet sich Gardner (1979). Anhand von Energiebetrachtungen findet er als Zusammenhang zwischen den *densimetrischen Froudezahlen* bezüglich Luftströmung (Index «a»)

$$F_{1\Delta} = \frac{V_{1a} - V_{1w}}{[(\Delta\rho/\rho_a)gT]^{1/2}} , \tag{5.49}$$

und Wasserströmung (Index «w»)

$$F_{1w} = -\frac{V_{1w}}{[(\Delta\rho/\rho_w)gT]^{1/2}} , \qquad F_{2w} = -\frac{V_{2w}}{[(\Delta\rho/\rho_w)gT]^{1/2}} \tag{5.50}$$

sowie mit $\varepsilon_\Delta = (\rho_w/\rho_a)^{1/2}$ als Dichteverhältnis und T als Höhe des Rechteckkanals (Bild 5.15)

$$1 - (1 - \varepsilon^{-1})F_{2w} = \frac{4F_{1\Delta} - 3(3+\varepsilon_\Delta)F_{1\Delta}^2 + 4(1+\varepsilon_\Delta)F_{1\Delta}^3}{2 - 2(3+\varepsilon_\Delta)F_{1\Delta} + 3(1+\varepsilon_\Delta)F_{1\Delta}^2} . \tag{5.51}$$

Mit $\varepsilon_\Delta = 27$ ergibt sich für Wasser-Luftströmungen und $F_{1\Delta} < 0.5$ näherungsweise

$$1 - \frac{26}{27}F_{2w} = 2.2F_{1\Delta}^{1.25} . \tag{5.52}$$

Weiter gilt für die *Wellenhöhe* näherungsweise

$$F_{1w} - F_{2w} = 0.04F_{1w}^{-4} . \tag{5.53}$$

Mit diesen zwei Beziehungen, die gut mit Experimenten übereinstimmen, lassen sich bei bekannten Wasser- und Luftgeschwindigkeiten die wichtigsten Charakteristika beim Übergang zum pulsierenden Abfluss im Rechteckkanal ermitteln.

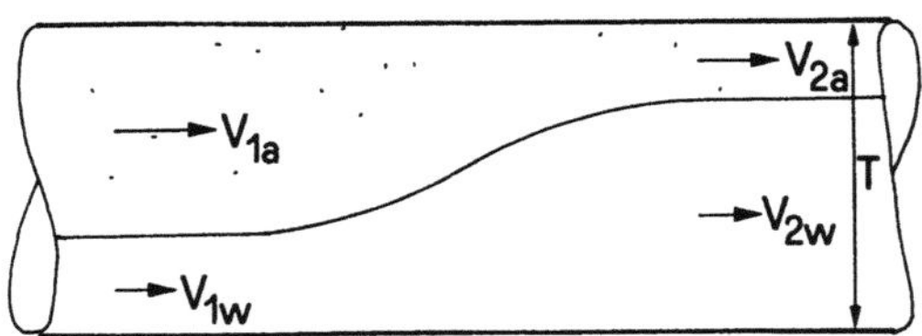

Bild 5.15 Definitionsskizze zur stehenden Gemischwelle im geschlossenen Profil.

Einfacher ist der Ansatz von Mishima und Ishii (1980), da der Übergang stattfindet für

$$V_a \geq V_w + 0.487[(\rho_w/\rho_a)gh_a]^{1/2} \qquad\qquad (5.54)$$

mit h_a als mittlerer Höhe des Luftraumes. Bei $h_a=1m$ muss demnach die Differenzgeschwindigkeit grösser als rund $40ms^{-1}$ sein, bei $h_a=0.1m$ wird sie nur noch $13ms^{-1}$ und bei $h_a=0.01m$ noch $4ms^{-1}$. Praktisch volle Rohre sind demnach sehr empfindlich auf Pulsationen.

5.8 Bemessung von geschlossenen Kanälen
5.8.1 Bemessungsprinzip

Die geschlossenen Kanäle (engl.: sewer; franz.: canal découvert), welche in der Abwassertechnik zur Anwendung gelangen, sind bis zu Abmessungen von rd. 2m vorfabriziert und damit auf *genormte Dimensionen* beschränkt. Man ermittelt deshalb bei der Bemessung einen rechnerischen Durchmesser, wählt jedoch den nächst grösseren für den zu projektierenden Kanalabschnitt aus. Nur in Ausnahmefällen werden dabei auch bei grösseren, beispielsweise in Ortsbeton hergestellten Kanälen Zentimetermasse anstelle von runden Abmessungen berücksichtigt. Es gilt deshalb zu unterscheiden zwischen:

- der *rechnerischen Bemessung* des Kanals, welche sich auf zuverlässige Dimensionierungsformeln abzustellen hat und

- der *Auswahl des Kanalmaterials*, welches neben rein hydraulischen Kriterien auch auf bau- sowie auf abwassertechnische Eigenschaften Rücksicht zu nehmen hat.

Nach 5.5 besteht bei hoher Teilfüllung eine grössere Abflusskapazität als beim Vollfüllungszustand, welcher rechnerisch sowohl bei Scheitelfüllung als auch etwa bei 80% Teilfüllung auftritt. In der Regel wird diesem Phänomen in der Bemessung jedoch keine Bedeutung geschenkt, da:

- es sich bei der Berechnung "nur" um rund 5% Mehrkapazität handelt,

- eindeutige Fliesszustände anzustreben sind, bei denen also kein Zuschlagen auftritt,

- hohe Teilfüllungen vom Sohlengefälle, von der Froude-Zahl und insbesondere von der Einlauf- und Auslauf-Gestaltung abhängen,

- die Luftströmung über dem Wasserabfluss nicht zu behindern und damit lokal keine Unterdrücke zu schaffen sind.

Üblicherweise wird bei der Planung und Sanierung höchstens mit dem rechnerischen *Vollfüllungszustand* gerechnet, nach ATV (1988) soll der Bemessungsabfluss jedoch lediglich rd. 90% erreichen, sonst sei der nächst grössere Querschnitt zu wählen. Diesem Vorschlag wird hier zugestimmt, falls keine detaillierten Nachrechnungen erfolgen, die zusätzlich die Lage der Stau- und Senkungskurven und die massgebenden Rückstauhöhen einschliessen. Dann darf für die Kaliberwahl der Vollfüllungszustand berücksichtigt werden. Dieses Vorgehen hat bedeutende *Vorteile*, da:

- sowohl bei Teilfüllung als auch bei Vollfüllung der Bemessung die gleiche Formel zugrunde gelegt wird,
- Teilfüllungskurven sich optimal anwenden lassen. Vorerst wird Vollfüllung ermittelt und anschliessend dieses Resultat als Basis für alle in Betracht zu ziehenden Teilfüllungszuständen weiterverwendet,
- das Teilfüllungsverhältnis bei der Bemessung nicht auftritt, es sind also lediglich die den Vollfüllungszustand beschreibenden Parameter (Kap.2 und 3) zu berücksichtigen.

5.8.2 Bemessungsvorgehen

Der *Vollfüllungszustand* ist entweder nach der Formel von Colebrook und White oder nach der Formel von Manning und Strickler zu bestimmen. Letztere gilt dabei nur im turbulent vollrauhen Régime, hat aber den bedeutenden Vorteil, explizit den Durchmesser des Kanalprofils zu liefern. Es gelten mit B als Querabmessung des Ei-, resp. des Maulprofils die folgenden Beziehungen

$$\text{Kreis} \qquad D = 1.55 \left(\frac{Q}{KJ_s^{1/2}} \right)^{3/8}, \qquad (5.55)$$

$$\text{Ei-Profil 2:3} \qquad B = 1.294 \left(\frac{Q}{KJ_s^{1/2}} \right)^{3/8}, \qquad (5.56)$$

$$\text{Maul-Profil 2:1.5} \qquad B = 1.791 \left(\frac{Q}{KJ_s^{1/2}} \right)^{3/8}. \qquad (5.57)$$

Somit ist lediglich der relative Durchfluss $q_N = Q/[KJ_s^{1/2}B^{8/3}]$ in Rechnung zu stellen. Es kann deshalb auch die allgemeine *Dimensionierungsformel*

$$q_N = \frac{Q}{KJ_s^{1/2}\, B^{8/3}} < q_B \qquad (5.58)$$

aufgestellt werden mit den aufgerundeten Zahlenwerten

$$\text{Kreis} \qquad q_B = 1.55,$$
$$\text{Ei-Profil} \qquad q_B = 1.30,$$
$$\text{Maul-Profil} \qquad q_B = 1.80.$$

Dabei ist es vorteilhaft, den Durchfluss Q in $[m^3s^{-1}]$, den K-Wert in $[m^{1/3}s^{-1}]$, das Gefälle J_s absolut [-] und nicht in Prozent oder Promillen, sowie die Querschnittsbreite B in [m] einzusetzen.

Im Bereich der üblichen Fliesszustände in Kanalisationen weist das turbulent rauhe Régime gegenüber dem Übergangsrégime immer grössere Verluste auf, es ist deshalb hinsichtlich der Bemessung des Durchmessers immer auf der sicheren Seite. Um den *Einfluss der Viskosität* ν auf den Durchmesser D zu bestimmen, gilt nach Hager und Schwalt (1992) die *explizite* Beziehung

$$D^{*-5/2} = -\frac{\pi}{\sqrt{2}} lg \left[(0.361 k_s^*)^{15/16} + (3.434 \nu^*)^{15/16} \right] \qquad (5.59)$$

mit den in Kap.2 verwendeten Substitutionen

$$D^* = D/D_0, \quad k_s^* = k_s/D_0, \quad \nu^* = \nu D_0/Q \qquad (5.60)$$

und dem Referenzdurchmesser

$$D_0 = \left[Q^2/(gJ_s) \right]^{1/5} . \qquad (5.61)$$

Bei bekannten Grössen (ν, k_s, Q, J_s) lässt sich vorerst D_0 berechnen, dann werden die beiden Parameter k_s^* und ν^* nach den Definitionsgleichungen (5.60) ermittelt, diese in Gl. (5.59) eingesetzt und dann nach D^* gelöst. Der Durchmesser nach Gl.(5.59) weicht dabei immer weniger als 1% von der exakten Beziehung ab.

Die Abweichung der Geschwindigkeit V_{MS} nach der Manning und Strickler Formel von der Colebrook und White Formel sind kleiner als 5%, falls $k_s^* > 30\nu^*$. Wie bereits festgehalten, sollte die Formel von Manning und Strickler nur im Rauheitsbereich $7 \cdot 10^{-4} < k_s/D < 7 \cdot 10^{-2}$ angewendet werden. Das vorliegende Kapitel ist ausschliesslich auf *Normalabfluss* zugeschnitten. Es ist deshalb immer zu prüfen, inwieweit Einflüsse vom Ober- und Unterwasser den Normalabfluss beeinflussen (Kap.8).

In Abwandlung einer Dimensionierung, die grundsätzlich nur auf der Gleichung von Colebrook und White basiert, kann als modifiziertes *Bemessungsvorgehen* deshalb punktweise angegeben werden:

1 Zusammenstellen der Basisgrössen:
- Durchfluss Q,
- Gefälle J_s,
- kinematische Viskosität ν und
- äquivalente Sandrauheit k_s.

Die kinematische Viskosität von 'gewöhnlichem Abwasser' beträgt im Normalfall rund $\nu = 1.3 \cdot 10^{-6} m^2 s^{-1}$ (Tab.3.1) bei einer Temperatur von ca 12°C (ATV 1988). Die äquivalente Sandrauheit lässt sich aus Kap.2 entnehmen.

2 Ermittlung des Fliessregimes:

- Berechnung des Vergleichsdurchmessers D_o nach Gl.(5.61),
- Ermittlung von $k_s^*=k_s/D_o$ und $v^*=vD_o/Q$,
- Ist $k_s^*>30v^*$, dann befindet sich der Abfluss im vollrauhen Regime, ist zudem $7\cdot10^{-4}<k_s/D<7\cdot10^{-2}$, so darf die Fliessformel nach Manning und Strickler angewendet werden,
- Befriedigt der Abfluss nicht simultan beide Bedingungen, so ist mit Gl.(5.59) nach Colebrook und White zu rechnen.

3 Ermittlung der Kaliberdimensionen:
- Nach Manning und Strickler wird je nach Profiltyp Gl.(5.41) bis (5.57) angewendet,
- Nach Colebrook und White ergibt sich für das Kreisprofil D^* nach Gl.(5.59) und damit $D=D_oD^*$.

4 Einfluss der Selbstbelüftung:
- Berechnung des χ-Wertes nach Gl.(5.41),
- Ist $\chi<8$, so stellt sich keine Selbstbelüftung ein.

Entgegen der üblichen Methode nach der Formel von Colebrook und White hat das vorgeschlagene Verfahren den Nachteil, dass je nach Basisparameterkombination zwei verschiedene Berechnungsansätze gelten. Als Vorteil anzusehen ist jedoch neben dem Bemessungsresultat allein auch die Zusatzinformation, ob sich der Abfluss im rauhen Régime oder im turbulenten Übergangsbereich befindet. Somit ist der Anschluss an die auf Manning und Strickler bezogene Teilfüllungsberechnung gewährleistet.

Beispiel 5.10 Welcher Durchmesser ist für eine Abwassertransportleitung zu wählen, deren Durchfluss $Q=2m^3s^{-1}$ und Gefälle $J_s=0.1\%$ betragen, falls ein Betonschleuderrohr eingesetzt sein soll?
1. $Q=2m^3s^{-1}$, $J_s=0.001$, $v=1.3\cdot10^{-6}m^2s^{-1}$, $k_s=2.5\cdot10^{-4}m$.
2. $D_o=[2^2/(9.81\cdot0.001)]^{1/5}=3.33m$, $k_s^*=2.5\cdot10^{-4}/3.33=7.5\cdot10^{-5}$, $v^*=1.3\cdot10^{-6}\cdot3.33/2=2.16\cdot10^{-6}$, $30v^*=6.5\cdot10^{-5}$. Da $k_s^*<30v^*$ befindet sich der Abfluss *nicht* im turbulent rauhen Regime.
3. Mit den Parametern k_s^* und v^* nach Punkt 2. wird der Relativdurchmesser $D^{*-5/2}=-2.22lg[(2.37\cdot10^{-5})^{15/16}+(7.42\cdot10^{-6})^{15/16}]=9.35$ nach Gl.(5.59), also $D^*=0.41$ und $D=0.41\cdot3.33=1.362m$. Man wählt als Kaliber NW 1500.
4. Mit den unten folgenden Zahlenwerten für K und D wird die Rauhigkeitscharakteristik $\chi=102\cdot0.001^{1/2}1.29^{1/6}9.81^{-1/2}=1.07<8$, es stellt sich also keine Selbstbelüftung ein.

Hätte man nach Manning und Strickler gerechnet, so wäre nach Gl.(5.5) der Rauhigkeitsbeiwert $K=8.2\cdot9.81^{1/2}(2.5\cdot10^{-4})^{-1/6}=102m^{1/3}s^{-1}$ und damit nach Gl.(5.55) der Durchmesser $D=1.55[2/(102\cdot0.001^{1/2})]^{3/8}=1.29m$ (−5%). Man erkennt jedoch bereits am hohen K-Wert den Einfluss der Viskosität.

Beispiel 5.11 Bemesse eine Steilleitung auf den Durchfluss von $Q=1.2m^3s^{-1}$ bei einem Gefälle von $J_s=14\%$, falls der K-Wert $85m^{1/3}s^{-1}$ beträgt.
1. $Q=1.2m^3s^{-1}$, $J_s=0.14$, $v=1.3\cdot10^{-6}m^2s^{-1}$, $K=85m^{1/3}s^{-1}$.
2. $D_o=[1.2^29.81^{-1}0.14^{-1})]^{1/5}=1.01m$,

$k_s=(8.2 \cdot 9.81^{1/2} 85^{-1})^6=0.76 \cdot 10^{-3}$m nach Gl.(5.5), also $k_s^*= 0.75 \cdot 10^{-3}$ und $v^*=1.3 \cdot 10^{-6} 1.01/1.2=1.09 \cdot 10^{-6}$, somit $30v^*=3.28 \cdot 10^{-5}$ und damit $k_s^* > 30v^*$. Der Abfluss befindet sich im *vollrauhen* Régime, es darf also die Gleichung von Manning und Strickler angewendet werden.

3. Durchmesser $D=1.55(1.2/85 \cdot 0.14^{1/2})^{3/8}=0.45$m nach Gl.(5.55).
4. $\chi=85 \cdot 0.14^{1/2} 0.45^{1/6} 9.81^{-1/2}=8.9>8$, es stellt sich also Selbstbelüftung ein. Nach Bild 5.11 ist für die Gemischwassertiefe $h_m/D=0.85$ die zugehörige Reinwassertiefe $h_N/D=0.80$, also $h_m/h_N=1.06$. Der Rohrdurchmesser sollte also auf $1.06 \cdot 0.45=0.48$m vergrössert werden. Wahl NW 500.

Neben dem Bemessungsdurchfluss muss häufig auch der Normalabfluss für kleinere Durchflüsse ermittelt werden. Dann ist die Rohrabmessung jedoch gegeben und man kann nach den in Abschnitt 5.5 angegebenen Verfahren vorgehen.

Literaturnachweis

- Abwassertechnische Vereinigung ATV (1988). Richtlinien für die hydraulische Dimensionierung von Abwasserkanälen und -leitungen. Regelwerk Abwasser *Arbeitsheft* **A110**. ATV: St. Augustin.

- Bock, J. (1966). Einfluss der Querschnittsform auf die Widerstandsbeiwerte offener Gerinne. *Technischer Bericht* **2** (ed. O. Kirschmer). Institut für Hydromechanik und Wasserbau, TH Darmstadt: Darmstadt.

- Gardner, G.C. (1979). Onset of slugging in horizontal ducts. *Int. Journal Multiphase Flow* **5**: 201-209.

- Hager, W.H. (1985). Abflusseigenschaften in offenen Kanälen. *Schweizer Ingenieur und Architekt* **103**(13): 252-264.

- Hager, W.H. (1988). Abflussformeln für turbulente Strömungen. *Wasserwirtschaft* **78**(2): 79-84.

- Hager, W.H. (1991). Teilfüllung in geschlossenen Kanälen. *Gas-Wasserfach, Wasser/Abwasser* **132**(10): 558-564; **132**(11): 641-647.

- Hager, W.H. und Schwalt, M. (1992). Explizite Fliessformel für turbulente Rohrströmung. *3R-International* **31**(1/2): 18-21.

- Hewitt, G.F. und Hall-Taylor, N.S. (1970). *Annular two-phase flow*. Pergamon-Press: Elmsford.

- ICOLD (1992). Spillways and bottom outlets - Shockwaves and air entrainment in chutes. *Bulletin* **81**. Commission Internationale des Grands Barrages: Paris.

- Kazemipour, A.K. und Apelt, C.I. (1982). New data on shape effect in smooth rectangular channels. *J. Hydraulic Research* **20**(3): 225-233.

- Lockhart, R.W. und Martinelli, R.C. (1949). Proposed correlation of data for isothermal two-phase, two-component flow in pipes. *Chemical Engineering Progress* **45**(1): 49-58.

- Marchi, E. (1961). Il moto uniforme delle correnti liquide nei condotti chiusi e aperti. *L'Energia Elettrica* **38**(4): 289-301; **38**(5): 393-413.
- Marchi, E. und Rubatta, A. (1981). *Meccanica dei fluidi*. UTET: Torino.
- Mischima, K. und Ishii, M. (1980. Theoretical prediction of onset of horizontal slug flow. *Journal of Fluids Engineering* **102**(12): 441-445.
- Press, H. und Schröder, R. (1966). *Hydromechanik im Wasserbau*. W. Ernst & Sohn: München.
- Rouse, H. (1965). Critical analysis of open-channel resistance. Proc. ASCE, *Journal of Hydraulics Division* **91**(HY4): 1-25; **91**(HY6): 247-248; **92**(HY2): 387-409; **92**(HY4): 154; **92**(HY5): 204-206.
- Sauerbrey, M. (1969): Abfluss in Entwässerungsleitungen unter besonderer Berücksichtigung der Fliessvorgänge in teilgefüllten Rohren. *Wasser und Abwasser in Forschung und Praxis* **1**. Erich Schmidt Verlag: Bielefeld.
- Sinniger, R.O. und Hager, W.H. (1989). *Constructions hydrauliques - Ecoulements stationnaires*. Presses Polytechniques Romandes: Lausanne.
- Strickler, A. (1923). Beiträge zur Frage der Geschwindigkeitsformel und der Rauhigkeitszahlen für Ströme, Kanäle und geschlossene Leitungen. *Mitteilung* **16**. Amt für Wasserwirtschaft: Bern.
- Taitel, Y. und Dukler, A.E. (1977). A model for slug flow frequency during gas-liquid flow in horizontal and near horizontal pipes. *Int. Journal Multiphase Flow* **3**: 585-596.
- Thormann, E. (1944). Füllungskurven von Entwässerungsleitungen. *Gesundheits-Ingenieur* **67**(2): 35-47.
- Volkart, P. (1978). Hydraulische Bemessung teilgefüllter Steilleitungen. *Gas - Wasser - Abwasser* **58**(11): 658-667.
- Volkart, P.U. (1980). The mechanism of air bubble entrainment in self-aerated flow. *International Journal of Multiphase Flow* **6**: 411-423.
- Weisman, J. (1983). Two-phase flow patterns. *Handbook of Fluids in Motion*: 409-425. N.P. Cheremisinoff und R. Gupta, ed. Ann Arbor Science:

Bezeichungen

B	[m]	Profilbreite
B	[-]	Boussinesq-Zahl
$\bar{C}$	[-]	mittlere Luftkonzentration
D	[m]	Durchmesser
D_0	[m]	Bezugsdurchmesser
D*	[-]	Relativdurchmesser

F	$[m^2]$	Querschnittsfläche
$\mathbf{F}$	$[-]$	Rohr-Froudezahl
f	$[-]$	Widerstandsbeiwert
g	$[ms^{-2}]$	Erdbeschleunigung
h	$[m]$	Wassertiefe
H	$[m]$	Energiehöhe
H_s	$[m]$	Geschwindigkeitshöhe
J_f	$[-]$	Reibungsgefälle
J_s	$[-]$	Sohlenneigung
K	$[m^{1/3}s^{-1}]$	Rauhigkeitsbeiwert
K_h	$[-]$	Parameter
k_s	$[m]$	äquivalente Sandrauheit
k_s^*	$[-]$	relative Sandrauheit
P	$[m]$	benetzter Umfang
p	$[Nm^{-2}]$	Druck
Q	$[m^3s^{-1}]$	Durchfluss
Q_m	$[m^3s^{-1}]$	Gemischdurchfluss
q_B	$[-]$	Bemessungsdurchfluss
q_D	$[-]$	auf $(gD^5)^{1/2}$ bezogener Durchfluss
q_N	$[-]$	auf $KJ_s^{1/2}D^{8/3}$ bezogener Durchfluss
q_v	$[-]$	auf Vollfüllung bezogener Durchfluss
$\mathbf{R}$	$[-]$	Reynoldszahl
$\mathbf{Ri}$	$[-]$	Richardsonzahl
R_a	$[-]$	Porenziffer
R_h	$[m]$	hydraulischer Radius
r	$[m]$	Scheitelradius
T	$[m]$	Profilhöhe
V	$[ms^{-1}]$	Geschwindigkeit
x	$[m]$	Lagekoordinate
y	$[-]$	Teilfüllung
Z	$[-]$	Porenzifferzahl
δ	$[-]$	halber Zentriwinkel
δ_g	$[m]$	Grenzschichtdicke
ε	$[-]$	relative Rauheit
ε_Δ	$[-]$	Dichteverhältnis
ν	$[m^2s^{-1}]$	kinematische Zähigkeit
ν^*	$[-]$	relative Viskosität

χ	[-]	Reibungscharakteristik
X	[-]	Druckgradientenverhältnis
ν	[m^2s^{-1}]	kinematische Zähigkeit
ν^*	[-]	relative Viskosität
ρ	[kgm^{-3}]	Dichte
ϕ_f	[-]	Formbeiwert
ϕ	[-]	Beiwert
Φ	[-]	Druckverlust

Indizes

a	Aufschlagen		r	rauh
g	Gas		s	glatt
i	Belüftungsanfang		v	Vollfüllung
m	Wasser-Luft-Gemisch		w	Wasser
min	Minimum		z	Zuschlagen
max	Maximum		Δ	Dichtestromindex
N	Normalabfluss			

6 KRITISCHER ABFLUSS

Kritischer Abfluss stellt sich nur ein, falls eine Reihe von Bedingungen erfüllt sind, die in diesem Kapitel aufgezählt werden. Anschliessend wird kritischer Abfluss hydraulisch beschrieben, und die Voraussetzungen zu kritischem Abfluss werden eingehend erläutert. Der kritische Abfluss wird dann für die drei Normprofile Kreis, Ei und Maul berechnet. Dabei interessiert die kritische Wassertiefe, die kritische Energiehöhe und das kritische Gefälle.

Als Anwendung zum kritischen Abfluss wird der Übergang von der Flach- auf die Steilstrecke beschrieben. Dieses mathematisch anspruchsvolle Problem lässt sich anhand einfacher Beziehungen praxisgemäss auswerten.

6.1 Einleitung

Neben dem Normalabfluss stellt der kritische Abfluss (engl.: critical flow; franz.: écoulement critique) einen zweiten ausgeprägten Zustand dar, mit dem ein Kanalabfluss beschrieben wird. Während der Normalabfluss ein fast "statisches Kriterium" bildet, bei dem die Reibungskräfte ins Gleichgewicht gesetzt werden zur treibenden Kraft, darf der kritische Zustand als ein "dynamisches Kriterium" betrachtet werden. Kritischer Abfluss herrscht nämlich dann, wenn die Fliessgeschwindigkeit genau der Ausbreitungsgeschwindigkeit einer Elementarwelle entspricht.

Wie bereits der Normalabfluss ist auch der kritische Abfluss abhängig von der Profilgeometrie. In der Folge sollen demnach wiederum zwei Probleme näher untersucht werden:

• Definition und Beschreibung des kritischen Abflusses sowie

• praktische Ermittlung des kritischen Abflusses.

Dabei soll vorerst anhand der *Energiegleichung* der kritische Abflusszustand untersucht werden, um dann - sozusagen als Anwendung - den Abfluss in den drei bereits in Kapitel 5 genannten, genormten Profilen 'Kreis', 'Ei' und 'Maul' zu studieren. Neben der sogenannten kritischen Tiefe soll auch das kritische Gefälle ermittelt werden. Einen allgemeinen Abriss über die kritische Wassertiefe geben Chow (1959), Henderson (1966) und Naudascher (1987). Die Resultate dieses Kapitels lassen sich dann insbesondere auf Stau- und Senkungskurven (Kap.8) sowie auch auf Messanlagen (Kap.10 bis 13) direkt anwenden. Als erweiterte Anwendung wird schliesslich der Übergang von einer Flach- auf eine Steilstrecke untersucht.

6.2 Beschreibung des kritischen Abflusses

Die *Energiehöhe* H_* bezüglich der Sohle eines Kanals ist (Kap.1)

$$H_* = h + \frac{Q^2}{2gF^2} \,. \tag{6.1}$$

Dabei stellt h die Wassertiefe, F den benetzten Querschnitt, g die Erdbeschleunigung und

Q den Durchfluss dar. Die Querschnittsfläche F im *offenen Kanal* kann sowohl eine Funktion der Wassertiefe h als auch der Längskoordinate x sein. Im letzten Fall spricht man vom nicht-prismatischen Kanal, dessen Querschnitt an jeder Stelle x variiert. Verändert der Querschnitt seine Form nicht, so ist der Kanal *prismatisch* und damit gilt F=F(h). Im Gegensatz dazu kann der Querschnitt im Druckrohr nur mit x variieren. Es sei dabei wiederholt, dass Freispiegelabfluss sowohl in offenen wie auch geschlossenen Kanälen auftreten kann. Beim geschlossenen Kanal kann der Abfluss sowohl frei als auch unter Druck abfliessen.

Bezieht man sich momentan auf einen Kanal mit konstantem Durchfluss Q, so stellt die Energiehöhe H_* an der Stelle $x=x_*$ lediglich eine Funktion der Wassertiefe h dar. Der Querschnitt an dieser Stelle sei $F(x=x_*)=F_*$. Es ist von Interesse, die Beziehung zwischen H_* und h weiter zu verfolgen.

Alle Kanäle sind charakterisiert durch ein Zunehmen der Querschnittsfläche F_* mit der Wassertiefe h. Betrachtet man stetige Querschnitte, die also in der Beziehung $F_*(h)$ keine Sprünge aufweisen, so gilt $dF_*/dh>0$. Untersucht man mathematisch einen funktionalen Zusammenhang, so ist die Ermittlung von *Extremalwerten* zentral. Mit $F=F_*(h)$ gilt dann für die ersten Ableitungen von Gl.(6.1)

$$\frac{dH_*}{dh} = 1 - \frac{Q^2}{gF_*^3}\frac{dF_*}{dh}\,, \tag{6.2}$$

$$\frac{d^2H_*}{dh^2} = \frac{3Q^2}{gF_*^4}\left(\frac{dF_*}{dh}\right)^2 - \frac{Q^2}{gF_*^3}\frac{d^2F_*}{dh^2}\,. \tag{6.3}$$

Die Funktion $H_*(h)$ besitzt ein Extremum, falls $dH_*/dh=0$ ist. Das Extremum entspricht einem Maximalwert im Falle $d^2H_*/dh^2<0$ und einem Minimalwert falls $d^2H_*/dh^2>0$. Bezeichnet man die Funktion $1-(dH_*/dh)$, welche dimensionslos ist, als Quadrat der nach William Froude (1810-1879) benannten *Froudezahl* (engl.: Froude number; franz.: nombre de Froude), also

$$F^2 = \frac{Q^2}{gF_*^3}\frac{dF_*}{dh} \tag{6.4}$$

so folgt aus Gl.(6.2) ein Extremalwert der Energiehöhe für die Froudezahl F=1. Durch Einsetzen von F=1 in Gl.(6.3) lässt sich allgemein keine Aussage machen, ersetzt man jedoch in Gl.(6.2) die rechte Seite durch Gl.(6.4) und leitet ab, so folgt

$$\frac{d^2H_*}{dh^2} = -2F\frac{dF}{dh}\,. \tag{6.5}$$

Bei konstantem Durchfluss nimmt die Froudezahl bei zunehmender Wassertiefe immer ab, also $dF/dh < 0$, womit es sich beim Extremum der Energiehöhe $H_*(F=1)$ um einen *Minimalwert* handelt. Demnach gilt als 1. Definition des kritischen Abflusszustandes:

Man bezeichnet einen Freispiegel-Abfluss als kritisch, wenn die Energiehöhe bezüglich der Kanalsohle minimal ist.

Gl.(6.1) lässt sich auch auf den Durchfluss Q lösen

$$Q = F\,[2g(H_* - h)]^{1/2} .\qquad(6.6)$$

Setzt man eine konstante Energiehöhe H_* voraus, so lässt sich ein Maximalwert des Durchflusses ausfindig machen bei einer Wassertiefe $h=h_c$, bei der die Froudezahl wiederum $F=1$ ist. Aus Gl.(6.4) ergibt sich dann der Zusammenhang zwischen Durchfluss und Wassertiefe. Als 2. Definition des kritischen Abflusszustandes folgt dann:

Ein Freispiegel-Abfluss unter einer gegebenen Energiehöhe H_* besitzt den Maximaldurchfluss Q_c bei kritischem Durchfluss.

Weiterhin lässt sich auch zeigen, dass bei kritischem Abflusszustand:

- die Fliessgeschwindigkeit gleich der Ausbreitungsgeschwindigkeit $(gh)^{1/2}$ einer Elementarwelle ist und
- die Stützkraft S nach Gl.(1.11) ebenfalls einen Minimalwert aufweist.

Darnach darf bereits angenommen werden, dass der kritische Abflusszustand massgebend alle Kanalflüsse beeinflusst. Da die Froudezahl eines Abflusses im Druckrohr praktisch gleich Null ist, darf diese Kennzahl als eigentliche *Charakteristik* aller Freispiegel-Strömungen betrachtet werden. In der Folge seien nun weitere Eigenheiten aufgedeckt.

6.3 Eigenschaften des kritischen Abflusses
6.3.1 Kritische Tiefe

Um die Berechnung nicht zu umständlich zu gestalten und um sich auf das Prinzip des kritischen Abflusses zu beschränken, sei in der Folge ein *Rechteckkanal* mit der unveränderlichen Breite b betrachtet. Stellt sich in diesem Kanal ein konstanter Durchfluss Q ein, so ist ebenfalls der Durchfluss pro Breiteneinheit q=Q/b konstant. Mit F=bh als Querschnittsfläche gilt also nach Gl.(6.1)

$$H_* = h + \frac{q^2}{2gh^2} .\qquad(6.7)$$

Die Froudezahl nach Gl.(6.4) ist demnach mit F=bh und dF/dh=b gleich

$$F^2 = \frac{q^2}{gh^3} \, . \tag{6.8}$$

Voraussetzungsgemäss stellt sich kritischer Abfluss (Index 'c') für $F=1$ ein. Die zugehörige, *kritische Wassertiefe* h_c (engl.: critical depth; franz.: hauteur critique) ist demnach

$$h_c = (q^2/g)^{1/3} \tag{6.9}$$

und für die *kritische Energiehöhe* H_{*c} (engl.: critical energy head; franz.: charge critique) folgt mit Gl. (6.9)

$$H_{*c} = h_c \left[1 + \frac{1}{2} \frac{q^2}{gh_c^3} \right] = \frac{3}{2} h_c. \tag{6.10}$$

Wird die kritische Wassertiefe aus den Gln.(6.9) und (6.10) eliminiert, so ergibt sich als Zusammenhang zwischen *kritischem Durchfluss* q_c und kritischer Energiehöhe H_*

$$q_c = g^{1/2} \left[\frac{2}{3} H* \right]^{3/2} . \tag{6.11}$$

Die Gln.(6.7) bis (6.11) gelten ausschliesslich für das Rechteckprofil. Hier sind die Verhältnisse einfach, kann doch explizit auf alle kritischen Grössen gelöst werden.

6.3.2 Einfluss der Bodengeometrie

Bis anhin liegen eine ganze Reihe von Beziehungen vor, die dem kritischen Abfluss eigen sind. Noch ist aber unbekannt, welches die nötigen *Voraussetzungen* zu kritischem Abfluss sind. Um dies näher zu untersuchen, betrachten wir einen Kanal mit variabler aber stetig veränderlicher Bodengeometrie $z(x)$ (Bild 6.1). Der Ursprung O des Koordinatensystems ist dabei beliebig gewählt.

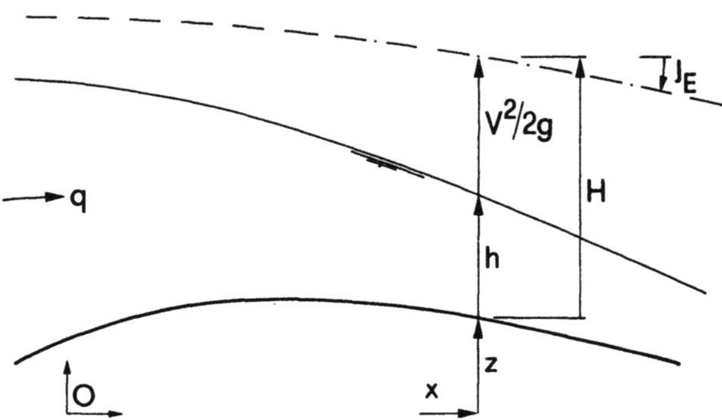

Bild 6.1   Definitionsskizze zum Abfluss über einen stetig gekrümmten Kanalboden.

Die *Energiehöhe* H des Abflusses im Rechteckkanal beträgt

$$H = z + h + \frac{q^2}{2gh^2} = z + H_*. \tag{6.12}$$

Vorerst soll untersucht werden, welche Bedingung erfüllt sein muss, damit kritischer Abfluss sich einstellt bei einer verlustfreien Strömung, d.h. bei der das Energiegefälle J_E - nicht wie in Bild 6.1 eingezeichnet - gleich Null sei. Entsprechend sind dann also alle Ableitungen von H nach x identisch gleich Null. Ableiten von Gl.(6.12) in Längsrichtung x ergibt für die beiden ersten Differentialquotienten

$$\frac{dH}{dx} = \frac{dz}{dx} + \frac{dh}{dx}\left(1 - \frac{q^2}{gh^3}\right) = 0, \tag{6.13}$$

$$\frac{d^2H}{dx^2} = \frac{d^2z}{dx^2} + \frac{d^2h}{dx^2}\left(1 - \frac{q^2}{gh^3}\right) + \frac{3q^2}{gh^4}\left(\frac{dh}{dx}\right)^2 = 0. \tag{6.14}$$

Wird nun die kritische Abflussbedingung Gl.(6.8) berücksichtigt, so folgt aus den beiden Gln.(6.13) und (6.14):

- kritischer Abfluss $q^2/(gh^3)=1$ kann sich nur an einem *Extremwert* $dz/dx=0$ der Sohlengeometrie $z(x)$ einstellen und
- das Wasserspiegelgefälle dh/dx am kritischen Punkt ist gleich

$$\frac{dh_c}{dx} = \pm \left(-\frac{h_c}{3}\frac{d^2z_c}{dx^2}\right)^{1/2}, \tag{6.15}$$

also gleich dem Produkt aus Krümmung der Sohlengeometrie und Wassertiefe am kritischen Punkt. Da der Wurzelausdruck physikalisch nur reell relevant sein kann, muss zudem gelten $d^2z_c/dx^2<0$. Demgemäss kann kritischer Abfluss im prismatischen Kanal nur an einem lokalen *Maximum der Bodengeometrie*, also einer Hügelspitze auftreten.

Werden die Reibungsverluste in der Rechnung mitberücksichtigt, so ist anstelle von $dH/dx=0$, $d^2H/dx^2=0$ zu setzen $dH/dx=-J_E$ und $d^2H/dx^2=-dJ_E/dx$. Entsprechend ändern sich die rechten Seiten der Gln.(6.13) und (6.14). Daraus folgt:

- kritischer Abfluss stellt sich an dem Ort ein, an welchem das Sohlengefälle $J_s=-dz/dx$ gleich dem Energieliniengefälle J_E ist. In Anlehnung an Kap.5 bezeichnet man die Bedingung $J_s=J_{Ec}$ als *Pseudo-Normalabfluss*.
- da die Krümmung der Energielinie dJ_E/dx normalerweise viel kleiner als die Bodenkrümmung ist, ändert sich die Aussage hinsichtlich der Bodengeometrie nur dahin, dass der kritische Punkt sich nicht auf, sondern leicht im Unterwasser eines Bodenscheitels befindet.

6.3.3 Einfluss der Profilgeometrie

Ein zweiter Fall von praktischem Interesse stellt die - vorerst verlustfreie - Strömung im Kanal mit horizontaler Sohle aber stetig veränderlicher Profilgeometrie dar. Der Einfachheit halber betrachten wir wiederum einen *Rechteckkanal* mit der variablen Breite B=B(x). Die Energiehöhe H bezüglich des horizontalen Bodens wird dann

$$H = h + \frac{Q^2}{2gB^2h^2} \, .$$

(6.16)

Mit $dH/dx = d^2H/dx^2 = 0$ ergibt sich für die beiden ersten Ableitungen

$$\frac{dH}{dx} = \frac{dh}{dx}\left(1 - \frac{Q^2}{gB^2h^3}\right) - \frac{Q^2}{gB^3h^2}\frac{dB}{dx} = 0 \, ,$$

(6.17)

$$\frac{d^2H}{dx^2} = \frac{d^2h}{dx^2}\left(1 - \frac{Q^2}{gB^2h^3}\right) - \frac{Q^2}{gB^3h^2}\frac{d^2B}{dx^2} + \frac{3Q^2}{gB^4h^2}\left(\frac{dB}{dx}\right)^2 +$$
$$+ \frac{4Q^2}{gB^3h^3}\frac{dB}{dx}\frac{dh}{dx} + \frac{3Q^2}{gB^2h^4}\left(\frac{dh}{dx}\right)^2 = 0 \, .$$

(6.18)

Setzt man die Froudezahl $F^2 = Q^2/(gB^2h^3)$ in diese Beziehung ein, so folgt

$$\frac{dH}{dx} = \frac{dh}{dx}(1 - F^2) - \frac{h}{B}F^2\frac{dB}{dx} = 0,$$

(6.19)

$$\frac{d^2H}{dx^2} = \frac{d^2h}{dx^2}(1 - F^2) - \frac{h}{B}F^2\frac{d^2B}{dx^2} + \frac{3h}{B^2}F^2\left(\frac{dB}{dx}\right)^2 +$$
$$+ \frac{4}{B}F^2\frac{dB}{dx}\frac{dh}{dx} + \frac{3}{h}F^2\left(\frac{dh}{dx}\right)^2 = 0.$$

(6.20)

Da die weiteren Untersuchungen für kritischen Abfluss F=1 gelten, berechnet man aus Gl.(6.19) die Bedingung (h/B)(dB/dx)=0. Allgemein lässt sich diese nur erfüllen, falls dB/dx=0 ist, da weder h=0 noch $B^{-1}=0$ Normalfälle darstellen. Kritischer Abfluss wird sich also an einer *Extremstelle der Profilgeometrie* einstellen. Ob es sich dabei geometrisch um eine Verengung ($d^2B/dx^2 > 0$) oder Erweiterung ($d^2B/dx^2 < 0$) handelt, lässt sich mit Gl.(6.20) feststellen. Setzt man die kritischen Bedingungen F=1 und dB/dx=0 darin ein, so wird

$$-\frac{h_c}{B}\frac{d^2B}{dx^2} + \frac{3}{h_c}\left(\frac{dh}{dx}\right)_c^2 = 0 \, ,$$

(6.21)

entsprechend

$$\left(\frac{dh}{dx}\right)_c = \pm \left(\frac{1}{3} \frac{h_c^2}{B} \frac{d^2B}{dx^2}\right)^{1/2}.$$ (6.22)

Diese Lösung kann nur physikalisch relevant bei $d^2B/dx^2 > 0$ sein, der Extremwert entspricht deshalb einer *Profilverengung*.

Wird die Voraussetzung der Potentialströmung wieder fallen gelassen und für das Energieliniengefälle $dH/dx = -J_E$ gesetzt, so ist der Ort des kritischen Abflusses durch $(h/B)(dB/dx) = J_E$ bestimmt, er befindet sich dementsprechned leicht im Unterwasser der Engstelle. Grundsätzlich ändert sich jedoch an der vereinfachten Ableitung nichts.

6.3.4 Diskussion der Resultate

Anhand einer Analyse der Energiegleichung lässt sich festhalten, dass für kritischen Abfluss mindestens zwei Voraussetzungen erfüllt sein müssen:

- als *notwendige Bedingung* muss ein Kanal vorliegen, der entweder eine gekrümmte Sohlengeometrie oder eine variable Profilgeometrie besitzt. Kritischer Abfluss kann sich dann nur am Scheitel der Sohlerhebung oder an der Engstelle der Kanalverengung einstellen.
- als *hinreichende Bedingung* muss sich zudem die Froudezahl $F=1$ einstellen, es darf demnach kein Unterwassereinstau vorliegen, da sonst der Abfluss durchwegs strömend ist.

Die notwendige Bedingung lässt sich ausdehnen auf beliebige stationäre Abflüsse, falls als Energiehöhe gesetzt wird

$$H = z + h + \frac{Q^2}{2gF^2}.$$ (6.23)

Liegt keine Potentialströmung vor, und befindet sich der Abfluss im turbulent rauhen Fliessrégime, so darf für den Energieliniengradienten nach Manning und Strickler gesetzt werden (Kap.5)

$$\frac{dH}{dx} = -J_E = -\frac{Q^2}{K^2F^2R_h^{4/3}}.$$ (6.24)

Bei einem Abfluss mit:
- variabler Bodengeometrie $z(x)$,
- veränderlichem Durchfluss $Q(x)$
- nicht-prismatischer Profilgeometrie $F(x)$, $R_h(x)$ und
- variabler Wandrauhigkeit $K(x)$

gilt demnach

$$\frac{dz}{dx} + \frac{dh}{dx}(1 - F^2) + \frac{Q}{gF^2}\frac{dQ}{dx} - \frac{Q^2}{gF^3}\frac{\partial F}{\partial x} = -\frac{Q^2}{K^2F^2R_h^{4/3}}. \tag{6.25}$$

Für die Froudezahl (F=1) folgt als *Ort des kritischen Abflusses*

$$J_S - J_E - J_Q - J_F = 0 \tag{6.26}$$

mit:

$J_S = $ $-(dz/dx)$ als Sohlengefälle,

J_E nach Gl.(6.24) als Energieliniengefälle infolge Wandreibung,

$J_Q = $ $(F/Q)[(dQ/dx)/(dF/dx)]$ als Gefälle infolge lokal veränderlichem Durchfluss und

$J_F = $ $(\partial F/\partial x)/(\partial F/\partial h)$ als Gefälle infolge der lokal variablen Profilgeometrie.

Je nachdem, ob einer, zwei oder gar drei der insgesamt vier möglichen Erzeugungs-mechanismen von kritischem Abfluss weggelassen werden, vereinfacht sich Gl.(6.26). Die beiden Fälle mit $J_S{\neq}0$ und $J_F{\neq}0$ wurden unter 6.3.2 und 6.3.3 besprochen. Weiter-gehende Untersuchungen (Hager 1985) zeigen, dass kritischer Abfluss sich einstellen kann bei *lokal* variabler:

- Bodengeometrie,
- Reibungscharakteristik,
- Durchflusseigenschaft oder
- Profilgeometrie.

Insbesondere *nicht* auftreten kann kritischer Abfluss in einem Kanal, dessen:

- Sohle konstantes Gefälle $J_S{\neq}J_c$ hat,
- Wand unveränderliche Rauheit besitzt,
- Durchfluss lokal gleich bleibt und
- Profilgeometrie sich nicht verändert.

Die *notwendigen Bedingungen* des kritischen Abflusses stehen daher diametral gegen jene des Normalabflusses. Damit sich kritischer Abfluss entsteht, muss sich die Abfluss-struktur verändern, es braucht eine Abflussdynamik, wogegen statischer, unveränder-licher Abfluss den Normalabfluss erst ermöglicht. Eine Ausnahme bildet lediglich der Abfluss in einem Kanal, dessen Sohlengefälle J_S genau dem kritischen Gefälle J_c nach 6.4.5 entspricht.

Neben diesen notwendigen Voraussetzungen ist jedoch auch die *hinreichende Be-dingung* für kritischen Abfluss zu erfüllen. Sie kann durch die Froudezahl F=1 ausge-drückt werden, darf aber unter keinen Umständen allein dastehen. Zu häufig hört man die Ansicht, dass kritischer Abfluss allein durch die Bedingung F=1 zu befriedigen wäre.

Wie im Kapitel 8 über Stau- und Senkungskurven noch im Detail ausgeführt wird, bezeichnet man Abflüsse mit F<1 als *strömende Abflüsse*, jene mit F>1 jedoch als *schiessende Abflüsse*. Bis anhin ist eigentlich dem Zustand F=1, also dem kritischen Abfluss allein, Aufmerksamkeit gewidmet worden. Genauso wichtig wie der Zustand F=1 sind aber die Übergänge von strömendem zu schiessendem, und von schiessendem zu strömendem Abfluss. Mit H als Energiehöhe nach Gl.(6.23) und J_E als Energielinien-gefälle nach Gl.(6.24) folgt als Gleichung des Wasserspiegels im prismatischen Kanal ($\partial F/\partial x \equiv 0$) mit konstantem Sohlengefälle ($dJ_S/dx \equiv 0$) und unveränderlichem Durchfluss ($dQ/dx \equiv 0$)

$$\frac{dH}{dx} = -J_S + \frac{dh}{dx}\left(1 - \frac{Q^2}{gF^3}\frac{dF}{dh}\right) = -J_E \, . \tag{6.27}$$

Auf die *Wasserspiegelneigung* dh/dx aufgelöst folgt

$$\frac{dh}{dx} = \frac{J_S - J_E}{1 - \dfrac{Q^2}{gF^3}\dfrac{dF}{dh}} = \frac{J_S - J_E}{1 - F^2} \, . \tag{6.28}$$

Aus dieser Beziehung sieht man (vergl. auch Gl.6.25), dass für kritischen Abfluss (F=1) sich zwei Fälle einstellen können:

1) entweder ist $J_S \neq J_E$, also liegen keine normalabflussähnlichen Bedingungen vor und der Wassserspiegel steht vertikal (dx/dh=0) oder

2) es liegt die Bedingung $J_S = J_E$ vor, und damit folgt für das Wasserspiegelgefälle der zunächst undefinierte Ausdruck dh/dx=0/0.

Für hydrostatische Druckverteilung, also einer der Basisvoraussetzungen in der Hydraulik (Kap.1) und damit auch von Gl.(6.28), ist die Möglichkeit des vertikalen Wasserspiegels physikalisch irrelevant. Damit muss anscheinend bei kritischem Abfluss (F=1) *simultan*, also gleichzeitig, auch Pseudo-Normalabfluss ($J_S = J_E$) herrschen. Dies entspricht aber genau der unter 6.3.2 verallgemeinerten Bedingung bei einer verlustbehafteten Strömung. An dieser Stelle sei an die Berechnungs-Voraussetzungen erinnert, also an eine Strömung mit dQ/dx=0 im prismatischen Kanal.

Das Wasserspiegelgefälle $(dh/dx)_c$ am kritischen Punkt $x=x_c$ lässt sich rechnerisch ermitteln durch Anwendung der Regel nach de l'Hopital. Wird Gl.(6.28) nochmals nach x abgeleitet, so folgt für $(dh/dx)_c$ ein gegenüber Gl.(6.15) um den Verlustterm leicht modifizierter Ausdruck. Wichtig in diesem Zusammenhang ist die Feststellung, dass beim + Zeichen die Wassertiefe zunimmt, beim – Zeichen jedoch der Wasserspiegel sinkt. Da beim Abfluss mit konvergierenden Stromlinien keine Zusatzverluste gegenüber J_E nach Gl.(6.24) auftreten, stellt sich kritischer Abfluss nur als *Übergang zwischen strömendem und schiessendem Abfluss* ein. Beim umgekehrten Fall erfolgt ein Wassersprung, der in Kap.7 noch genauer studiert wird. Er ist geprägt durch einen hohen Dissipationsgrad, womit also die Voraussetzungen hinsichtlich einer Pseudo-Potentialströmung nicht gegeben sind.

Da nach Gl.(6.15) für variable Sohlengeometrie oder nach Gl.(6.22) für variable Profilgeometrie die kritischen Gefälle des Wasserspiegels $(dh/dx)_c$ finit sind, fliesst der kritische Abfluss durch einen ausgezeichneten Querschnitt. Infinitesimal ober- und unterstrom dieses Querschnittes schon herrscht strömender, resp. schiessender Abflusszustand. Man spricht deshalb auch vom kritischen Querschnitt, oder - bei der eindimensionalen Darstellung analog zu Bild 6.1 - vom sogenannt *kritischen Punkt* $x=x_c$ (engl.: critical point; franz.: point critique). Am kritischen Punkt stellt sich:

- die kritische Wassertiefe $h=h_c$,
- die kritische Geschwindigkeit $V=V_c$,
- der kritische Durchfluss $Q=Q_c$ und
- die kritische Energiehöhe $H=H_c$ ein.

Auch hier liegt wiederum diametral zum Normalabfluss das Umgekehrte vor: kritischer Abfluss tritt nur in einem einzigen Querschnitt auf, während Normalabfluss mit Ausnahme des Falles $J_S=J_c$ einen asymptotischen Zustand beschreibt, der eigentlich einer unendlich langen Anlaufstrecke bedarf.

Zusammenfassend lässt sich der *kritische Abflusszustand* folgendermassen beschreiben:

- unter kritischem Abfluss versteht man entweder den Zustand, bei dem für gegebenen Durchfluss Q sich eine minimale Energiehöhe H_c oder bei gegebener Energiehöhe H ein maximaler Durchfluss Q_c einstellt,
- damit kritischer Abfluss überhaupt vorliegt, also die Froudezahl **F**=1 wird, muss sowohl die Gerinnegeometrie lokal veränderlich sein als auch kein Unterwassereinstau vorliegen,
- hinsichtlich der örtlich veränderlichen Abflusscharakteristik wird einzeln oder kombiniert die Sohlenerhebung, die Rauheitsreduktion, die lokale Durchfluss-Zunahme und Durchfluss-Abnahme oder die Profilverengung gefordert. Bild 6.2 zeigt sowohl die fünf Fälle, bei denen sich einzeln - also ohne Anwesenheit anderer Abflusstypen - kritischer Abfluss einstellen kann als auch die verbleibenden Fälle, bei denen zwar Extremwerte im Energielinienverlauf H(x) resultieren, sich jedoch nicht minimale Energiehöhe ergibt.
- Die hinreichende Bedingung für den kritischen Abfluss fordert eine *Froudezahl* von **F**=1 im kritischen Punkt; demnach kann kritischer Abfluss sich nur einstellen, falls im *Unterwasser* schiessender Abfluss herrscht, da bei Strömen ein Rückstau vorliegt.

- Kritischer Abfluss kann nur als *Übergangszustand* bestehen vom strömenden (F<1) zum schiessenden (F>1) Abfluss. Kritischer Abfluss herrscht dabei nur in einem sogenannt kritischen Querschnitt. Die entsprechenden Grössen an dieser Stelle sind der kritische Punkt x_c, die kritische Wassertiefe h_c, die kritische Geschwindigkeit V_c, die kritische Energiehöhe H_c usw.

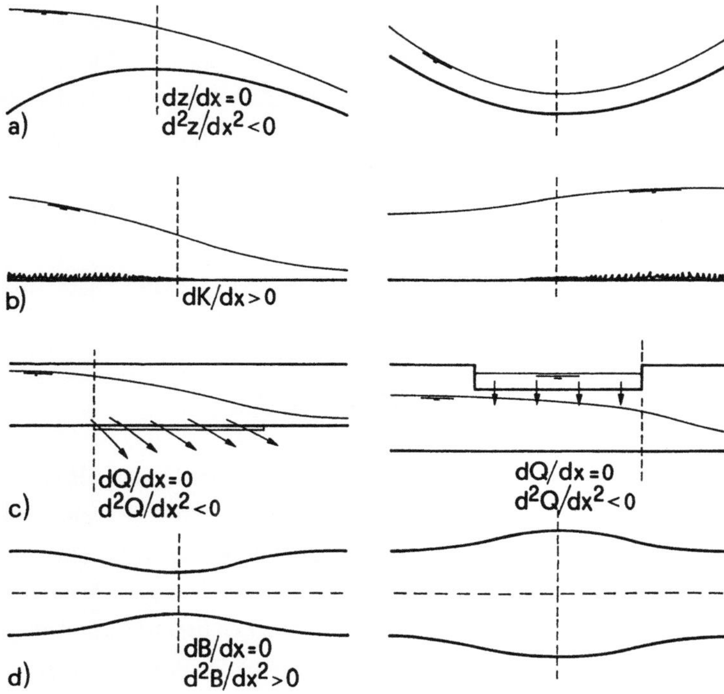

Bild 6.2 Abflusskonfigurationen, bei denen die hinreichende Bedingung für kritischen Abfluss vorliegt (mit mathematischen Beziehungen) und solche, bei denen lediglich ein Extremum in der Energiehöhe entstehen kann (ohne Text). (- - -) Extremalort.

- Im *kritischen Punkt* herrscht durch die Bedingung F=1 eine eindeutige Funktion zwischen Wassertiefe h_c und Durchfluss Q. Der kritische Durchfluss wird deshalb weder vom Sohlengefälle noch von der Rauheit beeinflusst, sondern hängt lediglich von der Querschnittsform ab.
- Da der kritische Durchfluss lediglich von den Querschnittsparametern etwa nach Gl.(6.11) abhängt, lässt sich der entsprechende Durchfluss $Q=Q_c$ als Funktion der Querschnittsgeometrie allein angegeben. Kritischer Abfluss wird also häufig für die *Durchflussmessung* eingesetzt.

6.4 Berechnung des kritischen Abflusses
6.4.1 Berechnungsprinzip

Im Zusammenhang mit dem kritischen Abfluss gilt es, zwei Grössen zu berechnen:

1) Froudezahl F nach Gl.(6.4) und

2) Beziehung zwischen Durchfluss Q und Wassertiefe h_c bei einer Froudezahl $F=1$.

Die erste Beziehung erlaubt die Ermittlung der Froudezahl und damit des Abflusszustandes ($F<1$ strömender, $F>1$ schiessender Abfluss). Weiter wird die Zahl F benötigt im Zusammenhang mit Wassersprüngen, Lufteintrag oder Stosswellen. Sie darf allgemein als wichtigster Parameter von überkritischen Strömungen betrachtet werden.

Die kritische Wassertiefe h_c selbst wird oft nur zu Vergleichszwecken mit der vorhandenen Wassertiefe h benötigt. In Stau- und Senkungskurven beispielsweise tritt der Parameter h/h_c auf, der eng mit der Froudezahl zusammenhängt. Nach Gl.(6.4) lässt sich die Froudezahl auch beschreiben durch

$$F = Q/Q_c \tag{6.29}$$

mit

$$Q_c = \left[gF^3/(dF/dh) \right]^{1/2}, \tag{6.30}$$

wobei nun Index «∗» fallengelassen wird. Der Parameter Q_c darf als kritischer Abfluss gedeutet werden, denn sobald der Durchfluss Q gleich dem kritischen Durchfluss Q_c ist, stellt sich $F=1$ ein. Aus Gl.(6.30) geht deutlich hervor, dass Q_c nur von der *lokalen Profilgeometrie* abhängt. Der kritische Durchfluss lässt sich also nicht durch Elemente des Kanals wie dem Sohlengefälle J_S oder der Wandrauheit beeinflussen. Um den kritischen Abfluss zu ermitteln, wird die Flächenfunktion F(h) der Profilgeometrie am kritischen Punkt $x=x_c$ benötigt.

Neben diesen zwei Parametern wird auch häufig die *kritische Energiehöhe* H_c benötigt. Bei bekannter kritischer Wassertiefe h_c und Querschnittsfläche F_c wird die kritische Geschwindigkeit gleich $V_c=Q_c/F_c$ und damit

$$H_c = h_c + V_c^2/(2g) \, . \tag{6.31}$$

Das Verhältnis H_c/h_c der kritischen Energiehöhe und der kritischen Wassertiefe hängt lediglich von der Querschnittsform ab. Im Rechteckprofil gilt nach Gl.(6.10) $H_c/h_c=3/2$.

Beispiel 6.1   Betrachte nochmals das prismatische Rechteckprofil der Breite b, also der Fläche F=bh. Die Ableitung dieser Funktion nach der Wassertiefe, gleichbedeutend mit der Wasserspiegelbreite ist dF/dh=b. Einsetzen in Gl. (6.30) gibt für den kritischen Durchfluss Gl.(6.9).

In der Folge sollen die in Kap.5 *genormten* Profile Kreis, Ei und Maul Näherungsausdrücke sowohl für die Froudezahl F als auch für den kritischen Durchfluss Q_c und die kritische Energiehöhe H_c ermittelt werden.

6.4.2 Kreisprofil

Nach Kap.5 gilt für die Querschnittsfläche F des Kreisprofils der Näherungsausdruck

$$F/D^2 = \frac{4}{3}y^{3/2}\left[1 - \frac{1}{4}y - \frac{4}{25}y^2\right]\tag{6.32}$$

mit D als Kreisdurchmesser und $y=h/D$ als Teilfüllung. Im gesamten Bereich $0<y<1$ betragen die maximalen Abweichungen vom exakten Ausdruck weniger als 1.3%.

Für die Ableitung von F nach der relativen Wassertiefe y folgt

$$\frac{1}{D}\frac{dF}{dh} = 2y^{1/2}\left[1 - \frac{5}{12}y - \frac{28}{75}y^2\right].\tag{6.33}$$

Damit ergibt sich für die Froudezahl (Hager 1990)

$$F = \frac{Q}{(gD^5)^{1/2}}\,\frac{3}{4}\left(\frac{3}{2}\right)^{1/2}y^{-2}\frac{[1-(5/12)y-(28/75)y^2]^{1/2}}{[1-(1/4)y-(4/25)y^2]^{3/2}}.\tag{6.34}$$

Der Ausdruck $f_K=F/[(Q/(gD^5)^{1/2}]$ hängt demnach nur von der Teilfüllung y ab. Der Ausdruck f_Ky^2 nach Gl.(6.34) schwankt für $0<y<1$ zwischen 0.919 und 0.929 (Tab.6.1). Für die üblichen Teilfüllungen $0.3<y<0.95$ weicht jedoch f_Ky^2 maximal 3.4% von Eins ab. Näherungsweise darf deshalb für $f_Ky^2=1$ gesetzt werden und damit für die *Froudezahl* (Hager 1990)

$$F = \frac{Q}{\sqrt{gDh^4}}\;.\tag{6.35}$$

Tabelle 6.1 Ausdruck f_Ky^2 nach Gl.(6.34) in Abhängigkeit von der Teilfüllung y.

y	0	0.1	0.2	0.3	0.4	0.5	0.6
f_Ky^2	0.919	0.935	0.952	0.970	0.988	1.006	1.022
y	0.65	0.7	0.75	0.8	0.9	0.95	1
f_Ky^2	1.028	1.032	1.034	0.031	1.006	0.977	0.929

Die Froudezahl im Kreisprofil ist damit proportional zum Durchfluss Q, zum Quadrat der Wassertiefe h aber lediglich proportional zur Wurzel aus dem Durchmesser D. Gl.(6.35) ist äussert einfach, lässt sie sich doch auf alle Parameter explizit lösen.

Für die *kritische Wassertiefe* h_c, beispielsweise, folgt mit $F=1$ der sich einfach zu merkende Ausdruck

$$h_c = \left[Q/(gD)^{1/2} \right]^{1/2}, \tag{6.36}$$

nach welchem h_c nur in der vierten Wurzel vom Durchmesser D abhängt. Für Teilfüllungen $0.2 < h_c/D < 0.91$ weicht h_c nach Gl.(6.36) weniger als 4% vom exakten Ausdruck ab. Dieser soll hier gar nicht abgeleitet werden, ist er doch für praktische Berechnungen zu komplex. Tab.6.2 stellt $y_c=(h_c/D)_e$ nach der 'exakten Berechnung' gegenüber der nach Gl.(6.36) berechneten Approximation $y_a=(h_c/D)_a$.

Tabelle 6.2   Kritische Wasssertiefe y nach geometrisch exakter (Index <e>) und approximierter (Index <a>) Beziehung in Abhängigkeit des Relativdurchflusses $q_D=Q/(gD^5)^{1/2}$.

q_D	0	0.1	0.2	0.3	0.4	0.5
y_e	0	0.3216	0.4522	0.5509	0.6329	0.7043
y_a	0	0.3162	0.4472	0.5477	0.6325	0.7071

q_D	0.6	0.7	0.8	0.9	0.95	1
y_e	0.7684	0.8280	0.8867	0.9543	1.0061	∞
y_a	0.7746	0.8367	0.8944	0.9487	0.9747	1

Neben der kritischen Wassertiefe ist auch die *kritische Energiehöhe* H_c, resp. der Relativwert $Y_c=H_c/D$ von praktischem Interesse. Nach Hager (1990) gilt für den Bereich $0.1 < Q/(gD^5)^{1/2} < 0.75$ mit weniger als 4% Abweichung der Ausdruck

$$\frac{H_c}{D} = \frac{5}{3}q_D^{3/5} = \frac{5}{3}\left[\frac{Q}{(gD^5)^{1/2}} \right]^{3/5}. \tag{6.37}$$

Gl.(6.37) ist in Tab.6.3 numerisch ausgewertet.

Tabelle 6.3   Kritische Energiehöhe $Y_c=H_c/D$ in Abhängigkeit des relativen Durchflusses $q_D=Q/(gD^5)^{1/2}$ nach Gl.(6.37).

q_D	0	0.1	0.2	0.3	0.4	0.5	0.6	0.7	0.8	0.9	1
Y_c	0	0.419	0.635	0.809	0.962	1.100	1.227	1.346	1.458	1.565	1.667

Für Teilfüllungen unter 10% wird vorteilhaft die kompliziertere Beziehung angewendet

$$Y_c = \frac{H_c}{D} = \frac{41}{32}q_D^{1/2}\left[1 + \frac{1}{9}q_D^{1/2} \right], \quad y_c < 0.1. \tag{6.38}$$

Gl.(6.37) ist aber als Potenzfunktion für algebraische Berechnungen zugänglicher. Aus den Gln.(6.36) und (6.37) lässt sich schliesslich noch ein Zusammenhang zwischen der kritischen Wassertiefe h_c und der *kritischen Energiehöhe* H_c herleiten

$$\frac{h_c}{D} = \frac{2}{3}\left(\frac{H_c}{D}\right)^{5/6}. \tag{6.39}$$

Bild 6.3 zeigt die kritische Tiefe h_c/D sowie die kritische Energiehöhe H_c/D in Abhängigkeit des Relativdurchflusses $q_D = Q/(gD^5)^{1/2}$.

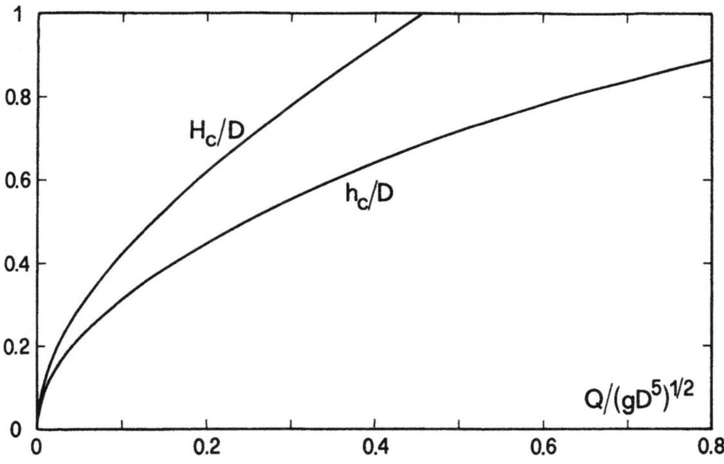

Bild 6.3   Kritische Parameter im Kreisprofil.

Gegenüber der heute aktuellen Berechnungsmethode des kritischen Abflusses, die viele Anwender infolge unförmiger Ausdrücke immer wieder abschreckt, darf das vorliegende System von Gleichungen als einfach bezeichnet werden. Es bleibt zu hoffen, dass davon Anwendung gemacht wird, da der kritische Abfluss im Vergleich zum effektiven Abflussbild wichtige Aussagen gestattet. Die hier empfohlenen Näherungsausdrücke (6.35) für die Froudezahl, (6.36) für die kritische Tiefe, (6.37) und (6.39) für die kritische Energiehöhe sind vergleichbar mit den entsprechenden Ausdrücken im Rechteckprofil.

Beispiel 6.2   Berechne die Charakteristika des kritischen Abflusses für den Durchfluss $Q=0.8m^3s^{-1}$ in einem Rohr mit Durchmesser $D=0.9m$.
Mit $q_D=Q/(gD^5)^{1/2}=0.8/(9.81\cdot0.9^5)^{1/2}=0.332$ ergibt sich für $y_c=h_c/D=q_D^{1/2}$ $=0.332^{1/2}=0.577$ nach Gl.(6.36), also für die kritische Tiefe $h_c=0.577\cdot0.9=0.519m$.
Für die kritische Energiehöhe folgt mit Gl.(6.37) $Y_c=1.667\cdot0.332^{3/5}=0.860$, also für $H_c=0.860\cdot0.9=0.774m$. Nach Gl.(6.39) errechnet sich daraus $y_c=(2/3)0.860^{5/6}=0.588$, während nach Gl.(6.36) die um 2% kleinere Zahl 0.577 entsteht.

6.4.3 Ei-Profil

Nach 5.5.4 gilt als Querschnittsfunktion des Ei-Profils 2:3

$$F/T^2 = \frac{25}{36} y^{3/2} \left[1 - 0.15y - 0.10y^4 \right] \tag{6.40}$$

mit T=3r als Profilhöhe und y=h/T als Teilfüllung. Die Ableitung der Querschnittsfläche F nach der Wassertiefe h ist gleich

$$\frac{d(F/T^2)}{d(h/T)} = \frac{75}{72} y^{1/2} \left[1 - \frac{1}{4}y - \frac{11}{30}y^4 \right], \tag{6.41}$$

also ergibt sich für die Froudezahl nach Gl.(6.4)

$$F = \frac{Q}{\sqrt{gT^5}} \frac{\left[\frac{75}{72} y^{1/2} (1 - 0.25y - 0.367y^4) \right]^{1/2}}{\left[\frac{25}{36} y^{3/2} (1 - 0.15y - 0.10y^4) \right]^{3/2}} . \tag{6.42}$$

Analog wie unter 6.4.2 sei nun f_{Ei} definiert als Ausdruck nullter Ordnung

$$f_{Ei} = \frac{F}{Q/(gT^5)^{1/2}} = \frac{36}{25} \left(\frac{3}{2} \right)^{1/2} y^{-2}. \tag{6.43}$$

Der verbleibende Ausdruck in Gl.(6.43) variiert zwischen 0.953 bei y=1 und 1.056 bei y=0.68. Für 0<y<0.95 gilt jedoch immer ein Wertebereich zwischen 1 und 1.056. Multipliziert man deshalb die Konstante von Gl.(6.43) mit dem Mittelwert 1.02, so entsteht als Näherungsausdruck

$$\frac{F}{Q/(gT^5)^{1/2}} = \frac{9}{5} y^{-2}. \tag{6.44}$$

Dieser Ausdruck für die *Froudezahl im Ei-Profil* weicht deshalb für 0<y<0.95 immer weniger als 3% vom exakten Wert ab, was für praktische Berechnungen ausreicht. Löst man diese Beziehung auf F, so folgt

$$F = \frac{9}{5} \frac{Q}{\sqrt{gTh^4}} . \tag{6.45}$$

Gl.(6.45) ist also mit Gl.(6.35) eng verwandt. Auch hier gilt die quadratische Abhängigkeit zwischen F und der Wassertiefe h, jedoch die schwache Verbindung von F mit der

Profilhöhe T.

Die *kritische Wassertiefe* h_c berechnet sich aus Gl.(6.45) explizit zu

$$h_c = 1.34 \, [Q/(gT)^{1/2}]^{1/2}. \tag{6.46}$$

Auch diese Beziehung stimmt im gesamten Bereich der möglichen Teilfüllungen $0<y<0.95$ besser als 2% mit dem exakten Ausdruck überein.

Für die *kritische Energiehöhe* $Y_c=H_c/T$ folgt in Anlehnung an das Kreisprofil

$$Y_c = y_c + \left(\frac{Q}{\sqrt{gTD^4}}\right)^2 \frac{1}{2(F_c/D^2)^2}. \tag{6.47}$$

Wird nun Q mit Gl.(6.46) eliminiert, so entsteht ein Zusammenhang zwischen Y_c und y_c, der folgendermassen angenähert werden kann

$$Y_c = \frac{4}{3}y_c \left[1 + 0.15y_c^2\right]. \tag{6.48}$$

Für $0<y_c<0.95$ liegen die Abweichungen dabei immer unter 1%. Eine gröbere Approximation von ±7% bildet der Potenzansatz

$$Y_c = \sqrt{2} \, y_c. \tag{6.49}$$

Damit lässt sich aber eine explizite Beziehung angeben zwischen Durchfluss Q und kritischer Energiehöhe H_c, falls h_c in Gl.(6.46) eliminiert wird

$$Q = 0.278 \, \sqrt{gT} \, H_c^2. \tag{6.50}$$

Daraus geht hervor, dass der kritische Durchfluss wesentlich von der kritischen Energiehöhe H_c abhängt, aber nur schwach mit der Profilgeometrie variiert. Die Analogie mit dem Kreisprofil ist beachtlich.

Beispiel 6.3 Bestimme die kritische Abflusscharakteristik für ein Ei-Profil 2:3 mit der Höhe T=1.8m und einem Durchfluss $Q=2m^3s^{-1}$.
Die kritische Wassertiefe h_c nach Gl.(6.46) wird $h_c=1.34[2/(9.81\cdot1.8)^{1/2}]^{1/2}=0.924$m. Die zugehörige Querschnittsfläche ist mit einer Teilfüllung $y_c=h_c/T=0.924/1.8=0.514$ nach Gl.(6.40) $F_c/T^2=0.234$, also $F_c=0.234\cdot1.8^2=0.759m^2$. Daraus folgt nun für die kritische Energiehöhe $H_c=0.924+4/(2\cdot9.81\cdot0.759^2)=1.278$m. Nach Gl.(6.48) berechnet sich $Y_c=1.33\cdot0.514[1+0.15\cdot0.514^2]=0.711$, also $H_c=0.711\cdot1.8=1.279$m. Der aus Gl.(6.50) berechnete Durchfluss beträgt $1.91m^3s^{-1}$ und liegt deshalb 4.5% unter dem vorgegebenen Wert $Q=2m^3s^{-1}$.

6.4.4 Maul-Profil

Nach 5.5.4 gilt für die Querschnittsfläche des Maul-Profils 2:1.5 auf ±3.6% genau

$$F/T^2 = 2.11y^{3/2}\left[1 - 0.6y^{3/2} + 0.1y^3\right]. \tag{6.51}$$

mit T als Profilhöhe und y=h/T als Teilfüllung. Als Ableitung ergibt sich

$$\frac{d(F/T^2)}{d(h/T)} = 3.17y^{1/2}\left[1 - 1.2y^{3/2} + 0.3y^3\right]. \tag{6.52}$$

Die Froudezahl berechnet sich also nach Gl.(6.4) zu

$$F = \frac{0.58}{y^2}\frac{Q}{(gT^5)^{1/2}}\frac{(1 - 1.2y^{3/2} + 0.3y^3)^{1/2}}{(1 - 0.6y^{3/2}+0.1y^3)^{3/2}}. \tag{6.53}$$

Der Ausdruck $f_{Maul}=F/[(0.58/y^2)Q/(gT^5)^{1/2})]$ variiert in Abhängigkeit von y<0.95 zwischen 1.0 und 1.12. Im Mittel darf deshalb gesetzt werden

$$\frac{F}{Q/(gT^5)^{1/2})} = 0.62y^{-2}. \tag{6.54}$$

Für die *Froudezahl im Maul-Profil* folgt also in Analogie zu den Gln.(6.35) und (6.45)

$$F = 0.62\frac{Q}{\sqrt{gTh^4}}. \tag{6.55}$$

Die *kritische Wassertiefe im Maulprofil* berechnet sich demnach durch

$$h_c = 0.787(Q/\sqrt{gT})^{1/2}. \tag{6.56}$$

Für die *kritische Energiehöhe im Maulprofil* folgt weiter auf ±1% genau

$$Y_c = 1.30y_c(1 + \frac{5}{8}y_c^{5/2}). \tag{6.57}$$

Als gröbere Näherung (±10%) folgt die Potenzformel

$$Y_c = 1.8y_c^{6/5}, \tag{6.58}$$

dafür ergibt sich damit der zu Gl.(6.50) analoge Zusammenhang zwischen Q und H_c

$$\frac{Q}{\sqrt{gT^5}} = \frac{3}{5} Y_c.$$

(6.59)

Beispiel 6.4 Gegeben ein Maulprofil 2:1.5 mit der Höhe T=1.5m. Berechne die Charakteristika für
kritischen Abfluss, falls der Durchfluss Q=2m^{3}s^{-1} beträgt.
Für die kritische Tiefe ergibt sich mit Gl.(6.56) h$_c$=0.787(2/(9.81·1.5)$^{1/2}$)$^{1/2}$=0.568m,
die Teilfüllung beträgt also y$_c$=0.568/1.5=0.379. Die Querschnittsfläche wird damit
F$_c$/D^2=0.426, entsprechend F$_c$=0.426·1.5^2=0.96m^2. Die kritische Geschwindigkeit ist
also V$_c$=Q/F$_c$=2.08ms^{-1} und die kritische Energiehöhe H$_c$=0.568+2.08^2/19.62=
0.789m. Nach Gl.(6.57) berechnet man H$_c$=0.780m (−1.2%), nach Gl.(6.58) jedoch
H$_c$=0.842m (+6.8%).

6.4.5 Kritisches Gefälle

Neben der kritischen Wassertiefe h$_c$ und der kritischen Energiehöhe H$_c$ kann dem
kritischen Abfluss auch noch ein fiktives Sohlengefälle J$_c$ zugeordnet werden, bei dem
sich unter Normalabflussbedingungen exakt kritischer Abfluss einstellen würde. Ist das
Sohlengefälle J$_s$<J$_c$, so herrscht Strömen, ansonsten schiessender Normalabfluss (J$_s$>J$_c$).

Gemäss den in Kap.5 gefundenen Schlussfolgerungen stellt das Normalabflussgesetz
von Manning und Strickler häufig eine ausgezeichnete Approximation der wirklichen
Fliessverhältnisse dar. Ist das Energieliniengefälle J$_f$ gleich dem Sohlengefälle J$_s$, so folgt
mit K als Rauhigkeitsbeiwert nach Manning und Strickler, F als benetzte Querschnittsfläche und R$_h$=F/P als hydraulischem Radius mit P als benetztem Umfang

$$J_s = \frac{Q^2}{K^2 F^2 R_h^{4/3}} \cdot$$

(6.60)

Das kritische Gefälle lässt sich berechnen, wenn für den Durchfluss beispielsweise der
kritische Durchfluss nach Gl.(6.4) mit F=1 eingesetzt wird, entsprechend

$$J_c = \frac{gF}{dF/dh} \cdot \frac{1}{K^2 (F/P)^{4/3}} \cdot$$

(6.61)

Demgemäss hängt die rechte Seite von Gl.(6.61) ausschliesslich ab vom K-Wert, von der
Wassertiefe und von der Profilgeometrie. Für F kann auch D^2(F/D^2), für P=D(P/D) und
für h=T(h/T) gesetzt werden, womit die auf die Relativwerte bezogene, allgemeine
Beziehung entsteht für das *kritische Gefälle*

$$j_c = \frac{K^2 T^{1/3}}{g} J_c = \frac{1}{[d(F/T^2)/d(h/T)]} \cdot \frac{(P/T)^{4/3}}{(F/T^2)^{1/3}} \cdot$$

(6.62)

Der Ausdruck j$_c$ hängt demnach nur von der Profilgeometrie und von der Teilfüllung
y=h/T ab. Beim Kreis-Profil entspricht die Profilhöhe T dem Rohrdurchmesser D.

Kreisprofil

Im Kreisprofil gilt für den benetzten Umfang

$$P/D = \arccos(1-2y),\tag{6.63}$$

und für den hydraulischen Radius nach Gl.(3.8)

$$R_h/D = (2/3)y[1-(1/2)y]\,,\tag{6.64}$$

womit j_c sich nach Gl.(6.62) ermitteln lässt. Für den Bereich $y_c<0.9$ darf j_c besser als 5% genau durch den Potenzausdruck angenähert werden

$$j_c = \frac{[3/(2y_c)]^{1/3}}{1-0.87y_c}\,.\tag{6.65}$$

Diese Beziehung kann einfach zur Ermittlung des kritischen Gefälles $j_c=(K^2D^{1/3}/g)J_c$ im Kreisprofil (T=D) bei üblichen Verhältnissen herangezogen werden. Darnach nimmt J_c mit zunehmendem K-Wert stark, mit zunehmendem Durchmesser D aber nur schwach ab. Für kleine Teilfüllungen $y_c<0.2$ findet man gar die Faustformel $J_c=(g/K^2)[3/(2h_c)]^{1/3}$ unabhängig vom Durchmesser D.

Beispiel 6.5   Wie gross ist das kritische Gefälle in Beispiel 6.2 für einen K-Wert von $K=85m^{1/3}s^{-1}$?
Mit $Q=0.8m^3s^{-1}$ und $D=0.9m$ sowie der kritischen Tiefe $h_c=0.519m$ wird $y=y_c=$ $0.519/0.9=0.577$, also $j_c=[3/(2\cdot0.577)]^{1/3}/(1-0.87\cdot0.577)=2.76$ nach Gl.(6.65). Deshalb folgt mit T=D für $J_c=g/(K^2D^{1/3})j_c=9.81/(85^2\cdot0.9^{1/3})2.76=0.40\%$.
Mit $q_{Nc}=Q/(KJ_c^{1/2}D^{8/3})=0.2$ als normierter kritischer Durchfluss wird die zugehörige kritische Tiefe $y_c=0.575$, also $h_c=0.517m$ (-0.3%).

Wie gross ist das kritische Gefälle bei einem Durchfluss $Q=0.1m^3s^{-1}$?
Für $Q=0.1m^3s^{-1}$ wird $h_c=[0.1/(9.81\cdot0.9)^{1/2}]^{1/2}=0.183m$ nach Gl.(6.36), also $y_c=0.183/0.9=0.204$ und damit nach Gl.(6.65) $j_c=[3/(2\cdot0.204)]^{1/3}/(1-0.87\cdot0.204)=$ 2.36. Umrechnen ergibt $J_c=g/(K^2D^{1/3})j_c=9.81/(85^20.9^{1/3})2.36=0.33\%$.
Mit $y_c=y_N=0.204$ wird nach Gl.(5.16$_2$) $q_N=0.030$, also $KJ_s^{1/2}D^{8/3}=Q/q_N=$ $0.1/0.030=3.28m^3s^{-1}$ und damit $J_s=[3.28/(85\cdot0.9^{8/3})]^2=0.262\%$. Die Abweichung von 0.06% muss den verschiedenen Approximationen zugeschrieben werden.

Ei-Profil 2:3

Im Ei-Profil gilt für den benetzten Umfang P in Abhängigkeit der Teilfüllung $y=h/T$

$$P/T = 0.693[arccos(1-2y)]^{5/4}\,,\ y<0.95\,.\tag{6.66}$$

Für $0.05<y<0.9$ sind die Abweichungen vom exakten Ausdruck kleiner als 3%. Der hydraulische Radius ist für $y<0.85$ auf $\pm9\%$ genau

$$R_h/T = 0.29y^{3/4} \ . \tag{6.67}$$

Einsetzen der Gln.(6.40), (6.41) und (6.67) in die Gl.(6.62) ergibt für das kritische Gefälle analog zu Gl.(6.65)

$$j_c = \frac{[4/(3y_c)]^{1/3}}{1-0.87y_c^{1/2}} \ , \qquad\qquad y_c<0.95 \ . \tag{6.68}$$

Beispiel 6.6   Wie gross ist das kritische Gefälle in Beispiel 6.3 für einen K-Wert von $K=75m^{1/3}s^{-1}$?

Mit $Q=2m^3s^{-1}$ und $T=1.8m$ sowie der kritischen Tiefe $h_c=0.924m$ wird $y_c=0.514$. Einsetzen in Gl.(6.68) ergibt dann für $j_c=[4/(3\cdot0.514)]^{1/3}/(1-0.87\cdot0.514^{1/2})=3.65$, also $J_c=g/(K^2T^{1/3})j_c=9.81/(75^2\cdot1.8^{1/3})3.65=0.52\%$.

Nach Gl.(5.20) wird mit $y=y_c=0.514$ der relative Durchfluss $q_v=0.446$. Da die Querabmessung $B=1.2m$ beträgt, wird $Q_v=Q/q_v=2/0.446=4.48m^{1/3}s^{-1}$, also nach Gl.(5.42) $J_s=1.294^{16/3}[Q_v/(KB^{8/3})]^2=3.95[4.48/(75\cdot1.2^{8/3})]^2=0.53\%$ und damit 0.01% über dem oben berechneten Wert.

Maul-Profil

Näherungsweise ($\pm5\%$) gilt für den benetzten Umfang P im Maul-Profil in Abhängigkeit der Teilfüllung y

$$P/T = 0.10 \ [arccos(1 - 2y)]^{4/5} \ , \tag{6.69}$$

wobei gegenüber Gl.(6.66) der Kehrwert des Exponenten steht. Der hydraulische Radius lässt sich annähern durch ($\pm6\%$)

$$R_h/T = 0.65y(1-0.6y^3) \ . \tag{6.70}$$

Mit den Gln.(6.51), (6.52) und (6.59) folgt für das kritische Gefälle j_c nach Gl.(6.62) und in Anlehnung an Gl.(6.68) näherungsweise ($\pm10\%$)

$$j_c = \frac{[4/(3y_c)]^{1/3}}{1-y_c^{3/2}} \ , \qquad\qquad y_c<0.85. \tag{6.71}$$

6.4.6 Zusammenfassung der Resultate

Um einen besseren Überblick zu vermitteln, fasst Tab.6.4 die Resultate dieses Abschnittes für das Kreis-, das Ei- und das Maul-Profil zusammen.

- Die *Froudezahl* lässt sich durch die Referenzzahl $F_0=Q/\sqrt{gTh^4}$ ermitteln als $f=F/F_0$. Die entsprechenden Zahlenwerte für die drei Profile liegen zwischen 0.62 und 1.8.

- Die *kritische Wassertiefe* lässt sich ausdrücken durch $y_f=h_c/h_{co}$ mit der Referenzgrösse $h_{co}=(Q/\sqrt{gT})^{1/2}$. Die Zahlenwerte entsprechen den Wurzelausdrücken der vorangehenden Reihe und liegen zwischen 0.787 und 1.34.

- Die *kritische Energiehöhe* $Y_c = H_c/T$ lässt sich entweder durch den Durchfluss Q oder die kritische Wassertiefe y_c ausdrücken. Erstaunlicherweise ist der Exponent beim Kreis- und Maul-Profil identisch.
- Das *kritische Gefälle* lässt sich mit einem vernünftigen Approximationsgrad durch eine Potenzformel allein über den gesamten Wertebereich ausdrücken. Der Basisexponent in der Teilfüllung ist überall $-1/3$, für $y_c \to 1$ wird der Wert j_c gross.

Tabelle 6.4 Zusammenfassung der kritischen Abflussbeziehungen, $y_c < 0.95$.

Beziehung	Maul-Profil	Kreis-Profil	Ei-Profil
Froudezahl $\dfrac{F}{Q/(gTh^4)^{1/2}}$	0.62	1.0	1.8
kritische Wassertiefe $y_c = h_c/(Q/\sqrt{gT})^{1/2}$	0.787	1.0	1.34
kritische Energiehöhe $H_c/T = f_1(q_D)$	$1.36q_D^{3/5}$	$5/3q_D^{3/5}$	$0.527q_D^{1/2}$
$H_c/T = f_2(y_c)$	$1.8y_c^{6/5}$	$(3y_c/2)^{6/5}$	$\sqrt{2}y_c$
kritisches Gefälle $j_c = (K^2 T^{1/3}/g)J_c$	$[4/(3y_c)]^{1/3}/(1 - y_c^{3/2})$	$[3/(2y_c)]^{1/3}/(1 - 0.87y_c)$	$[4/(3y_c)]^{1/3}/(1 - 0.87y_c^{1/2})$

Abschliessend soll daran erinnert werden, dass für das Kreisprofil die Profilhöhe T gleich dem Durchmesser D entspricht. Ebenfalls ist zu beachten, dass die in Tabelle 6.4 angegebenen Beziehungen Näherungsausdrücke darstellen, die normalerweise auf rund 5% mit dem exakt berechneten Werten übereinstimmen. Damit dürfte der praktischen Berechnung von kritischen Abflussparametern jedoch gedient sein. Immerhin lässt sich das Argument des grossen Rechenaufwandes mit den in diesem Kapitel angegebenen Ausdrücken nicht weiter aufrechterhalten.

6.5 Übergang von Flach- auf Steilstrecke
6.5.1 Berechnungsannahmen

Ist der Zufluss zu einem Schacht strömend und der Ausfluss schiessend, so stellt sich im Schacht kritischer Abfluss ein. Das Zulaufgefälle J_{so} ist demnach kleiner, das Auslaufgefälle J_{su} grösser als das kritische Gefälle. Handelt es sich um ein bedeutenderes Schachtbauwerk, welches grössere Durchflüsse Q zu bewältigen hat, so muss der Übergang von Strömen auf Schiessen detaillierter als in 6.4 ermittelt werden. Insbesondere genügt es dann nicht, nur die kritische Tiefe h_c zu ermitteln, sondern auch der *Wasser-*

spiegelverlauf in der Umgebung des kritischen Punktes muss bekannt sein. Nur so ist es möglich, das Unterwasserrohr richtig zu bemessen, d.h. insbesondere Zuschlagen infolge zu kleinen Durchmessers nach 7.4 zu vermeiden (Hager, 1987).

Da im Unterwasserkanal eine grössere Geschwindigkeit als im Zulaufkanal herrscht, wird man versuchen, den Durchmesser D_u im Unterwasser kleiner als den Durchmesser D_O im Oberwasser des Schachtes auszuführen. Üblicherweise wählt man ein *lineares Übergangsprofil* D(x) zwischen den beiden Kanalsträngen, also

$$D = D_O - \theta x. \tag{6.72}$$

Der Koordinaten-Ursprung x=0 wird dabei am Ende des Zulaufrohres gesetzt (Bild 6.4) und die x-Richtung fällt mit der Zulaufrichtung zusammen. Der *Verengungswinkel* beträgt $\theta = (D_O - D_u)/L_u$ mit L_u als Länge der Übergangsstrecke.

Um Ablösungen von der Kanalsohle zu verhüten, wird der Übergang vom Oberwassergefälle J_{SO} zum Unterwassergefälle J_{SU} stetig ausgeführt. Als einfachste Bodenkurve z(x) bietet sich ein *Kreisbogen* mit dem Radius R_u des Übergangsbogens an, der bei kleinen Gefällsdifferenzen angenähert werden kann durch das Parabelprofil

$$z = -x^2/(2R_u)\,, \tag{6.73}$$

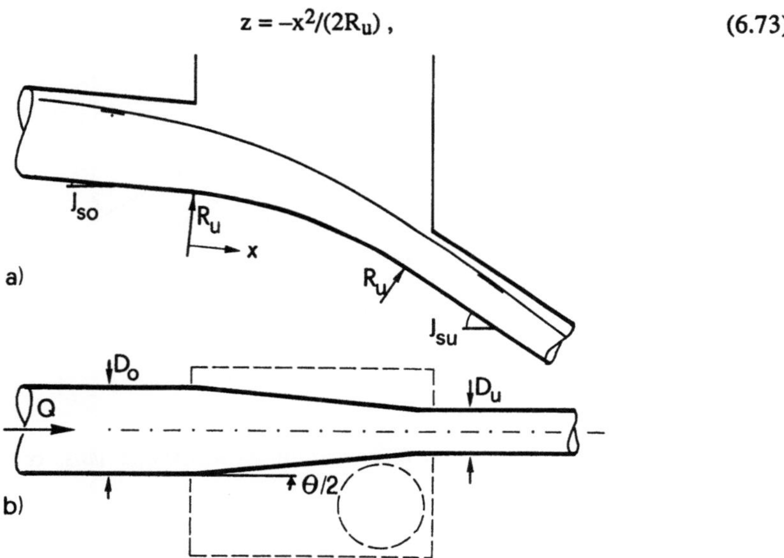

Bild 6.4   a) Längsschnitt und b) Grundriss des Kontrollschachtes mit Fliesswechsel Strömen - Schiessen.

Der Querschnitt in Kontrollschächten wird üblicherweise als U-Profil ausgeführt. Dieser aus Halbkreis und Rechteck zusammengesetzte Querschnitt lässt sich für Füllungen y=h/D<1.2 gut annähern durch die Beziehung

$$F/D^2 = \frac{4}{3}\, y^{3/2}(1 - \frac{1}{3}y)\ ,$$
(6.74)

wobei der Durchmesser D mit x nach Gl.(6.72) variiert.

In einer stetigen Verengung treten lediglich *Energieverluste* infolge von Wandreibung auf. In üblichen Kanalisationen darf das Reibungsgefälle J_f nach Gl.(6.24) angesetzt werden. Da ein Kontrollschacht als hydraulisch kurzes Bauwerk gilt (Kap.8), ist die Veränderung des Reibungsgefälles J_f längs des Schachtes klein, resp. der Einfluss der Veränderung auf den Wasserspiegel gering. Es gilt $J_{so}<J_f<J_{su}$, weil sich am Schachtanfang $h_o<h_{oN}$, am Schachtende aber $h_u>h_{uN}$ einstellt. Um die Berechnung übersichtlich zu gestalten, wird vereinfacht eine *konstante Energielinienneigung* $J_E=J_{fm}=J_{so}$ angenommen. Wird also der Schacht um den Winkel J_{so} gedreht, so stellt sich eine horizontale Energielinie ein und es gilt dH/dx=0. Bild 6.5 veranschaulicht das gewählte Ersatzsystem. Darin eingetragen ist auch die kritische Wassertiefe h_c, die zugehörige kritische Energiehöhe H_c sowie die Lage des kritischen Punktes x_c.

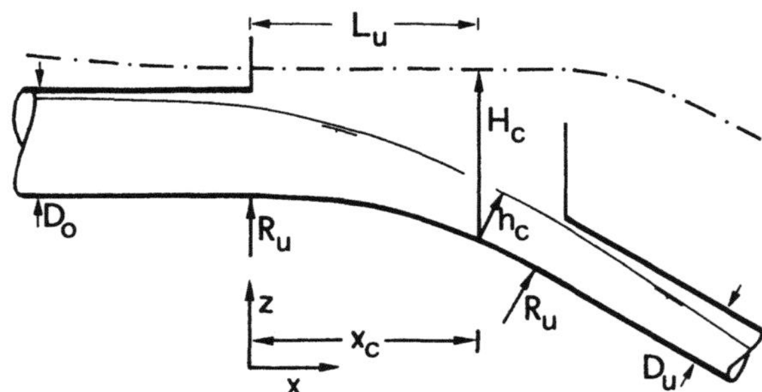

Bild 6.5   Hydraulisches Ersatzsystem mit (—) Wasserspiegel, (- · ·) Energielinie.

6.5.2 Kritischer Punkt

Die Energiegleichung (6.23) lässt sich mit diesen Annahmen längs der Übergangsstrecke $0<x<L_u$ deshalb schreiben zu

$$H = -\frac{x^2}{2R_u} + h + \frac{Q^2}{2gF^2}\ ,$$
(6.75)

$$\frac{dH}{dx} = 0\ .$$
(6.76)

Die *Lage des kritischen Punktes* lässt sich aus der Ableitung von Gl.(6.75) unter Voraussetzung eines konstanten Durchflusses ermitteln, falls Gl.(6.76) berücksichtigt wird zu

$$\frac{dH}{dx} = -\frac{x}{R_u} + \frac{dh}{dx} - \frac{Q^2}{gF^3}\left(\frac{\partial F}{\partial x} + \frac{\partial F}{\partial h}\frac{dh}{dx}\right) = 0 , \qquad (6.77)$$

entsprechend

$$-\left[\frac{x}{R_u} + \frac{Q^2}{gF^3}\frac{\partial F}{\partial x}\right] + \frac{dh}{dx}\left[1 - \frac{Q^2}{gF^3}\frac{\partial F}{\partial h}\right] = 0 . \qquad (6.78)$$

Da der zweite Klammerausdruck identisch $(1-F^2)$ ist, gilt simultan im kritischen Punkt

$$\frac{x_c}{R_u} + \frac{Q^2}{gF^3}\frac{\partial F}{\partial x} = 0 . \qquad (6.79)$$

Werden die Ableitungen $\partial F/\partial x$ und $\partial F/\partial h$ aus Gl.(6.74) ermittelt und der Durchfluss Q mit der kritischen Bedingung $F = 1$ eliminiert, so folgt mit $y_c = h_c/D_c$ aus Gl.(6.79)

$$\frac{x_c}{R_u} = -\frac{\partial F/\partial x}{\partial F/\partial h} = \frac{\theta}{3}y_c\left[1 + \frac{1}{3}y_c\right]\left[1 - \frac{5}{9}y_c\right]^{-1} . \qquad (6.80)$$

Die Lage des kritischen Punktes $x_c R_u/\theta$ hängt demnach nur ab von der Teilfüllung y_c im kritischen Punkt. Führt man die auf den Zulaufdurchmesser D_0 bezogenen dimensionslosen Parameter

$$X = \theta x/D_0 , \quad y_0 = h/D_0 , \quad \rho_u = R_u\theta^2/D_0 \qquad (6.81)$$

ein, und berücksichtigt weiter die Identitäten $D_c=D_0-\theta x_c=D_0(1-X_c)$ sowie $y_c=h_c/D_c=h_c/[D_0(1-X_c)]=y_{oc}/(1-X_c)$ mit $y_{oc}=h_c/D_0$, so lässt sich y_{oc} darstellen in Abhängigkeit von X_c und ρ_u (Bild 6.6b). Eliminiert man mit der Beziehung $y_{oc}=y_{oc}(X_c,\rho_u)$ den Parameter h_c/D_c, so folgt $y_{oc}=y_{oc}(q_D,\rho_u)$ mit q_D als auf den Oberwasser-Durchmesser bezogener Durchfluss (Bild 6.6a).

Beispiel 6.7   Gegeben $D_0=1.5$m, $D_u=0.8$m, $R_u=4$m, $L_u=3$m, $Q=4$m^{3}s^{-1}. Wo liegt der kritische Punkt x_c?
Mit $\theta=(D_0-D_u)/L_u=(1.5-0.8)/3=0.233$, $\rho_u=4\cdot0.233^2/1.5=0.145$ und $Q/(gD_0^5)^{1/2}=$ $4/(9.81\cdot1.5^5)^{1/2}=0.463$ wird nach Bild 6.6a) $y_{oc}=0.726$ und damit nach Bild 6.6b) $X_c=0.087$. Zurückrechnen auf dimensionsbehaftete Grössen ergibt dann $h_c=0.726\cdot1.5=1.09$m und $x_c=0.087\cdot1.5/0.233=0.56$m.
Als Kontrollrechnung kann mit $D_c=D_0-\theta x_c=1.5-0.233\cdot0.56=1.37$m die kritische Tiefe im Kreisprofil ermittelt werden. Nach Gl.(6.36) folgt $h_c=$ $[4/(9.81\cdot1.37)^{1/2}]^{1/2}=1.05$m, also ein Wert der nur unwesentlich unter dem Resultat $h_c=1.09$m liegt.

Für einen bestimmten Wert von ρ_u bricht die Funktion $y_{oc}(q_D)$ ab, nämlich wenn der

Maximalwert q_{DM} erreicht ist. Ein höherer Durchfluss lässt sich durch diesen Schacht nicht erzielen. Er lässt sich näherungsweise ausdrücken durch

$$q_{DM} = 0.14\rho_u^{-0.8} \, . \tag{6.82}$$

Gl.(6.82) lautet ebenfalls $Q_M=0.14g^{1/2}D_o^{3.3}/(\theta^2 R_u)^{0.8}$. Der Maximaldurchfluss Q_M hängt also entscheidend vom Durchmesser D_o und vom Verengungswinkel θ ab.

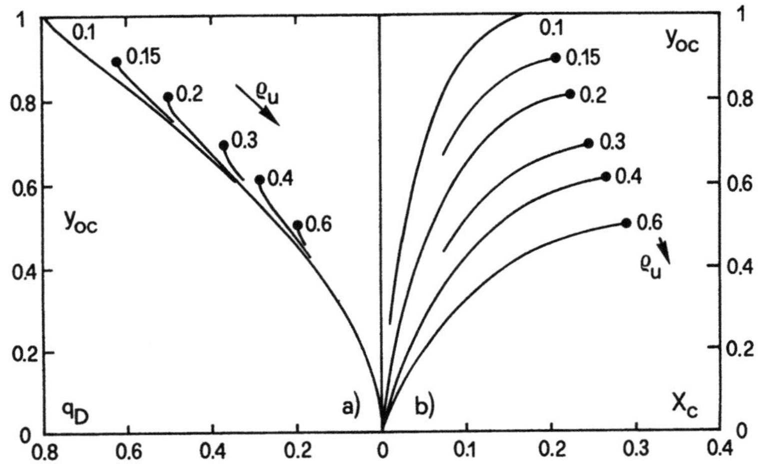

Bild 6.6   Beziehungen im kritischen Querschnitt. Kritische Tiefe $y_{oc}=h_c/D_o$ in Abhängigkeit des Parameters $\rho_u=\theta^2 R_u/D_o$ und a) des Relativdurchflusses $q_D=Q/(gD_o^5)^{1/2}$ sowie b) der kritischen Lage $X_c=x_c\theta/D_o$. (•) Maximalwert.

Bei bekannter Länge x_c und Höhe h_c des kritischen Punktes lässt sich unmittelbar die *kritische Energiehöhe* H_c berechnen. Diese ist praktisch unabhängig von ρ_u und lässt sich mit dem Relativdurchfluss $q_D=Q/(gD_o^5)^{1/2}$ verbinden durch

$$Y_{oc} = H_c/D_o = 1.28q_D^{1/2}[1 + \tfrac{1}{4}q_D^{1/2}] \, . \tag{6.83}$$

Beispiel 6.8   Nach Beispiel 6.7 ist $D_c=1.37$m, also $F_c=(4/3)(1.37\cdot1.09^3)^{1/2}[1-1.09/(3\cdot1.37)]=$ 1.305m^2 nach Gl.(6.74) und damit die kritische Geschwindigkeit $V_c=4/1.305=$ 3.06ms^{-1}. Für die kritische Energiehöhe folgt dann $H_c=1.09+3.06^2/19.62=$ 1.57m. Die Energiehöhe am Schachteinlauf wird damit $H_o=H_c-x_c^2/2R_u=$ $1.57-$ $0.56^2/(2\cdot4)=1.53$m.
Mit dem Relativdurchfluss $q_D=4/(9.81\cdot1.5^5)^{1/2}=0.463$ wird nach Gl.(6.83) $H_c/D_o=1.28\cdot0.463^{1/2}(1+0.25\cdot0.463^{1/2})=1.02$, also wieder $H_c=1.02\cdot1.5=1.53$m.

6.5.3 Wasserspiegelverlauf

Nach Berücksichtigung von Gl.(6.83) im Gleichungssystem (6.75) und (6.76) ergibt sich implizit für den Wasserspiegelverlauf

$$1.28q_D^{1/2}[1 + \tfrac{1}{4}q_D^{1/2}] = \frac{X^2}{2\rho_u} + y_0 + \frac{(9/32)q_D^2}{(1-X)y_0^3\left[1 - \frac{y_0/3}{1-X}\right]^2}. \qquad (6.84)$$

Der Wasserspiegelverlauf $y_0(X)$ mit $y_0 = h/D_0$ hängt darnach lediglich ab von q_D und ρ_u. Bild 6.7 zeigt $y_0(X)$ für verschiedene Durchflüsse q_D und $\rho_u = 0.1, 0.2, 0.3$ und 0.4. Der kritische Punkt ist durch einen ausgefüllten Kreis markiert.

Für einen gegebenen Durchfluss Q und die Schachtgeometrie (D_0, R_u, θ) lässt sich somit vorerst q_D und ρ_u berechnen und anschliessend der Wasserspiegel $y_0(X)$ bestimmen. Insbesondere lässt sich die Wassertiefe am Schachtende aus Bild 6.7 ermitteln und somit der minimale Durchmesser festlegen, der noch freien Abfluss gewährleistet. Für beliebige Werte von ρ_u wird zwischen den ausgewerteten Werten vorerst interpoliert und anschliessend die exakte Lösung durch Gl.(6.84) ermittelt. Dabei ist zu bedenken, dass diese zwei Lösungen, eine für $F<1$ und die andere für $F>1$ besitzt.

Beispiel 6.9 Gegeben: im Oberwasser D_0=1.5m, J_{so}=0.2%, K_0=85m$^{1/3}$s^{-1}, im Unterwasser D_u=0.8m, J_{su}=20%, K_u=K_0, Schachtgeometrie L_u=3m, R_u=15m. Wie verläuft der Wasserspiegel bei einem Durchfluss von Q=3m^{3}s^{-1}?
Für Normalabflusszustand folgt h_{No}=1.11m und h_{Nu}=0.38m, Für den kritischen Abflusszustand ist h_{co}=0.90m und $h_{cu}\cong D$=0.8m. Damit ist $F_0<1$ und $F_u>1$ bei Normalabfluss. Mit θ=(D_0-D_u)/L=0.7/3=0.233 beträgt der Maximaldurchfluss nach Gl.(6.82) Q_M=0.14·9.81$^{0.5}$1.5$^{3.3}$0.233$^{-1.6}$15$^{-0.8}$=1.97m^{3}s^{-1}< Q=3m^{3}s^{-1}.

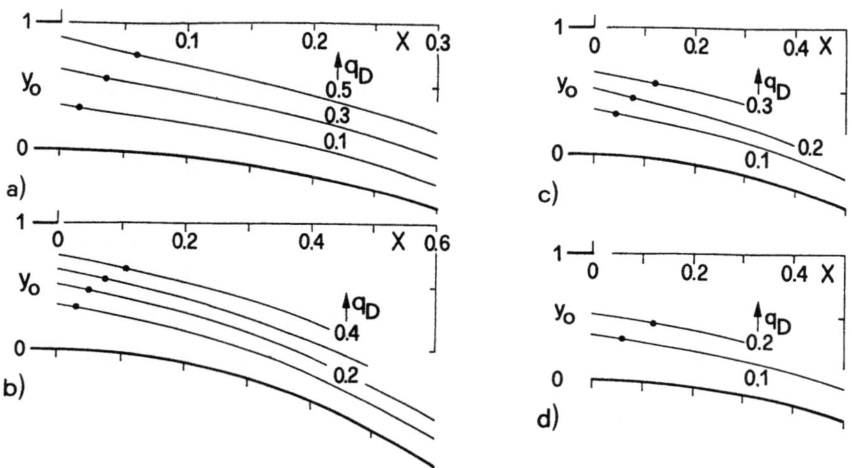

Bild 6.7 Dimensionslose Wasserspiegel $y_0(X)$ in Abhängigkeit des Relativdurchflusses $q_D = Q/(gD_0^5)^{1/2}$ für $\rho_u = \theta^2 R_u/D_0$ = a) 0.1, b) 0.2, c) 0.3 und d) 0.4. (•) kritischer Punkt (Hager, 1987).

Um den Maximaldurchfluss zu vergrössern, kann bei gegebenem Durchmesser D_0 nur θ oder R_u verkleinert werden. Beide Grössen sind über das Gefälle J_{su} gekoppelt. Mit J_{su}=-dz/dx an x=L_u wird J_{su}=L_u/R_u, also der Verengungswinkel θ=(D_0-D_u)/($J_{su}R_u$).

Im Beispiel 6.9 ist demnach bei gegebenem Gefälle J_{su} der Durchmesser D_u noch zu klein. Setzt man nämlich θ in Gl.(6.82) ein, so folgt für den *minimalen Unterwasserdurchmesser*

$$D_{um} = D_o - J_{su}(R_u D_o)^{1/2}(0.14/q_D)^{5/8} \; . \tag{6.85}$$

Er hat demnach umso grösser zu sein, je weniger das Rohr geneigt ist und je grösser der Relativdurchfluss $q_D=Q/(gD_o^5)^{1/2}$ ist.

Beispiel 6.10   Bemesse nochmals den Kontrollschacht nach Beispiel 6.9!
Mit denselben Angaben ergibt sich mit $q_D=3/(9.81\cdot1.5^5)^{1/2}=0.348$ für den minimalen Unterwasser-Durchmesser $D_{um}=1.5-0.2(15\cdot1.5)^{1/2}(0.14/0.348)^{5/8}=$ 0.96m nach Gl.(6.85), gewählt also 1.1m. Dann wird $\theta=(1.5-1.1)/(0.2\cdot15)=$ 0.133 und $\rho_u=0.133^2 15/1.5=0.178$.
Mit der Schachtlänge $L_u=J_{su}R_u=3m$ wird $X_u=\theta L_u/D_o=0.133\cdot3/1.5\;0.267$. Für $q_D=0.35$ folgt dann aus Bild 6.7a) für $y_o=0.48$ und aus Bild 6.7b) $y=0.58$, womit interpoliert $y_o=0.56$ für $\rho_u=0.178$ entsteht. Entsprechend ist demnach $h_u=y_oD_o=0.56\cdot1.5=0.84m$. Nach Bild 6.6a) beträgt $y_{oc}=0.61$, also $X_c=0.07$ nach Bild 6.6b), entsprechend $x_c=X_cD_o/\theta=0.07\cdot1.5/0.133=0.79m$.

Ist einmal die Lage des kritischen Punktes ermittelt, so werden die Wassertiefen h_o am Schachteinlauf und h_u am Schachtauslauf nach Bild 6.7 oder nach Gl.(6.84) berechnet. Weiter stromauf und stromab können dann mit Stau- und Senkungskurven (Kap.8) die Bereiche ausserhalb des Fliesswechsels konventionell berechnet werden.

Dieser Abschnitt dürfte aufzeigen, wie umständlich die Berechnung eines Fliessüberganges selbst bei stark vereinfachenden Annahmen wird. Nicht erwähnt sind *Stosswellen*, die beim Wechsel vom konvergierenden Übergangsprofil zum prismatischen Unterwasserrohr entstehen und dadurch Oberflächenstörungen erzeugen. Bis heute liegt keine experimentelle Untersuchung vor, die über die Höhe dieser Stosswellen Auskunft gibt. Weiter zu prüfen ist auch der *Lufteintrag*, welcher sich bei steilen Rohren nach 5.6 einstellt. Der Gemischabflussspiegel liegt dann höher als oben berechnet wurde.

Schliesslich soll nochmals auf die einfache Bemessungsgleichung (6.85) hingewiesen werden, mit der sich eine Vorbemessung des Unterwasserrohres durchführen lässt. Darin stellt R_u die eigentliche Variable dar, sie ist aber nach unten so begrenzt, dass sich der Abfluss nicht von der Sohle löst.

Literaturnachweis

* Chow, V.T. (1959). *Open channel hydraulics*. McGraw-Hill: New York.
* Hager, W.H. (1985). Critical flow condition in open channel hydraulics. *Acta Mechanica* **54**: 157-179.

- Hager, W.H. (1987). Übergang von Flach- auf Steilstrecke in Kanalisationen. *Gas-Wasser-Abwasser* **67**(7): 420-426.
- Hager, W.H. (1990). Froudezahl im Kreisprofil. *Korrespondenz Abwasser* **37**(7): 789-791.
- Henderson, F.M. (1966). *Open channel flow*. MacMillan: New York.
- Naudascher, E. (1987). *Hydraulik der Gerinne und Gerinnebauwerke*. Springer: Wien und New York.

Bezeichnungen

B	[m]	Kanalbreite
D	[m]	Rohrdurchmesser
F	[m²]	Querschnittsfläche
F	[-]	Froudezahl
f_{Ei}	[-]	relative Froudezahl im Ei-Profil
f_K	[-]	relative Froudezahl im Kreisprofil
f_{Maul}	[-]	relative Froudezahl im Maul-Profil
g	[ms^{-2}]	Erdbeschleunigung
H	[m]	Energiehöhe
H_*	[m]	auf Kanalsohle bezogene Energiehöhe
h	[m]	Wassertiefe
h_c	[m]	kritische Wassertiefe
J_c	[-]	kritisches Gefälle
J_E	[-]	Energieliniengefälle
J_F	[-]	Gefälle infolge variablen Querschnittes
J_Q	[-]	Gefälle infolge variablen Durchflusses
J_s	[-]	Sohlengefälle
j_c	[-]	relatives kritisches Gefälle
K	[m$^{1/3}$s^{-1}]	Rauhigkeitsbeiwert
L_u	[m]	Übergangslänge
P	[m]	benetzter Umfang
Q	[m³s^{-1}]	Durchfluss
Q_c	[m³s^{-1}]	kritischer Durchfluss
q	[m²s^{-1}]	Durchfluss pro Einheitsbreite
q_c	[m²s^{-1}]	kritischer Einheitsdurchfluss
q_D	[-]	auf den Durchmesser bezogener Durchfluss
R_h	[m]	hydraulischer Radius
R_u	[m]	Radius des Übergangsbogens

T	[m]	Profilhöhe
V	[ms^{-1}]	mittlere Geschwindigkeit
X	[-]	relative Lagekoordinate
x	[m]	Lagekoordinate
Y_c	[-]	relative kritische Energiehöhe
y	[-]	Teilfüllung
y_{oc}	[-]	auf Zulaufdurchmesser D_o bezogene kritische Tiefe
z	[m]	Lage des Kanalbodens
θ	[-]	Verengungswinkel
ρ_u	[-]	relativer Bodenradius

Indizes

a	approximiert	o	Zulauf
c	kritisch	u	Auslauf
e	geometrisch exakt	*	auf Kanalboden bezogen
N	Normalabfluss		

7 WASSERSPRUNG UND TOSBECKEN

Beim Fliesswechsel von schiessendem zu strömendem Abfluss stellt sich der Wassersprung ein. Das Phänomen wird vorerst beschrieben, dann werden die konjugierten Tiefen anhand des Stützkraftsatzes für den Rechteckkanal und die drei Normprofile Kreis, Ei und Maul berechnet. Auf das Zuschlagen des Kreisprofils infolge eines Wassersprungs wird eingegangen.

Im zweiten Teil werden Auslassbauwerke dargestellt. Einführend wird der Unterschied zwischen Wassersprung und Tosbecken erläutert, dann eine Anzahl von normierten Beckentypen beschrieben und schliesslich Fälle aufgezählt, die zu planerisch unberücksichtigter Energiedissipation führen können.

7.1 Einleitung

Hydraulische Strömungen verlaufen üblicherweise kontinuierlich, d.h. alle Parameter wie beispielsweise das Sohlengefälle, die Rauheit, die Wassertiefe oder der Durchfluss verändern sich stetig mit der Längs- und Querkoordinate. Erst dann nämlich dürfen die Gleichungen der Kontinuumsmechanik in differentieller Form erfolgreich angewendet werden, da die Elementbetrachtungen nach Euler oder Navier/Stokes auf dieser Voraussetzung basieren. Anders ausgedrückt lassen sich also alle am Bewegungsvorgang teilnehmenden Elemente durch *kontinuierliche Funktionen* darstellen, sie besitzen insbesondere an allen Stellen ihres Definitionsbereichs stetige Ableitungen.

Daneben treten aber auch Zonen auf, die Unstetigkeiten besitzen, vergleichbar mit Wasserfällen oder brechenden Wellen. Dort ist die Kontinuität des Abflusses nicht gewährt, also dürfen die üblichen Gleichungen nicht angewendet werden. In der Kanalhydraulik treten ebenfalls - wenn lokal auch beschränkt - solche Bereiche auf, die sich nicht mit den üblichen Differentialgleichungen beschreiben lassen, da die Differentialquotienten infolge der Unstetigkeiten nicht existieren. Die differentielle Form der Kontinuitäts- und Bewegungsgleichungen wird dann ersetzt durch Integralgleichungen oder, bei sprunghafter Änderung von eindimensionalen Parametern, durch integrierte Beziehungen hinweg über den Unstetigkeitsbereich. Der Wassersprung, im Deutschen auch häufig der Wechselsprung (engl.: hydraulic jump; franz.: ressaut hydraulique), welcher in diesem Abschnitt näher betrachtet wird, ist das klassische Phänomen, bei dem die oben angesprochene Diskontinuität auftritt. Er soll in diesem Kapitel zusammen mit dem Tosbecken besprochen werden. Unter einem *Wassersprung* versteht man dabei den Übergang von schiessendem zu strömendem Abfluss, welcher begleitet wird durch eine beträchtliche, lokale Turbulenzproduktion und damit verbunden eine namhafte Energiedissipation (Bild 7.1a). Der Wassersprung kann auftreten beispielsweise in Kanälen, deren Gefälle sich verkleinert oder bei schiessendem Abfluss in geschlossenen Profilen, die durch Unterwassereinstau abrupt zuschlagen. Je nach den Verhältnissen im Ober- und Unterwasser verschiebt sich der Wassersprung längs des Kanals und pendelt sich in einer der Bewegungsgleichung entsprechenden, stabilen Lage wieder ein.

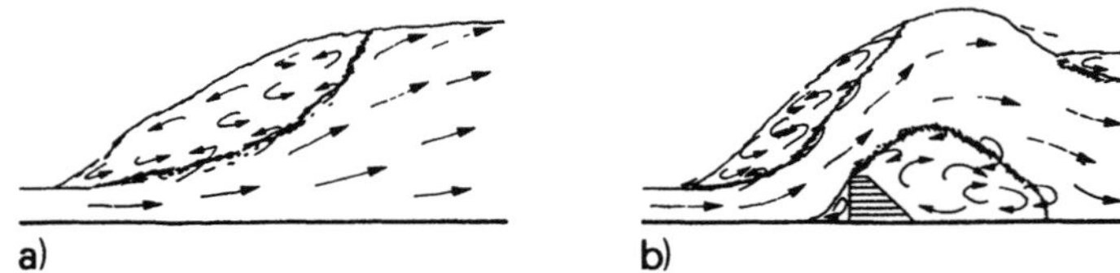

Bild 7.1   Scherflächen beim a) klassischen Wassersprung, b) Wassersprung mit Bodeneinbauten (Tosbecken).

Im Gegensatz dazu bildet das *Tosbecken* (engl.: stilling basin; franz.: bassin amortisseur) eine bauliche Einheit, in welchem sich ein Wassersprung unter allen Abflussbedingungen einstellt (Bild 7.1b). Durch konstruktive Mittel wird zudem versucht, die Länge des Sprunges und damit des Bauwerkes zu verkleinern. Im Tosbecken wird deshalb die Energie gezielt dissipiert. Unter Energiedissipation im vorliegenden Sinne versteht man die Umwandlung von mechanischer Energie in hauptsächlich thermische Energie. Der Umwandlungsvorgang wird vollzogen durch eine Turbulenzproduktion, also die Erzeugung von grossen Wirbelstrukturen, welche anschliessend durch die Zähigkeit des Fluids abgebaut und in Wärme umgesetzt werden. In der Folge wird wiederum - wie bereits in den vorangegangenen Kapiteln - vorerst das Wesen des Phänomens erläutert, anschliessend die Basisgleichungen abgeleitet und schliesslich auf Berechnungsverfahren eingegangen.

7.2 Phänomen des Wassersprungs

In der Kanalhydraulik unterscheidet man nach Kapitel 6 zwischen strömenden und schiessenden Abflüssen, je nachdem ob die *Froudezahl*

$$F = \frac{Q}{(gF^3)^{1/2}} \left(\frac{dF}{dh}\right)^{1/2} \tag{7.1}$$

grösser oder kleiner als die kritische Zahl $F=1$ ist. Dabei ist Q der Durchfluss, g die Erdbeschleunigung, F die Querschnittsfläche, h die Wassertiefe und dF/dh die Ableitung der Fläche nach der Wassertiefe, entsprechend der Wasserspiegelbreite.

Nach Kapitel 6 stellt sich stetiger kritischer Abfluss nur beim Übergang von Strömen zu Schiessen ein. Der inverse Übergang von schiessendem zu strömendem Abfluss soll hier nun genauer untersucht werden.

Wie in Kapitel 1 bereits festgehalten, bilden drei Gleichungen die Grundlage der Hydromechanik; es sind dies die Kontinuitätsgleichung, welche die Massenerhaltung sicherstellt, sowie die Energie- und die Impulsgleichung, durch welche der Energie- und der Impulsfluss festgelegt werden. Betrachtet man der Einfachheit halber vorerst das *prismatische Rechteckprofil* mit der Breite b, so ergibt sich mit q=Q/b als Durchfluss pro Einheitsbreite für die auf die Kanalsohle bezogene Energiehöhe H und Stützkraft S

$$H = h + \frac{q^2}{2gh^2} \; , \tag{7.2}$$

$$S = \frac{h^2}{2} + \frac{q^2}{gh} \; . \tag{7.3}$$

Leitet man beide Beziehungen nach der Wassertiefe h ab, so folgt

$$\frac{dH}{dh} = 1 - \frac{q^2}{gh^3} = 1 - \mathbf{F}^2, \tag{7.4}$$

$$\frac{dS}{dh} = h - \frac{q^2}{gh^2} = h(1 - \mathbf{F}^2), \tag{7.5}$$

also

$$h \cdot \frac{dH}{dh} = \frac{dS}{dh} \; . \tag{7.6}$$

Die Proportionalität zwischen der Änderung der Energie und der Stützkraft kann für alle Profile nachgewiesen werden. Danach würde aber der Satz folgen, dass die Stützkraft konstant bleibt, falls sich die Energiehöhe nicht ändert, und umgekehrt. Diese Behauptung gilt aber nur, falls die Froudezahl $\mathbf{F}=1$ (kritischer Abfluss) ist und simultan ein Übergang von Strömen zu Schiessen erfolgt.

Bildet man anstelle der Differentialquotienten *finite Differenzen*, betrachtet man also die Querschnitte mit Wassertiefen (h+Δh) und h, so wird der Unterschied in der Energiehöhe ΔH=H(h)–H(h+Δh) gleich

$$\frac{\Delta H}{h} = \frac{\Delta h}{h}\left[1 - \frac{q^2}{gh^3} \frac{(1+\Delta h/2h)}{(1+\Delta h/h)^2} \right] \tag{7.7}$$

oder bis zur Ordnung $(\Delta h/h)^2$

$$\frac{\Delta H}{h} \cong \frac{\Delta h}{h}\left[1 - \mathbf{F}^2(1 - \frac{3}{2}\frac{\Delta h}{h}) \right]. \tag{7.8}$$

Entsprechend folgt für die Stützkraft

$$\frac{\Delta S}{h^2} \cong \frac{\Delta h}{h}\left[1 + \frac{1}{2}\frac{\Delta h}{h} - \mathbf{F}^2(1 - \frac{\Delta h}{h}) \right]. \tag{7.9}$$

Daraus erkennt man die Unterschiede in ΔH und ΔS bei Berücksichtigung bis zu quadratischen Termen $(\Delta h/h)^2$. Wird jedoch nur bis zu den tiefsten Termen $(\Delta h/h)^1$

verglichen, so ergibt sich das bereits oben abgeleitete Resultat h·ΔH=ΔS. Dieses darf deshalb nur bei kleinen Änderungen Δh in Rechnung gestellt werden, beispielsweise bei infinitesimaler Änderung der Wassertiefe. Werden aber die Änderungen grösser und damit Terme zweiter Ordnung signifikant, so treten Unterschiede auf zwischen der Erhaltung der Energiehöhe und der Stützkraft.

Wird F^2 zwischen den Gln. (7.8) und (7.9) eliminiert, so findet man

$$\frac{\Delta S}{h^2} = \left(1 + \frac{1}{2}\frac{\Delta h}{h}\right)\frac{\Delta H}{h} . \tag{7.10}$$

Aus dieser Beziehung lassen sich wichtige Sätze ableiten:
1) Bei konstanter Energiehöhe (ΔH=0) ist automatisch auch die Stützkraft konstant,
2) Bei konstanter Stützkraft (ΔS=0) muss aber nicht automatisch auch die Energiehöhe konstant sein,
3) Da die Energiehöhe in Fliessrichtung nur abnehmen kann, muss im Fall 2) die Wassertiefe zunehmen (Δh>0), damit die Stützkraft konstant bleibt.

Fall 1) kann nur dem Übergang Strömen - Schiessen zugeordnet werden, während Fall 3) dem Übergang von Schiessen zu Strömen entspricht. Schon jetzt ist damit geklärt, dass dann eine *Energiedissipation* ΔH>0 auftritt.

7.3 Berechnung des Wassersprungs
7.3.1 Basisgleichung

Bevor auf die Eigenheiten des Wassersprunges eingegangen wird, seien vorerst seine wesentlichsten Grössen rechnerisch abgeleitet. Es handelt sich um die sogenannten *konjugierten Wassertiefen*, welche den Wassertiefen im Oberwasser und Unterwasser des Sprungs entsprechen (Bild 7.2). Daraus ableiten lassen sich weitere Beziehungen hinsichtlich des mechanischen Energie-Verlustes vom Sprunganfang zum Sprungende.

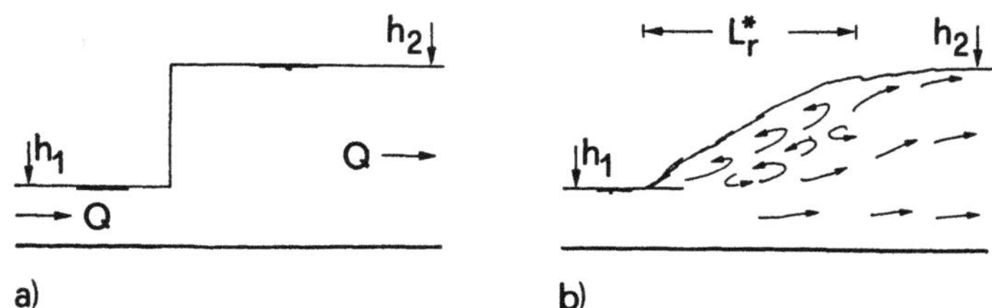

Bild 7.2 Wassersprung a) Abstraktion, b) schematisch im Rechteckkanal.

Da sich bei Wassersprüngen signifikante Energieverluste einstellen, muss der Impulssatz angewendet werden (Kap.1). Für den Spezialfall eines *prismatischen Kanals*, bei dem die Reibungskräfte kompensiert werden durch die Gewichtskomponente in Fliessrichtung, wird der Stützkraftsatz elementar. Gemäss 1.3 lautet dann der *Stützkraftsatz* $S_1-S_2=0$. Mit Index «1» und «2» wird im folgenden der Querschnitt im Oberwasser und im Unterwasser des Wassersprungs bezeichnet. Nach Kap.1 gilt für die Stützkraft eines eindimensionalen Abflusses

$$S = z_s F + \frac{Q^2}{gF} \tag{7.11}$$

mit z_s als Abstand des Schwerpunktes der Querschnittsfläche vom Wasserspiegel. Einsetzen des Stützkraftsatzes unter Voraussetzung eines konstanten Durchflusses Q ergibt dann

$$z_{s1}F_1 + \frac{Q^2}{gF_1} = z_{s2}F_2 + \frac{Q^2}{gF_2} \quad , \tag{7.12}$$

wobei sowohl z_s als auch die Querschnittsfläche F nur Funktionen der Profilform und der Wassertiefe h sind. Bezieht man sich wie in Kapitel 5 und 6 wiederum auf den Vollfüllungszustand, wobei T die grösste Höhenabmessung des Profils bedeutet, so folgt mit $Z_s=z_s/T$ und $\Phi=F/D^2$ als Teilfüllung und Flächencharakteristik

$$Z_{s1}\Phi_1 + \frac{Q^2}{gT^5}\Phi_1^{-1} = Z_{s2}\Phi_2 + \frac{Q^2}{gT^5}\Phi_2^{-1}. \tag{7.13}$$

Da sowohl Z_s als auch Φ bei einer bestimmten Profilgeometrie nur von der Teilfüllung $y=h/T$ abhängen, ergibt sich aus Gl.(7.13) eine Beziehung zwischen $y_1=h_1/T$, $y_2=h_2/T$ und dem dimensionslosen Durchfluss $Q^2/(gT^5)$. Diese soll in der Folge für die drei normierten Profile 'Kreis', 'Ei' und 'Maul' abgeleitet werden. Vorerst soll aber noch das Rechteckprofil betrachtet werden, da hier die Beziehungen besonders einfach sind.

7.3.2 Rechteckprofil

Stellt b die Kanalbreite dar, so liegt der Schwerpunkt beim Rechteckprofil auf halber Wassertiefe, entsprechend $z_s=h/2$. Der Stützkraftsatz lautet dann nach Gl.(7.12)

$$\left(\frac{bh^2}{2} + \frac{Q^2}{gbh}\right)_1 = \left(\frac{bh^2}{2} + \frac{Q^2}{gbh}\right)_2 \tag{7.14}$$

oder nach Division durch $(bh_1^2/2)$

$$1 + \frac{2(Q/b)^2}{gh_1^3} = \left(\frac{h_2}{h_1}\right)^2 + \frac{2(Q/b)^2}{gh_2 h_1^2} . \tag{7.15}$$

Führt man die Froudezahl $F_1^2 = Q^2/(gb^2h_1^3)$ im Oberwasserquerschnitt ein und bezeichnet mit $Y^* = h_2/h_1$ das *Verhältnis der konjugierten Wassertiefen* im Rechteckprofil (durch Stern markiert), so folgt

$$1 + 2F_1^2 = Y^{*2} + 2F_1^2 Y^{*-1}. \tag{7.16}$$

Wird die triviale Lösung $Y^* = 1$ ausgeschieden und $Y^* > 0$ gefordert, so lautet die physikalisch relevante Lösung von Gl.(7.16)

$$Y^* = \frac{1}{2}\left[(1+8F_1^2)^{1/2} - 1\right]. \tag{7.17}$$

Sie wurde erstmals vom französischen Hydrauliker Bélanger im Jahre 1838 mitgeteilt (Hager 1990a). Da der Wassersprung im Rechteckkanal weitaus am meisten untersucht wurde, und da er unter Vernachlässigung des Sohlengefälles und der Wandreibung als Basis aller Wassersprünge betrachtet werden darf, bezeichnet man ihn nach Rajaratnam (1967) auch als *klassischen Wassersprung*. Gl.(7.17) ist in Bild 7.3 dargestellt. Für grosse Werte von F_1 lautet eine ausgezeichnete Approximation von Gl.(7.17) für die *konjugierten Wassertiefen* im *Rechteckprofil*

$$Y^* = \sqrt{2}\, F_1 - 1/2 \,. \tag{7.18}$$

Für $F_1 > 2.5$ sind die Abweichungen zwischen den Gln.(7.17) und (7.18) kleiner als 1%. Wie später noch gezeigt wird, liegt der Anwendungsbereich von Gl.(7.17) bei $F_1 > 2$.

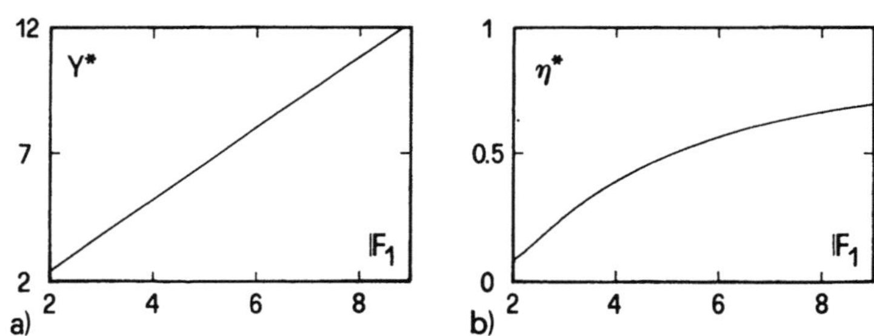

Bild 7.3   Klassischer Wassersprung, a) konjugierte Wassertiefen Y^* und b) Effizienz η^* in Abhängigkeit von der Froudezahl F_1 im Zulaufkanal.

Aus Gl.(7.17), resp. Gl.(7.18) geht hervor, dass:

- die konjugierten Tiefen Y^* sich proportional zur Froudezahl F_1 verhalten. Bei konstanter Zuflusstiefe h_1 verändert sich demnach die konjugierte Unterwassertiefe h_2^* linear mit dem Durchfluss Q,

- beim Rechteckprofil kein Profileffekt vorhanden ist, also nur die zwei Parameter Y^* und F_1 zu berücksichtigen sind.

Neben der Beziehung $Y^*(F_1)$ kann der *mechanische Energieverlust* $\Delta H = H_1 - H_2$ ermittelt werden. Bezeichnet man mit

$$\eta = \frac{H_1 - H_2}{H_1} \qquad (7.19)$$

die auf die Zufluss-Energiehöhe bezogene Energiedissipation, welche man auch als *Effizienz* beschreibt, so gilt für den klassischen Wassersprung nach einiger Rechnung

$$\eta^* = 1 - \frac{Y^*\left[1 + F_1^2/(2Y^{*3})\right]}{1 + (1/2)F_1^2}. \qquad (7.20)$$

Darin lässt sich nun Y^* als Funktion von F_1 ausdrücken. Mit $Y^* = \sqrt{2}F_1[1-(2\sqrt{2}F_1)^{-1}]$ nach Gl.(7.18) ergibt sich bei Vernachlässigung des Korrekturterms in F_1^{-1} die Beziehung $\eta^* = 1 - 2\sqrt{2}F_1^{-1}$. Diese Beziehung lässt sich erweitern auf

$$\eta^* = (1 - \frac{3}{2F_1})^2 \qquad (7.21)$$

und weicht dann für $F_1 > 2.5$ weniger als 9% vom exakten Ausdruck ab. Bei $F_1 > 3.5$ bleiben die Abweichungen immer unter 1%. Die Funktion $\eta^*(F_1)$ folgt Bild 7.3b).

An dieser Stelle sei darauf hingewiesen, dass alle unter 7.3.2 abgeleiteten Ausdrücke ausschliesslich für den klassischen Wassersprung gelten. Dies bedingt einen prismatischen Rechteckkanal mit horizontaler Sohle, deren Oberfläche hydraulisch vollkommen glatt ist. Damit Einflüsse der Viskosität unterdrückt werden, muss der Durchfluss pro Einheitsbreite mindestens $0.1 \text{m}^3\text{s}^{-1}$ betragen (Hager und Bremen, 1989).

Anhand von Experimenten lassen sich zusätzlich die folgenden Beziehungen angeben (Hager 1992). Die *Rollerlänge* L_r^*, d.h. die Distanz vom Sprungfuss bis zum Oberflächen-Stagnationspunkt (Bild 7.2b) beträgt

$$L_r^*/h_2^* = 4.3, \qquad (7.22)$$

während die *Sprunglänge* L_j^* angenähert werden kann durch

$$L_j^*/h_2^* = 6.0. \qquad (7.23)$$

Am Wassersprungende sind die turbulenten Schwankungen so weit reduziert, dass der Boden nicht weiter befestigt werden muss. Ein Tosbecken, das also ausschliesslich den klassischen Wassersprung einbezieht, besitzt demnach die Beckenlänge $L_b=L_j^*$. Weitere Eigenheiten über den internen Strömungsmechanismus geben Rajaratnam (1967) oder Hager (1992).

7.3.3 Kreisprofil

Das in Gl.(7.12) zu berechnende Glied z_sF lässt sich auch als auf (ρg) bezogene Druckkraft P_S infolge hydrostatischer Druckverteilung interpretieren. Nach Hörler (1967) beispielsweise gilt für

$$P_S/(\rho gT^3) = \frac{1}{8}\,(sin\delta - \frac{1}{3}sin^3\delta - \delta cos\delta) \qquad (7.24)$$

mit δ als halbem Zentriwinkel. Die Druckfigur hat die Form eines längs halbierten Hufes. Man beachte, dass T=D beim Kreisprofil dem Durchmesser entspricht.

Mit dem Ausdruck

$$F/T^2 = \frac{1}{4}\,(\delta - sin\delta cos\delta) \qquad (7.25)$$

für die Querschnittsfläche sowie

$$y = \frac{h}{T} = \frac{1}{2}\,(1 - cos\delta) \qquad (7.26)$$

für die Teilfüllung ergibt sich nun nach Gl.(7.12) für die Stützkraft

$$\frac{S}{T^3} = \frac{P_S}{\rho gT^3} + \frac{Q^2}{gT^5(F/T^2)}. \qquad (7.27)$$

Das Verhältnis $\left[P_S/(\rho gT^3)\right]/(F/T^2)$ entspricht dabei der relativen Höhe des Schwerpunktes $Z_S=z_s/T$ und lässt sich besser als $\pm 5\%$ annähern durch die Potenzfunktion

$$Z_S = 0.48y^{1.1}. \qquad (7.28)$$

Beachtlicherweise gilt für ganz kleine Werte von y<0.5 die lineare Näherung $Z_S=0.41y$, bei grosser Teilfüllung sind die Abweichungen jedoch beträchtlich. Deshalb sollte allgemein auf Gl.(7.28) zurückgegriffen werden, oder noch besser auf den zweiteiligen Ausdruck

$$Z_S = 0.41y\left[1 + 0.22y^3\right], \qquad (7.29)$$

welcher für y>0.15 weniger als 1% vom exakten Wert abweicht. Einsetzen der

Gln.(5.18) und (7.29) in Gl.(7.13) ergibt

$$\frac{Q^2}{gT^5} = (Z_{s1}\Phi_1 - Z_{s2}\Phi_2)\,(\Phi_2^{-1} - \Phi_1^{-1})^{-1}. \tag{7.30}$$

Die Beziehung zwischen den konjugierten Tiefen $y_1 = h_1/T$ und $y_2 = h_2/T$ mit dem relativen Durchfluss ist in Bild 7.4 dargestellt. Ebenfalls als punktierte Kurve eingetragen ist die Bedingung $h_1 = h_2$. Der Vergleich von Messungen mit der Rechnung zeigt nach Hörler (1967) eine generelle Übereinstimmung. Lediglich zu bemerken ist, dass h_2 nach der Messung immer leicht kleiner als nach der Rechnung ist. Die Abweichungen lassen sich durch den Einfluss der Viskosität - also der Reynoldszahl - erklären.

Ein *Näherungsausdruck* für die konjugierten Wassertiefen ergibt sich nach Berücksichtigung der Similarität der in Bild 7.4 gezeichneten Kurven zu (Hager 1990c)

$$\frac{y_2 - y_1}{1 - y_1} = \left(\frac{q_D - y_1^2}{q_0 - y_1^2}\right)^{0.95} \quad \text{bei } y_1 < 0.7 \tag{7.31}$$

mit

$$q_0 = q_D(y_2 = 1) = \frac{3}{4}y_1^{3/4}\left[1 + \frac{4}{9}y_1^2\right]. \tag{7.32}$$

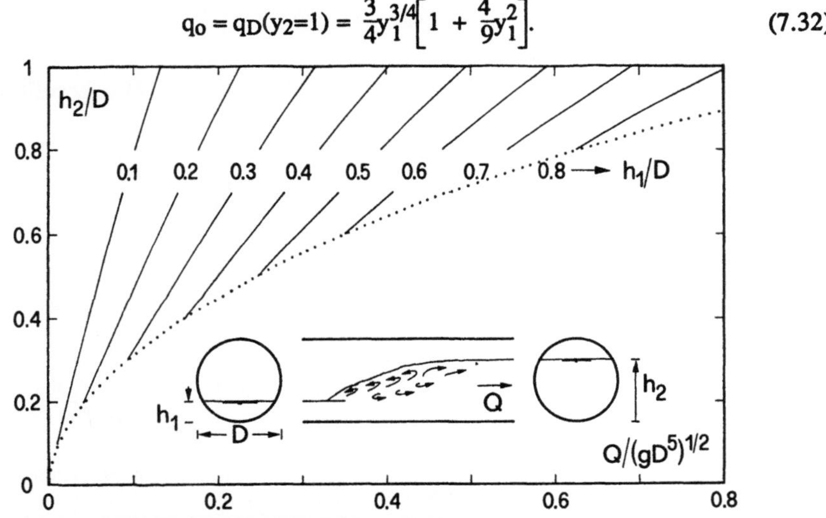

Bild 7.4   Konjugierte Tiefen beim Kreisprofil. ($\cdots$) Bedingung $h_2 = h_1$. Beim Ei- und Maulprofil ist $Q/(gD^5)^{1/2}$ durch $Q/(gB^2T^3)^{1/2}$ zu ersetzen.

Bei bekannten Werten von y_1 und $q_D = Q/(gD^5)^{1/2}$ kann darnach vorerst der Wert q_0 nach Gl.(7.32) ermittelt und anschliessend explizit auf y_2 gerechnet werden. Wie beim Rechteckprofil liesse sich auch hier die Effizienz ausrechnen, die Anwendung in der Praxis ist aber selten. Es bleibt zu bemerken, dass h_2 nach der Rechnung infolge Reibungseinflüssen immer leicht kleiner als nach dem Experiment ist. Die konjugierte

Wassertiefe h_2 nach Gl.(7.31) darf deshalb als obere Grenze betrachtet werden.

Bis heute liegt keine Untersuchung vor, die den *Einfluss des Sohlengefälles* in Rechnung stellt. Anhand von analogen Untersuchungen im Rechteckprofil darf der Gefällseinfluss bei Gefällen bis rund 5% als vernachlässigbar betrachtet werden (Hager, 1992).

7.3.4 Ei-Profil und Maul-Profil

Das genormte Ei- und Maul-Profil ist aus drei Profilteilen zusammengesetzt. Die Berechnung der Druckkräfte führt auf umfangreiche Ausdrücke, weshalb ein vereinfachter Weg eingeschlagen wird.

Wie Bild 7.5 zeigt, lassen sich sowohl das Ei- wie auch das Maul-Profil durch die Ellipse der Exzentrizität 1:2 recht gut annähern

$$\left(\frac{\bar{x}}{B}\right)^2 + \left(\frac{\bar{y}}{T}\right)^2 = \left(\frac{1}{2}\right)^2 \tag{7.33}$$

mit B als Profilbreite und T als Profilhöhe. Für die benetzte Fläche folgt dann mit y=h/T

$$\frac{F}{BT} = \frac{1}{4}\left[\arccos(1-2y) - 2(1-2y)(y-y^2)^{1/2}\right]. \tag{7.34}$$

Man beachte, dass für B=T=D der Ausdruck nach Gl.(7.25) für das Kreisprofil entsteht.

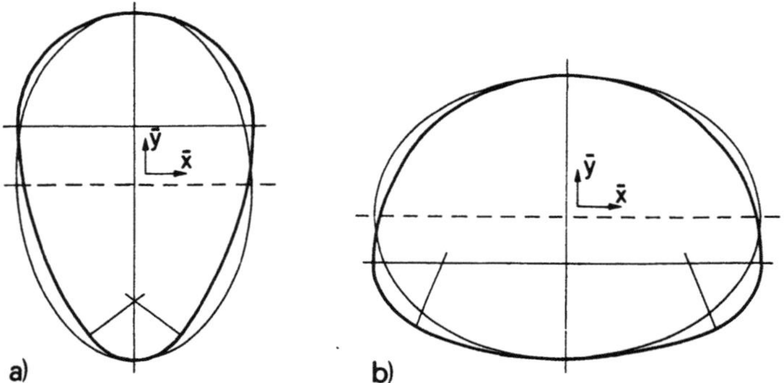

Bild 7.5   a) Ei-Profil 2:3 und b) Maul-Profil 2:1.5 sowie fein gezeichnet die entsprechenden Ellipsen nach Gl.(7.33).

Nach Hjelmfelt (1967) gilt für die statische Druckkraft im Ellipsen-Profil

$$\frac{P_s}{\rho g B T^2} = \frac{1}{8}(2y-1)\left[\arccos(1-2y) - 2(1-2y)(y-y^2)^{1/2}\right] + \frac{2}{3}(y-y^2)^{3/2}. \tag{7.35}$$

Beachtlich an diesem Resultat ist die Übereinstimmung der rechten Seite mit Gl.(7.24) für das Kreisprofil. Kreis-, Ei- und Maul-Profil lassen sich demnach mit derselben Teilfüllungskurve für die statische Druckkraft $P_s(y)$ und die Querschnittsfläche $F(y)$ berechnen. Die Unterschiede lassen sich allein durch die Parameter B und T erklären. Gl.(7.31) oder Bild 7.4 gilt sowohl für das Ei- wie auch für das Maul-Profil, falls für den Relativdurchfluss $q_D=Q/(gB^2T^3)^{1/2}$ anstelle von $q_D=Q/(gD^5)^{1/2}$ für das Kreisprofil gesetzt wird. Dadurch ergibt sich eine äusserst einfache Berechnungsmethode für die konjugierten Wassertiefen in allen drei genormten Profilen.

Beispiel 7.1   Berechne die konjugierte Tiefe im Ei-Profil 120:180 für $h_1=50$cm und $Q=1500$ Ls^{-1}. Mit den Werten $B=1.2$m und $T=1.8$m wird der relative Durchfluss $q_D=$ $1.5/(9.81\cdot1.2^21.8^3)^{1/2}=0.165$. Zudem wird nach Gl.(7.32) mit $y_1=h_1/T=0.5/1.8=$ 0.278 der Wert $q_o=0.297$, also $(q_D-y_1^2)/(q_o-y_1^2)=(0.165-0.278^2)/(0.297-0.278^2)=$ 0.40. Darnach berechnet man für $(y_2-y_1)/(1-y_1)=0.40^{0.95}=0.419$ und somit für $y_2=0.581$, also für $h_2=0.581\cdot1.8=1.05$m.

7.4 Wassersprung durch Zuschlagen des Kreisprofils
7.4.1 Einleitung

Obwohl in Kanalisationen sich grundsätzlich nur Freispiegelabflüsse einstellen sollten, kann es infolge Unterwassereinstau, Extremabflüssen oder Schadenereignissen streckenweise zu Druckabfluss kommen. Dieser Zustand ist planerisch strikt auszuschalten, er wird hier aber zur Erläuterung dieser teils gefährlichen Abflusszustände dargestellt. Die Beschreibung gestaltet sich nach einer Literaturübersicht von Hager (1989a).

Als *Zuschlagen* bezeichnet man den Vorgang vom Freispiegel- zum Druckabfluss, als *Aufschlagen* den umgekehrten Vorgang vom Druckabfluss zum Freispiegelabfluss. Diese beiden Übergänge verlaufen nie stetig, sondern sind immer abrupt. Sogar beim Normalabfluss (Kap.5) lässt sich anhand von sorgfältigen Experimenten kein sogenannter Vollfüllungszustand - also der überdruckfreie Abfluss bei Rohrfüllung - erzielen.

Ursachen des Zu- und Aufschlagens eines nach oben geschlossenen Profils können ungenügende Abflussbelüftung, Wellenentwicklung durch Abflussstörungen (Einlauf, Kurven, Verengungen usw.) sowohl im strömenden als insbesondere auch beim schiessenden Abfluss sein, oder aber durch lokale Unterdruckzonen und Wassersprünge infolge Unterwasseraufstaus ausgelöst werden. In diesem Kapitel soll dem letzten Aspekt Aufmerksamkeit geschenkt werden. Bis heute sind die Zu- und Aufschlagvorgänge noch nicht restlos geklärt, von der Forschung dürften in absehbarer Zeit Resultate zu erwarten sein.

In Bild 7.6a) erkennt man einen *Gefällswechsel* von flach auf steil und den dadurch beschleunigten Abfluss, welcher jedoch durch Unterwassereinstau das Rohr zuschlägt und abrupt in Druckabfluss übergeht. Bild 7.6b) zeigt den Strömungsvorgang in einem Syphon, entsprechend vorerst Aufschlagen des Profils, Freispiegelabfluss mit Fliesswechsel und anschliessendem Zuschlagen infolge Einstau. In Bild 7.6c) wird der Aufschlagvorgang durch eine Schütze erzwungen, während Bild 7.6d) eine Lufttasche im Druckrohr zeigt. In allen vier Fällen wird Luft durch den Wassersprung in den Abfluss eingetragen, es stellt sich demnach im Wassersprung ein Wasser-Luft-Gemisch ein. Je nach Fliesszustand werden die Luftblasen mit dem Abfluss stromab transportiert, oder die Blasen gelangen infolge von Auftriebskräften zurück ins Oberwasser. Der Wassersprung im geschlossenen Profil hängt also eng zusammen mit dem Luftdargebot.

Obwohl sich durch den *Lufteintrag* Vorteile wie Entlüftung von Rohren oder Reduktion von Kavitationsanfälligkeit ergeben können, überwiegen die Nachteile häufig:

- Möglichkeit der Abflusspulsation,
- Durchflussreduktion infolge Zweiphasenströmung,
- unkontrolliertes Ausblasen von Luft usw.

Deshalb wird in der Kanalisationstechnik grundsätzlich *Freispiegelabfluss* angestrebt, die einwandfreie Belüftung also unter allen Umständen sicherstellt.

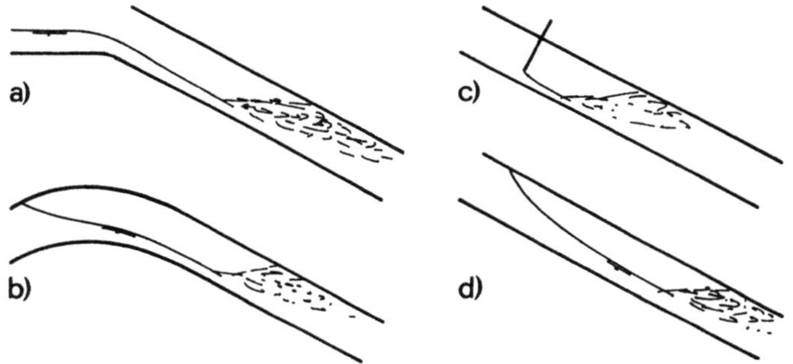

Bild 7.6 Erzeugung eines Wassersprungs im Kreisprofil. a) Gefällswechsel, b) Syphon, c) Schütze und d) Lufttasche.

Nachfolgend soll der Wassersprung im Kreisprofil diskutiert werden mit besonderer Rücksicht auf die konjugierten Wassertiefen, den Wirkungsgrad und die Wassersprunglänge.

7.4.2 Konjugierte Wassertiefen

Bereits 1943 fanden Kalinske und Robertson die Beziehung für die Wassertiefen im Ober- und Unterwasser eines Wassersprunges im Kreisprofil. Bezeichnet $y=h/D$ die Teilfüllung, P_s die statische Druckkraft, L_j die Sprunglänge, $J_s=arcsin\Theta$ das Sohlengefälle und $\beta_a=Q_a/Q$ das Verhältnis von eingetragener Luftmenge zum Wasserdurchfluss (Bild 7.7), so gilt für die Wassertiefen h_1 und h_2 im Ober- und Unterwasser des Sprunges

$$P_{s1}/(\rho g) + \rho Q V_1 + \frac{\pi}{4}D^2 L_j J_s = P_{s2}/(\rho g) + \rho(1+\beta_a)QV_2 . \qquad (7.36)$$

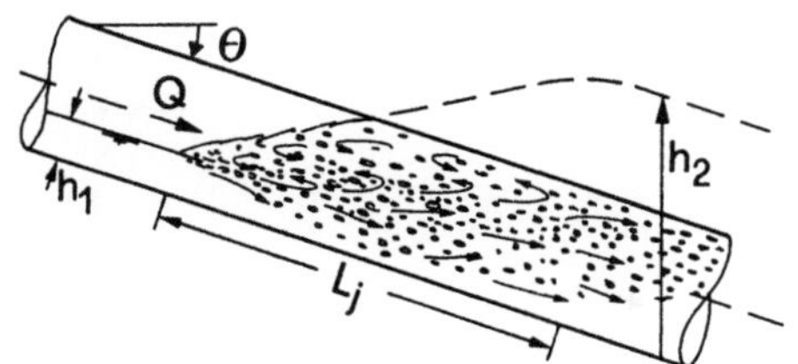

Bild 7.7 Definitionsskizze für den Wassersprung im geneigten Rohr.

Setzt man die nachfolgenden Resultate für die Sprunglänge und den Lufteintrag ein, so ergibt sich Bild 7.8 in Analogie zu Bild 7.4. Für vorgegebenen relativen Durchfluss $q_D=Q/(gD^5)^{1/2}$ und bekannte Oberwassertiefe $y_1=h_1/D$ kann dann die konjugierte Unterwassertiefe für verschiedene Sohlengefälle J_s ermittelt werden. Nach Bild 7.8 nimmt bei konstantem Durchfluss q_D die Tiefe h_2 mit zunehmender Oberwassertiefe h_1 ab. Die vorliegenden Resultate sind natürlich nur für $y_2>1$ zu verwenden, also falls Zuschlagen auftritt. Bei Freispiegelabfluss gelten die Herleitungen unter 7.3.

Für jeden Wert $y_1=h_1/D$ existiert eine Froudezahl F_1, unter der die durch den Wassersprung eingetragene Luftmenge nur teilweise ins Unterwasser befördert wird. Die Differenz-Luftmenge wird periodisch über die Deckwalze des Wassersprungs zurück ins Oberwasser befördert. Als *Grenzwert* y_{1L} dieser gestrichelt in Bild 7.8 eingetragenen Wassertiefe in Abhängigkeit von F_1 und Sohlengefälle J_s gilt für $J_s<0.4$

$$y_{1L} = \frac{1}{2}\left[\frac{3}{4} + J_s^{0.7}\right] F_1^{0.6}.\tag{7.37}$$

Für $y_1<y_{1L}$ ist der Lufteintragskoeffizient β_a und Bild 7.8 nur näherungsweise gültig.

Hinsichtlich der Wassersprunglängen muss unterschieden werden zwischen der:

- Rollerlänge L_r,
- Sprunglänge L_j und
- Belüftungslänge L_a.

Im geschlossenen Rechteckkanal fand Haindl für die *Rollerlänge*

$$\lambda_r = L_r/h_1 = 5.75(F_1 - 2), \quad F_1 <10.\tag{7.38}$$

Für die *Belüftungslänge* gilt die dimensionsbehaftete Näherung $L_a[m]= 10Q[m^3s^{-1}]/b[m]$. Nach Kalinske und Robertsons Messungen gilt für die *Sprunglänge* (Hager 1989a)

$$\lambda_j = L_j/h_1 = 1.9[2exp(1.5y_1) + exp(-10J_s) - 1]\,(F_1 - 1),\tag{7.39}$$

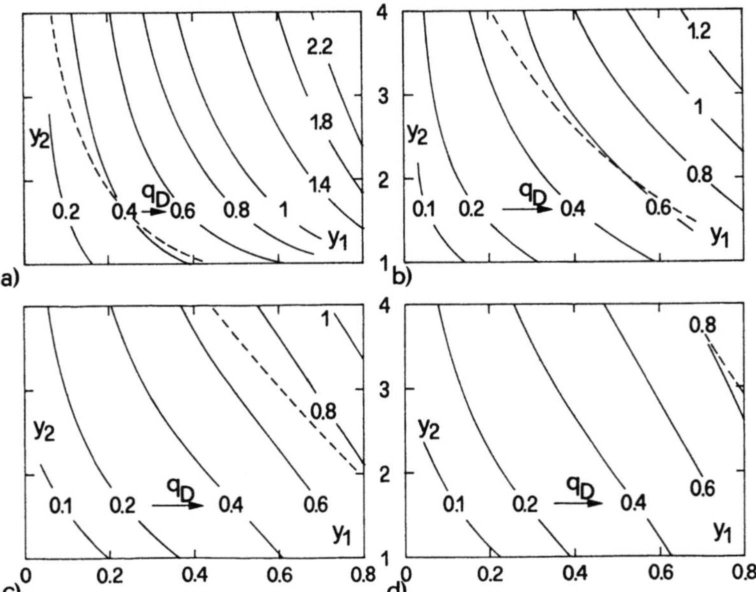

Bild 7.8   Konjugierte Wassertiefen $y_1=h_1/D$ und $y_2=h_2/D$ in Abhängigkeit des relativen Durchflusses $q_D=Q/(gD^5)^{1/2}$ bei Sohlengefälle $J_s=$ a) 0, b)10%, c) 20% und d) 30%. (---) y_{1L} nach Gl.(7.37) (Hager 1989a).

wobei damit die Distanz zwischen dem Sprungfuss und dem Ablösepunkt des Wassers am Rohrscheitel bezeichnet wird (Bild 7.7). Im Vergleich zu Gl.(7.23) für den Wassersprung im horizontalen U-Profil hängt nun λ_j zusätzlich auch vom Sohlengefälle J_s ab. Die Einflüsse von der Zulauf-Froudezahl F_1 und der Zulauf-Teilfüllung y_1 sind vergleichbar mit dem Einfluss von y_2 (Bild 7.8).

7.4.3 Lufteintrag

Mit F_1 als Froudezahl im Kreisprofil nach Gl.(7.1), welche näherungsweise durch $F_1 = Q/(gDh_1^4)^{1/2}$ nach Gl.(6.35) angenähert werden kann, gilt nach Kalinske und Robertson (1943) für den *spezifischen Lufteintrag*

$$\beta_a = Q_a/Q = 0.0066(F_1 - 1)^{1.4} . \tag{7.40}$$

Weitere Angaben zum *Blasentransport* führt Falvey (1980) an. Das Verhältnis von Lufttransport zu Lufteintrag in ein rechteckiges Druckrohr wird eingehend von Ahmed et al. (1984) untersucht. Weitere Angaben zum Lufttransport im Unterwasser fasst ebenfalls Hager (1989a) zusammen.

7.5 Wassersprung im U-Profil

Das U-Profil als *Übergangsprofil* in Schächten und von Kreis- auf Rechteckkanäle besitzt eine gewisse Verwendung in der Kanalisationstechnik und soll deshalb hier besprochen werden. Zudem liegen für das U-Profil einige Messungen vor.

Das *U-Profil* ist zusammengesetzt aus Halbkreis (y<1/2) und Rechteck y>1/2 mit D als Breite. Hier soll nur der U-Teil, also Teilfüllungen y>1/2, näher betrachtet werden. Mit y=h/D gilt für die Querschnittsfläche und die statische Druckkraft

$$F/D^2 = y + \frac{\pi}{8} - \frac{1}{2} , \tag{7.41}$$

$$P_S/(\rho g D^3) = \frac{1}{2}\left(y - \frac{1}{2}\right)^2 + \frac{\pi}{8}\left(y - \frac{1}{2}\right) + \frac{1}{12} . \tag{7.42}$$

Näherungsweise folgt für y<1 in Anlehnung an das Kreisprofil (Hager, 1987)

$$F/D^2 = \frac{4}{3} y^{3/2} (1 - \frac{1}{3}y) , \tag{7.43}$$

$$P_s/(\rho g D^3) = \frac{8}{15}y^{5/2}\left[1 - \frac{1}{4}y\right] . \tag{7.44}$$

Dann gilt mit dem Stützkraftsatz nach Gl.(7.13) für das Verhältnis der *konjugierten Wassertiefen* im nahezu horizontalen, prismatischen U-Profil

$$\frac{8}{15}y_1^{5/2}(1 - \frac{1}{4}y_1) + \frac{Q^2/(gD^5)}{\frac{4}{3}y_1^{3/2}(1-\frac{1}{3}y_1)} = \frac{8}{15}y_2^{5/2}(1 - \frac{1}{4}y_2) + \frac{Q^2/(gD^5)}{\frac{4}{3}y_2^{3/2}(1-\frac{1}{3}y_2)} . \tag{7.45}$$

Löst man diese Beziehung auf den dimensionslosen Durchfluss $q_D=Q/(gD^5)^{1/2}$, so entsteht Bild 7.9, analog zu Bild 7.4 für das Kreisprofil. Ebenfalls in Analogie zu Gl.(7.31) darf für das U-Profil näherungsweise geschrieben werden

$$\frac{y_2 - y_1}{1 - y_1} = \frac{q_D - y_1^2}{q_0 - y_1^2} , \tag{7.46}$$

wobei nun

$$q_0 = 0.87y_1^{0.85}. \tag{7.47}$$

Bei gegebenem Durchfluss Q und für eine bestimmte Zulaufteilfüllung y_1 wird die experimentell ermittelte konjugierte Wassertiefe y_2 immer kleiner als nach der Rechnung. Dieser Effekt muss - wie bereits erwähnt - dem Einfluss der Wandreibung zugeschrieben werden. Die Übereinstimmung wird umso besser, je grösser die Abmessungen werden. Üblicherweise reicht Gl.(7.46) für die Belange der Praxis aus.

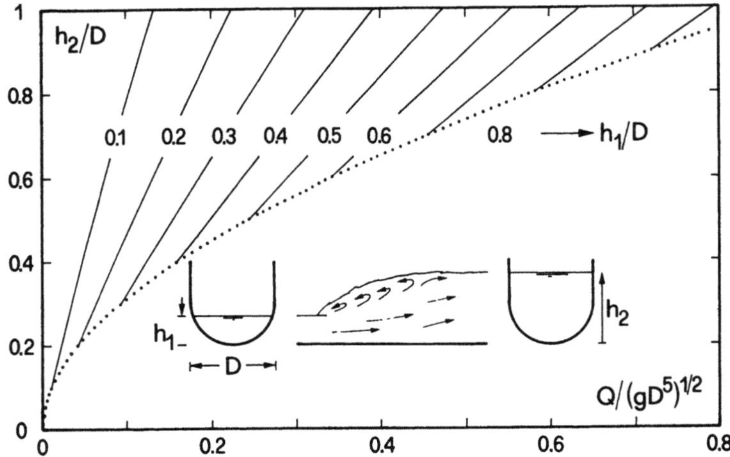

Bild 7.9 Konjugierte Wassertiefen im U-Profil, $(\cdots)$ $h_1 = h_2$..

Für die *Wassersprunglänge* L_j im U-Profil besteht keine systematische Abhängigkeit von der Froudezahl oder von der Teilfüllung y_1. Nach Hager (1987) gilt überschlägig

$$L_j/h_2 = 6. \tag{7.48}$$

Im Vergleich zum Rechteckprofil ist die Sprunglänge im U-Profil immer leicht grösser.

Ganz unterschiedlich im Vergleich zum Rechteckprofil kann jedoch das *Aussehen* des Wassersprunges sein. Nach Bild 7.10 ist die Zuflussprofilbreite bei kleinem Wert y_1 kleiner als die Profilbreite D. Durch den Wassersprung tritt also eine seitliche Expansion auf. Da der Zuflussstrahl auf die Kanalmitte konzentriert ist, kann er sich nicht abrupt seitlich ausdehnen, sondern bleibt vorerst als Zentralstrahl kompakt. Er wird jedoch durch die seitlichen Wassermassen vom Boden als Oberflächenstrahl weggedrängt. Im Achsen-Längsschnitt stellt sich demnach ein sogenannter *Bodenroller* ein, welcher vom Zuflussstrahl überlagert wird. Dieses Verhalten ist umgekehrt zum Wassersprung im Rechteckprofil und hat sich als typisch bei allen sich in Querrichtung verbreiternden Profilen (wie beim Trapezprofil) erwiesen. Im Grundriss (Bild 7.10a) stellen sich neben dem axialen Oberflächenstrahl noch zwei *seitliche Rückläufe* ein, die im Zuflussbereich keilförmige Spitzen bilden. Die Sprunglänge L_j bezieht sich auf den Schnittpunkt der beiden Spitzen in Kanalachse (gestrichelt).

Bild 7.10 ist insofern schematisch, als dass der Wassersprung einerseits hochturbulent ist, also grosse Schwankungsgrössen aufweist, andererseits aber nur in Ausnahmefällen symmetrisch verläuft. Häufig sind *Längsoszillationen* zu erkennen, bei extremen Fällen tritt sogar eine stabile Asymmetrie des Sprunges auf. Diese ist z.B. aus den Darstellungen nach Bild 7.11 zu entnehmen. Deshalb und auf Grund weiterer Indizien (Hager, 1992) darf der Wassersprung in allen nicht-rechteckigen, nach oben sich verbreiternden Profilen als generell weniger gut hinsichtlich Stabilität, Kompaktheit und Wellenanfachung im Vergleich zum klassischen Wassersprung gewertet werden. Wassersprünge im U-Profil oder Kreis-Profil sind deshalb nicht anzustreben.

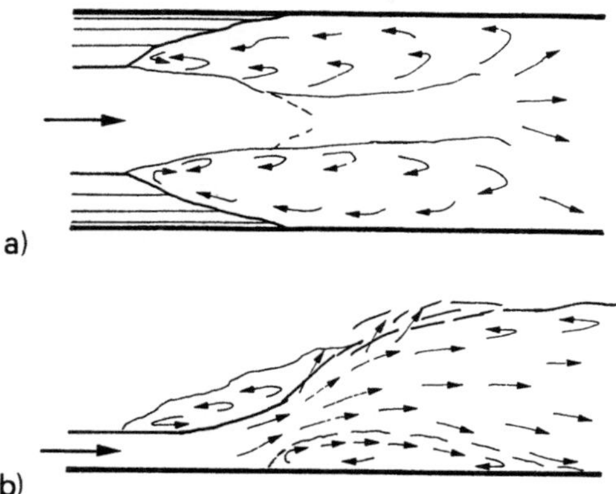

Bild 7.10 Schematischer Strömungsverlauf bei kleinem Wert von y_1 a) Oberfläche, b) Axialschnitt (Hager 1987).

Die Räumlichkeit der Wassersprungströmung im U-Profil ist speziell ausgeprägt bei $y_1 \ll 1/2$, da dann die Aufweitung des Schussstrahls gross ist. Je mehr sich y_1 aber dem Wert 0.5 nähert, desto schwächer ist dieser Einfluss und desto mehr gleicht der Wassersprung demjenigen im Rechteckprofil (Hager, 1989b).

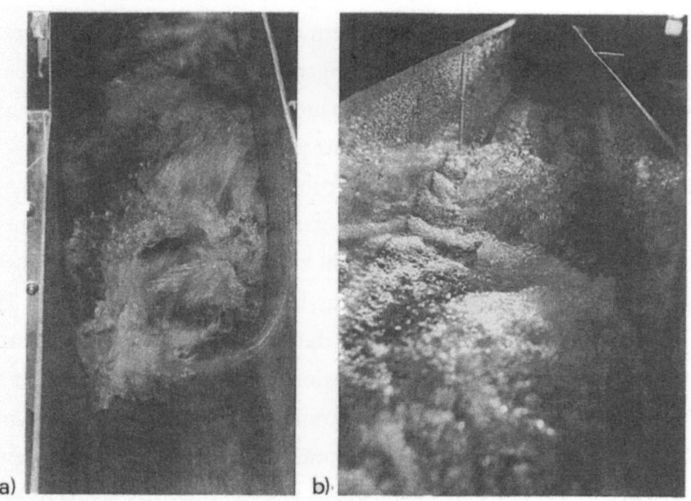

Bild 7.11 Typische Photos von Wassersprüngen im U-Profil. $y_1=0.13$ mit $F_1=$ a) 4.6 und b) 6.5.

7.6 Auslassbauwerke

7.6.1 Einleitung

Neben Wassersprüngen in Kanalisationen, die infolge der Kanalgeometrie und der Abflusszustände auftreten, weiter aber nicht spezielle Bedeutung hinsichtlich Energiedissipation besitzen, wird der Wassersprung auch technisch im sogenannten Tosbecken genutzt. Als *Tosbecken* bezeichnet man einen genau festgelegten Ort, an dem der schiessende Abfluss übergeführt wird in einen strömenden. Das Phänomen wird dabei durch die für den Wassersprung typische Energiedissipation begleitet, d.h. der Umsetzung von mechanischer Energie in hauptsächlich Wärme- und Schallenergie. Da im Unterwasser des Tosbeckens eine negative Energiebilanz hinsichtlich mechanischer Energie auftritt, spricht man häufig auch von Energieverlusten (Kap.2).

In der Abwassertechnik tritt die gezielte Energiedissipation relativ selten auf, da erstens die Durchflüsse häufig relativ klein sind und zweitens keine grossen Abflussgeschwindigkeiten auftreten. Ausnahmen bilden Fall- und Wirbelfallschächte, bei denen eine spezielle Energiedissipation vorzusehen ist (Kap.15). Zudem tritt die Energiedissipation auf im Zusammenhang mit Auslässen, beispielsweise im Unterwasser von Regenbecken oder von Abwasserreinigungsanlagen. In der Folge sollen solche Fälle näher betrachtet werden. Aufbauend auf einer Zusammenfassung nach Hager (1990b) sollen die wichtigsten *Bauwerkstypen* zusammengestellt werden, für Details wird auf die erwähnte Publikation verwiesen.

In diesem Bereich der Tosbecken hat sich eine eigene Disziplin entwickelt, die als Resultat auf eine Anzahl von Beckentypen führt. Jeder Beckentyp ist mehr oder weniger genau vorgegeben. Beispielsweise ist das USBR-Aufprallbecken (7.6.4) nicht nur im Labor ausführlichen Tests unterworfen, sondern anschliessend auch in Naturausführung eingehend untersucht worden. Heute liegen sogar zwei Modifikationen dieses sicherlich erfolgreichsten Auslass-Bauwerks vor; bei genauer Einhaltung aller Bemessungsangaben darf dieses Becken ohne weitere Tests in Einsatz gebracht werden.

Wie nachfolgend gezeigt wird, haben alle Tosbecken bei Kanalauslässen ein *Rechteckprofil*. Das Profil kann dabei entweder in Fliessrichtung divergieren, womit ein Übergangsbauwerk auf das breite Unterwasser nicht zusätzlich nötig ist, oder das Tosbecken bleibt prismatisch und die Anpassung auf das Unterwasser geschieht mit Hilfe eines Übergangsbauwerkes. Grundsätzlich ist dabei die zweite Ausführungsart zu bervorzugen, hat doch die Strömung in Expansionen eine starke Tendenz zur Ablösung. Dadurch können schlechte Wirkungsgrade, kombiniert mit gefährlichen Kolkerscheinungen auftreten. In der Folge soll als Repräsentant des expandierenden Beckens dasjenige nach Smith (1955/1988), das bereits erwähnte USBR-Becken VI (Peterka, 1958) sowie das Becken von Vollmer jedoch als prismatische Becken vorgestellt werden.

7.6.2 Dissipationsmechanismen

Unter Energiedissipation im weiteren Sinne versteht man die Abnahme des mechanischen Energieinhaltes einer Strömung infolge der *Viskosität* des Fluids. Deren Wirkung beschränkt sich vornehmlich auf die Strömungsberandung und regt dort komplizierte Wirbelstrukturen an. Diese wiederum können tiefer ins Strömungsinnere greifen und die sogenannt turbulente Strömung ausbilden. Die Turbulenz wird dabei einerseits dauernd angeregt, andererseits durch dissipative Arbeit aber auch umgesetzt in Wärme.

Unter Energiedissipation im engeren Sinne versteht man die lokale, konzentrierte Bildung von makroskopischen Wirbeln und deren ebenso konzentrierter Abbau. Um die Produktion von solch hochturbulenten Strömungen anzuregen, sind neben den Berandungsflächen zusätzliche, ins Strömungsinnere verlagerte *Scherflächen* anzuordnen. Diese stellen sich entweder selbständig ein beim klassischen Wassersprung (Bild 7.1a), indem grossflächige Stromablösung in der Art von Oberflächen- oder Boden-Rollern generiert wird, oder indem sich durch *Einbauten* wie Schwellen oder Blöcken zusätzlich Trennflächen ausbilden (Bild 7.1b).

Ablösungsgebiete lassen sich konstruktiv durch eine Vielzahl von Elementen ausbilden. Da der Phantasie hier keine Grenzen gesetzt sind, wurde eine Vielzahl von Bautypen entwickelt, wobei jedoch nicht alle zum gewünschten Ziel führen. Wird nämlich das Ablösungsgebiet zu gross, beispielsweise durch eine abrupte Kanalerweiterung, so erfolgt parallel zur Bildung von Scherflächen keine genügende *Strahlvermischung*. Dann kann der Zuflussstrahl ungehindert weit ins Unterwasser vordringen, ohne dass er massgebend gebremst wird. Bild 7.12 zeigt je ein Beispiel, bei dem die Energiedissipation gut und ungenügend verläuft. Im Fall a) vermischt sich der Zulaufstrahl mit dem Unterwasser gut, falls der Öffnungswinkel klein bleibt. Wird jedoch die Kanalerweiterung abrupt, so kann ohne zusätzliche Stabilisationselemente kein Vermischen des Strahles und damit keine genügende Energiedissipation erzwungen werden.

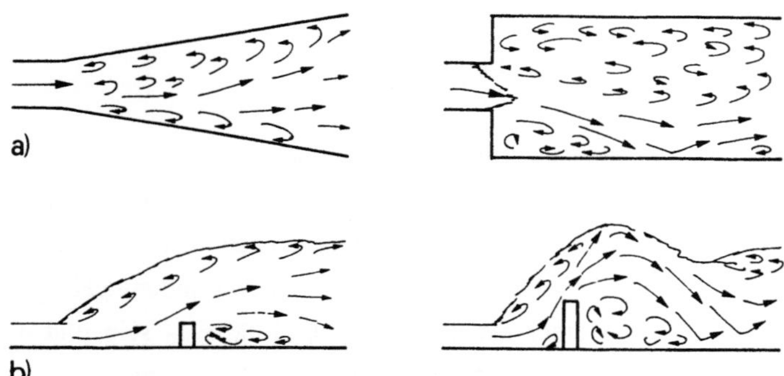

Bild 7.12 Gute (links) und ungenügende (rechts) Energiedissipation an a) Erweiterung und b) Bodenschwelle.

In der Wirkung anders verhält sich der Wassersprung im Kanal mit einer *Bodenschwelle*. Bei einer Schwellenhöhe von der Grössenordnung der Zulauftiefe wird der Strahl nur mässig umgelenkt und die Vermischung mit dem Unterwasser ist gut. Ist die Schwelle jedoch zu hoch, so bäumt sich der Strahl auf, taucht dann abrupt ins Unterwasser und kann zu grossräumigen Erosionserscheinungen (Kolk) führen.

Unter einer *guten Energiedissipation* kann man folgendes verstehen:

* hohe Effizienz, d.h. kleine Unterwassertiefe nötig,
* kurze Sprunglänge,
* keine Anfälligkeit auf Kavitation,
* kleine Wellenentwicklung im Unterwasser,
* wenig Spray-Entwicklung,
* geringe dynamische Beanspruchung und
* keine Kolkerscheinungen.

Diese Liste liesse sich erweitern, hier ist jedoch festzustellen, dass alle Anforderungen zusammen nie erfüllt werden können. Das gute Tosbecken zeichnet sich jedoch aus durch genügend Unterwasserhöhe, meistens so viel wie ohne Einbauten nötig wäre. Die Effizienz ist dann nicht optimal, jedoch lassen sich die restlichen Attribute mit technisch vernünftigem Aufwand beherrschen. Im Zusammenhang mit Tosbecken, wie sie in der Abwassertechnik auftreten, sind die Anforderungen geringer als im Wasserbau, wo sowohl Durchfluss als auch Zulaufgeschwindigkeit ein Vielfaches erreichen können. Bei Detailproblemen ist die wasserbauliche Literatur zu konsultieren.

7.6.3 Tosbecken nach Smith

Die ursprüngliche Anordnung nach Smith geht auf 1955 zurück. Das modifizierte Tosbecken nach Smith (1988) besitzt eine *stetige Erweiterung* um den Winkel θ, welcher von der Zulauf-Froudezahl F_0 und dem Erweiterungsverhältnis $\beta=b_1/b_0$ abhängt (Bild 7.13)

$$tg\theta = \frac{(\beta-1)^{1/3}}{4.5+2F_0} \, .\tag{7.49}$$

Die gesamte Konstruktion besteht aus drei Teilen, nämlich:

* dem prismatischen *Zulauf* in der Form eines Rechteck- oder Kreisprofils von der Breite b_0 und der Wassertiefe h_0, womit F_0 sich berechnen lässt; Abflüsse mit kleinen Froudezahlen $1<F_0<3$ sollen für diesen Beckentyp zur Anwendung gelangen. Zudem soll das Zulaufgefälle kleiner als das kritische Gefälle J_c sein und die Länge $L_P=D/2=b_0/2$ vom Auslass bis zum divergierenden Kanal betragen,
* dem *Übergangsstück* von der Länge $L_T=(\beta-1)/(2tg\theta)$, wobei die Breite b_1 am Tosbeckenanfang gegeben ist durch die dimensionsbehaftete Beziehung

$$b_1 \text{ [m]} = 1.1 Q^{1/2} \text{ [m}^3\text{s}^{-1}] \,. \tag{7.50}$$

Durch die Beschränkung des Winkels θ entsteht ein ablösungsfreier Diffusorabfluss,

- dem *Becken* selbst von der Länge L_B, in welches je eine Reihe Verteilblöcke und Prallblöcke eingelassen ist. Dabei gilt

$$L_B/h_2^* = 2.7 \tag{7.51}$$

mit h_2^* als konjugierte Wassertiefe des klassischen Wassersprunges nach Gl. (7.17).

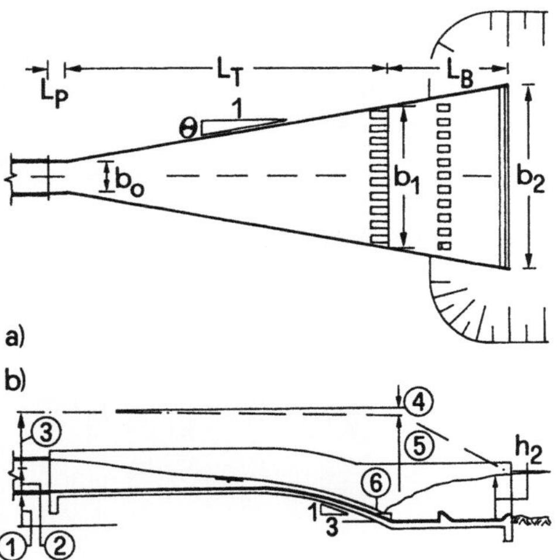

Bild 7.13 Tosbecken nach Smith (1988). $\text{①}\Delta z$, $\text{②}h_0$, $\text{③}V_0^2/2g$, $\text{④}\Delta z_E$, $\text{⑤}H_1$, $\text{⑥}h_1$.

Weiter sind folgende Punkte zu beachten:
- Die *Oberwassertiefe* h_1 am Sprungfuss wird vom Auslass her durch eine Stau- und Senkungskurve berechnet. Dabei ist zu bedenken, dass beim Rohrauslauf infolge Stromlinienkrümmung nur rund 50% der statischen Druckhöhe wirksam ist. Als Gesamtverlust zwischen Auslauf und Sprungfuss gilt pauschal $\Delta H = 0.15 V_0^2/(2g)$.
- Die Höhe, Breite und der Abstand der *Blöcke* ist gleich und beträgt h_1 oder $h_2^*/8$, die Prallblockreihen sind um $L_B/3$ vom Beckenanfang ins Unterwasser versetzt.
- Der Tosbeckenboden soll um $d_2 = 0.9 h_2^*$ unter den Unterwasserspiegel gelegt werden. Die Differenz Δz zwischen Zu- und Ablaufkote soll mindestens der Breite des Zulaufkanals entsprechen, also $\Delta z \approx b_0$. Der Übergang vom nahezu horizontalen Zulauf zum etwa 1:3 geneigten Schussrinnenboden ist gekrümmt auszuführen.

Bild 7.14 zeigt zwei typische Ansichten des Tosbeckens im Modellversuch.

Beispiel 7.2   Gegeben (nach Smith): $Q=22.7m^3s^{-1}$ bei $D=1.83m$. Kote Rohrauslauf 100.00m, Kote Unterwasserspiegel 101.50m.

Annahme: $\Delta z=0.90m$, entsprechend dem Beckenboden auf Kote 99.10m. Daraus folgt für die mittlere Rohrgeschwindigkeit $V_o=Q/A_o=22.7/(0.785 \cdot 1.83^2)=8.63ms^{-1}$, also $F_o=8.63/(9.81 \cdot 1.83)^{1/2}=2.04$, womit die Druckhöhe 50% des Rohrdurchmessers wird. Für die Energiehöhe H_o ergibt sich demnach unter Voraussetzung der halben hydrostatischen Druckhöhe $H_o=0.5 \cdot 1.83 + 8.63^2/19.62 =4.72m$, also $H_1=H_o+\Delta z-0.15 \cdot 8.63^2/19.62=4.72+0.90-0.57=5.05m$. Die Breite b_1 ergibt sich nach Gl.(7.50) zu 5.24m, womit $Q/b_1=4.33m^2s^{-1}$. Damit wird $h_1=0.46m$, wodurch $H_1=0.46+22.7^2/(19.62 \cdot 5.24^2 0.46^2)=5.05m$. Die Froudezahl im Tosbeckeneinlauf berechnet sich damit zu $F_1=Q/(gb_1^2h_1^3)^{1/2} =4.47$. Nach Gl.(7.17) berechnet sich die konjugierte Tiefe zu $h_2=2.69m$, also $d_2=0.90 \cdot h_2= 2.42m$. Mit einem Unterwasserspiegel auf 101.50m wird damit der Tosbeckenboden auf Kote 101.50–2.42=99.08m gesetzt und stimmt deshalb mit der Annahme von 99.10m genügend gut überein. Mit $\beta=b_1/b_o=5.24/1.83=2.86$ wird die Divergenz des Beckens nach Gl.(7.49) zu $tg\theta=0.143$, also $L_T=(b_1-b_o)/(2\theta)=11.9m$. Weiterhin ergibt sich für die Basislänge $L_B=3d_2=7.26m$. Die Auslaufbreite b_2 berechnet sich zu $b_1+2tg\theta \cdot L_B=7.32m$. Damit wird die mittlere Auslauf-Geschwindigkeit $V_2=Q/(b_2d_2)=1.28ms^{-1}$. Die Gesamtlänge des Beckens beläuft sich auf rd. $L=20m$.

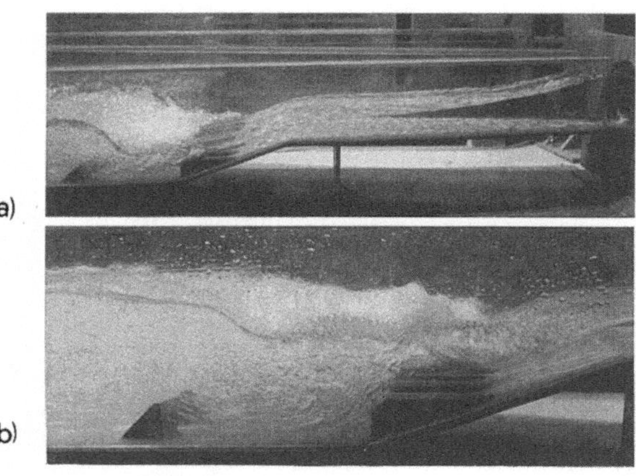

Bild 7.14 Tosbecken nach Smith im Betrieb.

7.6.4 Tosbecken nach USBR

Das Tosbecken des United States Bureau of Reclamation USBR VI (Bradley und Peterka, 1957) kann insofern als speziell betrachtet werden, als dass es überhaupt *kein Unterwasser* benötigt. Das Becken, dessen wesentlichstes Element eine hängende Prallwand darstellt, darf bei Zulaufgeschwindigkeiten $V_o<10ms^{-1}$ und Durchflüssen $Q<13m^3s^{-1}$ angewendet werden. Bei grösseren Durchflüssen sind mehrere Einheiten von Parallel-Tosbecken anzuordnen.

Der massgebende Parameter entspricht dem *Durchfluss* Q, mit ihm ergibt sich die Tosbeckenbreite b auf ±10% genau durch die Beziehung

$$b = 3.3(Q^2/g)^{1/5} \ . \tag{7.52}$$

Dank der Prallschwelle (Bild 7.15) wird eigentlich kein Unterwasser benötigt, dieses stört jedoch nicht, falls es bis maximal zur Rohrachse reicht. Ein noch höherer Unterwasserspiegel ist jedoch infolge ungünstiger Strahlablenkung zu vermeiden.

Das Zulaufrohr vom Durchmesser D darf bis maximal 15° geneigt sein und kann auch als offener Rechteckkanal ausgeführt werden. Die *Abmessungen* des kastenförmigen Bauwerkes in Abhängigkeit der Tosbeckenbreite b sind:

Gesamthöhe	T	$= (3/4)b,$
Gesamtlänge	L	$= (4/3)b,$
Schwellenhöhe	s	$= (1/6)b,$
Abstand der Aufprallschwelle	a	$= (7/12)b,$
Unterwasserhöhe der Flügelmauer	c	$= (2/5)b \ .$

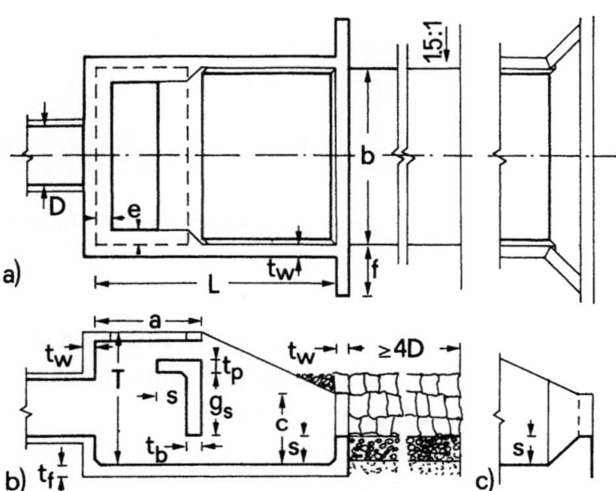

Bild 7.15 USBR Aufprallbecken a) Grundriss, b) Längsschnitt, c) alternative Ausführung der Endschwelle (Bradley und Peterka 1957).

Weiter gilt $e=(1/10)T$ für die Kastendicke, $f=(1/4)b$ für die Länge der Flügelmauer und $g_s=(3/8)b$ für die Höhe der Aufprallschwelle. Schliesslich soll $t_w{\approx}t_f{\approx}t_b{\approx}(1/12)b$ gewählt werden und für t_p ist 20cm zu setzen.

Eine *Riprap-Bodenverkleidung* mindestens über eine Länge von (4D) hält die Erosion in Grenzen, wobei das Mindestmass der Blöcke $d_B[m]=V_b/2$ zu sein hat mit $V_b[ms^{-1}]$ als Bodengeschwindigkeit. Es darf näherungsweise $V_b=V_2=Q/(bh_2)$ angenommen werden. Damit ist die Beschreibung des USBR Beckens VI komplett. Bild 7.16 zeigt Fotos eines Modellbeckens im Betrieb.

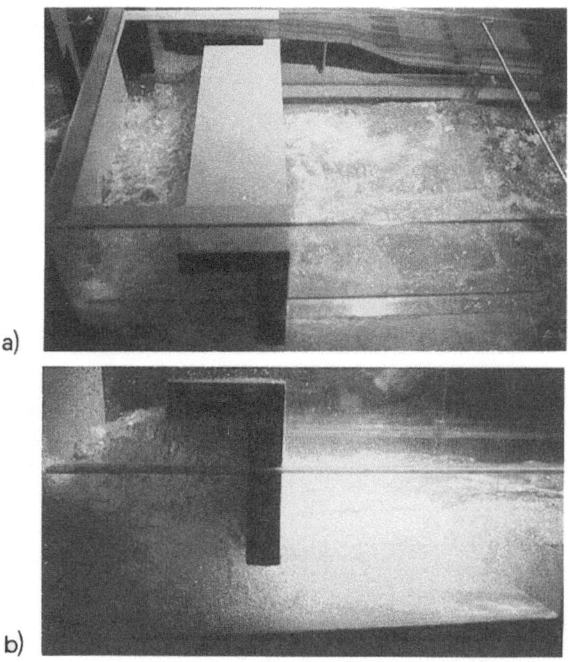

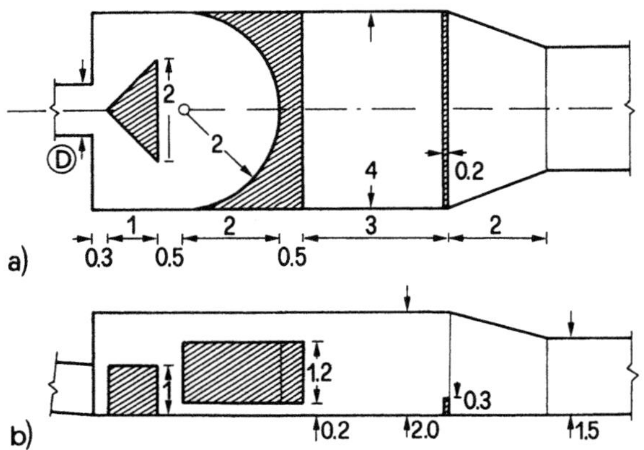

Bild 7.16 Modellbetrieb des USBR Becken VI. a) Ansicht, b) Aufprallströmung.

7.6.5 Tosbecken nach Vollmer

Ein zweites nach dem Gegenstromprinzip arbeitendes Tosbecken hat Vollmer (1972) entwickelt. Es besteht aus einem dreieckigen Aufprallkörper, welcher den Zufluss auf eine halbkreisförmige Gegenschwelle leitet (Bild 7.17).

Bild 7.17 Gegenstrombecken nach Vollmer (1972), a) Grundriss, b) Längsschnitt. Zahlenangaben entsprechen dem Vielfachen des Durchmessers D des Zulaufkanals.

Die wesentliche Dimension des Beckens ist der *Durchmesser* D des Zulaufkanals. Der Hochgeschwindigkeits-Zufluss wird vorerst gespalten, an der Gegenschwelle umgelenkt und im Unterwasser unter Aufprall wieder zusammengeführt. Um kleine Durchflüsse direkt ins Unterwasser zu leiten, ist das Prallelement leicht vom Beckenboden abgehoben. Bei maximalem Durchfluss fliesst das Wasser unter und über der Gegenschwelle in die zweite Kammer, welche durch die Endschwelle unter einem gewissen Einstau steht. Die Anlage lässt sich auch gedeckt ausführen, wobei dann aber eine Belüftung des Beckens nötig wird. Diese lässt sich mit einem Einsteigeschacht kombinieren (Vollmer 1975).

7.7 Bemerkungen zur Energiedissipation

Im Zusammenhang mit der Energiedissipation muss unterschieden werden zwischen:

- einerseits dem *Wassersprung*, welcher sich grundsätzlich bei allen schiessenden Abflüssen einstellen kann als abrupter Übergang zum Strömen und
- andererseits dem *Tosbecken* als klar definiertem Ort der Energieumwandlung.

In Kanalisationen wird man üblicherweise keine Tosbecken vorsehen, es sei denn an wohldefinierten Orten wie bei Auslässen. Trotzdem können sich in flachen Gebieten Wassersprünge einstellen, die in einer detaillierten hydraulischen Berechnung zu lokalisieren sind. Bild 7.18 zeigt typische Situationen der Abwassertechnik, in der mit Wassersprüngen zu rechnen ist. Dabei handelt es sich normalerweise um schwierigere Konfigurationen als in diesem Kapitel betrachtet werden.

Bild 7.18a) zeigt einen *Fallschacht* (Kap.15) im Längsschnitt, der sich im Unterwasserkanal wieder bildende Abfluss und die darüber hochturbulent abstürzenden Wassermassen. Die Energiedissipation dieses Bauwerkes kann beträchtlich sein.

In Bild 7.18b) ist der Einlauf eines *Wirbelfallschachtes* dargestellt (Kap.15). Bei diesem Bauwerk erfolgt die Energiedissipation einerseits durch Wandreibung längs des spiralförmig durchflossenen Schachtes, andererseits aber durch die im Ablauf angeordnete Toskammer. Bei Überbelastung kann sich bereits im Einlaufbauwerk ein Wassersprung einstellen, falls schiessender Zufluss vorliegt. Dieser Fall ist zu vermeiden, da sich nur so ein ausreichender Luftkern einstellt, und die Abflussstabilität ungefährdet ist.

Ein *Absturz* kleiner Höhe ist in Bild 7.18c) dargestellt. Bei Unterwassereinstau stellt sich eine effiziente Energiedissipation ein, sonst schiesst der Abfluss unter zusätzlicher Bildung von Stosswellen in den Ablaufkanal. Bei relativ kleiner Absturztiefe entsteht ein Abfluss über die sogenannte negative Stufe (Hager, 1992).

Bei Druckabfluss in ein Becken treten *Diffusionsvorgänge* auf, die energieumsetzend verlaufen. Die in Bild 7.18d) gezeichnete Situation führt längs des Bodens zu Wandstrahlen, deren Verhalten genau erforscht wurde (Rajaratnam 1976).

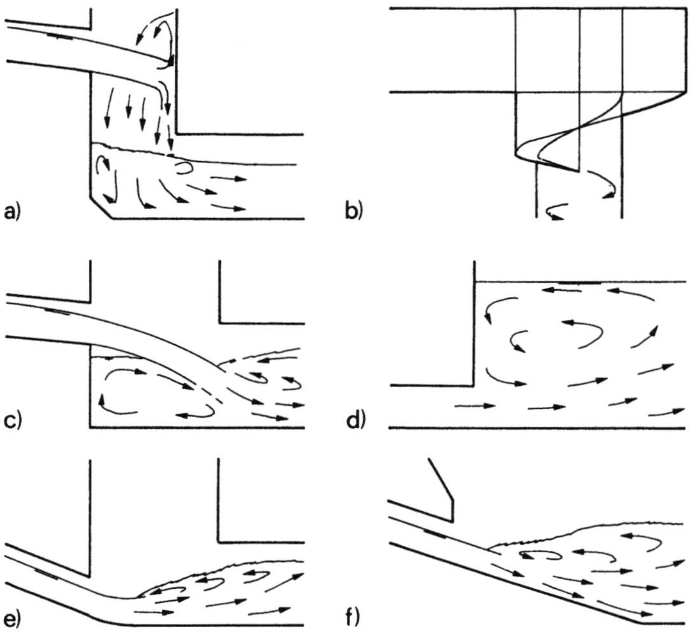

Bild 7.18 Wassersprünge in der Kanalisationstechnik.

Eine häufige Art der Energiedissipation findet sich bei *Gefällsübergängen* von Steil-auf Flachzonen (Bild 7.18e). Je nach den Durchfluss- und Gefällsverhältnissen kann der Wassersprung dabei entweder noch auf der Steilstrecke liegen, häufiger aber weit ins Unterwasser abgedrängt werden. Ist die Belüftung nicht ausreichend, so ergeben sich gefährliche Unterdruckerscheinungen.

Als letztes Beispiel von Energiedissipation in Kanalisationssystemen sei der *Auslass* in einen Vorfluter angeführt (Bild 7.18f). Hier liegt der Wassersprung häufig auf einer geneigten Ebene, also einem sogenannten B-Sprung entsprechen. Die entsprechende Literatur für Wassersprünge in Rechteckkanälen findet sich bei Hager (1992).

Neben der Angabe von Orten, bei denen Wassersprünge auftreten, sollen nachfolgend auch Stellen im Kanalisationsnetz erwähnt werden, an denen das Auftreten von Wassersprüngen üblicherweise nicht geplant wird. Nach Bild 7.19 handelt es sich fast immer um Übergangsstücke, die besonders auf das Auftreten von Wassersprüngen hin zu untersuchen sind. Bild 7.19a) zeigt den *Gefällswechsel* von Flach- und Steilstrecke mit entsprechender Kaliberreduktion (Kap.6). Ist diese zu gross, so schluckt das Rohr der Steilstrecke den Durchfluss nicht und schlägt beim Einlauf zu. In der Folge stellt sich im Schacht ein Wassersprung ein, der zu grossräumigem Rückstau führen kann.

Das Pendant zu Bild 7.18a) stellt Bild 7.19b) dar. Durch *Unterwasserrückstau* kann beim Übergang von der Steil- zur Flachstrecke das Ablaufrohr zuschlagen und somit unter Druck geraten. Der Wassersprung wird dann zurückgedrängt - zuerst in den Schachtbereich, anschliessend ev. sogar in die Steilstrecke. Der Kontrollschacht steht damit unter Wasser und trägt zusätzlich zur Energiedissipation bei.

Beim *seitlichem Wasserzufluss*, beispielsweise durch ein Streichwehr oder durch ein zukommendes Rohr in einen Vereinigungsschacht, kann sich im Sammelkanal ein Wassersprung einstellen (Bild 7.19c). Wird planerisch dieser Fall nicht erfasst, so kann eine anschliessende Rohrleitung unter Druck geraten und damit die Fliessverhältnisse drastisch ändern.

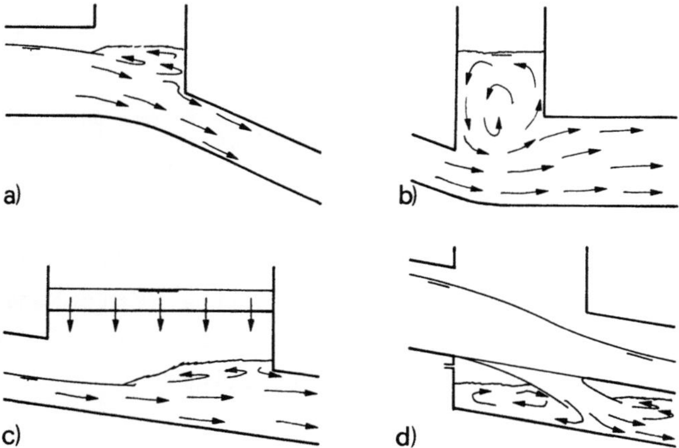

Bild 7.19 Beispiele von planerisch nicht berücksichtigter Energiedissipation.

Schliesslich stellt Bild 7.19d) eine *Bodenöffnung* dar, bei der also ein schiessender Zufluss in zwei Teile aufgespalten wird (Kap.20). Dabei kann sich in beiden Ablauf-kanälen infolge ungenügender Belüftung oder zu kleinen Gefälles ein Wassersprung einstellen, der wiederum eine Änderung der geplanten Fliessverhältnisse nach sich zieht.

Grundsätzlich sollten alle schiessenden Abflussstrecken mit spezieller Vorsicht be-trachtet werden. Dabei ist zwei Abflussarten die Aufmerksamkeit zu schenken:

- bei relativ kleinen Froudezahlen 1<F<2 ist der schiessende Abfluss nicht voll ent-wickelt, es treten häufig markante *Oberflächenwellen* auf, die bei zu knapper Bemes-sung ein Zuschlagen an der Wellenkrone bewirken. Diese stehenden Wellen werden auch als *gewellter Wassersprung* bezeichnet. Im Rechteckkanal darf der gewellte Wassersprung als zusammengesetztes Profil aus Solitär- und Cnoidalwelle betrachtet werden (Bild 7.20 und 7.21). Die maximale Höhe h_M der Solitärwelle beträgt

$$h_M/h_0 = F_0^2, \qquad F_0 < \sqrt{2} \tag{7.53}$$

mit h_0 als Zulaufwassertiefe und F_0 als Froudezahl im Zulaufkanal (Kap.1). Für $F_0 > \sqrt{2}$ stellt sich die Solitärwelle mit gebrochenem Scheitel ein.

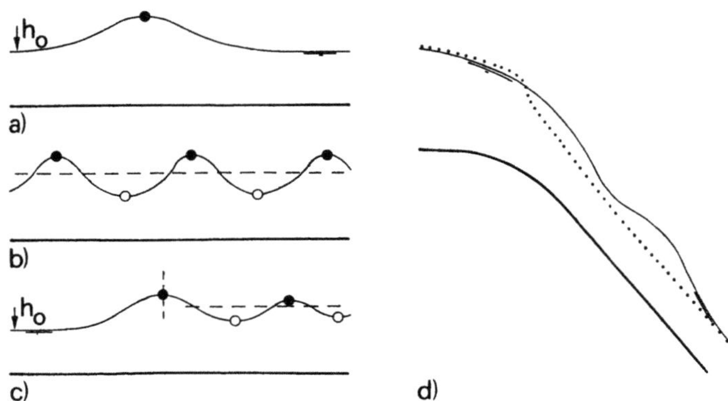

Bild 7.20 a) Solitärwelle, b) Cnoidalwelle, c) ondulierender Wassersprung, zusammengesetzt aus Solitär- und Cnoidalwelle und d) Übergang von Flach- auf Steilstrecke, Wasserspiegel bei (···) hydrostatischer und (—) hydrodynamischer Druckverteilung.

- bei grossen Froudezahlen $F_0 > 2$ treten ebenfalls stehende Wellen in der Form von *Stosswellen* auf. Dabei ist zu beachten, dass jede Störung - seien es Kanaleinbauten, Richtungsänderungen oder Erweiterungen - solche Wellen hervorruft. Die Wellenhöhe hängt dabei entscheidend von der Froudezahl F_0 im Zulauf ab.

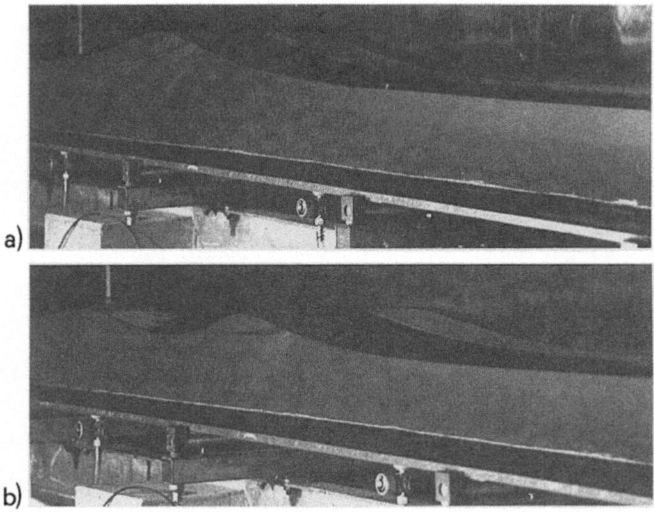

Bild 7.21 a) Solitär- und b) Cnoidalwelle im Rechteckkanal.

Bis heute liegen praktisch keine Untersuchungen über diese Phänomene im Kreisprofil vor. Die relativ wenigen Arbeiten im Bereich von schiessenden Kanalabflüssen beziehen sich fast ausschliesslich auf den Abfluss im Rechteckkanal (Kap.16). Deshalb können hier nicht weitere Resultate mitgeteilt werden. Grundsätzlich soll aber gelten, dass die Gefahr von unkontrollierten Abflusszuständen mit der Froudezahl F wächst. Bei grossen Werten von F darf deshalb höchstens auf eine Teilfüllung von 50% bemessen werden. Dabei ist Rücksicht auf den Oberflächen-Lufteintrag zu nehmen, der zusätzlich zum Wasser ein Wasserluftgemisch erzeugt und damit mehr Querschnittsfläche benötigt. Der Verlauf der Energielinie ist häufig aufschlussreich und sollte bei schiessendem Abfluss immer ermittelt werden.

Literaturnachweis

- Ahmed, A.A., Ervine, D.A. und McKeogh, E.J. (1984). The process of aeration in closed conduit hydraulic structures. Symposium on *Scale Effects in Modelling Hydraulic Structures* 4.13:1-11, ed. H. Kobus. Technische Akademie Esslingen: Esslingen.
- Bradley, J.N. und Peterka, A.J. (1957). The hydraulic design of stilling basins: small basins for pipe or open channel outlets - no tailwater required. Proc. ASCE *Journal of Hydraulics Division* 83(HY5), Paper 1406: 1-17.
- Falvey, H.T. (1980). Air-water-flow in hydraulic structures. *Engineering Monograph* 41, US Department of Interior. Water and Power Resources Service: Denver, Col.
- Hager, W.H. (1987). Abfluss im U-Profil. *Korrespondenz Abwasser* 34(5):468-482.
- Hager, W.H. (1989a). Wassersprung im geschlossenen Kanal. *3R-International* 28(10): 674-679.
- Hager, W.H. (1989b). Hydraulic jump in U-shaped channel. *Journal of Hydraulic Engineering* 115(5): 667-675.
- Hager, W.H. (1990a). Geschichte des Wassersprunges. *Schweizer Ingenieur und Architekt* 108(25): 728-735.
- Hager, W.H. (1990b). Energiedissipation an Auslassbauwerken. *Gas - Wasser - Abwasser* 70(2): 123-130.
- Hager, W.H. (1990c). Basiswerte der Kanalisationshydraulik. *Gas - Wasser - Abwasser* 70(11): 785-787.
- Hager, W.H. (1992). *Energy dissipators and hydraulic jump*. Kluwer Academic Publishers: Dordrecht-Boston-London.
- Hager, W.H. und Bremen, R. (1989). Classical hydraulic jump: sequent depths. *Journal of Hydraulic Research* 27(5): 565-585.

- Hjelmfeldt, A. T. (1967). Flow in elliptical channels. *Water Power* **19**(10): 429-431.
- Hörler, A. (1967). Gefällswechsel in der Kanalisationstechnik bei Kreisprofilen. *Schweiz. Zeitschrift für Hydrologie* **29**(2): 387-426.
- Kalinske, A.A. und Robertson, J.M. (1943). Closed conduit flow. *Transactions ASCE* **108**: 1435-1447; 1513-1516.
- Peterka, A.J. (1958). Hydraulic design of stilling basins and energy dissipators. *Engineering Monograph* **25**. US Department of Interior. Bureau of Reclamation: Denver, Col.
- Rajaratnam, N. (1967). Hydraulic jumps. *Advances in Hydroscience* **4**: 197-280, ed. V.T. Chow. Academic Press: New York.
- Rajaratnam, N. (1976). *Turbulent Jets*. Developments in Water Science 5, ed. V.T. Chow. Elsevier: Amsterdam.
- Smith, C.D. (1988). Outlet structure design for conduits and tunnels. *Journal of Waterway, Port, Coastal and Ocean Engineering* **114**(4): 503-515.
- Vollmer, E. (1972). Ein Beitrag zur Energieumwandlung durch Gegenstrom-Tosbecken. *Mitteilung* **21**. Institut für Wasserbau, Universität Stuttgart: Stuttgart.
- Vollmer, E. (1975). Energieumwandlung und Leistungsfähigkeit des Gegenstrom-Tosbeckens. *Mitteilung* **35**. Institut für Wasserbau, Universität Stuttgart: Stuttgart.

Bezeichnungen

a	[m]	Abstand der Aufprallschwelle
b	[m]	Breite
b_0	[m]	Zulaufbreite
B	[m]	Profilbreite
c	[m]	Unterwasserhöhe der Flügelmauer
d_B	[m]	Blockdurchmesser
d_2	[m]	Unterwasserhöhe
D	[m]	Durchmesser
e	[m]	Kastendicke
f	[m]	Länge der Flügelmauer
F	[m^2]	Querschnittsfläche
F	[-]	Froudezahl
g	[ms^{-2}]	Erdbeschleunigung
g_s	[m]	Höhe der Aufprallschwelle
h	[m]	Wassertiefe
h_M	[m]	maximale Höhe
H	[m]	Energiehöhe

J_s	[-]	Sohlengefälle
L	[m]	Gesamtlänge
L_a	[m]	Belüftungslänge
L_B	[m]	Beckenlänge
L_P	[m]	Zulauflänge
L_j	[m]	Wassersprunglänge
L_r	[m]	Rollerlänge
L_T	[m]	Übergangslänge
P_s	[N]	statische Druckkraft
q	$[m^2 s^{-1}]$	Durchfluss pro Einheitsbreite
q_D	[-]	auf Durchmesser normierter Durchfluss
q_o	[-]	Bezugsdurchfluss
Q	$[m^3 s^{-1}]$	Durchfluss
Q_a	$[m^3 s^{-1}]$	Luftdurchfluss
s	[m]	Schwellenhöhe
S	$[m^2]$	Stützkraft
t	[m]	Mauerstärke
T	[m]	Profilhöhe
V	$[ms^{-1}]$	mittlere Geschwindigkeit
V_b	$[ms^{-1}]$	Bodengeschwindigkeit
V_o	$[ms^{-1}]$	Zulaufgeschwindigkeit
y	[-]	Teilfüllung
Y	[-]	Verhältnis der konjugierten Wassertiefen
z_s	[m]	Schwerpunktsabstand
Z_s	[-]	Normierter Schwerpunktsabstand
β	[-]	Erweiterungsverhältnis
β_a	[-]	Lufteintragskoeffizient
δ	[-]	halber Zentriwinkel
Δz	[m]	Höhendifferenz
ΔH	[m]	Energiehöhenverlust
λ_r	[-]	Relativlänge des Rollers
λ_j	[-]	Relativlänge des Wassersprunges
Φ	[-]	Flächenfunktion
η	[-]	Effizienz
ρ	$[kgm^{-3}]$	Dichte
Θ	[-]	Sohlenneigung
θ	[-]	Erweiterungswinkel

Indizes

1	Wassersprung-Zulauf	f	Boden
2	Wassersprung-Auslauf	L	Grenzzustand
a	Luft	M	Maximum
b	Block	o	Zulauf
B	Becken	w	Wand
E	Energie	*	klassischer Wassersprung

8 STAU- UND SENKUNGSKURVEN

Die Übergangskurven von einem in den nächsten Normalabflusszustand, oder allgemeiner die Wasserspiegel in offenen Kanälen werden als Stau- und Senkungskurven bezeichnet. Sie geben bei stationärem Abfluss die allgemeinsten Oberflächenprofile unter einem Durchfluss bei bestimmten Randbedingungen an. Üblicherweise lassen sie sich nur umständlich berechnen, sind aber häufig nötig, um Gewissheit über Einstauverhältnisse zu erhalten.

Kapitel 8 stellt eine vereinfachte Methode zur Ermittlung der Stau- und Senkungskurven dar. Sie basiert auf einer Differentialgleichung, die sich exakt lösen lässt. Damit entfällt ein Konvergenzkriterium hinsichtlich der Länge des Berechnungsschrittes. Das Verfahren wird ausführlich anhand eines Berechnungsschemas beschrieben und durch Beispiele erläutert. Neben dem Kreisprofil werden auch das Ei- und Maulprofil sowie das Rechteckprofil in Rechnung gestellt. Abschliessend wird der Einfluss der nichthydrostatischen Druckverteilung auf den Abfluss diskutiert.

8.1 Einleitung

Unter Stau- und Senkungskurven (engl.: backwater curves; franz.: courbes de remous) versteht man idealisierte Wasserspiegelprofile, welche sich als *Übergangskurven* zwischen zwei oder mehreren Kanalabschnitten ergeben. Bild 8.1 zeigt einen langen Ober- und einen ebenso langen Unterwasserkanal. In beiden Kanälen stellt sich nach genügender Fliessdistanz Normalabfluss ein, falls die Bedingungen dazu nach Kap.5 erfüllt sind. Stau- und Senkungskurven sind ein einfaches Hilfsmittel, um die mittlere Strömung übersichtlich zu kennzeichnen, sie geben jedoch keinen Aufschluss über das Querprofil, die internen Strömungsverhältnisse und Ablösungszonen oder über die Geschwindigkeitsverteilung.

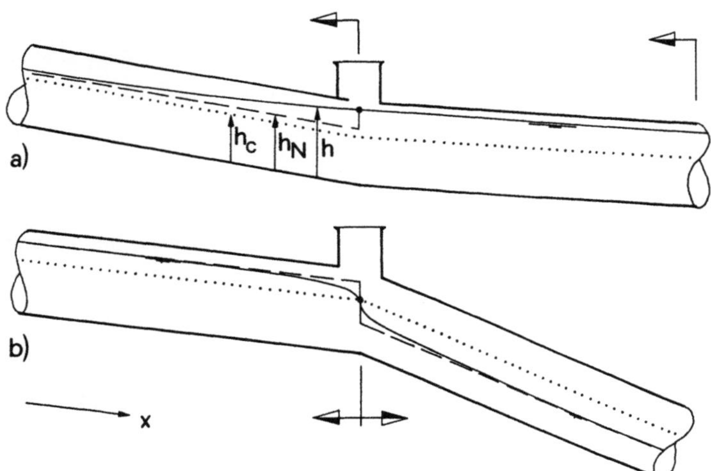

Bild 8.1 Beispiele von Stau- und Senkungskurven mit Angabe von Berechnungsrichtung. a) verzögerter und b) beschleunigter Abfluss. (—) Wasserspiegel $h(x)$, (- - -) Normalabflusstiefe h_N, (...) kritische Wassertiefe h_c.

Bild 8.1a) zeigt einen in Fliessrichtung x verzögerten Abfluss. Ebenfalls eingezeichnet sind das Normalabflussprofil und das Profil des kritischen Abflusses. Da der Durchfluss und der Querschnitt sich nicht verändern, bleibt die Funktion $h_c(x)$ konstant. Hingegen verändert sich die Normalabflusstiefe abschnittsweise mit dem Sohlengefälle J_s.

Bei *strömendem Abfluss* (F<1) ist definitionsgemäss die Fliessgeschwindigkeit V kleiner als die Wellenausbreitungsgeschwindigkeit c. Wird an einer Stelle $x=x_0$ der Abfluss also gestört, beispielsweise durch einen Sohleneinbau, so breitet sich die Störung aus mit der Geschwindigkeit (Press und Schröder, 1966)

$$\frac{dx}{dt} = V \pm c = c(F\pm1) \,. \tag{8.1}$$

Darnach bemerkt man die Störung im Oberwasser als Aufstau, im Unterwasser klingt sie jedoch schnell ab. Bei *schiessendem Abfluss* (F>1) hingegen werden alle Störungen nur ins Unterwasser bewegt, im Oberwasser merkt man nichts, da die Fliessgeschwindigkeit grösser ist, als sich die Störung ausbreitet.

Diese Erkenntnis, welche bereits von den französischen Mathematikern Lagrange und Laplace im 18. Jahrhundert formuliert wurde, schlägt sich entscheidend auf das *Berechnungsvorgehen* nieder (Grundregel 1):

* Strömende Abflüsse (F<1) müssen demnach *entgegen* der Fliessrichtung berechnet werden, die Berechnungsrichtung ist immer umgekehrt zur Fliessrichtung;
* Schiessende Abflüsse (F>1) hingegen müssen in Fliessrichtung berechnet werden.

Hinsichtlich Bild 8.1a) verläuft demnach die Berechnung des durchgehend strömenden Abflusses vom Unterwasser ins Oberwasser, während in Bild 8.1b) der kritische Fliesszustand Ausgangspunkt der Berechnung ist. Von dort aus muss also sowohl ins Oberwasser als auch ins Unterwasser berechnet werden. Nur so nämlich können die Forderungen nach der Berechnungsrichtung erfüllt werden. Die Stelle, an der sich kritischer Abfluss einstellt (Kap.6), heisst deshalb auch *Kontrollpunkt* (engl.: control point; franz.: point de contrôle), da in diesem Querschnitt sowohl das Oberwasser als auch das Unterwasser durch den kritischen Abflusszustand "gezwängt" werden.

Neben der Berechnungsrichtung ist für die Ermittlung von Stau- und Senkungskurven zudem von Bedeutung, dass der Abfluss in prismatischen Kanälen immer das Bestreben hat, sich dem *Normalabflusszustand* zu nähern. Im Falle von Bild 8.1a) herrscht im Unterwasserbereich Normalabfluss, weiter im Oberwasser ist die Normalabflusstiefe jedoch kleiner, weshalb sich auch die Fliesstiefe - entgegen der Fliessrichtung - verkleinert.

Umgekehrt sind die Verhältnisse im Falle von Bild 8.1b). Dort ist der Berechnungsursprung am Gefällsknick, an dem sich F=1 einstellt. Sowohl in die Richtung des Oberwassers als auch des Unterwassers stellt sich in der Folge eine asymptotische Annäherung an den Gleichgewichtszustand ein. Deshalb gilt als Grundregel 2:

> *Die Normalabflusskurve $h_N(x)$ wird asymptotisch erreicht und kann*
> *deshalb vom Wasserspiegelprofil $h(x)$ nie geschnitten werden.*

In der Folge sollen neben diesen qualitativen Angaben auch quantitative Berechnungs-grundsätze mitgeteilt werden, weshalb vorerst die Gleichung der Stau- und Senkungs-kurven abgeleitet wird. Anschliessend werden die Stau- und Senkungskurven klassifiziert und schliesslich werden Lösungen zur Gleichung in ausgewählten Profilen mitgeteilt.

8.2 Allgemeine Gleichung der Stau- und Senkungskurven

Wie bereits erwähnt, handelt es sich bei Stau- und Senkungskurven um Übergangs-profile. Bevor die Basisgleichung abgeleitet sei, treffen wir die folgenden *Voraussetzun-gen*:

- der Abfluss sei eindimensional, man betrachte also keine Veränderungen in Querrich-tung,
- die Geschwindigkeitsverteilung sei uniform und damit
- die Druckverteilung ist hydrostatisch, d.h. der Einfluss von Stromlinienkrümmungen bleibt unberücksichtigt,
- der Abfluss sei homogen und stetig variabel, d.h. alle Parameter haben wohldefinierte Ableitungen,
- der Abfluss sei stationär und der Durchfluss variiere nicht mit der Längskoordinate.

Nach Kap.1 lassen sich stetige Abflüsse sowohl durch den Energie- als auch durch den Impulssatz ermitteln. Bild 8.2 zeigt einen stetigen Abfluss mit Q als Durchfluss, $z=z(x)$ als Funktion der Sohlengeometrie und $h=h(x)$ als Wasserspiegelprofil. Weiterhin stellt $J_S=J_S(x)=-dz/dx$ das Sohlengefälle und $J_e=-dH/dx$ das Energieliniengefälle dar.

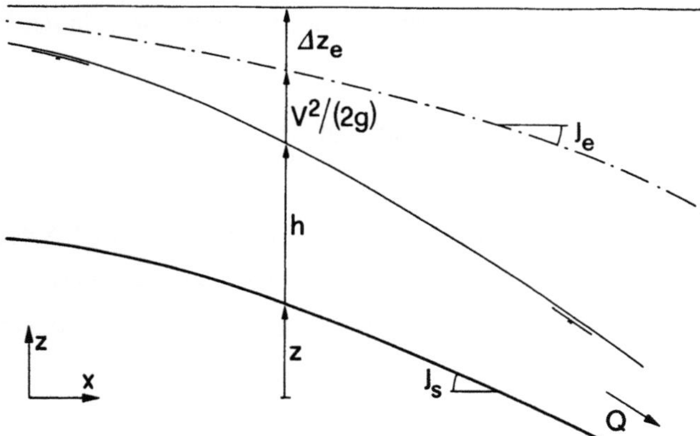

Bild 8.2   Stetig variabler Abfluss, Bezeichnungen.

Die *Energiehöhe* (engl.: energy head; franz.: charge) bezüglich eines beliebigen, aber fixierten Koordinatennetzes (x;z) lautet

$$H = z + h + \frac{V^2}{2g} \qquad (8.2)$$

mit $V=Q/F$ als mittlere Geschwindigkeit. Q entspricht dem konstant vorausgesetzten Durchfluss und F ist die Querschnittsfläche.

Nach Bild 8.2 reduziert sich die Energiehöhe in Fliessrichtung um den Energieverlust Δz_e. Ausgedrückt auf einen Elementarabstand Δx folgt also $\Delta H/\Delta x = -\Delta z_e/\Delta x = -J_e$ oder, nach dem Übergang auf infinitesimale Grössen $dH/dx = -J_e$. Nach Gl.(8.2) lässt sich nun die Änderung der Energiehöhe ausdrücken durch

$$\frac{dH}{dx} = \frac{dz}{dx} + \frac{dh}{dx} + \frac{1}{2g}\frac{d}{dx}\left(\frac{Q^2}{F^2}\right) = -J_e. \qquad (8.3)$$

Berücksichtigt man die Identität $dz/dx = -J_s$ und $d/dx(Q^2/F^2) = -(2Q^2/F^3)(dF/dx)$ infolge konstantem Durchfluss, so folgt vorerst

$$\frac{dh}{dx} - \frac{Q^2}{gF^3}\frac{dF}{dx} = J_s - J_e. \qquad (8.4)$$

Diese Beziehung ist insofern noch für weitere Berechnungen ungeeignet, als dass sowohl die Querschnittsfläche F als auch die Wassertiefe h als Unbekannte auftreten. Allgemein ist die Querschnittsfläche eine Funktion der Wassertiefe, gleichzeitig kann sich F aber auch mit der Lagekoordinate x von Querschnitt zu Querschnitt verändern. Dieser relativ seltene Fall tritt in der Kanalisationstechnik bei Querschnitts-Übergängen auf, beispielsweise in einem Schacht, in welchem der Zulauf- und Ablaufkanal kreisförmig, dazwischen aber ein U-Profil vorliegt (Kap.6). Allgemein gilt demnach $F=F[x,h(x)]$. Die totale Ableitung einer Funktion von zwei Parametern ist nach den Regeln der Infinitesimalrechnung

$$\frac{dF}{dx} = \frac{\partial F}{\partial x} + \frac{\partial F}{\partial h}\cdot\frac{dh}{dx} \qquad (8.5)$$

mit $\partial F/\partial x$ als partieller Ableitung nach x. Setzt man Gl.(8.5) in Gl.(8.4) ein, so folgt schliesslich als *allgemeine Gleichung der Stau- und Senkungskurven* (engl.: generalised equation of gradually varied flow; franz.: équation généralisée des courbes de remous)

$$\frac{dh}{dx} = \frac{J_s - J_e + J_F}{1 - F^2}. \qquad (8.6)$$

Dabei bedeutet:

- J_s die lokal variable Sohlenneigung, welche üblicherweise bekannt ist,
- J_e die Energielinienneigung, welche also alle Energieverluste in Rechnung stellt,
- J_F der Zusatzterm infolge nicht-prismatischer Kanalgeometrie

$$J_F = \frac{Q^2}{gF^3}\frac{\partial F}{\partial x}\ . \tag{8.7}$$

Dieser Einfluss ist demnach proportional zum Geschwindigkeitsquadrat und bedeutet je nach Querschnittserweiterung ($\partial F/\partial x > 0$) oder Querschnittsverengung ($\partial F/\partial x < 0$) eine Zu- oder Abnahme des Wasserspiegelgefälles, und

- F die Froudezahl nach der Definition in Kap.6

$$F^2 = \frac{Q^2}{gF^3}\frac{\partial F}{\partial h}\ . \tag{8.8}$$

In der Praxis werden relativ selten Stau- und Senkungskurven nach Gl.(8.6) berechnet, da die mathematische Formulierung der Querschnittsfunktion schnell komplex wird. Ebenfalls ist noch nicht geklärt, welche zusätzlichen Verluste in den Term J_e infolge Querschnittsvariation einzusetzen sind. Liegt ein nicht-prismatisches Gerinne vor, so ist man bestrebt, den Abfluss *abschnittsweise* mit konstantem Querschnitt zu rechnen. Bei genügend kleinen Schrittweiten ist dieses Verfahren meistens hinreichend genau.

8.3 Stau- und Senkungskurven im prismatischen Kanal

Im *prismatischen Kanal* liegt definitionsgemäss immer derselbe Querschnitt vor, es gilt also $\partial F/\partial x = 0$. Liegen in diesem Kanal keine Einbauten vor, so stellt sich das Energieliniengefälle allein ein infolge der unter Kap.2 zusammengefassten Reibungsverluste. Es darf dann $J_e = J_f$ gesetzt werden mit J_f als *Energieliniengradienten* infolge Wandreibung und Gl.(8.6) vereinfacht sich auf

$$\frac{dh}{dx} = \frac{J_s - J_f}{1 - F^2}\ . \tag{8.9}$$

Üblicherweise ist sogar das Sohlengefälle J_s abschnittsweise konstant - in der Kanalisationstechnik bedingt jede Änderung des Sohlengefälles einen Kontrollschacht - womit die rechte Seite der Gl.(8.9) nur von der Wassertiefe h abhängt. Entsprechend ist die rechte Seite nur eine Funktion von h und es gilt als allgemeine Lösung

$$x + \text{const} = \int\left(\frac{1 - F^2}{J_s - J_f}\right)dh\ . \tag{8.10}$$

In dieser Art ist Gl.(8.10) der weiteren Berechnung jedoch nicht direkt zugänglich, da die Beziehung zwischen der Froudezahl F sowie dem Reibungsgefälle J_f und der Wassertiefe h noch fehlt.

Aus Gl.(8.9) lassen sich jedoch für einen beliebigen Querschnitt drei grundlegende Tatsachen entnehmen (vergl. auch 6.3.4):

- für $J_s=J_f$ stellt sich dh/dx=0 ein, entsprechend einer Extremalwassertiefe,
- für F=1 wird das Wasserspiegelgefälle unendlich gross, also dx/dh=0 und
- für $J_s-J_f=0$ und simultan $1-F^2=0$ ist das Wasserspiegelgefälle nicht definiert.

Betrachten wir vorerst den Fall $J_s=J_f$, kombiniert mit $1-F^2\neq0$. Als zweite Ableitung erhält man dann

$$-2F\frac{dF}{dx}\frac{dh}{dx} + (1-F^2)\frac{d^2h}{dx^2} = -\frac{dJ_f}{dx}. \qquad (8.11)$$

Da sowohl die Funktion $F=F(x)$ als auch $J_f=J_f(x)$ nur von der Wassertiefe h(x) abhängt, man also auch $F=F[h(x)]$ und $J_f=J_f[h(x)]$ schreiben kann, gilt ebenfalls

$$-2F\frac{dF}{dh}\left(\frac{dh}{dx}\right)^2 - (1-F^2)\frac{d^2h}{dx^2} = -\frac{dJ_f}{dh}\frac{dh}{dx}. \qquad (8.12)$$

Dabei sind die beiden Funktionen dF/dh und dJ_f/dh verschieden von Null und man erhält mit dh/dx=0 das Resultat $d^2h/dx^2=0$. Man kann zeigen, dass beliebig hohe Ableitungen von der Funktion h(x) auch identisch gleich Null werden und deshalb gilt (Grundregel 3):

Bei allen Abflusszuständen ausser bei kritischem Abfluss

wird der Normalabfluss ($J_s=J_f$) asymptotisch erreicht.

Hinsichtlich des zweiten Falles F=1 bei $J_s\neq J_f$ kann nur gesagt werden, dass er physikalisch nicht signifikant ist. In der Tat kann der Wasserspiegel nicht senkrecht zur Sohle verlaufen und gleichzeitig hydrostatische Druckverteilung vorliegen. In der Folge soll dieser Fall trotzdem als Übergangskurve ohne physikalische Bedeutung berücksichtigt werden. Er erleichtert, wie noch in Kap.17 bis 19 besprochen wird, die Darstellung der allgemeinen Lösung.

Der dritte Fall mit $J_s=J_f$ und F=1 ist in Kap.6 eingehend untersucht. Setzt man diese beiden Bedingungen in Gl.(8.9) ein, so lässt sich daraus entnehmen, dass dh/dx nicht gleich Null sein muss. Nach Kap.6 heisst dieser Zustand *Pseudo-Normalabfluss*, lassen sich doch dann zwei Werte für die Wasserspiegelneigung $(dh/dx)_c$ etwa nach den Gln.(6.15) oder 6.22) nachweisen.

Die hier diskutierten Stau- und Senkungskurven beziehen sich auf einen Spezialfall, der *abschnittsweise konstante Basisparameter* wie Durchfluss, Profilgeometrie, Rauhigkeit oder auch Sohlengefälle voraussetzt. Diese Vereinfachung ist physikalisch insofern nicht statthaft, als sich der Abfluss dann vom Boden ablöst. Bei *Gefällswechseln* von Flach- auf Steilstrecken befindet sich die Ablösungszone im Unterwasser des Knickpunktes (Bild 8.3a), sonst im Bereich des Knickes (Bild 8.3b).

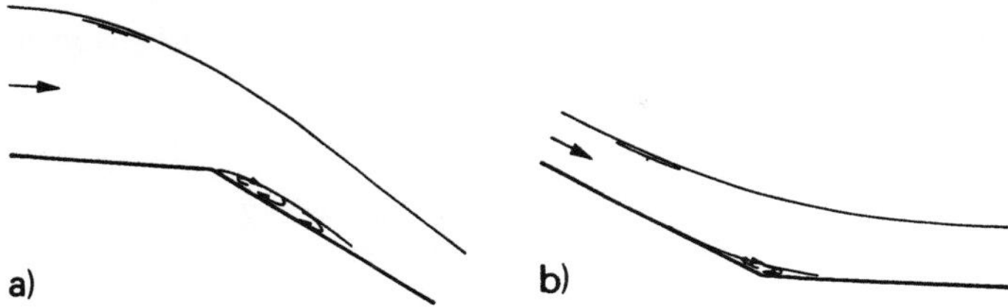

Bild 8.3   Gefällsknick und entstehende Bodenablösungen.

Im Zusammenhang mit Stau- und Senkungskurven ist der Abfluss im *Gefällsknickbereich* lokal. Da man zusätzlich zum Gefälle nicht auch noch die Übergangsgeometrie angeben will, wird vereinfacht der Abfluss im Gefällsbereich gesondert behandelt. Damit ergibt sich folgendes *Berechnungsvorgehen* für solche Kontrollpunkte (Bild 8.4):

* Vereinfacht setzt man einen vertikalen Wasserspiegel im Gefällsbereich voraus ($dx/dh=0$, $F=1$),
* die Stau- und Senkungskurven nach Gl.(8.9) werden im Bereich $F^2=1$ ($0.8<F<1.2$) ausgeschlossen, sie sind physikalisch signifikant nur ausserhalb vom kritischen Abfluss,
* der Bereich des Fliesswechsels wird gesondert wie in 6.5 behandelt und anschliessend mit dem Stau- und Senkungskurvenbereich zusammengehängt.

Die *Änderung des Rohrdurchmessers* wird in einem Kontrollschacht vorgenommen. Bei der Reduktion des Durchmessers ergibt sich dann eine lokale *Verengung*, bei der Durchmesservergrösserung eine lokale *Erweiterung*. Diese Elemente ziehen zusätzliche Verluste nach sich, die jedoch nicht in die konventionelle Berechnung einfliessen. Der eigentliche Grund dafür ist die Verschiedenartigkeit des Abflusses im Schacht und des Abflusses zwischen zwei Schächten. Im Schacht handelt es sich hydraulisch gesehen um ein *lokales* Fliesselement, in welchem hauptsächlich die Grösse der massgebenden Geschwindigkeitshöhe $V^2/(2g)$ im Verhältnis zur Wassertiefe h neben der Schachtgeometrie eine Rolle spielt. Der Abfluss im Kontrollschacht wird demnach nachhaltig durch die *Froudezahl* bestimmt.

Ganz anders verhält es sich mit dem Bereich zwischen zwei Schächten. Hier hat die Froudezahl eigentlich einen relativ kleinen Einfluss, müssen doch Abflüsse im Bereich $F\sim1$ ausgeschlossen werden. Für kleine und grosse Froudezahlen F gilt dann näherungsweise anstelle von Gl.(8.9)

$$\zeta_F \frac{dh}{dx} = J_s[1 - (J_s/J_f)] \, , \qquad\qquad (8.13)$$

wobei $\zeta_F = 1$ für $F \ll 1$ und $\zeta_F = -F^2$ für $F \gg 1$. Aus dieser Darstellung erkennt man den dominanten Effekt des Reibungsgliedes J_f im Verhältnis zum Sohlengefälle J_s. Nach der Gleichung von Manning und Strickler gilt mit K als Rauhigkeitsbeiwert und R_h als hydraulischer Radius dafür

$$J_f/J_s = \frac{V^2}{K^2 R_h^{4/3} J_s} = \frac{V^2}{gh_m} \cdot \frac{gh_m}{K^2 R_h^{4/3} J_s} = F^2 \chi. \qquad\qquad (8.14)$$

Neben der Froudezahl $F^2 = V^2/(gh_m)$ ist bei Stau- und Senkungskurven zusätzlich die *Reibungscharakteristik* $\chi = gh_m/(K^2 R_h^{4/3} J_s)$ zu berücksichtigen. Sie allein gibt nämlich Antwort auf den vom Abfluss angestrebten Gleichgewichtszustand.

Bei Stau- und Senkungskurven, bei denen der Längsmassstab gleich $X = J_s x/h_N$ ist, spricht man von örtlich ausgedehnten Abschnitten, da sich eine Wasserspiegeländerung Δh nur auf einer beträchtlichen Strecke Δx bemerkbar macht. Im Gegensatz dazu sind Schächte mit einem typischen Massstab x/h_N um den Faktor J_s:1 kürzer und deshalb spricht man von *lokalen* Elementen. Üblicherweise werden also bei der hydraulischen Berechnung Schacht-Einflüsse vernachlässigt. Dieses Konzept wiederspiegelt die Genauigkeit der konventionellen Berechnung von Übergangskurven. Durch die Stau- und Senkungskurven lässt sich die Entwicklung der Grössenordnung eines Abflusses zwischen zwei Schächten abschätzen, auf Details im Schacht selbst lässt sich damit jedoch keine Antwort finden (Kap.14). Es gilt deshalb Grundregel 4:

Stau- und Senkungskurven beantworten Fragen hinsichtlich der generellen Fliessverhältnisse, auf lokale Fliesszustände wird jedoch nicht eingegangen.

Bei schiessendem Abfluss wird man deshalb als *Randwert* die Wassertiefe des oberwasserseitigen Kanalisationsstranges verwenden, bei Strömen im Gegensatz dazu wird als Randwert die Unterwassertiefe genommen. Üblicherweise bleiben gemäss der oben durchgeführten Unterteilung zwischen lokalen und örtlich ausgedehnten Fliesselementen die sich durch den Schacht ergebenden Wassertiefenänderungen unberücksichtigt,.

Bild 8.4 zeigt den Bereich des Fliesswechsels bei einem Gefällswechsel. Dabei wird gemäss 6.5 eine stetig gekrümmte Bodengeometrie sowie eine Reduktion des Querschnittes vorausgesetzt. Der kritische Punkt stellt sich dann dort ein, wo die Kurve $f_1 = J_s - J_f = 0$ sich mit der Kurve $f_2 = 1 - F^2 = 0$ schneidet. Im Bereich des Kontrollschachtes ist dann also ein modifiziertes Verfahren anzuwenden, ausserhalb davon kann auf die Vereinfachung zurückgegriffen werden, die auf die nichthydrostatische Druckverteilung im Übergangsbereich Rücksicht nimmt. Wie aus Bild 8.4 hervorgeht, ist der Wasserspiegel

und damit die Stromlinien im Übergangsbereich relativ stark gekrümmt, womit
Zusatzeinflüsse sich einstellen, die im vorliegenden Berechnungsmodell vernachlässigt
werden. Eine ausführliche Diskussion des Übergangs von der Flach- auf die Steilstrecke
lässt sich 6.5 entnehmen.

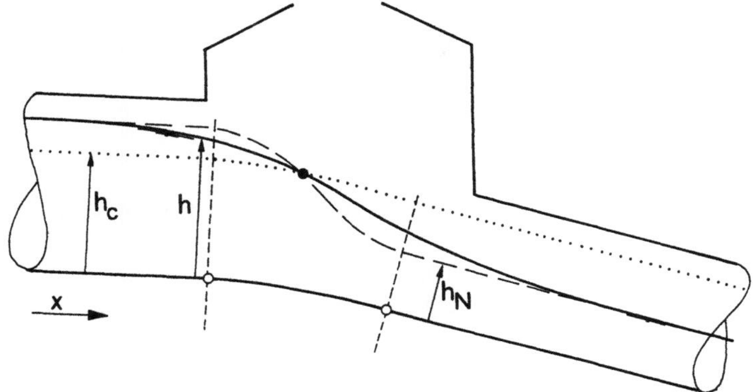

Bild 8.4   Übergang von Flach- auf Steilstrecke mit zusätzlicher Kaliberreduktion. (—)
Wasserspiegel h(x), (· · ·) kritisches Abflussprofil h_c(x), (- - -)
Normalabflussprofil h_N(x), (•) kritischer Punkt.

Wie oben bereits festgestellt wurde, ergibt sich für jeden Profiltyp eine andere
Gleichung der Stau- und Senkungskurven. In der Folge sollen zwei Profile speziell
betrachtet werden, nämlich das Rechteck- und das Kreisprofil. Im allgemeinen ergeben
sich relativ komplizierte Ausdrücke als Resultate. Da sich aber die oben beschriebene
Methode nur als Näherung betrachten lässt, wird ein approximatives Verfahren beschrieben, welches in der Praxis mit vernünftigem Aufwand brauchbare Resultate liefert.

8.4 Stau- und Senkungskurven im Kreisprofil
8.4.1 Spezielle Lösung

Hager (1990) hat ein *Näherungsverfahren* zur Berechnung von Stau- und Senkungskurven angegeben. Basierend auf einer Literaturübersicht konnte gezeigt werden, dass bis
heute nur ganz wenige, rechnerische Beiträge für das Kreisprofil vorliegen. Experimentell
wurde noch überhaupt kein Beitrag geleistet.

Aufbauend auf Gl.(8.9) erkennt man, dass der Normalabfluss- und der kritische
Abflusszustand fundamental die Staukurven beeinflussen. Aus den Kapiteln 5 und 6 geht
hervor, dass sich sogar diese beiden Basiszustände - falls von rechnerisch exakten
Beziehungen ausgegangen wird - nur umständlich berechnen lassen. Werden aber die
Näherungsausdrücke für den Normalabfluss und den kritischen Abfluss betrachtet, so

lässt sich ein rechnerisch gangbarer Weg ableiten. Nach Gl.(5.16) gilt für *Normalabfluss* (Index «N») nach Bild 8.5

$$\frac{Q}{KJ_s^{1/2}D^{8/3}} = \frac{3}{4}y_N^2\left(1 - \frac{7}{12}y_N^2\right), \quad y_N<0.95 \tag{8.15}$$

mit $y_N = h_N/D$. Für das Reibungsgefälle J_f darf also allgemeiner gesetzt werden

$$J_f = \frac{Q^2}{K^2D^{8/3}}\left[\frac{3}{4}y^2(1 - \frac{7}{12}y^2)\right]^{-2}. \tag{8.16}$$

Da *kritischer Abfluss* (Index «c») nach Gl.(6.36) sich annähern lässt durch

$$\frac{Q}{(gD^5)^{1/2}} = y_c^2, \tag{8.17}$$

so folgt mit den dimensionslosen Parametern

$$X = J_s x/h_N, \quad Y = h/h_N \quad \text{und} \quad Y_c = h_c/h_N \tag{8.18}$$

als *Gleichung der Stau- und Senkungskurven im Kreisprofil* (Hager, 1990)

$$\frac{dY}{dX} = \frac{1 - \dfrac{y_N^4\left(1 - \frac{7}{12}y_N^2\right)^2}{y^4\left(1 - \frac{7}{12}y^2\right)^2}}{1 - (Y_c/Y)^4}. \tag{8.19}$$

Demnach ist die Längskoordinate x auf die Länge h_N/J_s, die Wassertiefe h jedoch auf die Normalabflusstiefe h_N normiert.

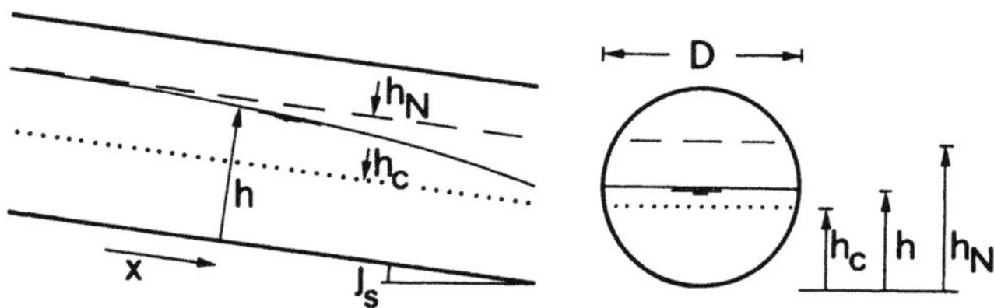

Bild 8.5   Schematische Spiegellinie im Kreisprofil.

Nach Gl.(8.19) hängt das Wasserspiegelgefälle dY/dX von den vier unabhängigen Parametern X, Y, Y_c und $y_N = h_N/D$ ab. Eine Lösung in der Art von Kurvenscharen existiert demnach nicht. Für kleine Teilfüllungen von $y_N<0.3$ darf jedoch der Einfluss von $(7/12)y^2$ gegenüber Eins vernachlässigt werden. Dann vereinfacht sich $y_N/y=h_N/h=Y^{-1}$ und somit entsteht anstelle von Gl.(8.19) der dreiparametrige Ausdruck

$$\frac{dY}{dX} = \frac{1 - Y^{-4}}{1 - (Y_c/Y)^4} \cdot \tag{8.20}$$

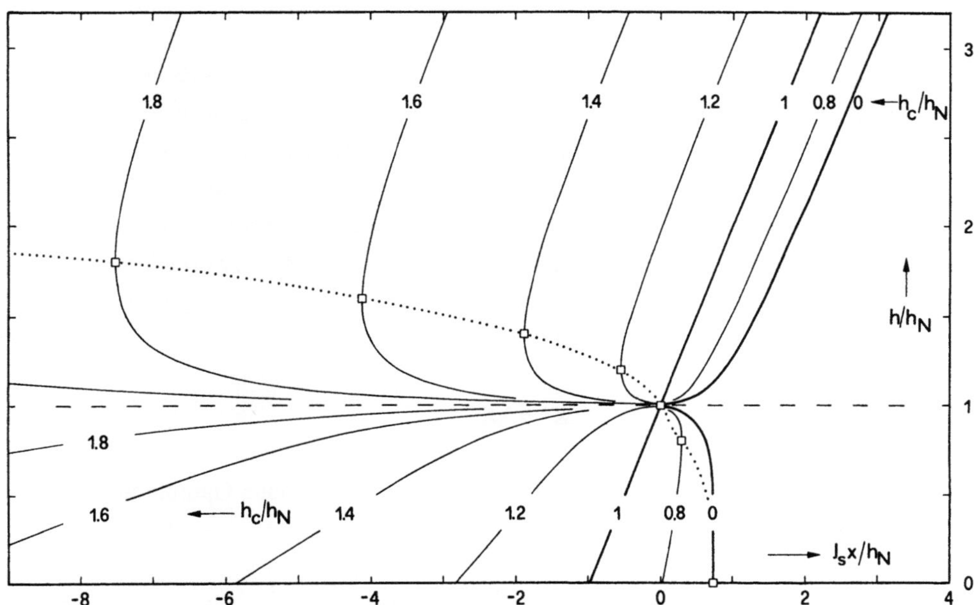

Bild 8.6 Stau- und Senkungskurven im Kreisprofil Y(X) für verschiedene Werte $Y_c=h_c/h_N$ und $y_N\ll1$ mit $X=J_s x/h_N$ und $Y=h/h_N$. Durch die Transformation $X \to X^*$ darf diese Lösung für beliebige Werte $y_N<0.95$ angewendet werden. (– – –) Normalabfluss, ($\cdots$) kritischer Abfluss.

Dies ist die Gleichung von Tolkmitt (1892) für die Stau- und Senkungskurven im Parabelprofil. Ihre allgemeine Lösung lautet mit C als Integrationskonstante nach Forchheimer (1914)

$$X = Y - \frac{1}{4}(1 - Y_c^4)\left[ln\left|\frac{Y + 1}{Y - 1}\right| + 2arctg(Y)\right] + C \cdot \tag{8.21}$$

Üblicherweise legt man C fest durch die *Randbedingung* (Index «r»), dass Normalabfluss erreicht ist, falls:

• die Staukurve 1% über der Normalabflusstiefe, entsprechend $Y_r(X=X_r)=1.01$ und

- die Senkkurve 1% unter der Normalabflusstiefe, entsprechend $Y_r(X=X_r)=0.99$, liegt.

Bild 8.6 zeigt die allgemeine Lösung $Y=Y(X)$ für verschiedene Werte von Y_c. Speziell markiert ist die Normalabflusstiefe als gestrichelte Linie und die kritische Tiefe als punktierte Linie. Diese beiden Kurven schneiden sich im Punkt (0;1) und beschreiben damit den singulären Punkt $(X_s;Y_s)=(0;1)$ der Gl.(8.20). Weiter hervorgehoben durch eine fette Linie ist die Kurve für $Y_c=1$. Bevor die Anwendung von Bild 8.6 erklärt wird, soll die allgemeine Lösung mitgeteilt werden.

8.4.2 Allgemeine Lösung

Die allgemeine Lösung hat beliebige Werte von y_N mit $0<y_N<0.95$ zu berücksichtigen. Um den Einfluss des Parameters y_N zu untersuchen, sind die Lösungen numerisch ermittelt worden. Daraus resultieren Kurven $Y(X)$, die sich für $y_N>0$ ähnlich wie für den speziellen Fall $y_N=0$ verhalten. Sie verlaufen insbesondere bei den punktiert markierten Schnittpunkten mit der kritischen Kurve vertikal und bei Normalabfluss $Y=1$ asymptotisch horizontal. Deshalb ist versucht worden, den Einfluss des *Formparameters* y_N durch einen Term allein immerhin näherungsweise zu erfassen. Transformiert man nämlich die Längskoordinate X nach Gl.(8.18) in

$$X^* = \lambda X \qquad (8.22)$$

und schreibt λ diese Formfunktion von y_N zu, so wird durch eine Optimierung das Resultat gefunden

$$\lambda = (1 - 1.1y_N^2)^{1/2}, \quad y_N<0.9 . \qquad (8.23)$$

Demnach erhält man als *Näherungslösung* für die Stau- und Senkungskurven im Kreisprofil mit $(X_r^*;Y_r)$ als Randbedingung

$$X^*-X_r^* = Y - Y_r - \frac{1}{4}(1 - Y_c^4)\left[ln\left|\frac{Y+1}{Y-1}\cdot\frac{Y_r-1}{Y_r+1}\right| + 2arctg(Y) - 2arctg(Y_r)\right] . \qquad (8.24)$$

Wie bereits in 8.4.1 erwähnt, gilt $(X_r^*;Y_r)=(0;1.01)$ für Staukurven und $(X_r^*;Y_r)=(0;0.99)$ für Senkungskurven. Damit darf Bild 8.6 direkt als allgemeine Lösung verwendet werden, falls die Transformation $X{\rightarrow}X^*=\lambda X$ durchgeführt wird. Die Stau- und Senkungskurven im Kreisprofil lassen sich somit näherungsweise *explizit* berechnen. Damit sind die Voraussetzungen geschaffen, diese Übergangskurven in Zukunft bei detaillierten hydraulischen Berechnungen von Kanalisationssystemen ohne Integration - also einfach und zeitsparend - zu ermitteln.

8.4.3 Staulänge und Absenkungslänge

Bevor auf Berechnungsbeispiele eingegangen wird, sollen spezielle Fälle mit Hilfe von Gl.(8.24) näher untersucht werden. Es handelt sich dabei um die sogenannten Stau- und Absenkungslängen.

Unter der *Staulänge* (engl.: backwater length; franz.: longueur de remous) versteht man die Distanz zwischen dem Querschnitt eines Kanalisationsrohres, in dem strömender Abfluss herrscht ($h<h_N<h_c$), und dem Querschnitt mit Normalabfluss. Im Oberwasser gilt demnach $h=h_N$. Die Staulänge (Index «o») lässt sich also als Distanz interpretieren, längs der der Staueinfluss bemerkbar ist. Setzt man für den Anfangsquerschnitt die Werte $(X_0^*;Y_0)$ ein und für Normalabfluss (0;1.01), so folgt mit Gl.(8.24)

$$X_0^* = Y_0 - 1.01 + \frac{1}{4}(1 - Y_c^4)\left[\ln\left(201\frac{Y_0-1}{Y_0+1}\right) + 2(0.79 - arctg\,Y_0)\right]. \qquad (8.25)$$

Diese Beziehung ist in Bild 8.7 ausgewertet und entspricht dem Bereich rechts oben von Bild 8.6.

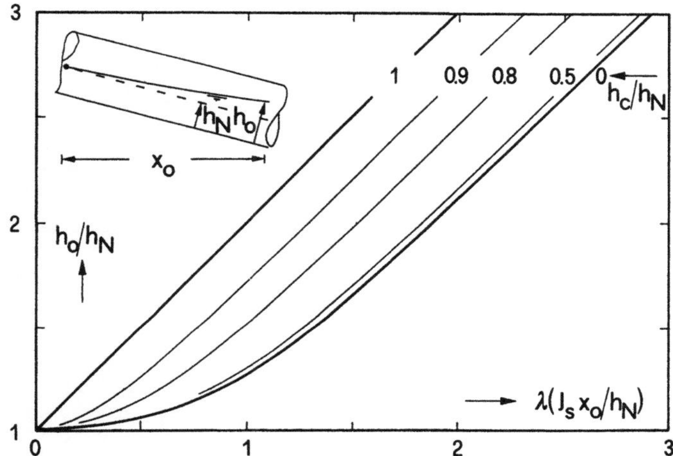

Bild 8.7 Staulänge λX_0 in Abhängigkeit vom Einstau h_o/h_N für verschiedene Werte von h_c/h_N.

Beispiel 8.1 Gegeben ist ein Rohr NW 1250 bei einem Gefälle $J_s=0.5‰$ und einem Durchfluss $Q=1050\,ls^{-1}$. Wie gross ist die Staulänge bei einer Unterwassertiefe von $h_o=1.10m$? Als Rauhigkeitsbeiwert ist $K=90m^{1/3}s^{-1}$ anzunehmen.

1. Normalabflusstiefe $y_N=0.76$ nach Gl.(8.15), also $h_N=0.76\cdot1.25=0.95m$.
2. Kritische Tiefe $y_c=0.438$ nach Gl.(8.17), also $h_c=0.438\cdot1.25=0.55m$.
3. Die Froudezahl ist kleiner als Eins, da $h_c/h_N=0.55/0.95=0.58<1$ ist.
4. Mit $y_N=0.76$ wird $\lambda=(1-1.1\cdot0.76^2)^{1/2}=0.604$ nach Gl.(8.23).
5. Mit $Y_0=h_o/h_N=1.10/0.95=1.158$ und $Y_c=h_c/h_N=0.55/0.95=0.58$ liest man aus Bild 8.7 rund $\lambda X_0=0.75$, Gl.(8.25) gibt $X_0^*=\lambda X_0=0.714$, also $X_0=0.714/0.604=1.182$ und $x_o=X_0 h_N/J_s=1.182\cdot0.95/0.0005=2245m$. Das Resultat ist eine Staulänge von über 2km.

Unter der *Absenkungslänge* (engl.: drawdown length; franz.: longueur de chute) versteht man die Distanz eines beliebigen Querschnitts bis zum kritischen Querschnitt. Dabei muss unterschieden werden zwischen strömendem und schiessendem Abfluss.

Die *Absenkungslänge bei F<1* liegt oberhalb des kritischen Querschnittes und berechnet sich aus Gl.(8.24), wenn man für $(X^*;Y)=(0;0.99)$ und für $Y_0=Y_c<1$ einsetzt. Für die Absenkungslänge X_0 ergibt sich dann die Beziehung

$$X_0^* = Y_c - 0.99 + \frac{1}{4}(1 - Y_c^4)\left[ln\left(199\frac{1-Y_c}{1+Y_c}\right) + 2(0.785 - arctg\,Y_c)\right] . \tag{8.26}$$

Diese auf den Maximalwert $\lambda X_0^*=0.72$ begrenzte Gleichung für $X_0^*(Y_c)$ ist in Bild 8.8 dargestellt. Sie lässt sich annähern durch

$$X_0^* = (Y_c-1) + (1 - Y_c^4)[1.72 - Y_c] . \tag{8.27}$$

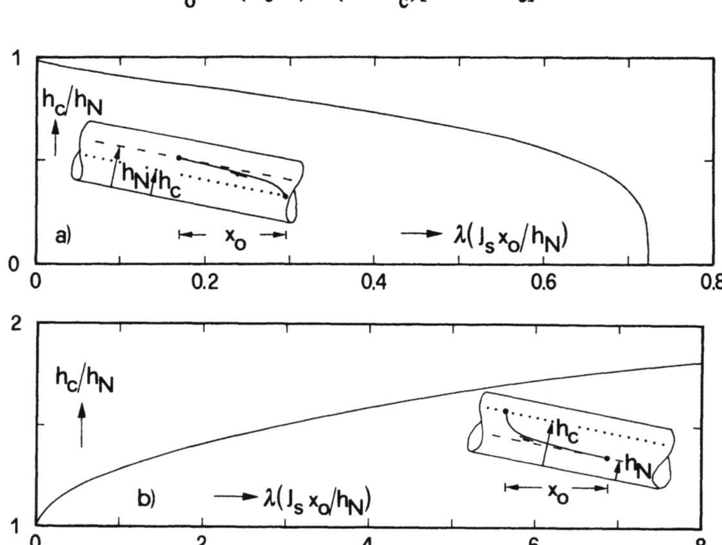

Bild 8.8   Absenkungslänge $X_0^*=\lambda X_0$ in Abhängigkeit von h_c/h_N für a) F<1, b) F>1.

Beispiel 8.2   Wie gross ist die Absenkungslänge bei dem in Beispiel 8.1 betrachteten Fall?
1. Normalabflusstiefe $h_N=0.95$m.
2. Kritische Tiefe $h_c=0.55$m.
3. Froudezahl F<1.
4. Wert $\lambda=0.604$.
5. Mit $Y_c=h_c/h_N=0.58$ liest man aus Bild 8.8a) rund $X_0^*=0.58$ ab. Die Rechnung nach Gl.(8.26) ergibt $X_0^*=0.574$, nach Gl.(8.27) folgt näherungsweise $X_0^*=0.591$ (+3%). Die Absenkungslänge beträgt demnach $x_0=0.591\cdot0.95/(0.0005\cdot0.604)=1860$m. Bis sich von einem Absturz aus ins Oberwasser also Normalabfluss eingestellt hat, ist eine Distanz von nahezu 2km nötig.

Die *Absenkungslänge bei F>1*, also bei schiessender Strömung, lässt sich analog berechnen, falls als Randbedingung $Y_0=Y_c>1$ gesetzt wird und die Normalabflussbedingung $(X^*;Y)=(0;1.01)$ befriedigt. Dann erhält man für $X_0^*(Y_c)$ die in Bild 8.8b) dargestellte Beziehung

$$X_0^* = Y_c - 1.01 + \frac{1}{4}(1 - Y_c^4)\left[ln\left(201\frac{Y_c-1}{Y_c+1}\right) + 2(0.785 - arctg\, Y_c)\right]. \qquad (8.28)$$

Sie lässt sich annähern für $1<Y_c<1.6$ durch

$$X_0^* = 10(Y_c - 1)^{1.8}. \qquad (8.29)$$

Beispiel 8.3   Wie gross ist die Absenkungslänge bei einem Rohr NW 800 für einen Durchfluss von $Q=1.5\mathrm{m}^3\mathrm{s}^{-1}$, falls das Gefälle $J_s=1.7\%$ und die Rauhigkeit $K=75\mathrm{m}^{1/3}\mathrm{s}^{-1}$ beträgt?
1. Normalabflusstiefe $y_N=0.74$, d.h. $h_N=0.59\mathrm{m}$.
2. Kritische Tiefe $y_c=0.915$, entsprechend $h_c=0.73\mathrm{m}$.
3. Froudezahl grösser als Eins, da $Y_c=h_c/h_N=1.237>1$.
4. Wert $\lambda=0.631$.
5. Mit $Y_c=1.237$ wird $X_0^*=0.751$ nach Gl.(8.29), resp. $X_0^*=0.728$ (−3%) nach Gl.(8.28) wird $x_0=X_0^* h_N/(\lambda J_s)= 0.728\cdot0.59/(0.631\cdot0.017)=40\mathrm{m}$.

Entsprechend stellt sich im Unterwasser des Gefällsbruches bereits nach 40m Normalabfluss ein.

8.5 Klassifikation der Stau- und Senkungskurven

Ursprünglich sind die Übergangskurven fast ausschliesslich im Rechteckkanal der Breite b ermittelt worden. Betrachtet man den Spezialfall $h/b \ll 1$, also das sehr breite Rechteckprofil, so ergibt sich eine zu Gl.(8.20) analoge Beziehung, in der anstelle der Potenz 4 je nach Fliessgesetz ein anderer Exponent auftritt. Für diese Art von einfachsten Stau- und Senkungskurven liegt eine Profil-Klassifikation vor, welche besonders durch Chow (1959) populär wurde. Die fünf *Typen* von Stau- und Senkungskurven sind:

- H-Kurven bei horizontalem Kanal,

- M-Kurven bei schwach geneigtem (engl.: mild slope) Kanal,

- C-Kurven bei kritisch geneigtem (engl.: critical slope) Kanal,

- S-Kurven bei stark geneigtem (engl.: steep slope) Kanal und

- A-Kurven bei negativ geneigtem (engl.: adverse slope) Kanal.

Weiter sind die Kurven in drei *Klassen* 1, 2, 3 eingeteilt, je nachdem:

- Klasse 1 $h>h_N$ und $h>h_c$, also Staukurven ($Y>1$) bei strömendem Abfluss ($Y>Y_c$),

- Klasse 2 $h_N \geq h \geq h_c$, also Senkungskurven bei strömendem Abfluss, sowie

- Klasse 3 $h<h_N$ und $h<h_c$, also Senkungskurven ($Y<1$) bei schiessendem Abfluss ($Y<Y_c$).

Insgesamt ergeben sich damit 15 Kurventypen, wobei H1 und A1 physikalisch unmöglich sind. Vom Standpunkt der Praxis sind ganz allgemein die H-Kurven und die A-Kurven auszuschliessen, weshalb nur noch die M-, die C- und die S-Kurven verbleiben. Da Abflüsse in der Umgebung von F=1 ausgeschlossen worden sind, sollen nachfolgend nur die M-Kurven und die S-Kurven diskutiert werden.

Geht man von Gl.(8.20) aus, so folgt nach Multiplikation mit Y^4 für dY/dX bei Y=0 der Wert $(dY/dX)_0 = Y_c^4$. Bei Abflüssen mit ganz kleiner Abflusstiefe ist also das Wasserspiegelgefälle positiv.

Bei sehr grosser Wassertiefe $Y^{-1} \to 0$ mit endlichem Wert von Y_c ergibt sich dagegen $(dY/dX)_\infty = 1$, entsprechend $dh/dx = J_S$. Der Wasserspiegel ist dann also horizontal.

Im Gegensatz zu anderen Stau- und Senkungskurven existiert im Falle von Gl.(8.20) kein Wendepunkt. Deshalb sind alle Kurven durchwegs entweder nach oben oder nach unten gekrümmt. Auf der Basis dieser Hinweise lassen sich demnach die relevanten Kurventypen einfach zeichnen. Sie sind in Bild 8.9 für die M- und S-Kurven dargestellt.

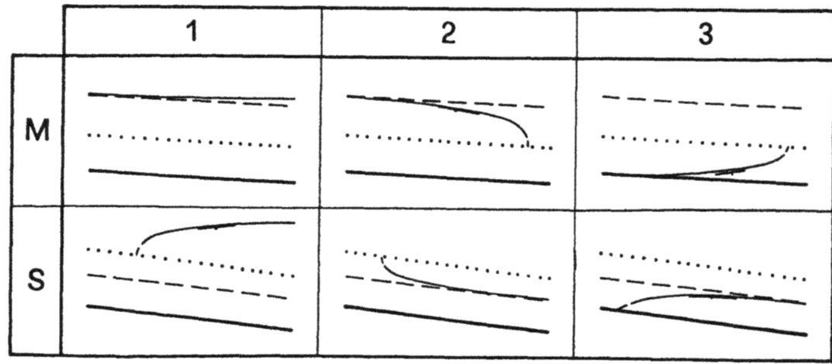

Bild 8.9   Klassifikation der Stau- und Senkungskurven im prismatischen Profil (Erweiterung nach Chow, 1959). (- - -) Normalabflusstiefe, (· · ·) kritische Tiefe und (——) Wasserspiegel für M-Kurven und S-Kurven.

Die *M1-Kurve* (Bild 8.10a,b) ist sicherlich in Flüssen die wichtigste Übergangskurve. Sie stellt sich ein oberhalb von Stauhaltungen oder von Seen. Bei rückgestauten Kanalisationen, insbesondere bei Speicherkanälen, lassen sich M1-Staukurven beobachten. Man trifft auf solche Kurven ebenfalls bei den Verbindungskanälen von zwei Becken.

M2-Kurven treten überall dort auf, wo sich eine Absenkung in einem Kanal mit flacher Sohle einstellt. Solche Fälle können sich bei abrupten Kanalverbreiterungen (Bild 8.10c) oder bei Gefällsbrüchen (Bild 8.10d) einstellen, falls das Unterwasserniveau den Übergang zu schiessendem Abfluss erlaubt.

M3-Kurven treten in der Praxis selten auf, sie entsprechen schiessenden Abflüssen auf Gefällen, die eine grosse Längenausdehnung nicht erlauben. Sie enden deshalb üblicherweise mit einem Wassersprung. Diese Übergangskurven trifft man im Unterwasser von

Schützen oder bei Gefällsbrüchen von Steil- auf Flachstrecken (Bild 8.10e,f) an.

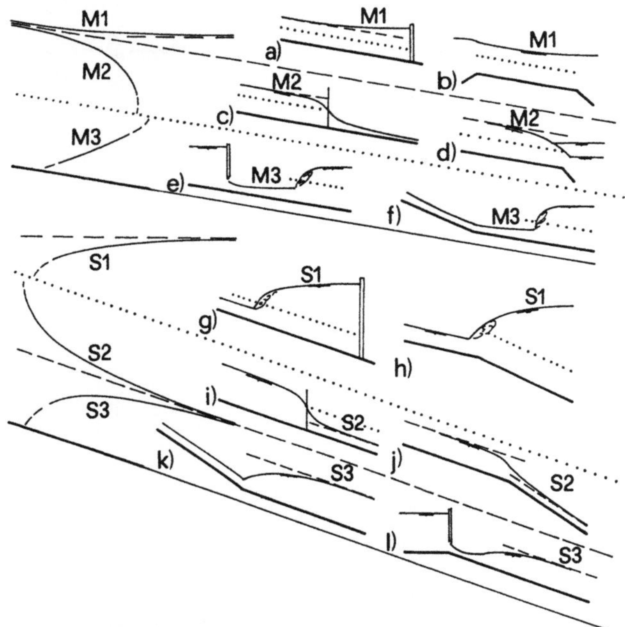

Bild 8.10 Beispiele von Stau- und Senkungskurven, Typ (links) und typisches Auftreten bei konstantem Gefälle sowie bei Gefällswechsel (vereinfacht nach Chow, 1959).

S1-Kurven beginnen im Oberwasser mit einem Wassersprung und münden in die Horizontale aus. Sie schliessen sich deshalb an die M3-Kurven an und bilden so den Übergang von schiessendem zu strömendem Abfluss (Bild 8.10g,h). Der Wassersprung selbst wird dabei jedoch ausgeschlossen (Kap.7). Die S1-Kurve tritt demnach im steilen Kanal auf, in dem jedoch grosser Rückstau herrscht.

Die *S2-Kurve* schliesst sich an die M2-Kurve an. Sie stellt sich im schiessenden Bereich ein, beginnt bei kritischem Abfluss und strebt asymptotisch gegen den Normalabfluss. Beispiele treten wiederum bei abrupter Querschnittserweiterung (Bild 8.10i) oder bei Gefällsbrüchen (Bild 8.10j) auf.

Schliesslich findet man *S3-Kurven* im verzögerten, schiessenden Abfluss, beispielsweise bei Gefällsreduktionen (Bild 8.10k), bei denen das Gefälle aber noch zu schiessendem Normalabfluss führt, und unterhalb von Schützen (Bild 8.10l).

Bevor Stau- und Senkungskurven gerechnet werden, sollte man deren groben Verlauf skizzieren. Dabei kann die *Klassifikation* diese Arbeit vereinfachen. Im folgenden sollen die möglichen Kombinationen von Übergangskurven an einem *Gefällsbruch* im prismatischen Kanal diskutiert werden. Die Abbildungen von Bild 8.11 sind dabei selbstsprechend und sollen nicht weiter erklärt werden. Hingegen soll nochmals hingewiesen werden auf den Wasserspiegel in nächster Nähe zum kritischen Abfluss, der sich infolge beträchtlicher Stromlinienkrümmung nicht exakt durch die vorstehenden Gleichungen ermitteln lässt. Vereinfacht darf die konventionelle Theorie der Stau- und Senkungskurven den Berechnungen zugrunde gelegt werden. Der Gefällswechsel selbst ist dann jedoch separat zu analysieren (Kap.6).

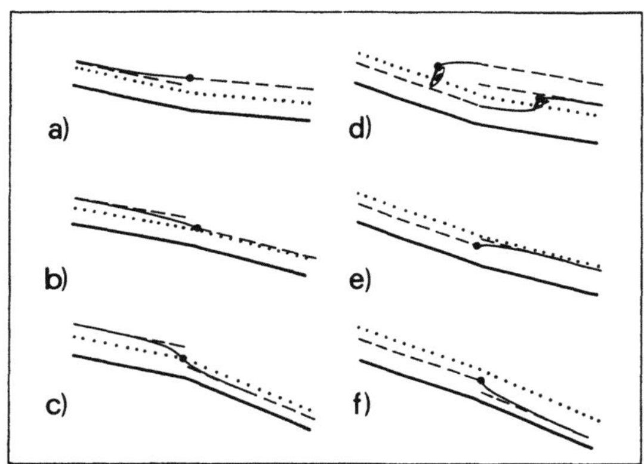

Bild 8.11 Mögliche Wasserspiegelverläufe bei einem Gefällsbruch, (- - -) Normalabflusstiefe, ($\cdots$) kritischer Abflusstiefe, (—) Wasserspiegel.

Wassersprünge sind ebenfalls nicht mit den vorstehenden Beziehungen zu ermitteln, da die zusätzliche Energiedissipation nicht berücksichtigt ist. Die Lage des Wassersprungs wird durch eine Spezialuntersuchung in der Berechnung von Stau- und Senkungskurven ermittelt, nachdem der stetig veränderliche Abfluss berechnet ist. Beispiele in 8.6.4 illustrieren das Vorgehen.

8.6 Berechnung von Stau- und Senkungskurven
8.6.1 Berechnungsschema

Stau- und Senkungskurven lassen sich als Übergangslinien zwischen verschiedenen Normalabflusstiefen betrachten. Dabei verursacht jede Änderung des Normalabflusses durch:
- Sohlengefälle,
- Rauhigkeit,
- Durchfluss oder
- Querschnitt

eine Abweichung vom Gleichgewichtszustand und damit eine Stau- und Senkungskurve. Da diese Änderungen aber gleichzeitig Anlass zum Bau eines Kontrollschachtes geben, liegt in der Kanalisationshydraulik die folgende wichtige Folgerung vor:

> *Die Basiswerte der Stau- und Senkungskurven, also die Normalabflusstiefe*
> h_N *und die kritische Tiefe* h_c *verändern sich zwischen zwei Schächten nicht.*

Diese Tatsache macht die Berechnung von Stau- und Senkungskurven in der Kanalisationstechnik relativ einfach. Die hydraulische Berechnung wird deshalb *abschnittsweise* durchgeführt, wobei die Werte h_N und h_c längs eines Abschnitts unveränderlich bleiben.

Konkret geht man deshalb längs eines Abschnitts wie folgt vor:

1. Zusammenstellung der *Basiswerte*, d.h.:
   - Durchfluss $\qquad\qquad$ Q
   - Durchmesser $\qquad\quad$ D
   - Sohlengefälle $\qquad\;\,$ J_S
   - Rauhigkeitsbeiwert $\quad$ K
   - ev. Randbedingung $\quad$ $(x_r; h_r)$.

2. Berechnung der *Normalabflusstiefe:*
   Dimensionsloser Durchfluss $q_N = Q/(KJ_S^{1/2}D^{8/3})$ und zugehörige Teilfüllung

   $$y_N = \left(\frac{2}{7} \left(3 - \sqrt{9 - 28q_N} \right) \right)^{1/2}. \qquad (8.30)$$

   Anschliessend wird die Normalabflusstiefe $h_N = y_N \cdot D$ nach 5.5.3 ermittelt.

3. Berechnung der *kritischen Tiefe*:
   Relativer Durchfluss $q_D = Q/(gD^5)^{1/2}$ und Berechnung der relativen kritischen Tiefe

   $$y_c = h_c/d = \left[Q/(gD^5)^{1/2} \right]^{1/2}. \qquad (8.31)$$

   Die kritische Tiefe ist demnach $h_c = y_c D$.

4. Berechnung des Verhältnisses $Y_c = h_c/h_N$. Bei $Y_c < 1$ ist der Normalabfluss strömend, sonst schiessend. Für $h_r/h_c > 1$ ist der Abfluss strömend und die Berechnungsrichtung *entgegen* der Fliessrichtung. Für $h_r/h_c < 1$ ist der Abfluss schiessend und die Berechnungsrichtung *in* Fliessrichtung.

5. *Skizzierung* der Fliessverhältnisse durch die Abflussklassifikation. Eintragen der Randbedingung und Markieren der möglichen kritischen Abflussquerschnitte dort, wo der Wert h_c/h_N von kleiner Eins auf grösser Eins wechselt. Für Wechsel von $h/h_N > 1$ auf $h/h_N < 1$ tritt ein *Wassersprung* auf.

6. *Berechnung* der Stau- und Senkungskurven nach 8.4, vorteilhaft in einer Tabelle. Nach Gl.(8.24) gilt

$$X^* - X_r^* = f(Y, Y_r, Y_c). \qquad (8.32)$$

Auf Computern wird mit Subroutinen gearbeitet. Wichtig ist, dass die Distanz Δx bei der hier vorgeschlagenen Methode keinen Bedingungen unterliegt, da die allgemeine Lösung nicht durch Integration ermittelt werden muss, sondern analytisch bekannt ist.

7. Treten abschnittsweise Wechsel von $h/h_c<1$ auf $h/h_c>1$, so sind die konjugierten Wassertiefen h_2 nach Kap.7 zu ermitteln. Diese werden dann in Beziehung zum strömenden Abfluss gesetzt. Ergeben sich Schnittpunkte zwischen dem Wasserspiegel $h(x)$ und dem Profil der konjugierten Wassertiefen $h_2(x)$, so treten *Wassersprünge* auf. Das Vorgehen wird anschliessend an Beispielen erklärt.

8. Sind einmal die Stau- und Senkungskurven berechnet, so folgt die *Darstellung der Resultate* in geeigneter Form. Um die Darstellung übersichtlich zu gestalten, wird vorteilhaft der Massstab $J_s x/h_N$ in Längs- und h/h_N in Querrichtung gewählt. Genauso darf jedoch der Massstab $J_s x/D$ und h_N/D gewählt werden. Die letzte Darstellung ist bei mehreren Durchflüssen im gleichen Profil sogar vorteilhaft.

Diese Übersicht zeigt klar auf, dass sich das Ermitteln von Stau- und Senkungskurven in Kanalisationen recht umfangreich gestaltet, dass jedoch dafür einem Schema gefolgt werden kann. Im Gegensatz zu den herkömmlichen Methoden muss neu nur noch eine Funktion explizit ausgewertet oder ein Diagramm gelesen werden, jedoch entfallen numerische Integration mit genügend kleinen Schritten zur Einhaltung der Konvergenzkriterien. Deshalb ist das Berechnen der Stau- und Senkungskurven nun elementar.

8.6.2 Berechnen von *einem* Kanalisationsabschnitt

In diesem Abschnitt wird die schrittweise Berechnung von Stau- und Senkungskurven an Beispielen dargestellt. Dabei werden die sechs für einen Einzelstrang möglichen Kurventypen gesondert behandelt, wobei dem *Berechnungsschema* nach 8.6.1 gefolgt wird.

Beispiel 8.4   M1-Kurve:
Gegeben ein Kanal mit $D=0.4$m, $K=85\text{m}^{1/3}\text{s}^{-1}$ und $J_s=10.5\text{‰}$. Wie gross ist die Wassertiefe in einer Entfernung von $\Delta x=45$m, falls die Wassertiefe am Ausgangsschacht $h_r=0.35$m beträgt und der Durchfluss $Q=50\text{ls}^{-1}$ ist?

1. $Q=0.05\text{m}^3\text{s}^{-1}$, $D=0.40$m, $J_s=0.0105$ und $K=85\text{m}^{1/3}\text{s}^{-1}$.
2. $y_N=0.528$, also $h_N=0.21$m.
3. $y_c=0.397$, also $h_c=0.16$m.
4. $Y_c=h_c/h_N=0.752<1$, folglich Strömen bei Normalabfluss.
5.   Randbedingung $h_r=0.35$m, resp. $Y_r=1.657$, folglich $h_r>h_N>h_c$ und Abflussbild analog zu Bild 8.10a). Da $h_r/h_c=2.204>1$, ist der Abfluss strömend und *entgegen* der Fliessrichtung zu rechnen.
6.   Randbedingung $(X_r^*;Y_r)=(0;1.657)$, kritische Tiefe $Y_c=0.752$, also Transformation $\lambda=0.833$ nach Gl.(8.23). Die Staukurve wird also beschrieben durch

$$\lambda X = Y - 1.657 - 0.170 \left[ln\left(0.247\frac{Y-1}{Y+1}\right) + 2(arctg(Y) - 1.028) \right].$$

7.   Es treten keine Wassersprünge auf.
8.   Die Auswertung dieser Gleichung ist in Tabelle 8.1 durchgeführt. Man sieht daraus eine Stauweite von rund 200m. Die Lösung liesse sich auch

aus Bild 8.6 herauslesen. Die Genauigkeit ist dann nicht so hoch.

Tabelle 8.1   Auswertung von Gl.(8.24) in Beispiel 8.4.

h[m]	0.35	0.33	0.31	0.29	0.27	0.25	0.23	0.213
Y	1.657	1.564	1.469	1.374	1.280	1.185	1.090	1.01
X	0	−0.125	−0.257	−0.397	−0.546	−0.721	−0.956	−1.477
x[m]	0	−17.58	−36.18	−55.79	−76.85	−101.40	−134.50	−207.80

Beispiel 8.5   M2-Kurve
Gegeben ein Kreisprofil mit Durchmesser D=0.90m und einem Sohlengefälle von J_s=1.9‰. Wie verläuft der Wasserspiegel für Q=210ls^{-1} bei einer Randwassertiefe von h_r=0.270m, falls eine äquivalente Sandrauheit von k_s=0.75mm festgelegt wird?
Vorerst soll von k_s auf den K-Wert umgerechnet werden. Mit Gl.(5.5) folgt K=8.2$k_s^{-1/6}$g$^{1/2}$=8.2·0.00075$^{-1/6}$69.81$^{1/2}$=85m$^{1/3}$s^{-1}, man darf deshalb nach der Formel von Manning und Strickler rechnen.
1. Q=0.21m^{3}s^{-1}, D=0.90m, J_s=0.0019 und K=85m$^{1/3}$s^{-1}.
2. Mit q_N=0.075 folgt für y_N=0.327, also für h_N=0.294m.
3. Mit Q/(gD^5)$^{1/2}$=0.087 wird y_c=0.295, also h_c=0.266m.
4. Für Y_c ergibt sich y_c/y_N=0.902<1, der Normalabfluss ist demnach strömend.
5. Randbedingung Y_r=h_r/h_N=0.270/0.294=0.918, es ergibt sich also eine M2-Kurve (Bild 8.10d). Mit h_r/h_c=1.015>1 ist *entgegen* der Fliessrichtung zu rechnen.
6. Randbedingung $(X_r^*;Y_r)$=(0;0.918), Transformation λ=0.939, also Gleichung der Senkungskurve

$$X^* = Y - 0.918 - 0.085\left[ln\left(0.043\frac{1+Y}{1-Y}\right) + 2arctgY - 1.485\right].$$

7. Es treten keine Wassersprünge auf.
8. Die Lösung ist in Tabelle 8.2 ausgewertet.

Tabelle 8.2   Numerische Darstellung der M2-Kurve nach Beispiel 8.5.

h[m]	0.270	0.275	0.280	0.285	0.290	0.291
Y	0.918	0.935	0.952	0.969	0.98	0.99
X	0	−0.005	−0.017	−0.041	−0.098	−0.123
x[m]	0	−0.84	−2.66	−6.38	−15.23	−19.00

Beispiel 8.6   M3-Kurve
Gegeben ein Kreisprofil NW 1500 mit einem Durchfluss von Q=1750ls^{-1}. Das Gefälle beträgt 0.7‰ und die äquivalente Wandrauheit k_s=0.5mm. Wie sieht die Übergangskurve aus im Unterwasser einer Schütze, die eine Randwassertiefe von h_r=0.30m erzeugt?
Die Umrechnung von k_s auf K nach Gl.(5.5) ergibt K=91m$^{1/3}$s^{-1}, man darf also noch näherungsweise mit der Normalabflussformel nach Manning und Strickler rechnen.
1. Q=1.75m^{3}s^{-1}, D=1.50m, J_s=0.0007 und K=91m$^{1/3}$s^{-1}.

2. Mit $q_N=0.247$ folgt für $y_N=0.666$, also für $h_N=1.00$m.
3. Mit $Q/(gD^5)^{1/2}=0.203$ wird $y_c=0.45$, also $h_c=0.675$m.
4. $Y_c=h_c/h_N=0.675$, der Normalabfluss ist demnach strömend.
5. Mit $Y_r=h_r/h_N=0.30$ und $h_r/h_c=0.444<1$ ist der Abfluss *schiessend* und demnach die Berechnungsrichtung *in* Fliessrichtung. Es handelt sich um eine M3-Kurve nach Bild 8.10e).
6. Randbedingung $(X_r^*;Y_r)=(0;0.30)$, Transformation $\lambda=0.716$. Gleichung der Staukurve

$$X^* = Y - 0.30 - 0.198 \left[ln\left(0.538\frac{1+Y}{1-Y} \right) + 2(arctg(Y) - 0.583) \right].$$

8. Tabelle 8.3 zeigt das Resultat. Daraus geht hervor, dass im Extremfall nach rund 105m ein Wassersprung sich einstellen wird, da die Normalabflusstiefe $h_N=1.0$m$>h_c$ beträgt.

Tabelle 8.3   M3-Kurve nach Beispiel 8.6.

h[m]	0.30	0.35	0.40	0.45	0.50	0.55	0.60	0.65
Y	0.30	0.35	0.40	0.45	0.50	0.55	0.60	0.65
X	0	0.014	0.027	0.040	0.051	0.061	0.069	0.073
x[m]	0	19.8	38.9	56.95	73.4	87.6	98.55	104.95

Beispiel 8.7   S1-Kurve

Gegeben ein Kanal mit $D=1.25$m, welcher in ein Becken mündet. Der Durchfluss betrage $Q=500$ls^{-1}, das Gefälle $J_s=1.2\%$ und der K-Wert 80m$^{1/3}$s^{-1}. Wie verläuft die Staukurve bei einem Beckenspiegel von 1.5m über der Sohle des Zulaufs?

Bevor die Staukurve gerechnet werden kann, muss der Punkt ermittelt werden, bei dem der Übergang vom Druck- zum Freispiegelkanal auftritt. Da im Druckkanal die Querschnittsfläche konstant ist, also die Froudezahl $F=0$ wird, gilt für die Neigung der Drucklinie nach Gl.(8.11)

$$\frac{dp/(\rho g)}{dx} = J_s - J_f. \tag{8.33}$$

Da sowohl J_s als auch J_f konstant bleiben, und die Wasserspiegeldifferenz zwischen Beckenspiegel und Rohrscheitel $\Delta p/(\rho g)=0.25$m beträgt, gilt für die Länge L_D der Druckrohrstrecke $L_D=\Delta p/(\rho g)/(J_s-J_f)$. Mit $Q=0.5$m^{3}s^{-1}, $K=80$m$^{1/3}$s^{-1}, $F=\pi D^2/4=1.227$m^2 und $R_h=D/4=0.313$m, also mit $J_f=Q^2/(K^2F^2R_h^{4/3})=[0.5/(80 \cdot 1.227 \cdot 0.313^{2/3}]^2=0.122\%$ folgt demnach $L_D=0.25/(0.012-0.000122)=21.05$m. Als Randbedingung gilt demnach $(x_r;h_r)=(-21.05$m$;1.25$m$)$.

1. $Q=0.50$m^{3}s^{-1}, $D=1.25$m, $J_s=0.012$ und $K=80$m$^{1/3}$s^{-1}.
2. Mit $q_N=0.031$ wird $y_N=0.207$, also $h_N=0.259$m.
3. Mit $Q/(gD^5)^{1/2}=0.091$ wird $y_c=0.302$, also $h_c=0.378$m.
4. $Y_c=h_c/h_N=1.459$, der Normalabfluss ist demnach schiessend.
5. Mit $Y_r=h_r/h_N=1.25/0.259=4.826>1$ handelt es sich um eine Staukurve; da $h_r/h_c=1.25/0.378=3.307>1$, ist der Abfluss jedoch *strömend*, man muss also *entgegen* der Fliessrichtung rechnen.
6. Randbedingung $(X_r^*;Y_r)=(-0.952;4.826)$, Transformation $\lambda=0.976$. Gleichung der Staukurve

$$X^* = -0.952 + Y - 4.826 + 0.883 \left[ln\left(0.657\frac{Y+1}{Y-1} \right) + 2(arctg(Y) - 2.733) \right].$$

8. Die Staukurve ist in Tabelle 8.4 numerisch wiedergegeben. Spätestens an der Stelle $x=-86.4$m wird sich ein Wassersprung einstellen.

Tabelle 8.4   Staukurve zu Beispiel 8.7.

h[m]	1.25	1.15	1.05	0.95	0.85	0.75	0.65	0.55	0.45
Y	4.826	4.440	4.054	3.668	3.282	2.896	2.510	2.124	1.737
X	−0.975	−1.367	−1.759	−2.148	−2.534	−2.913	−3.282	−3.626	−3.909
x[m]	−21.05	−29.50	−37.95	−46.35	−54.70	−62.90	−70.85	−78.25	−84.36

Beispiel 8.8   S2-Kurve

Wie sieht die Senkungskurve aus, welche sich im Falle des Beispiels 8.7 ergibt bei einer Randwassertiefe von h_r=0.35m?

1. Q=0.50m^{3}s^{-1}, D=1.25m, J_s=0.012 und K=80m$^{1/3}$s^{-1}.
2. y_N=0.207 und h_N=0.259m.
3. y_c=0.302 und h_c=0.378m.
4. Y_c=1.459>1, also der Normalabfluss ist schiessend.
5. Y_r=0.35/0.259=1.351>1, es handelt sich deshalb um eine Senkungskurve, die infolge h_r/h_c=0.926<1 *in* Fliessrichtung berechnet wird.
6. Randbedingung $(X_r^*;Y_r)$=(0;1.351), Transformation λ=0.976. Gleichung der Senkungskurve

$$X^* = Y - 1.351 - 0.883\left[ln\left(0.149\frac{Y+1}{Y-1}\right) + 2arctgY - 1.867\right].$$

8. Tabelle 8.5 zeigt den Verlauf der Kurve h(x). Man erkennt, dass sich Normalabfluss im Unterwasser der Koordinate x=53.26m einstellt.

Tabelle 8.5   Senkungskurve nach Beispiel 8.8.

h[m]	0.35	0.33	0.31	0.29	0.27	0.262
Y	1.351	1.274	1.197	1.120	1.042	1.01
X	0	0.064	0.197	0.476	1.236	2.468
x[m]	0	1.37	4.25	10.28	26.68	53.26

Beispiel 8.9   S3-Kurve

Man betrachte nochmals Beispiel 8.7 und ermittle die Staukurve für eine Randwassertiefe h_r=0.20m.

1. Q=0.50m^{3}s^{-1}, D=1.25m, J_s=0.012 und K=80m$^{1/3}$s^{-1}.
2. y_N=0.207 also h_N=0.259m.
3. y_c=0.302 also h_c=0.378m.
4. Y_c=1.459>1, Normalabfluss demnach schiessend.
5. Y_r=0.20/0.259=0.772<1, es handelt sich demnach um eine Staukurve, die infolge h_r/h_c=0.529<1 *in* Fliessrichtung berechnet werden muss.
6. Randbedingung $(X_r^*;Y_r)$=(0;0.772), Transformation λ=0.976. Gleichung der Senkungskurve

$$X^* = Y - 0.772 - 0.883\left[ln\left(0.129\frac{1+Y}{1-Y}\right) + 2arctgY - 1.315\right].$$

8. In Tabelle 8.6 ist die Lösung zusammengestellt. Sie verläuft wie Bild 8.10k). Normalabfluss stellt sich nach einer Distanz von rund 73m ein.

Tabelle 8.6   Staukurve nach Beispiel 8.9.

h[m]	0.20	0.21	0.22	0.23	0.24	0.25	0.256
Y	0.772	0.811	0.849	0.888	0.927	0.965	0.99
X	0	0.271	0.578	0.944	1.422	2.192	3.378
x[m]	0	5.85	12.45	20.35	30.70	47.30	72.90

Aus diesen Beispielen geht hervor, dass sich die Stau- und Senkungskurven einfach ermitteln lassen. Neu gegenüber der konventionellen, durch Integration erzielten Lösung ist die *beliebige Wahl des Längenschrittes* Δx, da die vollständige Lösung analytisch bekannt ist. Da Wasserspiegel längs einer Schachthaltung nur entweder monoton zunehmen oder monoton abnehmen, kann auf Zwischenwerte sogar verzichtet werden und nur schachtweise die Wassertiefe ermittelt werden. Dadurch spart man natürlich beträchtlich Zeit und sogar grosse Kanalisationssysteme lassen sich innert vernünftiger Frist berechnen.

8.6.3 Berechnen von *zwei* Kanalisationsabschnitten

Bevor die Berechnungsmethode auf ganze Systeme angewendet werden soll, seien typische Probleme bei zwei Schachthaltungen besprochen. Dabei sollen zwei Haltungen mit identischem Durchfluss und Durchmesser betrachtet und durch *Gefällswechsel* die möglichen Zustände simuliert werden. Geht man nach Bild 8.10 von sechs Abflusstypen aus, so sind die in Bild 8.12 dargestellten Fälle von Interesse. Es handelt sich dabei um Kombinationen von M-Kurven und S-Kurven untereinander. Von den rechnerisch je neun Kombinationen scheiden als physikalisch irrelevant aus: M1-M2 und M1-M3, sowie S1-S2 und S1-S3, da keine Sprünge vom strömenden zum schiessenden Abfluss möglich sind. Dagegen treten *Wassersprünge* auf bei den Kombinationen M3-M1 und M3-M2, sowie S2-S1 und S3-S1. Bei diesen vier Fällen ist demnach Vorsicht geboten. Bei den Kombinationen M3-M2 und S2-S1 gilt zudem der Satz nicht, nach dem der Wasserspiegel längs einer Schachthaltung monoton zu- oder abnimmt.

Hinsichtlich der Berechnungsrichtung hat man sich immer an das Prinzip zu halten, dass bei $h>h_c$ *entgegen* und bei $h<h_c$ *in* die Fliessrichtung zu rechnen ist. M1- und M2-Kurven, sowie S1-Kurven sind deshalb entgegen der Fliessrichtung zu rechnen, M3- sowie S2- und S3-Kurven hingegen in der Fliessrichtung.

Bei den Kombinationen von *M- und S-Kurven*, resp. S- und M-Kurven (Bild 8.13) ergeben sich als physikalisch unmögliche Fälle M1-S2, M1-S3, M2-S3 sowie S1-M3. Alle Kombinationen mit M1 und S1 sind entgegen der Fliessrichtung zu rechnen, oder durch einen Wassersprung abrupt den Fliesszustand ändern. Für Kombinationen, bei denen M3- oder S3-Kurven auftreten, ist in Fliessrichtung zu rechnen, oder ein Wassersprung ändert abrupt den Fliesszustand. Bei M2- oder S2-Kurven ist besondere Aufmerksamkeit am Platze, da *Richtungswechsel* hinsichtlich der Berechnung auftreten können. Das hier sicher repräsentativste Beispiel ist die Kombination M2-S1, bei der am Knickpunkt der Fliesswechsel auftritt. Dieser Fall ist wichtig bei der Wahl von Randwerten, weil hier eine *Abflusskontrolle* auftritt (Kap.6).

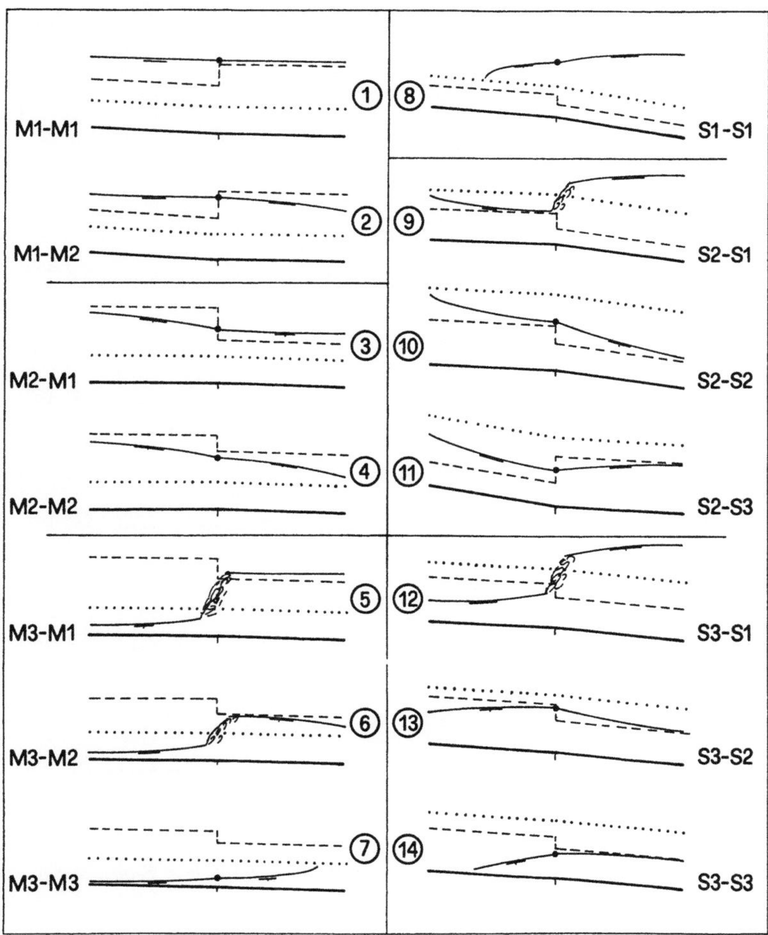

Bild 8.12 Kombination von *zwei* M-Kurven (links) oder *zwei* S-Kurven (rechts). Die Konfigurationen M1-M3, M2-M3 sowie S1-S2, S1-S3 sind physikalisch irrelevant.

Die Bilder 8.12 und 8.13 lassen sich ausweiten auf beliebige Systeme von Kanälen, da sich das Gesamtsystem in *Zweierabschnitte* aufteilen lässt. Damit kann mit den beiden Werten

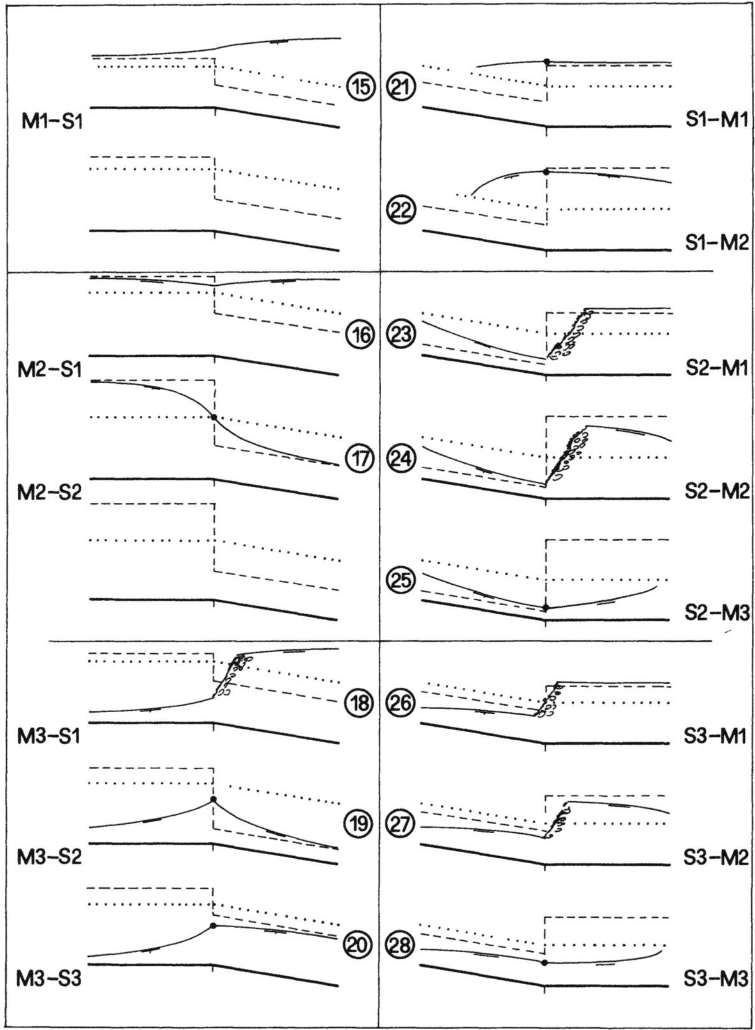

Bild 8.13 Kombinationen von M-Kurven *und* S-Kurven (links), resp. S- *und* M-Kurven (rechts).

$$Y_r \quad = h_r/h_N \quad \text{Randwert,}$$

$$Y_c \quad = h_c/h_N \quad \text{Abflussdynamik des Normalabfluss}$$

sowie mit dem Verhältnis der beiden Werte

$$Y_r/Y_c \quad = h_r/h_c \quad \text{Abflussdynamik des Randwertes}$$

vorerst der Kurventyp bestimmt werden, um anschliessend das qualitative Abflussbild zu ermitteln. Tabelle 8.7 gibt die Charakteristik der 28 möglichen Fälle wieder. Diese lässt sich einfach in ein Computerprogramm einbauen, um den Berechnungsgang zu steuern. Anschliessend können Pläne erstellt werden, bei denen an den Schächten lediglich die *Abfluss-Typennummer* erscheint und damit einen Abflusstyp genau festlegen. Dadurch lassen sich die Informationen konzentriert darstellen und neuralgische Punkte sofort ermitteln.

In der Folge soll unterschieden werden zwischen Kanalisationsnetzen von *konstantem* und abschnittsweise *veränderlichem* Rohrdurchmesser.

Tabelle 8.7   Charakteristik der Kombinationen von *zwei* Kanalhaltungen.

Typ	1	2	3	4	5	6	7
Y_r	$>1/>1$	$>1/<1$	$<1/>1$	$<1/<1$	$<1/>1$	$<1/<1$	$<1/<1$
Y_c	$<1/<1$	$<1/<1$	$<1/<1$	$<1/<1$	$<1/<1$	$<1/<1$	$<1/<1$
Y_r/Y_c	$>1/>1$	$>1/>1$	$>1/>1$	$>1/>1$	$<1/>1$	$<1/>1$	$<1/<1$

Typ	8	9	10	11	12	13	14
Y_r	$>1/>1$	$>1/>1$	$>1/>1$	$>1/<1$	$<1/>1$	$<1/>1$	$<1/<1$
Y_c	$>1/>1$	$>1/>1$	$>1/>1$	$>1/>1$	$>1/>1$	$>1/>1$	$>1/>1$
Y_r/Y_c	$>1/>1$	$<1/>1$	$<1/<1$	$<1/<1$	$<1/>1$	$<1/<1$	$<1/<1$

Typ	15	16	17	18	19	20	21
Y_r	$>1/>1$	$<1/>1$	$<1/>1$	$<1/>1$	$<1/>1$	$<1/<1$	$>1/>1$
Y_c	$<1/>1$	$<1/>1$	$<1/>1$	$<1/>1$	$<1/>1$	$<1/>1$	$>1/<1$
Y_r/Y_c	$>1/>1$	$>1/>1$	$>1/<1$	$<1/>1$	$<1/<1$	$<1/<1$	$>1/>1$

Typ	22	23	24	25	26	27	28
Y_r	$>1/<1$	$>1/>1$	$>1/<1$	$>1/<1$	$<1/>1$	$<1/<1$	$<1/<1$
Y_c	$>1/<1$	$>1/<1$	$>1/<1$	$>1/<1$	$>1/<1$	$>1/<1$	$>1/<1$
Y_r/Y_c	$>1/>1$	$<1/>1$	$<1/>1$	$<1/<1$	$<1/>1$	$<1/>1$	$<1/<1$

8.6.4 Kanalisationsnetze mit *konstantem* Durchmesser

Da in Kanalisationen Rohre mit abgestuft genormtem Durchmesser verwendet werden, tritt nicht bei jedem Schacht notwendigerweise eine Kaliberänderung auf. Kanalisationsschächte sollen nämlich auch den einfachen Zugang zum eigentlichen Kanal erlauben und deshalb einen Maximalabstand vom hundertfachen Durchmesser haben (Kap.14). In Gebieten, bei denen das Gefälle etwa konstant ist und keine seitlichen Kanäle einmünden, oder falls das Gefälle zunimmt und damit die Wirkung von seitlichen Zuflüssen etwa kompensiert wird, ist keine Kaliberänderung nötig.

Beispiel 8.10   Gegeben ein Kanalisationsnetz bestehend aus vier Strängen gleichen Durchmessers D=0.70m, bei denen das Sohlengefälle abschnittsweise in Fliessrichtung kontinuierlich abnimmt. Der Kontrollpunkt befindet sich am Anfangspunkt x=0. Wie verläuft der Wasserspiegel für Rohre mit einem Rauhigkeitsbeiwert $K=80m^{1/3}s^{-1}$, falls kein Unterwassereinstau herrscht?

Tabelle 8.8   Charakteristika für Beispiel 8.10 (vergl. Bild 8.14).

Strang	①	②	③	④
$Q[m^3s^{-1}]$	0.30	0.40	0.45	0.45
J_s [-]	0.01	0.005	0.0035	0.0025
$h_N[m]$	0.263	0.380	0.466	0.540
$h_c[m]$	0.338	0.391	0.414	0.414

Strang 1. Mit $h_r=h_c$, also $Y_r=Y_c=1.285$ an der Stelle x=0 wird im Querschnitt x=30m, entsprechend X=1.141 mit $\lambda=0.919$ die relative Wassertiefe $Y=Y_N$, da die Absenkungslänge nach Gl.(8.28) X=1.102, entsprechend x=29m beträgt. Deshalb wird die Schachtwassertiefe $h_{12}=h_N=0.263m$. Diese Wassertiefe ist Ausgangspunkt für die Berechnung des Abschnittes ②.
Strang 2. Mit $Y_r=0.263/0.38=0.692$, $Y_c=1.029$ und $\lambda=0.822$ als Ausgangswerte und bei einer Schachtdistanz von $\Delta x=40m$ wird $X=0.005 \cdot 40/0.380=0.526$, womit nach Gl.(8.24) die dimensionslose Wassertiefe $Y=Y_N$ wird, da die Staulänge lediglich X=0.507 entspricht. Damit ergibt sich ebenfalls $h_{23}=h_N=0.380m$. Diese Wassertiefe ist Ausgangspunkt für den Strang ③.
Strang 3. Mit $Y_r=0.380/0.466=0.815$, und aus $Y_c=0.414/0.466=0.888<1$ sowie $\lambda=0.716$ geht hervor, dass strömender Abfluss eintreten könnte. Die maximale Länge der M3-Kurve beträgt $X(Y=Y_c)=0.019$, also x=2.576m, der Wassersprung muss also zwischen den Strängen ② und ③ auftreten.
Strang 4. Geht man davon aus, dass im Strang ④ nahezu Normalabfluss herrscht, also die Wassertiefe $h_{34}=h_{N4}=0.54m$ beträgt, so folgt für die Staukurve des *Stranges* ③ $Y_r=0.54/0.466=1.159$, $Y_c=0.414/0.466=0.888$ und $\lambda=0.716$. An der Stelle $\bar{x}=70m$, entsprechend x=−40m, oder X =−0.215 wird damit die Wassertiefe Y=1.070, also h=0.499m. Vom Oberwasser her hat sich im *Strang 2* eine Wassertiefe von $h_{23}=h_{N2}=0.38m<h_c$ ergeben. Die dazu konjugierte Wassertiefe ist mit $y_1=0.38/0.7=0.543$, also $q_o=0.537$ nach Gl.(7.32) gleich $y_2=0.579$, entsprechend $h_2=0.405m$. Damit ist die zu $h_1=0.38m$ konjuguierte Tiefe $h_2=0.405m$ kleiner als die Unterwassertiefe $h_{23}=0.499m$, der Wassersprung stellt sich also weiter im Oberwasser ein.
Strang 2. Die zur Normalabflusstiefe $h_{12}=0.38m$ konjugierte Wassertiefe besitzt mit $y_1=0.376$, also $q_o=0.383$ den Wert $h_2=0.438m$.
Um zu prüfen, wo sich der Wassersprung einstellt, wird von Schacht ②-③ aus eine Staukurve mit $h_o=0.499m$ ins Oberwasser gerechnet. Sie basiert auf $Y_r=0.499/0.38=1.313$, $Y_c=1.029$ und $\lambda=0.822$. Mit einer Distanz von x=−40m, entsprechend X=−0.526, ist der Strang länger als die maximal mögliche Strecke mit durchgehend strömendem Zustand. Eine ausführlichere Rechnung zeigt, dass sich der Wassersprung etwa an der Stelle x=50m, also etwas unterwasserseitig des zweiten Schachtes einstellt.
Bild 8.14 zeigt den Wasserspiegelverlauf.

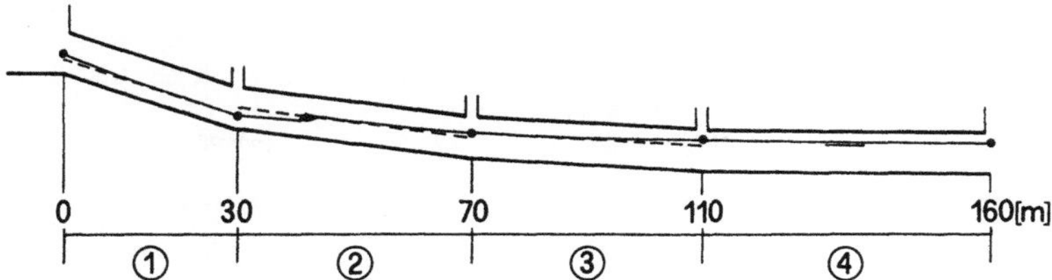

Bild 8.14 Wasserspiegelverlauf für Beispiel 8.10.

Dieses Beispiel zeigt, wie mühsam sich eine Berechnung gestaltet, falls Wassersprünge in den *a priori* unbekannten Haltungen auftreten. Beim Beispiel 8.10 müsste jedoch bereits anhand der Tabelle 8.8 angenommen werden, dass sich infolge des Wechsels von $Y_c>1$ in den Haltungen ① und ② auf $Y_c<1$ im Unterwasser Probleme dieser Art ergeben. Es wird deshalb vorgeschlagen, gleichzeitig mit h_N und h_c in einer Haltung mit $Y_c>1$ auch den Wert y_2 zu ermitteln. Diese zusätzliche Information erlaubt dann, sich schon ein klares Bild gleich zu Beginn der Rechnung zu machen. Damit wird der Sprung oft genauer lokalisiert und es werden überflüssige Berechnungen vermieden.

Tabelle 8.9 Charakteristika für Beispiel 8.11.

Strang	①	②	③	④
$Q[m^3s^{-1}]$	0.30	0.40	0.45	0.45
J_s [-]	0.010	0.005	0.0035	0.0025
$h_N[m]$	0.263	0.380	0.466	0.540
$h_c[m]$	0.338	0.391	0.414	0.414
$h_2[m]$	0.438	0.405	-	-

Beispiel 8.11 Man betrachte Beispiel 8.10, wobei nun aber als Unterwasserbedingung $h_r=h_c$ am Schacht ④-⑤ gelte.
Strang 4. Mit $Y_r=Y_c=0.414/0.54=0.767$ und $\lambda=0.588$ sowie $\Delta x=-50m$, entsprechend $X=-0.231$ wird $Y=0.956$, also $h_{34}=0.516m$.
Strang 3. Mit $Y_r=0.516/0.466=1.107$, $Y_c=0.414/0.466=0.888$ und $\lambda=0.716$ sowie $\Delta x=-40m$, entsprechend $X=-0.300$ wird $Y=1.024$, also $h_{23}=0.477m> h_2=0.405m$. Im Strang ② herrscht also noch immer strömender Abfluss.
Strang 2. Mit $Y_r=0.477/0.380=1.255$, $Y_c=1.029$ und $\lambda=0.822$ sowie $\Delta x=-40m$, entsprechend $X=-0.526$, ist vom *Unterwasser* her kein durchgehend strömender Abfluss möglich. Der Verlauf des Wasserspiegels ist in Tabelle 8.10 dargestellt.
Strang 2. Vom *Oberwasser* her gilt nach Beispiel 8.10 für $h_{12}=0.263m$, also $Y_r=0.692$, $Y_c=1.029$ und $\lambda=0.822$. Tabelle 8.10 gibt den Verlauf des Wasserspiegels wieder. Ebenfalls berechnet ist q_o nach Gl.(7.32) und y_2 nach Gl.(7.31) bei $q=0.312$, sowie $h_2=y_2 \cdot D$.
Aus Tabelle 8.10a), sieht man, dass schiessender Abfluss im Extremfall oberwasserseitig von $x=55m$ auftreten muss. Nach Tabelle 8.10b), in der

sowohl h(x) für den schiessenden Abfluss als auch $h_2(x)$ für die konjugierte Tiefe ermittelt sind, erkennt man nun die Übereinstimmung von h_2 mit h nach Tabelle 8.10a) bei x=60m. Der Wassersprung tritt nun also leicht unterwasserseitig von Beispiel 8.10 auf.

Tabelle 8.10   Beispiel 8.11, *Strang* 2, Strömen (oben) und Schiessen (unten).

$\bar{x}$[m]	30	35	40	45	50	55	60	65	70
x[m]					−20	−15	−10	−5	0
X[-]					−0.263	−0.197	−0.132	−0.066	0
Y[-]					-	1.055	1.130	1.195	1.255
h[m]					-	0.401	0.429	0.454	0.477

$\bar{x}$[m]	30	35	40	45	50	55	60	65	70
x[m]	0	5	10	15	20	25	30	35	40
X[-]	0	0.066	0.132	0.197	0.263	0.329	0.395	0.461	0.526
Y[-]	0.692	0.739	0.784	0.829	0.871	0.912	0.949	0.977	>0.99
h[m]	0.263	0.281	0.298	0.315	0.331	0.347	0.361	0.371	0.377
q_o[-]	0.382	0.405	0.427	0.449	0.470	0.491	0.510	0.524	0.532
y_2[-]	0.826	0.781	0.741	0.704	0.672	0.641	0.615	0.597	0.586
h_2[m]	0.578	0.547	0.519	0.493	0.470	0.449	0.430	0.418	0.410

Dieses Beispiel zeigt klar den beträchtlichen Aufwand, der sich durch das Auftreten von *Fliesswechseln* in Kanälen ergibt. Grosse Mühe bereitet hauptsächlich die Bestimmung der Lage des Sprunges. Hat man diese einmal ermittelt, so können noch weitere Sprungeigenschaften anhand der Ausführungen nach Kap.7 bestimmt werden. Gegenüber dem konventionellen Verfahren wirkt sich die explizite Spiegelberechnung sehr zeitgewinnend aus.

In der *Computer-Auswertung* wird es am einfachsten sein, grundsätzlich alle Kanalhaltungen vom Unterwasser ins Oberwasser zu berechnen, wenigstens soweit das möglich ist (in Beispiel 8.11 ist die Auswertung oberhalb von x=55m unmöglich). Die Resultate werden dann abgespeichert und verglichen mit dem anschliessend in die Unterwasserrichtung gerechneten Spiegelprofil für schiessende Abflussstrecken. Ein Kanalisations-System wird deshalb schematisch folgendermassen angegangen:

1. Grobbemessung des Durchmessers D oder Betrachtung des vorhandenen Systems anhand des Normalabflusses mit Q, J_s und K, resp. k_s und v als Basisgrössen,
2. Berechnung der Normalabflusstiefen mit der Bedingung $h_N{\leq}0.8D$,
3. Berechnung der kritischen Tiefen h_c,

4. Markierung aller Übergänge $F_N<1$ zu $F_N>1$ als potentielle Kontrollquerschnitte,
5. Eintragen aller Randwerte h_r, festgelegt durch Becken- oder Vorfluterspiegel, Pumpensümpfe oder sonstiger Fixwerte,
6. Berechnung aller *strömenden* Abflüsse bis zu dem Punkt, wo die Rechnung abbricht, Speicherung der Resultate,
7. Berechnung aller *schiessenden* Abflüsse, Ermittlung der konjugierten Tiefen und punktweiser Vergleich mit den Resultaten nach 6. Ist die Lage des Wassersprunges gefunden, so folgt der Abbruch der Berechnung.
8. Darstellen der Lösungen und Diskussion. Vergleich mit ursprünglicher Grobbemessung und eventuelle Anpassung des Rohrdurchmessers, der Abstürze usw.
9. Nachrechnung des definitiven Ausführungsprojektes.

8.6.5 Kanalisationsnetze mit *veränderlichem* Durchmesser

Generell sollte bei nicht zu stark geneigten Kanälen auf rund 80% Teilfüllung vorbemessen werden, d.h. man darf auf rechnerische "Vollfüllung" bemessen. Dieses einfache Verfahren der Vorbemessung ergibt dann recht gute Resultate, wenn kleine Durchmesseränderungen von rund 20% auftreten. Beim Übergang von Steilstrecken auf Flachstrecken ist auch bei grösseren Durchmesseränderungen keine allzu grosse Gefahr vorhanden, wird doch in der Flachstrecke mit Ausnahme von Unterwassereinstau (Typen 21, 23 und 26) eher überdimensioniert. Hingegen können sich beim *Übergang von Flach- auf Steilstrecken* unzulässige Zustände besonders im Einlaufbereich in das Unterwasserrohr ergeben. Die Strömung kann sich nämlich von der kritischen Tiefe am Gefällswechsel nicht genügend rasch auf den Normalabfluss im Unterwasserstrang beschleunigen und schlägt deshalb beim Schachteinlauf auf die Schachtwand (Bild 8.15a). Damit werden Verhältnisse geschaffen, die zu Druckabfluss im Unterwasser und zu Einstau im Oberwasser führen und damit hydraulisch unüberblickbare Abflussverhältnisse ergeben. In solchen Fällen kann nur eine Detaillösung nach Kapitel 6 Auskunft über das zu wählende Unterwasserrohr geben.

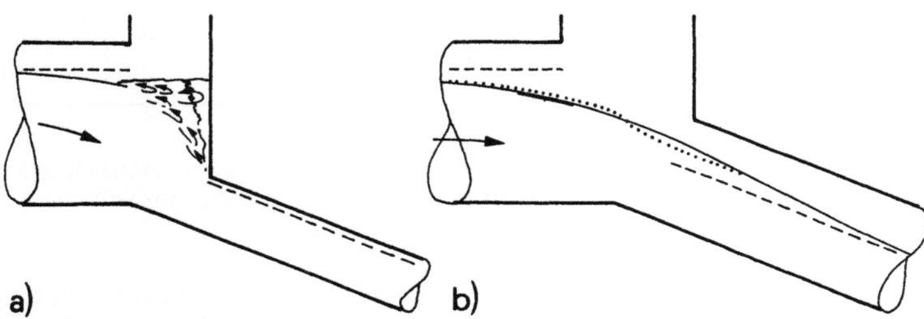

Bild 8.15 Gefällswechsel von Flach- auf Steilstrecke. a) Zuschlagen des Unterwasserrohres durch ungenügende Ausbildung des Bodenüberganges, b) Wasserspiegel (· · ·) konventionell gerechnet, (—) Messung, (- - -) Normalabfluss.

Im Zusammenhang mit der konventionellen Berechnung von Stau- und Senkungskurven, bei der also die in 8.2 zusammengestellten Voraussetzungen gelten, verläuft der Wasserspiegel im kritischen Punkt vertikal. Im Oberwasser ist der Wasserspiegel nach oben, im Unterwasser dagegen nach unten gekrümmt. Der kritische Punkt entspricht nach diesem Berechnungmodell deshalb zusätzlich einem Wendepunkt (Bild 8.15b). Messungen zeigen jedoch im Bereich des kritischen Punktes, dass:

- kein vertikaler Wasserspiegel auftritt,

- kein Wendepunkt vorhanden ist und

- der Übergang von Strömen zu Schiessen kontinuierlich verläuft.

Wie bereits in 8.3 erwähnt, darf die *konventionelle Berechnungsmethode* von Stau- und Senkungskurven im Bereich des kritischen Abflusses nicht angewendet werden. Der auszuschliessende Berechnungsbereich ist nicht klar abgegrenzt, es soll jedoch als Orientierungsgrösse gelten

$$0.9 < \frac{h}{h_c} < 1.1, \quad \text{falls} \left| \frac{h_c}{h_N} - 1 \right| > 0.1 . \tag{8.34}$$

Ist der Unterschied zwischen h_c und h_N kleiner als ± 0.1, so ist der *Gültigkeitsbereich* der konventionellen Berechnung grundsätzlich fraglich. Infolge des nahezu kritischen Abflusses treten dann stehende Wellen auf, welche beispielsweise als *ondulierende Wassersprünge* bekannt sind. Bild 8.16 zeigt zwei typische Beispiele. Im Falle von Bild 8.16a) handelt es sich um den Übergang Strömen-Schiessen, falls F_N nicht allzu weit vom kritischen Wert $F=1$ entfernt liegt. Im zweiten Fall ist ein ondulierender Wassersprung angedeutet (Bild 8.16b), der sich einstellt, falls F_N im Unterwasserkanal nahe bei Eins ist. Man beachte, dass es sich bei beiden Wellen um ausgesprochen nicht-lineare Phänomene handelt, Wellenhöhe und Wellenlänge variieren also mit der Distanz.

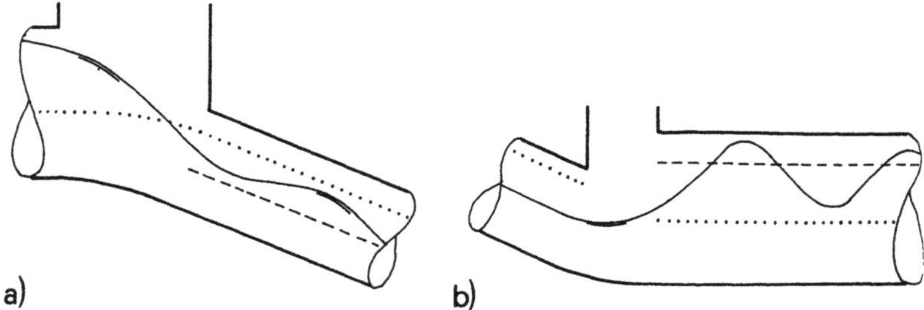

Bild 8.16 Wasserspiegelprofile bei nahezu kritischem Abfluss und veränderlichem Rohrdurchmesser. Übergang a) Strömen-Schiessen, b) Schiessen-Strömen. (- - -) Normalabflusstiefe h_N, ($\cdots$) kritische Tiefe h_c.

Beispiel 8.12   Gegeben ein Kanalisationsnetz nach Bild 8.17, bestehend aus drei Haltungen nach Tabelle 8.11. Wie sieht der Wasserspiegelverlauf aus, falls der Zulauf im Oberwasser strömend ist und im Unterwasser kein Einstau vorliegt?

Tabelle 8.11 Hydraulische Eigenschaften der drei Stränge nach Bild 8.17.

Strang	①	②	③
$Q[m^3s^{-1}]$	1.00	1.30	1.30
$D[m]$	1.25	1.50	1.00
$J_s[-]$	0.0025	0.001	0.029
$K[m^{1/3}s^{-1}]$	85	70	85
$h_N[m]$	0.552	0.860	0.360
$h_c[m]$	0.534	0.582	0.644

Nach Tabelle 8.11 findet an der Stelle x=100m (Schacht ②/③) ein Fliesswechsel Strömen-Schiessen statt. Dort muss also die Berechnung beginnen. Im Gegensatz zu den vorangehenden Beispielen soll nun die Wassertiefe h an vorgegebenen Orten x ermittelt werden. Man wird deshalb die Gl.(8.24) iterativ auf Y bei gegebenem Wert X lösen. Weiter wird die verschobene Koordinate $\bar{x}$ bezüglich des Berechnungs-Nullpunktes eingeführt. Sie wird in jedem Schacht neu angepasst.
Die Senkungskurve stromab basiert auf Y_c=1.789, Y_r=Y_c, λ=0.926 und ergibt eine S2-Kurve. An der Stelle x=170m (Schacht ③/④) folgt h=0.369m, also nahezu Normalabfluss.
Die Senkungskurve stromauf ergibt mit Y_c=0.677, Y_r=Y_c, λ=0.799 eine M2-Kurve. An der Stelle x=60m wird die Wassertiefe h_r=0.726m. Diese Wassertiefe dient nun als Ausgangswert für den Abschnitt ①.
Die Staukurve vom Typ M1 basiert auf den Werten Y_c=h_c/h_N=0.967, Y_r=h_r/h_N= 0.726/0.552=1.315 sowie λ=0.886. Als Resultat ergibt sich am Anfang x=0 die Lösung h=0.608m. Man findet also für den Abschnitt ①-② den Abflusstyp ②, für die Strecke ②-③ den Typ 17.

Tabelle 8.12 Beispiel 8.12 (Bild 8.17).

h[m]	0.608	0.645	0.685	0.726	0.692	0.664	0.644	0.458	0.419	0.369
Y	1.101	1.169	1.241	0.844	0.805	0.772	1.789	1.272	1.164	1.025
X	−0.272	−0.181	−0.0906	−0.0465	−0.0233	−0.0116	0	0.806	1.611	5.639
x[m]	0	20	40	60	80	90	100	110	120	170
$\bar{x}$[m]	−60	−40	−20	0/−40	-20	-10	0	+10	+20	+70

Als *Schlussfolgerungen* dieses Abschnittes können angeführt werden:

- Stau- und Senkungskurven beziehen sich nur auf *wenig* veränderlichen Abfluss,
- geometrische und hydraulische Änderungen im Schachtbereich sollen *klein* sein,
- Strömungen *nahe* des kritischen Abflusses sollen nicht konventionell als Stau- und Senkungskurven berechnet werden,
- im schiessenden Abfluss können sich markante *Stosswellen* ausbilden,
- näherungsweise darf ein *Schacht* als lokales Element vernachlässigt werden.

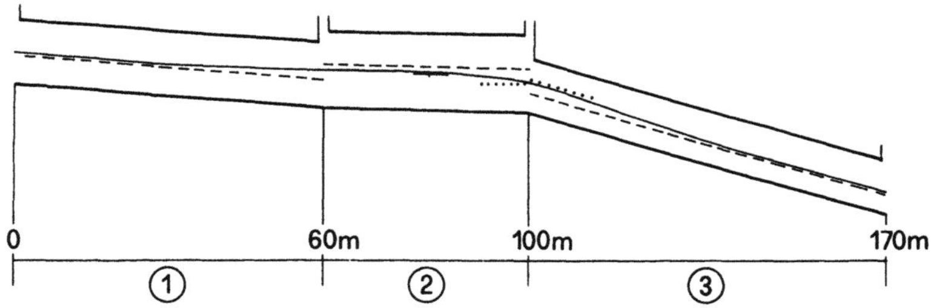

Bild 8.17 Wasserspiegel für Beispiel 8.12.

8.7 Stau- und Senkungskurven im Ei- und Maulprofil

8.7.1 Einleitung

Grundsätzlich lassen sich die auf das Kreisprofil angewendeten Gesetzmässigkeiten auch auf das Ei- und auf das Maulprofil, nebst anderen geschlossenen Profilen übertragen. Dabei ergeben sich aber die folgenden beiden *Probleme*:

- jedes Profil führt auf eine spezielle Differentialgleichung für die Spiegellinie, ist also separat zu ermitteln und

- neben dem Kreis-Durchmesser D treten weitere Parameter der Profilgeometrie auf, die damit zusätzliche Schwierigkeiten in der Lösungsdarstellung ergeben.

Obwohl Stau- und Senkungskurven in beliebigen, prismatischen Gerinnen analog zum Kreisprofil zu ermitteln wären, ist dies von der Praxis her wenig sinnvoll. Gemessen am rechnerischen Aufwand ist die *Praxisrelevanz* gering, da:

- nicht-kreisförmige, geschlossene Profile selten auftreten,

- aus Stau- und Senkungskurven der generelle Verlauf der Spiegellinie hervorgeht,

- der zeitliche Aufwand nicht im Verhältnis zum Nutzen steht.

Diese Kritik soll jedoch nicht dazu führen, generell die Übergangskurven im nicht-kreisförmigen Profil unberücksichtigt zu lassen. Vielmehr soll auf diesen relativ selten auftretenden Fall ein Näherungsverfahren angewendet werden, welches sich aus dem bekannten, konventionellen Verfahren nach 8.4 direkt ableitet. In der Folge soll die Modifikation für das Ei- und das Maulprofil beschrieben werden.

8.7.2 Methode des Ersatzprofils

Sowohl das genormte Ei- als auch das genormte Maulprofil lassen sich als verzerrte Kreisprofile betrachten. Die Stau- und Senkungskurven in diesen beiden Profilen dürfen deshalb auch als leicht verzerrt gegenüber dem Kreisprofil angesehen werden (Bild 8.18). Stellt man sich auf den Standpunkt, dass Stau- und Senkungskurven *Übergangskurven* zwischen verschiedenen Normalabflusstiefen sind, bei denen der Verlauf der kritischen

Wassertiefe zu berücksichtigen ist, so gilt es:

* den Normalabfluss im nicht-kreisförmigen Profil möglichst genau nachzubilden,
* den entsprechenden kritischen Abfluss in Rechnung zu stellen.

Diese Forderungen lassen sich im sogenannten *Ersatzprofil* erfüllen, bei dem sowohl die Normalabflusstiefe h_N als auch die kritische Tiefe h_c im eigentlichen Kanal berechnet werden, die Wassertiefe h aber im kreisförmigen Ersatzprofil ermittelt wird. Die *Umrechnung* vom effektiven Profil zum Ersatzprofil kann dabei verschieden erfolgen:

* Identische Geschwindigkeit bei Normalabfluss,
* gleiche Querschnittsfläche bei Vollfüllung oder
* gleiche Profilhöhe.

Da bei den genormten Profilen Ei und Maul die Exzentrizität relativ klein ist, dürften sich bei den beiden letzten Verfahren keine allzu grossen Abweichungen ergeben. Es wird deshalb empfohlen, *gleiche Querschnittsfläche bei Vollfüllung* der Berechnung zugrunde zu legen. Dadurch wird das Verfahren sogar unabhängig vom Durchfluss und dürfte hinreichend genaue Resultate liefern. Es ergeben sich dann also *fiktive* Durchmesser D_f, die keineswegs zu marktüblichen Kalibern in Beziehung zu setzen sind. Das *Berechnungsvorgehen* ist dann folgendes:

1. Berechnung der Normalabflusstiefe h_N im effektiven Profil,
2. Berechnung der kritischen Tiefe h_c im effektiven Profil,
3. Angabe des Randwertes $h(x=x_r)=h_r$,
4. Klassifikation der Stau- und Senkungskurve im Ersatzprofil,
5. Berechnung der Stau- und Senkungskurven im Ersatzprofil nach 8.6,
6. Rückrechnung der Resultate auf das effektive Profil.

Natürlich liessen sich für das Ei- und für das Maulprofil die Stau- und Senkungskurven exakt ableiten, dieser Aufwand steht jedoch in keinem Verhältnis zur Praxisrelevanz.

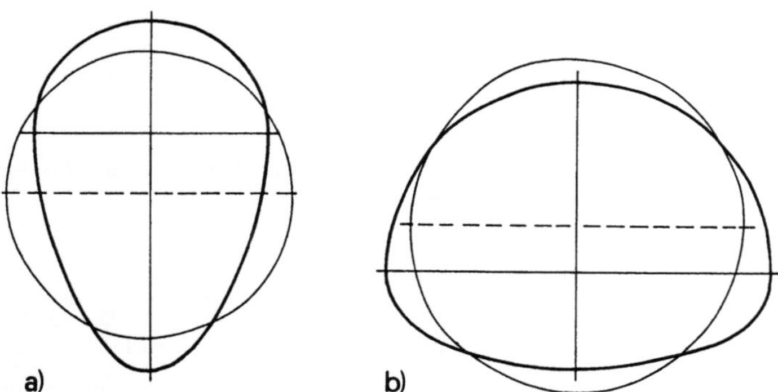

Bild 8.18 Effektives Profil und zugehöriges Ersatzprofil für a) Ei- und b) Maulprofil.

Beispiel 8.13   Gegeben ein Ei-Profil 600/900 mit einem Gefälle $J_s=0.15\%$, einem Rauhigkeitsbeiwert $K=85\,\mathrm{m}^{1/3}\mathrm{s}^{-1}$ und einem Durchfluss $Q=0.25\,\mathrm{m}^3\mathrm{s}^{-1}$. Wie verläuft die Stau- und Senkungskurve und wie gross ist die Wassertiefe im Oberwasserschacht, falls dieser um $\Delta x=-70\,\mathrm{m}$ entfernt ist und sich am Ursprung die kritische Wassertiefe einstellt?

1. *Normalabfluss* nach Gl.(5.21) mit $Q_v=0.503\cdot85\cdot0.0015^{1/2}0.6^{8/3}=0.424\,\mathrm{m}^3\mathrm{s}^{-1}$, also $q_v=0.25/0.424=0.59$ zu

$$y_N = 1.09[1-(1-0.884q_v)^{1/2}]^{1/2}, \qquad (8.35)$$

also $y_N=1.09[1-(1-0.844\cdot0.59)^{1/2}]^{1/2}=0.605$, entsprechend $h_N=0.605\cdot0.90=0.544\,\mathrm{m}$.

2. *Kritischer Abfluss* nach Gl.(6.46) zu

$$h_c = 1.34[Q/(gT)^{1/2}]^{1/2}, \qquad (8.36)$$

also $h_c=1.34[0.25/(9.81\cdot0.90)^{1/2}]^{1/2}=0.389\,\mathrm{m}$. Daraus folgt $h_N>h_c$ und somit *strömender* Normalabfluss.

3. *Randwert* an der Stelle $x_r=0$ ist $h_r=h_c$, also $Y_r(X_r=0)=Y_c=0.389/0.544=0.715$.

4. *Klassifikation.* Es handelt sich um eine M2-Kurve (Senkungskurve). Das *Ersatzprofil* hat einen Ersatzdurchmesser von $D_e=[(4/\pi)1.149]^{1/2}B=1.21B=1.21\cdot0.60\,\mathrm{m}=0.726\,\mathrm{m}$ (Tab.5.3).

5. *Berechnung* der Senkungskurve. Die Absenkungslänge X_o^* beträgt mit $Y_c=h_c/h_N=0.389/0.544=0.715$ nach Gl.(8.27)

$$X_o^* = (Y_c-1) + (1-Y_c^4)[1.72-Y_c], \qquad (8.37)$$

also $X_o^*=(0.715-1)+(1-0.715^4)\,[1.72-0.715]=0.457$. Mit

$$\lambda=(1-1.1y_N^2)^{1/2} \qquad (8.38)$$

nach Gl.(8.23) wird daraus $\lambda=[1-1.1(0.544/0.726)^2]^{1/2}=0.618$ und somit $X_o= X_o^*/\lambda=0.457/0.618=0.739$, also $x_o=X_oh_N/J_s=0.739\cdot0.544/0.0015=268\,\mathrm{m}$. Die Senkungskurve reicht also weit über den Oberwasserschacht hinaus.

Die Senkungskurve berechnet sich nach Gl.(8.24) und den Randwerten $(X_r^*;Y_r^*)=(\lambda X_r;Y_r)=(6.18\cdot0;0.715)=(0;0.715)$ zu

$$X^*= Y - 0.715 - \frac{1}{4}(1-0.715^4)\left[ln\left| \frac{Y+1}{Y-1}\,\frac{0.715-1}{0.715+1} \right| +2arctg(Y)-2arctg(0.715) \right]. \qquad (8.39)_1$$

Ausrechnen ergibt

$$X^* = Y - 0.486 - 0.185\left[ln\left| -0.166\,\frac{Y+1}{Y-1} \right| + 2arctg(Y) \right]. \qquad (8.39)_2$$

Gl.$(8.39)_2$ ist in Tab.8.13 ausgewertet, woraus man das Resultat $h=0.506\,\mathrm{m}$ an der Stelle $x=-70\,\mathrm{m}$ ersieht.

Tab.8.13 Auswertung von Beispiel 8.13

x	[m]	0	−1.10	−5.80	−17.0	−40.95	−56.90	−79.80
X	[-]	0	−0.003	−0.016	−0.047	−0.113	−0.157	− 0.220
X*	[-]	0	−0.002	−0.010	−0.29	−0.070	−0.097	− 0.136
Y	[-]	0.715	0.75	0.80	0.85	0.90	0.92	0.94
h	[m]	0.389	0.408	0.435	0.462	0.490	0.500	0.511

In einer numerischen Analyse haben Lakshmana Rao und Sridharan (1971) Stau- und Senkungskurven in einer Vielzahl von Profilen untersucht. Dabei ist bemerkenswert, dass die Unterschiede zwischen den einzelnen Kurven zwar bestehen aber relativ gering sind.

8.8 Stau- und Senkungskurven im Rechteckprofil
8.8.1 Einleitung

Neben dem Kreisprofil tritt in der Abwassertechnik auch häufig das Rechteckprofil auf, sei es als Kanal aus Ortsbeton bei grossen Abmessungen über 1.5m bis 2.0m, als Verbindungskanal auf Abwasserreinigungsanlagen oder als Ablaufkanal zum Vorfluter. Da das Rechteckprofil sich stark vom Kreisprofil unterscheidet, aber gleichsam einer elementaren Querschnittsform entspricht, soll es hier behandelt werden.

Wie aus den Ausführungen in 8.8.2 hervorgeht, lassen sich Stau- und Senkungskurven im Rechteckprofil auch nur durch die bereits in Gl.(8.18) zusammengefassten Koordinaten X und Y sowie Y_c darstellen, wobei als zusätzlicher Parameter $y_b = h_N/b$ entsprechend zu y_N auftritt. Infolge dieser vier Parameter wird die Darstellung einer allgemeinen Lösung auch wieder umständlich. Da eine praxisfreundliche Berechnung der Stau- und Senkungskurven gesucht wird, muss also wiederum ein Näherungsverfahren gesucht werden, welches den expliziten Einfluss der Kanalbreite b vernachlässigt. Dieses ist ähnlich zu der in 8.4.2 abgeleiteten Methode, sodass die Berechnung dem Vorgehen nach 8.6.1 folgt.

8.8.2 Wasserspiegelgleichung

Das Rechteckprofil wird geometrisch durch die Wassertiefe h und die Kanalbreite b beschrieben. Die Querschnittsfläche ist also F=bh, der benetzte Umfang P=b+2h und der hydraulische Radius $R_h = F/P = bh/(b+2h)$.

Setzt man die Gültigkeit der Fliessformel von Manning und Strickler bezüglich der Stau- und Senkungskurven voraus, so gilt für das *Reibungsgefälle*

$$J_f = \frac{Q^2}{K^2 F^2 R_h^{4/3}} \; .$$

(8.40)

Dabei bedeuten Q den Durchfluss und K den Reibungsbeiwert (Kap.2). Werden die geometrischen Grössen für F und P eingesetzt, so folgt

$$J_f = \left(\frac{Q}{Kbh}\right)^2 \left(\frac{b + 2h}{bh}\right)^{4/3} \; .$$

(8.41)

Mit der Normalabflussbedingung $J_S = J_f$ nach Kap.5 gilt ebenfalls für das *Sohlengefälle*

$$J_S = \left(\frac{Q}{Kbh_N}\right)^2 \left(\frac{b + 2h_N}{bh_N}\right)^{4/3} . \tag{8.42}$$

Eliminiert man den Durchfluss Q aus den Gln.(8.41) und (8.42), so folgt als Beziehung zwischen dem Sohlengefälle und dem Reibungsgefälle

$$J_f/J_S = \left(\frac{b + 2h}{b + 2h_N}\right)^{4/3}\left(\frac{h_N}{h}\right)^{10/3} . \tag{8.43}$$

Da die Froudezahl im Rechteckkanal gleich ist

$$F^2 = \frac{Q^2}{gb^2h^3} \tag{8.44}$$

und die kritische Tiefe definiert ist als $h_c^3 = Q^2/gb^2$ ergibt sich als *Gleichung der Stau- und Senkungskurven im Rechteckprofil* nach Gl.(8.9)

$$\frac{1}{J_S}\frac{dh}{dx} = \frac{1 - \left(\frac{b + 2h}{b + 2h_N}\right)^{4/3}\left(\frac{h_N}{h}\right)^{10/3}}{1 - \left(\frac{h_c}{h}\right)^3} . \tag{8.45}$$

Führt man neben den in Gl.(8.18) gewählten Parametern die Grösse $y_b = h_N/b$ ein, so lautet die *dimensionslose* Gleichung im Rechteckkanal (Hager, 1981)

$$\frac{dY}{dX} = \frac{1 - \left(\frac{1 + 2y_bY}{1 + 2y_b}\right)^{4/3}Y^{-10/3}}{1 - (Y_c/Y)^3} . \tag{8.46}$$

Wie bereits in 8.8.1 erwähnt, hängt die Lösungskurve $Y(X)$ nun von den beiden Parametern Y_c und y_b ab. Der Formparameter y_b hat dabei den Wertebereich $0 < y_b < \infty$.

Die *klassische Behandlung* der Stau- und Senkungskurven bezieht sich auf den Fall $y_b = 0$, d.h. auf den *extrem breiten Rechteckkanal* (Rouse und Ince, 1957; Müller, 1972). Dann vereinfacht sich Gl.(8.46) auf

$$\frac{dY}{dX} = \frac{1 - Y^{-10/3}}{1 - (Y_c/Y)^3} \tag{8.47}$$

und ist dann ähnlich wie Gl.(8.20) für das Kreisprofil.

Für den anderen Extremfall $y_b^{-1}=0$, also das *extrem schmale Rechteckprofil*, ergibt sich aus Gl.(8.46) für nicht ganz kleine Wassertiefen

$$\frac{dY}{dX} = \frac{1 - Y^{-7/3}}{1 - (Y_c/Y)^3} \cdot \qquad (8.48)$$

Allgemeiner setzt man also nach Bakhmeteff (1932) für eine ganze Klasse von Profilen

$$\frac{dY}{dX} = \frac{1 - Y^N}{1 - (Y_c/Y)^M} \cdot \qquad (8.49)$$

mit den Exponenten M und N als charakterisierend für die jeweilige Profilform. Dieses Integral ist von Chow (1959) in Tafeln ausgewertet worden, in denen M und N variieren. Bei der Integration werden jedoch mit dem Wasserstand Y unveränderliche Exponenten vorausgesetzt. Dies trifft beim Rechteck-, Dreieck- und näherungsweise beim Kreisprofil zu, führt aber zu Verfälschungen beispielsweise beim Trapezprofil oder bei komplexeren Profilformen. Nachteil der weitverbreiteten *Methode von Chow* ist die Auswertung in Tabellenform gegenüber der hier explizit ermittelten Lösung. Deshalb soll die Methode von Chow, resp. von Henderson (1966) nicht weiter verfolgt werden. Als Variante bliebe die numerische Lösung der Differentialgleichung.

Obwohl Gl.(8.47) von Gill (1976) analytisch gelöst wurde - dafür brauchte er je fünf Linien für die Gleichung und die Spezifikation von Parametern - kann nicht von einer praxisgerechten Anwendung gesprochen werden. Deshalb sind die Exponenten im Zähler von Gl.(8.46) auf ganze Zahlen vereinfacht, indem der Ausdruck $[(1+2y_bY)/Y]^{1/3}$ durch Reihenentwicklung um den Normalabflusszustand $Y=1$ sich auf $(1+2y_b)^{1/3}[1-(Y-1)/3(1+2y_b)]$ reduziert. Damit ergibt sich als *modifizierte* Gleichung der Stau- und Senkungskurven im Rechteckprofil

$$\frac{dY}{dX} = \frac{Y^3 - \left[\frac{1+2y_bY}{1+2y_b}\right]\left[1 - \frac{Y-1}{3(1+2y_b)}\right]}{Y^3 - Y_c^3} \cdot \qquad (8.50)$$

Obwohl diese Beziehung geschlossen lösbar ist, weist sie die vier Parameter X, Y, Y_c und y_b auf und ist damit wieder wenig zur allgemeinen Auswertung geeignet. Wie aus einer Analyse der Gleichung hervorgeht (Hager, 1981), ist der Einfluss des Profilparameters y_b auf den Wasserspiegelverlauf gering und es darf für typische Werte von y_b zwischen 0.1 und 10 stellvertretend der mittlere Wert $y_b=1$ gesetzt werden. Für Abflüsse in der Nähe des Normalabflusses ($0<Y<3$) lautet dann die vereinfachte Gl.(8.50)

$$\frac{dY}{dX} = \frac{Y^3 - \frac{1}{3}(1+2Y)\left[1 - \frac{Y-1}{9}\right]}{Y^3 - Y_c^3} = \frac{(Y-1)(27Y^2+29Y-10)}{27(Y^3-Y_c^3)} \,. \tag{8.51}$$

Sie ist in Bild 8.19 gelöst im Bereich $-9<X<+4$ und $0<Y<3$. Man erkennt eine grosse Ähnlichkeit mit Bild 8.6 für das Kreisprofil. Demnach kann das analoge Vorgehen bei Berechnungen auch im Rechteckprofil angewendet werden. Im Gegensatz zu Gl.(8.24) wird hier jedoch die Lösung von Gl.(8.51) nicht explizit angegeben, da sie zu umständlich wäre.

Um auch Gl.(8.46) einer einfacheren *analytischen Lösung* zugänglich zu machen, muss der komplizierte Ausdruck im Zähler modifiziert werden. Untersucht man für $y_b=1$ den verbleibenden Term $[(1+2Y)/Y]^{1/3}$, so stellt man maximale Abweichungen von 10% fest im Bereich $0.5<Y<5$. Im Normalabflussbereich $Y\sim1$ darf demnach analog zu Gl.(8.20) näherungsweise gesetzt werden

$$\frac{dY}{dX} = \frac{1 - Y^{-3}}{1 - (Y_c/Y)^3} \,. \tag{8.52}$$

Dieses Integral lässt sich durch einfache mathematische Methoden, die im nachfolgenden Abschnitt besprochen werden, lösen.

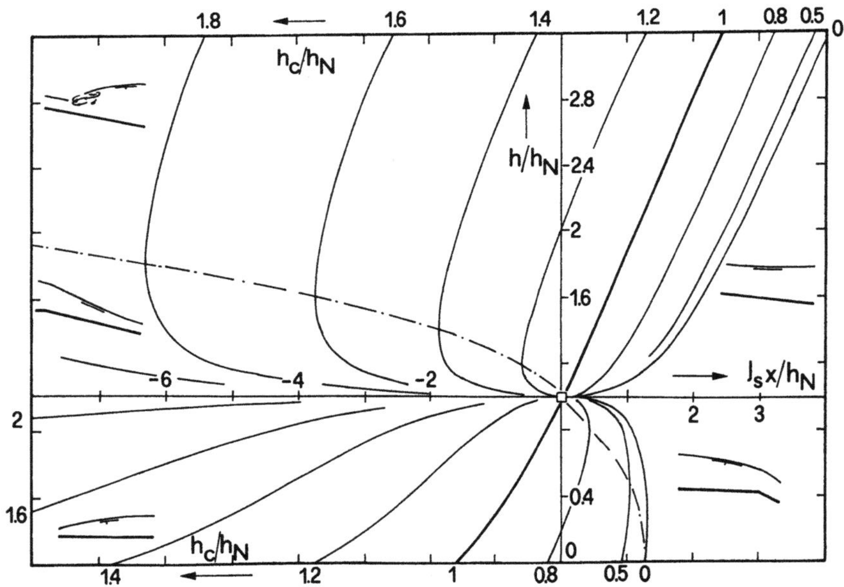

Bild 8.19 Übersicht zur Lösung der Stau- und Senkungskurven im Rechteckprofil nach Gl.(8.51) (Hager, 1981).

8.8.3 Näherungslösung

Die Lösung dieses Integrals wurde bereits 1860 vom Franzosen Jacques Antoine Bresse (1822-1883) mitgeteilt (Hager, 1990). Sie lautet mit den Randwerten $Y(X=X_r)=Y_r$

$$X - X_r = Y - Y_r - (1-Y_c^3)\left\{\frac{1}{6}ln\left[\left(\frac{1-Y_r}{1-Y}\right)^2\left(\frac{1+Y+Y^2}{1+Y_r+Y_r^2}\right)\right] + \frac{1}{\sqrt{3}}arctg\left(\frac{1+2Y}{\sqrt{3}}\right) - \frac{1}{\sqrt{3}}arctg\left(\frac{1+2Y_r}{\sqrt{3}}\right)\right\} . \quad (8.53)$$

Damit ist nun eine zu Gl.(8.24) vollständig analoge Beziehung bereitgestellt, die eine *explizite* Ermittlung von Stau- und Senkungskurven im Rechteckkanal erlaubt.

Das *Berechnungvorgehen* ist vollkommen analog zu demjenigen im Kreisprofil nach 8.6. Es soll hier deshalb stellvertretend lediglich ein Beispiel folgen.

Beispiel 8.14   Berechne den Wasserspiegelverlauf einer Steilstrecke von einem Gefälle J_s=3% und einer Rauhigkeit K=90m$^{1/3}$s^{-1} für einen Rechteckkanal von 120m Länge und 1.2m Breite bei einem Durchfluss Q=3.1m^{3}s^{-1}, falls sich am Anfang kritischer Abfluss einstellt und die Unterwassertiefe h_u=1.2m beträgt.

1. *Normalabfluss* nach Gl.(8.42) auf y_b=h_N/b gelöst

$$\frac{Q^2}{K^2J_sb^{16/3}} = \frac{y_b^{10/3}}{(1+2y_b)^{4/3}} \quad (8.54)$$

gibt iterativ für y_b=0.351, also h_N=0.351·1.2m=0.421m.
Näherungsweise gilt nach Sinniger und Hager (1989) explizit für

$$y_b = \left[\left(\frac{Q}{KJ_s^{1/2}b^{8/3}}\right)^{-3/5} - \frac{2}{3}\right]^{-1} . \quad (8.55)$$

Mit $Q/(KJ_s^{1/2}b^{8/3})$=3.1/(90·0.03$^{1/2}$1.2$^{8/3}$)=0.122 wird demnach y_b=[0.122$^{-0.6}$–0.666]$^{-1}$=0.3495, also um 0.5% kleiner als nach Gl.(8.54).

2. *Kritische Tiefe* nach Kap.5

$$h_c = [Q^2/(gb^2)]^{1/3} . \quad (8.56)$$

Einsetzen der Zahlenwerte ergibt h_c=[3.1^2/(9.81·1.2^2)]$^{1/3}$=0.879m. Demnach ist der Normalabfluss schiessend, da $h_N<h_c$ und der Unterwasserspiegel im strömenden Abflussbereich, da $h_u>h_c$. Es wird sich demnach im oberen Bereich schiessender Abfluss ausbilden und im unteren Kanalbereich eventuell ein Wassersprung einstellen.

3. *Randwerte*
   oben $h_{ro}=h_c$=0.879m mit positiver Berechnungsrichtung
   unten $h_{ru}=h_u$=1.20m mit negativer Berechnungsrichtung.

4. *Klassifikation*
   oben S2-Kurve (Absenkung auf Normalabfluss)
   unten S1-Kurve (Strömen bei Steilkanal).

5. *Berechnung* der Stau- und Senkungskurven. Mit der Randbedingung
$X_r(Y_r=Y_c=0.879/0.421=2.088)=0$ lautet Gl.(8.53)

$$X = Y - 2.088 - (1 - 2.088^3) \times$$

$$\times\left\{\frac{1}{6}ln\left[\frac{(1-2.088)^2}{(1-Y)^2}\frac{(1+Y+Y^2)}{(1+2.088+2.088^2)}\right]+\frac{1}{\sqrt{3}}arctg\left(\frac{1+2Y}{\sqrt{3}}\right)-\frac{1}{\sqrt{3}}arctg\left(\frac{1+2\cdot2.088}{\sqrt{3}}\right)\right\}$$

$$= Y - 2.088 + 8.103\left\{\frac{1}{6}ln\left[0.159\frac{(1+Y+Y^2)}{(1-Y)^2}\right]+\frac{1}{\sqrt{3}}arctg\left(\frac{1+2Y}{\sqrt{3}}\right)-0.720\right\}$$

$$= Y - 7.922 + 1.351\,ln\left[0.159\frac{1+Y+Y^2}{(1-Y)^2}\right]+4.677arctg\left(\frac{1+2Y}{\sqrt{3}}\right)$$

Für vorgegebene Werte Y lässt sich die zugehörige Relativdistanz X
errechnen. Die Senkungskurve folgt dann durch $h=Yh_N$ und $x=Xh_N/J_s$,
also $h(x)$ ist gegeben (Tab.8.14). Die Absenkungslänge beträgt 132.70m.

Tab.8.14 Senkungskurve vom Oberwasser her, Beispiel 8.14.

x [m]	0	0.135	1.24	4.32	11.3	17.26	28.50
X [-]	0	0.010	0.089	0.308	0.805	1.266	2.031
Y [-]	2.088	2.0	1.8	1.6	1.4	1.3	1.2
h [m]	0.879	0.842	0.758	0.674	0.589	0.547	0.505

x [m]	37.0	49.95	57.40	67.30	81.67	106.9	132.70
X [-]	2.638	3.559	4.091	4.796	5.82	7.62	9.456
Y [-]	1.15	1.1	1.08	1.06	1.04	1.02	1.01
h [m]	0.484	0.463	0.455	0.446	0.438	0.429	0.425

Vom *Unterwasser* her gilt die Randbedingung $x_r(h_r=h_u)=120$m, also
$X_r=J_sx_r/h_N$ $(Y_r=h_u/h_N=1.20/0.421=2.85)=0.03\cdot120/0.421=8.551$.
Einsetzen in Gl.(8.53) ergibt mit $Y_c=2.088$

$$X-8.551=Y-2.85 - (1-2.088^3)\times$$

$$\times\left\{\frac{1}{6}ln\left[\frac{(1-2.85)^2}{(1-Y)^2}\frac{(1+Y+Y^2)}{(1+2.85+2.85^2)}\right]+\frac{1}{\sqrt{3}}arctg\left(\frac{1+2Y}{\sqrt{3}}\right)-\frac{1}{\sqrt{3}}arctg\left(\frac{1+2\cdot2.85}{\sqrt{3}}\right)\right\}$$

$$= Y - 2.85 + 8.103\left\{\frac{1}{6}ln\left[0.286\frac{(1+Y+Y^2)}{(1-Y)^2}\right]+\frac{1}{\sqrt{3}}arctg\left(\frac{1+2Y}{\sqrt{3}}\right)-0.761\right\}$$

oder auf X(Y) gelöst

$$X = Y - 0.465 + 1.351ln\left[0.286\frac{1+Y+Y^2}{(1-Y)^2}\right]+4.678arctg\left(\frac{1+2Y}{\sqrt{3}}\right).$$

Die entsprechende Wertetabelle Y(X) geht aus Tab.8.15 hervor. Man
sieht, dass strömender Abfluss nur bis zur Lage x=115.85m möglich ist,
weiter im Oberwasser herrscht immer Schiessen.

Ebenfalls eingetragen ist die zu $h=h_2$ konjugierte Wassertiefe h_1^*, welche
sich nach Gl.(7.14) berechnen lässt mit $F_2=Q/(gb^2h_2^3)^{1/2}$ zu

$$h_1^*/h_2 = \frac{1}{2}[(1 + 8F_2^2)^{1/2} - 1]. \tag{8.57}$$

Tab.8.15 Staukurve vom Unterwasser her, Beispiel 8.14.

x [m]	120.0	117.3	116.3	115.85
X [–]	8.55	8.36	8.285	8.254
Y [–]	2.85	2.50	2.3	2.088
h [m]	1.20	1.05	0.97	0.879
F_2 [–]	0.627	0.767	0.863	1.0
h_1^* [m]	0.622	0.729	0.795	0.879

Diese Beziehung ist analog zu Gl.(7.17), Gl.(7.18) darf jedoch nicht angewendet werden. Für kleine Werte von $F_2<0.25$ gilt nämlich

$$h_1^*/h_2 = 2F_2^2[1 - 2F_2^2] . \qquad (8.58)$$

Der Vergleich der Tab.8.14 und 8.15 zeigt, dass sich *kein* Wassersprung auf der Haltung einstellt infolge zu kleiner Unterwassertiefe h_u.

Beispiel 8.15 Berechne den Wasserspiegelverlauf von Beispiel 8.14 für eine Unterwasserhöhe $h_u=1.6$m!
1. *Normalabfluss* $h_N=0.421$m.
2. *Kritische Tiefe* $h_c=0.879$m, also $Y_c=2.088$.
3. *Randwert* $h_r=h_u=1.6$m$>h_c$, damit Berechnungsrichtung entgegen Fliessrichtung.
4. *Klassifikation* S1-Kurve wie in Beispiel 8.14.
5. *Berechnung* der Staukurve
   Mit $X_r(Y_r=h_r/h_N=1.60/0.421=3.80)=120\cdot0.03/0.421=8.551$ folgt für $X(Y)$
   $$X = 8.551 + Y - 3.8 - (1-2.088^3)\times$$
   $$\times\left\{\frac{1}{6} ln \left[\frac{(1-3.8)^2 (1+Y+Y^2)}{(1-Y)^2 (1+3.8+3.8^2)}\right]+ \frac{1}{\sqrt{3}} arctg\left(\frac{1+2Y}{\sqrt{3}}\right) - \frac{1}{\sqrt{3}} arctg\left(\frac{1+2\cdot3.8}{\sqrt{3}}\right)\right\}=$$
   $$= Y - 1.667 + 1.351 \, ln \left[0.407\frac{1+Y+Y^2}{(1-Y)^2}\right] + 4.678 arctg\left(\frac{1+2Y}{\sqrt{3}}\right) .$$

Die Staukurve h(x) geht aus Tab.8.16 hervor. Oberhalb der Lage x=105.6m ist nur schiessender Abfluss möglich.
6. Der Vergleich der Tab.8.14 und 8.16 zeigt als Lage des Wassersprungs x=120m, also am Ende der Haltung.

Tab.8.16 Staukurve vom Unterwasser her, Beispiel 8.15.

x [m]	120.0	116.5	111.2	107.1	105.6
X [–]	8.55	8.30	7.924	7.633	7.529
Y [–]	3.80	3.5	3.0	2.5	2.088
h [m]	1.60	1.475	1.265	1.053	0.879
F_2 [–]	0.408	0.460	0.580	0.763	1
h_1^* [m]	0.421	0.473	0.582	0.726	0.879

Stau- und Senkungskurven lassen sich in den *genormten Profilen* geschlossen berechnen. Dadurch entfällt einerseits die Integration, andererseits sind auch keine Bedingungen hinsichtlich der Berechnungsschritte zu erfüllen. Folglich lassen sich die Stau- und Senkungskurven äusserst zeitsparend auch bei grossen Berechnungsgebieten ermitteln, falls diese durch geeignete Computerprogramme modelliert werden.

Das Berechnungsvorgehen lässt sich schrittweise durchführen, wobei der Normalabfluss und der kritische Abfluss als Basiszustände dienen. Bei Fliesswechseln wird das
Verfahren zwar grundsätzlich beibehalten, es ergeben sich aber Zusatzprobleme
hinsichtlich der Lokalisierung des Wassersprunges. Eine systematische Berechnung des
Spiegellinienverlaufs sowohl für den strömenden als auch für den schiessenden Abfluss
sowie die punktweise Ermittlung der konjugierten Wassertiefe zahlt sich schon bei
kleinen Gebietsabmessungen aus. Die Stabilität der Wassersprunglage ist u.U. durch eine
Variation der Unterwasserrandbedingung zu prüfen. Bei Zulauf-Froudezahlen $1<F_1<1.7$
ist mit instabilen ondulierenden Wassersprüngen zu rechnen (Kap.7).

Literaturnachweis

- Bakhmeteff, B.A. (1932). *Hydraulics of open channels*. McGraw Hill: New York.
- Chow, V.T. (1959). *Open channel hydraulics*. McGraw Hill: New York.
- Forchheimer, P. (1914). *Hydraulik*. 1. Auflage. Teubner: Leipzig und Berlin.
- Gill, M.A. (1976). Diskussion zu Numerical errors in water profile computation. Proc. ASCE, *Journal of Hydraulics Division* 102(HY9): 1405-1407.
- Hager, W.H. (1981). Stau- und Senkungskurven im Kanalbau. *Gas - Wasser - Abwasser* 61(5): 157-167; 61(11): 398.
- Hager, W.H. (1990). Stau- und Senkungskurven im Kreisprofil. *Gas - Wasser - Abwasser* 70(6): 422-430; 70(7): 520-523.
- Henderson, F.M. (1966). *Open channel flow*. MacMillan: London.
- Lakshmana Rao, N.S. und Sridharan, K. (1971). Effect of channel shape on gradually varied flow profiles. Proc. ASCE, *Journal of Hydraulics Division* 97(HY1): 55-64; 97(HY9): 1562-1565; 98(HY4): 712.
- Müller, R. (1972). Geschlossene Berechnung von Stau- und Senkungslinien. *Mitteilung 9*, P.G. Franke, ed. Institut für Hydraulik und Gewässerkunde, Technische Hochschule München: München.
- Rouse, H. und Ince, S. (1957). *History of hydraulics*. Iowa Institute of Hydraulic Research, State University of Iowa. Edwards Brothers: Ann Arbor.
- Press, H. und Schröder, R. (1966). *Hydromechanik im Wasserbau*. Wilh. Ernst & Sohn: Berlin.
- Sinniger, R.O. und Hager, W.H. (1989). *Constructions hydrauliques - écoulements stationnaires*. Presses Polytechniques Romandes: Lausanne.
- Tolkmitt, G. (1892). Stauwerke. *Handbuch der Ingenieurwissenschaften* 3(1/1), 3. Auflage. Engelmann: Leipzig.
- Tolkmitt, G. (1907). *Grundlagen der Wasserbaukunst.*, Wilh. Ernst & Sohn: Berlin.

Bezeichnungen

b	[m]	Kanalbreite
c	[ms^{-1}]	Wellengeschwindigkeit
D	[m]	Rohrdurchmesser
F	[-]	Froudezahl
F	[m^2]	Querschnittsfläche
g	[ms^{-2}]	Erdbeschleunigung
h	[m]	Wassertiefe
h_c	[m]	kritische Wassertiefe
h_m	[m]	mittlere Wassertiefe
h_N	[m]	Normalabflusstiefe
H	[m]	Energiehöhe
J_e	[-]	Energieliniengefälle
J_f	[-]	Wandreibungsgradient
J_F	[-]	Gefälle infolge Querschnittsveränderung
J_s	[-]	Sohlengefälle
k_s	[mm]	äquivalente Sandrauheit
K	[m$^{1/3}$s^{-1}]	Rauhigkeitsbeiwert
L_D	[m]	Länge der Druckstrecke
p/(ρg)	[m]	Druckhöhe
q_N	[-]	Auf Normalabfluss bezogener Durchfluss
Q	[m^{3}s^{-1}]	Durchfluss
R_h	[m]	hydraulischer Radius
t	[s]	Zeit
V	[ms^{-1}]	Geschwindigkeit
x	[m]	Längskoordinate
X	[-]	dimensionslose Lagekoordinate
X*	[-]	transformierte Lagekoordinate
y	[-]	Teilfüllung
y_b	[-]	Formparameter
y_N	[-]	Teilfüllung bei Normalabfluss
Y	[-]	dimensionslose Wassertiefe
Y_c	[-]	dimensionslose kritische Wassertiefe
z	[m]	Höhenlage der Kanalsohle
λ	[-]	Formfunktion
χ	[-]	Reibungscharakteristik
ζ_F	[-]	Koeffizient

Indizes

c	kritisch	N	Normalabfluss
e	Ersatz	o	Stau- unf Senkungslänge
f	fiktiv	r	Randwert

9 DURCHLÄSSE - DROSSELSTRECKEN - DÜKER

Durchlässe zeichnen sich hydraulisch durch die Vielzahl von verschiedenen Abflusszuständen aus, die darin auftreten können. Vorerst werden diese besprochen, dann anhand eines Diagramms analysiert und schliesslich Bemessungsgleichungen aufgestellt, die eine einfache Dimensionierung gestatten.

Drosselstrecken funktionieren nur richtig, falls sie wirklich unter Druck geraten. Der Füllvorgang wird erläutert und die zwei üblichen Fliesstypen werden rechnerisch nachvollzogen. Beispiele erläutern das Bemessungsvorgehen.

Düker lassen sich verschiedenartig ausführen. Die verallgemeinerte Bemessung wird dadurch erschwert. Trotzdem werden die wichtigsten Punkte hinsichtlich des Einlaufs, des eigentlichen Dükerrohres und des Auslaufs besprochen. Die Bemessung wird wiederum durch ein Beispiel erklärt. Damit lassen sich drei Elemente, bei denen Druck- und Freispiegelabfluss kombiniert oder alternativ auftreten kann, anhand relativ einfacher hydraulischer Verfahren beschreiben.

9.1 Einleitung

Während Kanalisationsleitungen grundsätzlich für Freispiegelbetrieb auszubilden sind, gibt es verschiedene Bauwerke, die sowohl unter Freispiegel als auch unter Druck funktionieren. Der Durchlass ist wohl das bekannteste davon, kann man ihn doch in Siedlungsgebieten überall bei Dammbauten finden. Weniger bekannt und heute auch nicht so oft benutzt ist die Drosselstrecke, durch die der Durchfluss einer Regenentlastung begrenzt wird. Düker schliesslich trifft man bei Unterquerung von Gewässern, Strassen, Eisenbahnen oder anderen Hindernissen an, falls die Überquerung aus platztechnischen, ästhetischen und finanziellen Gründen nicht ausgeführt werden kann.

Allen drei Bauwerken gemeinsam ist die eher langwierige hydraulische Bemessung und die oft schwierige Festlegung des jeweiligen *Abflusszustandes*. Zu häufig wird beispielsweise beim Durchlass der Druckabflusszustand angenommen, in Tat und Wahrheit ist die Bauwerkslänge dazu jedoch zu kurz und es stellt sich Freispiegelabfluss ein. Die Folgen einer solchen Falschbemessung können fatal sein, kann doch der zu unterquerende Damm überströmt werden. Um solche Fehler auszuschalten, ist die solide hydraulische Bemessung von *Unterquerungsbauwerken* unerlässlich.

9.2 Durchlass

9.2.1 Beschreibung

Unter einem Durchlass (engl.: culvert; franz: ponceau) versteht man ein Bauwerk, mit dem sich *Unterquerungen* ausführen lassen. Durchlässe findet man beispielsweise bei Dämmen, auf denen Strassen oder Eisenbahnen angelegt sind. Ihre Eigenheit ist, dass sie sowohl für Freispiegel- als auch für Druckabfluss ausgelegt werden.´ Dieses Charakteristikum macht den Durchlass flexibel, andererseits tritt eine Vielzahl von *Abflusszuständen* auf, die bei falscher Bemessung zu unliebsamen Folgen führt. Es gilt deshalb im folgenden, die möglichen Fliesszustände bei Durchlässen vorerst aufzuzählen, um anschliessend für die wichtigsten die Bemessungsregeln anzugeben.

Durchlässe lassen sich geometrisch in einer breiten Ausführungsvielfalt gestalten. Um den Durchlass einer hydraulischen Analyse zugänglich zu machen, müssen gewisse *Vereinfachungen* eingeführt werden. Üblicherweise ist der Querschnitt des Durchlasses kreisförmig, in Ausnahmefällen jedoch auch eiförmig oder rechteckig. Im folgenden sei das gerade Kreisrohr vom Durchmesser D, konstanter äquivalenter Rauheit k_s und konstantem Sohlengefälle J_s betrachtet. Üblicherweise ist sowohl die Zulauf- als auch die Auslauf-Geschwindigkeit des Durchlasses klein, womit anstelle der Wassertiefen die entsprechenden Energiehöhen H_o und H_u gesetzt werden können. Der Einlauf des Durchlasses sei mit dem Ausrundungsradius r_d versehen und die Länge des Durchlasses betrage L_d (Bild 9.1).

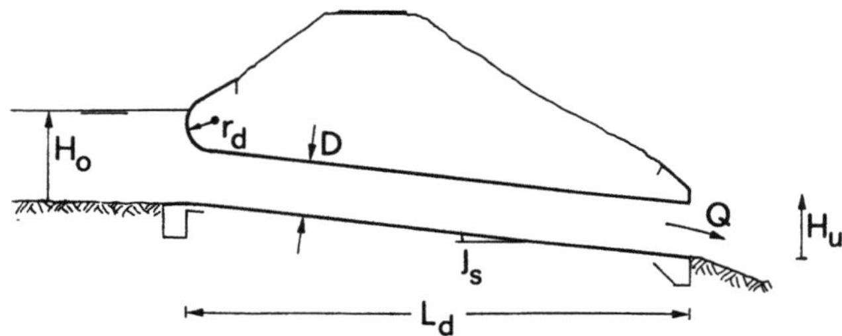

Bild 9.1   Schematischer Längsschnitt entlang eines Durchlasses.

9.2.2 Fliesszustände

Bild 9.2 zeigt die wesentlichsten Fliesszustände im Durchlass nach Chow (1959). Es wird grundsätzlich unterschieden zwischen Freispiegel- und Druckabfluss sowie zwischen Zuständen, bei denen sich der Kontrollpunkt am Einlauf, resp. am Auslauf des Durchlasses befindet.

Falls $H_o{<}D$ und das Sohlengefälle J_s grösser als das kritische Gefälle J_c ist (Kap.6), ergibt sich ohne Unterwassereinstau Abflusstyp ①. Am Einlauf stellt sich also *kritischer Abfluss* ein, womit nach Kap.6 ein eindeutiger Zusammenhang zwischen Energiehöhe H_o und Durchfluss Q besteht.

Übersteigt die relative Zulauftiefe H_o/D den Wert 1.2 bis 1.5, und liegt kein Unterwassereinstau vor, womit also die Luft von der Unterwasserseite bis zum Einlauf vordringen kann, so ergibt sich die zum *Schützenabfluss* analoge Freispiegelströmung ②. Die Länge des Durchlasses beeinflusst dann den Durchfluss nicht, ausser dass durch Stosswellenentwicklung und Gemischabfluss keine genügende Belüftung gewährleistet würde. Der Übergangsbereich vom kritischen Abfluss zum Schützenabfluss ist insofern nicht stetig, als eine beträchtliche Wirbelbildung einsetzen kann, die sich durch spezielle

Vorkehrungen (Sinniger und Hager, 1989) jedoch dämpfen lässt.

Für Zuflusstiefen $H_o/D < 1.2$ und einem Sohlengefälle $J_s < J_c$ stellt sich strömender Abfluss ein. Damit beeinflusst der Unterwasserspiegel den Rückstau bis zum Durchlasseinlauf. Es muss im allgemeinen Fall also eine Stau- oder Senkungskurve (Kap.8) längs des Durchlasses gerechnet werden. Für den langen Durchlass und tiefen Unterwasserstand stellt sich als Grenzzustand im Durchlass der Abflusstyp ③ als *Normalabfluss* ein. Dann ergibt sich wiederum eine eindeutige Beziehung zwischen H_o und Q.

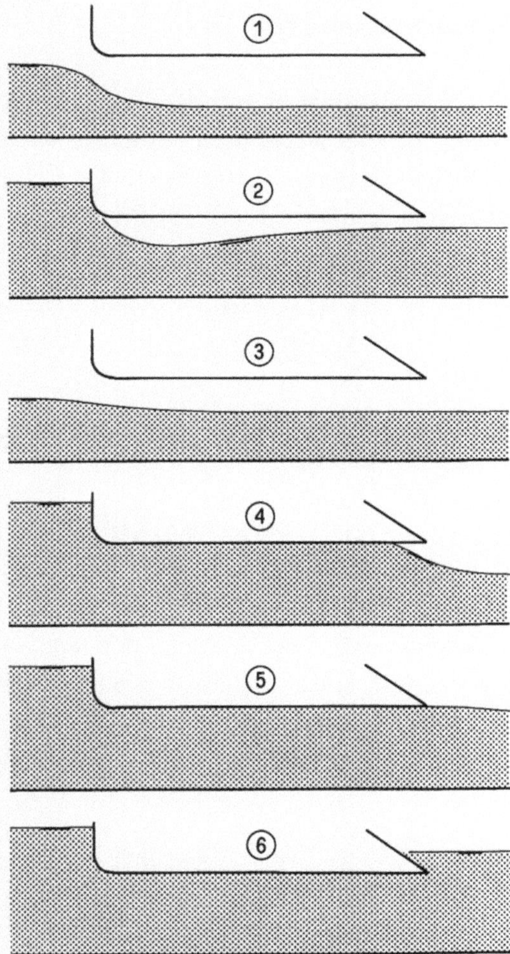

Bild 9.2   Abflusstypen beim schematisierten Durchlass.

Ist der Unterwassereinstau so gross, dass $h_c < H_u < D$ gilt und das Sohlengefälle $J_s < J_c$ ist, wird der Durchlass vom Unterwasser her eingestaut. Abflusstyp ④ bezieht sich auf den *partiellen Durchlasseinstau*. Wird der Unterwassereinstau $H_u \geq D$, und ist das Sohlengefälle $J_s < J_c$, so gerät der Durchlass vollständig unter *Druck* (Abflusstypen ⑤ und ⑥). Für grössere Sohlengefälle, bei denen sich Schützenabfluss einstellen könnte, ist der Druckabfluss nachzuweisen. Alternativ kann sich nämlich auch Abflusstyp ② mit einem Wassersprung im Unterwasserkanal einstellen.

Die vorliegende Beschreibung lehnt sich an diejenigen von Chow (1959) und Henderson (1966) an. Sie ist zugeschnitten auf den sogenannt *langen Durchlass*, bei welchem also $L_d/D > 10$ bis 20. Bei kurzen Durchlässen sind kompliziertere Fliessmechanismen zu beobachten, die hier nicht näher erläutert werden.

9.2.3 Verallgemeinertes Abflussdiagramm

In der Folge gilt es, die verschiedenen, oben erwähnten Abflusszustände so darzustellen, dass sie dem Bemessungsvorgehen angepasst sind.

Nach 6.4.1 gilt für die Beziehung zwischen Durchfluss Q und *kritischer Energiehöhe* $H_{oc} < 1.4D$ im Kreisprofil

$$\frac{H_{oc}}{D} = \frac{5}{3}\left[\frac{Q}{(gD^5)^{1/2}}\right]^{3/5}. \tag{9.1}$$

Normalabfluss im Kreisprofil lässt sich beschreiben durch die Teilfüllungskurven nach 5.5.3. Daraus folgt mit $\chi = KJ_s^{1/2}D^{1/6}g^{-1/2}$ als Reibungscharakteristik näherungsweise für

$$\frac{H_{oN}}{D} = \frac{2}{\sqrt{3}}\left(\frac{Q}{KJ_s^{1/2}D^{8/3}}\right)^{1/2}\left[1 + \left(\frac{9}{16}\chi\right)^2\right]. \tag{9.2}$$

Es soll hier nochmals festgehalten werden, dass die maximale Teilfüllung höchstens 95% betragen darf. Nach Hager und Wanoschek (1986) stellt sich bei $\chi > 2$ immer kritischer Abfluss ein.

Schützenabfluss im Durchlass lässt sich beschreiben durch die verallgemeinerte Bernoulli-Gleichung

$$Q = C_d(\pi/4)D^2[2g(H_o - C_dD)]^{1/2} \tag{9.3}$$

mit C_d als Durchflussbeiwert. Er hängt wesentlich ab vom Ausrundungsverhältnis $\eta_d = r_d/D$ und lässt sich angeben durch

$$C_d = 0.96[1 + 0.5exp(-15\eta_d)]^{-1}. \tag{9.4}$$

Damit besteht auch in diesem Falle eine eindeutige Beziehung zwischen Durchfluss Q und Oberwasserenergiehöhe H_o. Man beachte die Durchflusssteigerung für relativ kleine Ausrundungsradien $\eta_d \geq 0.15$. Wie bereits in 2.3.4 beschrieben kann durch leichtes Ausrunden der Verlust beträchtlich reduziert werden.

Für *Druckabfluss* muss auf die verallgemeinerte Gleichung nach Bernoulli (Kap.2) zurückgegriffen werden. Als Differenzdruckhöhe stellt sich $H_d = H_o + J_s L_d - H_u$ ein und damit für den Durchfluss

$$Q_p = (\pi/4)D^2[2gH_d/(1 + \Sigma\xi)]^{1/2} \, . \qquad (9.5)$$

Dabei bezeichnet $\Sigma\xi$ die Summe aller Verlustbeiwerte wie diejenigen infolge von Einlauf, Wandreibung oder Krümmer, wobei der Ausflussbeiwert bereits berücksichtigt ist. Bei geradem Durchlass mit genügender Einlaufausrundung $\eta_d > 1/6$ müssen lediglich noch die Wandreibungsverluste eingesetzt werden. Darf das Rohr als hydraulisch rauh betrachtet werden, so gilt für $\Sigma\xi = \xi_f = 2 \cdot 4^{4/3} g L_d/(K^2 D^{4/3})$ mit K als Rauhigkeit nach Manning und Strickler.

Bezieht man den Durchfluss auf den Referenzdurchfluss $D^2(gH_o)^{1/2}$ und die Oberwasserhöhe auf $H_o + D$, so lässt sich ein *allgemeines Durchlassdiagramm* nach Sinniger und Hager (1989) angeben. Bild 9.3 zeigt auf der Abszisse den Relativdurchfluss $Q/[D^2(gH_o)^{1/2}]$ und auf der Ordinate die Relativ-Oberwassertiefe $H_o/(H_o+D)$, welche sich zwischen Null und Eins verändern kann. Links unten erkennt man den Normalabfluss in Abhängigkeit von verschiedenen χ-Werten mit der punktiert eingetragenen Vollfüllung. Als Begrenzungskurve rechts erscheint der kritische Abfluss. Bei Vollfüllung tritt eine abrupte Verschiebung etwa zum Punkt (0.55;0.55) ein, wo der Schützenabfluss beginnt. Je nach Einlaufausrundung η_d erkennt man nun recht unterschiedliche Anstiege der Kurven, wobei durch Einlauf-Ausrundung möglichst der Fall $\eta_d \geq 1/6$ angestrebt werden sollte.

Beispiel 9.1	Gegeben ein Durchlass von $L_d=20$m Länge, $J_s=1\%$ Sohlengefälle und $K=70\text{m}^{1/3}\text{s}^{-1}$ als Rauhigkeitsbeiwert. Sein Einlauf ist ausgerundet mit $r_d=0.2$m, die Unterwasserenergiehöhe beträgt $H_u=0.60$m. Welches ist der Durchfluss für eine Energiehöhe $H_o=2.5$m im Zulauf, falls der Durchmesser $D=1.5$m beträgt?

Mit $\eta_d=0.2/1.5=0.13$ und $H_o/(H_o+D)=2.5/(1.5+2.5)=0.625$ ergibt sich nach Bild 9.3 für $Q/[D^2(gH_o)^{1/2}]=0.675$, also $Q=0.675[1.5^2(9.81\cdot2.5)^{1/2}]=7.5\text{m}^3\text{s}^{-1}$. Dieser Durchfluss liesse sich um rund 5% steigern bei einer Ausrundung von $r_d=0.25$m.

Mit $H_d=2.5+0.01\cdot20-0.6=2.1$m und $\Sigma\xi=\xi_f=2\cdot4^{4/3}9.81\cdot20/(70^2 1.5^{4/3})=0.30$ als totaler Verlustbeiwert ergibt sich nach Gl.(9.5) für Druckabfluss $Q_p=(\pi/4)1.5^2[19.62\cdot2.1/(1+0.3)]^{1/2}=9.95\text{m}^3\text{s}^{-1}>Q$. Da der Druckabfluss einen grösseren Durchfluss als der Schützenabfluss liefert, ist er nicht bestimmend und als Resultat folgt: der Durchfluss beträgt $Q=7.5\text{m}^3\text{s}^{-1}$.

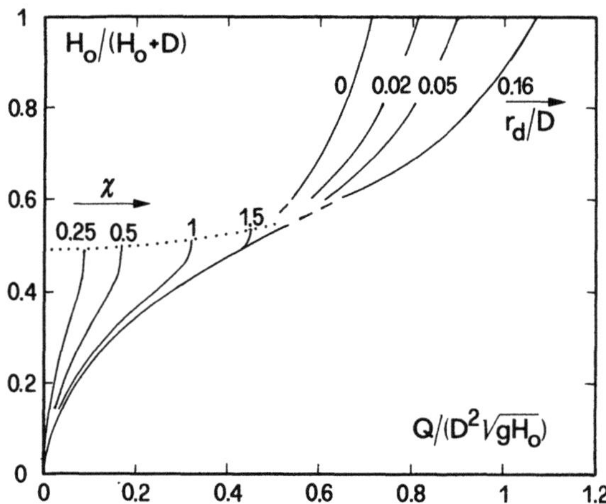

Bild 9.3   Verallgemeinertes Durchlassdiagramm mit χ als Reibungscharakteristik und η_d als Ausrundungsmass. $(\cdot\cdot\cdot)$ Vollschlagen bei Normalabfluss.

9.2.4 Bemessungsgleichungen

An Bild 9.3 ist nachteilig, dass die Bemessungsgrössen Q und H_o nicht als Einzelparameter auftreten. Es sollten demnach explizite Beziehungen aufgestellt werden. Üblicherweise wird ein Durchlass auf $H_o{\geq}D$ bemessen. Der Übergang von Freispiegel- auf Druckabfluss lässt sich nach Bild 9.3 für $H_o/D{<}1.2$ angeben durch

$$Q_{cM} = 0.61(gD^5)^{1/2}. \tag{9.6}$$

Sollte sich im Durchlass also immer Freispiegelabfluss einstellen, so gibt Gl.(9.6) den *maximalen kritischen Abfluss* an.

Für den *Schützenabfluss* mit $H_o/D{>}1.2$ gilt näherungsweise die explizite Beziehung

$$D/H_o = \delta(\overline{q})^{1/2}\left[1 + \tfrac{1}{8}(\overline{q})^{1/2}\right]^2 \tag{9.7}$$

mit $\overline{q}=Q/(gH_o^5)^{1/2}$ sowie $\delta=1.05$ für gut ausgerundeten und $\delta=1.2$ für den scharfkantigen Einlauf ($\eta_d=0$).

Für den *Druckabfluss* darf für Vorprojekte $\Sigma\xi=1/3$ angenommen werden, woraus sich die Beziehung ergibt

$$D = [Q/(gH_d)^{1/2}]^{1/2}. \tag{9.8}$$

Beispiel 9.2   Gegeben ein Durchlass nach Beispiel 9.1 mit L_d=20m, J_s=1%, K=70m$^{1/3}$s^{-1}, r_d=0.20m und H_u=0.60m. Wie gross hat der Durchmesser zu sein, damit der Bemessungsdurchfluss von Q_B=5m^{3}s^{-1} abgeführt werden kann?

1. *Kritischer Abfluss* nach Gl.(9.6) führt auf D_c=[(5/0.61)^2/9.81]$^{1/5}$=1.47m. Damit wird nach Gl.(9.1) H_{oc}/D=(5/3)[5/(9.81·1.47^5)$^{1/2}$]$^{3/5}$=1.24, d.h. das Oberwasser liegt im Grenzbereich zwischen kritischem Abfluss und Schützenabfluss.

2. *Druckabfluss* ergibt mit H_d=1.47+0.1·20–0.6=1.07m nach Gl.(9.5) den Durchmesser D_p=[5/(π/4)(1.3/19.62·1.07)$^{1/2}$]$^{1/2}$=1.25m<D_c. Damit ist der kritische Abfluss vorerst bestimmend.

3. *Normalabfluss* wird durch den Parameter χ=70·0.01$^{1/2}$1.5$^{1/6}$/9.81$^{1/2}$ =2.4>2 charakterisiert, woraus sich nach Bild 9.3 jedoch ebenfalls der kritische Abfluss als bestimmend herausstellt.

4. *Schützenabfluss* mit H_o=1.24·1.47m=1.82m nach 1. ergibt für $\bar{q}$= 5/(9.81·1.82^5)$^{1/2}$ =0.36, also nach Gl.(9.7) D/H_o=1.05·0.60(1+0.60/8)^2 =0.73 und D_s=0.73·1.24=0.90m.

Man befindet sich bei diesem Beispiel also im Grenzbereich zwischen kritischem Abfluss und Schützenabfluss. Um eindeutige Abflusszustände zu erzielen, sollte D=1.60m gewählt werden, dann nämlich wird nach Gl.(9.1) H_o/D=1.09, also H_o=1.74m und [H_o/(H_o+D); Q/D^2(gH_o)$^{1/2}$]=[0.52;0.47]. Nach Bild 9.3 liegt man also eindeutig im Abflussbereich ①.

9.3 Drosselstrecke

9.3.1 Beschreibung

Die Drosselstrecke (engl.: conduit throttle; franz.: vanne de conduite) ist eine Art von Durchlass, hat aber nicht den Zweck, ein anderes Bauwerk zu unterqueren, sondern den Zufluss Q auf ein bestimmtes Mass Q=Q_D zu begrenzen, resp. zu drosseln. Mit der Drosselstrecke sollte - wie mit jedem anderen Drosselelement auch - sich idealerweise für Zuflüsse Q<Q_D keine Drosselung einstellen, bei Zuflüssen Q>Q_D jedoch nur der Drosseldurchfluss Q_D weitergeleitet werden. Damit ist das *hydraulische Gütemass* der Ausdruck η_D=(Q–Q_D)/Q_D. Die Drosselstrecke erlaubt es, neben einer Vielzahl von anderen Regulierelementen (Kap.4), den Zufluss nach oben zu begrenzen.

Eine Drosselstrecke folgt üblicherweise einem Entlastungsbauwerk, beispielsweise einem Regenbecken oder einem Regenüberfall. Da der Beckenstand aber zu grossen Veränderungen im Wasserstand unterliegt, empfiehlt die ATV die Drosselstrecke nur nach *Regenüberlaufbauwerken*. Bild 9.4 zeigt die typische Geometrie, welche aus Einlauf, eigentlicher Drosselleitung und Auslauf besteht. Der *Einlauf* ist üblicherweise im Scheitelbereich scharfkantig und folgt bei Regenüberläufen im Sohlenbereich direkt dem U-Profil des Zulaufkanals. Bezüglich *Durchmesser* D der Drosselstrecke empfiehlt die ATV (1993) einen Minimaldurchmesser von NW200 und als obere Grenze bei freiem Auslauf kommt etwa NW500 in Betracht.

Hinsichtlich der *Länge* L_d der Drosselstrecke kann unterschieden werden zwischen kurzem und langem Bauwerk. Da die Drosselstrecke den Drosseleffekt wesentlich durch *Reibung* erzielt, ist von der kurzen Drosselstrecke abzusehen. Als Minimallänge schlägt die ATV (1993) den Wert $L_d/D=20$ vor, während aus wartungstechnischen Gründen die Maximallänge auf 100m beschränkt werden sollte (Munz, 1977). Grundsätzlich ist das Verhältnis Länge zu Durchmesser möglichst gross anzustreben.

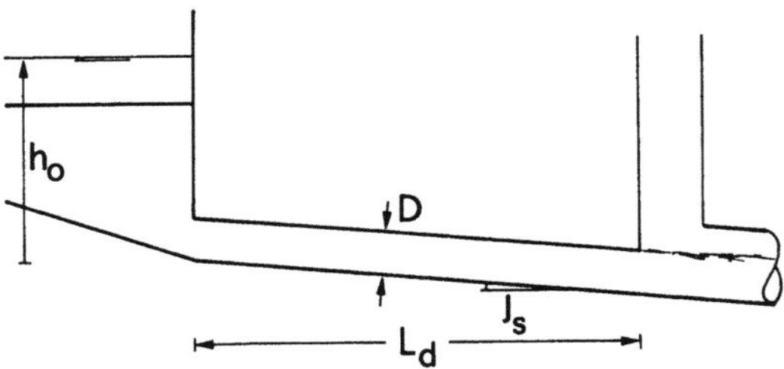

Bild 9.4   Bezeichnungen bei Drosselstrecke.

Als massgebender Durchfluss gilt der kritische Durchfluss $Q_D=Q_k$ für die Abwasserreinigungsanlage. Weitere Voraussetzungen sind (ATV 1993):
- der Drosselfaktor, also der maximale Durchfluss zum kritischen Durchfluss, soll kleiner als 1.2 sein (Tab.4.1),
- die Minimalgeschwindigkeit bei Trockenwetterabfluss soll nach Kap.3 immer grösser sein als die Sollgeschwindigkeit $V_s[ms^{-1}]=0.5+0.55NW[m]$.

Damit lässt sich die Drosselstrecke hydraulisch bemessen.

9.3.2 Hydraulische Bemessung

Der Einlauf vom Regenüberlauf in eine Drosselstrecke wird längs des unteren Halbkreises geführt, während sich im Scheitelbereich ein abrupter Übergang vom Regenüberlauf auf die Drosselstrecke einstellt. Bezeichnet h_u die auf die Einlaufhöhe bezogene Zuflusswassertiefe und $D_u=D$ den Drosseldurchmesser, so besteht nach Kallwass (1967) für den *Einlaufverlustbeiwert* $\xi_e=\Delta H_e/[V^2/(2g)]$ eine Abhängigkeit mit der relativen Zuflusswassertiefe $y_u=h_u/D$ sowie mit den Einlaufwinkeln θ_1 und θ_2 (Bild 9.5). Für den Grenzfall $y_u\to1$ wird dabei $\xi_e=0$, für $y_u\gg1$ strebt ξ_e einem Grenzwert zu. Für den längs des Umfanges scharfkantigen Rohreinlauf aus einem grossen Becken gilt bekanntlich der Maximalwert $\xi_e=0.5$ (Kap.2).

Der Einfluss der *Zuflusswassertiefe* lässt sich durch die von Sinniger und Hager (1989) nach Matthew angegebene Ableitung abschätzen. Bezeichnet $\xi_{e\infty}$ den Einlaufbeiwert bei sehr hohem Überstau, so gilt

$$\xi_e = \xi_{e\infty} 2sin^2(\alpha_o/2)[1 - y_u^{-1}]^{2-(\alpha_o/\pi)} . \tag{9.9}$$

Dabei wird $\xi_{e\infty}$ wesentlich abhängen von den Zuflusswinkeln α_1 und α_2 (Bild 9.5). Da α_o üblicherweise gleich 45° ist, folgt für

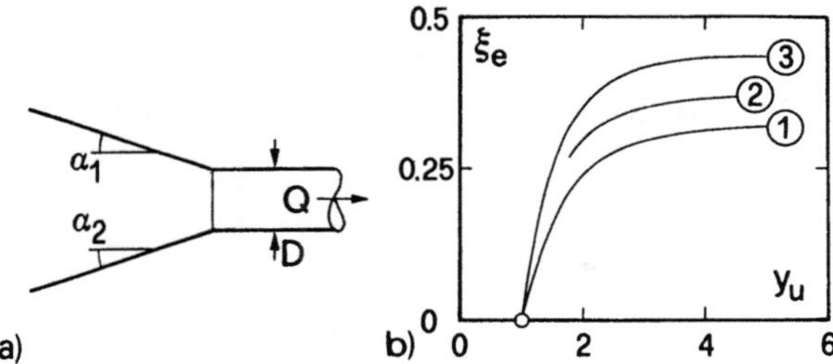

Bild 9.5   a) Einlaufgeometrie in eine Drosselstrecke am Unterwasserende eines Regenüberlaufs. b) Verlustbeiwert ξ_e nach Kallwass (1967) in Abhängigkeit von
$y_u=h_u/D$, ① $\alpha_1=\alpha_2=13.5°$, ② $\alpha_1=0$, $\alpha_2=27°$, ③ $\alpha_1=0$, $\alpha_2=13.5°$.

$$\xi_{e45} = \xi_{e\infty}[1 - y_u^{-1}]^{1.5} . \tag{9.10}$$

Dieser Ausdruck weicht insofern von den Messwerten nach Kallwass ab, als dass die
beiden Zulaufwinkel α_1 und α_2 nicht explizit berücksichtigt sind. Da der Bereich von y_u-
Werten nahe bei Eins bei hochgezogenen Entlastungen belanglos ist, darf der Einfluss
von y_u auf ξ_e vernachlässigt, und pauschal $\xi_e=\xi_{e\infty}$ gesetzt werden. Im Mittel gilt gar der
Bemessungswert $\xi_e \cong 0.4$.

Ist der Auslauf der Drosselstrecke nicht eingestaut, so kann bei Teilfüllung Luft vom
Unterwasser her bis zum Einlauf vordringen. Analog zum Durchlass kann sich also auch
bei der Drosselstrecke für überstauten Einlauf entweder 'Druckabfluss' oder
'Schützenabfluss' ausbilden. Der Übergang zwischen diesen Abflusstypen ist sowohl
von Li und Patterson (1957) als auch von Kallwass (1967) untersucht worden. Der
'selbsttätige' Füllvorgang stellt sich ein durch (Bild 9.6):

a) divergenten Rohrabfluss,

b) Auftreten eines Wechselsprunges oder

c) stehende Wellen.

Bei kleinem Sohlengefälle J_s kann sich ein Wassersprung einstellen, falls das Rohr
länger als 10D ist. Bei L/D<8 stellt sich das Zuschlagen nicht einmal bei horizontalem
Rohr ein. Bei steilerem Gefälle und Rohren, die länger als 35D sind, kann Zuschlagen
durch Stosswellen erfolgen, die den Scheitel kreuzen. Ist das Rohr noch immer zu kurz
oder liegt es zu steil, so kann das Zuschlagen auch durch Oberflächenwellen erfolgen,
falls die Druckhöhe am Einlauf genügend gross ist, beispielsweise $H_0 \cong 10D$.

Bei Druckabfluss für eine gegebene Drosselstrecke fliesst grundsätzlich mehr Durchfluss als bei Schützenabfluss. Dies hängt zusammen mit der Unterdruckbildung unterwasserseitig vom Einlauf. Nach Li und Patterson (1957) gilt für einen Wert $K^2D^{1/3}/g$ von
ungefähr 750 folgendes:

- bei $Q/(gD^5)^{1/2}<0.6$ herrscht stabiler Schützenabfluss,
- bei $Q/(gD^5)^{1/2}>1.6$ herrscht stabiler Druckabfluss.

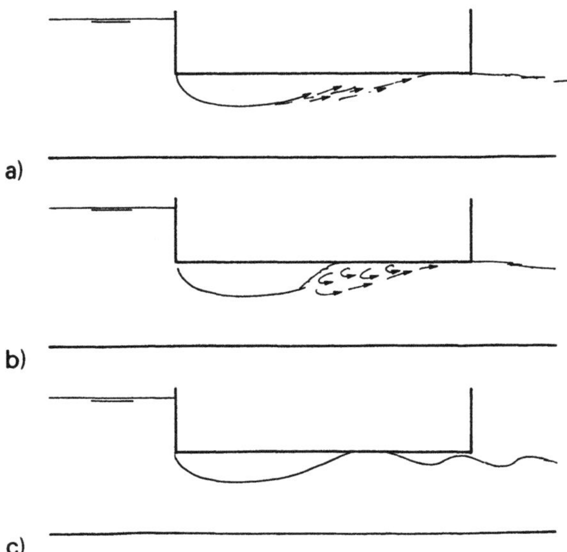

Bild 9.6   Abflusszustände in der Drosselstrecke nach Li und Patterson (1957). a) divergenter Abfluss, b) Wechselsprung, c) stehende Wellen.

Dazwischen treten Übergangsphasen auf, die nach Blaisdell, einem der Diskussionsteilnehmer von Li und Patterson (1957), zu vermeiden sind. Das dem *Übergangszustand* zugehörige Sohlengefälle lässt sich vereinfacht angeben durch

$$J_{sü} \, [\%] = \frac{1}{80}\left[\frac{L_d}{D} + 20\right].$$
(9.11)

Bei einem Gefälle von 0.35% genügt also eine Länge von 8D, um Druckabfluss zu erzeugen, während es bei 45D schon 0.8% sein müssen. Es bleibt jedoch zu beachten, dass die Grenzen bei im Vergleich zu Li und Patterson abgeänderten Ausführungen starken Änderungen unterworfen sein können. Der Ansatz von Kallwass (1967) ist infolge des konstant gewählten Reibungsbeiwertes von 0.02 fraglich.

Am *Auslauf* der Drosselstrecke kann der Strahl entweder durch das anschliessende U-Profil längs des Bodenhalbkreises geführt werden oder die Drosselstrecke mündet auf eine Ebene (Bild 9.7). Dann ist der interne Strahldruck nicht hydrostatisch verteilt und die Drucklinie fällt nicht zusammen mit der freien Oberfläche. Dieser sowohl von Li und Patterson als auch von Kallwass ebenfalls diskutierte Fall ist bei langen Drosselstrecken eher belanglos, falls der Ausflussstrahl geführt wird. Üblicherweise ist auch kein Auslaufverlust zu berücksichtigen, da sich die Geschwindigkeit im Unterwasser nicht wesentlich von derjenigen in der Drosselstrecke unterscheidet. Es sollte in jedem Fall ein *freier Ausfluss* aus der Drosselstrecke gewährleistet werden, um Ablagerungen zu verhindern.

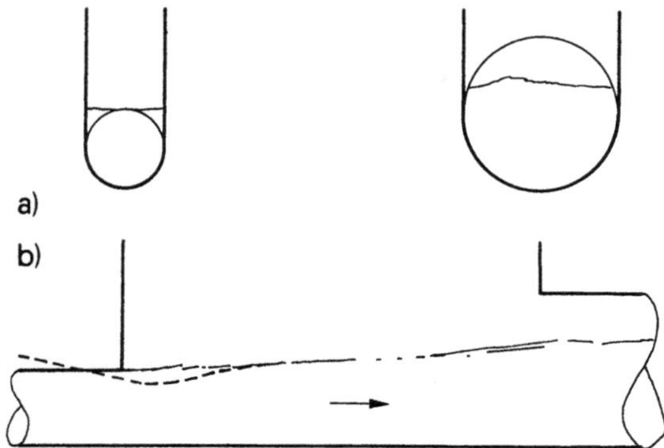

Bild 9.7   Ausfluss bei Druckabfluss mit (- - -) Drucklinie und (—) Wasserspiegel, a) Querschnitte beim Schachteinlauf und Schachtauslauf, b) Längsschnitt.

Für *'Schützenabfluss'* gilt Gl.(9.3), wobei für den üblich scharfkantigen Einlauf (η_d=0) nach Gl.(9.4) für C_d=0.64 entsteht. Für *Druckabfluss* muss hingegen Gl.(9.5) mit H_d=H_0+J_sL–D eingesetzt werden, wobei $\Sigma\xi$=ξ_e+ξ_f zu berücksichtigen ist. Damit folgen für den dimensionslosen Durchfluss q_d=Q/(gD^5)$^{1/2}$ mit (π/4)C_d=0.50 die Beziehungen

Schützenabfluss:
$$q_d = 0.71(Y_0 - 0.64)^{1/2} \tag{9.12}$$

Druckabfluss:
$$q_d = 0.94\left[\frac{Y_0 + j_d - 1}{1 + 9j_d\chi_d^{-2}}\right]^{1/2} \tag{9.13}$$

mit Y_0=H_0/D als Zulaufhöhe bezogen auf den Durchmesser der Drosselstrecke, j_d=$J_s L_d$/D als Relativgefälle und χ_d=$KJ_s^{1/2}D^{1/6}$/g als Reibungscharakteristik. Gl.(9.13) wird durch vier Parameter bestimmt, was der allgemeinen Auswertung Abbruch tut. Da das Sohlengefälle üblicherweise sehr klein ist, und j_d einen Wert von der Grössenordnung 0.1 bis 0.2 hat, also im Vergleich zu Y_0 auch klein wird, gilt anstelle von Gl.(9.13) näherungsweise

$$q_d = 0.79\left[\frac{Y_0 - 0.9}{1 + R_d/9}\right]^{1/2} \tag{9.14}$$

mit R_d=gL_d/($K^2D^{4/3}$) als modifizierte Reibungscharakteristik. Gleichsetzen der Gln.

(9.12) und (9.14) ergibt für den *Übergangswert*

$$R_d^* = 9\left[1.24\,\frac{Y_o-0.90}{Y_o-0.64} - 1\right].\tag{9.15}$$

Für $R_d < R_d^*$, also bei einem kurzen, glatten oder grossen Durchlass stellt sich 'Schützenabfluss' ein, für $R > R_d^*$ ist Druckabfluss zu erwarten.

Beispiel 9.3   Gegeben eine Drosselstrecke von einer Länge L_d=20m, einem Durchmesser D=0.30m, einem Gefälle von 1% und einer Rauhigkeit von K=90m$^{1/3}$s^{-1}. Wie gross ist der Durchfluss bei einer Oberwassertiefe H_o=1m? Die relative Oberwassertiefe beträgt Y_o=1/0.3=3.33, also wird der Übergangswert R_d^*=1.08. Der effektive Wert ist R_d=9.81·20/(90^{2}0.3$^{4/3}$)=0.12<R_d^*, es stellt sich also Schützenabfluss ein. Der zugehörige Relativ-Durchfluss beträgt dann q_d=0.71(3.33–0.64)$^{1/2}$=1.16 nach Gl.(9.12), also der Durchfluss Q_d=1.16(9.81·0.3^5)$^{1/2}$=0.179m^{3}s^{-1}.

Bei Drosselstrecken ist eigentlich das Ziel, möglichst *Druckabfluss* zu erzeugen. Dies lässt sich durch Vergrösserung von R_d erreichen, d.h.:
- die Länge L_d muss vergrössert werden,
- der Reibungsbeiwert K ist zu verkleinern, also rauhere Rohre wären zu verwenden oder
- der Durchmesser D ist zu reduzieren.

In der Praxis wird lediglich durch Veränderung der Parameter L_d und D die Drosselstrecke optimiert, da durch rauhe Rohre sowohl der Trockenwetterabfluss als auch der Feststofftransport zu Ablagerungen neigt.

Beispiel 9.4   Wie gross ist der Durchfluss nach Beispiel 9.3, falls die Drosselstrecke einen Durchmesser von D=0.25m aufweist und die Länge auf L_d=80m erweitert wird? Mit R_d=9.81·80/(90^{2}0.25$^{4/3}$)=0.615 wird der Wert R_d^*=1.08 noch immer unterschritten, d.h. es stellt sich immer noch Schützenabfluss ein. Der Durchfluss reduziert sich nun aber auf Q=1.16(9.81·0.25^5)$^{1/2}$=0.114m^{3}s^{-1}.

Bis anhin ist lediglich der Bemessungsvorgang nachvollzogen worden. Dieser ist aber zusätzlich gebunden an die *Forderung*, nach der bei Maximalabfluss $Q_M=Q_R$ höchstens 20% Mehrdurchfluss auftreten darf (Tab.4.1). Bezeichnet Q_D den Bemessungsdurchfluss, resp. den Durchfluss bei Anspringen des Regenüberlaufs, so gilt q_{dM}/q_{dD}=1.2. Daraus ergibt sich für die maximale Zunahme des Oberwasserspiegels $\Delta Y_o = Y_{oM} - Y_{oD}$ für

Schützenabfluss: $$\Delta Y_o = 0.44 Y_{oD} - 0.28\ ,\tag{9.16}$$

Druckabfluss: $$\Delta Y_o = 0.44 Y_{oD} - 0.40\ .\tag{9.17}$$

Bei gleichem Wert von Y_{oD} kann also bei Schützenabfluss ein leicht höherer Oberwasserspiegel angesetzt werden.

Beispiel 9.5   Um wieviel darf der Oberwasserspiegel maximal zunehmen, damit höchstens
20% Mehrabfluss in Beispiel 9.3 entstehen?
Mit Y_{oD}=3.33 ergibt sich ΔY_o=1.185, also ΔH_o=1.185·0.25=0.30m. Dann
wird q_{dM}=0.71(3.33+1.18–0.64)$^{1/2}$=1.4, also 20% grösser als q_{dD}=1.16.

Das Problem der Drosselstrecke wird durch die Parameter Q_{dD}, L_d, D, K, H_o bei kleinem Sohlengefälle $J_sL_d/D < 0.2$ bestimmt. Der Maximaldurchfluss Q_{dM} soll zudem begrenzt sein auf 1.2Q_{dD}. Daraus lässt sich einerseits die notwendige Drosselstrecke ermitteln und andererseits die nötige Oberwassertiefe berechnen, damit der Mehrabfluss in Grenzen bleibt. Der Problemkreis lässt sich jedoch angehen nur durch die Kombination der Entlastung mit der Drosselstrecke und soll in Kap.18 besprochen werden.

Bei kleinen Durchflüssen von etwa Q=0.020m^{3}s^{-1} und bei einem Minimaldurchmesser D=0.20m wird der Wert q_d=0.36 und damit die relative Zulauftiefe Y_o=0.9 für 'Schützenabfluss'. Bei einer modifizierten Reibungscharakteristik R_d=0.5 ergibt sich analog dazu ein Wert Y_o=1.1 für 'Druckabfluss'. Dies bedeutet, dass eine Drosselstrecke kleine Durchflüsse nicht gleichzeitig beherrschen und drosseln kann, da der Oberwasserspiegelanstieg viel zu gross ausfällt bei Maximalanfall, resp. bei Maximalanfall mehr als 20% des Bemessungsdurchflusses durch die Drosselstrecke fliessen. Drosselstrecken sollten mindestens rund dreifach überstaut werden, also q_d sollte mindestens einen Wert von rund 1 haben, entsprechend beim kleinsten Kaliber von 0.2m sollte der *Minimal-Durchfluss* mindestens Q_{dD}=0.050m^{3}s^{-1} aufweisen, damit die Drosselstrecke eingesetzt werden kann. Bei kleinerem Durchfluss ist auf andere, etwa in Kap.4 vorgestellte Drosselorgane zurückzugreifen.

9.4 Abwasserdüker

9.4.1 Beschreibung des Bauwerkes

Der Düker (engl.: inverted syphon; franz.: aqueduc-syphon) ist eine *Unterquerungs-*Druckleitung (Bild 9.8), die insbesondere auf Ablagerungen anfällig ist (Muth, 1974). Da der Unterschied zwischen Nachtminimum und Maximalanfall bei Regenwetter gross ist, kann eine Dükerleitung allein im *Mischsystem* nicht genügen. Es müssen deshalb bei Dükern immer mehrere *Parallelkanäle* von häufig unterschiedlichem Durchmesser erstellt werden. Üblicherweise wird dem Düker aber eine Regenwasserentlastung vorgeschaltet, sodass nur der maximale Trockenwetteranfall zu bewältigen ist.

Das Dükerbauwerk besteht aus dem Einlauf, dem Dükerrohr und dem Auslauf. Das *Einlaufbauwerk* ist durch Überfälle verschiedener Höhenlage so auszubilden, dass eine

sinnvolle Staffelung der Dükerbeaufschlagung entsteht. Der Zufluss wird durch Streichwehre aufgeteilt, die trichterförmig anzulegen sind, damit sie besser angeströmt werden
(Kap.18). Dem Düker vorzuschalten ist ev. ein Grobrechen mit lichtem Stababstand von

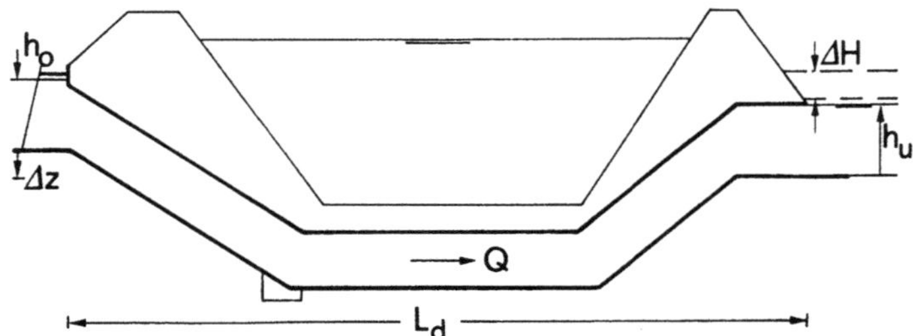

Bild 9.8   Längsschnitt durch das Dükerbauwerk (schematisch).

rund 5-10cm und ein Feinrechen. Durch räumliche Ausbildung des Rechens als Kasten
lässt sich die Rechenfläche vergrössern. Rechen sollen auch bei Hochwasser geräumt
werden können (Bild 9.9). Das kleinste Dükerrohr soll dabei für das Nachtminimum
noch eine Minimalgeschwindigkeit von $0.60\,\mathrm{ms^{-1}}$ aufweisen. Die *Mindestnennweite* soll
nach SIA (1981) NW300 im Mischsystem und NW250 im Trennsystem betragen.

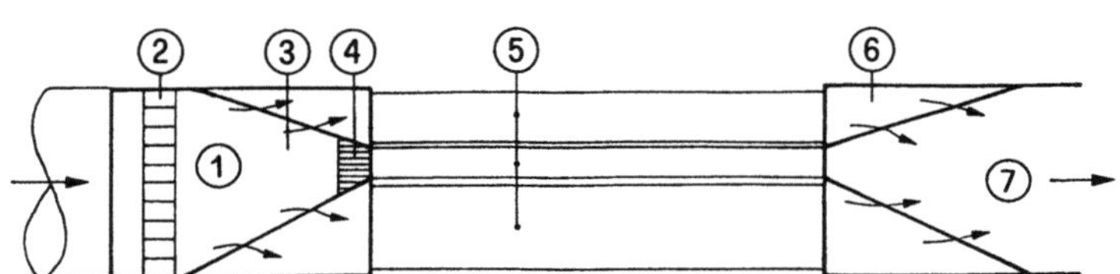

Bild 9.9   Dükerbestandteile ① Einlaufbauwerk, ② Grobrechen, ③ Streichwehr, ④
Feinrechen, ⑤ Dükerrohre,⑥ Dükerrückgabe, ⑦ Auslaufbauwerk.

Die *Dükerrohre* sind üblicherweise horizontal verlegt. Der Übergang zu den Rohren
soll mindestens 1:3 beim abfallenden und zwischen 1:6 bis 1:1 beim aufsteigenden Über-
gangsteil verlaufen. Am Tiefstpunkt der Dükerleitungen ist ein *Entleerungsschacht* mit
Pumpensumpf und Entleerungsschieber zu Revisionszwecken anzuordnen. Als Profil
wird meistens der Kreis gewählt, bei grossen Bauwerken lassen sich auch Rechteckkanäle in Ortsbeton ausführen.

Das *Auslaufbauwerk* hat den Übergang zwischen dem Druckrohr und dem
Freispiegelkanal unter minimalem Energieverlust herzustellen. Wie der Einlauf ist auch
der Auslauf zu staffeln, um einen Rückstrom von einem in das andere Dükerrohr zu
unterbinden. Düker werden aus Sicherheitsgründen häufig unterwasserseitig durch
Rechen abgeschlossen.

9.4.2 Hydraulische Berechnung

Bei bekannten Durchflüssen für Trockenwetteranfall Q_T sowie kritischem Anfall Q_k werden vorerst nach SIA (1981) die Zulauf- und Auslaufverhältnisse bei Normalabfluss und kritischem Abfluss ermittelt. Bei schiessendem Zufluss sollte durch Rückstau der Wassersprung genügend ins Oberwasser des Einlaufbauwerkes bewegt werden.

Hinsichtlich *Strömungsverluste* sind die folgenden Elemente zu berücksichtigen:

* Rechen nach 2.3.8,

* Einlauf nach 2.3.4,

* Krümmer nach 2.3.2,

* Erweiterung nach 2.3.3 und

* Auslauf ebenfalls nach 2.3.3.

Pauschal darf man für Überschlagsrechnungen $\xi_R\cong0.5$, $\xi_e\cong0.4$, $\xi_k\cong4\cdot0.15=0.6$, $\xi_E=0.5$, also total etwa $\Sigma\xi=2+\xi_f$ annehmen. Die Reibung ist durch $\xi_f=2\cdot4^{4/3}gL_d/(K^2D^{4/3})$ in Rechnung zu stellen. Über ein Dükerbauwerk wird demnach etwa die doppelte Energiehöhe durch zusätzliche Verluste dissipiert. Nach dem Energiesatz gilt

$$h_o + \Delta z + \frac{V_o^2}{2g} = h_u + \frac{V_u^2}{2g}(1 + \Sigma\xi) \tag{9.18}$$

mit h als Wassertiefe, Δz als Differenz der Bodenhöhen zwischen Einlauf und Auslauf und V als mittlere Geschwindigkeit. Vereinfacht darf bei den üblicherweise kleinen Fliessgeschwindigkeiten $V_o=V_u=V_d$ angenommen werden, womit sich für den Durchfluss Q_i durch das Rohr «i» ergibt

$$Q_i = A_iV_i = A_i\left[\frac{2g\Delta h}{\Sigma\xi}\right]^{1/2} . \tag{9.19}$$

Von den drei Belastungsfällen Q_{min}, Q_T und $nQ_T=Q_k$ ist letzter vorerst durchzurechnen. Dabei werden eine Reihe von Durchmessern, beispielsweise D=0.3m, 0.4m, ..., 1m angenommen und der zugehörige Durchfluss ermittelt. Dann sind beispielsweise Kombinationen auszuwählen, bei denen der kritische Durchfluss um rund 10 bis 20% überschritten wird.

Beispiel 9.6 Gegeben $Q_T=0.67m^3s^{-1}$, $Q_k=3Q_T=2m^3s^{-1}$ als Durchflüsse, Zuflusskanal $D_o=1.25m$, $J_{so}=0.3\%$, $K_o=85m^{1/3}s^{-1}$ und Ausflusskanal $D_u=1.25m$, $J_{su}=0.35\%$, $K_u=K_o$ und $\Delta z=0.85m$.
Der Düker hat einen K-Wert von $90m^{1/3}s^{-1}$, seine Länge ist $L_d=65m$ und die zulässige Wasserspiegeldifferenz beträgt $h_o-h_u=1.05m$. Gesucht sind Dükerrohrkombinationen, damit die Minimalgeschwindigkeit von $V_u=0.6ms^{-1}$ nicht unterschritten wird.

Mit ξ_f=12.7·9.81·65/(85^2·$D^{4/3}$)=1.12$D^{-4/3}$ und A_i=$(\pi/4)D_i^2$ lässt sich Q_i in Abhängigkeit von D_i ermitteln (Tab.9.1). Als mögliche Kombinationen ergeben sich ① NW400+NW600+NW800; ② NW300+NW700+NW800; ③ NW500+NW600+NW800 oder ④ NW500+NW600+NW700. Gewählt als beste Kombination ① mit Q_k=0.237+0.627+1.22=2.08m^3s^{-1}>2m^3s^{-1}.

Shrestha und DeVries (1991) beschreiben ein interaktives Computerprogramm, bei dem die hydraulische Bemessung des Dükerbauwerkes sogar den Sedimenteinfluss berücksichtigt.

Tabelle 9.1 Durchflüsse Q_i für verschiedene Dükerdurchmesser D_i in Beispiel 9.6.

D_i	ξ_f	$\Sigma\xi$	A_i	Q_i
[m]	[-]	[-]	[m^2]	[m^3s^{-1}]
(1)	(2)	(3)	(4)	(5)
0.3	5.58	7.6	0.071	0.117
0.4	3.8	5.8	0.126	0.237
0.5	2.82	4.8	0.196	0.406
0.6	2.21	4.2	0.283	0.627
0.7	1.8	3.8	0.385	0.896
0.8	1.5	3.5	0.503	1.22

Literaturnachweis

* ATV (1993). Richtlinien für die hydraulische Dimensionierung und den Leistungsnachweis von Regenwasser-Entlastungsanlagen in Abwasserkanälen und -leitungen. *Arbeitsblatt* **A111**. ATV: St. Augustin.
* Chow, V.T. (1959). *Open channel hydraulics*. McGraw Hill: New York.
* Hager, W.H. und Wanoschek, R. (1986). Die Hydraulik des Durchlasses. *Wasserwirtschaft* **76**(5): 197-202.
* Henderson, F.M. (1966). *Open channel flow*. MacMillan: New York.
* Kallwass, G.J. (1967). Der Füllzustand beim Abfluss in Kreisdurchlässen. *Wasserwirtschaft* **57**(10): 367-370.
* Li, W.-H. und Patterson, C.C. (1956). Free outlets and self-priming action of culverts. Proc. ASCE, *Journal of Hydraulics Division* **82**(HY3), Paper 1009: 1-22; **82**(HY5) Paper 1131: 5-8; **83**(HY1) Paper 1177: 23-40; **83**(HY4) Paper 1348: 3-5.
* Munz, W. (1977). Berechnung der Drosselstrecke von Regenüberläufen und Regenbecken. *Gas - Wasser - Abwasser* **57**(12): 869-875.
* Muth, W. (1974). Düker. *Wasser und Boden* **26**(5): 141-147.

- Shrestha, P. und DeVries, J.J. (1991). Interactive computer-aided design of inverted syphons. *Journal of Irrigation and Drainage Engineering* **117**(2): 233-254.
- SIA (1981). Sonderbauwerke der Kanalisationstechnik. *SIA Dokumentation* **40**. SIA: Zürich.
- Sinniger, R.O. und Hager, W.H. (1989). *Constructions Hydrauliques*. Presses Polytechniques Romandes: Lausanne.

Bezeichnungen

A	$[m^2]$	Querschnittsfläche
C_d	$[-]$	Durchflussbeiwert
D	$[m]$	Durchmesser
g	$[ms^{-2}]$	Erdbeschleunigung
h	$[m]$	Wassertiefe
H	$[m]$	Energiehöhe
j_d	$[-]$	Relativgefälle
J_s	$[-]$	Sohlengefälle
K	$[m^{1/3}s^{-1}]$	Reibungsbeiwert
k_s	$[m]$	äquivalente Rauheit
L_d	$[m]$	Durchlasslänge
n	$[-]$	Vielfaches von Q_T
$\bar{q}$	$[-]$	Relativdurchfluss bez. Energiehöhe
q_d	$[-]$	Relativdurchfluss bez. Durchmesser
Q	$[m^3s^{-1}]$	Durchfluss
Q_T	$[m^3s^{-1}]$	Trockenwetterabfluss
r_d	$[m]$	Ausrundungsradius
R_d	$[-]$	modifizierte Reibungscharakteristik
R_d^*	$[-]$	Übergangswert von R_d
V	$[ms^{-1}]$	Geschwindigkeit
V_s	$[ms^{-1}]$	Sollgeschwindigkeit
y	$[-]$	relative Wassertiefe
Y_0	$[-]$	auf D bezogene Zulauf-Energiehöhe
α	$[-]$	Zuflusswinkel
δ	$[-]$	Beiwert
Δz	$[m]$	Höhenunterschied
θ	$[-]$	Einlaufwinkel
ξ	$[-]$	Verlustbeiwert
η_d	$[-]$	relativer Ausrundungsradius

η_D	[-]	Drosselgüte
χ_d	[-]	Reibungscharakteristik der Drosselstrecke
$\xi_{c\infty}$	[-]	asymptotischer Verlustbeiwert
ξ_E	[-]	Verlustbeiwert infolge Erweiterung
ξ_f	[-]	Verlustbeiwert infolge Reibung
ξ_k	[-]	Verlustbeiwert infolge Krümmer
ξ_R	[-]	Verlustbeiwert infolge Rechen

Indizes

c	kritisch		min	Minimum
d	Differenzdruck		M	Maximum
D	Dimensionierung		N	Normalabfluss
e	Einlauf		o	oben
f	Reibung		p	Druckabfluss
i	Rohrzahl		u	unten
k	kritisch		ü	Übergangszustand

10 ÜBERFÄLLE

Mit Überfällen wird einerseits Durchfluss gemessen, daneben lässt sich aber auch ein Rückstau erzielen. Das wichtige Kontrollbauwerk hat einen vielseitigen Einsatz, und es liegt deshalb heute eine Vielzahl von Überfallformen vor. Ziel dieses Kapitels ist es, die wichtigsten davon vorzustellen und deren Vorzüge zu erläutern.

Beim scharfkantigen Überfall werden der normierte Rechteck- und Dreiecküberfall besprochen. Es geht bei diesen Messüberfällen nicht nur darum, eine möglichst genaue Beziehung für den Durchfluss vorzustellen, sondern zudem den standardisierten Einbau in Kanäle anzugeben und den Anwendungsbereich klar abzugrenzen. Der eingestaute Überfall wird ebenfalls beschrieben.

Bei grösseren Durchflüssen lassen sich statisch nur massive Wehrbauten vertreten. Im Zusammenhang mit der Abwasserhydraulik wird spezielles Augenmerk auf das Zylinderwehr und den breitkronigen Überfall gerichtet. Beide lassen sich bis rund 2m Überfallhöhe einsetzen.

10.1 Einleitung

Überfälle (engl.: weir; franz.: déversoir) sind Bauwerke, welche bis zur Überfallhöhe einen Rückstau erzeugen, bei weiterem Anstieg des Wassers aber einen hohen Durchfluss gewährleisten. Sie werden deshalb vornehmlich als *Rückstaubauwerke* eingesetzt, dienen daneben aber auch als *Durchfluss-Messbauwerke*.

Der Überfall zeichnet sich durch einen Verbau in Bodennähe aus. Der sogenannte Wehrkörper kann geometrisch mannigfaltig gestaltet sein (Bild 10.1), nämlich im *Querschnitt* üblicherweise:

- rechteckig,
- dreieckig oder
- kreisförmig,

im *Längsschnitt*:

- scharfkantig durch eine Wehrplatte,
- breitkronig,
- rundkronig,
- mit Standardkrone oder
- polygonal

und im *Grundriss*:

- prismatisch,
- schief,
- konvergent,
- als Streichwehr.

Bereits die Zusammenstellung von Überfallsgeometrien zeigt die Vielfalt der möglichen Wehrformen. Der Überfall kann einstaufrei oder eingestaut sein, der Überfallstrahl kann zudem vom Wehrkörper abgelöst sein oder an ihm anhaften. Um die Jahrhundertwende wurde eine grosse Zahl von Überfallformen untersucht, wobei der Franzose

Bazin (1898) speziell hervorgehoben sei. Das Hauptinteresse galt dem sogenannnten "Messüberfall", den man also zur Durchflussermittlung heranzieht. Es ist der Verdienst von Rehbock (1929), dazu neben einer Überfallformel auch die Messanordnung klar definiert zu haben. Eine weitere Entwicklung folgte durch Kindsvater und Carter (1957), welche das von Rehbock eingeführte *Verfahren der Ersatzhöhe* ausdehnten auf andere Überfallformen. Dadurch lassen sich die Einflüsse von Viskosität und Oberflächenspannung pauschal erfassen. Schliesslich sind die ausgeklügelten Messungen von White (1977) zu erwähnen, die neu auch den Messstandort in Rechnung stellen.

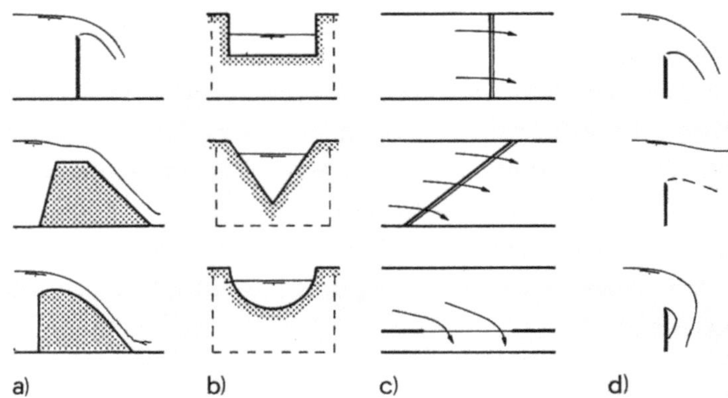

Bild 10.1 Geometrische und hydraulische Möglichkeiten der Ausbildung eines Überfalls.
a) Längsschnitt, b) Querschnitt, c) Grundriss, d) Strahlformen.

Im Zusammenhang mit der Abwasserhydraulik interessieren nicht alle Formen des Überfalls, geht es doch nicht um Bauwerke des Wasserbaus, sondern um kleinere Elemente, die normalerweise zu Einstau- oder Messzwecken benötigt werden. In der Folge sollen deshalb nur ausgewählte Überfallformen besprochen werden.

Im Kap.10 wird lediglich der *gerade angeströmte* Überfall betrachtet, schiefe Überfälle nach Bild 10.1c) Mitte und Zick-Zack-Überfälle (im Grundriss stufenförmig zur Reduktion der Wehrlänge) werden übergangen, Streichwehre nach Bild 10c) unten ausführlich in den Kap.17 und 18 diskutiert. Weiter sollen die Überfälle entweder frei sein oder vom Unterwasser eingestaut, die Überfallhöhe aber immer so gross, dass sich kein anhaftender Strahl nach Bild 10.1d) unten einstellt. Der Endüberfall, also ein Überfall an einer Absturzkante, wird in Kap.11 vorgestellt.

Als Querschnittsformen sei die scharfkantige, die breitkronige und die kreisrunde *Kronenform* betrachtet. Vom *Profil* her üblich ist das Rechteck, das dreieckige Profil hat lediglich für die scharfkantige Kronenform Bedeutung. Überfälle sind in verschiedenen Standardwerken ausführlich beschrieben, so von Lakshmana Rao (1975), Bos (1976), Ackers, et al. (1978) und Herschy (1985).

10.2 Scharfkantige Überfälle

10.2.1 Scharfkantiger Rechteck-Überfall

Der rechteckige scharfkantige Überfall (engl.: rectangular thin-crested weir; franz.: déversoir rectangulaire en mince paroi) lässt sich entweder als Standardbauwerk im *Rechteckkanal* ausbilden oder wird als rechteckiges Überfallwehr in ein beliebiges Profil eingesetzt. Der zweite Fall wird nicht weiter verfolgt, da dafür keine Standardisierung vorliegt. Rechtecküberfälle in Rohren, wie sie etwa in Kanalisationen anzutreffen sind (Kap.13), weichen also vom Normalbauwerk ab. Die nachfolgenden Beziehungen lassen sich behelfsmässig anwenden, wenn kein Einfluss der Zuflussgeschwindigkeit vorliegt. *Standardmässig* wird die Wehrplatte vertikal in den Kanal versetzt, möglichst glatt ausgeführt und mit einer 2mm breiten, im Oberwasser scharfen und im Unterwasser um 45° abgewinkelten Kante versehen.

Je nach der Breite des rechteckigen Zulaufkanals wird unterschieden zwischen:

- dem kontraktierten Rechtecküberfall und
- dem Rechtecküberfall mit Zulaufbreite.

Bild 10.2 zeigt den *voll-kontraktierten Rechtecküberfall*, der unter den folgenden Bedingungen vorliegt (Bos 1976):

- Zulaufbreite $B-b \geq 4h$,
- Wehrhöhe $h/w \leq 0.5$,
- Überfallhöhe $h/b \leq 0.5$

mit einer Überfallbreite b und einer Überfallhöhe w von mindestens je 0.30m. Das Verhältnis von Wehrbreite b zu Zulaufbreite B bezeichnet man mit $\beta=b/B$.

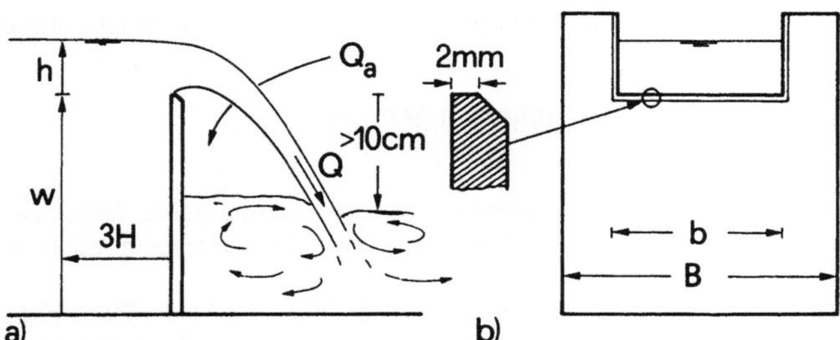

Bild 10.2 Definitionsskizze zum voll-kontraktierten Rechtecküberfall. a) Ansicht mit Wasserdurchfluss Q, Belüftungsdurchfluss Q_a und b) Detail der Wehrkrone.

Um einen anhaftenden Überfallstrahl zu vermeiden, soll die Überfallhöhe h mindestens 30mm, besser sogar 50mm betragen. Dann sind die Einflüsse von *Viskosität und Oberflächenspannung* nahezu vernachlässigbar. Um genauere Messungen vornehmen zu können, darf beim teilweise kontraktierten Rechtecküberfall die Überfallhöhe maximal 2w betragen mit w≥0.10m Die Wehrbreite hat mindestens b=0.15m zu sein, und das Unterwasser soll mindestens 0.05m unter der Wehrkrone liegen, um eine ausreichende Strahlbelüftung zu gewährleisten.

Die *Überfallgleichung* des Rechteckwehres lautet

$$Q = C_d \, b_e (2gh_e^3)^{1/2} \tag{10.1}$$

mit C_d als Überfallbeiwert, $b_e=b+\Delta b$ als effektive Überfallbreite und $h_e=h+\Delta h$ als effektive Überfallhöhe. Nach Kindsvater und Carter (1957) gilt für $\beta<0.8$ etwa $\Delta b=+3mm$ und für $\beta=1$ die Korrektur $\Delta b=-1mm$ mit $\beta=b/B$ als Breitenverhältnis von Überfall- und Zulaufbreite. Die Höhenkorrektur ist unabhängig von β und beträgt $\Delta h=+1mm$. Der *Überfallbeiwert* variiert linear mit h/w und ist gleich

$$C_d = 0.392 + 0.050(h/w+0.2)\beta^{2.5} \tag{10.2}$$

Für den *prismatischen Kanal* ($\beta=1$) folgt als Spezialfall

$$C_d = 0.402 + 0.050(h/w). \tag{10.3}$$

Rehbock (1929) fand ebenfalls mit $\Delta h=+1mm$ den fast identischen Ausdruck

$$C_d = 0.4023 + 0.054(h/w). \tag{10.4}$$

während sich nach Ackers, et al. (1978) die vermutlich genaueste Beziehung ergibt

$$C_d = 0.3988 + 0.060(h/w). \tag{10.5}$$

Beispiel 10.1 Wie gross ist der Durchfluss über ein prismatisches Messwehr, falls $b=0.50m$ beträgt, als Überfallhöhe $h=0.125m$ gemessen wurde und die Wehrhöhe $w=0.30m$ ist?
Mit $\beta=1$ und $\Delta h=0.001m$ wird $h_e=0.126m$ und $b_e=0.499m$. Ferner gilt $h/w=0.125/0.300=0.417$ und somit $C_d=0.423$ nach Kindsvater und Carter, $C_d=0.425$ nach Rehbock und $C_d=0.424$ nach Ackers, et al. Die Unterschiede in C_d sind demnach ±0.25%. Als mittlerer Durchfluss folgt nach Gl.(10.1) $Q=0.424\cdot0.499(19.62\cdot0.126^3)^{1/2}=0.0419m^3s^{-1}$.

Beispiel 10.2 Wie ändert sich der Durchfluss, falls die Breite des Zulaufkanals $B=1.0m$ beträgt?
Mit $\beta=0.5/1=0.5$ wird der Überfallbeiwert $C_d=0.396$ nach Gl.(10.2) und damit $Q=0.396\cdot0.497(19.62\cdot0.126^3)^{1/2}=0.0390m^3s^{-1}$, also einen um 7% reduzierten Durchfluss infolge seitlicher Kontraktion.

10.2.2 Scharfkantiger Dreieck-Überfall

Für kleine Überfallhöhen h<0.10m ist der Rechtecküberfall nicht sehr sensibel, ein Dreiecküberfall (engl.: V-notch weir; franz.: déversoir triangulaire) mit dem Innenwinkel α lässt sich dann vorteilhaft einsetzen (Bild 10.3). In den glatten, rechteckigen Zulaufkanal der Breite B wird die glatte Wehrplatte mit einer symmetrischen Dreiecksöffnung vertikal eingesetzt. Der Unterwasserstand soll mindestens 50mm unter der Wehrbasis liegen, um die vollständige Strahlbelüftung zu gewährleisten. Die Wehrhöhe w soll mindestens gleich gross wie die Überfallhöhe h sein. Die Wehrkante ist scharf ausgeführt, besitzt eine Dicke e von 1 bis 2mm und ist unterwasserseitig um 60° abgewinkelt.

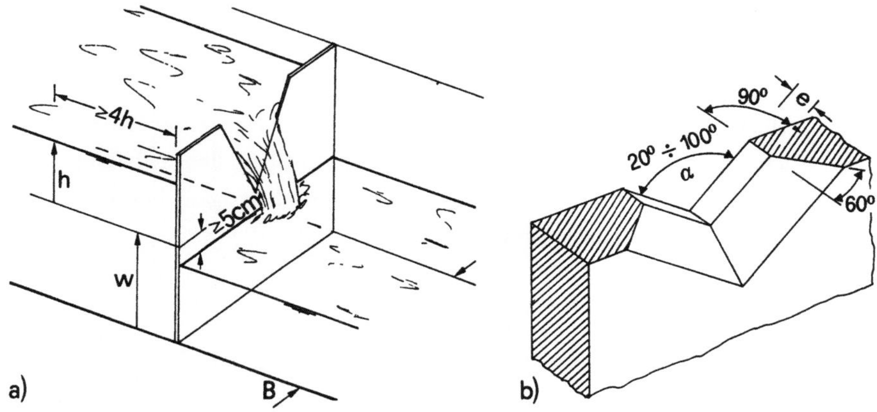

Bild 10.3 Dreiecküberfall, Bezeichnungen.

Bos (1976) unterscheidet zwischen dem teilweise und dem vollständig kontraktierten Wehr (Tabelle 10.1). Bei genauen Labormessungen ist das vollständig kontraktierte Wehr anzustreben, sonst lassen sich sogar eingestaute Wehre verwenden.

Tabelle 10.1 Charakteristika des teilweise (TKW) und des vollständig (VKW) kontraktierten Wehres (Bos 1976).

Parameter	TKW	VKW
h/w	<1.2	≤0.4
h/B	<0.4	≤0.2
h>50mm	<600mm	<380mm
w	>100mm	≥450mm
B	≥600mm	≥900mm

Die *Durchflussgleichung* des einstaufreien Dreiecküberfalls lautet allgemein

$$Q = \frac{8}{15} C_d \, tg(\alpha/2) \, (2gH^5)^{1/2} \tag{10.6}$$

mit C_d als Durchflussbeiwert, α als Öffnungswinkel des Überfalls und H als Zulaufenergiehöhe. Diese berechnet sich im rechteckigen Zulaufkanal zu $H=h+Q^2/[2gB^2(h+w)^2]$.

Aufbauend auf einer Literaturübersicht, welche eine Vielzahl von Daten einschliesst,
ermittelt Hager (1990) für $14°\leq\alpha\leq100°$ und Wasser üblicher Temperatur den Ausdruck

$$C_d = \frac{1}{\sqrt{3}}\left[1 + \left(\frac{h^2 tg(\alpha/2)}{3B(h+w)}\right)^2\right]\left[1 + \frac{0.66}{h^{3/2} tg(\alpha/2)}\right]. \qquad (10.7)$$

$1/\sqrt{3}$ ist ein Basiswert, der erste Klammerausdruck stellt den Einfluss der Zuflussgeschwindigkeit in Rechnung, d.h. es gilt für Gl.(10.7) die Überfallgleichung

$$Q = \frac{8}{15} C_d\, tg(\alpha/2)\,(2gh^5)^{1/2}, \qquad (10.8)$$

und der zweite Klammerausdruck berücksichtigt in dimensionsbehafteter Weise die Einflüsse von Viskosität und Oberflächenspannung bei kleinen Überfallhöhen h [cm].

Lässt sich der Einfluss der Zulaufgeschwindigkeit vernachlässigen, und besitzt α den
Normalwert von 90°, so gilt nach den Gln.(10.7) und (10.8)

$$Q = 0.308\left[1 + \frac{0.66}{h^{3/2}}\right](2gh^5)^{1/2}. \qquad (10.9)$$

Damit dürfte der Durchfluss bei labormässigem Aufbau auf rund 1% genau sein.

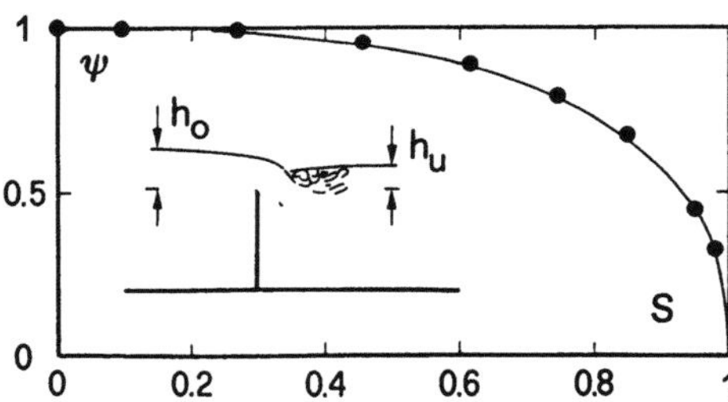

Bild 10.4 Eingestauter Dreiecküberfall. Definitionsskizze, $(-)$ Gl.(10.10) und $(\cdot)$ eigene
Messungen für Einstaufaktor $\psi=Q_s/Q$ in Abhängigkeit von $S=h_u/h_o$.

Bei *eingestautem Überfall* ist das Verhältnis $S=h_u/h_o$ (Bild 10.4) in Rechnung zu
stellen. Wie Hager (1990) gezeigt hat, folgen eigene Messungen gut der von Amerikanern
in den vierziger Jahren aufgestellten Beziehung

$$Q_s/Q = (1 - S^{2.5})^{0.385}. \qquad (10.10)$$

Dabei bedeutet Q_s den Durchfluss bei eingestautem und Q den entsprechenden Durchfluss
nach Gl.(10.9) für den freien Überfall.

10.3 Breitkroniger Überfall

Bild 10.5a) zeigt den breitkronigen Überfall (engl.: broad-crested weir; franz.: déversoir à seuil épais) mit der Wehrhöhe w, der Überfallhöhe h, der zugehörigen Energiehöhe H, der Wehrlänge L_w und dem Ausrundungsradius R_w der Oberwasserkante. Üblicherweise ist die Vorder- und Rückseite vertikal, die Kronenfläche horizontal und beide Kanten sind scharf. Bild 10.5b) zeigt den zur scharfen Oberwasserkante zugehörigen *Ablösungsmechanismus* mit einem Überdruckgebiet im Oberwasserbereich und einem Unterdruckgebiet auf der Kronenfläche mit den zugehörigen Ablösungszonen.

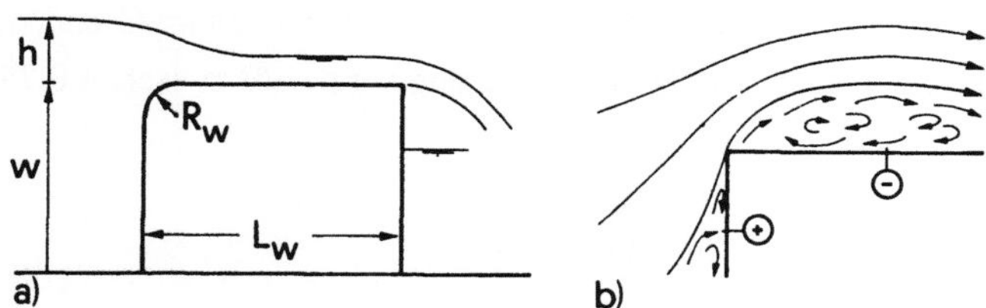

Bild 10.5 Breitkroniges Wehr. a) Definitionsskizze und b) Detail der Ablösungsgebiete im Bereich der Oberwasserkante bei $R_w=0$.

Beim breitkronigen Wehr mit scharfen Kanten ($R_w=0$) stellen sich je nach der relativen Wehrlänge $\zeta_w=H/L_w$ verschiedene *Oberflächenformen* ein von a) dem langen Wehr zu b) dem eigentlich breitkronigen Wehr, dann zu c) dem kurzen Wehr und d) dem praktisch scharfkantigen Wehr (Bild 10.6).

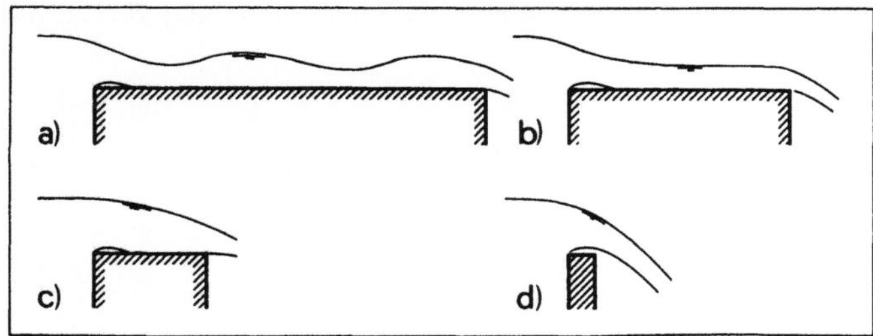

Bild 10.6 Abflusszustände beim breitkronigen Wehr in Abhängigkeit von $\zeta_w=H/L_w$.
a) $0<\zeta_w<0.1$, b) $0.1\leq\zeta_w\leq0.35$, c) $0.35<\zeta_w<1.5$ und d) $1.5\leq\zeta_w$.

Den *Durchfluss* Q bezieht man vorteilhaft auf die Energiehöhe H und den entsprechenden Überfallbeiwert C_D mit

$$Q = C_D b(2gH^3)^{1/2}. \tag{10.11}$$

Für Überfallhöhen grösser als etwa 50mm lassen sich Einflüsse der Viskosität und der Oberflächenspannung vernachlässigen. Nach Hager (1993) gilt dann

$$C_D = 0.326(1 + C_w)\left[\frac{1 + (9/7)\zeta_w^4}{1 + \zeta_w^4}\right]C_B C_R \ .$$ (10.12)

Der *Basiswert* 0.326 ist nun einiges kleiner als für den scharfkantigen Überfall, C_w bezieht sich auf die *Zuflussgeschwindigkeit* und ist gleich Null für H<w/2. Der nächste Term bezieht sich auf die *relative Wehrlänge* ζ_w=H/L$_w$ und variiert zwischen 1 für das lange Wehr bis 9/7 für den scharfkantigen Überfall. Dann wird also C_D~0.42. Der nächste Wert C_B bezieht sich auf scharfkantige *Einschnürungen* im Grundriss. Für den üblichen prismatischen Kanal ist C_B=1, bei Verengung β=b/B zwischen 0.25 und 0.75 gilt in Abhängigkeit von ζ_w

$$C_B = 1 - \frac{0.133}{1 + \zeta_w^4}.$$ (10.13)

Schliesslich bezieht sich C_R auf die *Ausrundung* der Oberwasserkante, welche von ρ_w=3R$_w$/w abhängt

$$C_R = 1 + 0.1[\rho_w exp(1 - \rho_w)]^{1/2} \ .$$ (10.14)

Eine Ausrundung von ρ_w/w von etwa 0.3 ergibt demnach eine Durchflusssteigerung von rund 10%, führt aber zu einer Druckabsenkung an der Krone.

Üblicherweise wird C_w=0 und C_B=C_R=1, womit als Gleichung für das *Standardbauwerk* folgt

$$Q = 0.326\left[\frac{1 + (9/7)\zeta_w^4}{1 + \zeta_w^4}\right]b(2gH^3)^{1/2}.$$ (10.15)

Unter den *Voraussetzungen*:
- minimale Wassertiefe h=75mm,
- minimale Wehrbreite b=0.30m,
- minimale Überfallhöhe w=0.15m,
- übliche Wehrlänge 0.08$\leq$h/L$_w$$\leq$0.85 und
- geringe Anströmgeschwindigkeit 0.18$\leq$h/(h+w)$\leq$0.60

dürfte für das prismatische Wehr mit scharfen Kanten eine Durchflussgenauigkeit unter Laborbedingungen von rund 2% erzielt werden.

Das breitkronige Wehr ist unempfindlich auf hohen Unterwasserstand. Der *Einstaufaktor* $\psi=Q_s/Q$ scheint nach Hager (1993) massgeblich von $\zeta_w=H/L_w$ abzuhängen. Bezeichnet $\sigma_g=H_g/H_0$ die *Einstaugrenze*, bei der also noch mit rund 5% genau der Durchfluss nach der Gleichung für freien Überfall gerechnet werden darf, so gilt

$$\sigma_g = 0.85 tgh(L_w/H). \qquad (10.16)$$

Darnach ergibt sich für den scharfkantigen Überfall mit $L_w/H=0$ der Wert $\sigma_g=0$, man darf ihn also überhaupt nicht einstauen, während für $L_w/H=1$ (kurzes Wehr) der Wert $\sigma_g=0.65$ und für $L_w/H=10$ (langes Wehr) gar $\sigma_g=0.85$ folgt. Breitkronige Wehre sind also äusserst *unempfindlich* auf Unterwassereinstau. Überschlägig darf demnach Gl.(10.15) angewendet werden für $\sigma<\sigma_g$, darüber wird vom Messeinsatz aus Genauigkeitsgründen abgeraten.

10.4 Zylinderüberfall

Unter einem Zylinderüberfall (engl.: cylindric weir; franz.: déversoir cylindrique) versteht man ein Bauwerk, dessen Ober- und Unterwasserseite vertikal sind, und dessen Krone durch einen kreisförmigen Halbzylinder ausgeführt ist (Bild 10.7). Der Halbzylinder lässt sich dabei einfach durch ein halbiertes Stahl- oder Betonrohr kommerzieller Fertigung und damit genauer Abmessung herstellen. Um den Strahl im Unterwasser genügend zu belüften, soll die Abfallwand leicht zurückversetzt werden. Eine mögliche Ausführung geht aus Bild 10.7b) hervor.

Der *Durchfluss* Q über ein Zylinderwehr wird beeinflusst durch die Wehrhöhe w, die Überfallhöhe h, die entsprechende Energiehöhe $H=h+Q^2/[2gF_0^2]$ mit F_0 als Zuflussfläche und dem Kronenradius R_K. Stellt b die Überfallbreite dar, so gilt als Überfallgleichung

$$Q = C_d b(2gH^3)^{1/2}. \qquad (10.17)$$

Aufbauend auf einer Literaturstudie hat Hager (1992) den Überfallbeiwert C_d in Abhängigkeit von der relativen Überfallhöhe $\rho_K=H/R_K$ ermittelt. Nach Rouvé und Indlekofer (1974) muss dabei unterschieden werden zwischen anliegendem und belüftetem Strahl. Damit eindeutige Abflusszustände herrschen und der Kronendruck immer über dem Atmosphärendruck bleibt, soll die Energiehöhe beschränkt werden auf $H\leq1.5R_K$. Dann können sich keine Kavitationsschäden einstellen.

Beträgt die Überfallhöhe mindestens rund 7cm, sodass keine Massstabseinflüsse wirksam werden, gilt für den *Überfallbeiwert* (Hager 1992)

$$C_d = 0.374 \left(1 + \frac{3\rho_K}{11 + 2.5\rho_K}\right). \qquad (10.18)$$

Für Flachwasserabfluss ($\rho_K \to 0$) wird somit $C_d = 0.374$, für Maximalbelastung ($\rho_K = 1.5$) ergibt sich aber $C_d = 0.49$, d.h. rund 30% mehr Durchfluss. Dieses Phänomen ist der Stromlinienkrümmung im Scheitelbereich zuzuschreiben.

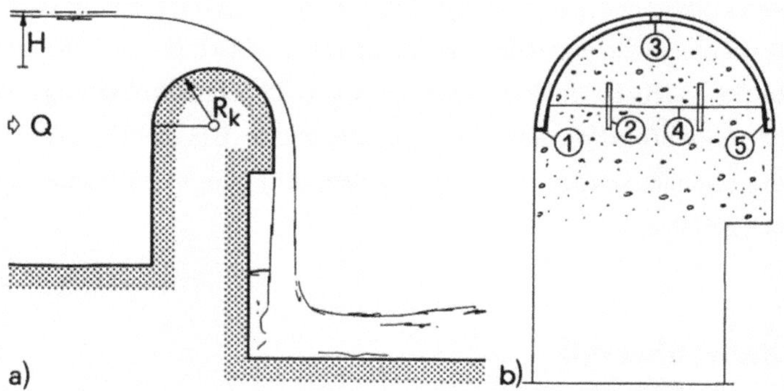

Bild 10.7 Zylinderwehr. a) Bezeichnungen, b) Detail einer möglichen Kronenausführung mit ① Auflager und Dichtung, ② Bolzen, ③ Entlüftungsstutzen während Betoniervorgang, ④ Arbeitsfuge und ⑤ Halbrohr.

Hinsichtlich *Einstauempfindlichkeit* liegen bis heute keine Angaben vor. Da es sich um eine kurze Wehrkrone handelt, dürften sich Einstauerscheinungen für Unterwasserstände schon ab der Wehrkrone geben. Gl.(10.18) gilt deshalb nur, falls das Unterwasser nicht über das Kronenniveau steigt.

10.5 Vergleich der Überfallformen

Die hier besprochenen Überfälle sowie der im Wasserbau für grössere Durchflüsse verwendete Standard-Überfall werden heute vornehmlich in der Praxis eingesetzt. Für Durchflussmessungen im Labor aber auch in der Natur zieht man den scharfkantigen Überfall vor. Bis rund 40ls^{-1} wählt man den *Dreiecküberfall*, von 20ls^{-1} an jedoch je nach Breite auch den *Rechtecküberfall* berücksichtigen. Die Genauigkeit dieser beiden genormten Überfälle ist unter Laborbedingungen rund 1%, in Naturanlagen dürften 2 bis 5% zu erreichen sein und damit den üblichen Genauigkeitsansprüchen genügen. Infolge von statischen Grenzen und Begrenzung der Eichgleichungen dürfte der scharfkantige Rechtecküberfall auf höchstens 1m Überfallhöhe angewandt werden, üblicherweise stellen 60cm (entsprechend rund 800ls^{-1} pro Laufmeter) die Grenze dieses Überfalls dar.

Breitkronige und rundkronige Überfälle bieten sich ab rund 50cm Überfallhöhe an, wobei der breitkronige Überfall mit höchstens rund 1.5m belastet werden sollte (entsprechend rund $3m^3s^{-1}$ Durchfluss pro Laufmeter). Geht man von industriell gefertigten Rohren von maximal rund 2m Durchmesser aus, so lassen sich Zylinderwehre bis maximal rund 3m Überfallhöhe anwenden. Damit ist ein Wehrtyp als Übergang zum Standardüberfall geschaffen, der relativ einfach und sicher eingesetzt werden kann. Standardüberfälle sind typisch im Wasserbau anzutreffen und rechtfertigen sich erst ab rund 2m Überfallhöhe. Sie werden deshalb hier nicht besprochen.

Grundsätzlich sollen Überfälle zur Durchflussmessung nur bei freiem Abfluss eingesetzt werden. Der Grenzeinstau ist von der Überfallgeometrie abhängig.

Literaturnachweis

* Ackers, P., White, W.R., Perkins, J.A. und Harrison, A.J.M. (1978). *Weirs and flumes for flow measurement.* J. Wiley & Sons: Chichester, New York und Toronto.

* Bazin, H. (1898). *Expériences nouvelles sur l'écoulement en déversoir.* Dunod: Paris.

* Bos, M.G. (1976). Discharge measurement structures. *Rapport* **4.** Laboratorium voor Hydraulica en Afvoerhydrologie. Landbouwhogeschool: Wageningen.

* Hager, W.H. (1990). Scharfkantiger Dreiecküberfall. *Wasser, Energie, Luft* **82**(1/2): 9-14.

* Hager, W.H. (1992). Abfluss über Zylinderwehr. *Wasser und Boden* **44**(1): 9-14.

* Hager, W.H. (1993). Breitkroniger Überfall. *Wasser, Energie, Luft* erscheint demnächst.

* Herschy, R.W. (1985). *Streamflow measurement.* Elsevier: Amsterdam, London und New York.

* Kindsvater, C.E. und Carter, R.W. (1957). Discharge characteristics of rectangular thin-plate weirs. *Journal of Hydraulics Division* ASCE **83**(HY6) Paper 1453: 1-36; 1958, **84**(HY2) Paper 1616: 93-100; 1958, **84**(HY3) Paper 1690: 21-30; 1958, **84**(HY6) Paper 1856: 39-41; 1959, **85**(HY3): 45-49.

* Lakshmana Rao, N.S. (1975). Theory of weirs. *Advances in Hydroscience* **10**: 309-406. Academic Press: New York.

* Rehbock, T. (1929). Wassermessung mit scharfkantigen Überfallwehren. *Zeitschrift VdI* **73**(24): 817-823.

* Rouvé, G. und Indlekofer, H. (1974). Abfluss über geradlinige Wehre mit halbkreisförmigem Überfallprofil. *Bauingenieur* **49**(7): 250-256.

* White, W.R. (1977). Thin plate weirs. *Proc. Institution Civil Engineers* **63**: 255-269.

Bezeichnungen

b	[m]	Wehrbreite
B	[m]	Zulaufbreite
C_B	[-]	Einschnürungsbeiwert
C_d	[-]	Überfallbeiwert
C_D	[-]	Durchflussbeiwert
C_R	[-]	Ausrundungsbeiwert
C_W	[-]	Einfluss Zuflussgeschwindigkeit
e	[m]	Wehrkantendicke
F	$[m^2]$	Querschnittsfläche
g	$[ms^{-2}]$	Erdbeschleunigung
h	[m]	Überfallhöhe
H	[m]	Überfallenergiehöhe
L_W	[m]	Wehrlänge
Q	$[m^3s^{-1}]$	Durchfluss
Q_a	$[m^3s^{-1}]$	Luftzufuhr
R_K	[m]	Kronenradius
R_W	[m]	Ausrundungsradius
S	[-]	Einstauverhältnis
w	[m]	Wehrhöhe
α	[-]	Innenwinkel
β	[-]	Breitenverhältnis
ρ_K	[-]	Relativausrundung des Zylinderwehres
ρ_W	[-]	Relativausrundung der Wehroberkante
σ_g	[-]	Einstaugrenze
ψ	[-]	Einstaufaktor
ζ_W	[-]	Relativwehrlänge

Indizes

e	effektiv
g	Grenze
o	Oberwasser
s	Einstau
u	Unterwasser

11 ENDÜBERFÄLLE

Endüberfälle bieten sich häufig zur Durchflussmessung an, obwohl sie dafür eigentlich nicht geplant waren. Das vorliegende Kapitel fasst die Forschungsresultate für das Rechteck- und Kreisprofil zusammen. Es gibt insbesondere Antwort auf die Frage, wie gross der Durchfluss bei gemessener Endtiefe ist und ob die Messgrösse allein für die Durchflussermittlung genügt.

Als zusätzliche Informationen werden aber auch die Strahlformen sowohl für das Rechteck- als auch für das Kreisprofil angegeben. Weiter werden die Unterschiede zwischen dem seitlich geführten und dem freien Endüberfall erläutert und Rauhigkeitseinflüsse diskutiert. Beim Kreisendüberfall wird schliesslich der Aufschlagevorgang besprochen.

11.1 Einleitung

Häufig ist man zwar in der Lage, den Durchfluss überschlägig zu ermitteln, scheut jedoch den Aufwand, einen Überfall standardmässig nach Kap.10 einzubauen. Das Vorgehen wird noch umständlicher, falls es sich um ein geschlossenes Profil und um einen Abwasserkanal handelt. In solchen Fällen kann ein Endüberfall (engl.: end overfall; franz.: déversoir terminal) oder eine andere mobile Messeinrichtung (Kap.13) zum Tragen kommen.

Unter einem *Endüberfall* versteht man eine Durchflussmesseinrichtung am Ende eines Kanals, aus dem das Wasser in einen Absturz gelangt. Der Endüberfall ist eigentlich nie eingestaut und tritt häufiger auf als man annehmen möchte. So begegnet man ihm bei Vereinigungsschächten, Absturzschächten, Einlaufbauwerken, Ausläufen oder bei der Zuleitung zu Sammelkanälen. Üblicherweise hat man es also nicht mit einem speziellen Mengenmessbauwerk zu tun, sondern die Durchflussmessung bietet sich ohne weiteren Aufwand an. Von dieser willkommenen Möglichkeit, einfach den Durchfluss zu ermitteln, wird oft nicht profitiert.

In der Folge soll der Endüberfall für zwei Situationen vorgestellt werden:
* einerseits als Auslauf eines *Rechteckkanals* und
* andererseits am Auslauf eines *Kreisprofils*.

Die erste Anordnung wurde intensiv untersucht, weshalb eine Vielzahl von Resultaten vorliegt. So kennt man die Beziehung für die Endtiefe in Abhängigkeit von der Froudezahl im Zuflusskanal für variables Sohlengefälle oder den Verlauf der Strahlgeometrie für eine Potentialströmung, wobei hier die Einflüsse von Stromlinienneigung und -krümmung nicht vernachlässigbar sind. Die zweite, in der Abwassertechnik häufigere Anwendung im Kreisprofil, hat nur spärliche Aufmerksamkeit erhalten, weshalb sich gewisse Aspekte durch Übertragung der Resultate für das Rechteckprofil ergeben. Die Literatur bezüglich der Endüberfälle ist von Hager (1993a,b) zusammengestellt worden. Die folgenden Ausführungen stellen eine Zusammenfassung der dort behandelten Angaben dar. Die Ausführungen über das Trapezprofil sind in der Abwasserhydraulik irrelevant.

11.2 Endüberfall im Rechteckprofil
11.2.1 Abflussbeschreibung

Bild 11.1 zeigt den Endüberfall mit den wichtigsten Parametern, nämlich die Normal-abflusstiefe h_0 im Zulaufkanal konstanten Sohlengefälles J_S, und die sogenannte *Endtiefe* h_e (engl.: end depth oder brink depth; franz.: hauteur terminale). Als Begründer der Theorie des Endüberfalls ist der Amerikaner Rouse anzusehen. Durch Anwendung des Impulssatzes unter Vernachlässigung von Reibung und Sohlengefälle erhielt er bei strömendem Zufluss für die asymptotische Strahlstärke $t_\infty/h_0 = 2/3$. Am Endquerschnitt mass er experimentell für die Endtiefe $h_e/h_0 = 0.715$ (Rouse, 1936). Die Abweichung der beiden Zahlenwerte ist auf den am Endquerschnitt noch vorhandenen *Reststrahldruck* (Bild 11.1) zurückzuführen.

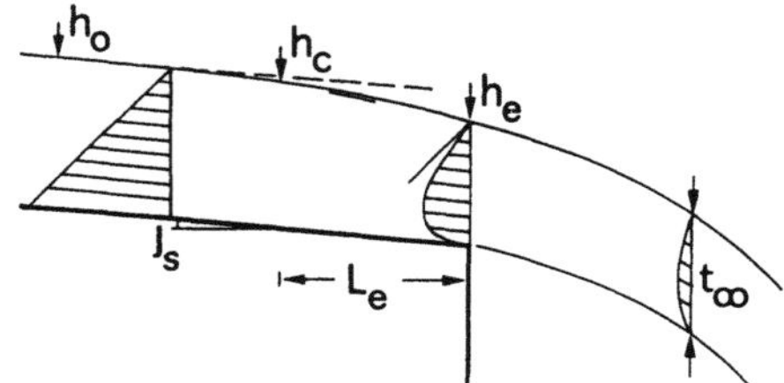

Bild 11.1 Endüberfall, typische Druckverteilungen und Bezeichnungen.

Später untersuchte Rouse (1943) den Einfluss der Zufluss-Froudezahl $F_0 = Q/(gb^2h_0^3)^{1/2}$ und fand für die asymptotische Strahlstärke

$$t_\infty/h_0 = \frac{2F_0}{1+2F_0}. \tag{11.1}$$

Für strömenden Zufluss, der also in schiessenden Abfluss übergeht mit $F_0=1$, entsteht der bereits erwähnte Wert (2/3). Weiterhin mass Rouse (1943) die untere Strahltrajektorie $z_u(x)$, resp. $Z_u=z_u/h_0$ als Funktion von $X=x/h_0$ für verschiedene Werte F_0 experimentell aus. Bild 11.2 zeigt die verallgemeinerte Darstellung.

Delleur, et al. (1956) untersuchten den Einfluss von Sohlengefälle J_S und von Wandrauhigkeit auf das Endtiefenverhältnis $T_e=h_e/h_0$. Die Wandrauhigkeit wird durch das kritische Gefälle J_c (Kap.6) charakterisiert. Für $J_S/J_c<-5$ folgt der nahezu konstante Wert $T_e=0.75$ (Bild 11.3b), dieser nimmt dann auf $T_e=0.715$ für $J_S/J_c=0$ ab und strebt gegen $T_e=0.45$ für $J_S/J_c=10$.

Bild 11.3a) zeigt den Abstand L_e vom Endquerschnitt, bei dem sich die rechnerische kritische Tiefe $h_c=[Q^2/(gb^2)]^{1/3}$ einstellt. Man erkennt eindeutig den mit J_c variablen Abstand, also ein vom Durchfluss abhängiger Wert L_e, der eine *fixe Messposition* der kritischen Tiefe - und damit des Durchflusses - verunmöglicht.

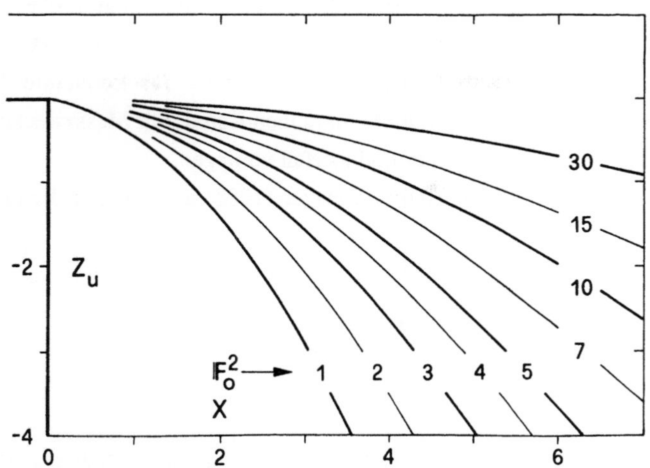

Bild 11.2 Dimensionslose untere Strahltrajektorie $Z_u(X)$ für verschiedene Zufluss-Froudezahlen F_o nach Rouse (1943).

Rajaratnam und Muralidhar (1964a) bezogen sich auf den *seitlich unbehinderten* Endüberfall. Im Gegensatz zum seitlich durch Vertikalwände geführten Abfluss ergibt sich eine dreidimensionale Strömung, bei der auch die Oberflächenspannung σ massgebend ist. Mit $W=V_c/[\sigma/(\rho h_c)]^{1/2}$ als Weberzahl zieht sich der Strahl für $W<16$ im Grundriss zusammen, sonst dehnt er sich seitlich aus. Bezeichnet $D=[q^2/(gz^3)]^{1/3}=h_c/z$ die *Absturzzahl* (engl.: drop number) mit z als Vertikalkoordinate, dann folgt unabhängig von W für die obere Strahlkoordinate $z_o(x)$ längs der Kanalachse bei $F_o=1$

$$D_o = h_c/z_o = 204(x/h_c)^{-6.56}, \quad 1.8<x/h_c<10 . \tag{11.2}$$

Hinsichtlich der Endtiefe ergab sich $T_e=0.705$ anstelle von 0.715 nach Rouse.

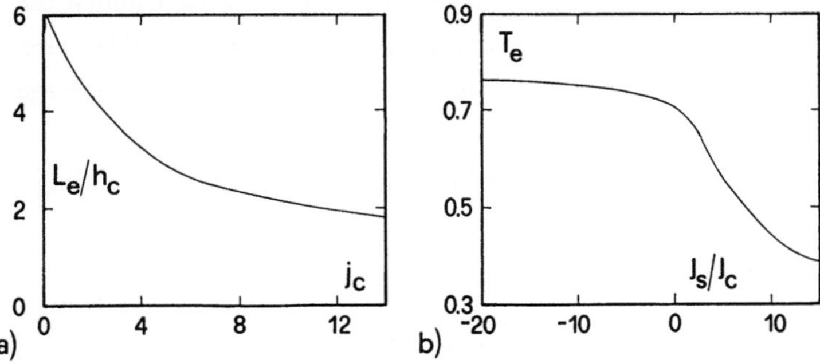

Bild 11.3 a) Abstand der rechnerischen kritischen Tiefe L_e/h_c in Abhängigkeit von $j_c=(J_s-J_c)10^3$ nach Carstens und Carter (1955), b) Endtiefenverhältnis T_e in Abhängigkeit von J_s/J_c nach Delleur, et al. (1956).

Der *Rauhigkeitseinfluss* wurde systematisch von Rajaratnam, et al. (1976) untersucht. Ein Endüberfall mit strömendem Zufluss darf als 'glatt' gelten für $k_s/h_c<0.1$ mit k_s als äquivalenter Sandrauheit (Kap.2). Für $k_s/h_c>0.4$ wird das konstante Verhältnis $h_{er}/h_e=0.80$ angestrebt, mit h_{er} als Endtiefe im rauhen Kanal. Für Messzwecke sollte aus Stetigkeitsgründen ein möglichst glatter Endüberfall vorliegen.

Rechnerisch wurde der Endüberfall von Hager (1983) angegangen. Er fand für das *Endtiefenverhältnis*

$$T_e = \frac{F_0^2}{0.4+F_0^2},\tag{11.3}$$

also $T_e=0.714$ für $F_0=1$.

Die freie Oberfläche $T(X)$ mit $T=t/h_0$ lässt sich als Teil einer *Solitärwelle* (Kap.1) interpretieren und folgt durch Ansetzen von Gl.(1.29) für den Fall $z\equiv0$ und nach Kompensation der Reibungsverluste durch den Gefällsgewinn. Als Lösung ergibt sich im Kanalbereich $X\leq0$ für $F_0=1$

$$X = \frac{2}{\sqrt{3}}\left[(1-T_e)^{-1/2}-(1-T)^{-1/2}\right]\tag{11.4}$$

und für $F_0>1$

$$X = -2\left[\frac{F_0^2}{3(F_0^2-1)}\right]^{1/2}\left[Arctgh\left(\frac{F_0^2-T}{F_0^2-1}\right)^{1/2}-Arctgh\left(\frac{F_0^2-T_e}{F_0^2-1}\right)^{1/2}\right].\tag{11.5}$$

Diese Beziehungen stimmen praktisch vollkommen mit den Messungen von Rouse (1943) nach Bild 11.2 überein, falls T_e nach Gl.(11.3) durch F_0 ausgedrückt wird.

Für den Bereich $x>0$, also im Unterwasser des Endquerschnitts, lässt sich ebenfalls eine einfache Beziehung ableiten. Nach dem Impulssatz ist nämlich die vertikale Strahldicke t praktisch konstant. Weiter lässt sich für die *untere Strahlbegrenzung* $Z_u(X)$ eine Differentialgleichung aufstellen, deren Lösung eine Parabel darstellt (Hager, 1993a)

$$X = \varepsilon^{-1}\left[(Z_0'^2 - 2\varepsilon Z_u)^{1/2} - Z_0'\right].\tag{11.6}$$

Dabei bedeuten $\varepsilon=(T_e/F_0)^2$ und

$$Z_0'^2 = 2(1-T_eF_0^{-2})(1-T_e)^2\tag{11.7}$$

die Anfangsneigung im Endquerschnitt mit $X=x/h_0$. Nach Hager (1993a) folgen alle

Messdaten einer Parabel mit den transformierten Koordinaten

$$\bar{X} = (\varepsilon/Z'_0)X \quad \text{und} \quad \bar{Z}_u = (\varepsilon/Z_0'^2)Z_u. \tag{11.8}$$

Diese lautet

$$\bar{X} = (1 - 2\bar{Z}_u)^{1/2} - 1 . \tag{11.9}$$

Damit ist die Darstellung nach Bild 11.2 um eine Dimension vereinfacht worden und lautet nach Rücktransformation

$$\frac{1.77F_0^2 X}{[(F_0^2+0.4)(F_0^2-0.6)]^{1/2}} = \left[1 - (2.5^2 F_0^2)\,\frac{F_0^2+0.4}{F_0^2-0.6}\,Z_u \right]^{1/2} - 1 . \tag{11.10}$$

Gl.(11.10) erlaubt also die Ermittlung der unteren Strahlbegrenzung $Z_u(X)$, die obere Strahlbegrenzung folgt näherungsweise der Beziehung $Z_0(X)=Z_u(X)+T_e$, entsprechend einer konstanten Strahlhöhe.

Ferreri und Ferro (1990) studierten den *seitlich ungeführten Endüberfall* für strömenden Zufluss. Sie schlugen eine Minimallänge des Zuflusskanals von $20h_c$ vor, damit die Messung nicht durch Oberwasserstörungen beeinflusst sei. Im Gegensatz zum seitlich geführten Endüberfall hat der Abfluss im ungeführten Kanal die Tendenz, sich oben seitlich auszudehnen und unten zusammenzuziehen (Bild 11.4).

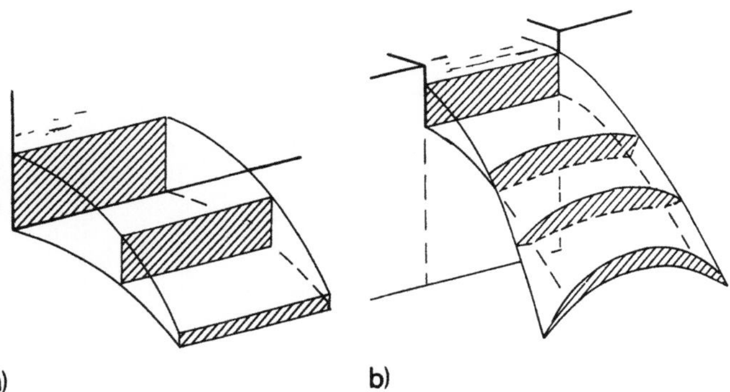

Bild 11.4 Strahlgeometrie beim a) seitlich geführten und b) seitlich ungeführten Endüberfall (Ferreri und Ferro, 1990).

Das Endtiefenverhältnis ist sowohl von der Querschnittsform b/h_c als auch von der relativen Absturzhöhe d/h_c beeinflusst. Für die Kanalbreite wird mindestens $b=0.20$m vorgeschlagen.

11.2.2 Abflussgleichung

Bei bekannter Kanalgeometrie - also Reibungsbeiwert K nach Manning und Strickler, Sohlengefälle J_s und Kanalbreite b gilt für *Pseudo-Normalabfluss* im Rechteckprofil (Kap.5)

$$J_s = J_f = \frac{Q^2}{K^2 b^2 h_0^2} \left[\frac{b+2h_0}{bh_0}\right]^{4/3}.$$ (11.11)

Mit den Substitutionen

$$\Phi = K^2 J_s h_e^{1/3}/g, \quad \zeta = 1 + 2(h_e/b)T_e^{-1}$$ (11.12)

lässt sich Gl.(11.11) nach Elimination von F_0 mit Gl.(11.2) schreiben (Hager, 1993a)

$$\Phi = \frac{2}{5} \frac{[T_e+2(h_e/b)]^{4/3}}{1-T_e}.$$ (11.13)

Bei konstanter Kanalgeometrie und gemessener Endtiefe h_e sind also Φ und h_e/b bekannt, womit sich T_e und damit $h_0=h_e/T_e$ berechnen lassen. Bild 11.5 zeigt die Auswertung von Gl.(11.13). Für $\tau=h_e/b>0.5$ lässt sich T_e explizit approximieren durch den Ausdruck

$$T_e = \frac{2.5\Phi-(2\tau)^{4/3}}{2.5\Phi+1.68\tau^{1/3}}.$$ (11.14)

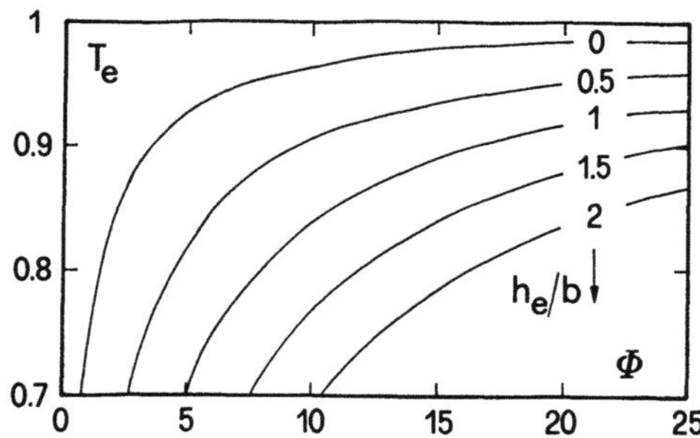

Bild 11.5 Ermittlung des Endtiefenverhältnisses T_e für bekannte Kanalgeometrie $\Phi=K^2 J_s h_e^{1/3}/g$ und Endquerschnittsform h_e/b.

Für den *Durchfluss* Q folgt dann nach Gl.(11.3)

$$\frac{Q^2}{gb^2 h_e^3} = \frac{2}{5T_e^2(1-T_e)}.$$ (11.15)

Beispiel 11.1

Gegeben ein Rechteckkanal mit einem Rauhigkeitsbeiwert $K=85m^{1/3}s^{-1}$, einem Sohlengefälle $J_s=2\%$ und einer Breite $b=0.90m$. Als Endtiefe misst man $h_e=0.32m$, wie gross ist der Durchfluss? Mit $\Phi=85^2 0.02\cdot0.32^{1/3}/9.81=10.07$ und $\tau=h_e/b=0.32/0.90=0.356$ folgt $T_e=0.955$ nach Bild 11.5, also $Q^2/(gb^2h_c^3)=2/[5\cdot0.955^2(1-0.955)]=9.75$ nach Gl.(11.15) und somit für den Durchfluss $Q=9.75^{1/2}(9.81\cdot0.9^2 0.32^3)^{1/2}=1.59m^3s^{-1}$.
Nach Gl.(11.14) ergäbe sich der um 2.5% zu kleine Wert $T_e=0.931$, womit Q um 17% zu klein wird.

11.3 Endüberfall im Kreisprofil

11.3.1 Abflussbeschreibung

Bereits um 1920 wurde der Endüberfall im Kreisprofil zur Durchflussermittlung verwendet. Smith (1962) übertrug die Erkenntnisse am Rechteck-Endüberfall auf das Kreisprofil. Die Bezeichnungen gehen aus Bild 11.6a) hervor mit D als Durchmesser, h_0 als Zuflusswassertiefe, h_e als Endtiefe und J_S als Sohlengefälle. Für strömenden Zufluss schlägt das Rohr bei der Teilfüllung $y_e=h_e/D=0.56$ zu.

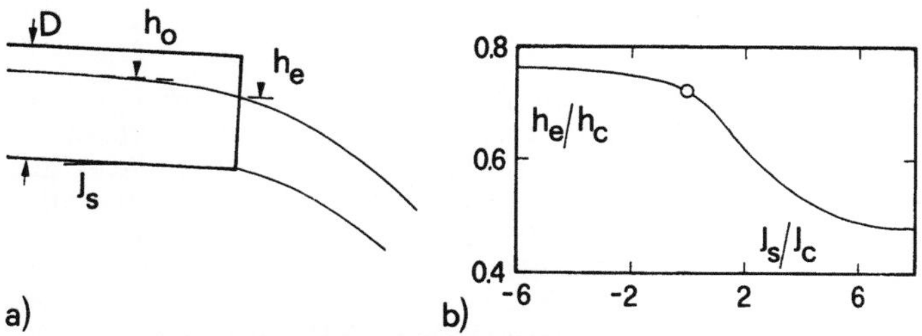

Bild 11.6 Rohrausfluss bei Sohlengefälle J_s, a) Bezeichnungen, b) Endtiefenverhältnis h_e/h_c in Abhängigkeit des Relativgefälles J_s/J_c.

In der Diskussion verlangten Rajaratnam und Muralidhar eine *Minimalzulauflänge* $L_0=12H_0$ bei einem ausgerundeten Rohreinlauf mit H_0 als Zulaufenergiehöhe. Das Endtiefenverhältnis h_e/h_c wurde analog zu Bild 11.3b) in Abhängigkeit des Gefällsverhältnisses J_s/J_c mit J_c als kritischem Gefälle angegeben (Bild 11.6b). Es ergeben sich die Extremwerte $h_e/h_c(J_s/J_c \ll 0)=0.76$ und $h_e/h_c(J_s/J_c \gg 0)=0.48$.

Blaisdell, ein anderer Diskussionsteilnehmer, untersuchte den Übergang von Druck- auf Freispiegelabfluss. Er fand einen Zusammenhang zwischen der Länge L_a vom *Aufschlagpunkt* bis zum Endquerschnitt und dem Relativdurchfluss $q_D=Q/(gD^5)^{1/2}$. Nach Bild 11.7c) läuft das Rohr für $q_D<14$ frei, für $q_D>25$ gerät es unter Druck. Für Zwischenwerte stellen sich Abflussbilder nach Bild 11.7a) und b) ein.

Rajaratnam und Muralidhar (1964b) fanden für das Endtiefenverhältnis $h_e/h_c=0.725$ bei genügend langem, horizontalem Zulaufrohr und als *Durchflussbeziehung*

$$\frac{Q}{(gD^5)^{1/2}} = 1.54(h_e/D)^{1.84} \; . \tag{11.16}$$

Bei geneigtem Rohr ist auf Bild 11.6 zurückzugehen, um das Sohlengefälle in Relation zum Reibungsgefälle zu setzen. Bis heute sind also die Abflussverhältnisse am beliebig geneigten Kreisrohr noch nicht abschliessend untersucht.

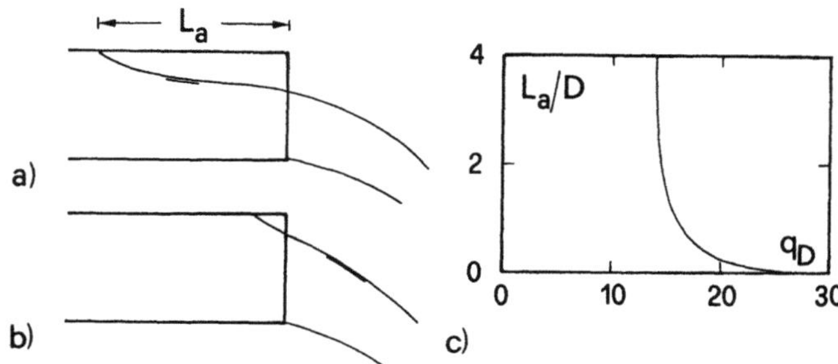

Bild 11.7 Aufschlagen eines *horizontalen* Kreisrohres am Endüberfall. Übergang von a) Druck- auf Freispiegelabfluss und b) Freispiegel- auf Druckabfluss, c) Aufschlaglänge L_a/D in Abhängigkeit von q_D.

Beispiel 11.2

Berechne den Durchfluss für ein horizontales Rohr ($J_s=0$) mit einem Durchmesser D=1.25m, falls die Endtiefe h_e=0.42m beträgt!
Für $J_s/J_c=0$ folgt aus Bild 11.6b) h_e/h_c=0.72. Weiter gilt nach Gl.(6.36) $h_c=[Q/(gD)^{1/2}]^{1/2}$, also für den Durchfluss Q= $h_c^2(gD)^{1/2}=(h_e/0.72)^2(gD)^{1/2}=(0.42/0.72)^2(9.81\cdot1.25)^{1/2}=1.2m^3s^{-1}$. Aus Gl.(11.16) direkt folgt unter der Bedingung $F_0=1$ der Durchfluss $Q=(9.81\cdot1.25^5)^{1/2}1.54(0.42/1.25)^{1.84}=1.13m^3s^{-1}$. Der Unterschied mag in der Ablesegenauigkeit von Bild 11.6b) liegen.

Beispiel 11.3

Wie gross ist der Durchfluss Q, falls das Sohlengefälle 1% beträgt, sonst aber alle Zahlenwerte wie in Beispiel 11.2 sind?
Überschlägig gilt für die Zulaufwassertiefe etwa h_e/h_c=0.6, also h_0=0.42/0.6=0.70m und damit die Zulaufteilfüllung $y_0=h_0/D$= 0.7/1.25=0.56, also R_h/R_{hv}=1.07 mit R_{hv}=D/4=0.31m. Weiter ist F/F_v=0.576 mit $F_v=\pi D^2/4$=1.23m². Damit wird R_h=1.07·0.31= 0.335m und F=0.71m², also für die Zuflussgeschwindigkeit $V_0=Q/F_0$=1.72/0.71=2.42ms⁻¹ mit dem kritischen Durchfluss Q= $h_0^2(gD)^{1/2}=0.70^2(9.81\cdot1.25)^{1/2}=1.72m^3s^{-1}$. Damit wird bei $K=85m^{1/3}s^{-1}$ das kritische Gefälle $J_c= V_c^2/K^2R_h^{4/3}$=0.35% und schliesslich J_s/J_c=1/0.35=2.87.
Für J_s/J_c=2.87 ist h_e/h_0=0.58. Eine zweite Iteration ergibt deshalb h_0=0.42/0.58=0.725m und mit y_0=0.58 wird R_h=0.34m, F=0.74m². Ferner ist die Zuflussgeschwindigkeit V_0=1.84/0.74=2.49ms⁻¹, also das kritische Gefälle $J_c=2.49^2/85^2 0.34^{4/3}$=0.36%, entsprechend dem Schätzwert.
Für h_0=0.725m und J_s=1% wird der Normalabfluss nach Gl.(5.16) $Q/(KJ_s^{1/2}D^{8/3})=0.75\cdot0.58^2(1-0.583\cdot0.58^2)$=0.203, also der Durchfluss $Q=0.203\cdot85\cdot0.01^{1/2}1.25^{8/3}=3.13m^3s^{-1}$, und damit fast dreimal grösser als nach Beispiel 11.2.

11.3.2 Strahlgeometrie

Die Geometrie der unteren (Index «1») und oberen (Index «2») *Strahltrajektorien* $Z_1(X)$ und $Z_2(X)$ mit $X=x/h_o$ und $Z=z/h_o$ näherte Biggiero (1963) als Parabeln an

$$Z_1 = -\theta_1 - A_1 X^2 , \tag{11.17}$$

$$Z_2 = T_e - \theta_2 X - A_2 X^2 . \tag{11.18}$$

Die experimentell ermittelten Koeffizienten θ_i, A_i und T_e lassen sich folgendermassen in Abhängigkeit von der Froudezahl F_o im Zuflusskanal ausdrücken (Hager, 1993b)

$$A_1 = 0.28 F_o^{-1} \quad , \quad A_2 = (1/3) F_o^{-1.4} ; \tag{11.19}$$

$$\theta_1 = 0.05(3.7 - F_o) \quad , \quad \theta_2 = 1.70 \theta_1 \quad \text{und} \tag{11.20}$$

$$T_e = 1 - 0.25 F_o^{-5/3} . \tag{11.21}$$

Diese Beziehungen gelten für $1 \leq F_o \leq 3.6$. Die untere Strahltrajektorie $Z_1(X)$ ist in Bild 11.8 dargestellt. Im Vergleich zum Rechteckprofil liegen bedeutende Unterschiede vor und die Strahldicke nimmt im Gegensatz zum geführten Rechteck-Endüberfall ab.

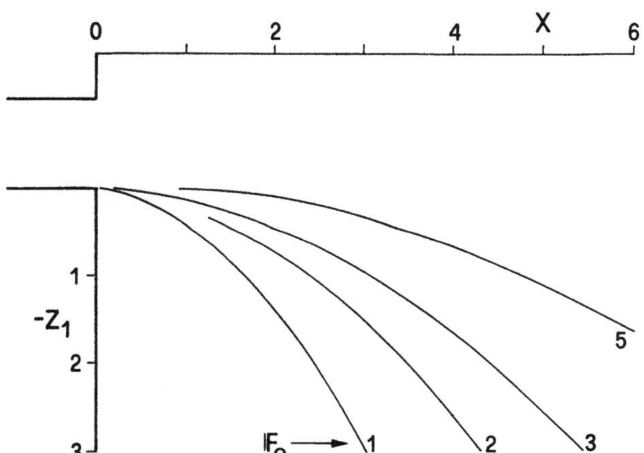

Bild 11.8 Axiale Geometrie der unteren Strahltrajektorie $Z_1(X)$ für verschiedene Froudezahlen F_o im eiförmigen, resp. kreisförmigen Zuflusskanal.

Wallis et al. (1977) unterschieden vier *Ausflusstypen* aus Kreisrohren:
- Freispiegelausfluss (Bild 11.6a),
- Blasenausfluss (Bild 11.7a),
- Blasenauswaschung (Bild 11.7b) und
- Druckausfluss.

Beim ersten Typ herrscht kritischer Abfluss, beim Blasenausfluss stellt sich ein Stagnationspunkt im Abstand L_a vom Endquerschnitt her ein. Blasenauswaschung ist nach Wallis, et al. für $L_a/D=1$ erreicht. In Bild 11.9 sind die vier Zustände in Abhängigkeit von der auf den Durchmesser D bezogenen Froudezahl $F_D=4Q/[\pi(gD^5)^{1/2}]$ dargestellt. Damit Einflüsse der Oberflächenspannung nicht dominieren, sollte $D>0.10m$ sein.

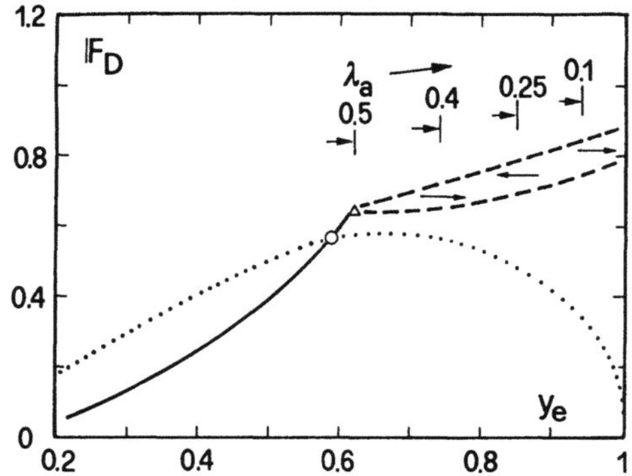

Bild 11.9 Ausflussdiagramm $F_D(y_e)$ nach Wallis, et al. (1977) mit $y_e=h_e/D$. (—) kritischer Abfluss, (···) Blasenausfluss mit (o) Blasenbildung, (Δ) Blasenauswaschung mit $\lambda_a=L_a/D$, (- - -) oszillierender Abfluss bei Annäherung an Druckabfluss.

Beispiel 11.4

Welcher Abflusstyp herrscht in Beispiel 11.2?
Mit $y_e=0.42/1.25=0.336$ und $F_D=4\cdot1.19/[3.14(9.81\cdot1.25^5)^{1/2}]=0.277$ befindet man sich zwischen der punktierten und ausgezogenen Linie von Bild 11.9, es herrscht kritischer Ausfluss nach Bild 11.6a).

Beispiel 11.5

Ab welchem Durchfluss stellt sich oszillierender Druckabfluss ein?
Nach Bild 11.9 findet der Übergang von Blasenauswaschung zu Druckabfluss bei etwa $F_D=0.64$ statt, entsprechend einem Durchfluss von $Q=0.64[3.14(9.81\cdot1.25^5)^{1/2}]/4=2.75m^3s^{-1}$.

Literaturnachweis

- Biggiero, V. (1963). Sul tracciamento dei profili delle vene liquido. *8 Convegno di Idraulica* Pisa **A11**: 1-19.
- Carstens, M.R. und Carter, R.W. (1955). Diskussion zu Hydraulics of the free overfall, von A. Fathy und M. Shaarawi. Proc. ASCE *Journal of Hydraulics Division* **81** Paper 719: 18-28.
- Delleur, J.W., Dooge, J.C.I. und Gent, K.W. (1956). Influence of slope and roughness on the free overfall. Proc. ASCE *Journal of Hydraulics Division* **82**(HY4) Paper 1038: 30-35.
- Ferreri, G.B. und Ferro, V. (1990). Efflusso non guidata di una corrente lenta da un salto di fondo in canali a sezione rettangolare. *XXII Convegno di Idraulica e*

Costruzioni Idrauliche Cosenza **1**: 195-213.

- Hager, W.H. (1983). Hydraulics of plane free overfall. *Journal of Hydraulic Engineering* **109**(12): 1683-1697; **110**(12): 1887-1888.
- Hager, W.H. (1993a). Abflussverhältnisse beim Endüberfall. *Oesterreichische Wasserwirtschaft* **45**(1/2): 36-44.
- Hager, W.H. (1993b). Ausfluss aus Rohren. *Korrespondenz Abwasser* **39**: 184-186.
- Rajaratnam, N. und Muralidhar, D. (1964a). Unconfined free overfall. *Journal of Irrigation and Power* **21**(1): 73-89.
- Rajaratnam, N. und Muralidhar, D. (1964b). End depth for circular channels. Proc. ASCE *Journal of Hydraulics Division* **90**(HY2): 99-119; **90**(HY5): 261-270; **90**(HY6): 293-297; **91**(HY3): 281-283; **92**(HY1): 81.
- Rajaratnam, N., Muralidhar, D. und Beltaos, S. (1976). Roughness effects on rectangular free overfall. Proc. ASCE *Journal of Hydraulics Division* **102**(HY5): 599-614; **103**(HY3): 337-338.
- Rouse, H. (1936). Discharge characteristics of the free overfall. *Civil Engineering* **6**(4): 257-260.
- Rouse, H. (1943). Diskussion zu Energy loss at the base of a free overfall, von W.L. Moore. *Transactions ASCE* **108**: 1343-1392.
- Smith, C.D. (1962). Brink depth for a circular channel. Proc. ASCE *Journal of Hydraulics Division* **88**(HY6): 125-134; **89**(HY2): 203-210; **89**(HY3): 389-405; **89**(HY4): 249-258; **89**(HY6): 253-256; **90**(HY1): 259.
- Wallis, G.B., Crowley, C.J. und Hagi, Y. (1977). Conditions for a pipe to run full when discharging liquid into a space filled with gas. *Journal of Fluids Engineering* **99**(6): 405-413; **100**(3): 136.

Bezeichungen

A	[-]	Anfangskrümmung
b	[m]	Breite
d	[m]	Absturzhöhe
D	[m]	Durchmesser
D	[-]	Absturzzahl
F	[m²]	Querschnittsfläche
F	[-]	Froudezahl
g	[ms⁻²]	Erdbeschleunigung
h	[m]	Wassertiefe
H	[m]	Energiehöhe
jc	[-]	Relativgefälle

J_c	[-]	kritisches Gefälle
J_f	[-]	Reibungsgefälle
J_s	[-]	Sohlengefälle
k_s	[m]	äquivalente Sandrauheit
K	$[m^{1/3}s^{-1}]$	Rauhigkeitsbeiwert
L_a	[m]	Aufschlaglänge
L_e	[m]	Abstand der kritischen Tiefe
L_o	[m]	Zulauflänge
q	$[m^2s^{-1}]$	Durchfluss pro Einheitsbreite
q_D	[-]	auf $(gD^5)^{1/2}$ bezogener Durchfluss
Q	$[m^3s^{-1}]$	Durchfluss
R_h	[m]	hydraulischer Radius
t	[m]	vertikale Wassertiefe
T_e	[-]	Endtiefenverhältnis
V	$[ms^{-1}]$	Geschwindigkeit
W	[-]	Weberzahl
x	[m]	Längskoordinate
X	[-]	dimensionslose Längskoordinate
y	[-]	Teilfüllung
z	[m]	Vertikalkoordinate
Z	[-]	dimensionslose Vertikalkoordinate
Z_o'	[-]	Neigung am Endquerschnitt
ε	[-]	Relativwert
θ	[-]	Anfangsneigung
λ_a	[-]	relative Aufschlaglänge
ρ	$[kgm^{-3}]$	Dichte
Φ	[-]	Rauhigkeitsparameter
σ	$[Nm^{-1}]$	Oberflächenspannung
τ	[-]	Endtiefenform
ζ	[-]	Querschnittsform

Indizes

c	kritisch		u	unten
D	auf $(gD^5)^{1/2}$ bezogen		v	Vollfüllung
e	Endquerschnitt		1	untere Strahlbegrenzung
o	Zufluss, oben		2	obere Strahlbegrenzung

12 VENTURIKANÄLE

Infolge von festen Inhaltsstoffen wird der Durchfluss in der Abwassertechnik üblicherweise mittels des Venturikanals gemessen. Unter einem Venturikanal versteht man nämlich einen lokal kontraktierten Kanal ohne durchgehenden Bodenverbau, bei dem sich unter freiem Abfluss ein Fliesswechsel einstellt. Deshalb treten im Oberwasser keine Ablagerungen wie bei Überfällen auf.

Es werden Venturikanäle sowohl *langer* als auch *kurzer* Bauweise vorgestellt. Anhand einer Analyse der Vor- und Nachteile werden schliesslich drei Typen von Venturikanälen für die Praxis empfohlen, welche sich durch Einfachheit, Wirtschaftlichkeit und Funktionstüchtigkeit auszeichnen. Auf einen vierten Typ wird hingewiesen, der speziell bei grossem Verhältnis von Maximal- zu Minimalanfall bei kleiner verfügbarer Höhe geeignet ist.

Bei der Bemessung des Venturikanals wird auf die Einflüsse der Zuflussgeschwindigkeit, der Verengungsgeometrie und der Stromlinienkrümmung eingegangen. Durch genügend grosse Ausführung lassen sich Massstabseffekte unterdrücken. Ein Vergleich der Bemessungsgleichungen mit Experimenten ist so gut, dass sich heute Venturi-Normkanäle rational bemessen lassen.

12.1 Einleitung

Unter einem Venturikanal (engl.: Venturi flume; franz.: canal Venturi) versteht man ein Mengenmessbauwerk, das eine *lokale Querschnittsverengung* aufweist. Geometrisch ist damit eine Vielzahl von Ausführungen möglich, die in der Folge besprochen werden.

Im *Längsschnitt* lässt sich die Sohle einerseits durchziehen, d.h. das Bodenprofil längs des Venturikanals hebt sich nicht ab vom Ober- und Unterwasserkanal. Andererseits wurde bei hohem Unterwasserstand vorgeschlagen, im Venturikanal lokal noch eine wehrförmige Sohle einzubauen und damit die Engstelle zu erhöhen (Bild 12.1a). Dieser Vorschlag sollte nicht ausgeführt werden, da ein wesentlicher Vorteil des Venturibauwerkes - eben kein Bodenverbau und damit uneingeschränkter Feststofftransport - verloren ginge. Bei knappen Verhältnissen ist u.U. ein *Bodenabsatz* stromab vom Bauwerk vorzusehen (Bild 12.1b). Damit kann grundsätzlich von einem praktisch horizontalen Kanal ausgegangen werden, der einer verallgemeinerten Berechnung zugänglicher ist.

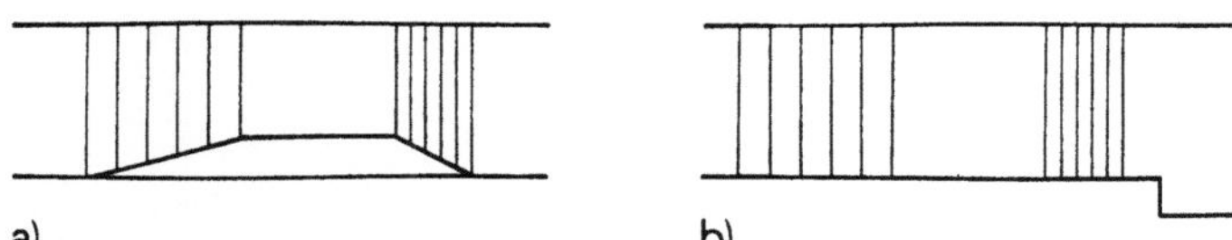

Bild 12.1   Längsschnitt eines Venturikanals mit a) wehrförmigem Bodeneinbau (wird nicht empfohlen) und b) Bodenabsatz im Unterwasserkanal.

Bezüglich der *Profilgeometrie* an der Engstelle des offenen Kanals herrscht das Trapezprofil vor, natürlich mit dem Spezialfall eines Rechtecks. Bei grossem Verhältnis von Maximal- zu Minimaldurchfluss wird man eher das Trapezprofil wählen, dafür einen komplizierteren Einbau in Kauf nehmen. Standardausführung bleibt das *Rechteckprofil*.

Da in der Abwassertechnik praktisch nur U-Profile und Rechteckprofile als offene
Kanäle anzutreffen sind, lassen sich spezielle Ausführungen noch erwähnen. Im *U-Profil*
hat sich nämlich der nach Palmer und Bowlus (1936) benannte Messkanal mit der Modifikation nach Wells und Gotaas (1958) durchgesetzt. Dieses Bauwerk soll eigens in
12.2.6 vorgestellt werden.

Im Rechteckzulaufkanal lässt sich auf zwei Arten eine Engstelle erzeugen (Bild 12.2),
nämlich entweder durch Kontraktion der Kanalbreite und damit einer rechteckigen Engstelle oder durch die Beibehaltung der Kanaloberkante und Veränderung der Seitenneigung, womit die Engstelle trapezförmig wird.

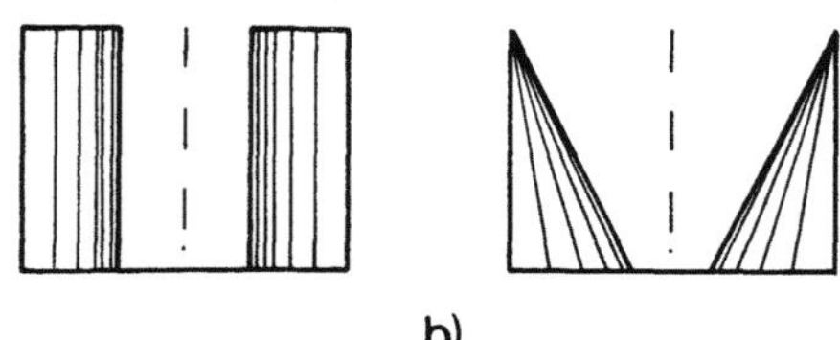

Bild 12.2   Querschnitt eines Venturikanals mit rechteckigem Zuflusskanal und a)
rechteckiger, b) trapezförmiger Engstelle.

Im *Grundriss* lassen sich wiederum vielfältige Anordnungen ausführen. Im Sinne
einer Vereinheitlichung sollen aber nur zwei Typen nachfolgend besprochen werden, die
polygonale Form und die Form mit einem Kreisbogen als Übergang zwischen
Zulaufkanal und Engstelle (Bild 12.3). Der *polygonale* Grundriss ist ausführungstechnisch u.U. preiswerter, dagegen stellen sich schwer berechenbare Ablösungen im Verengungsbereich ein. Der Venturikanal mit Kreisbogeneinlauf ist eine elegante Bauweise,
die ohne prismatisches Engstellenstück als *Khafagi-Venturikanal* (12.2.5) bezeichnet
wird.

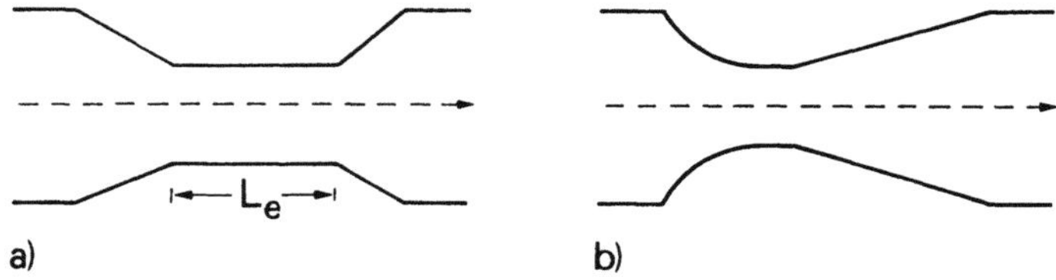

Bild 12.3   Grundriss eines rechteckigen Venturikanals mit a) polygonalem und b) aus-
gerundetem Einlauf.

Je nach der Länge der Engstelle L_e/h_0 und der Einlaufgeometrie spricht man von einem
Venturikanal kurzer ($L_e/h_0 < 1$) oder langer Bauweise. Diese Typen unterscheiden sich
hauptsächlich strömungstechnisch, da bei «kurzer» Bauweise mit abruptem Übergang zur
Engstelle Ablösungen wichtig werden. Bei Venturikanälen «langer» Bauweise löst sich
demgegenüber die Strömung nie von der Berandung ab. Bild 12.4 zeigt zwei Extremfälle,

nämlich den *Khafagi-Venturikanal* als Vetreter der «langen» Bauweise und den *Cut-throat Flume* als (12.3) typisch «kurzes» Bauwerk.

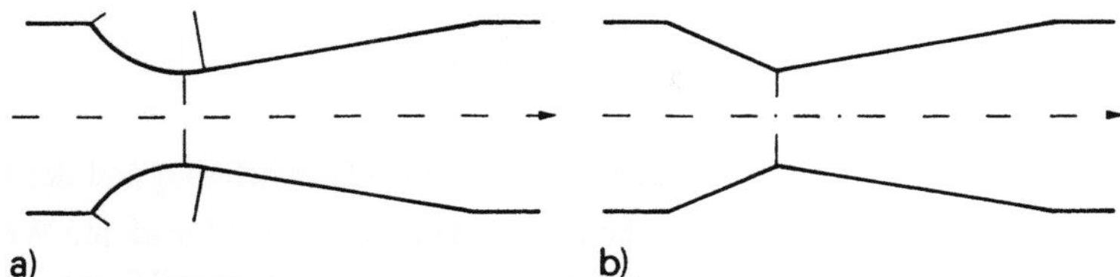

Bild 12.4   a) Khafagi-Venturikanal als typisch «langes» Bauwerk und b) Cut-throat Venturikanal als typisch «kurzes» Bauwerk zur Durchflussmessung.

Anschliessend werden typische Vertreter der langen und kurzen Bauweise vorgestellt, auf den Einfluss des Unterwassers hingewiesen und der *Grenzeinstau* diskutiert.

12.2 Venturikanal langer Bauweise

12.2.1 Durchflussgleichung

Das *symmetrische Trapezprofil* mit m als Seitenneigung und b als Basisbreite hat die Querschnittsfläche

$$F = bh + mh^2. \tag{12.1}$$

Die Wasserspiegelbreite beträgt $\partial F/\partial h = b+2mh$. Nach Gl.(6.30) gilt demnach für den kritischen Durchfluss (Index «c»)

$$Q_c = \frac{[g(b_c h_c + m_c h_c^2)^3]^{1/2}}{(b_c + 2m_c h_c)^{1/2}} . \tag{12.2}$$

Weiter folgt also für die kritische Energiehöhe

$$H_c = h_c + \frac{Q_c^2}{2gF_c^2} \tag{12.3}$$

oder nach Einsetzen von Gl.(12.2)

$$H_c = h_c + \frac{b_c h_c + m_c h_c^2}{2(b_c + 2m_c h_c)} . \tag{12.4}$$

Bezeichnet $y = m_c h_c/b_c$ und $Y = m_c H_c/b_c$, so gilt weiter anstelle von den Gln.(12.2) und (12.4) mit $q = [m_c^3/(gb_c^5)]^{1/2} Q_c$ als Relativdurchfluss

$$q = \frac{[y(1+y)]^{3/2}}{(1+2y)^{1/2}} , \qquad (12.5)$$

$$Y = y + \frac{y(1+y)}{2(1+2y)} . \qquad (12.6)$$

Damit ist der Zusammenhang zwischen dem kritischen Durchfluss q und der kritischen Energiehöhe Y über den Parameter y dargestellt. Die Relationen für kleine Werte von y lauten $Y=(3/2)y$ und $q=y^{3/2}$, also $y=(2/3)Y$ und damit $q = [(2/3)Y]^{3/2}$. Wie sich durch Rücktransformation einfach zeigen lässt, gilt diese von m_c unabhängige Beziehung exakt für das Rechteckprofil. Man kann Terme höherer Ordnung durch einen additiven Ansatz berücksichtigen und findet für den *freien Durchfluss* im symmetrischen Trapezprofil

$$q = [(2/3)Y]^{3/2} [1 + 0.70Y] . \qquad (12.7)$$

Für $Y<2$ sind die Abweichungen vom exakten Ausdruck unter 1%. Für grössere Y-Werte muss ein Term in Y^2 beigefügt werden. Dann werden jedoch andere Einflüsse dominant.

Beispiel 12.1   Berechne den Durchfluss für einen Trapez-Venturikanal mit $m_o=0$, $m_c=2$, $b_o=1.2m$, $b_c=0.50m$ für die Zuflusswassertiefe $h_o=0.87m$! Unter der Annahme $H_o \approx h_o=0.87m$ wird $Y=m_cH_c/b_c=2\cdot0.87/0.5=3.48$, also nach Gl.(12.7) $q=[(2/3)3.48]^{3/2}[1+0.70\cdot3.48]=12.14$ und damit $Q_c=q/[m_c^3/(gb_c^5)]^{1/2}=12.14(9.81\cdot0.5^5)^{1/2}2^{-3/2}= 2.38m^3s^{-1}$. Die Zulaufenergiehöhe ist $H=h_o+Q^2/(2gb_o^2h_o^2)=0.87+2.38^2/(19.62\cdot1.2^20.87^2)=1.13m$, also weit über dem angenommenen Wert $H=h_o$. In Beispiel 12.2 wird der effektive Durchfluss ermittelt.

Sowohl die kritische Wassertiefe h_c als auch die kritische Energiehöhe H_c sind keine direkten Messgrössen. Im Bereich des Fliesswechsels, d.h. an der Engstelle, ist der Wasserspiegel beträchtlich geneigt und infolge ungenauer Kenntnis des kritischen Querschnitts entsteht ein grosser Fehler im Durchfluss Q. Deshalb bezieht man sich auf den *Zuflusskanal*, in welchem die Wassertiefe h_o praktisch konstant ist. Bei den üblichen Sohlengefällen von einigen Promillen darf weiterhin vorausgesetzt werden, dass sich die Reibungsverluste und der Gefällsunterschied praktisch kompensieren. Dies bedeutet die Identität von kritischer Energiehöhe H_c und Energiehöhe H_o im Zuflusskanal (Bild 12.5).

Analog wie bei Überfällen sollte sich der Oberwasserquerschnitt etwa um die maximale Zulaufwassertiefe stromauf vom Anfangsquerschnitt befinden. Es gilt dann im *rechteckigen Zulaufkanal* der Breite b_o für die Energiehöhe

$$H_o = h_o + \frac{Q^2}{2gb_o^2h_o^2} = H_c, \qquad (12.8)$$

resp. in dimensionsloser Schreibweise mit $y_o=m_ch_o/b_c$ und $\beta=b_o/b_c$

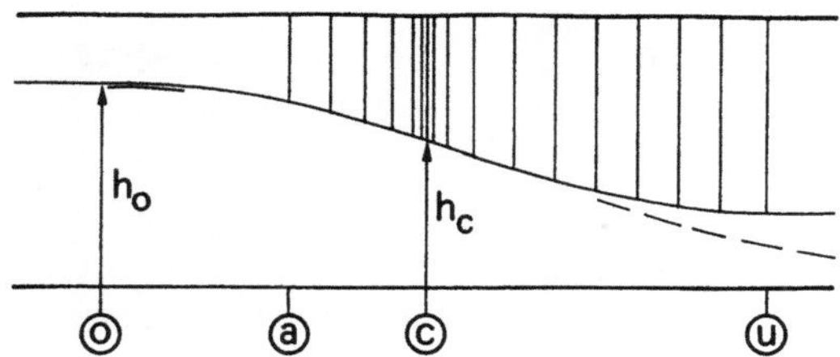

Bild 12.5   Typische Querschnitte längs eines Venturikanals, (o) Oberwasserquerschnitt, (a) Venturianfang, (c) kritischer Querschnitt, (u) Unterwasserquerschnitt.

$$Y = y_0 + \frac{q^2}{2\beta^2 y_0^2} \, . \tag{12.9}$$

Einsetzen von Gl.(12.7) ergibt weiter

$$Y = y_0 + \frac{4Y^3}{27}\,[(1+0.7Y)/(\beta y_0)]^2 \, . \tag{12.10}$$

Da der Klammerausdruck klein ist, darf dort y_0 mit Y angenähert werden, womit

$$Y = y_0 + \frac{4Y}{27}\,[(1 + 0.7y_0)/\beta]^2 \, , \tag{12.11}$$

also nach Y aufgelöst und unter der Voraussetzung $(1+0.7y_0)/\beta \ll 1$ entwickelt

$$Y = y_0\left[1 - \frac{4}{27\beta^2}(1+0.7y_0)^2\right]^{-1} \cong y_0\left[1 + \frac{4}{27\beta^2}(1+0.7y_0)^2\right] \tag{12.12}$$

Wird dieser Ausdruck in Gl.(12.7) eingesetzt, so folgt

$$\frac{Q}{m_c^{-3/2}g^{1/2}b_c^{5/2}} = [(2/3)y_0]^{3/2}[1+0.7y_0]\left[1 + \frac{2}{9\beta^2}(1+0.7y_0)^2\right] \, . \tag{12.13}$$

Demzufolge hängt der Durchfluss im *trapezförmigen* Venturikanal mit rechteckigem Zuflusskanal ab von der Relativzuflusswassertiefe $y_0=m_c h_0/b_0$ und dem Verengungsverhältnis $1/\beta=b_c/b_0$. Gl.(12.13) gilt nur, falls der letzte Term kleiner als etwa 0.2 ist.

Beispiel 12.2   Berechne nochmals Beispiel 12.1 unter Verwendung von Gl.(12.13)!
Mit $y_0=m_c h_0/b_c=2 \cdot 0.87/0.50=3.48$ und $\beta=1.2/0.5=2.4$ wird der Relativdurchfluss $q=[(2/3)3.48]^{3/2}[1+0.70 \cdot 3.48][1+0.7 \cdot 3.48]$ $[1+(2/9 \cdot 2 \cdot 4^2)(1+0.7 \cdot 3.48)^2] =17.67$, also ist der Einfluss der Zuflussgeschwindigkeit mit +46% beträchtlich. Der Zusatzterm infolge der

Zuflussgeschwindigkeit ist aber grösser als 0.2 und die Vereinfachung nach Gl.(12.12) gilt nicht.
In der Tat folgt mit $Q=1.46 \cdot 2.38=3.47 m^3 s^{-1}$ für die Zuflussgeschwindigkeit $V_0=3.47/(1.2 \cdot 0.87)=3.32 ms^{-1}$, also $H_0=0.87+3.32^2/19.62=1.43m$ und damit $Y=2 \cdot 1.43/0.50=5.73$. Einsetzen in Gl.(12.7) ergibt deshalb $q=[(2/3)5.73]^{3/2}[1+0.70 \cdot 5.73]=37.4$, also dreimal mehr als in Beispiel 12.1. Die Einschnürung dieses Venturikanals ist bei so grosser Zuflussgeschwindigkeit zu klein. Die stehenden Wellen im Oberwasser verunmöglichen eine einwandfreie Durchflussmessung.

Im *Rechteckkanal* entfallen die beiden Terme $0.7y_0$ und es gilt

$$\frac{Q}{(gb_c^5)^{1/2}} = [(2/3)(h_0/b_c)]^{3/2}[1 + (2/9)(b_c/b_0)^2] . \qquad (12.14)$$

12.2.2 Diskussion der Resultate

In der allgemeinen Gleichung (12.13) für den kritischen Durchfluss treten mit der konventionellen kritischen Theorie zwei Einflüsse auf, nämlich derjenige:

- der Zuflusswassertiefe $m_c h_0/b_c$, resp. des Parameters $m_c h_0/b_0$ als Messgrösse und
- der Verengungsgeometrie $\beta^{-1}=b_c/b_0$.

Der in Gl.(12.13) dargestellte dimensionslose Durchfluss lässt sich aufgrund von Kap.6 als Froudezahl interpretieren. Im vorliegenden Berechnungsmodell sind also ausschliesslich Trägheitskräfte berücksichtigt.

Üblicherweise beträgt $\beta^{-1} \cong 0.4$. Dann lässt sich die rechte Seite von Gl.(12.13) recht genau annähern durch die Potenzfunktion

$$\frac{Q}{(gb_c^5/m_c^3)^{1/2}} = 0.95 y_0^{1.73} . \qquad (12.15)$$

Für andere Werte von β entstehen entsprechende Ausdrücke. Im Gegensatz zu Gl.(12.13) ist jetzt jedoch, bedingt durch den Exponenten 1.73, dimensionsmässig die Einheit nicht mehr gewährleistet, falls Experimente nur durch eine $Q(h_0)$-Beziehung ausgedrückt werden. In der Praxis trifft man solche Gleichungen häufig an.

Wie bereits erwähnt, sind im vorliegenden Berechnungsmodell lediglich Gravitationskräfte berücksichtigt. Hat man es mit kleinen Abmessungen und geringen Durchflüssen zu tun, so sind auch die *viskosen* Kräfte bedeutsam, und es muss zudem die Reynoldszahl $R_c=V_c(4R_{hc})/\nu$ mit ν als kinematische Zähigkeit, V_c als kritische Geschwindigkeit und R_{hc} als hydraulischer Radius im kritischen Querschnitt in Rechnung gestellt werden. Bei wenig glatten Wänden dürfte zudem der *Wandrauhigkeitseinfluss* k_s/R_{hc} mit k_s als äquivalente Sandrauhheit zu berücksichtigen sein, während die Oberflächenspannung nur einen geringen Einfluss ausübt. Alle Zusatzeinflüsse sind vernachlässigbar, falls:

- das Fluid praktisch Wasser entspricht,

- die Breitenabmessung vernünftig, d.h. $b_0 \geq 0.30$m und $b_c \geq 0.10$m ist und
- die Wassertiefe h_0 mindestens rund 50mm beträgt.

Die als *Massstabseffekte* bezeichneten Einflüsse lassen sich demnach bei genügend grosser Ausführung praktisch unterdrücken. Eine ausführlichere Darstellung dieser Einflüsse geht aus Ackers, et al. (1978) hervor.

Wie in Kap.13 noch erläutert wird, darf die Froudezahl im Zulaufkanal nicht zu gross sein, d.h. die Einschnürung nicht zu gering ausfallen, da sonst ein schwacher Übergang von Strömen auf Schiessen auftritt. Störend an einem solchen Übergang sind *stehende Wellen*, die eine einwandfreie Messung der Oberwassertiefe h_0 verunmöglichen. Nach Kap.13 sollte die Zufluss-Froudezahl höchstens $F_0 = Q/(gb_0^2/h_0^3)^{1/2} = 0.5$ betragen. In Beispiel 12.2 ergibt sich ein unrealistischer Wert von $F_0 = 1.14$.

12.2.3 Krümmungseinfluss

Ein wichtiger Einfluss ist bis jetzt noch unerwähnt geblieben. Die Ableitung bezieht sich nämlich immer auf eine eindimensionale Strömung, deren Druckverteilung hydrostatisch und deren Geschwindigkeitsverteilung uniform vorausgesetzt werden. Diese Annahmen sind praktisch erfüllt, solange Neigung und Krümmung der Stromlinien klein bleiben. Nach Kap.1 wachsen diese Einflüsse im horizontalen Kanal mit h'^2 und hh''. Geht man anstelle von Gl.(12.3) von der *verallgemeinerten Energiegleichung* (1.29) für die horizontale Sohle $z \equiv 0$ aus, so entsteht im Rechteckprofil

$$H = h + \frac{Q^2}{2gb^2h^2}\left(1 + \frac{2hh'' - h'^2}{3}\right). \tag{12.16}$$

Für *kritischen Abfluss* folgt als hinreichende Bedingung $dH/dh = (dH/dx)/(dh/dx) = 0$ oder nach Ausführen der Differentiation (Hager, 1985)

$$\frac{Q^2}{gb_c^2h_c^3} = 1 + \frac{2hh'' - h'^2 - h^2h'''/h'}{3}. \tag{12.17}$$

Im Vergleich zur eindimensionalen Berechnung treten also Zusatzterme in h'^2 (Oberflächenneigung), hh'' (Oberflächenkrümmung) und h^2h'''/h' (Oberflächenkrümmungsänderung) im kritischen Punkt auf. Diese Korrekturterme lassen sich näherungsweise ermitteln durch die übliche Beziehung

$$H = h + \frac{Q^2}{2gb^2h^2}. \tag{12.18}$$

Für eine *Potentialströmung* ($H' = H'' = H''' = 0$) gilt bei konstantem Durchfluss durch sukzessives Ableiten

$$H' = h'\left(1 - \frac{Q^2}{gb^2h^3}\right) - \frac{Q^2b'}{gb^3h^2} = 0 \ , \tag{12.19}$$

$$H'' = h''\left(1 - \frac{Q^2}{gb^2h^3}\right) + \frac{3Q^2(b'h+bh')^2}{gb^4h^4} - \frac{Q^2(2b'h+b''h)}{gb^3h^3} = 0 \ , \tag{12.20}$$

$$H''' = h'''\left(1 - \frac{Q^2}{gb^2h^3}\right) - \frac{12Q^2(b'h+bh')^3}{gb^5h^5} + \frac{9Q^2(b'h+bh')(b''h+2b'h'+bh'')}{gb^4h^4} -$$
$$- \frac{Q^2(b'''h+3b''h'+3b'h'')}{gb^3h^3} = 0 \ . \tag{12.21}$$

In tiefster Approximation gilt für kritischen Durchfluss $Q^2/(gb^2h^3)=1$. Nach Gl.(12.19) folgt demnach als *Ort des kritischen Durchflusses* $b'=0$, d.h. die Engstelle. Setzt man diese Beziehungen in die Gln.(12.20) und (12.21) ein, so folgt

$$\frac{3}{h}h'^2 - \frac{b''h}{b} = 0 \ , \tag{12.22}$$

$$-\frac{12(bh')^3}{b^3h^2} + \frac{9bh'(b''h+bh')}{b^2h} - \frac{b'''h+3b''h'}{b} = 0 \ . \tag{12.23}$$

Aus Gl.(12.22) ist am *kritischen Punkt* $x=x_c$ das Quadrat der Wasserspiegelneigung

$$h'^2 = \frac{b''h^2}{3b} \ , \tag{12.24}$$

dementsprechend muss b'' positiv sein und der Extremalwert $b'=0$ entspricht einem Minimum ($b''>0$). Ein Fliesswechsel entsteht damit nur bei einer *lokalen Breitenkontraktion*, wie bereits in Kap.6 erklärt wird. Aus Gl.(12.23) folgt nun

$$hh'' = \frac{4}{3}h'^2 - \frac{2}{3}(h^2/b)b'' + \frac{1}{9}b'''/bh' \ . \tag{12.25}$$

Setzt man den Ausdruck für h'^2 nach Gl.(12.24) ein und betrachtet Kreisbogeneinläufe, bei denen also keine Krümmungsänderung auftritt ($b'''=0$), so folgt

$$hh'' = -(2/9)h^2b''/b \tag{12.26}$$

und nach analoger Betrachtung für die noch höhere Ableitung (Hager, 1985)

$$h^2h'''/h' = -(5/3)h^2b''/b \ . \tag{12.27}$$

Der Einfluss der Stromlinienkrümmung lässt sich also durch den Parameter $u=h^2b''/b$ allein erfassen. Einsetzen in die Gln.(12.16) und (12.17) ergibt weiter

$$H = h + \frac{Q^2}{2gb^2h^2}\left[1 - \frac{7\,u}{27}\right], \qquad (12.28)$$

$$\frac{Q^2}{gb^2h^3} = \left[1 - \frac{8\,u}{27}\right]^{-1}, \qquad (12.29)$$

also

$$H = \frac{3h}{2}\left[1 - \frac{5\,u}{27}\right]. \qquad (12.30)$$

Wie bereits unter 12.2.1 erwähnt, bezieht man sich nicht auf die kritische Wassertiefe h_c, sondern auf die *kritische Energiehöhe* H_c, also statt auf u auf den entsprechenden Krümmungsparameter $U=H_c^2b_c''/b_c$. Diese beiden Grössen verhalten sich wie

$$u = \frac{4U}{9}\left[1 + \frac{1}{6}U\right], \qquad (12.31)$$

also folgt anstelle von Gl.(12.30)

$$H = (3/2)h\left[1 - \frac{20}{243}U\right]. \qquad (12.32)$$

Setzt man die Gln.(12.31) und (12.32) in Gl.(12.29) ein, so erhält man (Hager, 1985)

$$Q = (2/3)^{3/2}b_c(gH_c^3)^{1/2}\,[1 + (14/243)U]. \qquad (12.33)$$

Für *parallele* Stromlinien (U=0) ergibt sich direkt Gl.(12.6). Für eine bestimmte Energiehöhe H_c wird der Durchfluss nach der konventionellen Methode also immer unterschätzt. Man beachte, dass diese Ableitung nur erster Ordnung ist, d.h. alle Terme in u^2 oder U^2 werden vernachlässigt. Die Resultate gelten demnach bis höchstens U=1.

Beispiel 12.3   Gegeben ein rechteckiger Venturikanal mit den Breiten b_o=1.50m, b_c=0.60m und dem Ausrundungsradius R_c=1/b_c''=2.0m. Wie gross ist der Durchfluss bei einer Oberwassertiefe von h_o=0.28m? Schätzt man die Geschwindigkeitshöhe auf $V_o^2/(2g)$=5cm, so ist H_o=0.33m, also U=$0.33^2/(2\cdot0.60)$=0.09 und damit der Durchfluss $Q=(2/3)^{3/2}0.60(9.81\cdot0.33^3)^{1/2}[1+(14/243)0.09]$=0.195$m^3s^{-1}$ nach Gl.(12.33). Daraus ergibt sich mit H_o=0.33m als Lösung h_o=0.31m, der Schätzwert war also zu hoch. In zweiter Iteration sei H_o=0.29m, also U=$0.29^2/(2\cdot0.60)$=0.07 und

damit $Q=(2/3)^{3/2}0.60(9.81 \cdot 0.29^3)^{1/2}[1+(14/243)0.07]=0.160 \mathrm{m}^3 \mathrm{s}^{-1}$.
Daraus folgt in der Tat $h_o=0.28$m.
Bei diesem Beispiel ist der Einfluss der Einlaufausrundung mit
$1+(14/243)0.07=1.004$ vernachlässigbar.

Für das *Trapezprofil* werden die Ableitungen schwieriger, da neben u auch noch die Parameter s=mh/b und t=m"h/b" auftreten. Nach Hager (1989) ist der Einfluss von t untergeordnet und als Korrekturfaktor folgt lediglich $1+U/(6S)$, entsprechend $1+H_c/(6m_cR_c)$ mit R_c als Krümmungsradius der Einlaufverengung. Dieses Resultat gilt, falls $m_cH_c/b_c>1$ und $H_c^2/(b_cR_c)<1$ ist. Gl.(12.7) heisst demnach verallgemeinert

$$q = [(2/3)Y]^{3/2}[1 + 0.70Y]\,[1 + H_c/(6m_cR_c)]\,. \tag{12.34}$$

Diese Beziehung lässt sich rechnerisch also für eine Potentialströmung ableiten.

12.2.4 Eingestauter Abfluss

Bei *freiem* Abfluss, bei welchem sich also ein Übergang von Strömen auf Schiessen einstellt, lässt sich der Durchfluss für einen bestimmten Venturikanal durch die Höhenmessung von h_o allein ermitteln. Bei *eingestautem* Abfluss hingegen verändert sich die Oberwassertiefe nicht nur mit dem Durchfluss, sondern auch mit der Unterwassertiefe h_u. Die Grenze zwischen freiem und eingestautem Abfluss bezeichnet man als *Grenzeinstau* S_L (Index «L»; engl.: modular limit; franz.: limite de submersion); er charakterisiert neben der Durchflussgleichung $Q(h_o)$ das Bauwerk.

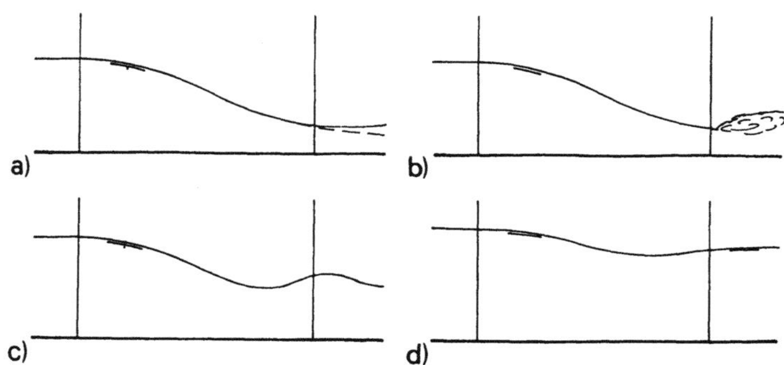

Bild 12.6   Abfluss im Venturikanal bei zunehmendem Unterwasserstand a) schiessend mit Stosswellen, b) mit direktem Wassersprung, c) mit Ondulationen und d) tief eingestaut mit Oberflächenrückstrom.

Im Venturikanal lassen sich die folgenden *Typen von Wasserspiegeln* in Abhängigkeit des Unterwassereinstaus erkennen (Bild 12.6):
a) schiessender Unterwasserabfluss mit Stosswellenentwicklung (Kap.16),

b) schiessender Abfluss in Venturiexpansion mit anschliessendem Wassersprung,

c) Unterwasserabfluss ondulierend, und

d) tief eingestauter Unterwasserabfluss.

Die Fälle a) und b) sind eindeutig mit freiem Abfluss zu verknüpfen, Stosswellen und direkte Wassersprünge also ein eindeutiges Indiz für *schiessenden Zufluss*. Der Übergang vom direkten zum ondulierenden Wassersprung ist nicht immer eindeutig, falls gar eine wellenförmige Oberfläche in der Expansion auftritt, hat sich oft bereits eingestauter Venturiabfluss eingestellt.

Den *Grenzeinstau* drückt man häufig als Prozentzahl aus, beispielsweise bedeutet 70% im Venturikanal mit horizontalem Boden, dass die Unterwassertiefe h_u maximal 70% der Oberwassertiefe h_o betragen darf. Für $h_u/h_o < 70\%$ liegt freier, sonst eingestauter Abfluss vor. Beim Venturikanal mit nichthorizontaler Sohle geht man von der Sohlenkote an der Engstelle aus und bezieht die Wassertiefen h_o und h_u behelfsmässig darauf. Bei Venturikanälen liegt der Grenzeinstau üblicherweise bei rund 80%, also im Vergleich zu Überfällen sehr hoch. Deshalb wird der eingestaute Abfluss häufig nicht zur Messung herangezogen, die Ungenauigkeit der Unterwasserhöhenablesung mit gewellter Oberfläche wäre zu gross. Bei ungenügendem Oberwasserstand kann die Sohle längs des ganzen Venturikanals mit einem *Sohlabsturz* im Unterwasserbereich angehoben werden (Bild 12.1b).

12.2.5 Vergleich mit Beobachtungen

Hager (1993) fasste die Kenntnisse über Venturikanäle zusammen. Obwohl in Italien bereits vor dem Zweiten Weltkrieg intensiv an Venturikanälen geforscht wurde, dürfte der erste Vorschlag zu einem Bauwerkstyp von Khafagi (1942) stammen. Als *Khafagiventuri* (Bild 12.7) bezeichnet man ein Bauwerk, dessen:

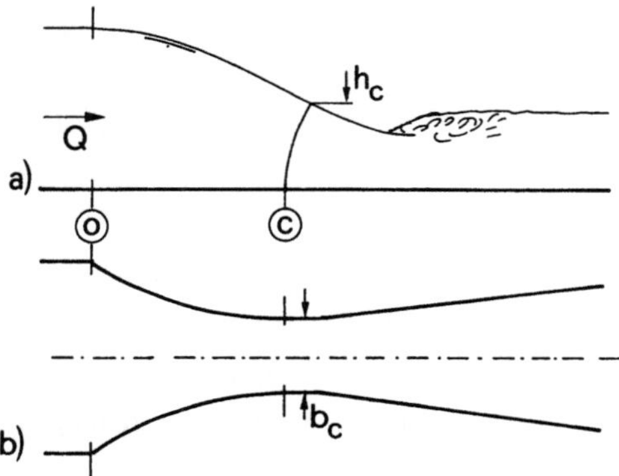

Bild 12.7   Khafagi-Venturikanal, a) Längsschnitt mit «kritischer» Länge», b) Grundriss.

- Einlauf einen Kreisbogen besitzt,
- Querprofil rechteckig verläuft,
- Engstelle keinen prismatischen Teil aufweist und
- Erweiterung einen Diffusorwinkel von etwa 1:10 besitzt.

Obwohl ein Berechnungsverfahren angegeben wird, das den Einfluss der Stromlinienkrümmung näherungsweise beinhaltet, liegen keine Durchflusskurven vor. Für $U<0.5$ folgen die Messdaten jedoch ausgezeichnet Gl.(12.33). Dasselbe gilt für die Messungen von Blau (1960).

Barczewski und Juraschek (1983) untersuchten eine Modellserie von Khafagi-Venturikanälen und fanden praktisch übereinstimmend einen Einfluss der relativen Wassertiefe h_O/b_c. Im Messbereich stimmt Gl.(12.33) hervorragend mit den Messungen von Barczewski und Juraschek überein.

Robinson und Chamberlain (1960) führten den *Trapezventurikanal* mit konstanter Seitenneigung m und ebenen Übergangsflächen ein. Für Seitenwinkel von 30°, 45° sowie 60° und eingeschnürten Basisbreiten von 0, 5 und 10cm ergab sich eine 'gute' Übereinstimmung mit der konventionellen Berechnungsmethode. Der Kanal sieht jedoch wenig platzsparend aus und dürfte eher für Bewässerungs- als für Abwasserkanäle gedacht sein. Der Grenzeinstau liegt zwischen 80 und 90%.

Dieser Venturityp wurde von Bos und Reinink (1981) weiterentwickelt. Das Gefälle der Seitenwände ist überall $m=1$ und es stellen sich keine Ablösungen ein, falls der Verengungswinkel kleiner als 1:2 ist. Es wurde weiterhin nachgewiesen, dass für freien Abfluss und kleinere Wassertiefen der konventionelle Ansatz der kritischen Tiefe massgebend ist. Der Grenzeinstau beträgt ebenfalls zwischen 85 und 90%, das Bauwerk ist jedoch ebenfalls äusserst platzbedürftig und weist zudem eine kleine Bodenstufe auf.

Die Studie von Skogerboe und Hyatt (1967a) bezog sich insbesondere auf den eingestauten, *langen* Venturikanal mit ebener Sohle und polygonalem Grundriss (Bild 12.8). Der Kanal weist drei Messstellen auf, nämlich zwei in den nichtprismatischen Kanalabschnitten und eine zur Ermittlung der minimalen Wassertiefe h_m. Für den Kanal mit $b_c=1$ Fuss (=30.5cm) ergab sich als Durchflussgleichung bei freiem Abfluss in [ft;s] Einheiten

$$Q = 2.87 h_a^{1.525} .\tag{12.35}$$

Dies deutet auf eine im Vergleich zu Gl.(12.33) nicht allgemeine Darstellung hin. Der Grenzeinstau beträgt etwa $S_L=0.88$, und *eingestauter Abfluss* $Q_s=\psi Q$ lässt sich mit dem Wassertiefenverhältnis $S=h_u/h_O$ annähern durch die Beziehung

$$\psi = 1 - (S-S_L)^{1.5} .\tag{12.36}$$

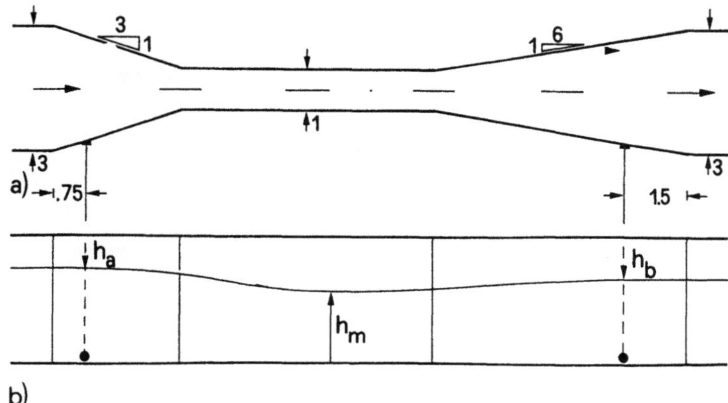

Bild 12.8   Rechteck-Venturikanal langgezogener Bauweise nach Skogerboe und Hyatt (1967a). a) Grundriss, b) Längsschnitt mit Zahlen in Fuss (1 Fuss=30.5cm), (•) Messstellen.

Als Folgerung dieser Übersicht ist anzubringen, dass eigentlich nichts *für* die Venturikanäle langer Bauart spricht, ausser dass sie in etwa der konventionellen Berechnungsmethode folgen. Aufgrund von *wirtschaftlichen* Überlegungen ist ein solches Bauwerk der kurzen Bauweise jedoch immer unterlegen. Eine Ausnahme davon dürfte der Khafagi-Venturi darstellen, er entspricht eigentlich einem Übergangstyp zwischen langer und kurzer Bauweise.

12.2.6 Venturikanal im Schachtbauwerk

Einen speziellen Typ von Venturikanal führten die Kalifornier Palmer und Bowlus (1936) ein. Das tragbare Gerät wird am Unterwasserende eines Kontrollschachtes mit U-förmiger Schachtführung vom Durchmesser D eingebaut und dient der permanenten Durchflussmessung. An der Engstelle, welche eine Länge von einem Rohrdurchmesser aufweist, ist der Kanal trapezförmig mit einer Querneigung von m=2 (Bild 12.9). Der Venturiboden wird durch einen *Sohleneinbau* auf die Höhe $s_e/D=1/3$ angehoben (Wells und Gotaas, 1958), die Basisbreite im eingeschnürten Querschnitt beträgt optimal $b_e=D/3$, die Rampenneigung im Zulaufbereich ist 1:3 und die Ablauframpe verläuft stufenförmig. Die Höhenmessung h_o soll zwischen D/2 und 3D/2 stromauf vom Einbaubeginn liegen.

Der Vergleich von gemessenem zu *konventionell* berechnetem Durchfluss (vergl. auch Kap.13) beginnt für $(h_o-s_e)/D\rightarrow 0$ bei etwa 0.97, ist gleich 1 für $(h_o-s_e)/D=0.75$ und steigt dann rasch auf 1.1 für $(h_o-s_e)/D\cong 0.92$. Im eigentlichen Bereich des Trapezquerschnitts und dem unmittelbar darüberliegenden Gewölbebereich, also für $0.1<(h_o-s_e)/D<0.85$, variiert der Durchflussbeiwert nur um ±3%.

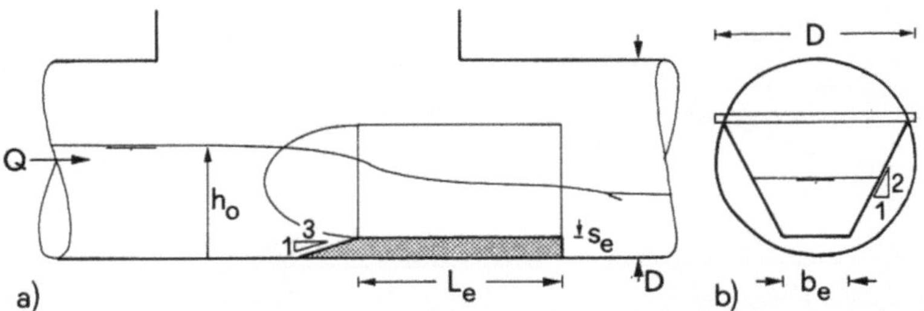

Bild 12.9   Palmer-Bowlus Venturikanal, modifiziert nach Wells und Gotaas (1958).
a) Längsschnitt, b) Querschnitt durch Einschnürung.

Der *Grenzeinstau* variiert leicht mit der Wassertiefe h_o, er sollte sicherheitshalber aber 85% nicht übersteigen. Damit haben Wells und Gotaas (1958) einen bedeutenden Beitrag zur Durchflussmessung in Kontrollschächten geleistet. Bild 12.10 stammt aus der Arbeit von Komiya, et al. (1981), die über weitere Testergebnisse berichten.

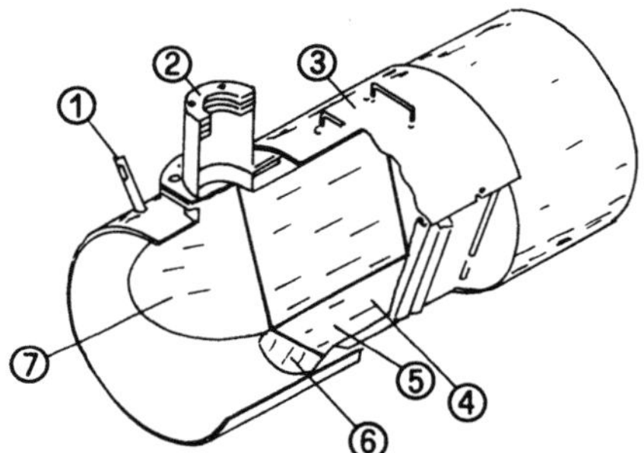

Bild 12.10   Palmer-Bowlus Ausführung nach Komiya, et al. (1981). ① Halterung, ② Übertragungsrohr für Wassertiefenmessung, ③ Deckel, ④ Bodeneinbau, ⑤ Engstelle, ⑥ Bodenrampe, ⑦ Seitenflügel.

12.3 Venturikanal kurzer Bauweise

Erst 1967 wurde der erste Venturikanal kurzer Bauweise, der sogenannte *Cut-throat flume*, auf deutsch ein Messkanal ohne prismatische Engstelle, von Skogerboe und Hyatt (1967b) eingeführt. Sie wählten eine ebene Geometrie im Rechteckkanal, die eine Verengung von 1:3 und eine unmittelbar anschliessende Erweiterung von 1:6 aufweist. Der Messkanal lässt sich sowohl für freien als auch für eingestauten Abfluss anwenden, weshalb *zwei* Wassertiefen-Messstellen vorliegen. Die Zulaufwassertiefe h_a wird auf (1/3) des konvergierenden Teils vom Einlauf her, die Ablauftiefe h_b auf (1/6) des expandierenden Teils vom Auslauf her gemessen (Bild 12.11). Als Vorteile der Anordnung erwähnen sie:

- einfache Geometrie,
- Modellähnlichkeit,
- Messanordnung innerhalb des Bauwerkes.

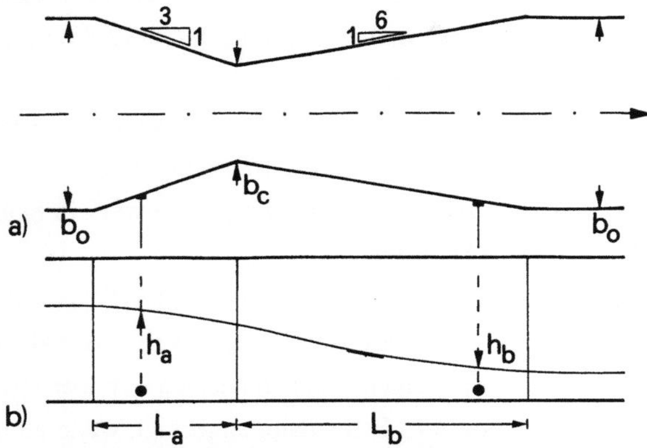

Bild 12.11   Anordnung des Cut-throat flumes nach Keller (1984). a) Grundriss und b) Längsschnitt mit Wasserspiegelmesspositionen; (•) Messstellen.

Der Cut-throat flume wurde von Keller (1984) weiterentwickelt. Seine Anordnung bezieht sich auf das Breitenverhältnis b_c/b_o=0.52. Für freien Abfluss ergibt sich aus seinen Daten die *Durchfluss-Beziehung* (Hager, 1993)

$$Q = (2/3)^{3/2}(gb_c^2h_a^3)^{1/2}[1 + 0.25h_a/b_c] \ . \tag{12.37}$$

Diese ähnelt Gl.(12.33), wobei h_a von der Wasserspiegelabsenkung zur Engstelle hin betroffen ist. Die Messungen weichen höchstens ±5% von Gl.(12.37) ab.

Der *Grenzeinstau* S_L ändert sich nach Kellers Daten mit der Relativwassertiefe h_a/b_c zu

$$S_L = (2/3)(b_c/h_a)^{1/3} \ . \tag{12.38}$$

Diese Beziehung gilt für $0.5<S_L<0.95$. Sie zeigt eindeutig, dass der Flachwasserabfluss weniger empfindlich auf Einstau ist als der stark gekrümmte Abfluss. Für *eingestauten Abfluss* sollte ebenfalls keine Durchflussmessung vorgenommen werden.

Beispiel 12.4   Gegeben ein Cut-throat flume mit b_o=1.0m, d.h. b_c=0.52m. Gemessen wurden h_a=0.47m und h_b=0.32m. Wie gross ist der Durchfluss?
Der Grenzeinstau beträgt S_L=(2/3)(0.52/0.47)$^{1/3}$=0.69 nach Gl.(12.38), entsprechend h_{bL}=0.69·0.47=0.33m, mit h_b=0.32m liegt also gerade noch freier Abfluss vor.
Der Durchfluss nach Gl.(12.37) beträgt mit den angegebenen Werten Q=(2/3)$^{3/2}$(9.81·0.52^{2}0.47^3)$^{1/2}$[1+0.25(0.47/0.52)]=0.35m^{3}s^{-1}.

12.4 Folgerungen

Es liegen heute keine Gründe vor, den Venturikanal langer Bauweise einzusetzen, es sei denn, die örtlichen Gegebenheiten favorisieren diese Bauweise. Für die Abwasserbauwerke können deshalb drei Typen von Venturikanälen empfohlen werden:

- der *Khafagiventuri* im Rechteckkanal, der sich nach Gl.(12.33) unter Berücksichtigung der Stromlinienkrümmung berechnet;
- der *Cut-throat Flume* als weniger aufwendiges Bauwerk und Pegelstationen im eigentlichen Bauwerksbereich, welcher Gl.(12.37) folgt, sowie
- der *Palmer-Bowlus Venturikanal* als trapezförmiges Bauwerk in Kontrollschächten, welches sich nach Gl.(12.34) berechnet.

Bis heute noch nicht systematisch untersucht wurde der *Trapez-Venturikanal* im Rechteckprofil mit einer Bauweise analog zum Khafagi-Venturikanal. Dieses Bauwerk wurde von Hager (1989) ausführlich untersucht und hat sich seit über 10 Jahren auf einer schweizerischen Grossanlage bewährt. Es ist dann angezeigt, wenn ein grosses Durchflussverhältnis bei *kleinem Gefällsverlust* vorgegeben ist. Bild 12.12 zeigt den nach Gl.(12.34) zu bemessenden Kanal als Labormodell.

Mit den vorliegenden Angaben lässt sich ein Venturikanal auf mindestens ±5% genau bemessen, falls kleine Wassertiefen und geringe Durchflüsse entfallen. Angaben über den Grenzeinstau liegen vor, dieser ist mit rund 80% vergleichsweise hoch. Damit sind die empfohlenen Venturikanäle - falls standardmässig ausgeführt - einer rationalen Bemessung zugänglich.

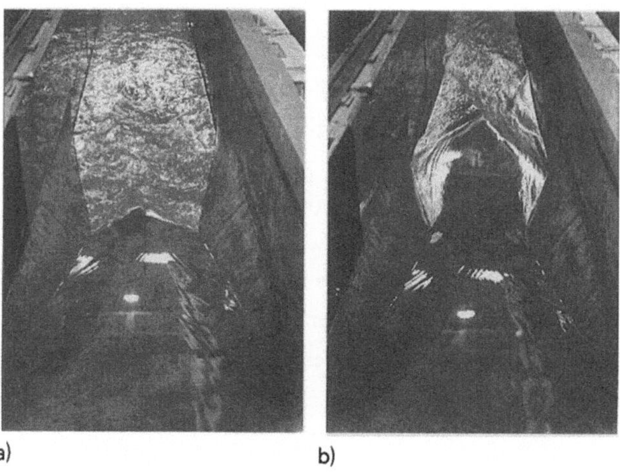

Bild 12.12 Trapez-Venturikanal als Labormodell. a) Freier Abfluss mit Wassersprung im Unterwassser (VAW 26784), b) Stosswellenentwicklung im Unterwasser (VAW 26782).

Literaturnachweis

- Ackers, P., White, W.R., Perkins, J.A. und Harrison, A.J.M. (1978). *Weirs and flumes for flow measurement.* John Wiley & Sons: Chichester - New York.
- Barczewski, B. und Juraschek, M. (1983). Ermittlung der Abflussbeziehung von Venturikanälen. *Wasserwirtschaft* **73**(5): 149-154.
- Blau, E. (1960). Die modellmässige Untersuchung von Venturikanälen verschiedener Grössen und Form. *Veröffentlichung* **8**. Forschungsanstalt für Schiffahrt, Wasser- und Grundbau. Akademie-Verlag: Berlin.
- Bos, M.G. und Reinink, Y. (1981). Required head loss over long-throated flumes. *Journal of Irrigation and Drainage Division* ASCE **107**(IR1): 87-102.
- Hager, W.H. (1985). Critical flow conditions in open channel hydraulics. *Acta Mechanica* **54**: 157-179.
- Hager, W.H. (1989). Venturikanäle. *Gas - Wasser - Abwasser* **69**(7): 389-395.
- Hager, W.H. (1993). Venturikanäle langer und kurzer Bauweise. *Gas - Wasser - Abwasser* **73**(9): 733-744.
- Keller, R.J. (1984). Cut-throat flume characteristics. *Journal of Hydraulic Engineering* **110**(9): 1248-1263; **112**(11): 1105-1107.
- Khafagi, A. (1942). Der Venturikanal. Versuchsanstalt für Wasserbau, *Mitteilung* **1**. Leemann: Zürich.
- Komiya, K., Utsumi, H. und Satori, T. (1981). Flow test on a 500mm Palmer-Bowlus flume. *Flow - Its measurement and control in science and industry* **2**:613-619.
- Palmer, H.K. und Bowlus, F.D. (1936). Adaption of the Venturi flumes to flow measurements in conduits. *Trans. ASCE* **101**: 1195-1239.
- Robinson, A.R. und Chamberlain, A.R. (1960). Trapezoidal flumes for open-channel flow measurement. *Trans. American Society of Agricultural Engineers* **3**: 120-124.
- Skogerboe, G.V. und Hyatt, M.L. (1967a). Analysis of submergence in flow measuring flumes. *Journal of Hydraulics Division* ASCE **93**(HY4): 183-200; 1968 **94**(HY3): 774-794; **94**(HY6): 1530-1531.
- Skogerboe, G.V. und Hyatt, M.L. (1967b). Rectangular cut-throat flow measuring flumes. *Journal of Irrigation and Drainage Division* ASCE **93**(IR4): 1-13; 1968 **94**(IR3): 357-362; **94**(IR4): 527-530; 1969 **95**(IR3): 433-439.
- Wells, E.A. und Gotaas, H.B. (1958). Design of Venturi flumes in circular conduits. *Trans. ASCE* **123**: 749-775.

Bezeichungen

b	[m]	Kanalbreite
D	[m]	Rohrdurchmesser

F	$[m^2]$	Querschnittsfläche
F	$[-]$	Froudezahl
g	$[ms^{-2}]$	Erdbeschleunigung
h	$[m]$	Wassertiefe
H	$[m]$	Energiehöhe
J_c	$[-]$	kritisches Gefälle
J_s	$[-]$	Sohlengefälle
k_s	$[m]$	äquivalente Sandrauheit
K	$[m^{1/3}s^{-1}]$	Rauhigkeitsbeiwert
L_e	$[m]$	Länge der Engstelle
m	$[-]$	Seitenneigung im Trapezprofil
q	$[-]$	kritischer Einheitsdurchfluss
Q	$[m^3s^{-1}]$	Durchfluss
R_h	$[m]$	hydraulischer Radius
R_c	$[m]$	Radius des Übergangsbogens an der Engstelle
R	$[-]$	Reynoldszahl
s	$[-]$	mh/b Relativwassertiefe im Trapezprofil
s_e	$[m]$	Absturzhöhe
S	$[-]$	h_u/h_o Einstauverhältnis
S_L	$[-]$	Grenzeinstau
t	$[-]$	m"h/b" Relativkrümmung im Trapezprofil
u	$[-]$	auf h bezogener Krümmungsparameter
U	$[-]$	auf H bezogener Krümmungsparameter
V	$[ms^{-1}]$	mittlere Geschwindigkeit
x	$[m]$	Lagekoordinate
y	$[-]$	relative Wassertiefe, $m_c h_c/b_c$
y_0	$[-]$	auf Zulauf bezogene Wassertiefe, $m_c h_o/b_c$
Y	$[-]$	relative kritische Energiehöhe, $m_c H_c/b_c$
z	$[m]$	Bodenkoordinate
β	$[-]$	b_o/b_c Breitenverhältnis
ψ	$[-]$	Einstaufaktor

Indizes

a	Einlauf		N	Normalabfluss
b	Auslauf		o	Oberwasser
c	kritisch		s	eingestaut
e	Einbau		u	Unterwasser

13 MOBILE DURCHFLUSSMESSUNG

Häufig gilt es, den Durchfluss im Abwassernetz mobil zu ermitteln. Da ein solcher Einsatz auch als Planungsgrundlage dienen kann, ist eine zuverlässige Durchflussbestimmung notwendig. Im vorliegenden Kapitel wird der sogenannt mobile Venturikanal im Rechteck-, Trapez- und Kreisprofil beschrieben.

Ausgehend von der einfachsten Anordnung als Kreiszylinder im Rechteckprofil werden Durchflusskurven, Einstauverhältnisse und praktische Fragestellungen dargelegt. Bei guten Verhältnissen lässt sich der Durchfluss auf ±5% genau ermitteln.

Daneben wird der Platten-Venturikanal vorgestellt, welcher auf grössere Sammelkanäle zugeschnitten ist und die Durchflussmessung bis auf Kanalbreiten von rund 3m bei ausschliesslichem Zugang durch übliche Kontrollschächte erlaubt.

Abschliessend wird von der mobilen Durchflussmessung mittels Überfall abgeraten, da sowohl Einbau als auch Sicherheitsansprüche und Genauigkeit nicht zufriedenstellend sind.

13.1 Einleitung

Da der Durchfluss in der Abwasserhydraulik der hydraulischen Bemessungsgrösse entspricht, ist seine Kenntnis unablässig. Einerseits werden also Prozesse über den Durchfluss gesteuert, andererseits hängt insbesondere auch die Entlastung von Abwasser im Mischsystem vom Durchfluss ab. Zudem gilt es, bei Sanierungen die Durchflusscharakteristik an einem Ort des Kanalisationsnetzes zu kennen. Eine Aufgabe, die wesentlich von der Durchflussmessung abhängt, ist das Aufsuchen von *Fremdwasser* in einem Kanalisationsnetz. In Zukunft wird aber auch die Güte der numerischen Simulation ganzer Kanalsysteme wesentlich von der Durchflussmessung an ausgewählten Orten abhängen.

Heute liegen zwei Konzepte der Durchflussmessung vor:

- einerseits wird der Durchfluss an Mengenmessstationen *permanent* gemessen und registriert, resp. als Messgrösse zur Prozesssteuerung weiterverwendet und
- andererseits muss der Durchfluss - meist ausserplanmässig - an einem bestimmten Ort nur kurzfristig gemessen werden, und daraus werden wichtige Schritte für die zukünftige Planung, Sanierung oder Anpassung abgeleitet.

Bei der ersten Messung liegt ein *Durchfluss-Messbauwerk* vor, welches zur Eruierung der nötigen Informationen ausgerüstet ist. Die zweite Art der Messung ist jedoch meistens improvisiert, schlecht ausgerüstet, in Eile erstellt und lässt nur eine ungenaue Angabe der gewünschten Messdaten zu. Im vorliegenden Kapitel soll auf die Problematik der *mobilen Messung* eingegangen werden, und es sollen Geräte beschrieben werden, die eine zuverlässige Durchflussmessung zulassen.

In der Folge soll dem *mobilen Venturikanal* (engl.: mobile Venturi flume; franz.: canal Venturi mobile) spezielle Aufmerksamkeit gewidmet werden. Dieser hat sich in der Praxis als mobiles Messgerät recht gut bewährt. Auf Überfälle und andere Bauarten wird ebenfalls eingegangen. Die Vor- und Nachteile der einzelnen Messmethoden werden erläutert.

13.2 Mobiler Venturikanal

13.2.1 Funktionsprinzip

Beim mobilen Venturikanal handelt es sich um einen inversen Kanalverbau. Während üblicherweise ein Venturikanal (Kap.12) durch eine lokale Seiteneinschnürung erzielt wird, liegt beim mobilen Venturikanal ein *prismatischer* Kanal vor, in den ein *Venturikörper* eingebracht wird. Dabei kann als Transportkanal jede beliebige Gerinneform dienen, in der Praxis hat man es vornehmlich mit dem Kreis-, dem Ei- und dem Maulprofil, aber auch mit dem Rechteck- und dem Trapezprofil zu tun.

Der *Venturikörper* hat die Aufgabe, den Durchfluss über Höhenangaben allein zu ermitteln. Die vorliegende Methode richtet sich also insbesondere an die Abwassertechnik, da so die verstopfungs- und korrosionsanfälligen Druck- und Geschwindigkeits-Messmethoden umgangen werden. Die Geometrie des Venturikörpers kann eigentlich beliebig sein, solange ein Fliesswechsel Strömen - Schiessen (Kap.6) erzielt wird. In der Praxis wird man jedoch Formen wählen, die möglichst einfach sind und sich genau herstellen lassen. Da Ablösungen hinter umströmten Körpern viskositätsabhängig sein können, wird man Körper mit ausgerundeten und nicht kantigen Konturen wählen. Eine bevorzugte Stellung besitzt natürlich die Kreisgeometrie, d.h. der *Kreiszylinder*. Bild 13.1 zeigt den rechteckigen Venturikanal mit kreisförmigem Einbau, sowohl in konventioneller als auch in mobiler Ausführung.

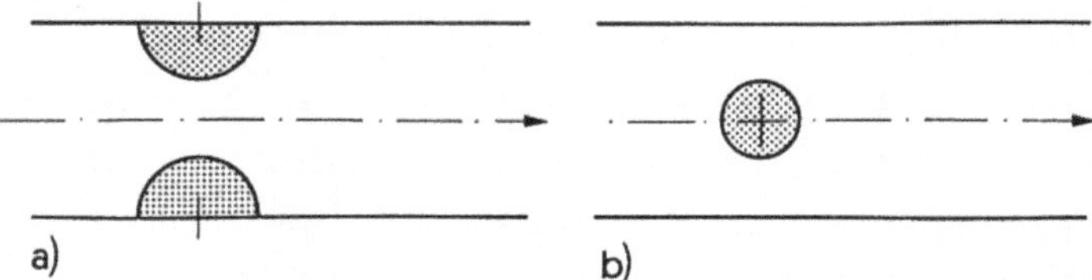

Bild 13.1   Venturikanal mit a) konventionellem Verbau, b) mobilem Venturikörper.

Sowohl beim Rechteckprofil als auch beim Kreisprofil hat sich der *Kreiszylinder* als optimale Venturigeometrie herausgestellt, beim Trapezkanal wendet man jedoch i.A. besser den Kreiskegel an. Damit besitzt sowohl der Kanal als auch der Venturikörper noch einen geometrischen Parameter mehr (Bild 13.2). In der Folge werden diese drei Profiltypen besprochen.

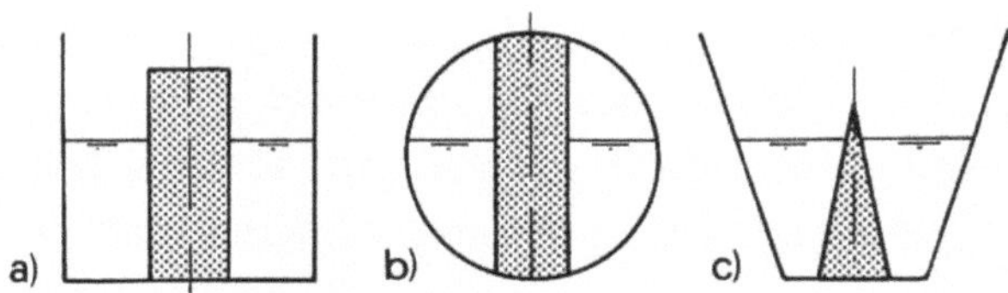

Bild 13.2   Querschnitt durch mobilen Venturikanal mit a) Rechteckprofil, b) Kreisprofil und c) Trapezprofil.

Das Funktionsprinzip ist analog wie beim konventionellen Venturikanal: durch lokale Querschnittseinschnürung wird bei genügend tiefem Unterwasser ein Fliesswechsel Strömen - Schiessen erzeugt. Der Durchfluss hängt folglich ausschliesslich von der Energiehöhe im Zulaufkanal ab. Einerseits ist die Durchfluss-Energiehöhenkurve von Interesse, andererseits tritt die Frage nach dem Grenzeinstau auf.

13.2.2 Mobiler Venturikanal im Rechteckprofil

Die Anordnung im Rechteckkanal ist erstmals von Diskin (1963) beschrieben, wobei anstelle des Kreiszylinders ein Venturikörper ähnlich einem Brückenpfeiler steht. Durchflusskurven werden experimentell abgeleitet und der Grenzeinstau mit etwa 80% angegeben. Bei Rohabwasser sollen sich aber sofort Inhaltsstoffe um den Venturikörper anlegen und damit die Durchflussmessung beeinträchtigen.

Ohne Kenntnis dieser Arbeit hat der Verfasser den mobilen Venturikanal vorgestellt (Hager 1985a). Dieser besitzt die *zylindrische* Form, daneben ist er seitlich an die Kanalwände montiert, denn ein aufgesetzter Motor bewegt den Venturikörper um die Längsachse. Damit lassen sich feste Inhaltsstoffe, die sich sonst um den Venturikörper anlegen, problemlos ins Unterwasser befördern. Die hydraulischen Details dieses von Krümmungserscheinungen geprägten Venturikanals (Kap.12) sind von Hager (1985b) analysiert worden.

Ueberl und Hager (1993) haben den mobilen Venturikanal im Rechteckprofil einer genauen Analyse unterzogen. Bild 13.3 zeigt die Anordnung. Bei freiem Abfluss entstehen im Unterwasser des Venturikörpers Stosswellen, die im Grundriss eine ausgeprägte Form besitzen. Sie sind ein eindeutiges Anzeichen für freien Abfluss. Gegenüber der ursprünglichen Messanordnung wird neu nicht die Oberwassertiefe h_0, sondern die Energiehöhe H direkt im Messzylinder gemessen. Der Venturikörper wird dazu mit Druckanschlüssen gleichenden Löchern von rund 5mm Durchmesser angebohrt, die im Kreiszylinder in einem Abstand von rund 50 bis 100mm vertikal angeordnet sind. Wird diese Lochlinie genau in die Kanalachse ausgerichtet - Versuche zeigen, dass höchstens 5° Abweichung davon zulässig sind - so stellt sich im Zylinderinnern der *Staudruck*, d.h. die Energiehöhe H ein. Es geht nun darum, für einen Venturikörper des Durchmessers D_V, welcher sich in einem Rechteckkanal der Breite B befindet, den Durchfluss Q in Abhängigkeit von H zu ermitteln.

Es gilt konventionell für den kritischen Durchfluss (Kap.12)

$$Q_k = (B-D_V)[g(2H/3)^3]^{1/2}. \qquad (13.1)$$

Dieser Ausdruck ist zu korrigieren infolge von Einflüssen der Zähigkeit, der Oberflächenspannung und der Stromlinienkrümmung. Die beiden ersten Effekte lassen sich durch genügend grosse Abmessungen vernachlässigen, etwa indem die Kanalbreite mindestens 0.20m beträgt und die kritische Energiehöhe von H=100mm nicht unterschritten wird. Nach Kap.12 hängt dann der effektive Durchfluss Q=qQ$_k$, resp. die *Durchflusskorrektur* q=Q/Q$_k$ nur noch vom Krümmungsparameter U=2H^2/[B(B–D$_V$)] ab. In erster Approximation gilt nach Gl.(12.33) q=1+(14/243)U, anhand der Messungen folgt für grosse U-Werte (Ueberl und Hager, 1994)

$$q = 1 + \frac{(14/243)U}{1+(1/7)(1-\delta)U} \,. \tag{13.2}$$

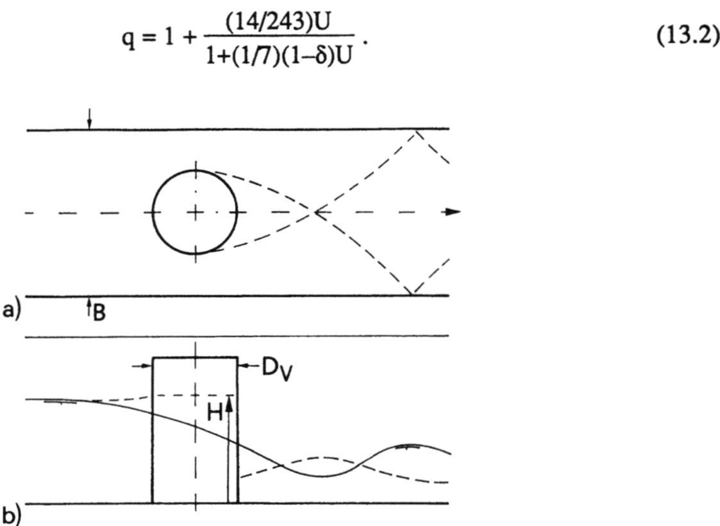

Bild 13.3   Messanordnung des mobilen Venturikanals mit Lochreihe und Energie-höhenmessung im Zylinderinnern, a) Grundriss und b) Längsschnitt.

Dabei entspricht δ=D$_V$/B<1 dem Verbauungsgrad. Der q-Wert strebt demnach gegen q$_\infty$=q(U≫1)=1+0.4/(1–δ). Für kleinen Verbauungsgrad δ≪1 ist demnach q$_\infty$ kleiner als für grossen Verbauungsgrad. Natürlich ist beim zweiten Fall die Stromlinienkrümmung grösser und damit stellen sich tiefere Drücke ein, d.h. der Durchfluss wird erhöht. Wie in der Folge gezeigt wird, sollte der *Verbauungsgrad* (engl: degree of obstruction; franz.: degrée d'obstruction) optimal etwa δ=0.4 betragen, und der praxisrelevante Wertebereich beträgt 0.3<δ<0.6. Dann vereinfacht sich Gl.(13.2) auf

$$q = 1 + \frac{0.058U}{1+0.08U} \,. \tag{13.3}$$

Damit besitzt der Verbauungsgrad keinen Zusatzeinfluss auf den Durchfluss. Der Krümmungsparameter sollte jedoch maximal U=5 sein.

Bild 13.4 zeigt den Einfluss der *Asymmetrie* des Venturikörpers auf die Durchflusskorrektur mit $q_z=Q/Q_a$, wobei Q_a der symmetrischen Anordnung entspricht. Die Querkoordinate $Y_z=2y_z/(B-D_V)$ kann zwischen -1 und $+1$ variieren, für die beiden Grenzwerte befindet sich der Venturikörper an einer Kanalwand. Aus Bild 13.4 geht hervor, dass im Bereich $|Y_z|<0.5$ höchstens Abweichungen von 1% im Durchfluss auftreten, dass also die exakte Positionierung des Venturikörpers auf der Kanalachse *nicht* wichtig ist. Weiterhin bedingt die Asymmetrie immer eine Durchflusserhöhung.

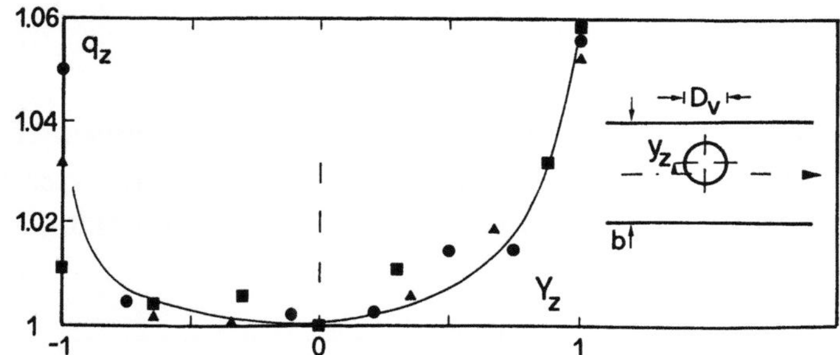

Bild 13.4   Einfluss der Asymmetrie Y_z des Venturikörpers auf die Durchflusskorrektur q_z für Verbauungsgrad $\delta=(\blacksquare)0.32$, $(\blacktriangle)$ 0.40, $(\bullet)$ 0.52.

Beispiel 13.1   Gegeben ein Rechteckkanal von $B=1.2$m Breite. Wie gross ist der Durchfluss Q für eine Energiehöhe von $H=0.57$m bei einem Venturikörper von einem Durchmesser $D_V=0.60$m? Bei einem Verbauungsgrad von $\delta=0.6/1.2=0.50$ und einem Krümmungsparameter $U=2\cdot0.57^2/[(1.2-0.6)1.2]=0.90$ wird die Krümmungskorrektur nach Gl.(13.3) $q=1+0.058\cdot0.9/(1+0.08\cdot0.9)=1.05$. Konventionell ist der kritische Durchfluss nach Gl.(13.1) gleich $Q_k=(1.2-0.6)[9.81(2\cdot0.57/3)^3]^{1/2}=0.44$m^{3}s^{-1}, also folgt das Resultat $Q=Q_kq=0.44\cdot1.05=0.462$m^{3}s^{-1}.

Unter dem *Grenzeinstau* (engl.: modular limit; franz.: submersion limite) versteht man die maximale Unterwassertiefe $h_u=h_G$, welche gerade noch keinen Einstaueinfluss hervorruft. Das Grenzeinstauverhältnis $y_G=h_G/H$ ist untersucht worden in Abhängigkeit vom Verbauungsgrad δ und vom Krümmungsparameter U, letzter besitzt für $0.2<\delta<0.7$ keinen Einfluss und es gilt (Ueberl und Hager, 1994)

$$y_G = 0.84 - 0.35\delta. \tag{13.4}$$

Im üblichen Bereich von Verbauungsgraden darf der Unterwasserspiegel demnach maximal zwischen 74% und 63% der Energiehöhe H betragen, beim Idealwert von $\delta=0.4$ gilt $y_G=0.70$. Verglichen mit Überfällen ist also der mobile Venturikanal wenig sensibel auf Einstau, verglichen mit der konventionellen Venturianordnung erhält man eine leichte

Reduktion des Grenzeinstaus.

Der Abstand L_f der *Wassersprungfront* an der Kanalwand vom Zylinderende (Bild 13.5a), resp. das Längenverhältnis $\lambda = L_f/D_V$ erlaubt visuell die einfache Abschätzung, ob ein Abfluss noch frei oder bereits eingestaut ist. Nach Bild 13.5b) gilt aus den Messdaten die Beziehung

$$y_G = 0.6 + (1/6)(L_f/H) , \tag{13.5}$$

also nach Elimination von y_G durch Gl.(13.4) folgt

$$L_f/H = 1.5(1 - 1.5\delta) . \tag{13.6}$$

Für $0.2 < \delta < 2/3$ befindet sich demnach die Sprungfront immer im Unterwasser des Zylinderendes. Befindet sich demnach die Wassersprungfront längs der Kanalwand im Bereich des Messzylinders, so liegt eingestauter Abfluss vor und Gl.(13.3) entfällt.

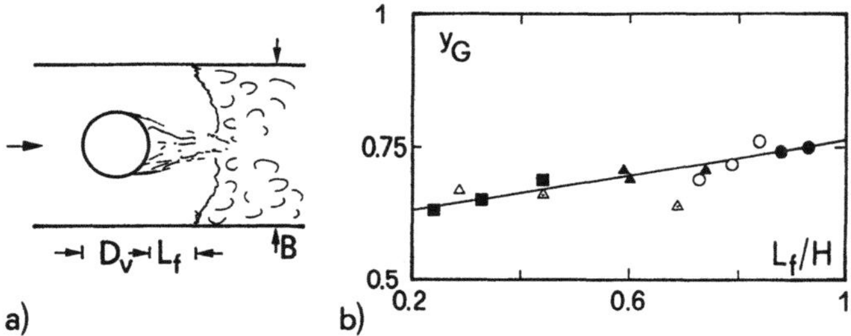

Bild 13.5   Abstand L_f der Wassersprungfront vom Zylinderende, a) Anordnung, b) Messwerte für δ=(•) 0.26, (o) 0.32, (▲) 0.40, (△) 0.52, (■) 0.60.

Beispiel 13.2   Wie hoch dürfte der Unterwasserspiegel nach Beispiel 13.1 maximal sein?

Mit δ=0.50 wird y_G=0.94–0.35·0.5=0.67 nach Gl.(13.4), also h_G=0.67·0.57=0.38m. Geht man davon aus, dass sich der Sprungfuss eines Wassersprungs gerade am ersten Aufschlagpunkt der Stosswellen auf den Seitenwänden befindet (Bild 13.3a), so kann die dazu zulässige Unterwassertiefe berechnet werden. Bis zum Sprungfuss (Index «1») ist nämlich die Energiehöhe praktisch konstant, also folgt mit H=0.57m und Q=0.462m³s⁻¹ für h_1=0.13m, denn es gilt H_1= 0.13+0.462²/(19.6·1.2²0.13²)=0.58m. Mit der mittleren Zuflussgeschwindigkeit V_1=0.462/(1.2·0.13)=2.96ms⁻¹ ist die zugehörige Froudezahl F_1=V_1/(gh_1)¹ᐟ²=2.96/(9.81·0.13)¹ᐟ²=2.62, also das Verhältnis der konjugierten Tiefen Y=√2F_1–(1/2)=1.41·2.62–0.5=3.2 nach Gl.(7.18) und damit folgt im Unterwasserquerschnitt h_2=3.2·0.13=0.42m, H_2=0.42+0.462²/(19.62·1.2²0.42²)=0.46m. Für diesen Fall ergäbe sich h_u/H=0.42/0.57=0.74, also ein Wert praktisch identisch mit dem Grenzeinstau.

Der *Einstaueffekt* lässt sich durch den Parameter $y_u=(h_u-h_G)/(H-h_G)$ erfassen, gilt doch für das Durchflussverhältnis

$$\psi = Q_s/Q \tag{13.7}$$

zwischen eingestautem (Index «s») und freiem Durchfluss $\psi=1$ für $y_u=0$ und $\psi=0$ bei vollkommenem Einstau, d.h. $h_u=H$. Aus den Experimenten folgt im Bereich $0.3<\delta<0.6$ praktisch keine Abhängigkeit des *Einstauparameters* ψ sowohl von U als auch von δ. Für $y_u<0.6$ gilt $\psi=1-(y_u/1.8)^2$, um den Grenzwert $\psi(y_u=1)=0$ zu erreichen, ist allgemein (Ueberl und Hager, 1993)

$$\psi = [1 - (y_u/1.8)^2][1 - y_u^{10}] . \tag{13.8}$$

Die Durchflussreduktion bei einem Relativeinstau von $y_u=0.5$ beträgt demnach nur 10%. Bei genauer Durchflussmessung sollte jedoch ausschliesslich freier Abfluss betrachtet werden, die Genauigkeit beträgt dann rund $\pm1.5\%$. Bei eingestautem Abfluss ist von einer Genauigkeit von etwa $\pm5\%$ auszugehen.

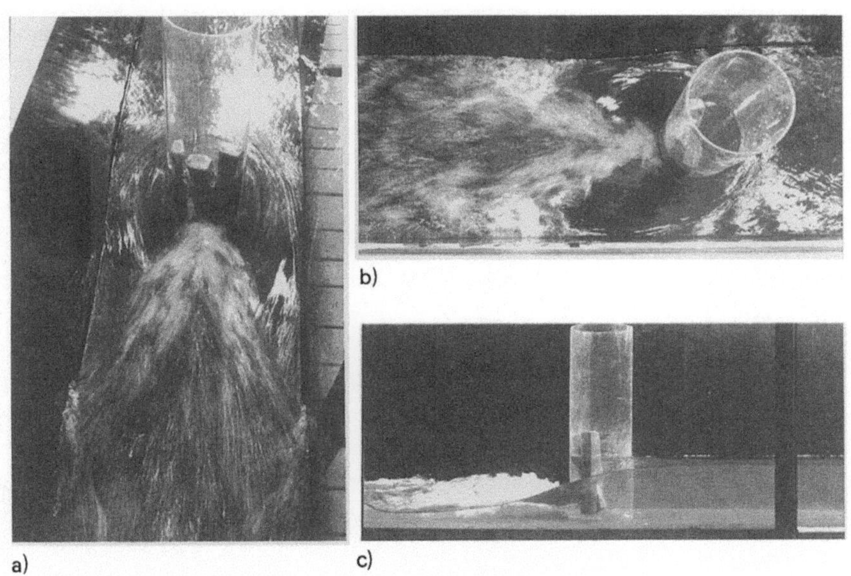

Bild 13.6 Ansichten vom mobilen Venturikanal im Rechteckprofil.

Beispiel 13.3   Wie gross ist der Durchfluss nach Beispiel 13.1, falls die Unterwassertiefe $h_u=0.50$m beträgt?
Mit $h_u=0.50$m sowie $H=0.57$m und $h_G=0.38$m nach Beispiel 13.2 wird $y_u=(0.5-0.38)/(0.57-0.38)=0.63$, also ist der Einstauparameter $\psi=[1-(0.63/1.8)^2][1-0.63^{10}]=0.88\cdot0.99=0.87$ nach Gl.(13.8), entsprechend einem Durchfluss von $Q=0.87\cdot0.462=0.401$m^{3}s^{-1}.

13.2.3 Mobiler Venturikanal mit Kreiskegel

Häufig benötigt man im Rechteckkanal zuviel Höhendifferenz zur freien Durchfluss-messung, weshalb man auf andere Profile ausweicht. Bei grösseren Durchflüssen eignet sich das *Trapezprofil* mit einem Kreiszylinder als Venturikörper. Andererseits wird man es im Abwassersektor meist mit Rechteckkanälen zu tun haben. Um deren Durchfluss-charakteristik zu «verbessern», kann anstelle des Kreiszylinders ein Kreiskegel als Venturikörper dienen. Bild 13.7 zeigt die zwei sich entsprechenden Anordnungen.

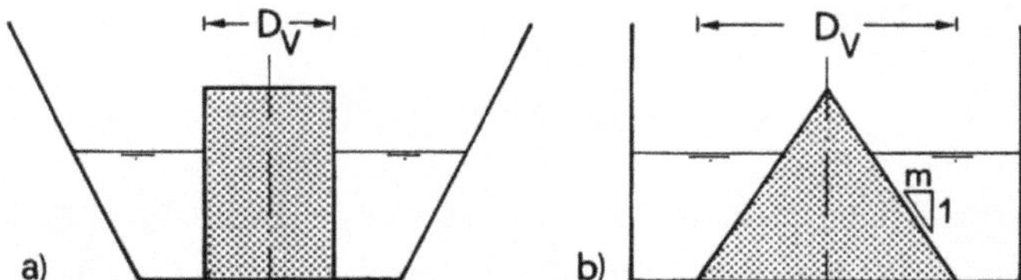

Bild 13.7   Mobiler Venturikanal a) Kreiszylinder im Trapezprofil und b) Kreiskegel im Rechteckprofil.

Hager (1986) hat eine erweiterte Ableitung für den Einfluss der Stromlinienkrümmung vorgenommen, wonach für die Durchflusskorrektur infolge Stromlinienkrümmung gilt

$$q = 1 + \frac{\alpha U}{1 + \alpha U} \tag{13.9}$$

mit $\alpha = 1/27 = 0.037$ für Kegelrelativneigungen $S_K = mH/(B-D_V) > 0.5$ (Bild 13.5b). Der kritische Durchfluss nach *konventioneller Berechnungsmethode* beträgt für das Trapez-profil nach Gl.(12.7)

$$\left[\frac{m^3}{g(B-D_V)^5}\right]^{1/2} Q = [(2/3)mH/(B-D_V)]^{3/2}\left[1 + 0.70\frac{mH}{B-D_V}\right]. \tag{13.10}$$

Hier bedeutet nun D_V den Basisdurchmesser des Kreiskegels. Wird anstelle der Energie-höhe die Oberwassertiefe h_0 gemessen, so ist nach 12.2.1 vorzugehen.

Beispiel 13.4   Gegeben ein Rechteckkanal der Breite B=0.90m, in den ein Kreiskegel vom Basisdurchmesser D_V=0.55m und von der Neigung m=0.50 (Kegelöffnung 26.5°) eingebracht wird. Wie gross ist der Durchfluss bei einer Energiehöhe von H=0.42m?
Der Parameter $S_K = mH/(B-D_V)$ beträgt 0.5·0.42/(0.9–0.55)=0.60, also $[0.5^3/9.81(0.9-0.55)^5]^{1/2}Q_k$= 1.56$Q_k$=[(2/3)0.6]$^{3/2}$[1+0.7·0.6]=0.359 nach Gl.(13.10), entsprechend Q_k=0.23m³s⁻¹.
Der Einfluss der Stromlinienkrümmung lässt sich mit Gl.(13.9) ermit-teln. Da $U = 2H^2/[(B-D_V)D_V] = 2\cdot0.42^2/[(0.9-0.55)0.55] = 1.83$ beträgt, wird q=1+0.037·1.83/(1+0.037·1.83)=1.063, und der Durchfluss damit Q=1.063Q_k=0.245m³s⁻¹.

Bis heute liegen keine Erfahrungen hinsichtlich des mit Druckanschlüssen angebohrten Kreiskegels vor. Man wird also vorläufig eher die Oberwassertiefe h_0 messen, sie vorerst gleich der Energiehöhe H setzen und iterativ den Durchfluss bestimmen. Hinsichtlich der Einstauverhältnisse liegen ebenfalls nur grobe Angaben vor.

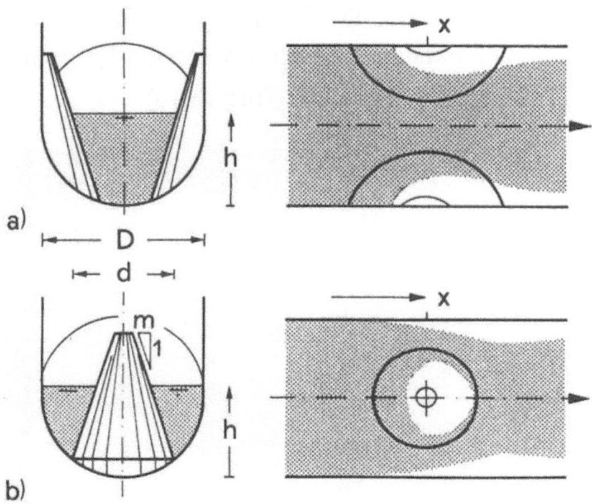

Bild 13.8 Venturikanal im U-Profil a) etwa ausgebildet nach Palmer-Bowlus, b) zentrale Anordnung als Kreiskegel.

Eine Anwendung dieser Durchflussmessung haben Hager und Züllig (1987) vorgestellt. Bild 13.8 stellt den leicht abgeänderten Venturikanal nach Palmer-Bowlus (Kap.12) dem modifizierten Venturikanal im U-Profil gegenüber. Auf einem Sockel montiert, der gleichfalls als Lagerung dient, wird der drehbare Kreiskegel in das Profil eingesetzt. Das Gerät wird im Achsbereich über dem Kreiskegel durch einen horizontalen Spreizträger mit der Schachtberme eingespannt. Auf der Achse sitzt der batteriegetriebene Elektromotor, der den Venturikörper entweder permanent oder alternierend in Rotation versetzt, und so eine Verlegung des Elements verhindert. Der Venturikörper kann überströmt werden, ohne dass die Durchflussmessung beeinträchtigt würde (Bild 13.9). Schwebstoffe wie Sand oder feiner Kies lagert sich oberwasserseitig vom Einbau ab, beeinträchtigt die Messung aber ebenfalls nicht.

Grössere Probleme bietet die *Masshaltigkeit* des Querprofils. Da die Gerinneführung eines Kontrollschachtes kleinerer Abmessung üblicherweise von Hand ausgeführt wird, ist die Geometrie des U-Profils nur angenähert. Da zudem der Durchfluss linear von der Gerinnebreite abhängt, machen sich hier Ungenauigkeiten bemerkbar. Die von Hager und Züllig (1987) vorgeschlagene Konstruktion bezieht sich deshalb auf einen mobilen Venturikanal, der in ein U-förmiges Gerinnestück eingelassen ist, und dessen Abmessungen genau ausgemessen sind. Damit entfallen umständliche Nachmessarbeiten in

Kontrollschächten. Der Kreiskegel ist ins Kanalstück eingesetzt, der Antriebsmotor befindet sich horizontal im Spreizträger, und der ganzen Konstruktion aufgesetzt ist ein Echolot zur Oberflächenabtastung. Die Daten lassen sich dann elektronisch verarbeiten, beispielsweise zwecks Ansteuerung eines Probeentnahmegeräts. Datalogger ermöglichen die Aufzeichnung von Durchfluss-Ganglinien als Basis zur Bewirtschaftung eines Kanalisationsabschnitts. Die Fixation und Abdichtung der Einrichtung geschieht durch zwei auf dem U-Profil aufgesetzte Schläuche (Bild 13.10).

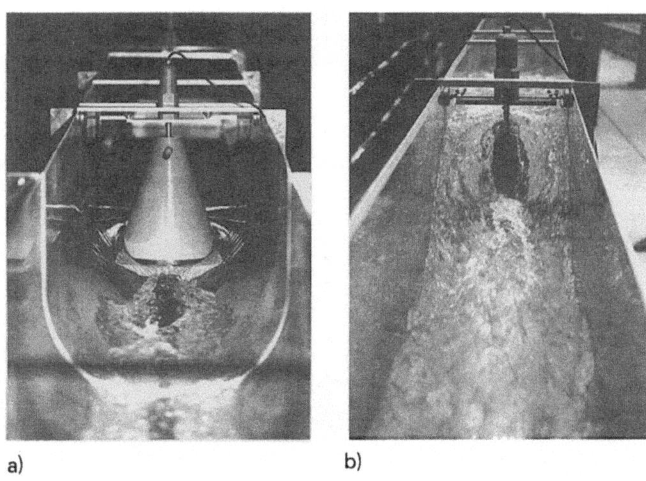

Bild 13.9   Abflussverhalten des mobilen Venturikanals bei a) Niedrig- und b) Hochwasser.

Bild 13.10   Modifizierter, mobiler Venturikanal zur Durchflussmessung im U-Profil von Kontrollschächten (Hager und Züllig, 1987).

13.3 Mobiler Venturikanal im Kreisprofil

Eine Neuentwicklung des mobilen Venturikanals im Kreisprofil ist von Hager (1988) vorgestellt worden. Aufgrund der Ungenauigkeit jedes U-Profils im Kontrollschacht wird als Messquerschnitt das exakter ausgeführte Unterwasserrohr vom Durchmesser D gewählt. Dort wird ein *Kreiszylinder* vom Durchmesser d mit vertikal gestellter Achse eingebaut, dessen Abmessungen ebenfalls genauer als die eines Kreiskegels sind. Bild 13.11 zeigt die Anordnung.

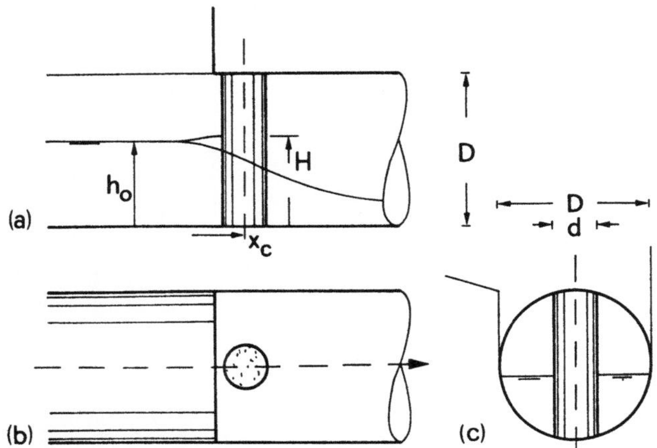

Bild 13.11 Anordnung des mobilen Venturikanals im Unterwasserbereich eines Kontrollschachtes. a) Längsschnitt, b) Grundriss, c) Querschnitt.

Von der Querschnittsfläche des Kreisprofils nach Gl.(5.18) muss die Querschnittsfläche des Zylinders abgezogen werden. Stellt $\delta=d/D$ den Verbauungsgrad des Zylinders dar, so gilt mit $y=h/D$ als Teilfüllung

$$F/D^2 = (4/3)y^{3/2}[1 - (1/4)y - (4/25)y^2] - \delta[y - (1/12)\delta^2] . \qquad (13.11)$$

Nach Kap.6 gilt weiter für den konventionell berechneten, kritischen Abfluss

$$\frac{Q^2}{gD^5} = \frac{(F/D^2)^3}{d(F/D^2)/dy} \qquad (13.12)$$

und für die Energiehöhe $Y=H/D$

$$Y = y + (1/2)\frac{F/D^2}{d(F/D^2)/dy} , \qquad (13.13)$$

wobei die dimensionslose Wasserspiegelbreite gleich ist

$$d(F/D^2)/dy = y^{1/2}[2 - (5/6)y - (3/4)y^2] - \delta . \qquad (13.14)$$

Für eine bestimmte Teilfüllung y<1 und einen gegebenen Verbauungsgrad δ kann also der Durchfluss in Abhängigkeit von y und δ ermittelt werden. Weiter lässt sich die Teilfüllung durch Y eliminieren, wodurch eine Q(H)-Beziehung analog zu anderen Mengenmessbauwerken entsteht (Bild 13.12).

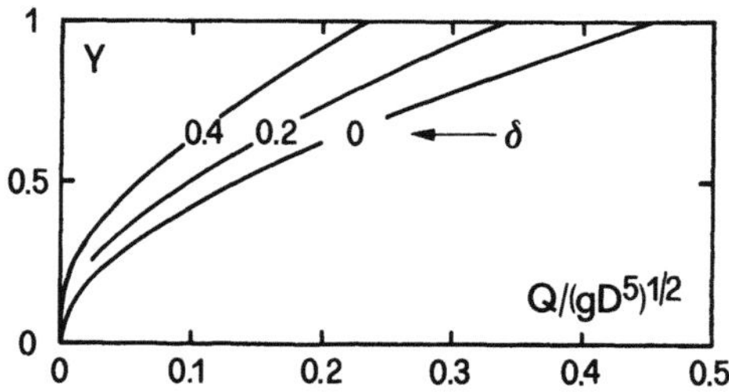

Bild 13.12   Relativ-Energiehöhe Y=H/D in Abhängigkeit des dimensionslosen Durchflusses $Q/(gD^5)^{1/2}$ für variablen Verbauungsgrad δ=d/D.

Näherungsweise gilt als *Durchflussbeziehung* auch

$$Q_k/(gD^5)^{1/2} = (Y/1.45)^{1/\sigma} \qquad (13.15)$$

mit σ=0.525–0.36δ.

Der *Krümmungseinfluss* hängt bei dieser Venturianordnung lediglich von y/δ^2 ab. Anhand von Experimenten gilt für Y<1 (Hager, 1988)

$$q = 0.985 + 0.205Y . \qquad (13.16)$$

Dabei wurden Verbauungsgrade δ zwischen 0.25 und 0.35 betrachtet. Der *Grenzeinstau* beträgt rund 80% unabhängig von Y.

Beispiel 13.5   Gegeben ein Rohr vom Durchmesser D=0.70m, in das ein mobiler Venturikanal vom Durchmesser d=0.20m gebracht wird. Als Energiehöhe ist H=0.27m gemessen worden. Wie gross ist der Durchfluss? Der Verbauungsgrad beträgt δ=0.2/0.7=0.286 und die Relativ-Energiehöhe ist Y=0.27/0.70=0.386. Mit einem Exponenten σ=0.525–0.360·0.286=0.422, entsprechend 1/σ=2.37 wird der Relativdurchfluss nach konventioneller Berechnung $Q_k/(gD^5)^{1/2}$=(0.386/1.45)$^{2.37}$= 0.0434, also Q_k=0.0434(9.81·0.7^5)$^{1/2}$=0.0558m^{3}s^{-1}. Werden die Gln.(13.11) bis (13.14) ausgewertet, so folgt mathematisch exakt Q_k=0.0479(9.81·0.7^5)$^{1/2}$=0.0615m^{3}s^{-1} (+10%). Weiter gilt für den Einfluss der Stromlinienkrümmung q=0.985+0.205·0.386=1.064, also Q=1.064·0.0615=0.0654m^{3}s^{-1}.

Bild   13.13   Ansicht des Venturikörpers im Kreiskanal.

Der *ideale Verbauungsgrad* des mobilen Venturikanals im Kreisprofil beträgt δ=0.3, d.h. kleiner als im entsprechenden Rechteckkanal. Für $0.25<\delta<0.35$ beträgt die Durchflusskapazität des Elements rund $Q/(gD^5)$=0.35. Bild 13.13 zeigt verschiedene Ansichten des Geräts. Da ein spezifischer Zylinder für ein Rohrkaliber benötigt wird, z.B. d=0.15m für D=0.50m, lässt sich direkt auf das Element ein Durchflussmassstab anbringen. Damit muss die Q(H)-Kurve nur einmal berechnet werden, nachher lässt sich der Durchfluss direkt ablesen. Aus den Fotos geht auch hervor, wie ruhig der Abfluss bei Trockenwetteranfall fliesst. Obwohl bei Regenwetteranfall mehr Turbulenz vorhanden ist, stellen sich keine störenden Vibrationen oder Pulsationen des Abflusses im Unterwasserkanal ein. Bis heute sind noch keine Angaben vorhanden, die den minimalen Verbauungsgrad in Abhängigkeit des Rohrgefälles angeben. Abschätzungen zeigen, dass über 1% Sohlengefälle kaum strömender Zufluss erzwungen werden kann. Das Verfahren eignet sich demnach nicht in steilen Kanalisationsabschnitten.

Ein latentes Problem beim permanenten Einsatz der beschriebenen Messanlage sind *Feststoffe*, besonders in Form von Textilien, welche sich um den Zylinder anlegen. Bevor weitere Entwicklungen im Bereich der Dauermessung abgeschlossen sind, wird nur der mobile, also überwachte Einsatz des Venturikörpers empfohlen. Eine Folgepublikation zum vorliegenden Gerät wurde von Samani, et al. (1991) vorgelegt.

13.4 Mobile Durchflussmessung mit Seiteneinschnürung

Balloffet (1955) hat wohl als erster einfache Einbauten zur mobilen Durchflussmessung in Rechteckkanälen vorgeschlagen. Die in Bild 13.14 dargestellten Körper mit und ohne Längenausdehnung lassen sich einfach mobil einsetzen. Balloffet hat einige Durchflusskurven mitgeteilt, Grenzeinstau und Einstaukurven fehlen hingegen.

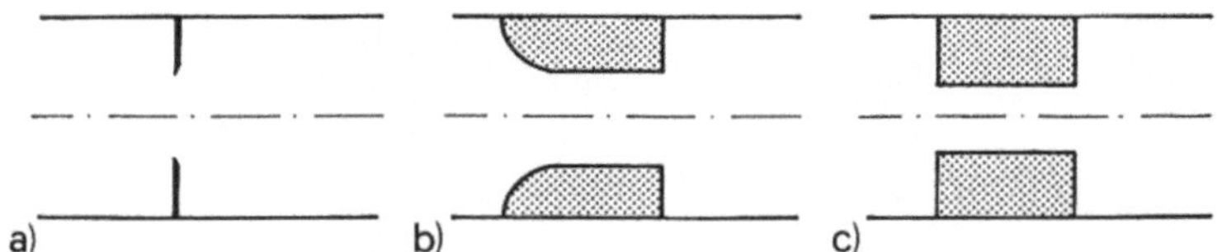

Bild 13.14   Venturikörper zur mobilen Durchflussmessung nach Balloffet (1955).

Da die in Bild 13.14b) und c) dargestellten Anordnungen einem modifizierten Cutthroat flume (Kap.12) zugeschrieben werden können, ist platz- und funktionsmässig der Fall a) besonders interessant. Diese Anordnung lässt sich beispielsweise in grossen Rechteckkanälen der Abwassertechnik *mobil* einsetzen, falls nur Kontrollschächte als Zugangsmöglichkeit vorhanden sind. Im Gegensatz zum Venturikanal kurzer Bauweise, dessen Strömung längs der Berandung geführt ist, wird beim *scharfkantigen Venturielement* oder Plattenventuri (engl.: plate Venturi; franz.: Venturi à plaque) bewusst die Ablösung erzwungen (Bild 13.15). Soll in beiden Anordnungen dieselbe Kontraktion erzielt werden, so ist in Fall b) ein weniger breites Element als in Fall a) nötig.

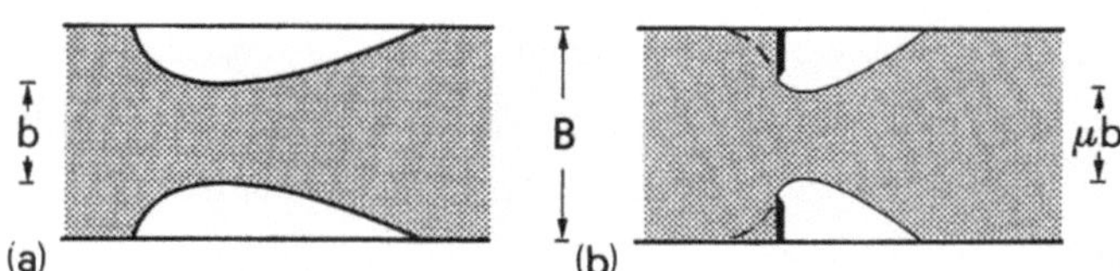

Bild 13.15   Durchflussmessung mit a) Venturikanal kurzer Bauweise und b) Plattenkontraktion.

Nach Hager (1988) kann der Durchfluss im Rechteckkanal konventionell mit Gl.(13.1) berechnet werden, und der Krümmungseinfluss lässt sich durch den Parameter U nach 13.2.2 in Rechnung stellen. Nun ist jedoch der Krümmungsradius eine Funktion der Plattengeometrie und U lässt sich nur in Abhängigkeit von H/b darstellen mit b als eingeschnürte Breite (Bild 13.15). Unter Einbezug des Verbauungsgrades $\delta_B = b/B$ und der Relativ-Energiehöhe $W = H/b$ ergibt sich für den Durchfluss auf rund $\pm 3\%$ genau

$$Q = bg^{1/2}[(2/3)H]^{3/2}[0.828 + 0.057(\delta_B + 2\delta_B^4)]\left[1 + \frac{W^2}{3+5W^2}\right]. \qquad (13.17)$$

Dabei entspricht der erste Term dem Durchfluss Q_k nach konventioneller Rechnung, der zweite Term dem Einfluss des Verbauungsgrades δ_B und der dritte Term dem Einfluss der Zulaufgeschwindigkeit. Gl.(13.17) ist für $0.6 \leq \delta_B \leq 0.8$ und $H/b < 2$ experimentell verifiziert worden.

Der Abfluss ist solange frei, bis die Wassersprungfront die erste Stosswellenfrontreflexion an den Seitenwänden berührt. Der Oberflächenrücklauf aus dem Wassersprungroller darf demnach nicht über die erste Stosswelle gehen. Anhand einer vereinfachten Rechnung lässt sich eine Beziehung zwischen dem Einstauverhältnis $S = h_S/h_0$ und der Zulauf-Froudezahl $F_0 = Q/(gB^2 h_0^3)^{1/2}$ ableiten (Bild 13.16). Das Resultat für den *Grenzeinstau* (engl.: modular limit; franz.: limite de submersion) lautet

$$S_G = [sin(F_0 \cdot 90°)]^{1/2}. \tag{13.18}$$

Der eingestaute Abflusszustand wird nicht zu Messzwecken empfohlen.

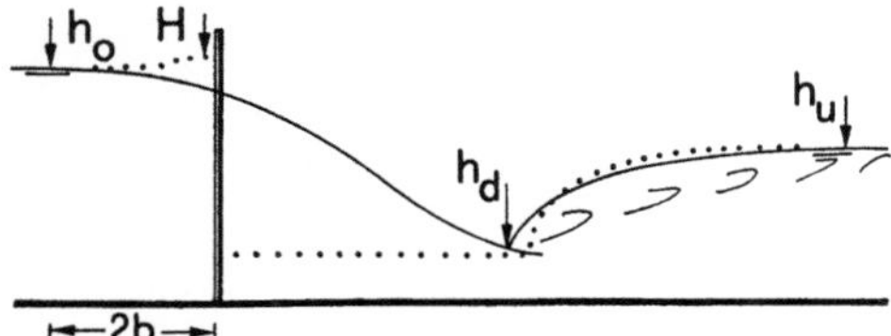

Bild 13.16 Berechnung des Grenzeinstaus, Wasserspiegel (—) längs Kanalachse und (···) längs Wand.

Beispiel 13.6 Gegeben eine Platteneinschnürung in einem Kanal von $B = 2.7$m Breite, die eine lichte Weite von $b = 1.8$m frei lässt. Wie gross ist der Durchfluss bei einer Energiehöhe von $H = 0.96$m?
Mit $\delta_B = 1.8/2.7 = 0.67$ und $W = 0.96/1.8 = 0.53$ folgt als Einschnürungsbeiwert $[0.828 + 0.057(0.67 + 2 \cdot 0.67^4)] = 0.889$ nach Gl.(13.17) und als Energiehöhenbeiwert $[1 + 0.53^2/(3 + 5 \cdot 0.53^2)] = 1.064$, d.h. als Durchfluss $Q = 1.8 \cdot 9.81^{1/2}[(2/3)0.96]^{3/2}0.889 \cdot 1.064 = 2.73\text{m}^3\text{s}^{-1}$. Der Grenzeinstau beträgt deshalb mit der Zufluss-Froudezahl $F_0 = Q/(gB^2 h_0^3)^{1/2} = 2.73/(9.81 \cdot 2.7^2 0.90^3)^{1/2} = 0.38$ nach Gl.(13.18) $S_G = [sin(0.38 \cdot 90)]^{1/2} = 0.75$, bei einer Zulaufwassertiefe von $h_0 = 0.90$m folgt demnach $h_G = 0.75 \cdot 0.90 = 0.675$m.

Bild 13.17 stellt verschiedene Abflussituationen dar, so etwa den freien Abfluss (Bild 13.17a) und den Grenzzustand (Bild 13.17b) im Grundriss (links) und vom Unterwasser her (rechts).

Üblicherweise hat die Öffnung eines Kontrollschachtes einen Durchmesser von 0.60m, sodass ein gerades Element von etwa 55cm Länge ins Bauwerk eingeführt werden kann. Da sich aber die Fixation des Venturielements durch eine *Spreize*

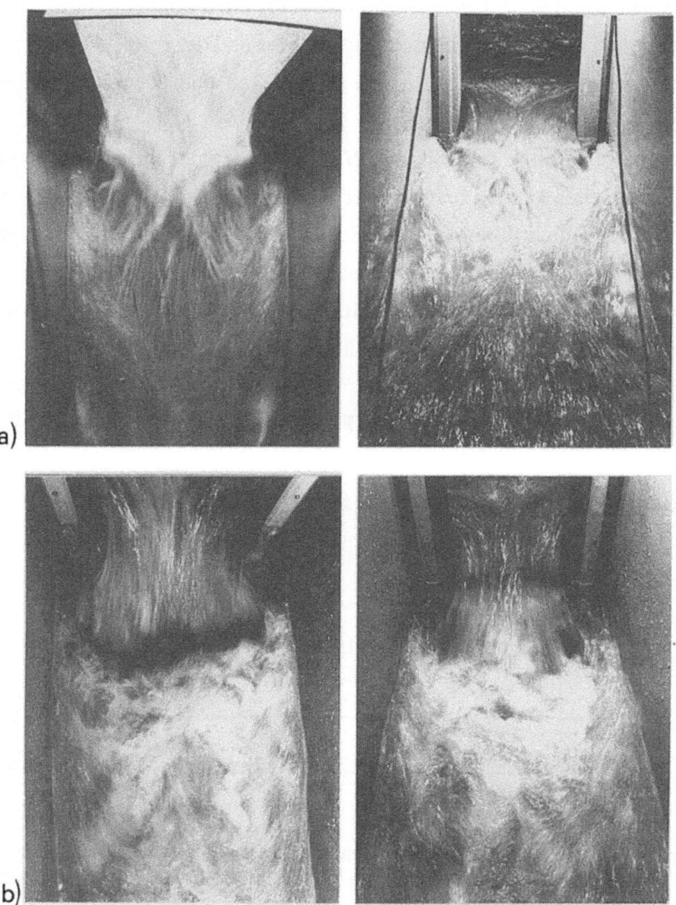

Bild 13.17 Grundriss (links) und Unterwasseransicht (rechts) des Plattenventurikanals bei a) freiem Abfluss und b) Grenzeinstau.

vornehmen lässt (Bild 13.18), welche in ein 90° Eckelement eingeschweisst wird, hat die dem Abfluss zugewandte Seite noch rund 40cm zu betragen. Da ein Verbauungsgrad von $\delta_B = 0.75$ aus Stablilitätsgründen der Zuflussströmung nicht überschritten werden sollte, hat die Maximalbreite des Kanals etwa B=3m zu betragen. Bei grösseren Abmessungen müssen die Plattenelemente durch grössere Öffnungen in den Kanal eingebracht werden.

Ein *Plattenelement* besteht aus einer Einschnürungsplatte mit scharfer Kante (Bild 13.13b), einer rechtwinklig dazu angebrachten Anpressplatte mit Dichtungsstreifen, Dreieckversteiffungen im Eckbereich, die mit einer Spreize verbunden werden und so zwischen Boden und Decke festgeklemmt sind (Bild 13.18). Eine solche Konstruktion liesse sich natürlich auch in einen offenen Kanal einbringen.

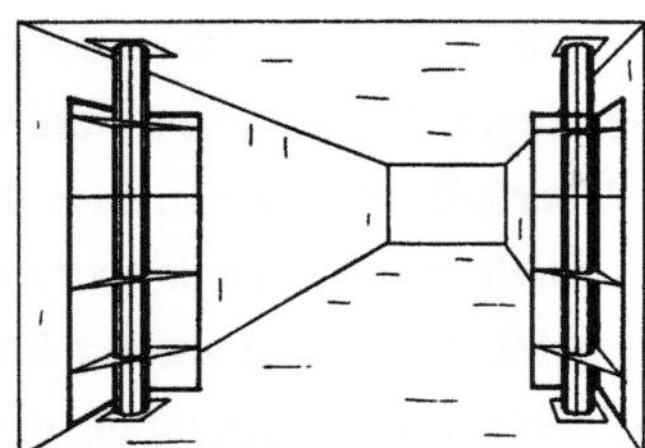

Bild 13.18   Darstellung einer mobilen Durchflussmessung im geschlossenen Rechteckkanal.

Die Energiehöhe H liesse sich auch in dieser Anordnung als Wassertiefe im Stagnationspunkt angeben (Bild 13.16). Infolge von Eckwirbeln treten dort jedoch beträchtliche
Turbulenzen auf. Deshalb dient die Oberwassertiefe h_0 im Abstand von rund 2b vom
eingeschnürten Querschnitt als Messgrösse. Die Umrechnung von Q(H) auf die
Beziehung $Q(h_0)$ lässt sich dabei durch Einführen der Relativwerte $w=h_0/b$ und
$q^*=Q/(gb^5)^{1/2}$ nach Hager (1988) vornehmen

$$W = w + \frac{1}{2}\left(\frac{q^*\delta_B}{w}\right)^2 \tag{13.19}$$

und

$$q^* = [(2/3)W]^{3/2}[0.828 + 0.057(\delta_B+2\delta_B^4)]\left[1 + \frac{W^2}{3+5W^2}\right]. \tag{13.20}$$

Bild 13.19 zeigt eine Auswertung der Beziehung $q^*(w)$ für veschiedene Werte von δ_B.

13.5 Mobile Durchflussmessung mittels Überfall

Da sich konventionelle Venturikanäle praktisch nicht als mobiles Messbauwerk in
Rechteck- oder U-Profile einbringen lassen, ist auch der mobile Einsatz von Überfällen
untersucht worden. Dabei handelt es sich vornehmlich um den Einbau von scharfkantigen
Überfällen, etwa ausgebildet als Dreieck- oder Rechtecküberfall (Kap.10). Solche
«Plattenüberfälle» werden am Schachtzulauf durch eine improvisierte Konstruktion fest-
geklemmt und seitlich mit Plastilin oder Fasstalg abgedichtet. Da im Schachtbereich das
Profil meist nur näherungsweise der U-Form entspricht, ergeben sich zudem Probleme
beim Ausmessen der Wehrhöhe und beim Richten der Überfallkrone gegenüber der
Horizontalen.

Da der Zulauf durch den Einbau eines Überfalls stark verzögert wird, lagern sich im
Oberwasser Sinkstoffe ab. Der Einsatz eines mobilen Messüberfalls kann also mit

Rücksicht auf Verstopfungen nur «mobil» sein. Als weitere Erschwernis tritt die Überfallhöhenmessung hinzu, muss doch mit einem Massstab oder Doppelmeter vom Rohrscheitel abwärts ein Wasserspiegel abgenommen werden. Bei Nennweiten des Rohres unter 50cm ist zudem die Überfallhöhe so klein, dass Massstabseinflüsse dominant werden. Aus der Vielzahl dieser teils störenden, teils aber zu Verfälschungen führenden Umstände muss von einer Durchflussmessung auf der Basis von Messüberfällen abgeraten werden. Sowohl die Positionierung, die Ermittlung der Geometrie als auch die Höhenmessung führen zu bedeutenden Fehlern, die höchstens eine grobe Abschätzung des Durchflusses zulassen. Im Vergleich dazu lässt sich mit dem mobilen Venturikanal bedeutend einfacher und genauer der Durchfluss ermitteln. Auf diese Schlussfolgerung kommt auch Saitenmacher (1967), welcher den Dreiecküberfall mit dem mobilen Venturikanal konventioneller Bauart vergleicht.

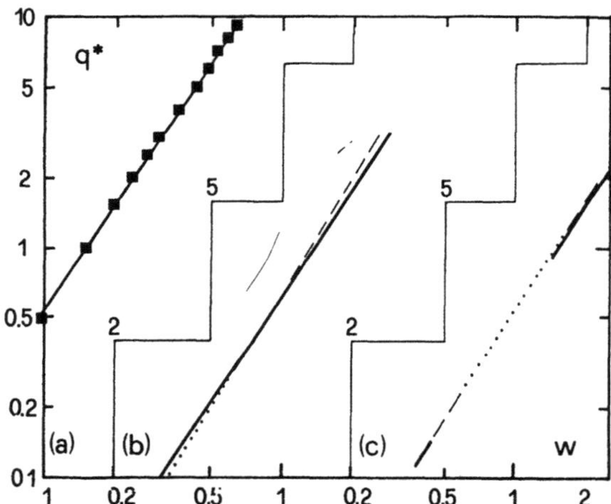

Bild 13.19 Durchfluss $q^*=Q/(gb^5)^{1/2}$ in Abhängigkeit der Zuflussrelativwassertiefe $w=h_o/b$ für verschiedenen Verbauungsgrad $\delta_B=b/B=$ a) 0.20, b) 0.66, c) 0.33.

Literaturnachweis

- Balloffet, A. (1955). Critical flow meters. *Journal of Hydraulics Division* ASCE **81**(HY4) Paper 743: 1-31.
- Diskin, M.H. (1963). Temporary flow measurement in sewers and drains. *Journal of Hydraulics Division* ASCE **89**(HY4): 141-159; **90**(HY2): 383-387; **90**(HY6): 241-247.
- Hager, W.H. (1985a). Der «mobile» Venturikanal. *Gas - Wasser - Abwasser* **65**(11): 684-691.

- Hager, W.H. (1985b). Modified Venturi channel. *Journal of Irrigation and Drainage Engineering* **111**(1): 19-35.
- Hager, W.H. (1986). Modified, trapezoidal Venturi channel. *Journal of Irrigation and Drainage Engineering* **112**(3): 225-241.
- Hager, W.H. (1988). Venturi flume of minimum space requirements. *Journal of Irrigation and Drainage Engineering* **114**(2): 226-243; **115**(5): 913.
- Hager, W.H. und Züllig, H. (1987). Der modifizierte, mobile Venturikanal zur Anwendung in der Kanalisationstechnik. *Korrespondenz Abwasser* **34**(5): 460-467.
- Saitenmacher, L. (1967). Die Abwassermengenmessung im Kanalisationsnetz. *Wissenschaftliche Zeitschrift TU Dresden* **16**(1): 153-159.
- Samani, Z., Jorat, S. und Yousaf, M. (1991). Hydraulic characteristics of circular flume. *Journal of Irrigation and Drainage Engineering* **117**(4): 558-566.
- Ueberl, J. und Hager, W.H. (1994). Mobiler Venturikanal im Rechteckprofil. *Gas - Wasser - Abwasser* **74**.

Bezeichungen

b	[m]	eingeschnürte Kanalbreite
B	[m]	Kanalbreite
d	[m]	Zylinderdurchmesser
D	[m]	Rohrdurchmesser
D_V	[m]	Durchmesser Venturikörper
F	[m^2]	Querschnittsfläche
F	[-]	Froudezahl
g	[ms^{-2}]	Erdbeschleunigung
H	[m]	Energiehöhe
h	[m]	Wassertiefe
h_c	[m]	kritische Wassertiefe
h_G	[m]	Unterwassergrenztiefe
h_u	[m]	Unterwassertiefe
J_s	[-]	Sohlengefälle
K	[m$^{1/3}$s^{-1}]	Rauhigkeitsbeiwert
L_f	[m]	Länge zwischen Zylinderende und Wassersprungfront
m	[-]	Seitenneigung
q*	[-]	$=Q/(gb^5)^{1/2}$ auf b bezogener Durchfluss
Q	[m^{3}s^{-1}]	Durchfluss
Q_a	[m^{3}s^{-1}]	Durchfluss bei symmetrischer Anordnung

Q_k	$[m^3s^{-1}]$	kritischer Durchfluss nach konventioneller Berechnungsart
Q_s	$[m^3s^{-1}]$	Durchfluss bei Unterwassereinstau
q	[-]	kritischer Einheitsdurchfluss
R_h	[m]	hydraulischer Radius
S	[-]	Einstauverhältnis
S_G	[-]	Grenzeinstau für Plattenventurikanal
S_K	[-]	Kegelgeometrie
U	[-]	auf H bezogener Krümmungsparameter
V	$[ms^{-1}]$	mittlere Geschwindigkeit
w	[-]	$=h_o/b$ relative Zuflusswassertiefe
W	[-]	$=H/b$ relative Energiehöhe
x	[m]	Lagekoordinate
y	[-]	Teilfüllung
y_G	[-]	Grenzeinstauverhältnis im mobilen Venturikanal
y_o	[-]	auf Zulauf bezogene Wassertiefe
y_u	[-]	relative Einstautiefe
y_z	[m]	Querkoordinate
Y	[-]	relative kritische Energiehöhe
Y_z	[-]	relative Querlage
δ	[-]	Verbauungsgrad im mobilen Venturikanal
δ_B	[-]	Verbauungsgrad im Plattenventurikanal
λ	[-]	relativer Sprungfussabstand
ψ	[-]	Einstaufaktor
σ	[-]	Hilfsparameter

Indizes

| G | Grenzeinstau | o | Oberwasser |
| s | Einstau | u | Unterwasser |

14 SCHACHTBAUWERKE

Bei jeder Änderung eines Abflussparameters oder der Rohrgeometrie muss in der Abwassertechnik ein Schacht angeordnet werden. Tritt keine Änderung ein, sollte demnach etwa alle hundert Rohrdurchmesser ein Kontrollschacht für Kontroll- und Sanierungsarbeiten vorgesehen werden. Der reine Kontrollschacht wird in diesem Kapitel beschrieben, die beiden folgenden Kapitel beziehen sich auf Sonderschächte.

Der empfohlene Kontrollschacht zeichnet sich aus durch hochgezogene Berme, also einen vollständig geführten Schachtabfluss. Der Einlaufvorgang wird für Freispiegelströmung und Druckabfluss beschrieben und der Verlustbeiwert für den zweiten Abflusszustand in Abhängigkeit von der Schachtgeometrie angegeben.

14.1 Einleitung

Schächte (engl.: manhole; franz.: puits) bilden den Zugang zum Abwasserkanal. Sie dienen:

- der Ausführung von Unterhalts- und Revisionsarbeiten,
- der Sanierung von schadhaften Rohrstrecken,
- dem Begehen von grösseren Kanalisationen,
- der Anordnung von Sonderbauwerken,
- der Be- und Entlüftung des Abflusses und
- im Verstopfungsfall als Not-Überlauf.

Obwohl der letzte Fall durch geeignete statische und bautechnische Ausführung sowie hydraulische Berechnung ausgeschlossen werden sollte, treten immer wieder Hochwasserzustände auf, bei denen Abwasser aus einem Schacht austritt. Leider ist häufig erst dieser Zustand ein Alarmzeichen für eine unzufriedenstellende Ausführung eines Kanalisationssystems, andere Schwachpunkte wie unzulässige Entlastungen bleiben oft unerkannt. Um jedoch einen *unkontrollierten Austritt* von Schmutzwasser aus einem Schachtbauwerk zu verhindern, muss das Schachtbauwerk neben konstruktiven und bautechnischen Anforderungen auch hydraulischen Bedingungen genügen. Diese werden im vorliegenden Kapitel erörtert.

Abwasserkanäle zeichnen sich durch *prismatische* Kanalabschnitte zwischen zwei Schächten aus. Alle Veränderungen zwischen zwei Kanalabschnitten lassen sich demnach nur im Schacht ausführen. Es handelt sich also beispielsweise um *Veränderungen* (Bild 14.1):

- des Sohlengefälles,
- der Wandrauhigkeit,
- der Kanalrichtung,
- der Profilgeometrie oder
- des Durchflusses.

Gefällswechsel können entweder von einer Flach- auf eine Steilstrecke oder umgekehrt erfolgen, wobei deren Berechnung ausführlich in Kap.6 geschildert wird.

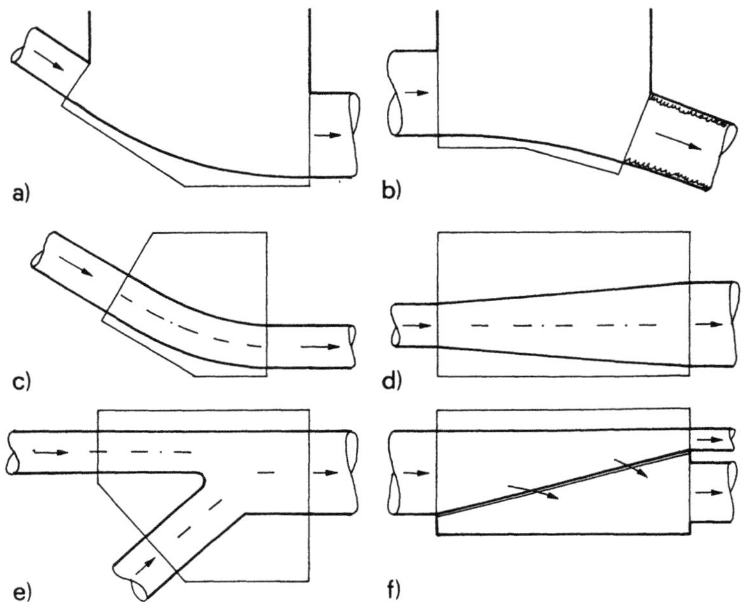

Bild 14.1   Anordnung eines Schachtbauwerkes infolge von Abflussveränderungen.

Die *Wandrauhigkeit* ändert üblicherweise nicht, schliesst jedoch an ein älteres Teilstück ein neueres an oder umgekehrt, so kann dies mit einer Rauhigkeitsveränderung verbunden sein. Hydraulisch ist dies unproblematisch, und typische Berechnungsbeispiele finden sich in Kap.8.

Richtungsänderungen der Kanallängsachse sind häufig anzutreffen. Sie lassen sich nur im Schachtbauwerk ausbilden, da Teilabschnitte zwischen zwei Schächten gerade sein sollen. Infolge ihrer Ähnlichkeit mit Vereinigungen sind sie im Kap.16 besprochen.

Die *Kanalgeometrie* kann entweder bezüglich der Profilgrösse oder bezüglich der Profilform ändern. Im Regelfall wird dabei die Sohle durchgehend ausgeführt, womit keine grössere Abflussstörung auftritt. Ein typischer Querschnittswechsel findet sich beispielsweise beim Übergang vom Streichwehr zur Drosselstrecke (Kap.18) oder am Ende einer Drosselstrecke (Kap.9). Hydraulisch ergeben sich nur geringe Verluste, hingegen können bei schiessendem Abfluss unangenehme Stosswellen (Kap.16) entstehen.

Schliesslich kann der Durchfluss sich *lokal* verändern, nämlich zunehmen bei Vereinigungsschächten (Kap.16) oder abnehmen bei Entlastungsschächten (Kap.18 und 20). Hausanschlüsse werden üblicherweise bei der Kanalisation nicht berücksichtigt, es sei denn in Bezug auf Rückstau ausgehend vom Hauptkanal (Speerli und Volkart, 1991). Natürlich treten auch Kombinationen der erwähnten Schachttypen auf.

Das vorliegende Kapitel ist damit ausschliesslich auf den sogenannten *Kontrollschacht* oder Durchlaufschacht beschränkt, in welchem lediglich ein Wechsel vom geschlossenen auf das offene Profil erfolgt. Es kann ausschliesslich der Übergang vom Kreisprofil auf das U-Profil und zurück zum Kreisprofil besprochen werden, da nur hierzu Resultate vorliegen. Im Kontrollschacht bleibt demnach Gefälle, Rauhigkeit, Richtung, Profilgrösse und Durchfluss unverändert, und es wird nur die lokale Aufweitung diskutiert. Weiter liegen bis heute nur Resultate für *Druckabfluss* vor. Demnach ist das Zuschlagen eines Rohres bei Freispiegelabfluss bis heute nicht untersucht worden. Es soll anschliessend vorerst besprochen werden.

14.2 Zuschlagen am Rohreinlauf

Bild 14.2 zeigt den Vorgang am Rohreinlauf bei Strömen und Schiessen.

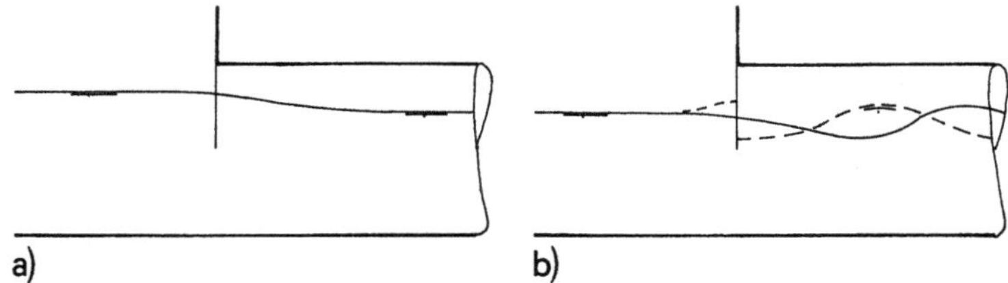

Bild 14.2   Zuschlagen eines Rohreinlaufs nach einem Kontrollschacht. a) bei Strömen und b) bei Schiessen. (—) Axial- und (– – –) Randwasserspiegelverlauf.

Bei *strömendem Abfluss* handelt es sich beim Rohreinlauf um eine Verengung nach Kap.2 oder auch nach Kap.9. Im Oberwasser der Störung stellt man demnach eine Wasserspiegelerhöhung fest, bis zu scheitelvollem Schachtabfluss tritt demnach keine starke Behinderung des Rohrabflusses auf. Die Verhältnisse liegen ähnlich wie bei einem Durchlasseinlauf (Kap.9). Für Schachtwasserspiegel über dem Rohrscheitel ergeben sich Probleme hinsichtlich:

- Wirbelbildung im Schacht selbst und
- Lufteintrag in das Rohr.

Diese Übergangsphänomene sind in Kap.9 erläutert.

Bei *schiessendem Abfluss* stellt sich eine räumliche Strömung analog wie an einer Kanalexpansion ein. Axial findet vorerst eine Wasserspiegelabsenkung statt, während sich längs der Wand vor dem Einflauf ein Aufstau einstellt. Hinter dem Einlauf herrscht an der Rohrwand eine Totwasserzone, verbunden mit einer Absenkung des Wasserspiegels. Da sich der Hauptstrom jedoch ausdehnt und an die Seitenwände prallt, ergibt sich eine erste stehende Welle, deren Reflexion dann unterwasserseitig zu einer

Axialwelle verbunden mit einem Randminimum führt; der Wellenwinkel hängt dabei entscheidend von der lokalen Froudezahl ab (Kap.16).

Das Muster Wellenmaximum in Kanalachse und Wellenminimum an Kanalwand und umgekehrt ist typisch für schiessende Abflüsse. Im Gegensatz zum strömenden Abfluss zeichnet sich schiessender Abfluss also durch eine räumlich gewellte, stationäre Oberfläche aus. Das *Zuschlagen am Rohreinlauf* kann demnach entstehen durch:
- Berührung des Wellenmaximums am Rohrscheitel,
- also Unterbindung des Lufttransportes, gefolgt vom
- Zusammenbruch der schiessenden Strömungsstruktur und
- Entstehung eines Wassersprungs mit noch wandernder Front, dann
- Wanderung des Wassersprungs in die Gleichgewichtslage und damit
- Übergang vom Freispiegel- zum Druckabfluss (Kap.7).

Bis heute ist diese Art von einlaufbedingtem Zuschlagen nicht systematisch untersucht worden. Sie kann sich jedoch überall dort einstellen, wo Abflüsse mit grosser Froudezahl ein Rohrprofil fast füllen. Deshalb ist bei schiessenden Freispiegel-Abflüssen genügend 'Luft' über dem mittleren Wasserspiegel zur Verfügung zu stellen. Bei den in Bild 14.1 aufgezeigten Schächten mit Veränderung eines Abflussparameters zeigen sich natürlich noch komplexere Einlaufsituationen. Das geschilderte Strömungsbild wird dann zusätzlich mit der Abflussstruktur eines Kontrollschachtes allein noch überlagert.

14.3 Druckabfluss
14.3.1 Ungeeignete Schachtausbildung
Betrachtet man den Abfluss mit Wassertiefen zwischen 50 und rund 120% Teilfüllung als Übergangszustand eines Schachtabflusses, so ist der reine Druckabfluss von der Bemessung her massgebend. Er lässt sich zudem auch experimentell recht einfach nachvollziehen und durch einen Verlustbeiwert in Rechnung stellen. Kontrollschächte lassen sich durch eine Vielzahl *geometrischer Parameter* beschreiben. So kann der Schacht im Grundriss rechteckig oder kreisförmig ausgeführt werden. Die Kanalisationsrohre können entweder in einen solch prismatischen Schacht gezogen werden, d.h. der Schachtboden ist mit dem Schachtgrundriss identisch, oder die Rohre können im Schacht durch ein U-Profil geführt werden (Bild 14.3). Aus hygienischen, betrieblichen und hydraulischen Gründen ist das Schachtbauwerk mit ungeführtem Abfluss abzulehnen. In den nicht durchströmten Randgebieten bilden sich fäulnisfähige Ablagerungen, die nicht im Einklang mit der modernen Abwassertechnik stehen. Auch hydraulisch ergeben solche Zonen recht grosse Strömungsverluste (14.3.2), weshalb unter allen Umständen der Mehraufwand für das *geführte Kanalisationsrohr* im Schachtbauwerk gerechtfertigt ist.

Somit entfallen wichtige Untersuchungen über Schachtbauwerke wie beispielsweise jene von Sangster, et al. (1959), Hare (1981) oder Black und Piggott (1983).

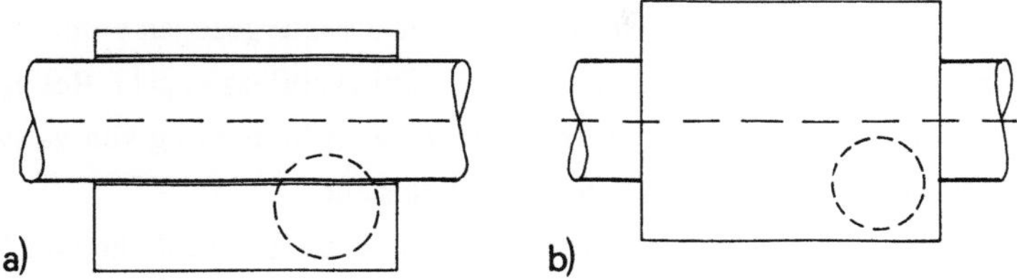

Bild 14.3   Grundriss des rechteckigen Schachtbauwerks a) mit Rohrführung und seitlicher Auftrittsfläche, b) keiner Rohrführung (nicht empfohlen).

Die erste Untersuchung im geführten Schachtbauwerk verdanken wir Ackers (1959). Er fand insbesondere, dass die zusätzlichen Verluste bei Freispiegelabfluss klein sind, diese jedoch bei Druckabfluss beträchtlich wachsen.

14.3.2 Arbeit von Liebmann

Liebmann (1970) bezieht sich auf *Druckabfluss* allein. Der Gesamtverlust schliesst dabei die Geschwindigkeitsverzögerung vor dem Schacht, den Schachteintritt, die Wirbelbildung im Schacht, den Schachtaustritt, die Beschleunigung im Rohr und die Bildung von Oberflächenwellen ein. Seine Untersuchungen basieren auf dem Normaltyp eines Kontrollschachtes, der im Grundriss kreisförmig vom Durchmesser $D_S = D$ ist und dessen *Berme* (engl.: berm oder bench; franz.: berme), d.h. die seitlichen Führungswände, auf $D/2$ hochgezogen sind. In Abwandlung davon sind auch Bermenhöhen von 75, 100 und 125% des Rohrdurchmessers D untersucht worden (Bild 14.4). Das Sohlengefälle ist immer 0.3%, der Rohrdurchmesser D=300mm.

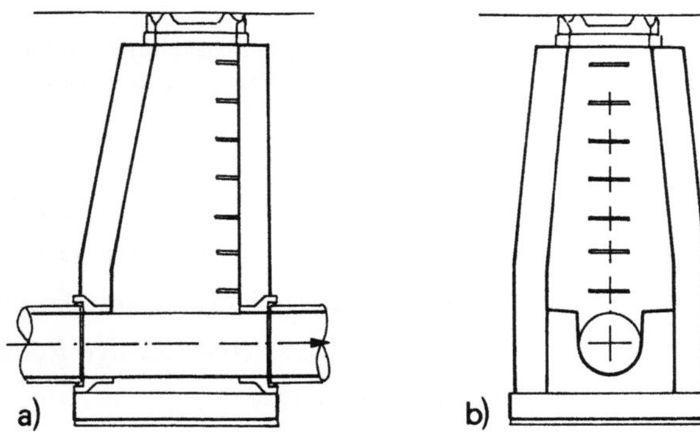

Bild 14.4   Normaltyp eines Kontrollschachtes bis NW500 nach ATV A241 a) Längsschnitt, b) Querschnitt mit 100% Bermenhöhe.

Zeichnet man den *zusätzlichen Energieverlust* ΔH_S (Kap.2) über die Teilfüllung $y_S=h_S/D$ des Schachtwasserspiegels auf, so ergibt sich immer etwa dasselbe Bild, gleichgültig ob der Durchfluss oder der Rückstau im Unterwasser gesteigert wird (Bild 14.5). Bis $y_S=0.5$ gilt $\Delta H_S=0$, da das Kreisprofil im Schacht weitergezogen wird. Dann nimmt die Verlusthöhe jedoch zu, besonders für reinen Druckabfluss ($y_S>1$). Bei $y_S\cong1.5$ wird ein *Maximalwert* erreicht, ΔH_S nimmt aber bei weiterer Steigerung von y_S stark ab auf eine Minimalkurve, welche sich bei hoher Berme einstellt.

Das *Fliessverhalten* im Normalschacht (d.h. mit einer Bermenhöhe von 50%) lässt sich folgendermassen beschreiben (Bild 14.5a): Ab etwa $y_S=60\%$ sind die seitlichen Auftrittsflächen bedeckt und rotationsbehaftete Strömungen werden ersichtlich. Ab $y_S=70\%$ beginnt der Schachtwasserspiegel leicht zu schwingen, bei steigender Schachtwasserfüllung nimmt die Schwingungsamplitude zu. Bei $y_S=105\%$ sind sowohl Einlauf als auch Auslauf des Schachts überstaut, es wird Luft ins Unterwasserrohr mitgerissen, und die Wasserspiegelschwingungen sind noch stärker. Die seitlichen Walzen nehmen die zur Verfügung stehende Schachtfläche ein.

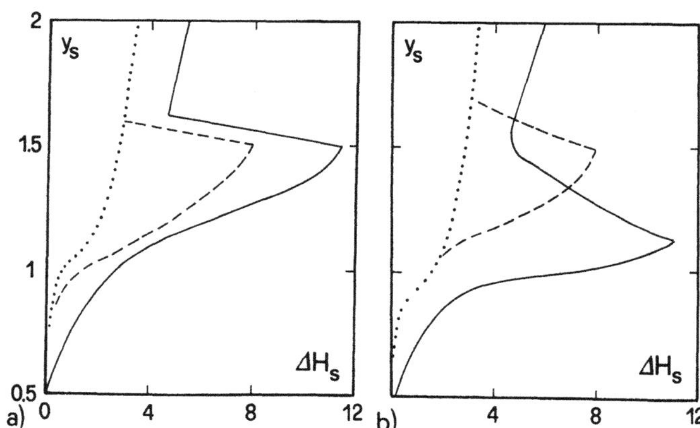

Bild 14.5 Zusätzlicher Energieverlust ΔH_S[cm] in Abhängigkeit von der Schachtteilfüllung $y_S=h_S/D$ für a) variablen Rückstau und b) variablen Durchfluss. Bermenhöhe $t_b/D=$ (—) 50%, (— — —) 75%, ($\cdot\cdot\cdot$) 100% und 125%.

Bei etwa $y_S=120\%$ hören die Schwingungen im Schacht plötzlich auf, und die beiden seitlichen Walzen mit vertikaler Achse gehen über in eine Hauptwalze mit vertikaler Achse. Über der geführten Bodenströmung dreht sich die Hauptwalze also zufällig entweder im oder entgegen dem Uhrzeigersinn. Diese *grossräumige Rotationsbewegung* führt zu einer markanten Vergrösserung des Verlustes.

Für $y_S\cong150\%$ verschwindet die Einzelwalze und es treten vereinzelt grossflächige *Pulsationen* mit Quellungen auf. Infolge der grossen Druckschwankungen sind Ablesungen als Mittelwerte unmöglich. Ab etwa 160% Schachtwassertiefe ist der Wasserspiegel wieder recht ruhig, da keine Einzelwalze mehr auftritt, sondern sich wieder zwei seitliche Sekundärwalzen einstellen. Eine ausführlichere Beschreibung gibt Matsushita (1984).

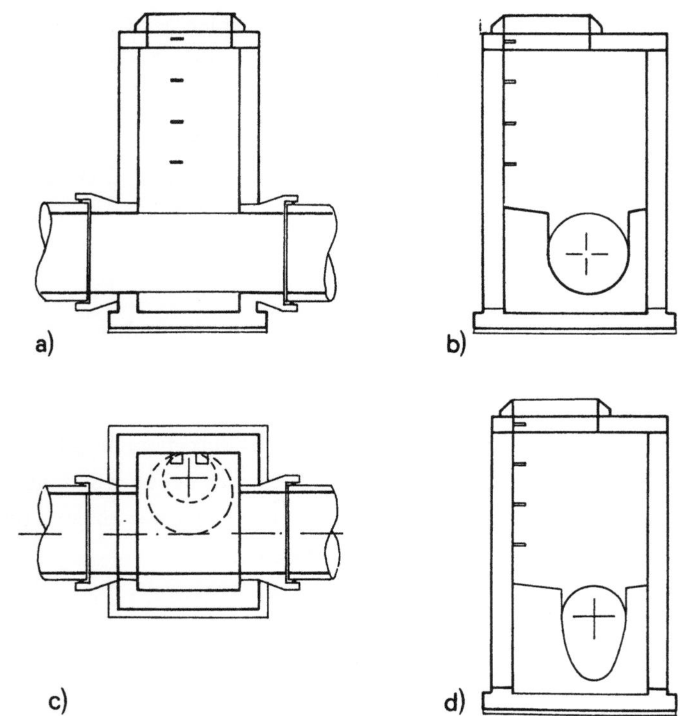

Bild 14.6   Normaltyp eines Kontrollschachtes ab NW 600 nach ATV 241 mit Kreisprofil a) Längsschnitt, b) Querschnitt, c) Grundriss und d) Querschnitt bei Ei-Profil.

Aus Bild 14.5 geht eindeutig hervor, dass die für den Normalschacht angegebene Beschreibung nicht zutrifft, falls die Berme auf Rohrscheitelhöhe hochgezogen werden. Deshalb ist es unabdingbar, den Kontrollschacht - aber auch alle anderen Schächte - mit *hochgezogener Berme* auszuführen. Es resultieren daraus hydraulische, sicherheits- und unterhaltstechnische wie auch hygienische Vorteile. Der finanzielle Mehraufwand ist mehr als gerechtfertigt.

Der maximale Verlustbeiwert $\xi_{sM}=\Delta H_s/[V^2/2g]$ ist beim Normalschacht unabhängig von der Reynoldszahl etwa $\xi_{sM}=0.86$, beim Schacht mit hochgezogener Berme variiert ξ_s von 0.1 bei $R=3\cdot10^5$ bis auf einen Maximalwert von $\xi_{sM}=0.17$ bei $R=4\cdot10^5$, um anschliessend wieder auf den Ausgangspunkt zurückzusinken. Gegenüber dem Normalschacht tritt also eine fünffache Reduktion auf. Für *Bemessungszwecke* darf man überschlägig wohl einen Verlustbeiwert von $\xi_s=1/6$ einführen, entsprechend

$$\Delta H_s = (1/6)V^2/(2g). \tag{14.1}$$

Die Reduktion des Verlustbeiwertes ist auf das Fehlen der Hauptwalze zurückzuführen. Wird die Strömung also genügend geführt, so treten lediglich Sekundärstörungen auf, die nur einen geringen Energieverlust bewirken. Ähnliche Strömungsverbesserungen sind beim Diffusor durch Leitbleche seit langem bekannt und werden üblicherweise angewandt. Beim Schachtbauwerk mit hochgezogener Berme sind auch keine unangenehmen Druckpulsationen zu bemerken.

14.3.3 Arbeiten von Lindvall und Marsalek

Auch Lindvall (1984) stellte starke Schachtwasserspiegelschwankungen bei einer Bermenhöhe von 50% fest, bei der empfohlenen Ausführung mit 100% Bermenhöhe traten keine Probleme auf für Schachtdurchmesser von $D_s/D=1.7$ bis 4.1. Im Gegensatz zu Liebmann fand Lindvall ein schwach ausgeprägtes Maximum in ξ_s bei etwa $y_s=1.5$, welches für $D_s/D=3$ leicht über der Angabe von Liebmann bei etwa 0.20 liegt. Man darf jedoch im Bereich $1<y_s<5$ gut mit dem nach Gl.(14.1) angegebenen Wert rechnen. Der *Einfluss des Schachtdurchmessers* lässt sich etwa durch

$$\Delta H_s = \frac{1}{12}(D_s/D-1)[V^2/(2g)] \tag{14.2}$$

in Rechnung stellen. Für $D_s/D=3$ ergibt sich damit die Angabe von Liebmann.

Marsalek (1984) untersuchte Schächte mit kreisförmigem und quadratischem Grundriss sowie Querschnitten mit 0%, 50% und 100% Bermenhöhe. Obwohl die Verlustbeiwerte des quadratischen Schachtes leicht höher sind als die des kreisförmigen, findet man mit den Messdaten etwa die in Gl.(14.1) angegebene Grössenordnung.

Nach Dick und Marsalek (1985) und ASCE (1992) hängt der Verlustbeiwert beim Kontrollschacht mit relativ hohem Einstau nur vom Schachtgrundriss, dem Schachtquerschnitt und insbesondere von der Bermenhöhe ab. Weitere Angaben betreffen den Schacht mit Richtungsänderung (Kap.16).

14.3.4 Weitere Resultate

Johnston und Volker (1990) haben neben der Schachtvereinigung auch den Kontrollschacht untersucht. Sie finden als erste eine Abhängigkeit des Verlustbeiwertes von der auf den Rohrdurchmesser bezogenen Froudezahl $F_D=V/(gD)^{1/2}$. Dieser Einfluss muss noch genauer untersucht werden.

Pedersen und Mark (1990) haben rechnerisch den Verlustbeiwert ermittelt und zeigen, dass ξ_S sich im wesentlichen aus einem Ein- und Auslaufverlust zusammensetzt. Anstelle der Gl.(14.2) gelangen sie für den Schacht mit 100% Bermenhöhe zur Beziehung

$$\Delta H_S/[V^2/(2g)] = 0.025(D_S/D). \tag{14.3}$$

Diese Beziehung gilt erst für extrem hohen Einstau sowie für $D_S/D<4$ und liefert etwa die untere Grenze für den Energieverlust.

Beispiel 14.1	Gegeben ein Kontrollschacht mit Schachtdurchmesser $D_s=2m$, in welchen ein Rohr vom Durchmesser $D=0.70m$ mündet. Wie gross ist die Zulaufenergiehöhe H_o bei einer Unterwasserdruckhöhe $h_p=0.35m$ über Scheitel, falls der Durchfluss $Q=0.81m^3s^{-1}$ beträgt? Mit $V_o=Q/(\pi D^2/4)=0.81/(3.14 \cdot 0.7^2/4)=2.1ms^{-1}$ wird die Geschwindigkeitshöhe $V_o^2/(2g)=2.1^2/19.62=0.23m$, also die Unterwasser-Energiehöhe $H_u=0.35m+0.23m=0.58m$ über Rohrscheitel. Für das Scheiteldurchmesserverhältnis $D_s/D=2/0.7=2.86$ ergibt demnach Gl.(14.2) als Verlusthöhe $\Delta H_s=(1/12)(2.86-1)0.23m=0.04m$, demnach gilt $H_o=H_u+\Delta H_s=(0.58+0.04)m=0.62m$.

Literaturnachweis

- Abwassertechnische Vereinigung (1978). Bauwerke der Ortsentwässerung. *Arbeitsblatt* **A241**. ATV: St. Augustin.
- Ackers, P. (1959). An investigation of head losses at sewer manholes. *Civil Engineering and Public Works Review* **54**(7/8): 882-884; **54**(9): 1033-1036.
- ASCE (1992). Design and construction of urban storm water management systems. *ASCE Manuals and Reports of Engineering Practise* **77**. American Society of Civil Engineers: New York.
- Black, R.G. und Piggott, T.L. (1983). Head losses at two pipe stormwater junction chambers. *Second National Conference on Local Government Engineering* Brisbane: 219-223.
- Dick, T.M. und Marsalek, J. (1985). Manhole head losses in drainage hydraulics. *21 IAHR Congress* Melbourne **6**: 123-131.
- Hare, C. (1981). Magnitude of hydraulic losses at junctions in piped drainage systems. *Conference on Hydraulics in Civil Engineering* Sydney: 54-59. Ebenfalls erschienen in *Civil Engineering Transactions* The Institution of Engineers, Australia **25**(1983): 71-76.
- Johnston, A.J. und Volker, R.E. (1990). Head losses at junction boxes. *Journal of Hydraulic Engineering* **116**(3): 326-341; **117**(10): 1413-1415.
- Liebmann, H. (1970). Der Einfluss von Einsteigschächten auf den Abflussvorgang in

Abwasserkanälen. *Wasser und Abwasser in Forschung und Praxis* **2**. Erich Schmidt: Bielefeld.

- Lindvall, G. (1984). Head losses at surcharged manholes with a main pipe and a 90° lateral. Third Int. Conf. on *Urban Storm Drainage* Göteborg **1**: 137-146.
- Marsalek, J. (1984). Head losses at sewer junction manholes. *Journal of Hydraulic Engineering* **110**(8): 1150-1154.
- Matsushita, F. (1984). The lost head characteristics of the various stands - The hydraulics of the stands of the open pipeline system (II). *Trans. Japan Society of Irrigation and Drainage Engineering* **111**: 85-94.
- Pedersen, F.B. und Mark, O. (1990). Head losses in storm sewer manholes: Submerged jet theory. *Journal of Hydraulic Engineering* **116**(11): 1317-1328; **118**(5): 814-816.
- Sangster, W.M., Wood, H.W., Smerdon, E.T. und Bossy, H.G. (1959). Pressure changes at open junctions in conduits. Proc. ASCE *Journal of Hydraulics Division* **85**(HY6): 13-42; **85**(HY10): 157; **85**(HY11): 153; **86**(HY5): 117.
- Speerli, J. und Volkart, P. (1991). Rückstau in Hausanschlüsse an die Kanalisation. *Mitteilung* **111**. Versuchsanstalt für Wasserbau, Hydrologie und Glaziologie, ETH Zürich: Zürich.

Bezeichungen

D	[m]	Rohrdurchmesser
D_S	[m]	Schachtdurchmesser
$\mathbf{F_D}$	[-]	auf D bezogene Froudezahl
h_p	[m]	Druckhöhe
h_s	[m]	Schachtwasserspiegel
$\mathbf{R}$	[-]	auf D und V bezogene Reynoldszahl
t_b	[m]	Bermenhöhe
V	[ms^{-1}]	Geschwindigkeit im Zulaufrohr
y_s	[-]	Schachtwasserteilfüllung
ΔH_S	[m]	zusätzlicher Schachtverlust
ξ_s	[-]	Schacht-Verlustbeiwert

Indizes

m	Minimum	o	Oberwasser
M	Maximum	u	Unterwasser

15 FALLSCHÄCHTE

Fallschächte können entweder als Absturzschacht oder als Wirbelfallschacht ausgebildet werden. Beide Typen werden besprochen, deren Anwendungsbereich abgegrenzt und Bemessungsfragen diskutiert.

Beim *Absturzschacht*, dessen Höhe maximal 7 bis 10m betragen soll, geht es insbesondere um die Strahlgeometrie und den Auslaufbereich. Auf Probleme des Lufttransportes und der Abflusspulsationen wird hingewiesen.

Beim *Wirbelfallschacht* wird unterschieden zwischen Bauwerken mit strömendem und schiessendem Zufluss. Der Bemessung des Einlauf- und Auslaufbauwerkes wird spezielle Aufmerksamkeit gewidmet, daneben wird aber auch der Abfluss von Wasser und Luft im Vertikalschacht erläutert. Alle Berechnungsgänge werden durch Beispiele illustriert.

15.1 Einleitung

Bei Einzugsgebieten in steilen Gebieten kann eine Kanalisation auf grundsätzlich zwei Arten ausgelegt werden:

- entweder mit einer *Steilleitung*, die der örtlichen Topographie folgt,
- oder die Niveaudifferenz wird durch *Vertikalschächte* überwunden, der Zu- und Ablaufkanal bleibt dabei praktisch horizontal.

Die erste Lösung lässt sich anwenden bei eher gleichförmigem Terraingefälle, welches etwa 45° nicht übersteigt und dessen Unterwasser auch schiessend ist, womit auf eine spezielle Energiedissipation verzichtet werden kann. Steilleitungen sind im Kap. 5 behandelt und sollen hier nicht besprochen werden.

Im Gegensatz dazu eignet sich der Fallschacht bei stufenartiger Topographie oder bei Fällen mit praktisch horizontalem Zu- und Ablaufkanal. Damit kann die Energiedissipation als Teil des Fallschachtes konzipiert werden, und eine ruhige Strömung verlässt das Bauwerk.

Je nach der zu überwindenden Höhendifferenz und dem Verhältnis zum Fallschachtdurchmesser kann unterschieden werden zwischen dem:

- *Absturzschacht* mit Eignung für Absturzhöhen bis zu etwa 7m und dem
- *Wirbelfallschacht* für Höhendifferenzen ab etwa 5m.

Der Schacht mit im Längsschnitt S-förmiger Sohle zählt nicht zu den Fallschächten, da dort keine Energieumwandlung vorgesehen ist. Er lässt sich auch nicht nach den Angaben von Kap.5 berechnen, da er zu kurz ist. Da der in Bild 15.1 skizzierte Schacht anfällig auf Einlaufprobleme reagiert und bis heute keine Modelluntersuchungen hinsichtlich Sohlengeometrie und Zuschlagen des Ablaufrohres vorliegen sowie das Bauwerk auch kostentechnisch teuer ausfällt, ist von dessen Anwendung abzusehen.

In der Folge werden deshalb der Absturzschacht und der Wirbelfallschacht besprochen. Beide *Sonderbauwerke* weisen spezielle Probleme am Einlauf, im eigentlichen Schacht und am Auslauf auf. Bei beiden Schächten ist der Luftführung grösste Beachtung zu schenken, da sich sonst hydraulisch unüberblickbare Zustände einstellen.

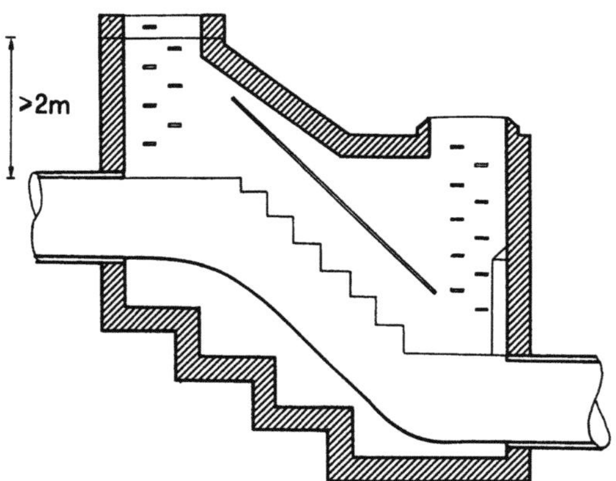

Bild 15.1 Absturzschacht mit S-förmiger Sohle, modifiziert nach ATV 241 (1991) mit hochgezogener Berme.

15.2 Absturzschacht

15.2.1 · Schachtaufbau

Bei kleineren vertikalen Gefällsstufen bis zu rund 7m, in Extremfällen maximal 10m, lässt sich ein Absturzschacht (engl.: drop manhole; franz.: puits de chute) vorsehen. Das Bauwerk besitzt nach SIA (1980) die im Bild 15.2 aufgezählten Elemente.

Der Zulauf kann strömend oder schiessend sein. Für den *Trockenwetteranfall* ist ein getrenntes Absturzrohr vom Minimaldurchmesser NW300 einzubauen. Dadurch tritt keine übermässige Versprühung des Abwassers im Schacht auf, womit die Hygiene, die Geruchsbelastung und die Lärmentwicklung in Grenzen bleiben.

Bei *Regenwetteranfall* wird der Zufluss über die Prallwand in den eigentlichen Schacht gebracht und an der Schachtwand in die vertikale Richtung umgelenkt. Der nach oben ausweichende Strahlanteil wird durch die Prallnase so umgelenkt, dass keine aufsteigende Strömung in den Einstiegsbereich gelangt. Das Wasser prallt somit praktisch vertikal auf den Schachtboden. Dieser muss durch Einbau einer resistenten Sohle, beispielsweise einer Granitplatte, gegen Abrasion geschützt werden. Das Wasser verlässt den Schacht strömend, die Energieumwandlung ist also gross.

Absturzschächte sind aus den folgenden Gründen in der Tiefe zu beschränken:

- durch den ungeordneten Lufteintrag entstehen hydraulisch unüberblickbare Zustände,
- das Wasserluftgemisch kann durch schlechte Belüftung Pulsationen anregen,
- die Energieumwandlung im Schacht ist gering,
- bei zu grosser Schachttiefe ist ein Übergangsbauwerk ins Unterwasser vorzusehen,
- die Geräuschentwicklung ist hoch.

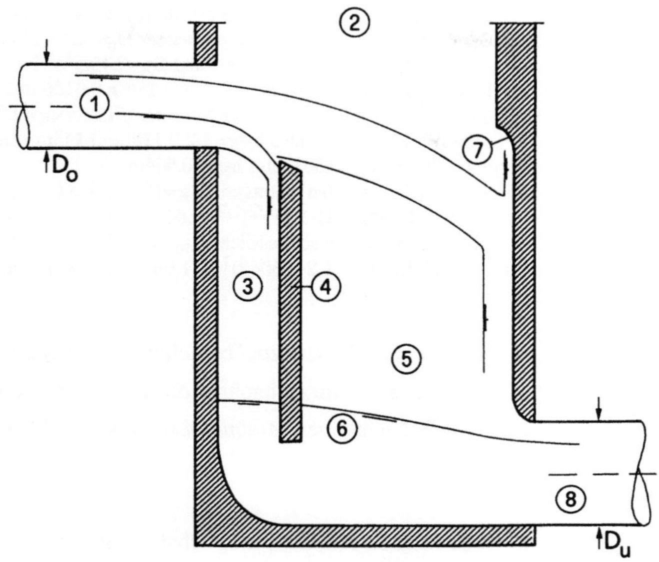

Bild 15.2 Absturzschacht nach SIA (1980), schematisch. ① Zulaufrohr, ② Einstieg, ③ Trockenwetter-Absturz, ④ Prallwand, ⑤ Absturzkammer, ⑥ Wasserpolster, ⑦ Prallnase, ⑧ Ablaufrohr.

Die hydraulische Berechnung des Absturzschachtes ist mindestens für die beiden Durchflüsse Q_K (kritischer Anfall) und Q_R (Regenwetteranfall) durchzuführen. Sie schliesst den Zulaufkanal ein, bezieht sich auf das Trockenwetter-Absturzrohr, den eigentlichen Schacht unter Maximalbelastung, sowie auf den Schachtauslauf. Eine Be- und Entlüftungsleitung hat möglichst atmosphärischen Druck im Schachtinnern sicherzustellen. In der Folge wird diesen Aspekten Rechnung getragen.

15.2.2 Zulaufkanal

Der Zulaufkanal (Index "o") lässt sich darstellen durch die Parameter Zulaufgefälle J_{so}, Rauhigkeitsbeiwert K nach Manning und Strickler und Durchmesser D_o. Daraus lassen sich die kritische Tiefe h_{co} und die Normalabflusstiefe h_{No} berechnen. Nach den Gln. (5.17) und (6.36) gilt für das Kreisprofil

$$y_N = 0.926[1 - (1 - 3.11q_N)^{1/2}]^{1/2} \tag{15.1}$$

und

$$h_{co} = [Q/(gD_o)^{1/2}]^{1/2} \tag{15.2}$$

mit $y_N = h_{No}/D_o$ und $q_N = Q/(KJ_{so}^{1/2}D_o^{8/3})$. Die Froudezahl des Zulaufs beträgt

$$F_o = Q/(gD_o h_o^4)^{1/2}. \tag{15.3}$$

Beispiel 15.1   Gegeben ein Zulaufkanal mit dem Sohlengefälle J_{so}=1.2%, dem Rauhigkeitsbeiwert K=85m$^{1/3}$s^{-1} und dem Durchmesser D_o=1.20m. Wie sind
die Zulaufbedingungen für Q_K=0.16m^{3}s^{-1} und Q_R=2.45m^{3}s^{-1}?
Mit den Relativwerten q_{NK}=0.16/(85·0.012$^{1/2}$1.2$^{8/3}$)=0.0106 und q_{NR}=
2.45/(85·0.012$^{1/2}$1.2$^{8/3}$)=0.162 folgt für *Normalabfluss* y_{NK}=0.926[1-
(1-3.11·0.0106)$^{1/2}$]$^{1/2}$=0.119, also h_{NK}=1.2·0.119m=0.143m. Entsprechend ergibt sich für y_{NR}=0.503, also h_{NR}=0.604m.
Die *kritischen Wassertiefen* betragen h_{cK}=[0.16/(9.81·1.2)$^{1/2}$]$^{1/2}$=
0.216m und h_{cR}=[2.45/(9.81·1.2)$^{1/2}$]$^{1/2}$=0.845m. Für die Froudezahlen
bei Normalabfluss entstehen schliesslich F_{oK}=0.16/(9.81·1.2·0.143^4)$^{1/2}$=
2.28 und F_{oR}=2.45/(9.81·1.2·0.604^4)$^{1/2}$=1.96. Beide Normalabflüsse
sind demnach schiessend.

Die Zulaufwerte sind auf den *Normalabflusszustand* berechnet. Aus Stabilitätsgründen wird empfohlen, im Zulaufbereich des Absturzschachtes diesen Zustand anzustreben, also für den oben liegenden Kontrollschacht einen *Minimalabstand* von 20D_o festzulegen.

15.2.3 Strahlgeometrie

Die Krone der Prallwand ist so festzulegen, dass möglichst der gesamte Trockenwetterabfluss erfasst wird, die untere Strahlbegrenzung des Regenwetterabflusses aber nicht berührt wird (Bild 15.2). Dabei ist die *Strahlgeometrie* von Kreisrohren in Rechnung zu stellen. Die lichte Weite des Absturzes soll mindestens 50cm betragen.

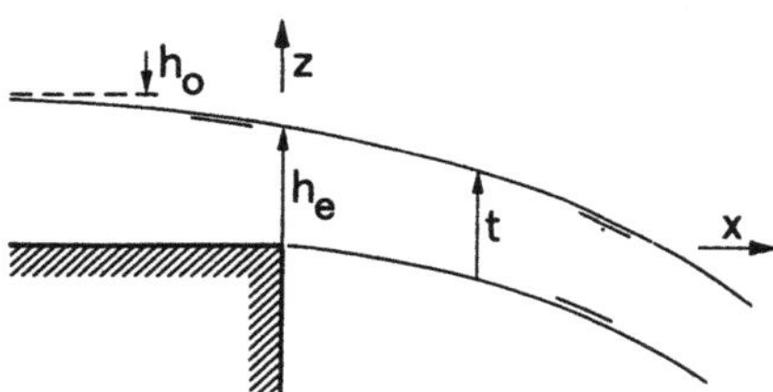

Bild 15.3 Endüberfall, Bezeichnungen.

Bild 15.3 zeigt einen sogenannten *Endüberfall* (Kap.11). Als Referenzlänge dient die Normalabflusstiefe h_o, im Endquerschnitt (x=0) tritt die Endtiefe h_e auf, t ist die vertikale Strahlhöhe und z die Vertikalkoordinate.

Messungen in Kreisrohren stammen von Biggiero (1963), welche sich auf Froudezahlen F_o<4 im Zuflusskanal beziehen. Mit den Relativkoordinaten X=x/h_o und Z=z/h_o ergeben sich für die *untere Strahltrajektorie* Z_1(X) und die *obere Strahltrajektorie* Z_2(X) die Parabeln (Kap.11)

$$Z_1(X) = -\theta_1 - A_1X^2, \tag{15.4}$$

$$Z_2(X) = T_e - \theta_2X - A_2X^2. \tag{15.5}$$

Die Koeffizienten A, θ und die relative Endtiefe $T_e=t_e/h_0$ hängen nur von F_0 ab

$$A_1 = 0.28\,F_0^{-1}\,, \qquad\qquad A_2 = 0.33\,F_0^{-1.4} \qquad\qquad (15.6)$$

$$\theta_1 = 0.05(3.7 - F_0)\,, \qquad\qquad \theta_2 = 1.7\theta_1 \qquad\qquad (15.7)$$

sowie

$$T_e = 1 - 0.25F_0^{-5/3}. \qquad\qquad (15.8)$$

Darnach beträgt bei $F_0=1$ (strömender Zufluss) die Endtiefe nur 75% der Zulauftiefe h_0, bei hochschiessendem Zufluss ergibt sich jedoch $h_e=h_0$. Nach Bild 11.8 ist die Geometrie der unteren Strahlbegrenzung recht verschieden von derjenigen des Rechteckprofils. Zudem erfährt die axiale Strahlhöhe Z_2-Z_1 mit X infolge der seitlichen Strahlausbreitung eine beträchtliche Reduktion, während sie bei Rechteckprofilen nahezu konstant ist.

Beispiel 15.2

Bestimme die Kronenhöhe der Prallwand für die Angaben nach Beispiel 15.1, falls der Prallwandabstand 0.5m beträgt.
Mit $Q_K=0.16\text{m}^3\text{s}^{-1}$ und $h_{NK}=0.143$m ist $F_{0K}=2.28$. Folglich berechnet sich $A_1=0.28\cdot2.28^{-1}=0.12$, $A_2=(1/3)2.28^{-1.4}=0.11$, $\theta_1=0.05(3.7-2.28)=0.07$, $\theta_2=1.7\cdot0.07=0.12$, $T_e=1-0.25\cdot2.28^{-5/3}=0.94$. Die *obere Strahltrajektorie* folgt also der Beziehung

$$Z_2 = 0.94 - 0.12X - 0.11X^2$$

und an der Stelle x=0.5m, also X=0.5/0.143=3.50 gilt $Z_2=0.94-0.12\cdot3.5-0.11\cdot3.5^2=-0.83$, entsprechend $z_2=-0.83\cdot0.143\text{m}=-0.12$m.
Mit $Q_R=2.45\text{m}^3\text{s}^{-1}$ und $h_{NR}=0.604$m ist $F_{0R}=1.96$. Man erhält also $A_1=0.28\cdot1.96^{-1}=0.14$ und $\theta_1=0.05(3.7-1.96)=0.09$ und damit für die *untere Strahltrajektorie*

$$Z_1 = -0.09 - 0.14X^2.$$

An der Stelle x=0.5m, also X=0.5/0.604=0.83 wird $Z_1=-0.09-0.14\cdot0.83^2=-0.19$, entsprechend $z_1=-0.19\cdot0.604\text{m}=-0.11$m. Damit überlappen sich die Gebiete für Trocken- und Regenwetteranfall nicht. Man setzt also die Krone auf z=-0.11m.

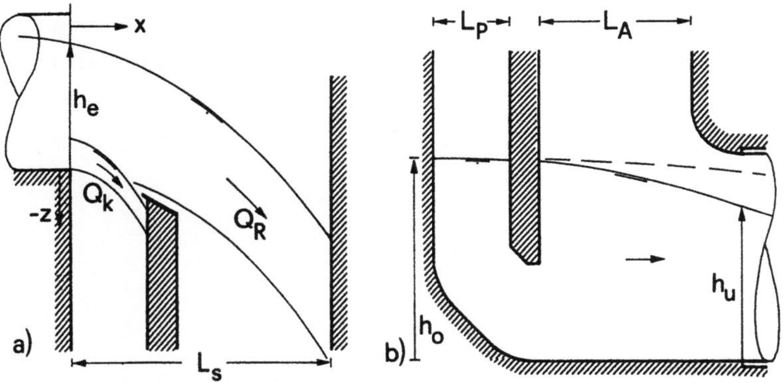

Bild 15.4   Absturzschacht mit a) Zulauf und b) Auslauf.

Kontroll- und Unterhaltsarbeit bedingen folgende *Minimalabmessungen* (Bild 15.4a):

- Schachtbreite $B_S \geq 1m$,
- Prallkammerlänge mindestens $L_p=0.50m$, Absturzkammer mindestens $L_A=1m$,
- Minimalbaulänge rund $L_s=2m$,
- demontierbare Prallwand für Prallkammern enger als 0.60m .

15.2.4 Schachtauslauf

Wie in Bild 15.2 angedeutet, lässt sich der Auslauf als Sammelkanal mit einem vertikalen Zuflussstrahl berechnen. Aus Gründen der Abrasion und der Ablagerungen ist das Totwasserende des 'Sammelkanals' auszurunden. Um *Freispiegelabfluss* zu garantieren, ist das Auslaufrohr gross auszubilden. Näherungsweise lässt sich eine uniforme Strahlverteilung auf die Schachtlänge annehmen sowie eine Kompensation des Reibungsgefälles mit dem Sohlengefälle. Die *Stützkraft* im U-Profil darf angenähert werden durch (Hager 1987)

$$S = \frac{8}{15} D^3 y^{5/2}(1-\tfrac{1}{4}y) + \frac{Q^2}{\frac{4}{3}gD^2 y^{3/2}(1-\tfrac{1}{3}y)} . \qquad (15.9)$$

Dabei bedeuten D den Rohrdurchmesser, g die Erdbeschleunigung, Q den Durchfluss und y=h/D die Teilfüllung. Für den prismatischen Sammelkanal mit dem Durchmesser D_u gilt zwischen dem Oberwasser- (Index «o») und Unterwasser-Querschnitt (Index«u»)

$$\frac{8}{15} y_o^{5/2}(1 - \tfrac{1}{4}y_o) = \frac{8}{15} y_u^{5/2}(1 - \tfrac{1}{4}y_u) + \frac{Q^2}{\frac{4}{3}gD_u^5 y_u^{3/2}(1 - \tfrac{1}{3}y_u)} . \qquad (15.10)$$

Diese Beziehung zwischen y_o, y_u und $Q/(gD_u^5)^{1/2}$ ist in Bild 15.5 graphisch ausgewertet. Für $Q/(gD_u^5)^{1/2} \to 0$ folgt die triviale Lösung $y_o=y_u$, sonst ist $y_o>y_u$.

Gl.(15.10) gilt für strömenden und schiessenden Abfluss im Unterwasserkanal. Im ersten Fall ist vom Unterwasser her eine Staukurve bis zum Schachtauslauf zu rechnen. Im zweiten Fall stellt sich am Übergang zwischen Schacht und Unterwasserkanal, also am Schachtauslauf, *kritischer Abfluss* ein. Mit der *Froudezahl* im U-Profil (Hager 1987)

$$F^2 = \frac{Q^2}{gD^5} \frac{2y^{1/2}(1 - \tfrac{5}{9}y)}{\left[\frac{4}{3}y^{3/2}\left(1 - \tfrac{1}{3}y\right)\right]^3} \qquad (15.11)$$

lässt sich durch Elimination des Durchflusses Q nach Gl.(15.11) für F=1 in Gl.(15.10) folgende, in Bild 15.5 punktiert eingezeichnete Beziehung $y_o(y_u)$ berechnen

$$y_o^{5/2}\left(1 - \tfrac{1}{4}y_o\right) = y_u^{5/2}\left[\left(1 - \tfrac{1}{4}y_u\right) + \frac{5}{3}\frac{\left(1 - \tfrac{1}{3}y_u\right)^2}{1 - \tfrac{5}{9}y_u}\right]. \tag{15.12}$$

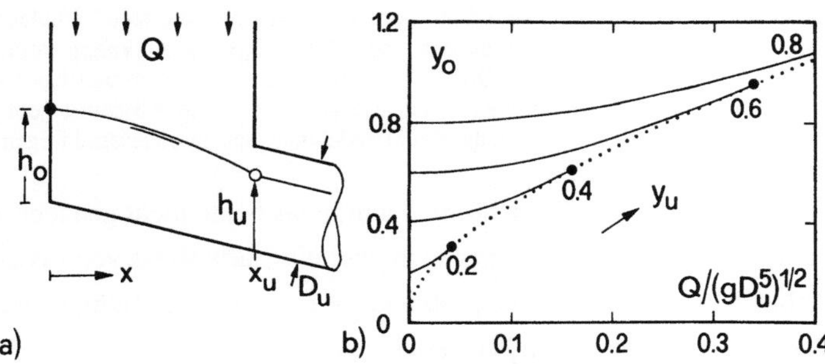

Bild 15.5 Absturzschachtauslauf. a) Definitionsskizze, b) Oberwassertiefe $y_o=h_o/D_u$ in Abhängigkeit von $y_u=h_u/D_u$ und $Q/(gD_u^5)^{1/2}$ nach Gl.(15.10). ($\cdots$) Wassertiefenverhältnis bei Fliesswechsel nach Gl.(15.12).

Der Klammerausdruck rechts von Gl.(15.12) variiert für $0<y_u<1$ nur zwischen den Werten 2.67 und 2.41, es gilt im Mittel 2.5. Damit vereinfacht sich Gl.(15.12) auf

$$y_o^{5/2}(1 - \tfrac{1}{4}y_o) = 2.5y_u^{5/2}. \tag{15.13}$$

Gl.(15.11) lässt sich für kritischen Abfluss im Auslaufbereich F=1 (Bild 15.5) ebenfalls vereinfachen auf

$$\frac{Q}{(gD^5)^{1/2}} = \frac{8}{9}y_c^{1.9}, \tag{15.14}$$

also ergibt sich für Gl.(15.13) alternativ bei schiessendem Unterwasser-Abfluss ($J_{su}>J_c$)

$$y_o^{5/2}\left(1 - \tfrac{1}{4}y_o\right) = 2.92\,[Q/(gD_u^5)^{1/2}]^{1.315}. \tag{15.15}$$

Bei bekanntem Durchfluss Q und einem *Fliesswechsel* von Strömen auf Schiessen am Schachtauslauf lässt sich also auf die Oberwassertiefe y_o allein in Abhängigkeit des Relativdurchflusses schliessen.

Beispiel 15.3   Berechne die Oberwassertiefe für das Beispiel 15.1 bei einem Auslauf-
kanal mit D_u=1.0m und J_{su}=2%.

Das Ausflussgefälle J_{su} erzeugt schiessenden Normalabfluss, also
stellt sich am Auslaufquerschnitt kritischer Abfluss ein. Mit
$Q/(gD_u^5)^{1/2}$=2.45/(9.81·1^5)$^{1/2}$=0.782 für Regenwetteranfall folgt
y_c=[0.782(9/8)]$^{1/1.9}$=0.935, also h_c=0.935m und Gl.(15.15) lautet

$$y_0^{5/2}(1 - \frac{1}{4}y_0) = 2.92 \cdot 0.782^{1.315} = 2.11.$$

Die relevante Lösung ergibt sich durch Proberechnung zu y_0=1.67,
entsprechend h_0=1.67m. Berücksichtigt man die grosse Turbulenz und
das Wasserluftgemisch, so dürfte D_u=1m zu knapp sein. Für
D_u=1.25m wird $Q/(gD_u^5)^{1/2}$=0.45, also h_c=0.87m und h_0=1.44m.
Der Unterwasserkanal ist also auf dem ersten Abschnitt genügend
gross auszubilden, die Kaliberreduktion kann anschliessend folgen.

Die Be- und Entlüftung von Fallschächten wurde bis heute nicht genauer untersucht.
Je nach Durchfluss und Anordnung kann sich aber ein Luftabfluss von bis zu 50% des
Wasserdurchflusses ergeben. Um eine problemlose Be- und Entlüftung sicherzustellen,
müssen die *Lüftungskanäle* reichlich bemessen werden.

15.3 Wirbelfallschacht

15.3.1 Anwendungsgrenzen

Im Gegensatz zum Absturzschacht wird im Wirbelfallschacht (engl.: vortex drop;
franz.: puits à vortex) längs des Schachtes eine beträchtliche *Energieumwandlung* durch
Wandreibung erzeugt. Diese vorteilhafte Wirkung ist der geordneten Überlagerung von
Drall- und Translationsströmung zuzuschreiben, die das Wasser den Fallschacht schrau-
benförmig durchströmen lässt. Das Wasser bewegt sich dabei längs den Schachtwänden,
während der zentrale Luftkern einen geordneten Luftzug ohne Unterdruckerscheinungen
sicherstellt und gleichzeitig den Wasserablauf stabilisiert.

Wirbelfallschächte lassen sich anwenden, falls:

- die zu überwindende Höhendifferenz rund 5 bis 10m übersteigt,
- der Zufluss entweder ausgeprägt strömend (F_0<0.7) oder schiessend (F_0>1.5) ist,
- sich Steilleitungen bis 45° Sohlenneigung nicht anbieten.

Am Auslauf einer Steilleitung herrscht schiessender Abfluss, während am Auslauf des
Wirbelfallschachtes das Wasser strömt. Dieser Unterschied ist u.U. entscheidend bei der
Typenwahl. Bei der hydraulischen Bemessung des Wirbelfallschachtes ist zwischen strömendem und schiessendem *Zufluss* zu unterscheiden. Die Berechnung gliedert sich in
folgende Abschnitte:

- Einlaufbauwerk,
- Vertikalschacht und
- Auslaufbauwerk.

15.3.2 Einlaufbauwerk

Der *Zulaufkanal* ist rechteckig mit der Breite b, dem Sohlengefälle J_{so} und dem Rauhigkeitsbeiwert K. Der Durchmesser des Vertikalschachtes ist D_s. Das Einlaufbauwerk stellt den Übergang von der nahezu horizontalen Zulaufströmung zur praktisch vertikalen Schachtströmung durch einen *Tangentialeinlauf* sicher.

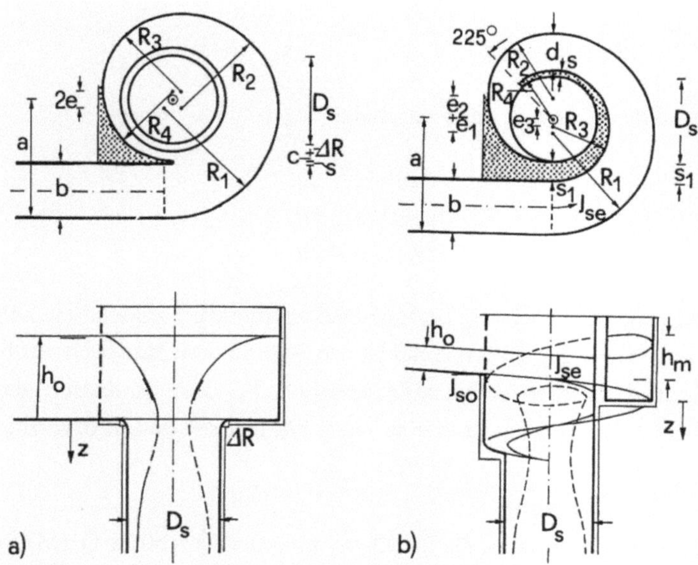

Bild 15.6   Geometrie des Wirbelfallschachtes bei Zufluss a) strömend und b) schiessend.

Bild 15.6a) zeigt die Geometrie des Wirbelfallschachtes bei *strömendem Zulauf* nach Drioli (1969). Es bezeichnen a den Abstand des Schachtmittelpunktes von der Aussenwand des Zulaufkanals, c die minimale Spiralbreite, e die Exzentrizität, ΔR die Schachtausrundung und s die Leitwandstärke. Mit den geometrischen Beziehungen

$$a = R + \Delta R + \tfrac{1}{2}b + c + s, \tag{15.16}$$

$$e = \tfrac{1}{7}(b + s) \tag{15.17}$$

folgt bei *strömendem Zufluss* für die Radien des Korbbogens

$$R_4 = R + \Delta R + c + e \tag{15.18}$$

$$R_3 = R_4 + e, \tag{15.19}$$

$$R_2 = R_4 + 3e, \tag{15.20}$$

$$R_1 = R_4 + 5e. \tag{15.21}$$

Es ergeben sich vernünftige Abmessungen mit $0.8 < D_S/a < 1$ und $\Delta R > D_S/6$. Die Stärke der Leitwand s ist auf das konstruktive Mindestmass auszulegen.

Bei *schiessendem Zufluss* schlägt Kellenberger (1988) vor

$$R_1 = (a + R + s + d)/2 , \qquad e_1 = a - R_1; \qquad (15.22)$$

$$R_2 = (2R + s + d)/2 , \qquad e_2 = R + s + d - R_2; \qquad (15.23)$$

$$R_3 = (a + R + s - b)/2 , \qquad e_3 = a - b - R_3; \qquad (15.24)$$

$$R_4 = R + s , \qquad s_1 = a - b - R \qquad (15.25)$$

mit $R = D_S/2$ als Schachtradius, wobei die Bedingungen zu erfüllen sind

$$(R + s + d) \leq a \leq (3R + s), \qquad (15.26)$$

$$0.8R \leq b \leq 2R, \qquad (15.27)$$

$$0.8R \leq d \leq 2R. \qquad (15.28)$$

Die Sohle quer zur Fliessrichtung ist horizontal auszubilden, während ein Längsgefälle $J_{se} > J_{so}$ zwischen 10% und 20% optimal ist und 30% dem Maximalwert entspricht. Die Stärke der Leitwand s ist wiederum auf das statische Mindestmass auszulegen, während s_1 durch Gl.(15.25)$_2$ festgelegt ist. Kleine Werte b/R und d/R sind zu bevorzugen.

15.3.3 Einlaufbemessung

Bei *strömendem Zufluss* wird die Beziehung zwischen Durchfluss Q und Oberwassertiefe h_o beeinflusst durch die Parameter

$$h^* = aR/b , \qquad Q^* = (gaR^5/b)^{1/2}. \qquad (15.29)$$

Es gilt (Hager und Kellenberger 1987)

$$Q/Q^* = \sqrt{2}h_o/h^*. \qquad (15.30)$$

Die Drallkammer wird auf den *Bemessungsabfluss*

$$Q_M = 4R^3(5g/b)^{1/2} \qquad (15.31)$$

ausgelegt, höhere Durchflüsse führen zum Zuschlagen des Vertikalschachtes und damit zum Unterbruch des Lufttransportes.

Für *schiessenden Zufluss* ist der Schachtdurchmesser folgendermassen abhängig vom Bemessungsabfluss (Kellenberger, 1988)

$$Q_M = [g(D_S/1.25)^5]^{1/2}. \qquad (15.32)$$

Die Einlaufkapazität ist somit bei strömendem und schiessendem Zufluss etwa gleich.

Im Vergleich zum Wirbelfallschacht mit strömendem Zufluss, dessen Wasserspiegel längs der Drallkammer kontinuierlich abnimmt, stellt sich bei schiessendem Zufluss eine *stehende Welle* der Höhe h_M bezüglich der Einlaufkote ein (Hager 1990)

$$\frac{h_M}{R_1} = \left[\frac{Q}{(2gbh_oR_1^3)^{1/2}} - \frac{1}{2}J_{se}\right](1.1 + 0.15F_o) . \qquad (15.33)$$

Dabei bedeuten (Bild 15.7) R_1 den Radius nach Gl.(15.22), h_o die Zuflusswassertiefe, $F_o = V_o/(gh_o)^{1/2}$ die Froudezahl im rechteckigen Zuflusskanal und J_{se} das Sohlengefälle der Drallkammer. Die Lage α_M [deg] des Wasserspiegelmaximums ist (Bild 15.8)

$$\frac{\alpha_M}{F_o} = 75(h_o/R_1)^{1/2}. \qquad (15.34)$$

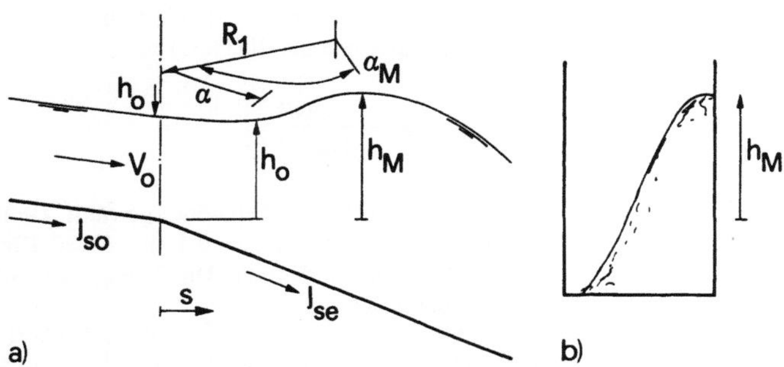

Bild 15.7   Stehende Welle entlang der Aussenseite der Drallkammer, a) Ansicht, b) Querschnitt mit maximaler Wassertiefe.

Bild 15.8 zeigt zwei Versuche mit typischen Konfigurationen des Wasserspiegels. In Bild 15.8a) tritt eine stehende Welle mit nur einem Maximum auf, während in Bild 15.8b) zwei Wellenkronen entstehen. Durch die von Kellenberger (1988) angegebene Einlaufspirale wird verhindert, dass sich durch zu abrupte Strahlumlenkung ein *Wassersprung* und damit ein Strömungszusammenbruch in der Einlaufspirale einstellen kann.

Beispiel 15.4   Gegeben ein Zulaufkanal der Breite b=1.2m mit einem Gefälle von J_{so}=0.1% und K=90m$^{1/3}$s^{-1}. Bemesse das Einlaufbauwerk für einen Durchfluss von Q=2.5m^{3}s^{-1}.
Für *Normalabfluss* gilt (Kap.5)

$$Q = (bh_o)KJ_{so}^{1/2}R_{ho}^{2/3},$$

also mit $R_{ho}=bh_o/(b+2h_o)$ und $y_o=h_{No}/b$

$$\frac{Q}{KJ_{so}^{1/2}b^{2/3}} = \frac{y_o^{5/3}}{(1+2y_o)^{2/3}} .$$

Bild 15.8   Ansicht der stehenden Welle bei a) F_o=5.7 und b) F_1=1.8.

Mit $Q/(KJ_{so}^{1/2}b^{8/3})$=2.5/(90·0.001$^{1/2}$1.2$^{8/3}$)=0.54 ergibt die Proberechnung y_o=1.1, entsprechend h_{No}=1.1·1.2m=1.32m. Die zugehörige Froudezahl ist F_{No}=$Q/(gb^2h_o^3)^{1/2}$=2.5/(9.81·1.2^{2}1.32^3)$^{1/2}$=0.44<0.7, es stellt sich also stabil *strömender* Normalabfluss ein.
Der *Schachtradius* R ergibt sich aus Gl.(15.31) zu

$$R = \left[\frac{Q_M/4}{(5g/b)^{1/2}}\right]^{1/3},$$

also R=[(2.5/4)/(5·9.81/1.2)$^{1/2}$]$^{1/3}$=0.46m, gewählt D=2R=1m. Konstruktiv soll weiter s=0.15m, c=0.10m, ΔR=0.10m und a=(0.5+0.1+0.6+0.1+0.15)m=1.45m sein. Die Bedingung 0.8<D_s/a<1 wird dabei knapp nicht erfüllt.
Mit h^*=aR/b=1.45·0.5/1.2=0.60m und Q^*=(9.81·1.45·0.5^5/1.2)$^{1/2}$= 0.61m^{3}s^{-1} nach den Gln.(15.29) wird für Q=2.5m^{3}s^{-1} die Zuflusswassertiefe h_o=(Q/Q^*)(h^*/2$^{1/2}$)=(2.5/0.61)(0.6/2$^{1/2}$)=1.74m nach Gl.(15.30). Damit tritt gegenüber der Normalabflusstiefe h_{No}=1.32m ein beträchtlicher *Rückstau* ein, der nicht akzeptabel ist. Entweder ist das Zuflussgefälle zu verringern oder der Schachtdurchmesser zu vergrössern.
Mit D_s=1.20m wird a=(0.6+0.1+0.6+0.1+0.15)m=1.55m und damit D_s/a=1.2/1.55=0.78, d.h. praktisch 0.8. Weiter ist h^*=1.55·0.6/1.2= 0.78m, Q^*=(9.81·1.55·0.6^5/1.2)$^{1/2}$=0.99m^{3}s^{-1} und damit h_o=(2.5/0.99)(0.78/2$^{1/2}$)m=1.39m, womit ein bescheidener Rückstaueffekt eintritt.
Die *Geometrie* des Wirbelfallschachtes lässt sich also beschreiben durch R=D_s/2=0.60m, a=1.55m, b=1.2m, e=(1.2+0.15)m/7=0.20m, R_4=1.0m, R_3=1.2m, R_2=1.6m und R_1=2.0m.

Beispiel 15.5   Gegeben ein Zulaufkanal 1.20m breit, mit K=90m$^{1/3}$s^{-1} und J_{so}=3%. Wie sieht das zugehörige Einlaufbauwerk für Q=2m^{3}s^{-1} aus?
Mit $Q/(KJ_{so}^{1/2}b^{8/3})$=2/(90·0.03$^{1/2}$1.2$^{8/3}$)=0.079 folgt nach Beispiel 15.4 y_{No}=0.26, also h_{No}=0.31m. Die zugehörige Froudezahl beträgt F_{No}=2/(9.81·1.2^{2}0.31^3)$^{1/2}$=3.08>1.5, also ist der Normalabfluss stabil *schiessend*.
Für den Schachtdurchmesser ergibt sich nach Gl.(15.32) D_s= 1.25(Q_M^2/g)$^{1/5}$=1.05m, gewählt ebenfalls D_s=1.20m. Mit s=0.10m und d=0.9m gilt nach Gl.(15.26) für (0.6+0.1+0.9)m≤a≤(1.8+0.1)m,

also a=1.9m. Die Bedingungen (15.27) und (15.28) sind erfüllt. Somit folgt für die *Drallkammergeometrie* R_1=(1.9+0.6+0.1+0.9)m/2= 1.75m, R_2=(2·0.6+0.1+0.9)m/2=1.10m, R_3=(1.9+0.6+0.1-1.2)m/2= 0.70m und R_4=(0.6+0.1)m=0.7m sowie e_1=(1.9-1.75)m=0.15m, e_2=(0.6+0.1+0.9-1.1)m=0.5m, e_3=(1.9-1.2-0.70)m=0 und s_1=(1.9-1.2-0.6)m=0.10m.
Die Charakteristika der stehenden Welle mit J_{se}=0.1 sind h_M/R_1= [2/(19.62·1.2·0.31·1.75³)¹ᐟ²–0.5·0.1](1.1+0.15·3.08)=0.42, also h_M= 0.42·1.75m=0.74m nach Gl.(15.33) an der Stelle α_M= 75(0.31/1.75)¹ᐟ²3.08=97°.

15.3.4 Vertikalschacht

Das vertikale Fallrohr (engl.: drop pipe; franz.: conduite de chute) vom Durchmesser D_s ist möglichst glatt zu wählen, um die *Abflussstabilität* zu erhöhen. Diese wird durch den zentralen Luftkern unterstützt, da der leichte Überdruck die Wasserströmung an die Wandung presst. Unter allen Umständen sind durch ungenügende Belüftung ausgelöste Pulsationen des Wasserluftgemisches zu vermeiden. Im Idealfall strömen deshalb der Wasser- und Luftanteil praktisch voneinander getrennt ab.

Obwohl die Rohroberfläche glatt ist, treten *Reibungsverluste* längs des Fallrohres auf. Vom Einlaufbauwerk her stellt sich eine - analog zur Senkungskurve im schiessenden Kanalabfluss - stetige Abnahme der Kreisringhöhe bis zur Gleichgewichtshöhe - analog der Normalabflusstiefe im Kanalabfluss - ein (Bild 15.6). Als Normierungsgrössen massgebend sind die Höhe $z^* = V^{*2}/(2g)$ und die Endgeschwindigkeit V^* mit

$$z^* = \frac{K^{6/5}}{2g}\left(\frac{Q}{\pi D_s}\right)^{4/5}, \quad V^* = K^{3/5}\left(\frac{Q}{\pi D_s}\right)^{2/5}. \tag{15.35}$$

Für die Tiefenentwicklung der Schachtgeschwindigkeit $V(z)$ folgt (Kellenberger 1988)

$$(V/V^*)^2 = Tgh(z/z^*). \tag{15.36}$$

Der Ausdruck V^* lässt sich als Normalabflussgeschwindigkeit im Vertikalschacht identifizieren. Sie wird praktisch erreicht, falls die Schachtlänge L_s grösser ist als z_L=3z^* oder

$$z_L = \frac{3}{2}\frac{K^{6/5}}{g}\left(\frac{Q}{\pi D_s}\right)^{4/5}. \tag{15.37}$$

Die *Effizienz* η des Wirbelfallschachtes hinsichtlich Energiedissipation lässt sich definieren durch η=$\Delta H/H_a$ mit ΔH=H_a–$H(z)$ und H_a=H_0+L_s als Zulaufenergiehöhe bezogen auf den Schachtauslauf (Bild 15.9). Die Effizienz gibt an, wieviel mechanische Energie noch durch ein *Tosbecken* zu dissipieren ist.

Beispiel 15.6   Berechne die Effizienz des Fallschachtes nach Beispiel 15.4 für eine Schachthöhe L_s=18m.

Mit $K=90m^{1/3}s^{-1}$, $D_s=1.20m$ und $Q=2.5m^3s^{-1}$ folgt mit Gl.(15.35) für die Höhe $z^*=(90^{6/5}/19.62)(2.5/\pi\cdot1.2)^{4/5}=8.12m$ und $V^*=(2gz^*)^{1/2}=(19.62\cdot8.12)^{1/2}=12.62ms^{-1}$. Als Grenzhöhe errechnet man also $z_L=3z^*=3\cdot8.12m=24.36m>L_s$, am Schachtende hat sich also noch kein Gleichgewichtszustand eingestellt. Die Austrittsgeschwindigkeit V_s am Schachtende ist nach Gl.(15.36) $(V_s/V^*)^2=Tgh(18/8.12)=Tgh(2.22)=0.977$, entsprechend $V_s=0.977^{1/2}12.62ms^{-1}=12.50ms^{-1}$.
Mit einer Zuflusswassertiefe $h_o=h_{No}=1.32m$ und $V_{No}=2.5/(1.2\cdot1.32)=1.58ms^{-1}$ wird $H_o=1.32+1.58^2/19.62=1.45m$, also $H_a=H_o+L_s=1.45m+18m=19.45m$. Für die Effizienz gilt demnach $\eta=[19.45-12.32^2/(19.62)]/19.45=0.60$, entsprechend sind 60% der Zuflussenergie längs des Fallschachtes dissipiert worden.

Nach Gl.(15.35) ist zur Erzielung einer kleinen Endgeschwindigkeit V^* und damit einer grossen Effizienz die Rauhigkeit gross und der Schachtdurchmesser klein zu wählen. Dies widerspricht jedoch der Forderung nach Abflussstabilität.

Der *Luftbedarf* (engl.: air demand; franz.: besoin d'air) der freien Schachtströmung hängt massgeblich von der relativen Schachtlänge L_s/D_s und vom Relativdurchfluss $q_s=Q/(K\pi D_s^{8/3})$ ab. Der Luftdurchfluss $Q_a=\beta Q$ lässt sich nach Bild 15.9 ermitteln (Hager und Kellenberger 1987). Näherungsweise gilt auch für $\beta<2$

$$\beta = \left(\frac{q_e}{q_s}\right)^{1/2} - 1 \tag{15.38}$$

mit dem Bezugswert

$$q_e = 0.018(L_s/D_s)^{1/3}. \tag{15.39}$$

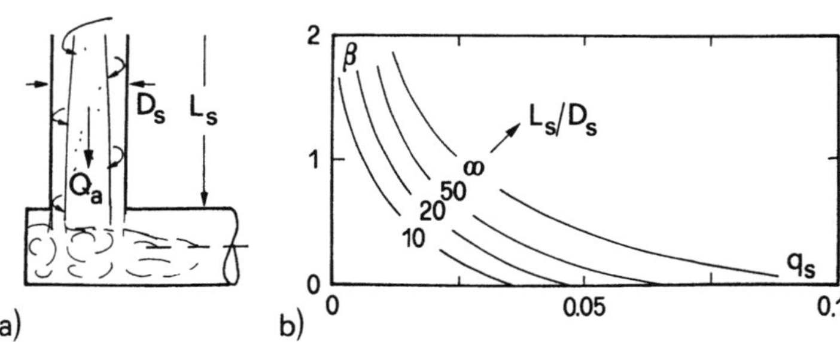

Bild 15.9   Lufteintrag in Wirbelfallschacht, a) Bezeichnungen, b) Luftfaktor $\beta=Q_a/Q$ in Abhängigkeit des Relativ-Wasserdurchflusses q_s für verschiedene Schachtlängen L_s/D_s.

Durch Differentiation von Gl.(15.38) ermittelt man den massgebenden Wasserdurchfluss, zu $Q_M=(1/2)q_e K\pi D_s^{8/3}$, resp. $q_M=(1/2)q_e$. Damit beträgt der maximale Luftdurchfluss

$$Q_{aM} = 0.41Q. \tag{15.40}$$

Beispiel 15.7 Berechne den Luftdurchfluss Q_a für Beispiel 15.6!

Mit D_s=1.20m, L_s=18m, Q=2.5m^{3}s^{-1} und K=90m$^{1/3}$s^{-1} wird q_s=2.5/(90·π·1.2$^{8/3}$)=0.0055. Weiter gilt mit L_s/D_s=18/1.2=15 für q_e=0.018·15$^{1/3}$=0.044 nach Gl.(15.39), also nach Gl.(15.38) für β=(0.044/0.0055)$^{1/2}$−1=1.83 und Q_a=βQ=1.83·2.5m^{3}s^{-1}=4.6m^{3}s^{-1}. Hier stellt sich also ein ganz bedeutender Luftzug ein, der dem eher kleinen Wasserdurchfluss zuzuschreiben ist.

Mit V_a=25ms^{-1} als Luftgeschwindigkeit ergibt sich als Zuluftdurchmesser D_a=(4Q_a/πV_a)$^{1/2}$=0.8m, das Belüftungsrohr hat also einen bedeutenden Durchmesser. Der massgebende Durchmesser stellt sich nicht unbedingt bei Maximalanfall ein (Bild 15.9).

Der *maximale* Luftdurchfluss tritt beim Wasserdurchfluss Q_M=0.5·0.044·90π·1.2$^{8/3}$m^{3}s^{-1}=10.1m^{3}s^{-1} ein und beträgt Q_{aM}=0.41·10.1m^{3}s^{-1}=4.15m^{3}s^{-1} Luft. Bei einer Mehrbelastung müsste diesem Umstand Rechnung getragen werden.

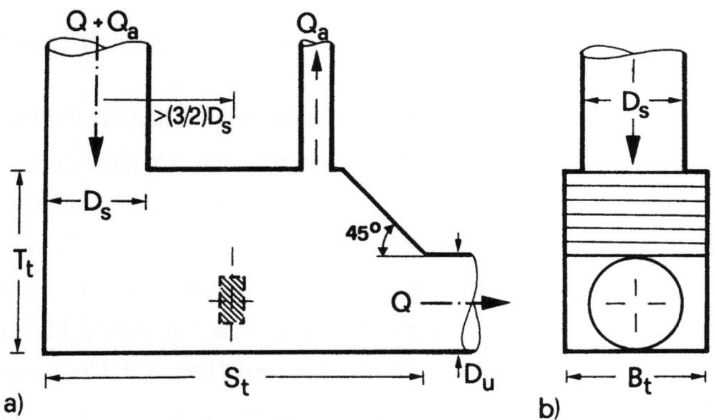

Bild 15.10 Toskammer (schematisch) a) Längsschnitt und b) Querschnitt (Hager und Kellenberger 1987).

15.3.5 Toskammer

Die Toskammer hat verbleibende Restenergie so umzuwandeln, dass ein schadloser Abfluss in den Unterwasserkanal zurückgeführt wird. Gleichzeitig soll hier die *Entlüftung* des Abflusses vorgenommen werden und der Abfluss von der Fallbewegung in die *Horizontalbewegung* übergeführt werden. Dazu wird vorteilhaft die in Bild 15.10 dargestellte und in Bild 15.11 experimentell untersuchte *Toskammer* (engl.: stilling chamber; franz.: chambre de dissipation). verwendet. Deren Abmessungen sind:

- Länge S_t≅4$\bar D$,
- Breite B_t=(1 bis 1.2)$\bar D$,
- Höhe T_t≅2$\bar D$

mit $\bar D$ als grösserer der beiden Durchmesser D_s (Fallschacht) oder D_u (Unterwasserrohr). Diese eher *reichliche Kammergrösse* ist für das einwandfreie Arbeiten des Auslaufbauwerkes nötig. Bei zu knappen Abmessungen besteht Rückstaugefahr in den Fallschacht, Unterbindung der Luftzirkulation, Erzeugung von Abflusspulsationen sowie

Zugangsschwierigkeiten für Unterhaltsarbeiten.

Bild 15.11   Vereinfachte Version einer Toskammer im hydraulischen Modell.

Das Fallrohr ist nicht in die Toskammer hineinzuziehen, und die Toskammerdecke ist unter 45° in das Ablaufrohr hinabzuführen. Bei grösseren Anlagen ist ein geschlossenes *Lüftungssystem* in Erwägung zu ziehen, das auf Luftgeschwindigkeiten von ca. 30ms^{-1}, in Extremfällen auf 50ms^{-1} auszulegen ist. Der ausreichenden Belüftung des Abflusses, gepaart mit der einwandfreien Entlüftung ist grösste Aufmerksamkeit zu schenken.

Die Energieumwandlung der Toskammer beträgt maximal rund 80%. *Einbauten* nach Bild 15.12 vermögen diese nur unwesentlich zu erhöhen, schützen jedoch den Tosbeckenboden durch das Wasserpolster. Querschwellen werden unter- und überströmt, der Einstau hängt jedoch vom jeweiligen Durchfluss ab. Überfälle erzeugen permanent ein beträchtliches Wasserpolster, bei Trockenwetteranfall können jedoch Ablagerungen auftreten. Die Bodenverengung in der Art eines *Venturikanals* (Kap.12) vereinigt alle Vorteile und ist zudem begehbar, wenn auch konstruktiv aufwendiger. Die Engstelle sollte aus Sicherheitsgründen um mindestens (3/2)D$_S$ von der Fallrohrachse versetzt sein (Bild 15.10a).

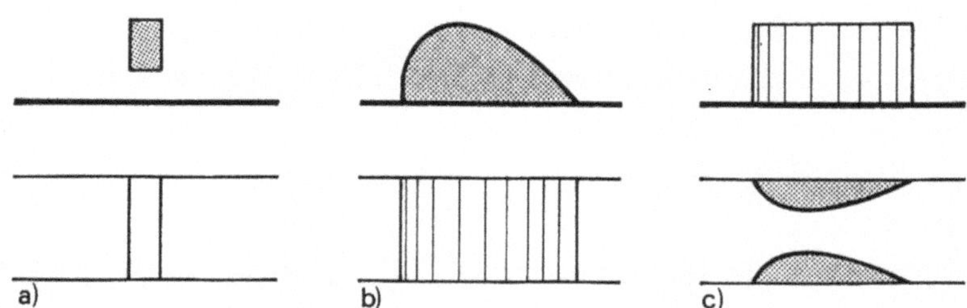

Bild 15.12   Einbauten zur Erzeugung eines Wasserpolsters in der Toskammer eines Wirbelfallschachts a) Querschwelle, b) Wehrrücken, c) Venturikanal.

Literaturnachweis

- ATV (1991). Bauwerke der Ortsentwässerung. *Arbeitsblatt* **A241**. Abwassertechnische Vereinigung: St. Augustin.
- Biggiero, V. (1963). Sul tracciamento dei profili della vene liquide. *Convegno di Idraulica* (Pisa) **8** A11: 1-19.
- Drioli, C. (1969). Installazioni con pozzo di scarico a vortice. *L'Energia Elettrica* **46**(2): 81-102; **46**(6): 399-409.
- Hager, W.H. (1987). Abfluss im U-Profil. *Korrespondenz Abwasser* **34**(5): 468-482.
- Hager, W.H. (1990). Vortex drop inlet for supercritical approaching flow. *Journal of Hydraulic Engineering* **116**(8): 1048-1054.
- Hager, W.H. und Kellenberger, M.H. (1987). Die Dimensionierung des Wirbelfallschachtes. *gwf - Wasser/Abwasser* **128**(11): 585-590.
- Kellenberger, M. (1988). Wirbelfallschächte in der Kanalisationstechnik. *Mitteilung* **98**. Versuchsanstalt für Wasserbau, Hydrologie und Glaziologie, ETH: Zürich.
- SIA (1980). Sonderbauwerke der Kanalisationstechnik. *SIA-Dokumentation* **40**. Schweizerischer Ingenieur- und Architektenverein: Zürich.

Bezeichungen

a	[m]	Abstand
b	[m]	Breite
B_s	[m]	Schachtbreite
B_t	[m]	Tosbeckenbreite
c	[m]	minimale Spiralbreite
d	[m]	Spiralbreite nach 180°
D	[m]	Durchmesser
D_s	[m]	Schachtdurchmesser
$\bar{D}$	[m]	massgebender Durchmesser
e	[m]	Exzentrizität
F	[-]	Froudezahl
g	[ms^{-2}]	Erdbeschleunigung
h	[m]	Wassertiefe
h_e	[m]	Endtiefe
H	[m]	Energiehöhe
J_c	[-]	kritisches Gefälle
J_s	[-]	Sohlengefälle
K	[m$^{1/3}$s^{-1}]	Rauhigkeitsbeiwert
L_s	[m]	Schachtlänge

q_e	[-]	dimensionsloser Bezugsdurchfluss
q_N	[-]	$=Q/(KJ_s^{1/2}D^{8/3})$ Relativdurchfluss
q_s	[-]	$=Q/(K\pi D^{8/3})$ Relativdurchfluss
Q	[m^{3}s^{-1}]	Durchfluss
Q^*	[m^{3}s^{-1}]	Bezugsdurchfluss
R	[m]	Schachtradius
s	[m]	Leitwandstärke
S	[m^3]	relative Stützkraft
S_t	[m]	Tosbeckenlänge
t	[m]	vertikale Strahlstärke
T_e	[-]	relative Endtiefe
T_t	[m]	Tosbeckenhöhe
V_0	[ms^{-1}]	Zuflussgeschwindigkeit
V^*	[ms^{-1}]	Bezugsgeschwindigkeit
x	[m]	Längskoordinate
X	[-]	$=x/h_o$
y	[-]	Teilfüllung
z	[m]	Vertikalkoordinate
Z	[-]	$=z/h_o$
Z_1	[-]	untere Strahltrajektorie
Z_2	[-]	obere Strahltrajektorie
z^*	[m]	Bezugshöhe
α	[-]	Lagewinkel
β	[-]	Lufteintragskoeffizient
η	[-]	Effizienz
ΔH	[m]	Energieverlust
ΔR	[m]	Schachtausrundung
θ_1	[-]	unterer Strahltrajektorienparameter
θ_2	[-]	oberer Strahltrajektorienparameter

Indizes

a	Luft	M	Maximum
c	kritisch	N	Normalabfluss
K	kritischer Anfall	o	Zufluss
L	Grenzwert	R	Regenwetteranfall
m	Minimum	u	Unterwasser

16 VEREINIGUNGSSCHÄCHTE

In Vereinigungsschächten können bedeutende Verluste entstehen, die zu einer hydraulisch schlecht ausgebildeten Kanalstrecke führen. Im vorliegenden Kapitel wird einerseits gezeigt, dass *strömender* Abfluss bezüglich der Verluste sich praktisch wie ein Druckrohr verhält, also die dafür in der Literatur vorliegenden Verlustbeiwerte übernommen werden dürfen. Bei bekanntem Unterwasserabfluss kann somit über die Vereinigung ins Oberwasser gerechnet werden, und damit lassen sich die Einstauverhältnisse abklären.

Andererseits wird im vorliegenden Kapitel speziell auf *schiessende* Abflüsse eingegangen. Nach einer allgemeinen Besprechung der Abflussphänomene in 16.3 mit Anwendungen auf die Kanalverengung, die Kanalerweiterung und die Kanalkurve wird auch die Vereinigung besprochen. Dabei bezieht sich die Diskussion auf das Rechteckprofil, da keine systematischen Untersuchungen im Kreisprofil vorliegen. Es werden auch konstruktive Verfahren angegeben, mit welchen sich der schiessende Abfluss vergleichmässigen lässt.

Abschnitt 16.4 bezieht sich auf den Spezialfall des Krümmerschachtes. Obwohl bis heute im schiessenden Abflussbereich noch eine Vielzahl von Strömungsarten einer systematischen Analyse harren, dürften doch die wichtigsten Aspekte nachfolgend erwähnt sein und eine vereinfachte Bemessung sicherstellen.

16.1 Einleitung

Neben dem Kontrollschacht als reinem Durchgangsbauwerk und dem Absturzschacht zur Überwindung von Höhendifferenzen ist wohl der Vereinigungsschacht (engl.: junction manhole; franz.: puits à jonction) in der Praxis oft anzutreffen. Da ein Kanalisationsnetz weitverzweigt und das Abwasser möglichst einer zentralen Abwasserreinigungsanlage zuzuführen ist, trifft man häufig hunderte von Vereinigungen in einem System an. Solange das Wasser langsam fliesst, ist mit keinen Überraschungen dynamischer Art zu rechnen, es sei denn, unzulässiger Rückstau trete ein. Werden aber grössere Geschwindigkeiten massgebend, so ist insbesondere an hydraulisch schlecht ausgebildeten Vereinigungen mit dynamischen Strömungsproblemen zu rechnen. So können bei schiessendem Zufluss etwa die folgenden *Phänomene* auftreten:

- starke Stosswellenentwicklung, ausgehend vom Vereinigungsschacht und sich ins Unterwasser durch Kreuzwellen als Störung fortpflanzend,
- Zuschlagen des Unterwasserrohreinlaufs infolge zu hoher Stosswellen,
- Unterbruch des Lufttransports im Unterwasser infolge Zuschlagens,
- Zusammenbruch der schiessenden Strömung, verbunden mit Druckabfluss in einem oder mehreren Zuläufen, oder
- Rückstauerscheinungen, insbesondere in Hausanschlüssen.

Um diese unliebsamen Strömungserscheinungen auf ein Mindestmass zu reduzieren, soll die Vereinigungsströmung vorerst hydraulisch erklärt werden. Dabei ist, wie bereits in anderen Kapiteln, grundsätzlich zu unterscheiden zwischen Strömen und Schiessen. *Strömender Abfluss* lässt sich nach 16.2 eindimensional behandeln durch die Energiegleichung, falls die entsprechenden Verlustbeiwerte bekannt sind. *Schiessender Abfluss* hingegen ist viel komplexer und lässt sich nur zweidimensional ermitteln. Um die wichtigsten Eigenheiten der schiessenden Kanalströmung zusammenzufassen, wird in Abschnitt 16.3 vorgängig darauf eingegangen und anschliessend der Vereinigungsschacht behandelt. Abschnitt 16.4 bezieht sich schliesslich auf den *Krümmerschacht*, also einen Spezialfall der Kanalvereinigung.

16.2 Strömender Abfluss

16.2.1 Berechnungsprinzip

Eine Kanalvereinigung und damit auch der Spezialfall der Kanalkrümmung lässt sich bis heute nur unter vereinfachten Annahmen berechnen. Einerseits muss die Geometrie einfach sein, andererseits dürfen keine grossräumigen Ablösungen auftreten. Wie bereits in Kap.2 ausführlich beschrieben, stellt der Grenzfall $F \rightarrow 0$ den asymptotischen Abfluss unter Druck dar, die Abweichungen der Freispiegelströmungen nehmen daher mit steigender Froudezahl zu.

Wird der Impulssatz zur Ermittlung des Energieverlustes in Vereinigungen angesetzt, so müssen neben den Stützkräften (Kap.1) auch alle Wandreaktionen bekannt sein. Diese lassen sich bei *scharfkantiger* Wandgeometrie recht gut abschätzen, bei Ausrundungen treten jedoch Ablösungen mit *labilem Ablösungspunkt* auf, die eine Ermittlung des Wanddruckes erschweren. Bild 16.1 zeigt den Vereinigungsschacht mit polygonaler und ausgerundeter Aussenwand. Bei der scharfkantigen Wandumlenkung fällt der Ablösungspunkt mit dem Umlenkungspunkt zusammen, während in Bild 16.1b) je nach Abflusskonfiguration der Ablösungspunkt veränderlich ist. Damit ist auch die Wandreaktion schwierig abschätzbar und die übliche Berechnung einer Kanalvereinigung bezieht sich deshalb auf die scharfkantige Vereinigung.

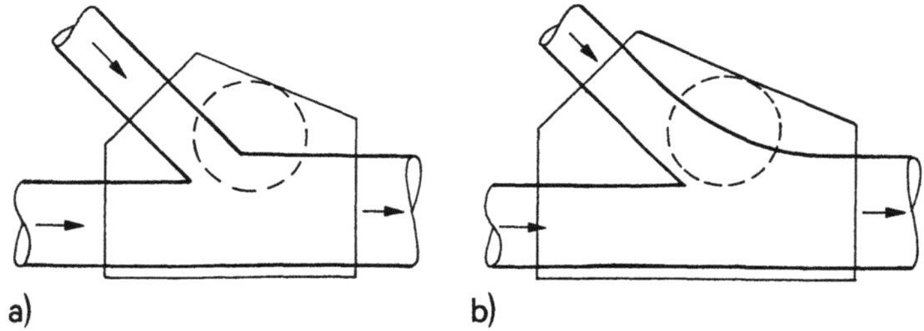

Bild 16.1 Vereinigungsschacht a) mit scharfkantiger und b) mit ausgerundeter Aussenwand.

Nach Hager (1987) lässt sich der Verlustbeiwert einer Stromvereinigung vom Winkel α im Rechteckkanal mit Einheitshöhe berechnen. Für den in Bild 16.2 skizzierten Kanal, bei welchem die Reibungsverluste durch das Sohlengefälle kompensiert werden, herrscht nämlich bei kontraktierenden Stromlinien praktisch eine Potentialströmung. Infolge der scharfkantigen Wandumlenkung liegt der kontraktierte Querschnitt (Index «e») leicht stromab von Punkt P. Bezeichnet

$$H = p + \frac{Q^2}{2gb^2} \tag{16.1}$$

die Energiehöhe, so folgt aus dem *Energiesatz* mit $E=Q{\cdot}H$ als spezifischer Energie für den asymptotischen Fall $F{\rightarrow}0$

$$\left(p_o + \frac{Q_o^2}{2gb_o^2}\right)Q_o + \left(p_z + \frac{Q_z^2}{2gb_z^2}\right)Q_z = \left(p_e + \frac{Q_e^2}{2gb_e^2}\right)Q_e \ . \tag{16.2}$$

Dabei beziehen sich die Indizes «o», «z» und «e» auf den Oberwasser-, den zukommenden und den eingeschnürten Querschnitt und p bezeichnet die Druckhöhe in den entsprechenden Querschnitten. Es gilt weiter $b_e=\mu b_u$ und $Q_e=Q_u$ sowie $b_o=b_u=b_z=b$ als geometrische Vereinfachung. Für einen nahezu ungestörten Zufluss mit parallelen Stromlinien lautet der *Impulssatz*

$$p_ob + \frac{Q_o^2}{gb} + p_zbcos\alpha + \frac{Q_z^2cos\alpha}{gb} = p_ub + \frac{Q_u^2}{g\mu b} + p^*bcos\alpha \ . \tag{16.3}$$

Die Druckhöhe p^* (Bild 16.2a) entspricht dem Mittelwert des Wanddruckes, welcher zwischen den Werten p_z und p_e liegt. Mit n als einem Beiwert darf man also ansetzen

$$p^* = \frac{p_z+np_e}{1+n} \ , \tag{16.4}$$

da die Extremwerte $p^*(0)=p_z$ und $p^*(\infty)=p_e$ entstehen.

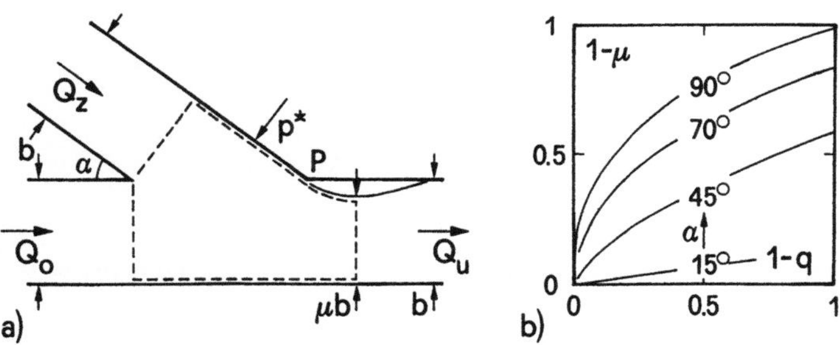

Bild 16.2   a) Berechnungsmodell für zweidimensionale Vereinigung, b) Kontraktionskoeffizient $\mu(q)$ nach Gl.(16.6).

Wie bereits Vischer (1958) aufgrund des Stetigkeitsgesetzes für den Druck bei strömenden Abflüssen zeigt, sind die Drücke im Vereinigungspunkt sowohl vom oberen als auch vom seitlichen Ast herkommend identisch, also gilt $p_o=p_z$. Weiter folgt anhand der Kontinuitätsgleichung

$$Q_o + Q_z = Q_u \ . \tag{16.5}$$

Damit lassen sich die Drücke aus den Gln.(16.2) bis (16.4) eliminieren und eine Beziehung für μ in Abhängigkeit des Durchflussverhältnisses $q=Q_o/Q_u$, des Vereinigungswinkels α und des Druckbeiwertes n aufstellen. Weiter soll die Rechnung die beiden folgenden Bedingungen erfüllen:
- für q=1, also keinen seitlichen Zufluss, entsteht keine Kontraktion, entsprechend $\mu(q=1)=1$,
- für $\alpha=0$, also parallele Zuflüsse, sollte ebenfalls $\mu(\alpha=0)=1$ entstehen.

Daraus folgt für den Druckbeiwert n=1/2 und damit für den *Kontraktionsbeiwert* (Hager, 1987)

$$\mu^{-1} = (1 + [(1-q)(2-q)(1-2/3cos\alpha-1/3cos^2\alpha) + 1/9cos^2\alpha]^{1/2})(1 + 1/3cos\alpha)^{-1} \ . \tag{16.6}$$

Gl.(16.6) ist in Bild 16.2b) als $(1-\mu)$ in Abhängigkeit des Durchflussverhältnisses $(1-q)$ für verschiedene Vereinigungswinkel dargestellt. Mit Messwerten ergibt sich eine gute Übereinstimmung für kleine Werte von α und q, insbesondere für $\alpha\rightarrow90°$ treten bei $q\rightarrow1$ jedoch Abweichungen auf, die noch erklärt werden.

Der eigentliche *Energieverlust* stellt sich erst zwischen dem eingeschnürten und dem Unterwasser-Querschnitt ein. Nach dem Impulssatz gilt

$$p_e - p_u = \frac{Q_u^2}{gb}(1 - \mu^{-1}) \tag{16.7}$$

und der verallgemeinerte Energiesatz lautet

$$p_u - p_e = \frac{Q_u^2}{2gb^2}[\mu^{-2} - q^3 - (1-q)^3] \ . \tag{16.8}$$

Wird p_e aus diesen beiden Beziehungen eliminiert, so folgt als Druckdifferenz

$$p_o - p_u = \frac{Q_u^2}{2gb^2}[\mu^{-1} -1)^2 + 3q(1-q)] \ . \tag{16.9}$$

Mit den nach Kap.2 auf den Gesamtdurchfluss Q_u bezogenen Verlustbeiwerten bezüglich des Oberwasserastes und Seitenastes

$$\xi_O = \frac{H_O - H_u}{Q_u^2/(2gb^2)} \; , \qquad \xi_z = \frac{H_z - H_u}{Q_u^2/(2gb^2)} \qquad (16.10)$$

ergibt sich nach Einsetzen

$$\xi_O = (\mu^{-1} - 1)^2 - 1 + 3q - 2q^2 \; , \qquad (16.11)$$

$$\xi_z = (\mu^{-1} - 1)^2 + q - 2q^2 \; . \qquad (16.12)$$

Vergleicht man die Auswertung nach den Gln.(16.11) und (16.12) mit derjenigen von Vischer (1958), resp. Favre, so stellt man für $\alpha \leq 70°$ eine ausgezeichnete Übereinstimmung fest. Die Abweichungen für $\alpha \rightarrow 90°$ und $q \rightarrow 1$ lassen sich durch die Annahme erklären, nach der beim Eintritt der Flüssigkeit ins Kontrollvolumen der seitliche Ast noch eine Richtung α aufweist. Infolge des dominanten Hauptkanals ist jedoch eine *reduzierte Zuflussrichtung* $\gamma = \sigma\alpha$ mit $\sigma < 1$ massgebend. Durch Anpassung an die Messwerte stellt sich ein Wert $\sigma = 8/9$ als optimal heraus. Damit gilt Bild 16.2b), falls α durch den abgeschwächten Winkel α/σ ersetzt wird, d.h. beispielsweise ein Winkel von $\alpha = 70°$ effektiv für den Vereinigungswinkel von $79°$ gilt.

Das vorangehende Beispiel belegt das bereits in Kap.2 gefundene Resultat, nach dem die für Druckrohre relevanten Verlustbeiwerte *auch bei Freispiegelabfluss* gelten, falls die maximale Froudezahl nicht zu nahe bei 1 liegt. Üblicherweise dürfte als obere Grenze etwa $F_u < 0.7$ betragen. Damit lassen sich also alle in Kap.2 gefundenen Resultate, die sich insbesondere auf verschiedene Geometrien bei Druckabfluss beziehen, direkt übertragen auf Freispiegelabflüsse.

16.2.2 Verlustbeiwerte

Die in 2.3.5 angegebenen Daten für die Verlustbeiwerte beziehen sich auf die scharfkantige Vereinigung. In der Folge werden weitere Resultate für die *ausgerundete Vereinigung* mitgeteilt, um die Grössenordnung des effektiven Verlustes abzuschätzen.

Eine erste Quelle von Versuchsresultaten stellt wiederum Idel'cik (1979) dar, welcher die Verlustbeiwerte für einen Ausrundungsradius von $R_z = b_z$ angibt. Bezeichnet $q_z = Q_z/Q_u$ den Relativseitenzufluss, so lassen sich ξ_O und ξ_z in Abhängigkeit von q_z für verschiedene Flächenverhältnisse $m = F_z/F_u$ angeben. Aus Bild 16.3 erkennt man praktisch keine Verluste für $q_z = 0.5$, diese nehmen im zukommenden Strang für $q_z \rightarrow 1$ jedoch stark zu und entsprechend im Oberwasser ab. Ebenfalls ergibt sich bei stark unterschiedlichen Querschnitten m eine schlechte Energieverteilung.

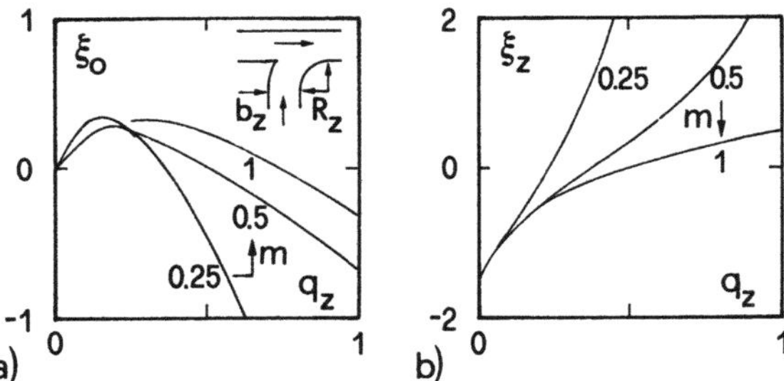

Bild 16.3   Verlustbeiwerte in der ausgerundeten Vereinigung mit $\delta=90°$ für verschiedene *Flächenverhältnisse* $m=F_z/F_u$ und $R_z=b_z$ a) ξ_0 im durchgehenden und b) ξ_z im zukommenden Ast in Abhängigkeit vom Durchflussverhältnis $q_z=Q_z/Q_u$ für $0.7<F_0/F_u<1.1$ nach Idel'cik (1979).

Vergleicht man die Zahlenwerte mit denjenigen für die scharfkantige Vereinigung, so stellt man eine bedeutende Reduktion fest. Ausrunden ist deshalb hydraulisch, d.h. auf die Energieverluste bezogen, sehr *effizient*. Bei schiessenden Abflüssen muss diese Aussage modifiziert werden.

Aus Bild 16.4 lässt sich der Einfluss des Ausrundungsradius R_z bei der Vereinigung mit einem 90°-Krümmer erkennen. Daraus geht - wie bereits aus Bild 2.10 - eine markante Verlustreduktion bei kleiner Ausrundung hervor. Analoges gilt auch für kleinere Vereinigungswinkel.

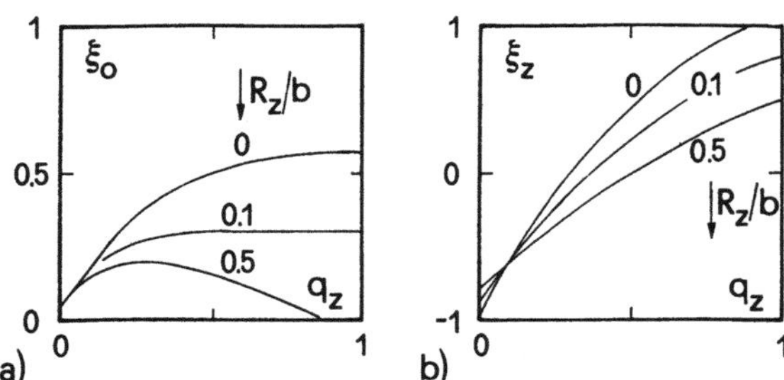

Bild 16.4   Verlustbeiwerte für die Vereinigung mit $\delta=90°$ und verschiedene *Relativausrundungen* R_z/b bei überall gleichem Strangquerschnitt nach Ito und Imai (1973). a) Durchgehender Strang $\xi_0(q_z)$ und b) zukommender Strang $\xi_z(q_z)$ mit $q_z=Q_z/Q_u$.

Zusätzlich zu diesen für Druckrohre abgeleiteten Ergebnissen liegen auch einige Resultate für *Vereinigungsschächte* vor. Neben der Arbeit von Sangster, et al. (1959) muss diejenige von Townsend und Prins (1978) erwähnt werden, welche sich mit einer Ausnahme ebenfalls auf den nichtgeführten Schachtdurchfluss bezieht. Dabei handelt es sich um eine 45° Vereinigung, welche von allen acht Konfigurationen verhältnismässig den niedrigsten Verlustbeiwert aufweist.

Nach Lindvall (1984) tritt praktisch keine Variation des Verlustbeiwertes mit dem Schachteinstau auf. Seine Untersuchung bezieht sich auf die 90°-Vereinigung mit einem Ausrundungsradius $R_Z/D=1$ und hochgezogenen Bermen bei vollständigem Einstau. Anhand der Messresultate lassen sich die beiden Beziehungen ableiten

$$\xi_o = 0.475[3.3 - (D_Z/D_u-0.42)^2]\Omega + 0.024\delta_s \, , \qquad (16.13)$$

$$\xi_z = 0.07 + 0.133(\delta_s+10)\Omega - 0.575\Omega^{3.5} \qquad (16.14)$$

mit $\Omega=[1-(Q_o/Q_u \cdot D_u/D_o)^2]$ als Geschwindigkeitsfaktor und $\delta_s=D_s/D_u$ als Schachtdurchmesserverhältnis.

Ob sich anhand der relativ wenigen Versuche solch komplexe Ausdrücke rechtfertigen, ist fraglich. Die Maximalwerte sowohl von ξ_o als auch von ξ_z entstehen jedenfalls für $q\rightarrow1$. Näherungsweise ist der Einfluss der Schachtgrösse δ_s vernachlässigbar. Setzt man für $\delta_s=3$ sowie für $D_u/D_o=1$ und $0.42<D_Z/D_u\leq1$, so folgt mit $\Omega=1-(Q_o/Q_u)^2$

$$\xi_o = 0.475[3.3 - (D_Z/D_u-0.42)^2][1-(Q_o/Q_u)^2] + 0.07 \, , \qquad (16.15)$$

$$\xi_z = 1.73[1 - (Q_o/Q_u)^2] - 0.575[1 - (Q_o/Q_u)^2]^{3.5} + 0.07 \, . \qquad (16.16)$$

Obwohl diese Verlustbeiwerte relativ hoch erscheinen, gelten sie nur für *Druckabfluss*, d.h. der Schacht steht unter Wasser. Bild 16.5 zeigt eine Auswertung der Gln.(16.15) und (16.16) und relativiert den Einfluss des Zulaufdurchmessers. Im Vergleich zu den bisherigen Angaben sind nun sowohl ξ_o als auch ξ_z immer positiv, d.h. es tritt keine Saugwirkung auf.

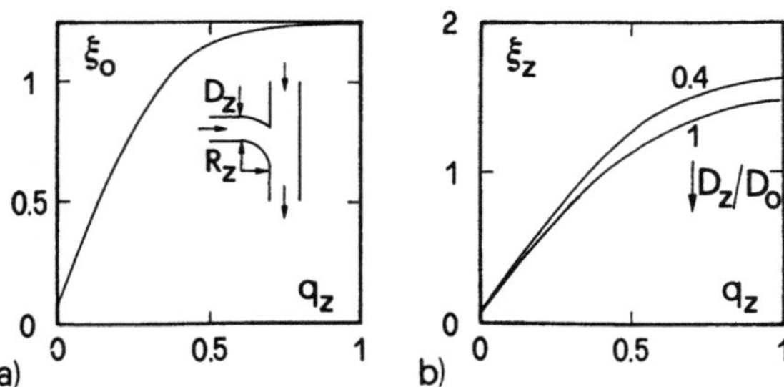

Bild 16.5   Verlustbeiwerte im eingestauten Schacht mit hochgezogenen Bermen, Ausrundung des um $\delta=90°$ abgewinkelten Zulaufs um $R_Z/D_Z=1$. a) $\xi_o(q_z)$ und b) $\xi_z(q_z)$ für verschiedene Zulaufdurchmesserverhältnisse D_Z/D_o mit $q_z=Q_z/Q_u$ nach Lindvall (1987).

Die Arbeit von Marsalek (1987) bezieht sich auf zwei *gegeneinander* fliessende Zuflüsse, die dann im Vereinigungsschacht um 90° umgelenkt werden (Bild 16.6a). Er fand anhand ausgedehnter Versuche praktisch keinen Einfluss des Schachtaufstaus, obwohl dieser Parameter den Kontrollschacht (Kap.14) nachhaltig beeinflusst. Bezieht man sich wiederum nur auf den Fall mit 100% Bermenhöhe, so ergeben sich die im Bild 16.6b) dargestellten Werte $\xi_z(q_z)$, resp. $\xi_o(q_z)$ mit $Q_o=Q_u-Q_z$. Überschlägig gilt damit etwa $\xi=1$, die Geschwindigkeitshöhe wird also durch den Zusammenfluss dissipiert.

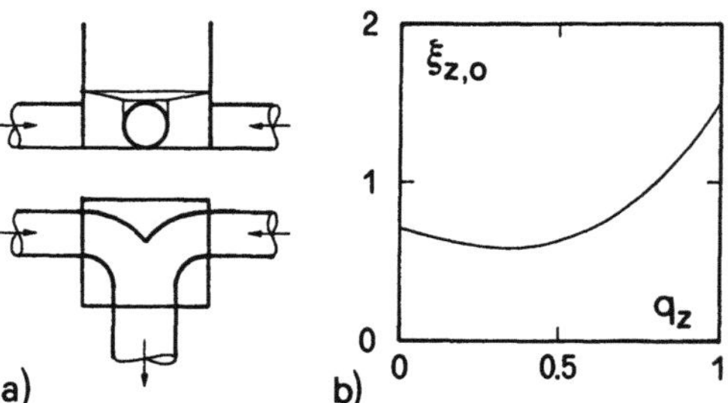

Bild 16.6   Schachtvereinigung mit entgegengesetzter Zuflussrichtung, a) Anordnung im Querschnitt und Grundriss, b) Verlustbeiwert ξ_o, resp. ξ_z in Abhängigkeit von $q_z=Q_z/Q_u$ nach Marsalek (1987).

16.2.3 Wasserspiegelberechnung

Bei bekannten Werten für die Verlustbeiwerte ξ_o im durchgehenden Strang und ξ_z im zukommenden Strang gilt bei Freispiegelabfluss aufgrund des Energiesatzes

$$H_o + \Delta z_o = H_u + \xi_o[V_u^2/2g] + \Delta z_{fo}, \tag{16.17}$$

$$H_z + \Delta z_z = H_u + \xi_z[V_u^2/2g] + \Delta z_{fz} \tag{16.18}$$

mit H als Energiehöhe, Δz als Gefällsdifferenz, V als mittlere Geschwindigkeit und Δz_f als Reibungsverlusthöhe. Je nachdem ob Freispiegel- oder Druckabfluss herrscht, ist für den statischen Druck die *Wassertiefe* h oder die *Druckhöhe* h_p zu setzen.

Bei Druckabfluss und bei Strömen ist die Berechnungsrichtung entgegen der Fliessrichtung. Deshalb kennt man alle Werte im Unterwasserquerschnitt (Index «u») und versucht die beiden Wassertiefen, resp. Druckhöhen in den Zulaufsträngen zu ermitteln. Die Durchflussverteilung ist nicht immer bekannt, sondern es gilt hie und da, andere Nebenbedingungen zu erfüllen. Wichtig ist jedoch, dass die kinetische Energie immer kleiner als die Lageenergie ist, d.h. man darf bei der Geschwindigkeitshöhe Vereinfachungen ohne grosse Fehler vornehmen. Diese Vereinfachung, die schon in den Kap.2 und 10 mit Erfolg berücksichtigt worden ist, unterdrückt die Änderung des Querschnitts, d.h. man setzt für $V_o = Q_o/F_u$ und $V_z = Q_z/F_u$ und erreicht damit eine explizite Lösung. Einsetzen in die Gln.(16.17) und (16.18) ergibt

$$h_o + Q_o^2/(2gF_u^2) + \Delta z_o = h_u + (1+\xi_o)Q_u^2/(2gF_u^2) + \Delta z_{fo} \,, \qquad (16.19)$$

$$h_z + Q_z^2/(2gF_u^2) + \Delta z_z = h_u + (1+\xi_z)Q_u^2/(2gF_u^2) + \Delta z_{fz} \,. \qquad (16.20)$$

Üblicherweise kompensieren sich bei Vereinigungen *ohne Sohlabsätze* die Reibungs- und Gefällshöhe, d.h. $\Delta z \equiv \Delta z_f$. Damit ergibt sich weiter

$$h_o - h_u = \frac{(1+\xi_o)Q_u^2 - Q_o^2}{2gF_u^2} \,, \qquad (16.21)$$

$$h_z - h_u = \frac{(1+\xi_z)Q_u^2 - Q_z^2}{2gF_u^2} \,. \qquad (16.22)$$

Die Wasserspiegeldifferenz $\Delta h = h - h_u$ nimmt demnach zu mit grossem Differenzdurchfluss $\Delta Q = Q_u - Q$ sowie bei grossem Verlustbeiwert ξ. Bei einem negativen Verlustbeiwert von gerade $\xi = Q^2/Q_u^2 - 1$ tritt jedoch keine Wasserspiegeldifferenz auf. Man beachte, dass die Gln.(16.21) und (16.22) sowohl für strömenden Freispiegel- als auch für Druckabfluss gelten. Bei bekannter Durchflussverteilung lassen sie sich unmittelbar anwenden.

Beispiel 16.1	Gegeben eine ausgerundete Vereinigung mit identischen Querprofilen $D=0.80\text{m}$ und den Unterwasserparametern $Q_u=0.75\text{m}^3\text{s}^{-1}$, $h_u=0.64\text{m}$. Das Gefälle beträgt durchwegs $J_s=0.2\%$, der K-Wert ist $K=90\text{m}^{1/3}\text{s}^{-1}$. Wie sind die Wassertiefen in den Oberwassersträngen bei einer Mengenverteilung $Q_z/Q_u=1/3$? Wählt man als Verlustbeiwerte $\xi_o=0.1$ und $\xi_z=-0.12$ nach Bild 16.3 ($m=1$), so ergibt sich mit $y_u=h_u/D=0.64/0.80=0.8$ nach Gl.(5.18) für $F_u/D^2=(4/3)0.8^{3/2}[1-0.25\cdot0.80-0.16\cdot0.8^2)$, also $F_u=0.67\cdot0.8^2\text{m}^2=0.43\text{m}^2$. Weiter ist mit den Durchflüssen $Q_o=(2/3)0.75\text{m}^3\text{s}^{-1}=0.50\text{m}^3\text{s}^{-1}$ und $Q_z=0.25\text{m}^3\text{s}^{-1}$ nach den Gln.(16.21) und (16.22) die Wasserspiegeldifferenz $h_o-h_u=[(1+0.1)0.75^2-0.5^2]/(19.62\cdot0.43^2)=0.10\text{m}$ und $h_z-h_u=[(1-0.12)0.75^2-0.25^2]/(19.62\cdot0.43^2)=0.12\text{m}$, d.h. $h_o=0.74\text{m}$ und $h_z=0.76\text{m}$.
Beispiel 16.2	Wie gross ist der Zusatzeinfluss von Wandreibung und Gefälle bei Beispiel 16.1? Beide Zusatzeinflüsse lassen sich durch den Parameter $J=J_s-J_f$ erfassen. Mit einem hydraulischen Radius von $R_{hu}=0.244\text{m}$ und den beiden Verlustgefällen $J_{fo}=[(Q_o+Q_u)/2]^2/[K^2F_f^2R_{hu}^{4/3}]=[(0.5+0.75)/2]^2/[90^2 0.43^2 0.244^{4/3}]=0.17\%$ sowie $J_{fz}=[(Q_z+Q_u)/(Q_o+Q_u)]^2 J_{fo}=0.11\%$ wird $J_o=0.2-0.17=0.03\%$ und $J_z=0.20-0.11=0.09\%$. Bei einer massgebenden Länge von zwei Schachtlängen (je $L_s/2$ ausserhalb des Schachtes mit $L_s=2.5\text{m}$) ergeben sich damit als Differenzhöhen $\Delta z_{do}=0.03\cdot5=0.0015\text{m}$ und $\Delta z_{dz}=0.09\cdot5=0.0045\text{m}$, also Werte weit kleiner als die zusätzlichen Verluste. Herrscht also bei Normalabfluss *Strömen*, so gelten die Gln.(16.21) und (16.22).

16.2.4 Sohlabsturz

Wie aus den Gln.(16.21) und (16.22) hervorgeht, nimmt die Wasserspiegeldifferenz $h_o{-}h_u$, resp. $h_z{-}h_u$ massgebend mit $(1{+}\xi)Q_u^2/(2gF_u^2)$, d.h. mit dem Ausdruck $(1{+}\xi)V_u^2/2g$ zu. Um einen übermässigen Rückstau in die Oberwasserstränge zu vermeiden, wird oft ein Sohlabsturz (engl.: drop; franz.: chute de fond) in das Schachtbauwerk eingebaut. Die Höhe des Sohlabsturzes wird für den Bemessungsabfluss so festgelegt, dass in allen Strängen *Normalabfluss* - also keine Unterwasserbeeinflussung - herrscht.

Die Ermittlung der Absturzhöhe lässt sich mit dem Impulssatz durchführen. Um komplizierte Ausdrücke für die statischen Druckkräfte zu vermeiden (Kap.7), bezieht man sich mit Vorteil auf eine *Ersatzvereinigung* (Index «E») von rechteckigem Querschnitt, nämlich so, dass gilt

$$h_E = h \quad \text{und} \quad F_E = F . \tag{16.23}$$

Die Breite des Ersatzrechteckes ist demnach $b_E{=}F_E/h_E{=}F/h$. Die Energiehöhen H des eigentlichen Bauwerks und der Ersatzvereinigung sind demnach identisch.

Unter der Annahme, dass sich Gefällsgewinn infolge des Kanalgefälles wieder mit dem Reibungsverlust kompensiert, lautet nach Hager (1982) der Impulssatz (Bild 16.7a)

$$[b_o h_o^2/2 + V_o Q_o/g]cos\alpha_o - [b_u h_u^2/2 + V_u Q_u/g] + W + Z + B = 0 . \tag{16.24}$$

Dabei bedeuten V die Geschwindigkeit, α den Zuflusswinkel, W die Wandreaktion, Z die Zuflussreaktion und B die Bodenreaktion in die Richtung des Unterwasserkanals. Die einzelnen Kräfte werden nachfolgend ermittelt.

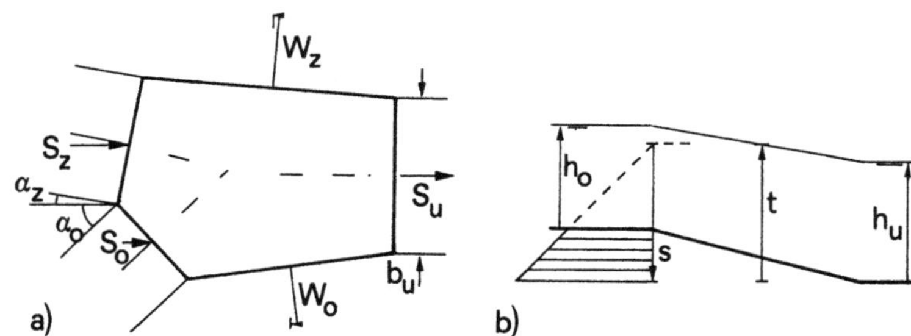

Bild 16.7   Vereinigungsschacht mit Sohlabsturz, a) Grundriss mit Kräften in Längsrichtung, b) Längsschnitt mit massgebender Bodenreaktion.

Für die mittlere Bodendruckhöhe gilt nach Bild 16.7b) etwa $t{=}(1/2)(h_o{+}s{+}h_u)$, die mittlere Bodenbreite ist $(1/2)(b_o cos\alpha_o{+}b_u)$ und damit die *Bodenreaktion* bei einer Absturzhöhe s pro Breiteneinheit $s(t{-}s/2)$, also

$$B = (1/2)s(b_0 cos\alpha_0 + b_u)(1/2)(h_0 + h_u) \ . \tag{16.25}$$

Für die *Wandreaktion* massgebend ist die Breitendifferenz $b_u - b_0 cos\alpha_0$ und die Druckhöhe $h_m^2 = (1/2)(h_0^2 + h_u^2)$ wird dem Wert $(1/2)(h_0 + h_u)^2$ vorgezogen, da dieselben zwei Terme in den Stützkräften erscheinen, womit

$$W = (1/2)(b_u - b_0 cos\alpha_0)(h_0^2 + h_u^2) \ . \tag{16.26}$$

Für den prismatischen Schacht verschwindet voraussetzungsgemäss die Wandreaktion.

Schliesslich geht es um die *Zulaufreaktion*. Bild 16.8 zeigt vier verschiedene Zulauftypen, nämlich a) eingestaut, der nachfolgend ausgeschlossen wird, b) teilweise eingestaut, c) freier Überfall und d) Aufprall auf gegenüberliegende Wand. Näherungsweise wird die Zuflussdruckkomponente in den Fällen a) und b) durch die Wandreaktion kompensiert. Bei den Fällen c) und d) ist der interne Strahldruck nahezu Null, es ist also auch keine Druckkomponente zu berücksichtigen.

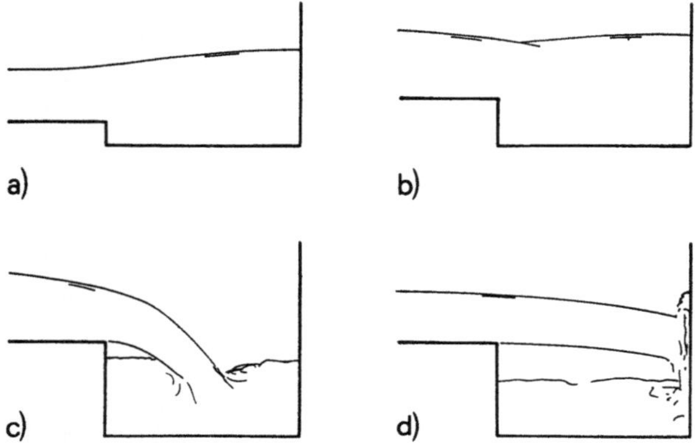

Bild 16.8   Verschiedene Einleitungsmöglichkeiten des seitlichen Zulaufs in den Vereinigungsschacht.

Der dynamische Druckanteil der Zufluss-Stützkraft beträgt $Z = \varepsilon V_z Q_z / g$ mit ε als Einleitungsfaktor ($0 < \varepsilon \leq 1$). In den Fällen b) und c) gilt $\varepsilon = 1$. Werden alle Ausdrücke in Gl.(16.24) eingesetzt, so folgt mit den Parametern

$$Y_0 = h_0/h_u \ , \quad Y_z = h_z/h_u \ , \quad \beta_0 = b_0/b_u \ , \quad \beta_z = b_z/b_u$$
$$\tag{16.27}$$
$$S_0 = s_0/h_u \ , \quad S_z = s_z/h_u \ , \quad q_0 = Q_0/Q_u \ , \quad q_z = Q_z/Q_u \ ,$$

den Geschwindigkeiten $V_0 = Q_0/(b_0 h_0)$, $V_z = Q_z/(b_z h_z)$, der Froudezahl im Unterwasserkanal $F_u=Q_u/(gb_u^2h_u^3)^{1/2}$ und der Kontinuitätsgleichung $q_z=1-q_0$ (Hager, 1982)

$$S_0 = 1 - Y_0 + \frac{4F_u^2\left[1 - \dfrac{q_0^2\cos\alpha_0}{\beta_0 Y_0} - \dfrac{\varepsilon(1-q_0)^2\cos\alpha_z}{\beta_z Y_z}\right]}{(1+Y_0)(1+\beta_0\cos\alpha_0)} . \tag{16.28}$$

Die Höhe des Sohlabsturzes hängt demnach von neun Parametern ab.

Gl.(16.28) gibt für $F_u=0$ den korrekten Ausdruck $s_0+h_0=h_u$, sie stimmt auch mit Vischers (1958) Herleitung im Druckrohr überein. Leider liegen keine Experimente vor, mit denen das vereinfachte Berechnungsmodell überprüft werden könnte. Der Einleitungsfaktor ε beeinflusst das Resultat üblicherweise nur wenig, die *Maximalhöhe* für s_0 folgt aus $\varepsilon=0$. Dies entspricht einem hochschiessenden Zufluss oder einem hohen Wert s_z. Gl.(16.28) ist nur für $S_0>0$ relevant, bei negativem Resultat wird $S_0=0$ gewählt.

Minimale Energieverluste entstehen bei kleinen Einleitungswinkeln α_0 und α_z. Ausrundungen wirken sich positiv auf die Energiedissipation aus. Eine hydraulisch günstige, konstruktiv jedoch etwas aufwendige Vereinigung geht aus Bild 16.9 hervor.

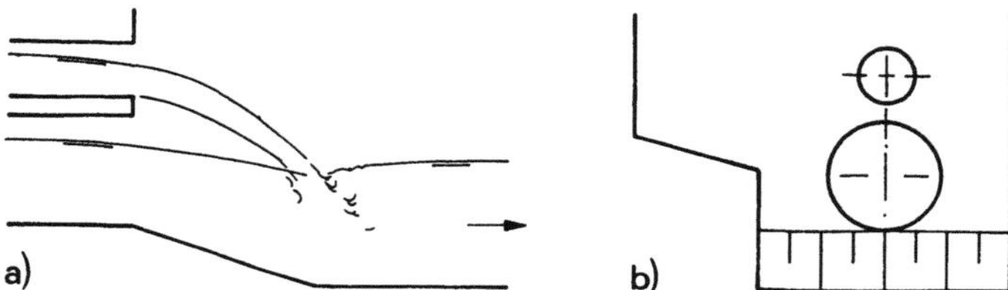

Bild 16.9   Hydraulisch günstige Schachtvereinigung im Ersatzprofil a) Längsschnitt, b) Querschnitt.

Beispiel 16.3   Gegeben eine Schachtvereinigung mit $Q_0=2.5m^3s^{-1}$, $Q_z=1.7m^3s^{-1}$, $\alpha_0=10°$, $\alpha_z=35°$, $J_{so}=0.5\%$, $J_{sz}=0.7\%$ und $J_{su}=0.3\%$ sowie $K=85m^{1/3}s^{-1}$. Der Zufluss mündet etwa 1m oberhalb des Schachtauslaufs in den Vereinigungsschacht. Wie ist dieser auszubilden? (nach Hager, 1982).
Tabelle 16.1 fasst die Parameter zusammen. Der Durchmesser folgt aus der Beziehung $D\geq1.55(Q/KJ_s^{1/2})^{3/8}$, die Normalabflussgrössen nach Kap.5. Die Ersatzbreiten betragen somit $b_0=1.04m$, $b_z=0.84m$ und $b_u=1.34m$. Mit $h_{co}=0.86m$, $h_{cz}=0.75m$ und $h_{cu}=1.05m$ ist der Zulauf- und Oberwasserabfluss schiessend, der Normalabfluss des Unterwassers jedoch strömend, es entsteht also ein Wassersprung.
Weiter ergeben sich als dimensionslose Kenngrössen $Y_0=h_0/h_u=0.70$, $Y_z=h_z/h_u=0.58$, $\beta_0=b_0/b_u=0.78$, $\beta_z=b_z/b_u=0.63$, $q_0=0.60$, $\cos\alpha_0=0.98$, $\cos\alpha_z=0.82$ und $\varepsilon=1$ wird vorausgesetzt.
Die Substitution $A_s=1-q_0^2\cos\alpha_0/(\beta_0 Y_0)-\varepsilon(1-q_0)^2\cos\alpha_z/(\beta_z Y_z)=1-0.65-0.36=-0.01$ wird als *Vereinigungsparameter* bezeichnet. Folglich liegt praktisch kein dynamischer Einfluss vor. Weiter gilt mit $F_u^2=Q_u^2/(gb_u^2h_u^3)=0.66$ für $B_s=4F_u^2A_s/(1+Y_0)(1+\beta_0\cos\alpha_0)=4\cdot0.66(-0.01)/(1.7\cdot1.6)=-0.01$ und damit nach Gl.(16.28) $S_0=1-Y_0+B_s=0.29$, d.h. der Sohlabsturz beträgt $s_0=S_0h_u=0.33m$. (Bild 16.10).

Tabelle 16.1 Auswertung Beispiel 16.3.

Kanal	Q $[m^3s^{-1}]$	J_s [%]	D [m]	Q_v $[m^3s^{-1}]$	V_v $[ms^{-1}]$	h_N [m]	v_N $[ms^{-1}]$
oben	2.5	0.5	1.25	3.4	2.77	0.81	2.96
zu	1.7	0.7	1.00	2.2	2.80	0.67	3.02
unten	4.2	0.3	1.60	5.1	2.53	1.15	2.72

Wäre die seitliche Einleitungskote $s_z>1.5$m, so müsste $\varepsilon=0$ gesetzt werden; dann folgt aus Gl.(16.28) $s_o=0.70$m, der seitlich zukommende Zufluss bewirkt also eine Wasserspiegelabsenkung. Für den Fall minimaler Verluste $\alpha_o=\alpha_z=0$ berechnet man $s_o=0.25$m.

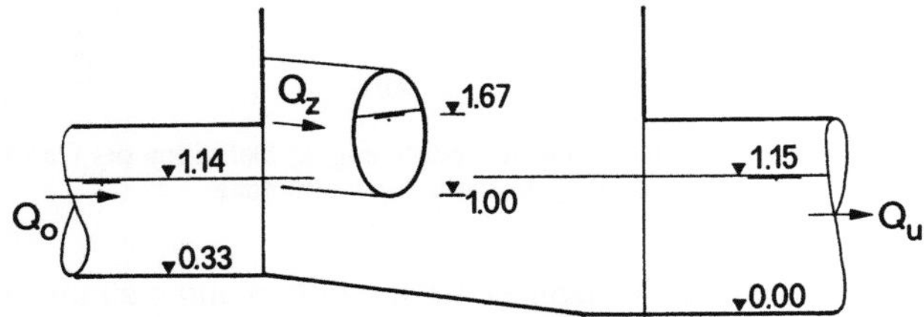

Bild 16.10   Längsschnitt durch Vereinigungsschacht nach Beispiel 16.3.

16.3 Schiessender Abfluss

16.3.1 Abflussphänomen

Der schiessende Abfluss (engl.: supercritical flow; franz.: écoulement torrentiel) ist grundsätzlich verschieden vom strömenden Abfluss. Die *zweidimensionalen Bewegungsgleichungen* eines stationären Abflusses mit den Geschwindigkeitskomponenten u in x-Richtung und v in y-Richtung lauten nach Bild 16.11 (Chaudhry, 1993)

$$\frac{u}{g}\frac{\partial u}{\partial x} + \frac{v}{g}\frac{\partial u}{\partial y} + \frac{\partial h}{\partial x} = J_{sx} - J_{fx}\,, \tag{16.29}$$

$$\frac{u}{g}\frac{\partial v}{\partial x} + \frac{v}{g}\frac{\partial v}{\partial y} + \frac{\partial h}{\partial y} = J_{sy} - J_{fy}\,. \tag{16.30}$$

Dabei bedeuten J_{sx} und J_{sy} die Sohlengefälle in x- und y-Richtung.

Weiter lautet die zweidimensionale *Kontinuitätsgleichung*

$$\frac{\partial(uh)}{\partial x} + \frac{\partial(vh)}{\partial y} = 0\,. \tag{16.31}$$

Die Reibungsgradienten J_{fx} und J_{fy} lassen sich folgendermassen mit der Gleichung von Manning und Strickler ausdrücken

$$J_{fx} = \frac{u(u^2+v^2)^{1/2}}{K^2 h^{4/3}} \ , \quad J_{fy} = \frac{v(u^2+v^2)^{1/2}}{K^2 h^{4/3}} \ . \tag{16.32}$$

Unter Vorgabe der Bodengeometrie sowie zweier Randbedingungen lässt sich dieses System numerisch durch eine Standardmethode lösen.

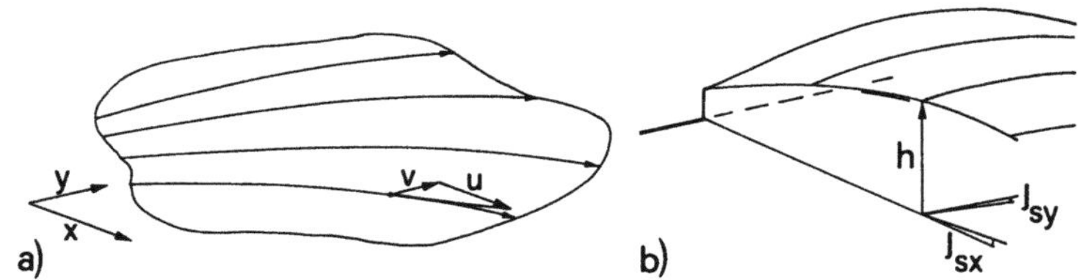

Bild 16.11   Zweidimensionale Flachwasserströmung, a) Definition der Geschwindigkeitskomponenten, b) Querschnitt durch Strömung.

Hat man es mit einer nahezu horizontalen *Potentialströmung* zu tun, also lässt sich näherungsweise überall der Quellenterm $(J_s{-}J_f)$ vernachlässigen, so gilt zusätzlich die Bedingung für Rotationsfreiheit

$$\frac{\partial u}{\partial y} = \frac{\partial v}{\partial x} \ . \tag{16.33}$$

Einsetzen in die Gl.(16.29) ergibt also (Wehausen und Laitone, 1960)

$$\frac{u}{g}\frac{\partial u}{\partial x} + \frac{v}{g}\frac{\partial v}{\partial x} + \frac{\partial h}{\partial x} = \frac{1}{2g}\frac{\partial(u^2)}{\partial x} + \frac{1}{2g}\frac{\partial(v^2)}{\partial x} + \frac{\partial h}{\partial x} = 0 \ . \tag{16.34}$$

Man kann diesen Ausdruck auch durch

$$\frac{\partial}{\partial x}\left[\frac{u^2+v^2}{2g} + h\right] = 0 \ , \quad \text{resp.} \quad \frac{V^2}{2g} + h = H \tag{16.35}$$

mit H als Konstante darstellen. Dasselbe Resultat entsteht aus Gl.(16.30). Die Energiehöhe bezüglich der Sohle ist damit überall identisch gleich H, beispielsweise mit der Zulaufenergiehöhe $H = h_0 + V_0^2/(2g)$.

Die Gln.(16.29) bis (16.32) lassen sich nicht anwenden, da eine Beziehung zwischen u, v und h in Abhängigkeit von der Lage (x,y) fehlt. Man kann jedoch das Gleichungssystem in der Charakteristiken-Darstellung anschreiben, d.h. die *partiellen* Differentialgleichungen in (x,y) in *gewöhnliche* Differentialgleichungen längs den Charakteristiken transformieren. Nach Abbott (1966) gilt für diese krummlinigen Koordinaten

$$\left[\frac{dy}{dx}\right]_\pm = \frac{-uv\pm c[V^2-c^2]^{1/2}}{c^2-u^2} \tag{16.36}$$

längs denen sich der Geschwindigkeitsgradient folgendermassen verändert

$$\left[\frac{dv}{du}\right]_\pm = \frac{-uv\pm c[V^2-c^2]^{1/2}}{v^2-c^2} . \tag{16.37}$$

Dabei bedeutet $c=(gh)^{1/2}$ die Wellengeschwindigkeit einer Elementarwelle und $V=(u^2+v^2)^{1/2}$ den Geschwindigkeitsbetrag, also ist die Froudezahl

$$F^2 = (u^2+v^2)/c^2 = (V/c)^2. \tag{16.38}$$

Man kann zeigen, dass die positive Charakteristik $(dy/dx)_+$ an jedem Punkt normal ist zur Kurve $(dv/du)_-$, und umgekehrt. Es existiert ein Integrationsverfahren, welches einen einfachen Zusammenhang zwischen dem Charakteristikenwinkel und der Froudezahl liefert. Dieses soll hier nicht ausführlich behandelt werden.

Geht man jedoch nochmals auf Gl.(16.36) zurück, so erkennt man reelle Lösungen nur für $(V^2-c^2)^{1/2}/c=(F^2-1)^{1/2}\geq0$, also falls $F\geq1$ und damit das Gleichungssystem hyperbolisch ist. *Stehende Oberflächenwellen* können sich also nur bei schiessender Strömung ausbilden, bei *Strömen* wird das Gleichungssystem elliptisch, was auf typische Randwertprobleme führt (Beispiel Überfall- oder Schützenströmungen). Als Folgerung dieser kurzen Einführung in den zweidimensionalen Abfluss gilt also:

- strömende Flachwasserabflüsse lassen sich oft durch eine *eindimensionale Strömung* beschreiben, da die Änderung der Wassertiefe in Querrichtung klein ist,
- schiessende Flachwasserabflüsse hingegen sind empfindlich auf Störungen, diese drücken sich durch *stehende Wellen* aus und können Anlass zu grossen Wasserspiegeldifferenzen in Querrichtung geben. Um diese zu erfassen, ist die Nachbildung der *zweidimensionalen Strömung* unerlässlich.

16.3.2 Abrupte Wandablenkung

Das *Basisphänomen* der schiessenden Strömung lässt sich an einer abrupten Wandablenkung im horizontalen, sehr breiten und glatten Rechteckkanal untersuchen. Bild 16.12 zeigt den ungestörten Zufluss mit der Geschwindigkeit V_1 und der Wassertiefe h_1 längs eines einseitig begrenzten Kanals. Im Punkt P wird der Abfluss um den Winkel $+\theta$ abgelenkt. Der Abfluss folgt der neuen Richtung, und es stellt sich eine *ungestörte* Zone ① im Zulauf und eine *gestörte* Zone ② im Unterwasser ein. Die beiden Zonen werden durch eine Linie, welche unter einem Winkel β_s - dem *Stosswinkel* (engl.: shock angle; franz.:

angle de choc) von P aus läuft, getrennt. Die Geschwindigkeit in der gestörten Zone
(Index «2») ist V_2, die zugehörige Wassertiefe h_2.

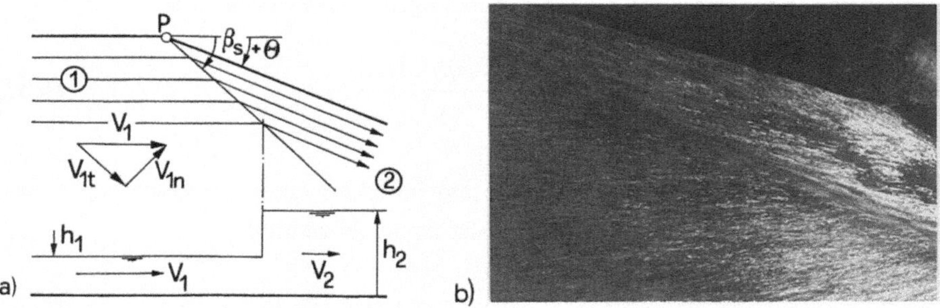

Bild 16.12   a) Grundriss (oben) und Ansicht (unten) der abrupten Wandablenkung, b)
abrupte Wandablenkung im Modellversuch. Die Stossfront ist infolge von
dissipativen Kräften leicht gekrümmt.

Die wichtigsten Angaben bezüglich der Stosswellenbildung, also des Verhältnisses
zwischen den Abflusszonen ① und ②, lässt sich durch den *Impulssatz* ermitteln. Analog
zur Borda-Expansion oder zum klassischen Wassersprung ist nämlich mit Energieverlusten über den Stoss zu rechnen, die *a priori* unbekannt sind. Nach Chow (1959) gilt
unter Voraussetzung von hydrostatischer Druckverteilung und uniformer Geschwindigkeitsverteilung

$$\frac{h_1}{h_2} = \frac{1}{2}[(1 + 8F_1^2 sin^2\beta_s)^{1/2} - 1] \, , \tag{16.39}$$

$$\frac{h_2}{h_1} = \frac{tg\beta_s}{tg(\beta_s-\theta)} \, , \tag{16.40}$$

$$F_2^2 = Y_s^{-1}[F_1^2 - \frac{1}{2Y_s}(Y_s-1)(Y_s+1)^2] \tag{16.41}$$

mit $F_1 = V_1/(gh_1)^{1/2}$ als Zulauf-Froudezahl und $Y_s = h_2/h_1$ als Höhenverhältnis der
Abflusszonen. Bei bekannten Werten von h_1, V_1 und θ lässt sich also die Wellenhöhe h_2,
der Stosswinkel β_s und die Unterwasser-Froudezahl $F_2 = V_2/(gh_2)^{1/2}$ iterativ ermitteln.

Für $F_1 sin\beta_s > 1$ hat Hager (1992) die folgenden Approximationen vorgeschlagen

$$Y_s = \sqrt{2}F_1 sin\beta_s - \frac{1}{2} \, , \tag{16.42}$$

$$\beta_s - \theta = 1.06F_1^{-1} \, . \tag{16.43}$$

Für $\beta_s<45°$ und $F_1>2$ ergibt Gl.(16.43) Abweichungen von weniger als $2°$ vom exakten Resultat. Gl.(16.42) wird als Verallgemeinerung der Beziehung für die konjugierten Tiefen nach Kap.7 erkannt. Es handelt sich bei der Stosswelle also um eine «Art» von klassischem Wassersprung, nur dass durchwegs schiessender Abfluss herrscht. Es gilt nämlich näherungsweise für Gl.(16.41)

$$F_2 = F_1/(1 + F_1\theta/\sqrt{2}) > 1 \,. \tag{16.44}$$

Die Stosswellen an einer abrupten Wandablenkung lassen sich nach Ippen und Harleman (1956) analog zum klassischen Wassersprung einteilen in

- $1<Y_s<2$ ondulierende Sprünge und
- $Y_s\geq2$ Sprünge mit scharfer Front.

Die Gln.(16.42) bis (16.44) stimmen für $Y_s>2$ gut mit Beobachtungen überein.

Beispiel 16.4   Gegeben ein breiter Rechteckkanal vom Gefälle $J_s=7\%$, einem Durchfluss $q=15m^3s^{-1}$ pro Einheitsbreite und einem Rauhigkeitsbeiwert $K=91m^{1/3}s^{-1}$. Wie verläuft der Abfluss hinter einer abrupten Wandablenkung von $\theta=4°$ bei Normalabfluss im Zulaufkanal (nach Hager, 1992)?
Die Normalabflusstiefe im breiten Rechteckkanal ($R_h=h$) ist $h_1=h_N=[q/(KJ_s^{1/2})]^{3/5}=0.75m$, also $V_1=q/h_1=20ms^{-1}$ und damit die Zulauf-Froudezahl $F_1=V_1/(gh_1)^{1/2}=20/(9.81\cdot0.75)^{1/2}=7.37>2$, es stellt sich also eine Stosswelle mit scharfer Front ein.
Anhand von Gl.(16.43) gilt $\beta_s=4°+(180/\pi)1.06/7.37=12.2°$, womit $Y_s=1.41\cdot7.37sin(12.2°)-0.5=1.7$ nach Gl.(16.42) wird. Weiter ist $F_2=7.37/(1+7.37\cdot4\cdot\pi/1.41\cdot180)=5.4$.
Als Resultat ergibt sich demnach für die Unterwassertiefe $h_2=Y_sh_1=1.28m$, für den Stosswinkel $\beta_s=12.2°$ und für die Unterwasser-Froudezahl $F_2=5.4$.

Eliminiert man β_s aus den Gln.(16.41) und (16.42), so gilt für kleine Stosswinkel

$$Y_s = 1 + \sqrt{2}F_1\theta \,. \tag{16.45}$$

Die Wellenhöhe wird also durch die sogenannte *Stosszahl* $S=F_1\theta$ beeinflusst. Der Einfluss von θ und F_1 ist demnach vertauschbar, d.h. es entsteht näherungsweise bei konstanter Ablenkzahl derselbe Effekt.

Schwalt und Hager (1992) haben den Ablenkungsvorgang längs einer Wand experimentell untersucht. Bezeichnen $X=x/(h_1F_1)$ und $Y=y/h_1$ dimensionslose Koordinaten ausgehend vom Ursprung der Wandablenkung und $G=(h-h_1)/(h_2-h_1)$ die dimensionslose Wassertiefe, wobei x in die Richtung der abgelenkten Wand zeigt und y darauf senkrecht steht, so gelangt man zu Bild 16.13. Dieses zeigt für $X<4$ eine kontinuierliche Abnahme von G, also der Wassertiefe bei Entfernung von der Wand. Für X>4 besitzt die Oberfläche jedoch eine Wellenform mit einem Maximum von etwa 1.2. Die Auswertung bezieht sich auf X<6 für Stosszahlen $F_1\theta<1$.

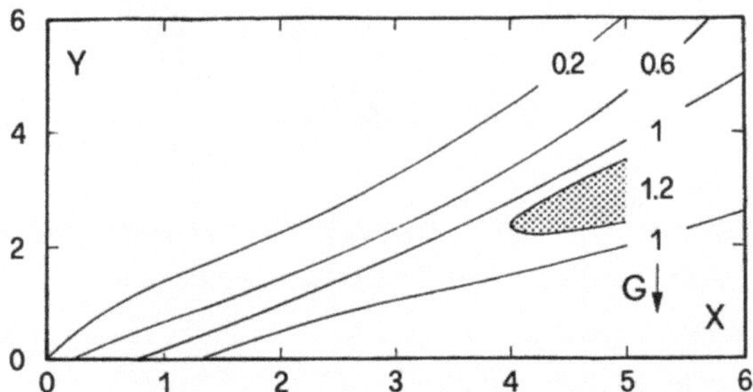

Bild 16.13   Universelles Stosswellenprofil G(X,Y) für Stosszahlen S=$F_1\theta$<1.

Von speziellem Interesse ist natürlich das *Wandprofil* G_w=G(X,Y=0) mit der dimensionslosen Wandwassertiefe G_w=(h_w−h_1)/(h_2−h_1). Bild 16.14 zeigt den Verlauf von γ_w=(h_w−h_1)/(h_{max}−h_1) in Abhängigkeit von X mit der absolut grössten Wassertiefe

$$\frac{h_{max}}{h_1} = 1 + \sqrt{2}S(1+\tfrac{1}{4}S) \qquad (16.46)$$

an der Stelle X_{max}=1.75. Vergleicht man die Gln.(16.45) und (16.46), so erkennt man in der zweiten einen nichtlinearen Term, der aus der hydrostatischen Berechnung nicht hervorgeht. Aus Bild 16.14 wird ein rascher Anstieg zum Maximum deutlich, im Unterwasser pendelt sich ein Endwert ein.

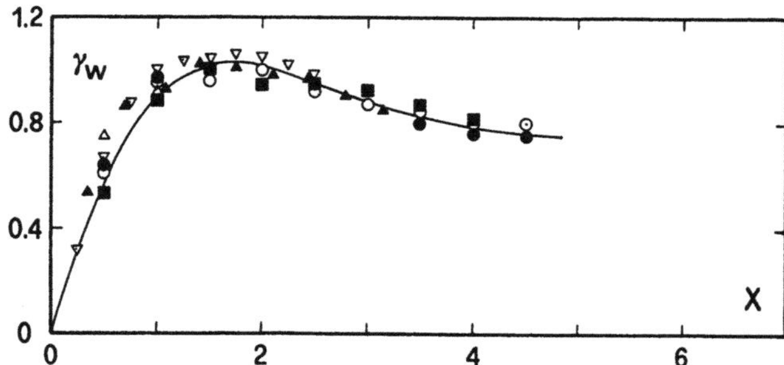

Bild 16.14   Normalisiertes Wandprofil längs einer abrupten Wandablenkung γ_w(X) für verschiedene Kombinationen von Zulauf-Froudezahlen F_1 und Ablenkwinkel θ (Schwalt und Hager, 1992).

Bild 16.15 bezieht sich auf zwei Photographien, bei denen Stosswellen durch eine abrupte Wandablenkung hervorgerufen werden. Die *Stosslinie* als Trennkurve zwischen ungestörter Zulauf- und gestörter Unterwasserströmung ist deutlich erkennbar.

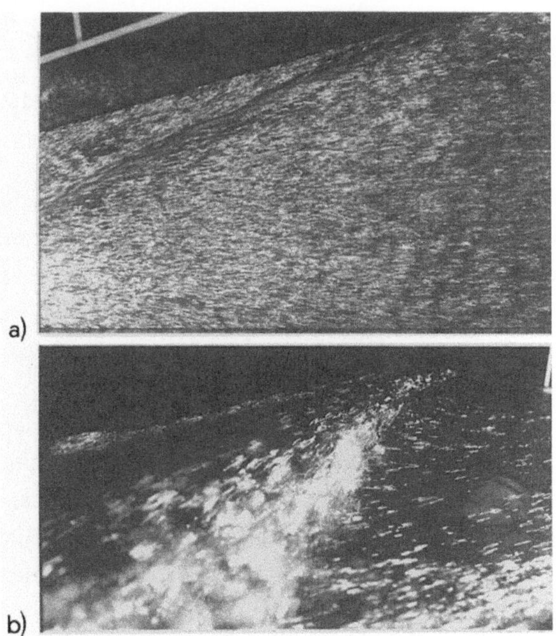

Bild 16.15   Ansichten an Stosswellen mit $F_1=4$, $\theta=0.20$, $h_o=50mm$ a) vom Oberwasser, b) vom Unterwasser. Fliessrichtung von rechts nach links.

Eine Anwendung der abrupten, aber kleinen Wandablenkung geht aus Bild 16.16 hervor. An den Punkten A und B wechselt die Wandrichtung. Während in Punkt A die Wand in die Strömung zeigt, also eine positive Wandablenkung vorliegt, spricht man in Punkt B von einer negativen Wandablenkung und damit von einer negativen Welle. Positive Wellen sind von einer *Wasserspiegelerhöhung*, negative von einer Wasserspiegelabsenkung begleitet. Letztere lässt sich nicht mit dem vorangehenden Verfahren beschreiben, da die Druckverteilung nicht hydrostatisch ist und Ablösungen auftreten.

Der Bereich oberhalb von ACB ist unbeeinflusst von der Richtungsänderung. In den Bereichen ACE und BCD verlaufen die Stromlinien parallel zu den Wänden, im Bereich CDFE sind sie leicht gedreht. Vereinfacht herrscht in all diesen Gebieten eine bestimmte Wassertiefe und Geschwindigkeit, durch nichthydrostatische Druckverteilung und den Viskositätseinfluss verändern sich diese zwei Parameter jedoch längs einer Zone.

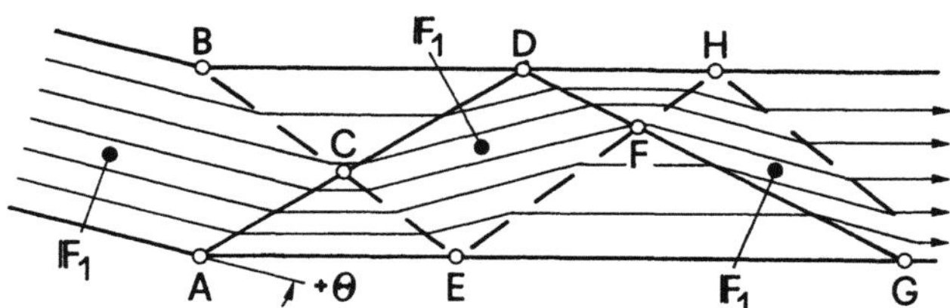

Bild 16.16   Wandablenkung im Kanal mit finiter Breite. Stromlinien und Reflexions-
punkte mit Stosswellenverlauf. (•) Zonen mit F_1.

Punkt C liegt am Schnittpunkt zweier Stosswellen, er begrenzt damit also gestörte
Abflussbereiche im Unterwasser. Durch Interferenz ergibt sich aber im Bereich EFG
wiederum der Stromlinienverlauf wie in der Zone ACE. Unter Inversion versteht man den
Zustand, der sich in Zone CDFE einstellt; obwohl eine totale Stromlinienrichtungsände-
rung von $+2\theta$ vorliegt, findet man durch hintereinanderliegende positive und negative
Wellen den ursprünglichen Zustand, also (h_1, F_1).

Bild 16.16 ist typisch für einen schiessenden Abfluss im Unterwasser einer Störung.
Sich kreuzende Wellenfronten mit sich abwechselnden Maxima und Minima längs einer
Wand haben den englischen Ausdruck «cross-waves», also Kreuzwellen, geprägt. Eine
eindimensionale Berechnung gibt deshalb nur ein oberflächliches Bild vom wahren
Abflusscharakter. Es gelingt insbesondere nicht, das *Freibord* in offenen Kanälen und
den Übergang zum Druckabfluss in geschlossenen Profilen zu ermitteln.

Da jede Störung eines schiessenden Abflusses als Reaktion Stosswellenbildung nach
sich zieht, ist neben deren Geometrie auch die Frage nach *Stosswellenunterdrückung*
vordringlich. Eine konstruktiv gute Bemessung vereint also einen störungsarmen sowie
wirtschaftlich ausgebildeten Unterwasserkanal. Wird dies nicht erreicht, so ist ein
Zwischentosbecken oft einfacher, da dann die Störung soweit abgeschwächt wird, bis sie
keinen Schaden mehr anrichtet. In der Folge sollen jedoch Lösungen vorgeschlagen
werden, die ein *durchgehendes Schiessen* erlauben, um damit den Energiehaushalt der
Strömung möglichst unbeeinflusst zu belassen.

Heute liegen verschiedene Methoden der *Stosswellenbeeinflussung* vor, da diese
jedoch auf eine vereinfachte Modellvorstellung wie:

- Vernachlässigung der Grenzschichten und der Krümmungseinflüsse,
- Unterdrückung von Gefälls- und Reibungsparametern und
- Auslegung der Geometrie auf Bemessungsabfluss

aufbauen, sind die Resultate manchmal nicht zufriedenstellend. Solche Einschränkungen
lassen sich nur ausräumen, falls die Bemessung basiert auf:

- seriöser, zweidimensionaler, numerischer Nachbildung des Prozesses oder
- Untersuchung anhand von Modellversuchen mit genügend grossem Massstab.

In der Folge soll für ausgewählte, geometrische Anordnungen wie die Verengung, die Erweiterung oder die Richtungsänderung und die Kanalvereinigung Angaben über den Abfluss im unverbauten Kanal vorgestellt werden, um anschliessend *konstruktive Massnahmen* zur Stosswellenverminderung darzulegen. Die Angaben beziehen sich auf das Rechteckprofil, da bis heute nur spärliche Resultate im Kreisprofil vorliegen, die gesondert in 16.4 erläutert werden.

16.3.3 Kanalverengung

Kanalverengungen (engl.: channel contractions; franz.: contractions de canal) lassen sich verschieden ausbilden, so etwa trichter-, fächer- oder düsenförmig. In der Folge soll nur der geradlinige «Trichter» nach Bild 16.17 erläutert werden.

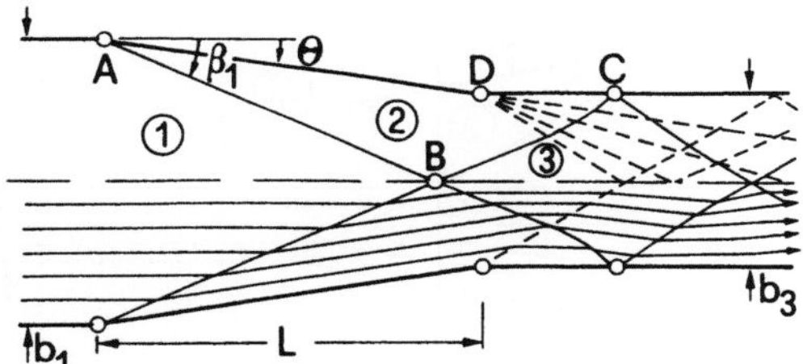

Bild 16.17 Schematischer Abfluss in geradliniger Verengung (Ippen und Dawson, 1951), für Bemessung vergl. mit Bild 16.18.

Eine gut ausgebildete Kanalverengung ist ausgezeichnet durch stetigen Wasserspiegelanstieg im Verengungsbereich und praktisch wellenfreies Unterwasser. Im Zulaufbereich ① liegt eine Wassertiefe h_1 und eine Geschwindigkeit V_1 vor, also beträgt die Froudezahl $F_1=V_1/(gh_1)^{1/2}$. Bei einem Verengungswinkel θ tritt vorerst eine positive Wandablenkung auf. Im Bereich ② ergeben sich also Werte h_2 und V_2 nach 16.3.2. In Punkt D werden *negative Wellen* ausgelöst, und im Unterwasserkanal entsteht eine Abflusskonfiguration wie nach Bild 16.16. Das Ziel der wenig gestörten Verengungsströmung wird so also nicht erreicht.

In Bild 16.18 ist der einzig freie Parameter θ so gewählt, dass die Punkte C und D nach Bild 16.17 zusammenfallen und damit die von Punkt A ausgehende positive Welle durch *Interferenz* in Punkt D ausgelöscht wird. Bei einer so optimierten Verengung sind also drei Zonen zu unterscheiden, nämlich der Zulauf ①, der Verengungsbereich ② und das Unterwasser ③ mit den Wassertiefen h_1, h_2 und h_3. Durch sukzessives Anwenden der in 16.3.2 abgeleiteten Ausdrücke für die abrupte Wandablenkung folgt für $\theta<10°$ (Hager, 1992)

$$arctg\theta = \left[\frac{b_1}{b_3} - 1\right]\frac{1}{2F_1} \ . \qquad\qquad (16.47)$$

Dabei muss nachgewiesen werden, dass $F_3>2$ ist, da sonst ein *Strömungszusammenbruch* mit einem Wassersprung im Unterwasserkanal auftreten kann durch «Verschlucken» (engl.: choking) an der Verengung. Üblicherweise wird auf den maximalen Zufluss bemessen, d.h. für alle Abflüsse mit anderer Froudezahl stimmt Gl.(16.47) nicht, und es tritt der in Bild 16.17 skizzierte Abfluss auf. Bis heute liegen keine einfachen Methoden vor, die sich ergebenden Wellenhöhen abzuschätzen. Somit lässt sich als Nachteil aller auf *Interferenzerscheinung* basierender Stosswellenreduktionen anfügen, dass sie nur bei einem genau beschriebenen Abflusszustand zum Erfolg führen.

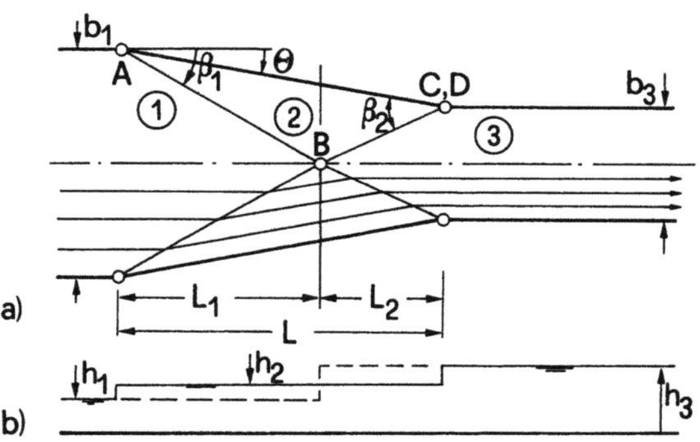

Bild 16.18   Bemessung einer geradlinigen Kanalverengung a) Grundriss, b) Längsschnitt mit (—) Axial- und (- - -) Randwasserspiegel.

Beispiel 16.5

Man betrachte als Zuflussbedingungen diejenigen von Beispiel 16.4, also $h_1=0.75$m, $F_1=7.37$. Wie gross hat der Verengungswinkel θ zu sein bei einer Zulaufbreite von $b_1=2$m, die auf $b_3=1.5$m reduziert wird?
Mit $b_1/b_3=1.33$ und $F_1=7.37$ wird $arctg\theta=1.3°$, die Länge der Verengung also $L_v=(b_1-b_3)/(2tg\theta)=11$m. Nach Hager (1992) gilt weiter

$$F_3/F_1 = (1/2)[1 + (b_3/b_1)] \ , \qquad\qquad (16.48)$$

also $F_3/F_1=0.5(1+1.5/2)=0.875$ und damit $F_3=6.45>2$. «Choking» tritt demnach nicht auf.

Beispiel 16.6

Wie verändert sich die Froudezahl F_1 bei Normalabflusszustand?
Bei Normalabfluss im Rechteckprofil gilt nach Manning und Strickler

$$Q = KJ_s^{1/2}b_1h_1\left[\frac{b_1h_1}{b_1+2h_1}\right]^{2/3} \ . \qquad\qquad (16.49)$$

Nach Kap.6 ist die Froudezahl

$$F_1 = \frac{Q}{(gb_1^2h_1^3)^{1/2}} = \frac{KJ_s^{1/2}(b_1h_1)^{5/3}}{(gb_1^2h_1^3)^{1/2}(b_1+2h_1)^{2/3}} . \qquad (16.50)$$

Durch Kürzen folgt

$$F_1 = \frac{KJ_s^{1/2}h_1^{1/6}}{g^{1/2}} (1 + 2h_1/b_1)^{-2/3} . \qquad (16.51)$$

Für Flachwasserabfluss $h_1/b_1 \ll 1$ ändert sich F_1 also lediglich mit $h_1^{1/6}$, bei einer Halbierung von h_1 reduziert sich F_1 demnach auf 89%. Bezieht man sich auf die in Kap.5 eingeführte *Reibungscharakteristik* $\chi = KJ_s^{1/2}b_1^{1/6}g^{-1/2}$, so gilt mit $y_1 = h_1/b_1$

$$F_1 = \chi \frac{y_1^{1/6}}{(1+2y_1)^{2/3}} . \qquad (16.52)$$

Tabelle 16.2 zeigt den Verlauf von F_1/χ mit y_1. Interessanterweise bleibt F_1/χ und damit F_1 über einen grossen Bereich praktisch konstant und damit gilt bei *Normalabfluss* unabhängig von der Wassertiefe etwa

$$F_1 = 0.57\chi. \qquad (16.53)$$

Diese Tatsache verbessert also die Effizienz von auf Interferenz aufbauenden Abflussverbesserungen bei variablem Durchfluss.

Tabelle 16.2   Einfluss der Relativwassertiefe $y_1 = h_1/b_1$ auf die modifizierte Zufluss-Froudezahl F_1/χ nach Gl.(16.52)

y_1	0.05	0.10	0.20	0.30	0.40	0.60	0.80	1.00
F_1/χ	0.57	0.60	0.61	0.60	0.58	0.54	0.51	0.48

Die Kanalverengung mit *gekrümmten* Seitenwänden ist ebenfalls untersucht worden (Hager, 1992), sie bietet sich jedoch infolge komplizierter Geometrie im Abwassersektor nicht an.

16.3.4 Kanalerweiterung

Kanalerweiterungen (engl.: channel expansion; franz.: expansion de canal) lassen sich durch eine Vielzahl von Erweiterungsgeometrien ausführen. Anhand von ausführlichen Untersuchungen haben Mazumder und Hager (1993) festgestellt, dass nur die abrupte und die sogenannt zurückgebogene Wandgeometrie (engl.: reversed expansion; franz.: expansion recourbée) relevant sind. Letztere ist im Wasserbau wichtig, für kleinere Durchflüsse genügt aber die *abrupte Kanalerweiterung* (Bild 16.19). Die nachfolgenden Ausführungen beziehen sich auf den fast horizontalen, glatten Rechteckkanal mit der Zuflusswassertiefe h_0, der Zufluss-Froudezahl $F_0 = V_0/(gh_0)^{1/2}$ und dem Breitenverhältnis b_u/b_0.

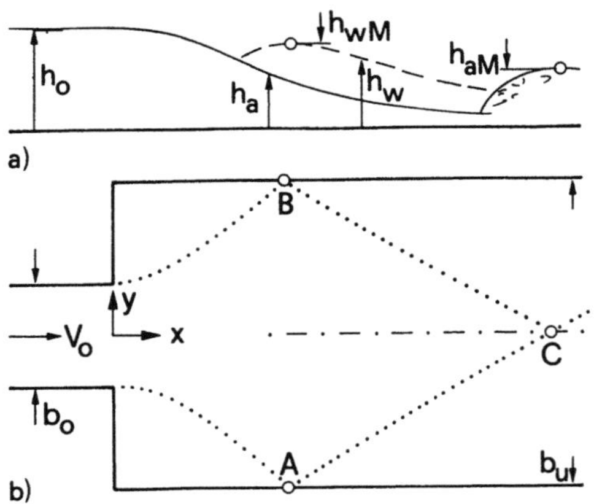

Bild 16.19   Abrupte Kanalerweiterung a) Längsschnitt mit (—) Axialprofil $h_a(x)$ und (– – –) Wandprofil $h_w(x)$, b) Grundriss mit (· · ·) Stossfrontenprofil.

Infolge der Expansion senkt sich der Wasserspiegel schon im Zulauf leicht gegen das Unterwasser hin ab (Bild 16.19). Am Expansionsquerschnitt liegt ein fast rechteckiger Strahl vor mit vertikaler Begrenzung. Deshalb ist die Druckverteilung im Übergangsbereich nicht hydrostatisch. Dieser Strahl breitet sich gegen die Unterwasserwände hin aus und begrenzt im Eckbereich eine Totwasserzone. An der Aufprallstelle an die Unterwasserwand ergibt sich - analog wie zur positiven Wandablenkung - eine *Wasserspiegelerhöhung*. Im Gegensatz zu 16.3.2 ist nun aber die Zuströmung bereits gestört, also der Zusammenhang zwischen der maximalen (Index «M») Wandwassertiefe h_{wM} und der Zulauftiefe h_0 nicht so einfach. Im Unterwasser des Aufpralls wird die Welle reflektiert, wobei nun wieder verschiedene Zonen ersichtlich sind (Bild 16.20). In Analogie zu Bild 16.16 findet man die Zone ACB nun vom Oberwasser her beeinflusst, in den Punkten A und B tritt das *Wassertiefenmaximum* auf, im Bereich ACE ist der mittlere Wasserspiegel höher als im Zulauf, mit einem absoluten Maximum h_{aM} an der Stelle C. Dann zieht sich das geometrische Muster weiter ins Unterwasser fort, wobei Maxima in Achse mit Minima längs der Wand und umgekehrt sich ablösen.

Die *maximalen Wassertiefen*, welche für die Bemessung massgebend sind, treten längs der Wand (Index «w») und der Achse (Index «a») bei der ersten Welle auf. Anstatt die Oberfläche $h(x,y)$ zu untersuchen, ist deshalb die Analyse dieser zwei ausgesuchten Profile einfacher und aussagekräftiger.

Bild 16.21 bezieht sich auf das Axialprofil $Y_a = h_a/h_0$ und das Wandprofil $Y_w = h_w/h_0$ in Abhängigkeit von der dimensionslosen und mit F_0 gestreckten Längskoordinate $X = x/(b_0 F_0)$ für verschiedene Verbreiterungsverhältnisse $\beta_e = b_u/b_0$. Aus der Darstellung geht hervor, dass sich unabhängig von h_0, F_0 und β_e alle *Axialprofile* durch die Kurve

$Y_a(X)$ abbilden lassen

$$Y_a = 0.2 + 0.8 exp(-X^2) \, , \tag{16.54}$$

falls der Verlauf nur im Bereich bis Punkt C (Bild 16.20) interessiert.

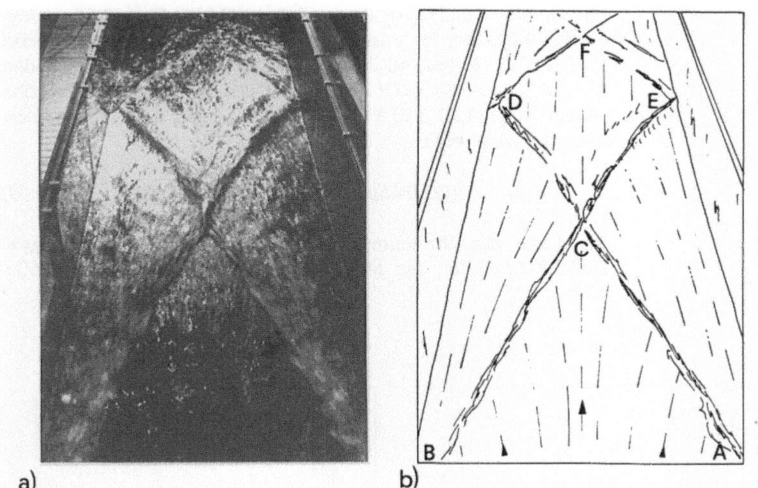

Bild 16.20   Wasserspiegelverlauf im Unterwasser einer abrupten Erweiterung für $b_u/b_o=3$, $F_o=2$ und $h_o=96mm$. a) Foto, b) schematische Skizze (Hager und Mazumder, 1992).

Das *Wandprofil* $Y_w(X)$ lässt sich analog darstellen durch

$$Y_w = Y_{wM} \tau exp(1-\tau) \tag{16.55}$$

mit der *Maximalwassertiefe* $Y_{wM}=h_{wM}/h_o$ für $1.8<\beta_e<6$ von

$$Y_{wM} = 1.27\beta_e^{-0.4} \, . \tag{16.56}$$

Weiter hängt die transformierte Lagekoordinate

$$\tau = \frac{X-X_m}{X_M-X_m} \tag{16.57}$$

folgendermassen von der Lage der Wellenextreme ab

$$X_m = (1/6)(\beta_e-1) \quad , \quad X_M = 0.52\beta_e^{0.86} \, . \tag{16.58}$$

An der Stelle X_m liegt der Übergang zwischen Eckentotwasser und Wellenanfang mit der Minimalwassertiefe (Index «m») von $h_{wm}=0$, bei X_M hat die Welle die Maximalhöhe (Punkte A und B in Bild 16.20) erreicht.

Beispiel 16.7

Gegeben ein Rechteckkanal mit $V_o=6ms^{-1}$ und $h_o=0.60m$. Beschreibe die Unterwasserströmung bei einer abrupten Breitenänderung von $b_o=0.8m$ auf $b_u=3.0m$.
Mit $V_o=6ms^{-1}$ und $h_o=0.60m$ wird $F_o=6/(9.81\cdot0.6)^{1/2}=2.50$, zudem gilt $\beta_e=3.0/0.8=3.75$. Also folgt für die Lage der Extremwerte $X_m=(1/6)(3.75-1)=0.46$ und $X_M=0.52\cdot3.75^{0.86}=1.62$ nach den Gln.(16.58), womit $\tau=(X-0.46)/1.16$. Die maximale Wellenhöhe beträgt $Y_{wM}=1.27\cdot3.75^{-0.4}=0.75$. Damit ergibt sich für die Gleichung des *Wandprofils*

$$Y_w = 0.75[(X-0.46)/1.16]exp[1-(X-0.46)/1.16] . \qquad (16.59)$$

Als Lage des Wellenmaximums folgt $X_M=1.62$, also $x_M=1.62\cdot0.8\cdot2.5=3.2m$, die Maximalhöhe beträgt $h_{wM}=0.75\cdot0.60=0.45m$.

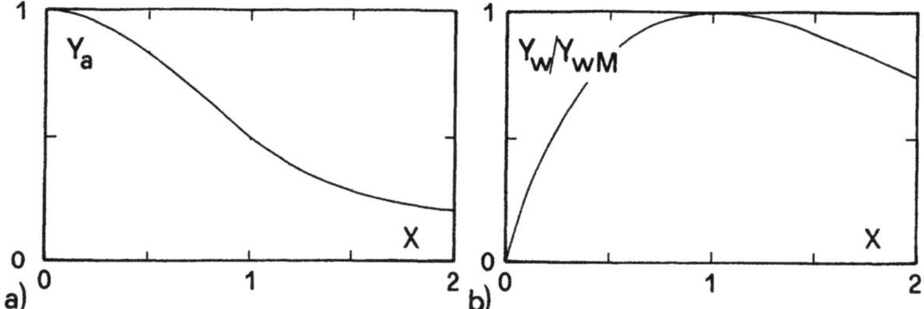

Bild 16.21 a) Axialprofil und b) Wandprofil des Wasserspiegels der *abrupten* Kanalexpansion für $1<F_o<10$ und $1.8<\beta_e<6$ (Hager und Mazumder, 1992).

Weitere Angaben zur Oberfläche sowie die Stosswellenfronten, die Querprofile und die Geschwindigkeitsverteilung gehen aus Hager und Mazumder (1992) hervor. Das Totwasser in den Ecken unmittelbar stromab des Erweiterungsquerschnitts lässt sich durch kreisbogenförmige Einbauten bis maximal zum Punkt x_m unterdrücken. Anstelle der abrupten Expansion liegt dann eine allmähliche Erweiterung vor.

16.3.5 Kanalkrümmung

Die Kanalkurve (engl.: channel curve; franz.: courbe de canal) im Freispiegelkanal verhält sich ähnlich wie die Wandablenkung, denn die äussere Wand ruft zuerst eine positive Welle, die innere dagegen eine negative Welle hervor. Anschliessend wechseln sich Maxima und Minima ab, im Unterwasserkanal entstehen wiederum die typischen *Kreuzwellen*. Knapp (1951) hat solche Strömungen ausführlich diskutiert und ein

Bemessungsverfahren vorgeschlagen.

Vereinfacht stellt sich beim reibungsfreien, horizontalen Rechteckkanal ein Abflussbild nach Bild 16.22 ein mit *Extremwerten* für die Wassertiefe an den Orten β_s, $2\beta_s$ usw. Am Krümmungsende hört dieses Hin- und Herschwanken des Wasserspiegels wie besprochen nicht auf, sondern es zieht sich weit in den Unterwasserkanal.

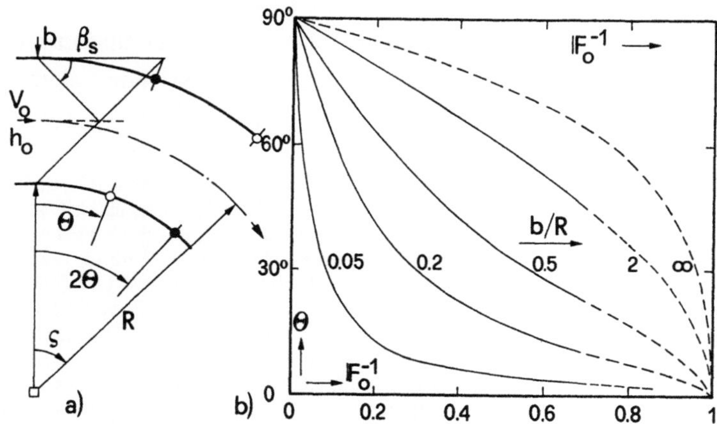

Bild 16.22 Schiessender Abfluss in Kanalkurve im Rechteckkanal a) schematischer Abflussprozess, b) Winkel β_s in Abhängigkeit von der Zulauf-Froudezahl F_o und der Relativkrümmung b/R (Hager, 1992).

Eine Elementarwelle hat den Wellenelementarwinkel $\theta = arcsin(F_o^{-1})$ und Knapp (1951) erhält weiter als Zusammenhang zwischen Wellenwinkel, Relativkrümmung b/R und Stosswinkel β_s

$$\beta_s = arctg\left[\frac{b/R}{(1+2b/R)tg\theta}\right]. \tag{16.60}$$

Bild 16.22b) zeigt eine Zunahme von β_s mit den Parametern F_o und b/R. Für kleine Werte F_o sind die Kurven gestrichelt, was auf ondulierende Stosswellen hinweisen soll, für grössere Werte von F_o mit den üblichen Stosswellen gilt mit b/R<1/2 anstelle von Gl.(16.60)

$$tg\beta_s = \frac{b/R}{1+(1/2)(b/R)}\sqrt{F_o^2-1} \cong (b/R)F_o. \tag{16.61}$$

Die *Extremwerte* der Wasseroberfläche (Index «e») lassen sich durch den Energiesatz ableiten. Das Resultat von Knapp ist in Bild 16.23 dargestellt. Für $(b/2R)F_o^2<1$ lassen sich die Extremwerte $y_e = h_e/h_o$ annähern durch

$$y_e = [1 \pm \tfrac{1}{2}(b/R)F_0^2]^2 , \qquad\qquad (16.62)$$

wobei + sich auf den Maximal- und – auf den Minimalwert bezieht. Analog zur Stosszahl $S=\theta F_1$ bei der abrupten Wandablenkung lässt sich auch hier eine modifizierte Stosszahl $S=(b/R)F_0^2$ definieren. Die Wellenextreme lassen sich folglich wieder austauschbar durch b/R oder F_0^2 beeinflussen. Im Vergleich zu anderen Bauwerken stellt sich in der Kanalkrümmung eine mit dem Quadrat der Zulauf-Froudezahl zunehmende Stosswellenhöhe ein. Mit hohen Froudezahlen durchströmte Krümmer sind demnach besonders durch Stosswellen gefährdet.

Beispiel 16.8	Gegeben ein Rechteckkanal mit $V_0=7ms^{-1}$, $b_0=1.2m$ und $h_0=0.50m$. Wie hoch sind die Seitenwände einer Kanalkurve bei einem Umlenkwinkel von $\zeta=35°$ auszubilden, falls der mittlere Radius 8m beträgt? Mit $V_0=7ms^{-1}$, $h_0=0.50m$ wird $F_0=7/(9.81 \cdot 0.50)^{1/2}=3.16$, die Relativkrümmung ist $b/R=1.2/8=0.15<0.50$. Damit wird $(1/2)(b/R)F_0^2= 0.5 \cdot 0.15 \cdot 3.16^2=0.75<1$, und es gilt nach Gl.(16.62) $y_e=(1\pm0.75)^2$, also $y_M=3.06$ und $y_m=0.06$, entsprechend $h_M=3.06 \cdot 0.5m=1.53m$ und $h_m=0.06 \cdot 0.5=0.03m$. Nach Bild 16.23 findet man mit $F_0^{-1}=3.16^{-1}= 0.32$ etwa $y_M=2.3$ und $y_m=0.15$, d.h. Werte näher bei Eins als die Approximationen. Nach Gl.(16.61) folgt $tg\beta_e=0.15 \cdot 3.16=0.47$, also $\beta_e=25°$. Eine Wellenextremlage befindet sich demnach im Umlenkungsbereich.

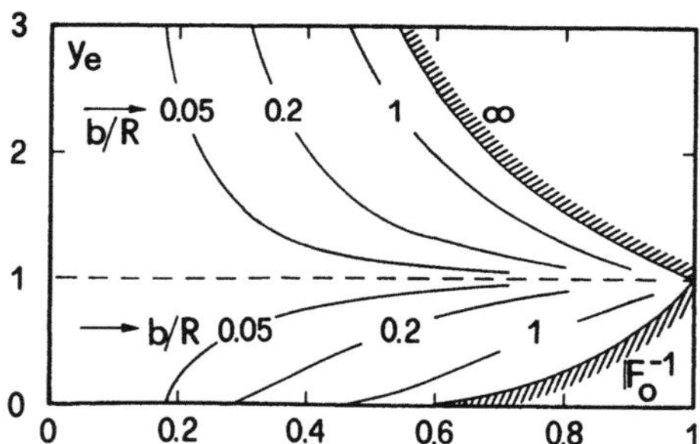

Bild 16.23   Kanalkurve im Rechteckquerschnitt, Extremwassertiefen $y_e=h_e/h_0$ in Abhängigkeit von der Zufluss-Froudezahl F_0 und der Relativkrümmung b/R (Hager, 1992).

Bis heute ist der Einfluss von Kanalgefälle und Kanalbodenüberhöhung noch nicht systematisch untersucht. Resultate im Kreisrohr fehlen gänzlich. Bild 16.24 zeigt Darstellungen eines Abflusses im geschlossenen Kanal. Die Schrägstellung des Wasserspiegels ist deutlich erkennbar. Ein *Zuschlagen* des Kanals bei Überbelastung ist demnach durchaus möglich.

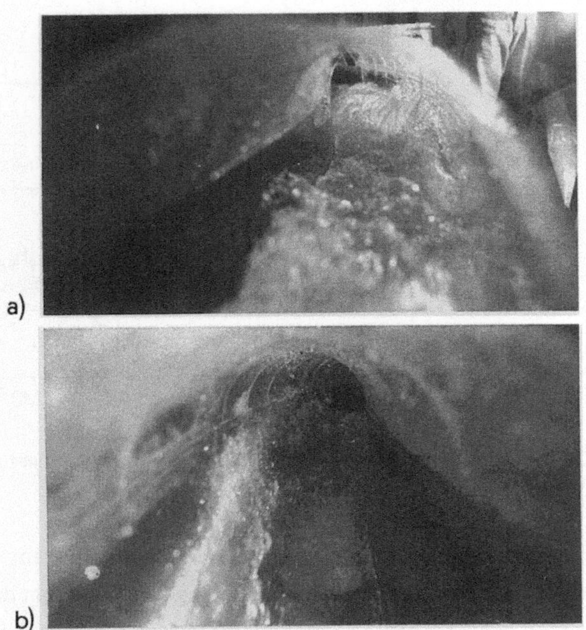

Bild 16.24   Abfluss in geschlossenem, gekrümmtem Kanal mit grossem Gefälle
a) vom Oberwasser und b) vom Unterwasser her.

16.3.6 Kanalvereinigung

Abflussbeschreibung

Bild 16.25 bezieht sich auf die Kanalvereinigung mit *geradem Durchlaufstrang* (Index «o») und dem im Winkel δ zukommenden Seitenstrang (Index «z»). Weiter bleibt die Breite des Durchlaufstranges konstant $b_o = b_u$, während der Fall $b_z \leq b_o$ betrachtet wird. Gefälls- und Reibungseinflüsse werden vernachlässigt, da es um die Strömung in unmittelbarer Umgebung von der Vereinigung geht.

Bevor der allgemeine Fall besprochen wird, betrachte man den Abfluss in einem Einzelstrang allein. Bei *ausschliesslichem Oberwasserzulauf* mit den Parametern $(h_o; F_o)$ kann sich der Zulaufstrahl vom Vereinigungspunkt P aus seitlich ausdehnen und trifft auf die Schenkelwand des Seitenkanals im Stagnationspunkt I auf. Je nach dem Vereinigungswinkel δ wird ein Teil des Aufpralls in den Seitenkanal gelenkt, der Hauptteil fliesst jedoch längs der Wand IW in den Unterwasserkanal. Durch den Aufprall stellt sich der Abfluss vertikal auf und erzeugt eine stehende Welle - die sogenannte *Welle A*, deren Maximum h_{MA} sich im Punkt x_{MA} befindet. Das Wellenende liegt weiter bei x_{eA}.

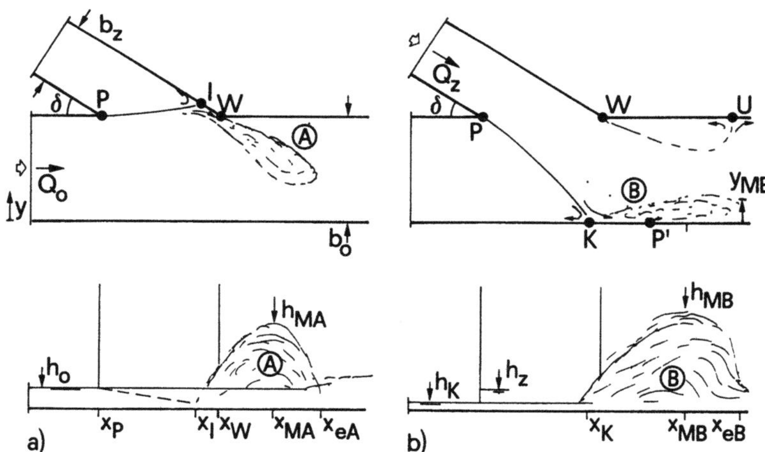

Bild 16.25 Kanalvereinigung a) Oberwasserzulauf allein und b) Seitenzulauf allein, Bezeichnungen.

Der *ausschliessliche Seitenzufluss* breitet sich vom Vereinigungspunkt P aus und trifft in Punkt K die durchgehende Kanalwand. Je nach Vereinigungswinkel strömt der Grossteil des Durchflusses direkt in den Unterwasserkanal, wobei sich infolge des Aufpralls eine stehende Welle - sie sogenannte *Welle B* - bildet. Ihr Maximum h_{MB} befindet sich an der Stelle x_{MB}, und x_{eB} bezieht sich auf das Wellenende. Ausgehend von Punkt W löst sich der Abfluss von der Schenkelwand ab und trifft in Punkt U wieder darauf.

Sowohl die Welle A als auch die Welle B können kompakt oder wandartig sein (Bild 16.26). Eine *kompakte Welle* ist kontinuierlich und weist praktisch eine hydrostatische Druckverteilung auf, während die *wandartige Welle* bei einer Überforcierung der Vereinigung als um praktisch 90° gedrehter Abfluss, häufig entlang einer Wand, auftritt. Je nach Froudezahl und absoluter Fliessgeschwindigkeit ist die stehende Welle belüftet oder unbelüftet. Der Abfluss in der Kanalvereinigung kann sich demnach stark räumlich ausbilden, und besteht insbesondere aus Abflusskonzentrationen und undurchströmten Ablösungsgebieten.

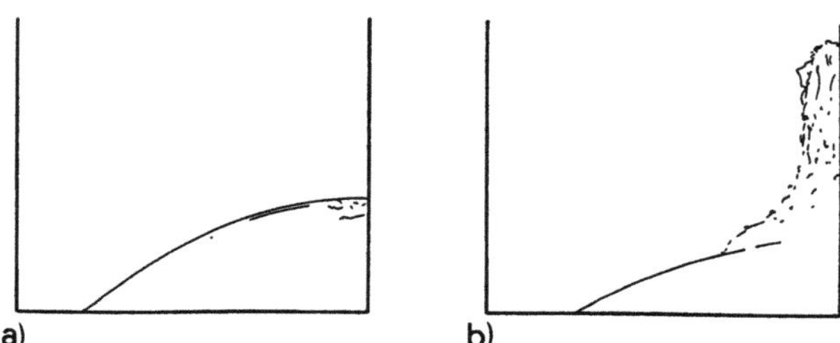

Bild 16.26 Wellentypen a) kompakt, b) wandartig.

Die *allgemeine Kanalvereinigung* mit ungestört schiessenden Zuläufen sowohl im Hauptkanal (h_O, F_O) als auch im Seitenkanal (h_z, F_z) geht aus Bild 16.27 hervor. Üblicherweise verhindert der Seitenzufluss eine Ausbildung der Welle A, dafür stellt sich nun zusätzlich vom Vereinigungspunkt P ausgehend die *Welle C* ein. Sie ist eine direkte Folge des Wasserzusammenstosses, der sich durch ein vertikales Ausweichen des schiessenden Abflusses manifestiert. Das Wellenmaximum an der Stelle x_{MC} beträgt h_{MC} und der *Stosswinkel* θ lässt sich analog zur abrupten Wandablenkung nach 16.3.2 unter Vorausetzung hydrostatischer Druckverteilung ermitteln.

In Punkt K trifft die seitliche Strahlbegrenzung auf die durchgehende Wand auf, dort etwa befindet sich der Anfang von *Welle B*, deren Maximalhöhe h_{MB} an der Stelle x_{MB} auftritt. Längs der Schenkelwand löst sich der seitliche Strahl ab, und es bildet sich zwischen den Punkten W und U ein Totwasser aus. Die Welle B wird stromab auf die gegenüberliegende Wand als *Welle D* reflektiert. Je nachdem, ob das Amplitudenverhältnis h_{MD}/h_{MB} gross oder klein ist, nimmt die Welligkeit des Unterwassers langsam oder rasch ab.

Der schiessende Abfluss in einer Kanalvereinigung ist damit äusserst komplex. Er wird beeinflusst vom Verhältnis der Zufluss-Wassertiefen h_O/h_z und -Froudezahlen F_O, F_z, dem Kanalbreitenverhältnis b_O/b_z und b_O/b_u sowie dem Vereinigungswinkel δ. Weiter liesse sich die Vereinigungsgeometrie verändern, und andere Profile könnten ebenfalls betrachtet werden, ganz abgesehen von Einflüssen der Sohlengeometrie und der Rauhigkeitscharakteristik. Nachfolgend sollen einige Resultate für die in Bild 16.27 dargestellte Kanalvereinigung vorgestellt werden.

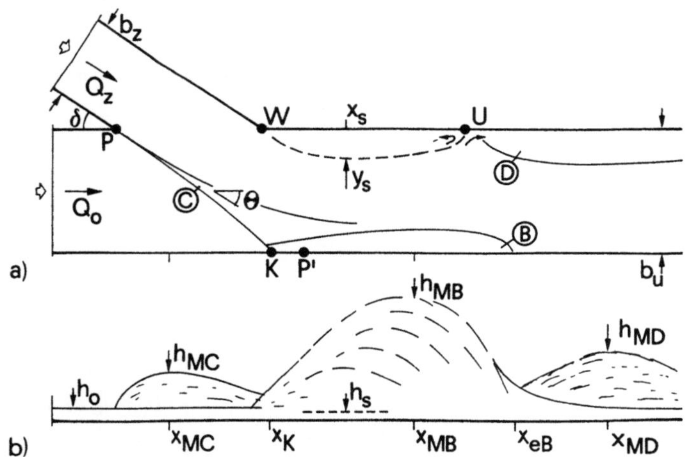

Bild 16.27   Kanalvereinigung a) Grundriss und b) Längsschnitt mit schematischer Wellenstruktur und (– – –) Totwassergebiet.

Grenzzustände

Unter einem Grenzzustand (engl.: incipient choking; franz.: commencement de l'effondrement) versteht man den *Übergang* von schiessendem auf strömenden Abfluss bei Reduktion der Froudezahl. Je nachdem ob der Grenzzustand in einem oder in beiden Zulaufsträngen auftritt, liegt nur noch teilweises Schiessen oder Strömen im Vereinigungsbereich vor. Die Kenntnis dieser Übergänge ist wichtig, ändert doch das gesamte Abflussverhalten vollständig.

Bild 16.28 zeigt die Bildung des Grenzzustandes in einem Zulaufstrang allein. Beide Zustände treten auf, falls an den Stagnationspunkten I (Grenzzustand beim durchgehenden Ast) oder K (Grenzzustand beim seitlichen Ast) der Rücklauf nicht mehr abgeführt wird. Der Grenzzustand hängt demnach bedeutend vom Vereinigungswinkel, aber auch von der detaillierten Vereinigungsgeometrie ab. Bild 16.28 zeigt vier Phasen des *Zusammenbruchs der Strömung*, wobei in beiden Fällen im anderen Ast ein schiessender Abfluss aufrechterhalten wird. Nimmt auch dort die Froudezahl ab, so bricht in beiden Kanalästen der schiessende Abfluss zusammen. Man spricht dann wiederum von der «verschluckten» Vereinigungsströmung (engl.: choking flow).

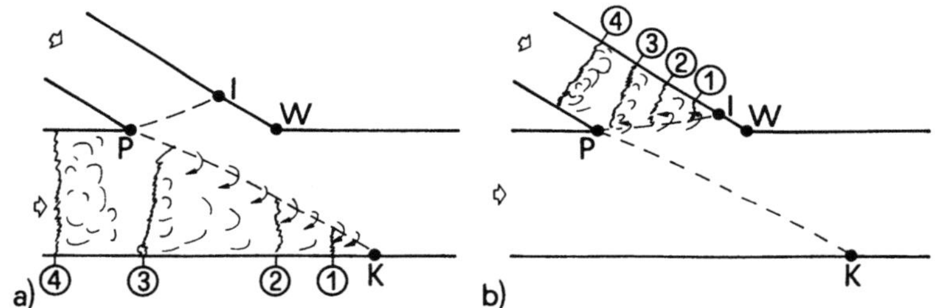

Bild 16.28 Grenzzustände im a) durchgehenden und b) seitlichen Vereinigungsast mit typischen Phasen des Strömungszusammenbruchs.

Die Auswertung von Messdaten führt auf die folgenden Beziehungen (Schwalt, 1993)

$$F_{Go} = 2 + (\delta/120°)F_z Y^{-1} , \tag{16.63}$$

$$F_{Gz} = 2 + (1/8)(F_0+5)Y . \tag{16.64}$$

Dabei hängen beide Grenzzustände (Index «G») also linear von der Froudezahl des anderen Stranges und dem Wassertiefenverhältnis $Y = h_o/h_z$ ab. F_{Go} variiert zudem mit dem Vereinigungswinkel, während F_{Gz} davon unabhängig ist. Bevor also eine Vereinigung mit schiessendem Abfluss bemessen wird, müssen vorerst die notwendigen Bedingungen $F_0 > F_{Go}$ und $F_z > F_{Gz}$ nachgewiesen werden.

Wellengeometrie

Bild 16.29 zeigt die typischen Strömungsverhältnisse in einer Kanalvereinigung. Diese beinhalten die Vereinigungswelle C und die Wandwellen B und D. Die Welle A tritt üblicherweise nicht auf, und die Welle D und alle stromab folgenden Reflexionen sind gegenüber der Welle B nicht massgebend. Deshalb soll das Hauptaugenmerk auf die Wellen B und C gerichtet werden.

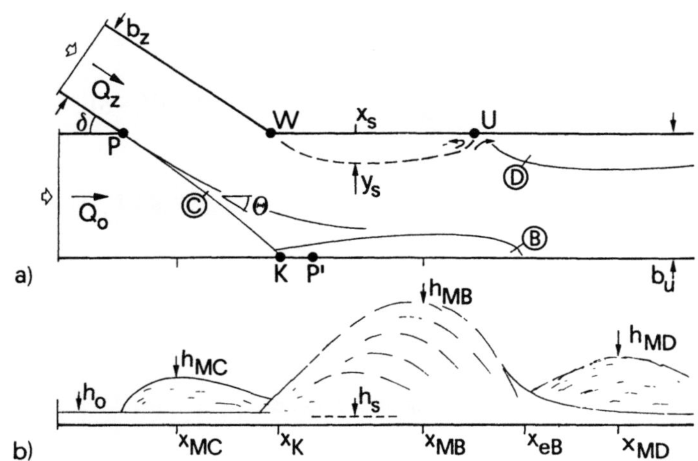

Bild 16.29   Geometrie der Vereinigungsströmung a) Grundriss und b) Längsschnitt mit Bezeichnungen.

Die Wellengeometrie lässt sich durch den Wellenanfang (Index «a»), das Wellenmaximum (Index «M»), die Wellenbreite und das Wellenende (Index «e») beschreiben. Weiter von Interesse ist die Grösse des Ablösungsgebiets (Index «s»). Bezeichnet demnach x die Lagekoordinate, h die Wassertiefe und y die Querkoordinate, so sind diese Parameter in Abhängigkeit der Basisgrössen einer Vereinigung $F_o=V_o/(gh_o)^{1/2}$, $F_z=V_z/(gh_z)^{1/2}$, $Y=h_o/h_z$, $\beta=b_z/b_o$ und des Vereinigungswinkels δ anzugeben. Anhand umfangreicher Messerien findet Schwalt (1993) für die

Welle C
$$tg\theta = \frac{x_{MC}-x_P}{b_o-y_{Mc}} = (1/2)\delta(F_z/F_o)^{2/3}Y^{-1} \, , \tag{16.65}$$

$$L_{MC} = \frac{x_{MC}-x_P}{h\cos\theta} = 4.3(f-2) \, , \tag{16.66}$$

$$Z_{MC} = \frac{h_{MC}}{h} - 1 = 1 + 0.25(f\sin\delta)^2 \tag{16.67}$$

mit x_P als Koordinate des Vereinigungspunktes, θ als Stosswinkel, $f=2F_0F_z/(F_0+F_z)$ als massgebende Zulauf-Froudezahl, $\bar{h}=(h_0h_z)^{1/2}$ als massgebende Zulauf-Wassertiefe und $\bar{b}=(b_0b_z)^{1/2}$ als massgebende Zulaufbreite. Weiter gilt mit $\Delta=0.55+0.05\delta^\circ$ für die

$$\text{Welle B} \qquad L_{aB} = \frac{x_{aB}-x_P}{b_0} = (1/\Delta)(F_0/F_z^{1/3})Y^{2/3}\,, \tag{16.68}$$

$$L_{MB} = \frac{x_{MB}-x_P}{b_0} = 1.65L_{aB}\,, \tag{16.69}$$

$$L_{eB} = \frac{x_{eB}-x_P}{(\bar{b}\bar{h})^{1/2}} = 1.35cos\delta[F_0(F_zY)^{1/3}+5]\,, \tag{16.70}$$

$$B_{MB} = \frac{y_{MB}}{\bar{h}} = 0.3(0.1 + sin\delta)F_0F_z^{1/3}\,, \tag{16.71}$$

$$Z_{MB} = \frac{h_{MB}}{\bar{h}} - 1 = 0.25f^2. \tag{16.72}$$

Der Anfang der *Welle D* befindet sich an der Stelle

$$L_{aD} = \frac{x_{aD}-x_W}{b_0} = (2.5/\Delta)^{3/2}[(F_0/F_z^{1/3})Y^{2/3}- 0.7] \tag{16.73}$$

und die *Ablösungszone* lässt sich beschreiben durch

$$L_S = \frac{x_S-x_W}{(\bar{b}\bar{h})^{1/2}} = 1.35cos\delta(f-3)\,, \tag{16.74}$$

$$L_{es} = \frac{x_{es}-x_W}{(\bar{b}\bar{h})^{1/2}} = 2.5L_s, \tag{16.75}$$

$$B_s = \frac{y_s}{\bar{b}} = 6.4(cos\delta)^{1/2}[F_z^{-1}Y^{1/3}- 0.05]\,. \tag{16.76}$$

Diese Resultate sind grundsätzlich gültig für $\delta>\delta_1$ mit $\delta_1\cong15^\circ$. Für kleinere Vereinigungswinkel ändert sich das Abflussverhalten insbesondere hinsichtlich der Welle C, die sich dann nur noch schwach ausbildet. In der Praxis der Abwassertechnik werden Vereinigungswinkel $\delta<\delta_1$ kaum angestrebt. Als obere Grenze des Vereinigungswinkels ist etwa $\delta=70^\circ$ anzusehen. Wie aus Modellversuchen folgt, lässt sich bei einem rechten Vereinigungswinkel ($\delta=90^\circ$) praktisch nie schiessender Zusammenfluss aufrechterhalten.

Übliche Vereinigungswinkel sind zwischen $\delta=30°$ und $45°$ zu wählen.

Die Grenze zwischen Wellen B mit *kompakter* und *wandartiger* Struktur ist bei

$$F_{ot} = 5(sin\delta)^{1/2}(F_z-2)^{1/3}Y^{-1/3} \,. \tag{16.77}$$

Mit diesen Angaben lassen sich die wichtigsten Abflussverhältnisse in einer Kanalvereinigung abschätzen.

Beispiel 16.9	Die Zulaufströmung einer Kanalvereinigung wird charakterisiert durch $Q_o=10m^3s^{-1}$, $h_o=0.8m$, $b_o=1.5m$ und $Q_z=4m^3s^{-1}$, $h_z=0.45m$, $b_z=1m$. Beschreibe die Vereinigungsströmung für einen Vereinigungswinkel von $\delta=35°$!

Zufluss $\quad F_o=10/(9.81\cdot1.5^2 0.8^3)^{1/2}=2.98$,
$\quad\quad\quad\quad F_z=4/(9.81\cdot1.0^2 0.45^3)^{1/2}=4.23$,
$\quad\quad\quad\quad Y=0.8/0.45=1.78$, $\bar{b}=1.225m$, $\bar{h}=0.60m$,
$\quad\quad\quad\quad (\bar{b}\bar{h})^{1/2}=0.86m$, $f=2\cdot2.98\cdot4.23/(2.98+4.23)=3.50$.

Grenzzustände $\quad F_{Go}=2+(35/120)4.23/1.78=2.69<2.98$,
$\quad\quad\quad\quad F_{Gz}=2+(1/8)(2.98+5)1.78=3.78<4.23$
$\quad\quad\quad\quad$ nach den Gln.(16.63) und (16.64), demnach tritt in
$\quad\quad\quad\quad$ beiden Ästen kein Strömungszusammenbruch auf.

Welle C $\quad tg\theta=(1/2)35°(\pi/180°)(4.23/2.98)^{2/3}/1.78=0.22$,
$\quad\quad\quad\quad$ also $\theta=12.1°$
$\quad\quad\quad\quad x_{MC}-x_P=0.60\cdot cos12.1°4.3(3.50-2)=3.78m$
$\quad\quad\quad\quad h_{MC}=[2+0.25(3.50\cdot sin35°)^2]0.60=1.80m$

Welle B $\quad$ mit $\Delta=0.55+0.05\cdot35°=2.30$
$\quad\quad\quad\quad x_{aB}-x_P=[(1/2.30)(2.98/4.23^{1/3})1.78^{2/3}]1.5=1.77m$
$\quad\quad\quad\quad x_{MB}-x_P=1.65\cdot1.77=2.9m$
$\quad\quad\quad\quad x_{eB}-x_P=1.35cos35°[2.98(4.23\cdot1.78)^{1/3}+5]0.86=$
$\quad\quad\quad\quad\quad 10.3m$
$\quad\quad\quad\quad y_{MB}=0.3(0.1+sin35°)2.98\cdot4.23^{1/3}0.6=0.59m$
$\quad\quad\quad\quad h_{MB}=[1+0.25\cdot3.5^2]0.60=2.44m$

Ablösungszone $\quad x_s-x_W=0.86\cdot1.35cos35°(3.5-3)=0.5m$
$\quad\quad\quad\quad x_{es}-x_W=2.5\cdot0.5=1.25m$
$\quad\quad\quad\quad y_s=6.4\cdot1.22(cos35°)^{1/2}[4.23^{-1}1.78^{1/3}-0.05]=1.67m$

Aus dieser Darstellung folgt bereits eine sehr hohe Welle C, die Welle B ist dagegen nur unbedeutend höher. Die Breite der Ablösungszone y_s ist physikalisch mit $y_s>b_o$ unmöglich. Mit $F_{ot}=5(sin35°)^{1/2}(4.23-2)^{1/3}/1.78^{1/3}= 4.08>F_o$ ist eine wandartige Welle B zu erwarten.

16.3.7 Verfahren zur Stosswellenreduktion

Anhand der besprochenen Beispiele geht hervor, dass Störungen im schiessenden Abfluss wesentlich mit der Zulauf-Froudezahl F_o wachsen. Da die Wellen infolge der Wandrauhigkeit und der Viskosität nur wenig längs des Kanals abnehmen und andere Nachteile wie schlecht durchströmte Abflusszonen, Oberflächenbelüftung oder lokale Erosion auftreten, ist der Wellenreduktion grösste Aufmerksamkeit zu schenken. Grundsätzlich lassen sich Stosswellen im Rechteckkanal durch verschiedene Verfahren abmindern (Bild 16.30):

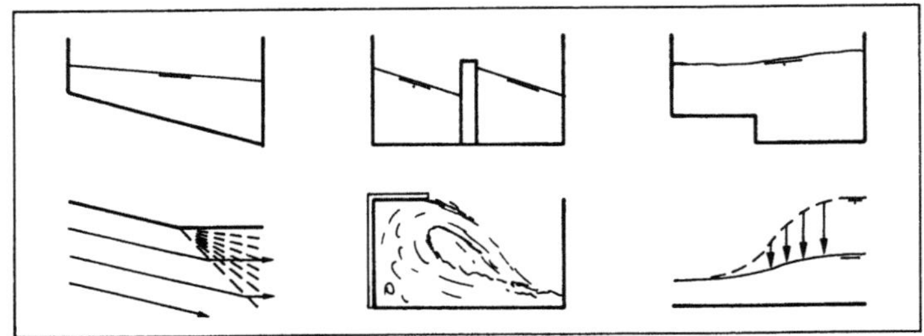

Bild 16.30   Reduktionsmöglichkeiten von Stosswellen.

- Einbau eines *Kanalquergefälles* J_{sy}, sodass die Tangentialbeschleunigung eines
  Massenpunktes mit dem Stromlinienkrümmungsradius R kompensiert wird, d.h.

$$J_{sy} = \frac{V_0^2}{gR} \, , \qquad\qquad (16.78)$$

- *Mehrfach-Leitwände* reduzieren die Kanalbreite b und darnach die seitliche Wasser-
  spiegelüberhöhung, sind aber im Abwasser infolge von Verstopfungen oder Feststoff-
  problemen irrelevant,
- *Querstufen*, damit eine Bodenstörung geführt werden kann, sie erzeugt jedoch
  Abrasions- und Kavitationsprobleme,
- *Deckplatten* zur lokalen Höhenbegrenzung von Wandwellen und
- Anwendung der *Welleninterferenz* zur Überlagerung von zwei identischen Wellen mit
  verschiedenem Vorzeichen.

Leitwände, Querstufen und auf der Welleninterferenz basierende Anordnungen lassen
sich wohl im Wasserbau rechtfertigen, in der Kanalisationstechnik sind sie aber betriebs-
technisch undenkbar. Damit bleiben im Kreisprofil wohl nur zwei Methoden zur Stosswellenreduktion:

- Verkleinerung der Stosszahl **S** oder
- Einbau von Deckplatten an neuralgischen Schächten.

Wie bereits in 16.3.2 erwähnt, steigt die Wellenhöhe direkt proportional mit der *Stosszahl*, d.h. mit der Zulauf-Froudezahl, resp. mit der Störungsintensität. Die potentiellen
Gefahren von Stosswellen lassen sich demnach *planerisch* vermindern, indem entweder
die Froudezahl reduziert wird, oder die Störung weniger gross erfolgt.

Da im Kreisprofil die Froudezahl gleich $F=Q/(gDh^4)^{1/2}$ ist und der Durchfluss Q eine
Bemessungsgrundlage darstellt, so lässt sich **F** nur durch eine Vergrösserung des
Durchmessers D oder insbesondere der Wassertiefe h erzielen. Bezieht man sich auf eine
relativ lange Zuflussstrecke zum Schacht, stellt sich also Normalabfluss (Index «N») ein,

so gilt weiter für $y_N<0.8$ nach Gl.(5.17)

$$y_N = 1.15 q_N^{1/2}(1 + q_N)^{1/2} \ . \qquad (16.79)$$

Einsetzen in die Froudezahl ergibt mit $q_N=Q/(KJ_s^{1/2}D^{8/3})$

$$\mathbf{F}_N = \frac{Q/(gD^5)^{1/2}}{1.32 q_N(1+q_N)} = \frac{0.76\chi}{1+q_N} \ . \qquad (16.80)$$

Dabei stellt $\chi=KJ_s^{1/2}D^{1/6}g^{-1/2}$ die Reibungscharakteristik nach 5.6 dar. Bezieht man sich auf einen Mittelwert von $q_N\cong0.15$, so folgt anstelle von Gl.(16.80) $\mathbf{F}_N=(2/3)\chi$. Demnach lässt sich die Zulauf-Froudezahl klein halten bei kleinem Sohlengefälle J_S, da der Rauhigkeitsbeiwert nicht erniedrigt werden soll und der Rohrdurchmesser nur unwesentlich in die Rechnung eingeht.

Eine *Reduktion der Abflussstörung* beinhaltet ein Kleinhalten:

- des Verengungswinkels θ für eine Kanalverengung,
- des Erweiterungsverhältnisses $\beta=b_u/b_o$ bei Kanalerweiterungen,
- der Relativkrümmung b/R bei der Kanalkrümmung und
- des Vereinigungswinkels δ bei der Kanalvereinigung.

Leider ist es platzmässig oder vom finanziellen Aufwand her nicht immer möglich, die Stosszahl **S** klein, also etwa $S<1$ zu halten. Dieser Fall sollte jedoch die Ausnahme darstellen, da dann nur durch *Stosswellenforcierung* dem Problem beizukommen ist.

Aufbauend auf einer umfassenden Untersuchung zur Stosswellenreduktion bei Kanalvereinigungen betrachtete Schwalt (1993) die folgenden Anordnungen:

- *Bodenleitelement* zur Trennung der Zuflüsse, resp. zur Richtung der Abströmung,
- *Bodenstufe* zur Uniformierung des Vereinigungsabflusses, und
- *Deckplatte* zur Begrenzung der Wandwellenhöhe.

Sowohl das Bodenleitelement als auch die Bodenstufe können den unmittelbar nachfolgenden Abfluss verbessern, beide Elemente sind aber wenig flexibel, d.h. sie lassen sich nur auf den Bemessungsabfluss auslegen, funktionieren dagegen bei anderer Zuströmung eventuell sogar schlechter als ohne Bodeneinbau. Zusätzlich können sich Feststoffprobleme, Abrasionsschäden oder gar Kavitationserosion ergeben, weshalb von diesen Elementen Abstand genommen werden sollte.

Als einzig verlässliche, aber auch effiziente und einfache Methode zur Stosswellenreduktion in Sonderbauwerken der Abwassertechnik hat sich die *Deckplatte* (engl.: cover plate; franz.: plaque de couverture) herausgestellt. Sie bezieht sich auf Wandwellen, wird an der Kanalseitenwand auf der Scheitelhöhe des abgehenden Rohres montiert und verhindert aktiv ein weiteres Ansteigen der Stosswelle, das zum Zuschlagen im Unterwasserrohr führen könnte..Die Deckplatte lässt sich hervorragend bei Umlenkschächten und Vereinigungsschächten einbauen. Die Wirkungsweise soll nachfolgend beschrieben werden.

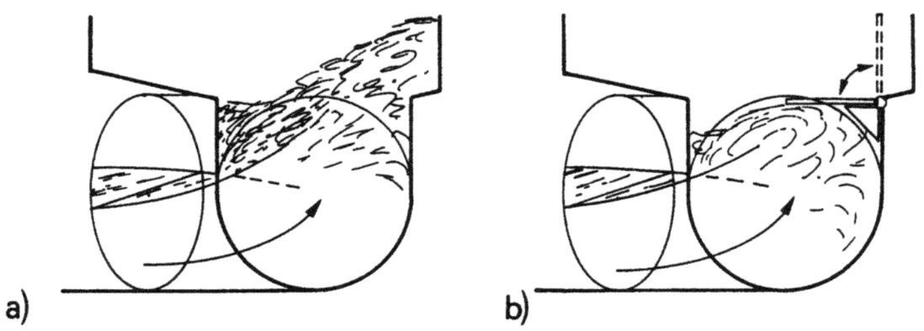

Bild 16.31   Schiessender Abfluss im Umlenkschacht a) unverbauter Schacht, b) Wirkung der aufklappbaren Deckplatte.

Bild 16.31a) zeigt eine typische Strömung im Umlenkschacht und den überstauten Auslaufbereich. Da es sich bei diesen Stosswellen üblicherweise um Wandwellen nach Bild 16.26b) handelt, lassen sie sich durch *Deckplatten* erfolgreich reduzieren. Die Deckplatte kann nach Bild 16.31b) aufklappbar gestaltet werden, um die Zugänglichkeit nicht zu erschweren. Das Element lässt sich bei neuralgischen Schächten auch nachträglich einfach einbauen. Es wird im Gegensatz zu anderen Elementen ausschliesslich auf Druck beansprucht.

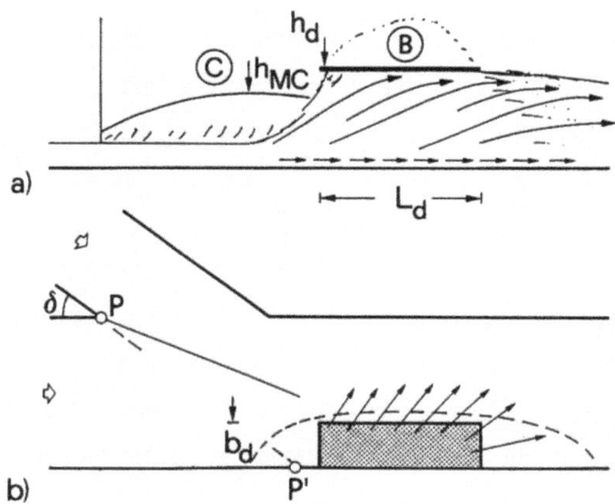

Bild 16.32   Zusammenspiel der Wellen B und C bei der Anordnung einer Deckplatte in der Kanalvereinigung a) Längsschnitt, b) Grundriss.

Nach 16.3.6 ist die Wandwelle B bei der Kanalvereinigung immer höher als die Vereinigungswelle C, Deckplatten lassen sich also auch hervorragend bei Vereinigungsbauwerken einsetzen. Bild 16.32 bezieht sich auf die Deckplatte der Länge L_d und der Breite b_d auf der Höhe h_d. Auf jeden Fall hat die Höhenlage h_d grösser als die Höhe h_{mC} der Welle C zu sein, da sonst die Deckplatte von der Vereinigungswelle überströmt werden kann.

Die Lage der Deckplatte muss zudem so ausgerichtet werden, dass der Deckplattenanfang nicht überströmt und die Deckplatte selbst sowohl seitlich als auch im Unterwasser horizontal abgeströmt wird. Sonst lässt sich die Wandwelle nur partiell reduzieren (Bild 16.33).

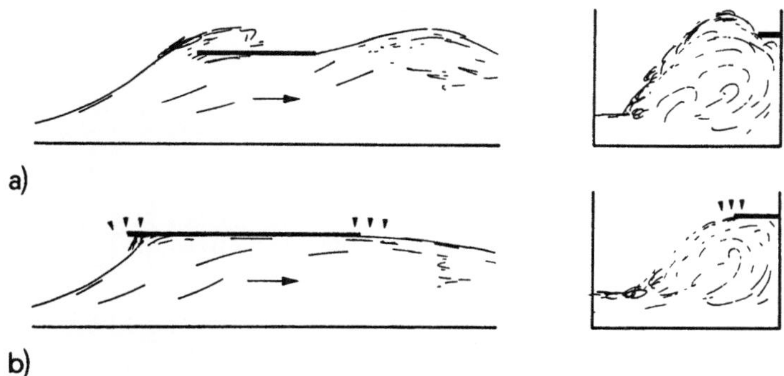

Bild 16.33 Einpassen der Deckplatte in die Kanalvereinigung a) mangelhafte und b) gute Ausführung.

Schwalt (1993) hat im Rechteckkanal ausführliche Versuche durchgeführt, die zu folgenden Resultaten führten:
- Deckplatten lassen sich sinnvoll bei Vereinigungswinkeln bis rund 45° anordnen. Darüber ist die Welle C praktisch gleich gross wie die Welle B, wie aus den Gln.(16.67) und (16.72) hervorgeht,
- bei grossen Vereinigungswinkeln kann u.U. eine Kombination Bodenabsatz vom seitlichen Zuflusskanal her mit einer Deckplatte zielführend sein. Der Bodenabsatz hat dabei etwas höher als die maximale Oberwassertiefe zu sein. Details dazu erarbeitete Schwalt (1993).

Die nachfolgenden Resultate beziehen sich auf Vereinigungswinkel δ zwischen 15° und 45°. Unter Bezug auf die Definitionsskizze (Bild 16.32) gilt unabhängig von der Deckplattenbreite b_d für den *Deckplattenanfang* (Index «ad»)

$$\frac{x_{ad} - x_{P'}}{b_o} = \frac{0.27}{sin\delta} Y^{3/4} F_o F_{\bar{z}}^{1/3} - 1.5 \qquad (16.81)$$

und für das *Deckplattenende* (Index «ed»)

$$\frac{x_{ed} - x_{P'}}{(\overline{b}h)^{1/2}} = \frac{1.15}{sin\delta} Y^{1/2}F_oF_{\overline{z}}^{1/3} - 2.3 \ . \tag{16.82}$$

Beide Beziehungen sind ähnlich aufgebaut und beinhalten die reduzierte Froudezahl $F_o/F_{\overline{z}}^{1/3}$. Die *Deckplattenbreite* von $b_d = h_o + h_z$ reicht überlicherweise für eine genügende Umlenkung der Wandwelle aus. Die *Deckplattenhöhe* h_d schliesslich folgt dann der Beziehung

$$\frac{h_d}{h_z} = 2 + 0.67 sin\delta F_z(F_oY)^{1/3} \ . \tag{16.83}$$

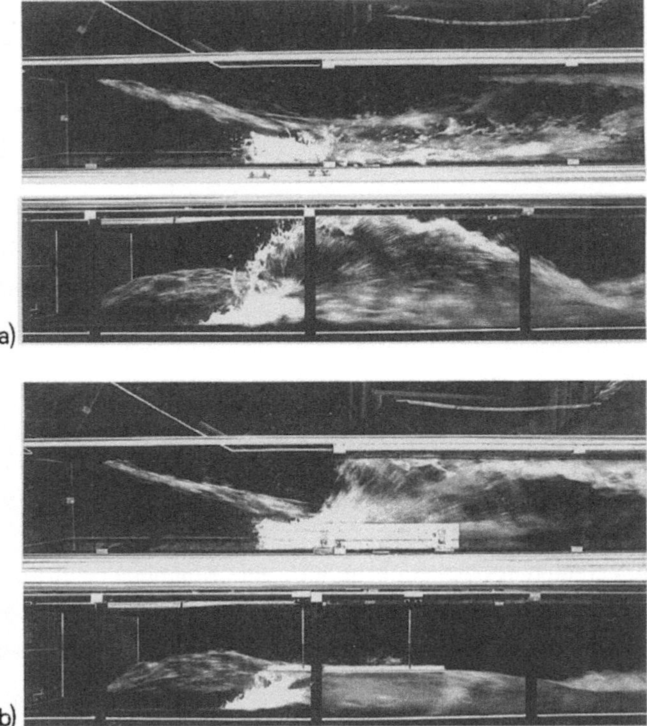

Bild 16.34   Vereinigungsströmung mit $h_o = h_z = 40$mm, $F_o = F_z = 8$ und $\delta = 30°$ a) ohne und b) mit Deckplatte im Grundriss (oben) und im Längsschnitt (unten).

Die Froudezahl im Seitenzulauf beeinflusst demnach massgeblich die Höhenlage. Wie Schwalt zeigt, treten extreme Wandwellen für $2<(F_o/F_{\overline{z}}^{1/3})Y^{1/3}<7$ auf, die sich durch eine Deckplatte bis auf 40% reduzieren lassen. Bild 16.34 bezieht sich auf den Abfluss in der

Kanalvereinigung ohne und mit Deckplatte, woraus eine beachtliche Abflussverbesserung hervorgeht.

Beispiel 16.10

Bemesse die Deckplatte zum Vereinigungsschacht nach Beispiel 16.9! Mit F_o=2.98, F_z=4.23, Y=1.78, h_o=0.80m, h_z=0.45m, $(\bar{b}\bar{h})^{1/2}$= 0.86m folgt $x_{ad}-x_{p'}$=[(0.27/sin35°)1.78$^{0.75}$2.98·4.23$^{-1/3}$–1.5]1.5= –0.24m als Deckplattenanfang nach Gl.(16.81), $x_{ed}-x_{p'}$= [(1.15/sin35°)(1.78$^{1/2}$2.98·4.23$^{-1/3}$–2.3)]0.86=2.26m als Deckplattenende nach Gl.(16.82), b_d=0.8+0.45m=1.35m als Deckplattenbreite und h_d=[2+0.67sin35°4.23(2.98·1.78)$^{1/3}$]0.45=2.2m. Die Deckplattenlänge ist damit L_d=x_{ed}–x_{ad}=2.26+0.24=2.5m, die Breite wird über den ganzen Kanal gewählt (b_d=1.5m).
Infolge der relativ grossen Profilfüllung ergibt sich eine beachtliche Deckplattenhöhe, die nur leicht unter der Wellenhöhe h_{MB} liegt. Da der Wert $F_o(Y/F_z)^{1/3}$=2.25 beträgt, lässt sich die nur schwach ausgeprägte Wandwelle demnach nicht nachhaltig reduzieren.

Wie bereits erwähnt, lassen sich nur Wandwellen durch die Deckplatte reduzieren. Im Beispiel 16.10 handelt es sich nach Gl.(16.77) um einen Grenzfall nahe der kompakten Welle, weshalb die Wellenreduktion nur klein ausfällt.

Bei der Anwendung der vorstehenden Resultate auf Vereinigungsschächte der Kanalisationstechnik sind die Froudezahlen im U-Profil zu ermitteln. Häufig ist die erforderliche Deckplattenlänge grösser als die Schachtlänge. Behelfsmässig wird dann die Deckplatte über die Gesamtbreite des Ablaufkanals gelegt, und das Unterwasserrohr als Teil der Deckplatte betrachtet. Wie aus Gl.(16.83) hervorgeht, kann dann der Unterwasserdurchmesser D_u recht gross werden, insbesondere natürlich bei grossen Vereinigungswinkeln oder bei grosser Froudezahl F_z. In diesen Fällen bleibt als einzige Möglichkeit die Reduktion der Stosszahl.

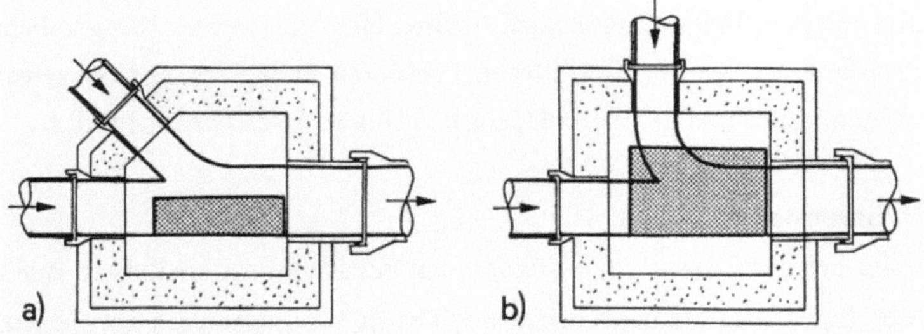

Bild 16.35 Deckplatte bei a) 45°-Vereinigungsschacht und geradem Schachteinlauf, b) 90°-Vereinigung und gebogenem Schachteinlauf (nicht zur Ausführung empfohlen).

Leider liegen bis heute keine praktischen Erfahrungen mit der Deckplatte im Vereinigungsschacht vor. Soll schiessender Abfluss aufrechterhalten bleiben, so ist von Bodenabsätzen nach 16.2.4 unbedingt abzusehen. Bild 16.35a) bezieht sich auf einen

Vereinigungsschacht mit Deckplatte und direktem Übergang auf das Unterwasserprofil, während bei Bild 16.35b) die Deckplatte in eher unrealistischer Art beim 90°-Vereinigungsschacht eingesetzt wird. Hier ist die Störung üblicherweise so gross, dass sich das Unterwasserrohr 'verschluckt' und sich Wassersprünge an beiden Zulaufästen einstellen. Eine seriöse hydraulische Behandlung von solchen Sonderbauwerken ist angezeigt, da sonst Rückstau, Unterdruckerscheinungen oder gar Überfluten in Kauf zu nehmen ist.

16.4 Krümmerschacht
16.4.1 Einleitung
Jede Richtungsänderung sowohl im Grundriss als auch im Längsschnitt eines Kanalisationsabschnittes verlangt nach einem Kontrollschacht. Da in Siedlungsgebieten oft wenig Platz zur Verfügung steht, ergeben sich entsprechend viele Richtungsänderungen. In der Folge soll die Auswirkung eines Krümmerschachtes (engl.: bend manhole; franz.: puits à coude) auf den Abfluss berschrieben werden, wobei nur von Richtungsänderungen im *Grundriss* die Rede ist. Die Richtungsänderungen im Längsschnitt - also Gefällsänderungen - sind häufig so gering, dass keine zusätzlichen Verluste zu berücksichtigen sind. Auf die Übergänge von Strömen zu Schiessen und umgekehrt wird in den Kap.6 und 7 speziell eingegangen.

Nachfolgend wird wieder zwischen strömendem und schiessendem Zufluss unterschieden. Die Deckplatte wird in 16.4.4 besprochen, wobei sich dieser Abschnitt auch auf den Vereinigungsschacht ohne Zulauf im durchgehenden Ast bezieht. Die vorhandenen Resultate sind jedoch spärlich. Beim strömenden Abfluss lassen sich wie bei der Kanalvereinigung weitere Einflüsse durch Heranziehen der Verlustbeiwerte von Druckrohren ableiten. Beim schiessenden Abfluss hingegen werden dringend eingehende Forschungsarbeiten über die vielfältigen Probleme bezüglich der Stosswellen, des Wasser-Luftgemisches und des Zuschlagens des Unterwasserrohres benötigt.

16.4.2 Strömender Abfluss
Genau wie bei der Vereinigung liegen auch bei Kanalisationskurven nur spärliche Angaben vor. Bei strömendem Abfluss handelt es sich hauptsächlich um die Angabe von Verlustbeiwerten in Abhängigkeit der Schachtgeometrie zur Ermittlung des Rückstau ins Oberwasser, während bei schiessendem Abfluss den stehenden Wellenzügen besondere Aufmerksamkeit zu schenken ist.

Wie bereits andere weisen Dick und Marsalek (1985) bei *strömendem Abfluss* auf die Schachtausführung mit *hochgezogener Berme* hin (Kap.14). Als Pauschalannahme besitzt diese Ausführung einen Verlustbeiwert ξ_k=0.05 bis 0.10, für die Ausführung mit nur 50% Bermenhöhe ergibt sich etwa der doppelte und für die Ausführung ohne Rohrführung im Krümmerschacht gar der dreifache Wert.

Beim Krümmerschacht (Index «k») werden vier verschiedene Ausführungen betrachtet, nämlich die drei bereits beschriebenen sowie eine im Schacht sich erweiternde Anordnung (Bild 16.36). Aufgrund eigener Versuche und Angaben aus anderer Quelle ergeben sich die in Tab.16.3 angegebenen Werte $\xi_k=\Delta H/[V_0^2/2g]$. Daraus ersieht man einerseits ein beträchtliches Anwachsen von ξ_k mit dem Umlenkungswinkel δ_k, andererseits aber eine Reduktion bei verbesserter Schachtausführung.

Tabelle 16.3 Verlustbeiwerte ξ_k im Krümmerschacht nach der Geometrie von Bild 16.36 (Dick und Marsalek, 1985).

Schachttyp	a)			b)			c)	d)
Umlenkwinkel	22.5°	45°	90°	30°	60°	90°	90°	90°
ξ_k	0.3	0.6	1.85	0.45	0.9	1.6	1.1	0.55

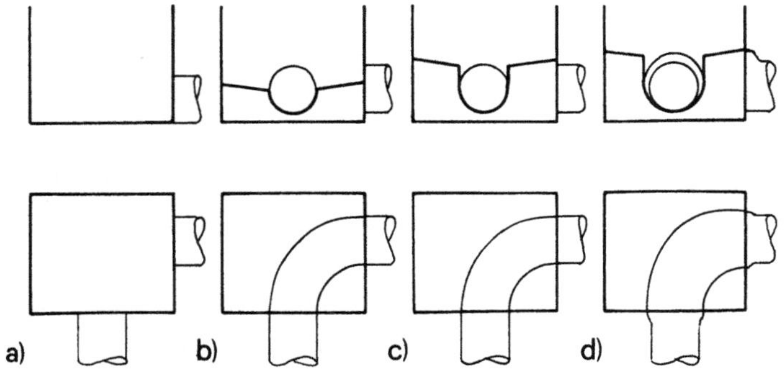

Bild 16.36   90°-Krümmerschächte, Geometrie im Querschnitt (oben) und Grundriss (unten).

Bildet Fall c) nach Bild 16.36 den Normalfall, so ergeben sich für Fall a) fast doppelt so grosse Verluste, im Fall b) rund 50% mehr und durch die aufwendige Anordnung d) lässt sich der Verlust auf etwa 50% reduzieren.

Eine zweite Arbeit betreffend Krümmerschächte stammt von Marsalek und Greck (1988). Der Schachtgrundriss ist quadratisch und die Durchmesser von Zu- und Auslaufrohr sind identisch. Bei grossem Schachteinstau von $S_s=s/D_0>1.8$ liegt kein Einstaueffekt vor, sodass der Verlustbeiwert ξ_k lediglich noch mit der Schachtgeometrie variiert. Für die übliche Ausführung nach Bild 16.36c) ergibt sich wiederum ein Verlustbeiwert von $\xi_k=1.1$.

Eine weitere Untersuchung stammt von Johnston und Volker (1990). Im Gegensatz zu den Arbeiten von Marsalek wird nun die auf den Zulaufdurchmesser D_0 bezogene

Froudezahl $F_0=V_0/(gD_0)^{1/2}$ als signifikant gefunden. In der Diskussion wird für $\delta=90°$ und $\delta_s=D_s/D_0=4$ folgender Zusammenhang vorgeschlagen

$$\xi_k = C_k F_0^{-1}, \tag{16.84}$$

wobei C_k hauptsächlich vom Schachteinstau und von der Schachtgeometrie abhängt. Für 100% Bermenhöhe gilt $C_k=0.3$ bei $S_s=s/D_0\cong1.4$ und $C_k=0.22$ für $S_s\cong5$, d.h. mit zunehmendem Einstau nimmt der ξ_k-Wert analog zum Kontrollschacht nach Kap.14 ab.

Beispiel 16.11	Gegeben ein Krümmerschacht mit $\delta_k=45°$. Wie hoch ist die Zulauftiefe bei einem Unterwasserkanal vom Durchmesser $D_u=0.70$m mit $h_u=0.52$m und $Q=0.3$m^{3}s^{-1} bei Ausführung mit hochgezogener Berme?
	Bei einer Teilfüllung von $y_u=0.52/0.70=0.74$ ist die Querschnittsfläche gleich $F_u/D_u^2=y_u^{1.4}=0.66$ nach Gl.(5.18)$_2$, also $F_u=0.66\cdot0.7^2=0.32$m^2 und demnach $V_u=0.3/0.32=0.93$ms^{-1}. Nach Tab.16.3 Fall b) gilt für $\delta_k=45°$ etwa ein Wert $\xi_k=0.7$, also für Fall c) $\xi_k=0.7(1.1/1.0)=0.48$ über die Umrechnung mit der 90°-Umlenkung. Damit wird $\Delta H=0.48\cdot0.93^2/19.62=0.021$m. Die Zulauftiefe ist deshalb etwa 2cm höher als die Unterwassertiefe, entsprechend $h_0=0.54$m.

16.4.3 Schiessender Abfluss

Schiessender Abfluss im Krümmerschacht wurde von Christodoulou (1991) untersucht. Die Schachtgeometrie ist in Bild 16.37 dargestellt, wobei Umlenkwinkel von $\delta_k=0$ und 90° eingebaut wurden. Der Energiehöhenverlust ΔH_S wurde auf die Zuflussgeschwindigkeit V_0 bezogen, er hängt ab vom Schachtdurchmesser $\delta_s=D_s/D$, von der Absturzhöhe $Z_s=\Delta z_s/D$, vom Umlenkwinkel δ_k, vom Zuflussgefälle J_s und von der Absturzzahl $D=V_0/(g\Delta z_s)^{1/2}$. Aus den Versuchen geht kein Einfluss des Umlenkwinkels und des Sohlengefälles J_s auf $\xi_k=\Delta H_S/[V_0^2/(2g)]$ hervor. Weiter gilt für $\delta_k=90°$ die Beziehung

$$\xi_k = 0.2 + 2.3D^{-2} . \tag{16.85}$$

Dabei lässt sich der erste Term als reiner Schachtverlust, der zweite als Aufprallverlust (engl.: impact loss) interpretieren mit $\Delta H_I=1.15\Delta z_s$.

Bezeichnet h_s die *Schachtwassertiefe* im Aufprallbereich (Bild 16.37), so gilt bei $\delta_k=90°$ für $y_s=h_s/\Delta z_s$ die Beziehung

$$y_s = 0.85(J_s^{-1} - J_{sO})^{0.3}D^{1.5} \tag{16.86}$$

mit $J_s<10$% als Sohlengefälle in [%] und $J_{sO}=0.15$%. Bei $\delta_k=0°$ ist anstelle vom Koeffizienten 0.85 der Wert 1 zu setzen. Soll kein Oberwasserrückstau entstehen, so ist $y_s<1$ zu setzen, bei Schachtrückstau infolge des Unterwassereinlaufs hat die Bedingung

$h_s/D<1$ erfüllt zu sein.

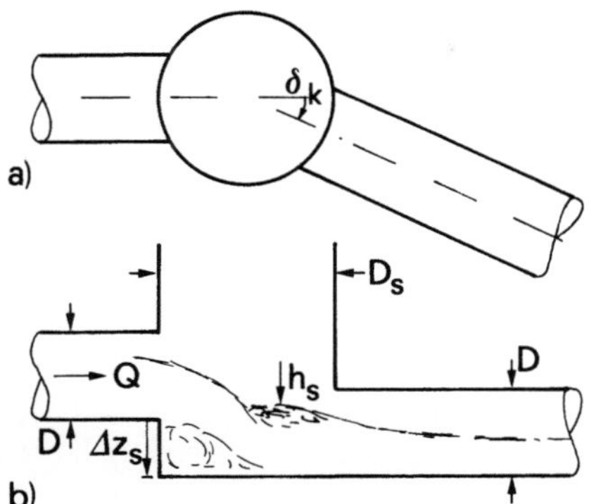

Bild 16.37   Schiessender Abfluss im Umlenkschacht, a) Grundriss, b) Längsschnitt.

Beispiel 16.12   Gegeben ein Zulaufkanal mit $J_s=6\%$, $D=1.0$m, $K=90$m$^{1/3}$s^{-1} und $Q=1.2$m^{3}s^{-1}, welcher im Krümmerschacht die Richtung um $45°$ ändert. Wie hoch ist der Absturz auszuführen?

Bei Normalabfluss gilt mit $q_N=1.2/(90 \cdot 0.06^{1/2})=0.054$ nach Gl.(5.17) für $y_N=0.926[1-(1-3.11 \cdot 0.054)^{1/2}]^{1/2}=0.276$, also $h_N=0.276 \cdot 1.0=0.28$m. Weiter ist mit $F_o/D_o^2=y_N^{-4}=0.276^{1.4}=0.165$ nach Gl.(5.18)$_2$ die Zuflussquerschnittsfläche $F_o=0.165 \cdot 1=0.165$m^2, dementsprechend $V_o=Q_o/F_o=1.2/0.165=7.3$ms^{-1}.

Geht man von Gl.(16.86) aus, so folgt für die Schachtwassertiefe $y_s=0.9(6^{-1}-0.15)^{0.3}[V_o/(g\Delta z_s)^{1/2}]^{1.5}=0.94/\Delta z_s^{1.5}$. Soll sich kein Oberwasserrückstau einstellen, so hat $\Delta z_s=(0.94)^{-2/3}=1.04$m zu sein, entsprechend $D=7.3/(9.81 \cdot 1.04)^{1/2}=2.28$. Hat sich kein Rückstau einzustellen, so ist als Schachtwassertiefe $h_s/D<1$ vorauszusetzen, d.h. $h_s/D=0.9(6^{-1}-0.15)^{0.3}[V_o/(g\Delta z_s)^{1/2}]^{1.5}\Delta z_s/D$, entsprechend nach Aulösung $\Delta z_s=[0.9 \cdot 0.29 \cdot 2.33^{1.5}1]^4=1.08$m. Demnach sollte die Absturzhöhe etwa 1m betragen und der Schacht mindestens so lange sein, dass der Strahl nicht auf die Schachtwand auftrifft (Kap.11).

16.4.4 Stosswellenreduktion

Wie bereits unter 16.3.7 besprochen, lassen sich Wandwellen durch Deckplatten optimal reduzieren. Schwalt (1993) hat den sogenannten *Kniekrümmer*, also eine unausgerundete Umlenkung nach 2.3.2 für Umlenkwinkel von $\delta=30°$ und $60°$ experimentell betrachtet. Da es sich bei einem Umlenkschacht um ein kurzes Bauwerk handelt, lassen sich seine Angaben berücksichtigen. Für Umlenkwinkel δ zwischen $20°$ und $60°$ gilt für den *Deckplattenabfang* $x_{ad}=x_{P'}$, d.h. die Deckplatte ist vom äusseren Umlenkpunkt P' an ins Unterwasser zu ziehen (Bild 16.32b). Erfolgt die Umlenkung durch eine im Hauptast unbeaufschlagte Kanalvereinigung, so ist $x_{ad}=x_P$ zu wählen, also die Deckplatte am Vereinigungspunkt P anzufangen.

Das *Deckplattenende* ist unabhängig von δ

$$\frac{x_{ed} - x_{P'}}{b_o} = 0.6F_z^{1/2} \, .$$

(16.87)

Die *Deckplattenhöhe* h_d verändert sich mit dem Umlenkwinkel δ, der Zulauf-Froude-zahl F_z und dem Breitenverhältnis b_o/b_d zu

$$h_d/h_z = 2 + 0.23\,sin\delta F_z(b_o/b_d)^{1/2} \, .$$

(16.88)

Die Deckplattenbreite hat rund $b_d=1.5h_z$ bei $\delta=30°$ und $b_d=2h_z$ bei $\delta=60°$ zu betragen.

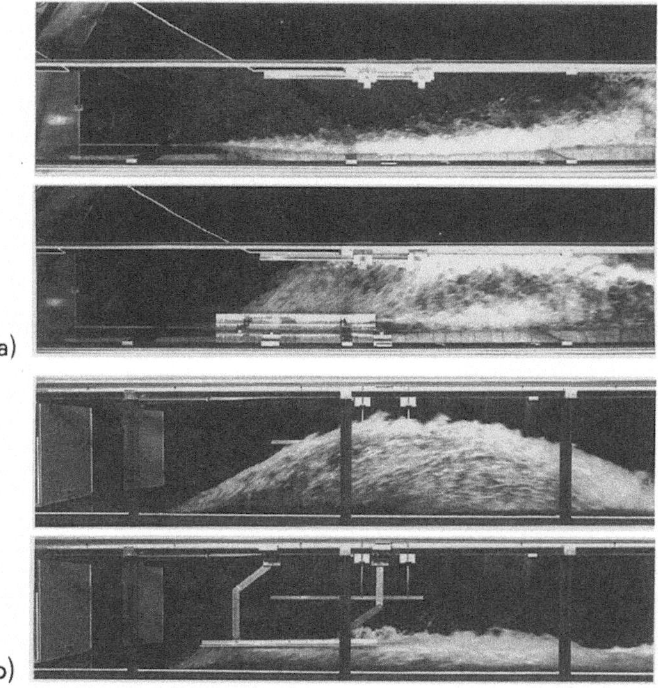

Bild 16.38   Umlenkströmung a) ohne und b) mit Deckplatte im Grundriss (oben) und in der Ansicht (unten).

Bild 16.38 zeigt die Umlenkströmung ohne und mit Deckplatte im Grundriss und in der Ansicht. Besonders aus letzter geht die bedeutende Reduktion der Wandwelle hervor. Um den auf die Gegenseite abprallenden Strahl aufzufangen, hat Schwalt (1993) gar eine zweite Deckplatte vorgeschlagen.

Beispiel 16.13   Gegeben ein Umlenkbauwerk mit $\delta=30°$, $F_z=6$, $h_z=0.4m$ und $b_z=b_u=0.9m$. Bemesse die Deckplatte!

> Legt man den Koordinatenursprung in den Umlenkpunkt P', so folgt
> für den Deckplattenanfang $x_{ad}=x_{P'}$, d.h. die Deckplatte beginnt am
> Umlenkpunkt, sie besitzt eine Breite von $b_d=0.6$m. Für das
> Deckplattenende ergibt sich mit Gl.(16.87) $x_{ed}-x_{P'}=0.6\cdot6^{1/2}0.9=$
> 0.42m, die Deckplattenhöhe wird $h_d=[2+0.23sin30°6(0.9/0.6)^{1/2}]0.4=$
> 1.15m. Die Abmessungen der Platte betragen demnach $b_d=0.6$m,
> $L_d=0.45$m, deren Höhe ist $h_d=1$m. Der Unterwasserkanal hat also am
> Einlauf mindestens eine Scheitelhöhe von 1.25m zu besitzen.
> Da die Wellenhöhe im unverbauten Umlenkschacht $h_{MB}/h_z=$
> $1+(sin\delta/4)F_z^2$ beträgt, also $h_{MB}=2.20$m würde, ist die Deckplatte in
> diesem Beispiel äusserst effizient.

Da bis heute noch keine Untersuchung im üblichen U-Profil der Kanalisationstechnik vorliegt, lassen sich zur Abschätzung der Fliessverhältnisse die besprochenen Angaben für das Rechteckprofil unter Zuhilfenahme der entsprechenden Froudezahlen im U-Profil anwenden.

Literaturnachweis

* Abbott, M.B. (1966). *An introduction to the method of characteristics.* American Elsevier: New York.

* Chaudhry, M.H. (1993). *Open channel flow.* Prentice Hall: Englewood Cliff.

* Chow, V.T. (1959). *Open channel hydraulics.* McGraw Hill: New York.

* Christodoulou, G.C. (1991). Drop manholes in supercritical pipelines. *Journal of Irrigation and Drainage Engineering* **117**(1): 37-47; **118**(5): 832-834.

* Dick, T.M. und Marsalek, J. (1985). Manhole head losses in drainage hydraulics. *21 IAHR Congress* Melbourne, Seminar A6: 123-131.

* Hager, W.H. (1982). Die Hydraulik von Vereinigungsbauwerken. *Gas - Wasser - Abwasser* **62**(7): 282-288; **63**(3): 148-149.

* Hager, W.H. (1987). Diskussion zu Separation zone at open-channel junctions. *Journal of Hydraulic Engineering* **113**(4): 539-543.

* Hager, W.H. (1992). Spillways - Shockwaves and air entrainment. ICOLD *Bulletin* **81**. International Commission for Large Dams: Paris.

* Hager, W.H. und Mazumder, S.K. (1992). Supercritical flow at abrupt expansions. *Proc. Institution Civil Engineers* Water, Maritime & Energy **96**(9): 153-166.

* Idel'cik, I.E. (1979). *Memento des pertes de charge.* 2. Auflage. Eyrolles: Paris.

* Ippen, A.T. und Dawson, J.H. (1951). Design of channel contractions. *Trans. ASCE* **116**: 326-346.

* Ippen, A.T. und Harleman, D.R.F. (1956). Verification of theory for oblique standing waves. *Trans. ASCE* **121**: 678-694.

* Ito, H. und Imai, K. (1973). Energy losses at 90° pipe junctions. Proc. ASCE *Journal of Hydraulics Division* **99**(HY9): 1353-1368; **100**(HY8): 1183-1185; **100**(HY9): 1281-1283; **100**(HY10): 1491-1493; **101**(HY6): 772-774.

- Johnston, A.J. und Volker, R.E. (1990). Head losses at junction boxes. *Journal of Hydraulic Engineering* **116**(3): 326-341; **117**(10): 1413-1415.
- Knapp, R.T. (1951). Design of channel curves for supercritical flow. *Trans. ASCE* **116**: 296-325.
- Lindvall, G. (1984). Head losses at surcharged manholes with a main pipe and a 90° lateral. Third Int. Conf. on *Urban Storm Drainage* Göteborg **1**: 137-146.
- Lindvall, G. (1987). Head losses at surcharged manholes. 4th Int. Conf. *Urban Storm Drainage* Lausanne: 140-141.
- Marsalek, J. (1987). Head loss at junctions of two opposing lateral sewers. *4 Int. Conf. Urban Storm Drainage* Lausanne: 106-111.
- Marsalek, J. und Greck, B.J. (1988). Head losses at manholes with a 90° bend. *Canadian Journal Civil Engineering* **15**: 851-858.
- Mazumder, S.K. und Hager, W.H. (1993). Supercritical expansion flow in Rouse modified and reversed transitions. *Journal Hydraulic Engineering* **119**(2): 201-219.
- Sangster, W.M., Wood, H.W., Smerdon, E.T. and Bossy, H.G. (1959). Pressure changes at open junctions in conduits. Proc. ASCE *Journal of Hydraulics Division* **85**(HY6): 13-42; **85**(HY10): 157; **85**(HY11): 153; **86**(HY5): 117.
- Schwalt, M. (1993). Vereinigung schiessender Abflüsse. *Dissertation* 10370 ETH Zürich. Auch erschienen als *Mitteilung* VAW, ed D. Vischer, VAW: Zürich.
- Schwalt, M. und Hager, W.H. (1992). Shock pattern at abrupt wall deflection. *Environmental Engineering* Water Froum '92, Baltimore ASCE: 231-236.
- Townsend, R.D. und Prins, J.R. (1978). Performance of model storm sewer junctions. Proc. ASCE *Journal of Hydraulics Division* **104**(HY1): 99-104.
- Vischer, D. (1958). Die zusätzlichen Verluste bei Stromvereinigungen. *Dissertation*, Arbeit 147, Theodor-Rehbock-Flussbaulaboratorium, TH Karlsruhe: Karlsruhe.
- Wehausen, J.V. und Laitone, E.V. (1960). Surface Waves: 446-778. Handbuch der Physik **9** *Strömungsmechanik*. S. Flügge und C. Truesdell, ed. Springer: Berlin-Göttingen-Heidelberg.

Bezeichungen

b	[m]	Kanalbreite
c	[ms^{-1}]	Wellengeschwindigkeit
C_k	[-]	Schachtbeiwert
D	[m]	Rohrdurchmesser
D	[-]	Absturzzahl
D_s	[m]	Schachtdurchmesser
F	[m^2]	Querschnittsfläche

F	[-]	Froudezahl
F_D	[-]	auf D bezogene Froudezahl
g	[ms^{-2}]	Erdbeschleunigung
G	[-]	dimensionslose Wassertiefe
h	[m]	Wassertiefe
h_p	[m]	Druckhöhe
h_s	[m]	Schachtwasserspiegel
H	[m]	Energiehöhe
J	[-]	Totalgefälle
J_s	[-]	Sohlengefälle
K	[$m^{1/3}s^{-1}$]	Rauhigkeitsbeiwert
L_s	[m]	Schachtlänge
m	[-]	Flächenverhältnis
n	[-]	Druckbeiwert
$p/\rho g$	[m]	Druckhöhe
q	[-]	Durchflussverhältnis
Q	[m^3s^{-1}]	Durchfluss
R	[m]	Krümmungsradius
$\mathbf{R}$	[-]	auf D und V bezogene Reynoldszahl
R_h	[m]	hydraulischer Radius
R_z	[m]	Ausrundungsradius
s_s	[m]	Schachteinstau
s	[m]	Absturzhöhe
S	[-]	relative Absturzhöhe
$\mathbf{S}$	[-]	Stosszahl
S_s	[-]	relativer Schachteinstau
t	[m]	mittlere Bodendruckhöhe
t_b	[m]	Bermenhöhe
u	[ms^{-1}]	Geschwindigkeitslängskomponente
v	[ms^{-1}]	Geschwindigkeitsquerkomponente
V	[ms^{-1}]	Geschwindigkeitsbetrag
x	[m]	Lagekoordinate
X	[-]	dimensionslose Längskoordinate
y	[-]	dimensionslose Querkoordinate
y_s	[-]	Schachtwasserteilfüllung
Y	[-]	Wassertiefenverhältnis
Y_i	[-]	Wassertiefenverhältnis

Y_s	[-]	Stosswellenhöhenverhältnis
Δz	[m]	Absturzhöhe
Z	[m³]	relative Zuflussreaktion
α	[-]	Vereinigungswinkel
β_i	[-]	Breitenverhältnis
β_e	[-]	Verbreiterungsverhältnis
β_s	[-]	Stosswinkel
γ_w	[-]	dimensionsloses Wandprofil
δ	[-]	Vereinigungswinkel
δ_s	[-]	Schachtdurchmesserverhältnis
ΔH	[m]	Energieverlusthöhe
ΔH_s	[m]	zusätzlicher Schachtverlust
Δz	[m]	Gefällsdifferenz
Δz_f	[m]	Reibungsverlusthöhe
ε	[-]	Einleitungsfaktor
θ	[-]	Ablenkwinkel
μ	[-]	Kontraktionsbeiwert
σ	[-]	Anpassungsbeiwert
τ	[-]	transformierte Lagekoordinate
ξ	[-]	Verlustbeiwert
ξ_k	[-]	Krümmerschacht-Verlustbeiwert
ξ_s	[-]	Schacht-Verlustbeiwert
χ	[-]	Reibungscharakteristik
Ω	[-]	Geschwndigkeitsfaktor

Indizes

a	axial, Anfang	s	Schacht
d	Deckplatte	t	Übergang
e	kontraktierter Querschnitt, Ende	u	Unterwasser
E	Ersatzquerschnitt	v	Vollfüllung
k	Krümmer	w	Wand
m	Minimum	z	Seitenzufluss
M	Maximum	1	Strömung vor Stosswelle
N	Normalabfluss	2	Strömung nach Stosswelle
o	Oberwasser		

17 VERTEILKANAL

Soll ein Zufluss längs einer bestimmten Kanallänge verteilt werden, so ist ein Verteilkanal anzuordnen. Im Abwassersektor werden meistens Streichwehre als Öffnungsgeometrie eingesetzt, es sind jedoch ebenfalls andere Ausflussarten möglich.

Quasi in Ergänzung zu Kap.18, in welchem das Streichwehr in der Regenentlastung betrachtet wird, soll hier das *Streichwehr* im Rechteckprofil studiert werden. Die verallgemeinerte Gleichung des Wasserspiegels wird besprochen, Lösungen werden diagrammhaft dargestellt und Beispiele zu deren Erläuterungen angeführt. Besonders wird jedoch auf den Pseudo-Normalabfluss als wertvolles Hilfsmittel bei der Planung von Verteilkanälen hingewiesen.

In einem speziellen Abschnitt wird auf *Verteilkanäle* eingegangen, sie werden als Verallgemeinerung der Einzelöffnung betrachtet, und durch das Ersatzsystem darauf zurückgeführt. Auf die Verallgemeinerung des seitlichen Ausflusses wird eingegangen. Beispiele erläutern das nicht sehr einfache Berechnungsvorgehen.

Schliesslich wird auf die *Kanalverzweigung* als hydraulisch kurzes Bauwerk eingegangen. Die wichtigsten Eigenheiten werden vorgestellt, und der Bezug zum Streichwehr ohne Wehreinbau wird hergestellt.

17.1 Einleitung

Unter einem Verteilkanal (engl.: distribution channel oder manifold; franz.: canal de distribution) versteht man ein Gerinne, das seitliche *Abzweigkanäle* aufweist. Solche Bauwerke, welche sowohl als Freispiegelkanäle wie auch als Druckrohre auftreten, spielen in der technischen Anwendung eine bedeutende Rolle, so etwa in der Belüftungstechnik, in der Kühlwasserrückführung, in der Hochofentechnik oder eben in der Abwassertechnik. Man kennt sie einerseits als *Druckkanäle* etwa bei der Abwasserrückgabe in Flüsse, bei der eine gute Durchmischung mit dem Flusswasser erzielt werden soll, oder andererseits als *Freispiegelkanäle*, etwa bei Beckenzuleitungen (Bild 17.1). Üblicherweise wird von Verteilkanälen verlangt, dass eine *uniforme Verteilung* längs des Kanals auftritt, ein Unterfangen, das nicht immer leicht zu befriedigen ist.

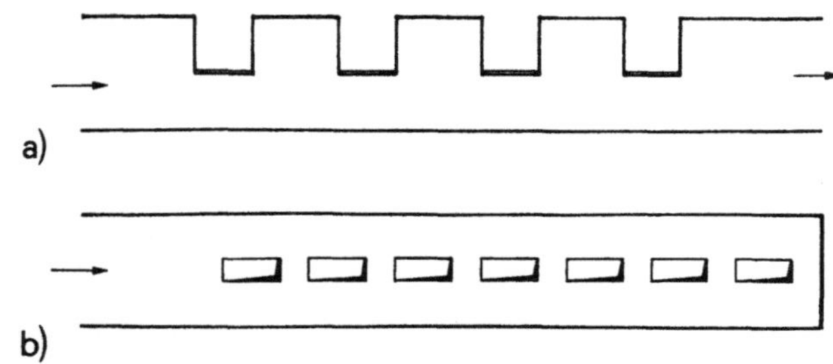

Bild 17.1   Verteilbauwerk a) Freispiegelkanal und b) Druckkanal mit Totwasserende.

Das Querprofil von Verteilkanälen ist üblicherweise rechteckig, beim Druckrohr natürlich auch kreisförmig. Die typische Fragestellung lautet: Wie ist der Verteilkanal bei gegebenen Ausfluss- und Zuflussbedingungen auszuführen, damit sich eine vorgegebene Durchfluss-Verteilung einstellt, oder auch: Wie erzielt man eine uniforme Verteilung?

Beide Fragestellungen lassen sich nicht beantworten, falls lediglich die Ober- und Unterwasserquerschnitte allein betrachtet werden, der eigentliche Verteilkanal also als «Blackbox» angesehen wird, sondern die Strömungsvorgänge längs des Verteilkanals müssen ebenfalls in Rechnung gestellt werden.

Die nachfolgenden Betrachtungen beziehen sich speziell auf den *Verteilkanal im Rechteckprofil*, wie er als Zuleitung zu Belüftungsbecken häufig auftritt. Daneben sollen auch zusammenfassend Hinweise für den Verteildruckkanal angeführt werden.

Hinsichtlich der Verteilgeometrie lassen sich drei Anordnungen unterscheiden, nämlich (Bild 17.2):
- Streichwehr, als seitlich angeströmter Überfall,
- Seitenöffnung, als seitlich angeströmte Schütze und
- Bodenöffnung, als seitlich angeströmter Bodenausfluss.

Überlicherweise lassen sich alle drei Anordnungen durch einen Parameter allein, nämlich die Wehrhöhe w beim Streichwehr, die Öffnungshöhe s bei der Seitenöffnung und die Bodenöffnung a beim Bodenausfluss angeben. Die Ausflusskanten sind üblicherweise scharf und parallel zum Kanalboden, resp. horizontal. Kreisförmige Bodenöffnungen lassen sich durch eine äquivalente Rechtecköffnung der Breite a und der Länge ΔL annähern.

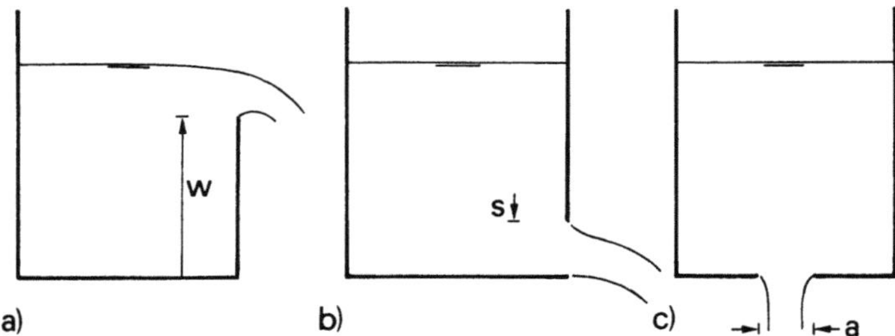

Bild 17.2   Öffnungsgeometrie a) Streichwehr, b) Seitenöffnung und c) Bodenöffnung.

Im Gegensatz zum als Streichwehr (Kap.18) ausgebildeten Entlastungsbauwerk liegt hier eine relativ einfache Geometrie vor. Dagegen dürfte infolge der Längsausdehnung der Einfluss von Sohlengefälle und Wandreibung oft nicht unterdrückt werden. Weiterhin ist auch auf den Vielfachausfluss einzugehen, also den im Englischen als *Manifold* bezeichneten Verteilkanal. Vorerst wird die Basisgleichung der Ausflussströmung abgeleitet, dann werden die Ausflussgleichungen angegeben und auf die Verteilströmung angewandt. Schliesslich werden numerisch errechnete Lösungen vorgestellt und so umgeformt, dass sie eine vereinfachte Berechnung des Verteilkanals zulassen. Abschliessend werden auch die hydraulischen Eigenheiten der Kanalverzweigung als Sonderbauwerk dargestellt.

17.2 Basisgleichungen

Bezeichnet man mit E=QH die spezifische Energie, wobei Q den Durchfluss und H die Energiehöhe darstellt (Kap.1), so setzt sich die Energieänderung über ein Wegelement Δx zusammen aus Gefällsgewinn J_s minus Energielinienneigung J_e mal Durchfluss plus Durchflussänderung mal die Energiehöhe im Ausflussquerschnitt. Es gilt demnach als Definitionsgleichung

$$E = QH = Q\left[h + \frac{Q^2}{2gF^2} \right], \tag{17.1}$$

und als Erhaltungssatz

$$\frac{dE}{dx} = (J_s - J_e)Q + \left[p + \frac{U^2}{2g} \right]\frac{dQ}{dx}. \tag{17.2}$$

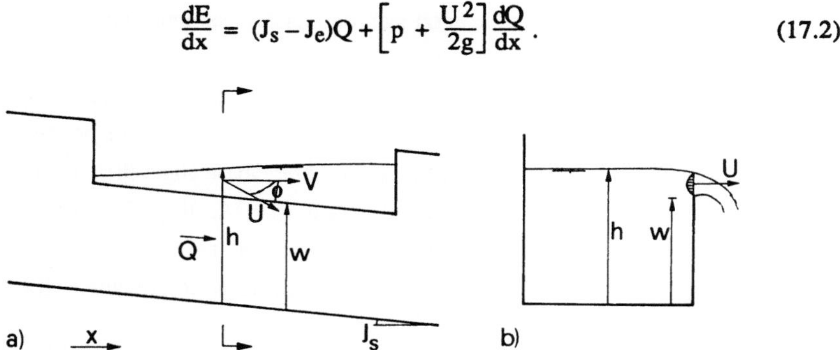

Bild 17.3   Bezeichnungen am Streichwehr a) Längsschnitt, b) Grundriss.

Dabei bedeuten p die Ausflussdruckhöhe und U die Ausflussgeschwindigkeit (Bild 17.3). Durch Ableiten von Gl.(17.1) und Gleichsetzen mit Gl.(17.2) folgt anhand des *Energiesatzes* (Yen und Wenzel, 1970; Hager, 1986)

$$\frac{dh}{dx} = \frac{J_s - J_e + \dfrac{dQ/dx}{Q}\left[p - h + \dfrac{U^2 - 3V^2}{2g} \right] + \dfrac{Q^2}{gF^3}\dfrac{\partial F}{\partial x}}{1 - F^2} \tag{17.3}$$

mit $F^2 = [Q^2/(gF^3)]\partial F/\partial h$ als Froudezahl. Analog lässt sich mit dem *Stützkraftsatz* eine Beziehung für das Wasserspiegelgefälle ableiten (Favre, 1933), welche lautet

$$\frac{dh}{dx} = \frac{J_s - J_f + \dfrac{dQ/dx}{Q}\left[\dfrac{V \cdot U cos\phi - 2V^2}{g} \right] + \dfrac{Q^2}{gF^3}\dfrac{\partial F}{\partial x}}{1 - F^2} \tag{17.4}$$

Im Gegesatz zur Energielinienneigung J_e bedeutet J_f wie üblich das Reibungsgefälle, $U cos\phi$ ist die Ausflussgeschwindigkeitskomponente in Fliessrichtung und $\partial F/\partial x$ die Längsänderung des Querschnitts.

Damit die Gln.(17.3) und (17.4) zum gleichen Resultat führen, lässt sich der Term

$$J_L = -\left[1 - \frac{U cos\phi}{V}\right]\frac{Q(dQ/dx)}{gF^2}. \tag{17.5}$$

als *Zusatzverlustgefälle* infolge des seitlichen Ausflusses interpretieren. Da die Ausflussintensität dQ/dx bei Verteilkanälen immer negativ ausfällt, ergibt sich für $V>U cos\phi$ ein positiver Wert J_L, er wird dagegen negativ für $V<U cos\phi$. Auf diese Anomalie bei Strömungen mit lokal variablem Durchfluss ist bereits in den Kap.2 und 16 hingewiesen worden. Das Energieliniengefälle setzt sich demnach zusammen aus Sohlengefälle J_s, Reibungsgefälle J_f und Zusatzgefälle J_L.

Bei Verteilkanälen ist der seitliche Ausfluss praktisch nicht forciert, d.h. es tritt nahezu kein Zusatzverlust auf, denn es gilt praktisch $V=U cos\phi$. Obwohl eine genauere Analyse von Hager (1987) einen leichten Effekt zeigt, soll hier davon abgesehen werden. Betrachtet man dann nämlich das mittlere Reibungsgefälle $J_{fa}=(1/L_v)\int_{L_v}J_f dx$ über die Länge L_v des Verteilkanals, so wird das Totalgefälle $J=J_s-J_{fa}$ unabhängig von der Längskoordinate x. Gl.(17.4) integriert sich dann zur *verallgemeinerten Bernoulligleichung* (Kap.1)

$$H = H_r + Jx = h + \frac{Q^2}{2gF^2} \tag{17.6}$$

mit Index «r» als Bezeichnung des Randwerts. Für die üblichen Verhältnisse kompensiert sich häufig das Reibungsgefälle mit dem Sohlengefälle, entsprechend $J=0$, womit die Energiehöhe längs des Verteilkanals bezüglich des Bodens konstant bleibt. Dann wird die Rechnung besonders übersichtlich, gilt doch

$$H = H_r = h + \frac{Q^2}{2gF^2}, \tag{17.7}$$

also durch Ableitung

$$\frac{dH}{dx} = \frac{dh}{dx} + \frac{Q(dQ/dx)}{gF^2} - \frac{Q^2(dF/dx)}{gF^3} = 0. \tag{17.8}$$

Eliminiert man nun den Durchfluss Q in Gl.(17.8) mit Gl.(17.7), so folgt als *Gleichung des Wasserspiegels*

$$\frac{dh}{dx}\left[1 - \frac{2(H-h)}{F}\frac{\partial F}{\partial h}\right] = 2(H-h)\frac{\partial F/\partial x}{F} - \frac{[2g(H-h)]^{1/2}(dQ/dx)}{gF} . \tag{17.9}$$

Diese Differentialgleichung für den Wasserspiegel h(x) lässt sich unter Angabe des Ausflussgesetzes Q(x), resp. dQ/dx und einer Randbedingung $h(x=x_r)=h_r$ lösen. Die Durchflussverteilung folgt anschliessend unmittelbar aus Gl.(17.7).

17.3 Ausflussgesetz

Wie in Kap.18 erklärt, lässt sich der Ausfluss aus einem Verteilkanal nicht durch den Ausfluss aus einem Becken berechnen, da so die Einflüsse der Ausflussgeometrie, der Anströmgeschwindigkeit und Anströmrichtung nicht enthalten sind. Beide Fälle ergeben jedoch bei kleiner Anströmungsgeschwindigkeit denselben Grenzfall.

Wie Hager (1987) ausführlich zeigt, ist demnach die klassische Ableitung nach De Marchi (1934) nur bei kleiner Froudezahl exakt. Für alle anderen Fälle ist von *modifizierten Ausflussgleichungen* auszugehen, nämlich (Hager und Volkart, 1986)

$$\frac{dQ}{dx} = -0.6n^*c_k(gH^3)^{1/2}(y-W)^{3/2}\left[\frac{1-W}{3-2y-W}\right]^{1/2}\left[1 - (J+\theta)\left(\frac{3(1-y)}{y-W}\right)^{1/2}\right] , \tag{17.10}$$

$$\frac{dQ}{dx} = -n^*S\left[\frac{2gH^3}{3(4-3y)}\right]^{1/2}\left[1 - (J+\theta)\left(\frac{1-y}{y}\right)^{1/2}\right] , \tag{17.11}$$

$$\frac{dQ}{dx} = -0.62A\left[2gH^3\left(\frac{y}{2-y}\right)\right]^{1/2} . \tag{17.12}$$

Gl.(17.10) gilt für das Streichwehr (engl.: side weir; franz.: déversoir lateral), Gl.(17.11) für die Seitenöffnung (engl.: side opening; franz.: ouverture latérale) und Gl.(17.12) für die Bodenöffnung (engl.: bottom opening; franz.: ouverture de fond) nach Bild 17.2 mit n^* als Anzahl der Ausflusseiten und c_k als Wehrkronenparameter ($c_k=1$ bei scharfer Kante), J ist das erwähnte Totalgefälle und θ der Verengungswinkel des Verteilkanals im Grundriss. Weiter ist y=h/H die auf die *lokale* Energiehöhe bezogene Wassertiefe und

$$W = w/H, \quad S = s/H, \quad A = a/H \tag{17.13}$$

die Relativwerte für die Öffnungsgeometrie. In der Folge soll lediglich das *Streichwehr* betrachtet werden, die beiden anderen Verteilkanäle lassen sich analog berechnen (Hager, 1985; Ramamurthy, et al. 1989).

Bezieht man sich auf den Rechteckkanal der Breite B, hat also der Querschnitt die

Fläche F=Bh und variiert B *linear* mit der Längskoordinate x

$$B = b + \theta x \qquad (17.14)$$

wobei b die Breite am Ursprung x=0 darstellt, so gilt $\partial F/\partial x=\theta h$ und $\partial F/\partial h=b+\theta x$. Führt man die dimensionslosen Parameter

$$X = kx/b, \quad y = h/H, \quad \Theta = \theta/k, \quad W = w/H \qquad (17.15)$$

ein mit $k=n*c_k$ als Konstante, so findet man für die *dimensionslose Gleichung des Wasserspiegels* (Hager, 1986)

$$\frac{dy}{dX} = \frac{2\Theta(1-y) - (\bar{Q}'/k)[2(1-y)]^{1/2}}{(3y-2)(1+\Theta X)} . \qquad (17.16)$$

Dabei entspricht die *dimensionslose Ausflussintensität* $\bar{Q}'/k=(dQ/dx)/[k(gH^3)^{1/2}]$ des Streichwehrs nach Gl.(17.10) unter Vernachlässigung des Gefällseinflusses dem Ausdruck

$$\frac{Q'}{k} = -0.6(y-W)^{3/2}\left[\frac{1-W}{3-2y-W}\right]^{1/2}\left[1 - \Theta\left(\frac{3(1-y)}{y-W}\right)^{1/2}\right] . \qquad (17.17)$$

Demnach hängt der dimensionslose Wasserspiegel y(X) von den Parametern Θ und W sowie von einer Randbedingung ab. Kennt man den Wasserspiegelverlauf y(X) etwa nach Abschnitt 17.5, so lässt sich der Durchfluss Q(x) ermitteln nach Gl.(17.7)

$$\frac{Q}{(gB^2H^3)^{1/2}} = y[2(1-y)]^{1/2} . \qquad (17.18)$$

17.4 Pseudo-Normalabfluss

Unter Normalabfluss (Kap.5) versteht man den Gleichgewichtszustand zwischen treibenden und rückhaltenden Kräften, der sich durch eine konstante Wassertiefe im prismatischen Kanal konstanten Sohlengefälles manifestiert. Betrachtet man Gl.(17.16), so erkennt man auch hier unter bestimmten Bedingungen eine konstante Wassertiefe, welche man als *Pseudo-Normalabflusstiefe* (Index «PN») bezeichnet und die' sich unter der Bedingung dy/dX=0 einstellt. Es gilt dann also

$$(\bar{Q}'/k)_{PN} = \Theta y_{PN}[2(1-y_{PN})]^{1/2} , \qquad (17.19)$$

vorausgesetzt y=2/3 (kritischer Abfluss) und X=1/Θ (Kanalbreite Null) werden ausgeschlossen. Setzt man Gl.(17.17) in Gl.(17.19) ein, so folgt Bild 17.4, wo die Pseudo-Normalabflusstiefe y_{PN} in Abhängigkeit der Wehrhöhe W=w/H und der Kanalverengung Θ dargestellt ist. Daraus erkennt man die reelle Lösung lediglich für Θ<0, für Θ=0 lautet die triviale Lösung nämlich y_{PN}=W, d.h. es liegt nach Gl.(17.17) kein seitlicher Ausfluss vor.

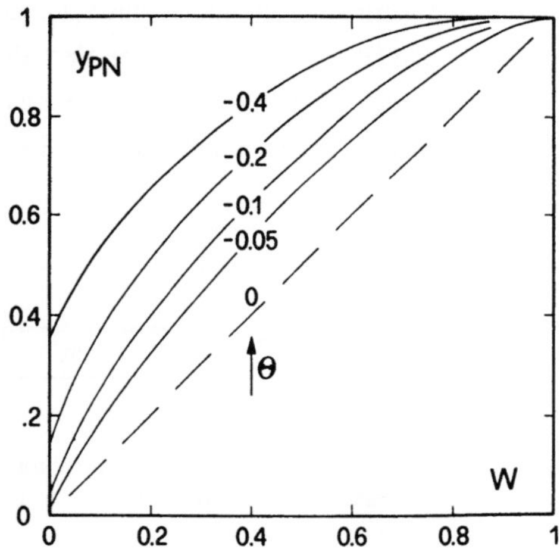

Bild 17.4   Pseudo-Normalabflusstiefe y_{PN}=h_{PN}/H in Abhängigkeit der Wehrhöhe W=w/H und des Verengungswinkels Θ=θ/k.

Die Pseudo-Normalabflusstiefe lässt sich für W<0.8 annähern durch den Ausdruck

$$\frac{y_{PN}-1.5|\Theta|^{1.5}}{1-1.5|\Theta|^{1.5}} = 1.2W^{0.8} . \qquad (17.20)$$

Stellt sich die Wassertiefe h_{PN}=y_{PN}H ein, so bleibt sie längs der Ausflussstrecke konstant, die Geschwindigkeit V=V_{PN}=Q/F_{PN} ändert sich nicht und damit bleibt auch die *Ausflussintensität* unverändert. Führt man die Pseudo-Normalabflussbedingungen in Gl.(17.7) für zwei Randquerschnitte ein, deren Breiten B und B−ΔB sind, so folgt (Ramamurthy, et al. 1978)

$$H = h_{PN} + \frac{Q^2}{2gB^2h_{PN}^2} = h_{PN} + \frac{(Q-\Delta Q)^2}{2g(B-\Delta B)^2h_{PN}^2} , \qquad (17.21)$$

woraus sich die einfache Beziehung ableitet

$$\frac{\Delta Q}{Q} = \frac{\Delta B}{B} \, . \tag{17.22}$$

Die Breitenabnahme ΔB bezüglich der Zulaufbreite B hat gleich der Durchflussabnahme bezüglich des Zuflusses Q zu sein. Für den Extremfall $\Delta Q \rightarrow 0$ hat demnach ein prismatischer Kanal vorzuliegen (Kap.5), für $\Delta Q = Q$ muss er im Grundriss dreieckförmig ausgebildet sein. Diese wichtige Erkenntnis erlaubt die *optimale* Ausnützung eines Verteilkanals, bleibt doch die Geschwindigkeit konstant, und damit treten keine unerwünschten Ablagerungen auf, verändert sich die Überfallhöhe längs des Verteilkanals nicht und das Freibord kann minimal belassen werden. Zudem ist die Ausführung häufig platzsparend, kann doch in der dreieckigen Aussparung der Sammelkanal (Kap.19) angeordnet werden.

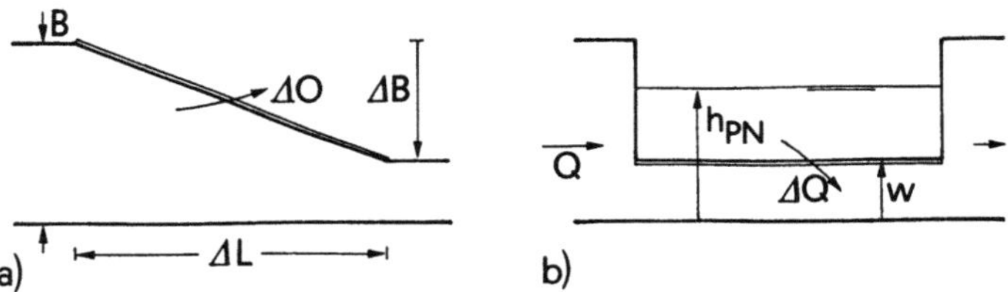

Bild 17.5   Pseudo-Normalabfluss im Verteilkanal durch Ausführung des sich verengenden Kanals a) Grundriss, b) Längsschnitt.

Beispiel 17.1   Gegeben ein Streichwehr mit $Q_o = 1.2 m^3 s^{-1}$, $B_o = 1.5 m$, $h_o = 0.6 m$. Wie ist das Streichwehr auszuführen, falls $\Delta Q = 1 m^3 s^{-1}$ bei einer Wehrhöhe von $w = 0.40 m$ zu entlasten ist und Pseudo-Normalabfluss auftreten soll?
Nach Gl.(17.22) gilt $\Delta B/B = \Delta Q/Q = 1/1.2 = 0.833$, also $\Delta B = 0.833 \cdot 1.5 = 1.25 m$ und damit $B_u = 0.25 m$.
Weiter gilt mit $V_o = Q_o/(B_o h_o) = 1.2/(1.5 \cdot 0.6) = 1.33 ms^{-1}$ als Zuflussgeschwindigkeit für $H_o = 0.6 + 1.33^2/19.62 = 0.69 m$, also für einseitigen Ausfluss über einen scharfkantigen Überfall $k = 1 \cdot 1 = 1$ und somit $\Theta = \Theta \cong -0.1$. Mit $W = 0.4/0.69 = 0.58$ folgt aus Bild 17.4 für $y_{PN} = 0.8$, also ist $Q'/k = -0.6 \cdot 0.22^{3/2}[0.42/0.82]^{1/2}[1 + 0.1(0.6/0.22)^{1/2}] = -0.052$, demnach $Q' = -(9.81 \cdot 0.69^3)^{1/2} 0.052 = -0.093 m^2 s^{-1}$ und deshalb als Streichwehrlänge $\Delta L = Q/Q' = 1.2/0.093 = 12.95 m$. Damit wird der Verengungswinkel $\Theta = -1.25/12.95 = -0.097 \cong -0.10$ wie angenommen.
Konventionell ergäbe sich mit $h_{PN} = 0.8 \cdot 0.69 = 0.552 m$ für den Ausfluss $\Delta Q = 0.4 \cdot 19.62^{1/2}(0.552 - 0.40)^{3/2} 12.95 = 1.36 m^3 s^{-1}$, also 36% zu viel. Die Froudezahl des Abflusses beträgt $F = 1.33/(9.81 \cdot 0.55)^{1/2} = 0.57$, dann ist also bereits eine betächtliche Abminderung des Ausflusses infolge Schräganströmung spürbar.

Beispiel 17.2   Wie gross ist die Überfallhöhe nach Beispiel 17.1?
Mit $W = 0.4/0.69 = 0.58$ und $\Theta = -0.1$ folgt aus Bild 17.4 für die Pseudo-Normalabflusstiefe $y_{PN} = 0.80$, also $h_{PN} = 0.55 m$ und die Überfallhöhe $0.55 - 0.4 = 0.15 m$. Nach Gl.(17.20) folgt der Näherungswert $y_{PN} =$

$$1.5 \cdot 0.1^{1.5} + 1.2 \cdot 0.58^{0.8}(1 - 1.5 \cdot 0.1^{1.5}) = 0.047 + 0.776(1 - 0.047) = 0.79.$$

Man beachte, dass Beispiel 17.1 überbestimmt ist. Üblicherweise sind der Durchfluss, die Zulaufbreite, die Zulaufwassertiefe und damit die Zulaufenergiehöhe vorgegeben und die Wehrhöhe w wird in Abhängigkeit von der Ausflusslänge L_v gesucht. Dabei sollte natürlich stabiler Abfluss herrschen, also der Froudezahlenbereich von rund 0.5 bis 2 ausgeschlossen werden.

Hat der Kanal ein Totalgefälle $J{\neq}0$, so gilt analog zu Gl.(17.21)

$$h_{PN} + \frac{Q^2}{2gB^2h_{PN}^2} = h_u + \frac{(Q-\Delta Q)^2}{2g(B-\Delta B)^2 h_u^2} + \Delta z \tag{17.23}$$

mit $\Delta z = J \Delta L$ als Höhendifferenz zwischen den Streichwehrenden. Auswerten dieser Beziehung ergibt

$$\frac{\Delta Q}{Q} = \frac{\Delta B}{B} + \frac{\Delta z}{h_{PN}} - \frac{\Delta B}{B} \frac{\Delta z}{h_{PN}} . \tag{17.24}$$

Dabei bedeutet Δz die Höhe der Gefällsstufe, sie ist positiv bei Gegengefälle. Der Abfluss in Verteilkanälen lässt sich demnach durch eine *Gegenneigung* der Sohle auch vergleichmässigen (Bild 17.6). Dabei sollte aber die Relativhöhe $\Delta z/h_{PN}$ auf rund 0.5 begrenzt werden, da sonst ein Fliesswechsel erfolgen kann. Die Kombination Gegenneigung und Breitenreduktion erlaubt die Ausführung eines Verteilkanals bei vollständiger Duchflussentlastung $\Delta Q/Q=1$. Zwar lässt sich dieser Fall nicht exakt erreichen, man kann jedoch b_u auf das konstruktive Mindestmass von rund 0.20m beschränken.

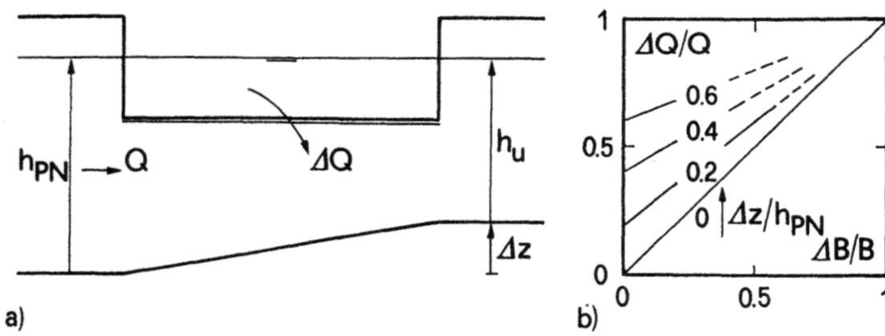

Bild 17.6   Vergleichmässigung des seitlichen Ausflusses durch Bodeneinbau beim Streichwehr a) Längsschnitt, b) Auswertung von Gl.(17.24).

Beispiel 17.3   Wieviel Wasser wird bei $\Delta z/h_{PN}=0.2$ mehr als nach Beispiel 17.1 entlastet?
Mit $\Delta B/B=0.833$ und $\Delta z/h_{PN}=0.2$ folgt nach Gl.(17.24) $\Delta Q/Q - 0.833 = 0.2(1-0.833) = 0.033$, d.h. es wird $0.033 \cdot 1.2 = 0.04 \text{m}^3\text{s}^{-1}$ mehr entlastet.

Da die Randwassertiefen mit dem Durchfluss variieren, kann ein Verteilkanal nur für einen bestimmten Durchfluss - den *Bemessungsdurchfluss* - auf Pseudo-Normalabfluss-zustand dimensioniert werden. Bei allen anderen Fällen sind der Wasserspiegel und die zugehörige Durchflussverteilung durch die Wasserspiegelgleichung zu ermitteln. Die Lösung von Gl.(17.16) wird deshalb vorgestellt.

17.5 Lösung der Wasserspiegelgleichung
17.5.1 Lösungsdarstellung

Die Lösung von Gl.(17.16) hängt vom Vorzeichen des Pseudo-Normalabfluss-parameters $\sigma=\Theta y[2(1-y)]^{1/2}-Q'/k$ ab, d.h. ob die Wassertiefe grösser oder kleiner als die Pseudo-Normalabflusstiefe ist, und von der Froudezahl $F^2=2(1-y)/y$. Für $y>2/3$ herrscht im Rechteckkanal Strömen, sonst Schiessen. Bild 17.7 zeigt die sechs möglichen Fälle, zusammen mit der pseudo-kritischen Wassertiefe.

Im *prismatischen* Streichwehr nimmt die Wassertiefe bei strömendem Abfluss zu, bei Schiessen nimmt sie in Fliessrichtung ab. Diese Grundregel, welche schon De Marchi (1934) aufgestellt hat, gilt auch bei einem *konvergierenden* Streichwehr $\Theta<0$, falls $\sigma>0$, bei $\sigma<0$ hingegen gilt das Umgekehrte. Man beachte, wie der Pseudo-Normalabfluss ausgleichend wirkt, bei $h=h_{PN}$ bleibt - wie bereits besprochen - die Wassertiefe trotz abnehmender Querschnittsbreite und abnehmendem Durchfluss konstant.

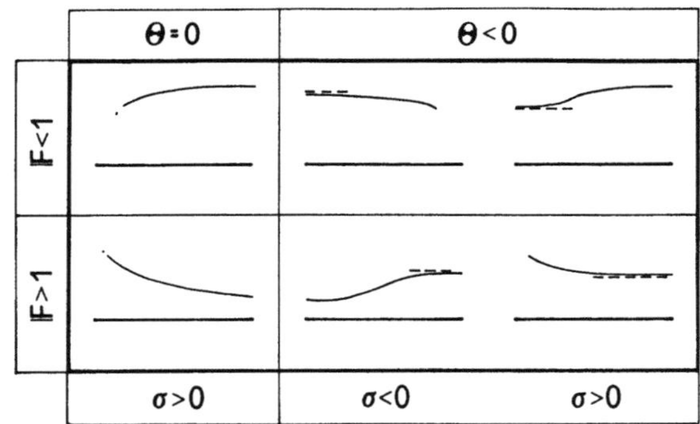

Bild 17.7   Klassifikation der Wasserspiegel im Streichwehr bei J=0 in Abhängigkeit des Fliesszustandes und des Parameters σ (Hager und Volkart, 1986). (- - -) Pseudo-Normalabflusstiefe, (· · ·) Übergang zu kritischem Abfluss.

Die Gleichung des Wasserspiegels (17.16) lässt sich allgemein lösen, falls die extrem-sten *Randbedingungen* berücksichtigt werden. Da bei Strömen die Berechnung *entgegen* der Fliessrichtung erfolgt, entspricht F=0, resp. $y_r=1$, der extremsten Unterwasserbedingung. Alle anderen Unterwassertiefen, die zwischen Pseudo-Normalabfluss und Stagnation h=H liegen, befinden sich weiter im Oberwasser. Für strömende Abflüsse mit einer Unterwassertiefe h_r kleiner als die Pseudo-Normalabflusstiefe lässt sich zeigen, dass vom kritischen Punkt aus die Rechnung zu initalisieren ist, d.h. der Randwert beträgt y_r=2/3 (F=1) falls 2/3<y<y_{PN}.

Bei schiessendem Abfluss gilt für y_{PN}<y<2/3 als Randbedingung y_r=2/3, vom kritischen Punkt aus ist wie üblich in Fliessrichtung zu rechnen (Bild 17.7). Für den letzten Fall (W<y<y_{PN}) gilt y_r=W. Beim prismatischen Streichwehr liegen damit zwei verallgemeinerte, beim sich verengenden Streichwehr vier verallgemeinerte Randbedingungen vor.

Die Bilder 17.8 und 17.9 zeigen die *allgemeine* Lösung des Wasserspiegels y(X) für Strömen (2/3<y<1) und Schiessen (W<y<2/3) bei Θ=0, −0.1, −0.2 und −0.4. Für einen bestimmten Randwert y_r lässt sich bei gegebenen Parametern W und Θ die zugehörige Lage X_r, und dann der Wasserspiegel y(X) direkt, wenn auch verzerrt, herauslesen. Die Anwendung der Diagramme ist ähnlich wie in Kap.8 oder 18. Es liegt ihnen die grundlegende Annahme einer *konstanten Energiehöhe* H zugrunde.

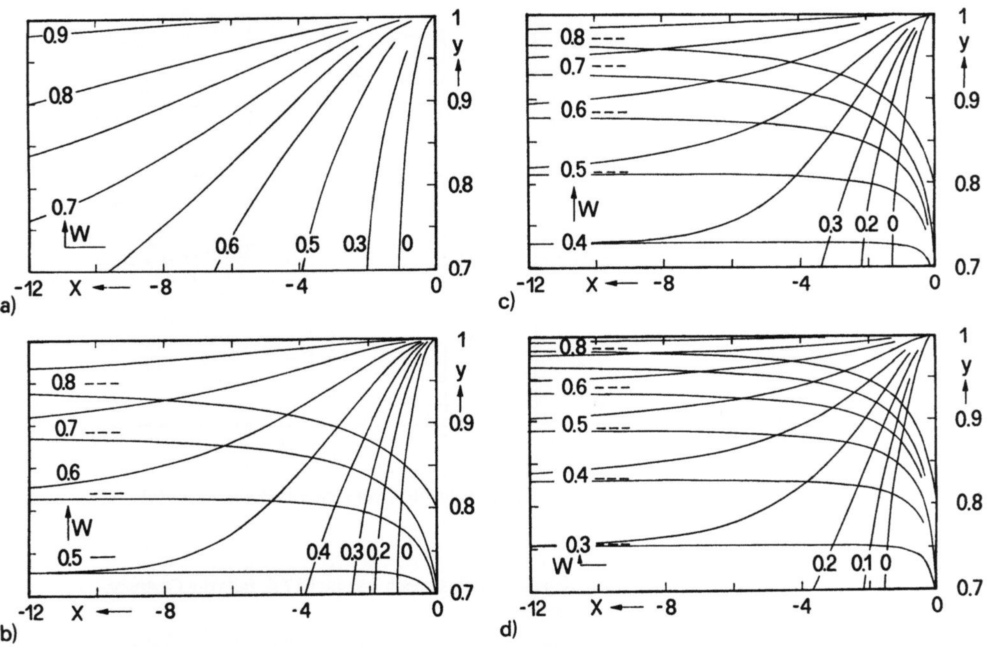

Bild 17.8 Wasserspiegel y(X) im Streichwehr für *Strömen* mit Θ= a) 0, b) −0.1, c) −0.2, d) −0.4.

Beispiel 17.4 Gegeben ein prismatisches, einseitiges Streichwehr von der Breite B=0.7m, der Länge ΔL=4m und der Wehrhöhe w=0.35m. Wieviel

Wasser wird bei einer Unterwassertiefe h_u=0.52m entlastet, falls Q_u=0.27m^{3}s^{-1}?

Mit V_u=0.27/(0.7·0.52)=0.74ms^{-1} wird die Energiehöhe H_u=0.52+ 0.74^2/19.62=0.55m und die Froudezahl F_u=0.74/(9.81·0.52)$^{1/2}$=0.33, also herrscht Strömen und damit ist *entgegen* der Fliessrichtung zu rechnen.

Für eine scharfkantige Wehrkrone ist c_k=1, also k=1. Weiter ist für die Randwassertiefe y_r=h_u/H_u=0.51/0.55=0.94 und die Relativ-Wehrhöhe W=0.35/0.55=0.64 nach Bild 17.8a) die dimensionslose Lage X_r=–2.9. Für ΔL=4m ergibt sich als dimensionslose Streichwehrlänge ΔX=– 1·4/0.7=–5.7, also X_o=X_r+ΔX=–2.9–5.7=–8.6. Fährt man nun vom Randwert X_r aus der fiktiven Kurve für W=0.64 nach, so erreicht man an der Stelle X_o=–8.6 die Wassertiefe y_o=0.71, entsprechend h_o=0.71·0.55=0.39m. Der zugehörige Durchfluss beträgt nach Gl.(17.18) Q_o/(9.81·0.7^{2}0.55^3)$^{1/2}$=0.71[2(1–0.71)]$^{1/2}$=0.54, also Q_o=0.54·0.9=0.48m^{3}s^{-1} und demnach ist der Entlastungsdurchfluss ΔQ=Q_o–Q_u=0.48–0.27=0.21m^{3}s^{-1}.

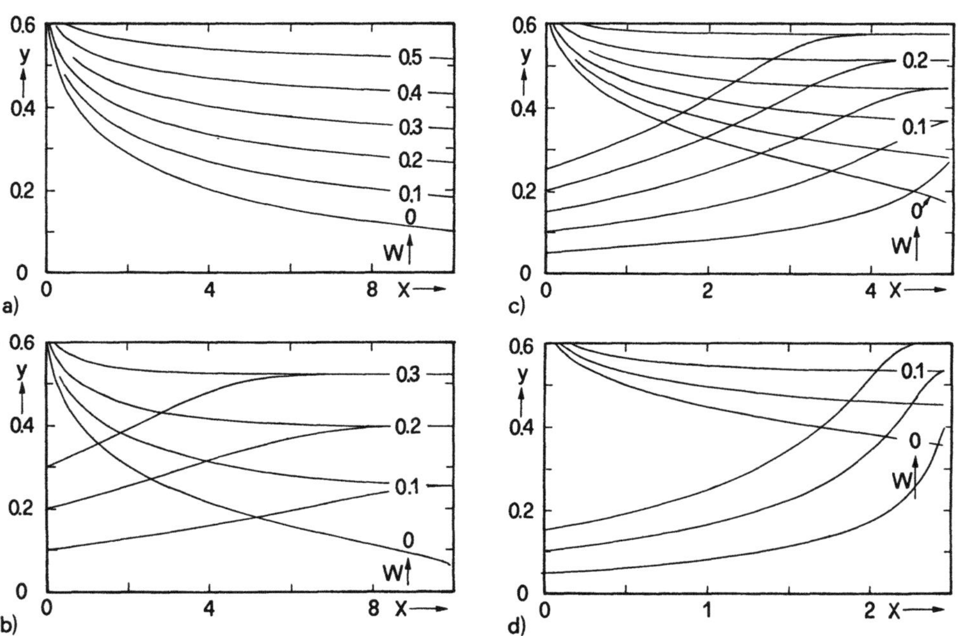

Bild   17.9   Wasserspiegel y(X) im Streichwehr für *Schiessen* mit Θ= a) 0, b) –0.1, c) –0.2, d) –0.4.

Beispiel 17.5   Wie verändert sich der Ausfluss nach Beispiel 17.4, falls die Oberwasserbreite B_o=1.1m beträgt?

Mit h_u=0.52m, Q_u=0.27m^{3}s^{-1} und w=0.35m ist H_u=0.55m, y_u=0.94 und W=0.64. Weiter gilt für Θ=–0.4/4=–0.1, also Θ=–0.1/1=–0.1, man hat sich also auf Bild 17.8b) zu beziehen. Als Ausgangspunkt für y_u=0.94, W=0.64 folgt X_u=–4.1, weiter ist die Ursprungsbreite b=B– Θx nach Gl.(17.14), entsprechend b=B–(Θ/k)(kx/b)b=B–ΘXb und damit

$$b/B = 1 + \Theta X.$$

Einsetzen ergibt mit $B(X=X_u)=0.7m$ für $b=0.7(1-0.1\cdot4.1)=0.41m$.
Die dimensionslose Streichwehrlänge beträgt $\Delta X=-1\cdot4/0.41=-9.75$,
also befindet sich das Oberwasserende an der Stelle $X_o=-4.1-9.75=-13.85$, dort hat sich nach Bild 17.8b) praktisch Pseudo-Normalabfluss
eingestellt. Die Pseudo-Normalabflusstiefe beträgt nach Bild 17.7
$y_{PN}=0.85$, also ist $h_{PN}=0.85\cdot0.55=0.47m$. Die Oberwasserbreite ist
nach Gl.(17.14) $B/b=1+\Theta X=1+0.1\cdot13.85=2.38$, also $B=2.38\cdot0.41=0.98m$ und damit $Q_o=(9.81\cdot0.98^2 0.55^3)^{1/2}0.85[2(1-0.85)]^{1/2}=0.58m^3s^{-1}$, dementsprechend ist der entlastete Durchfluss gleich $\Delta Q=0.58-0.27=0.29m^3s^{-1}$, d.h. rund 40% grösser als nach Beispiel 17.4.

Beispiel 17.6

Der Zufluss zu einem prismatischen Streichwehr ist $Q_o=4.7m^3s^{-1}$,
dessen Breite $B_o=1.6m$, die Wassertiefe $h_o=0.7m$. Wie lang hat das
Bauwerk zu sein, damit $\Delta Q=0.7m^3s^{-1}$ bei einer Wehrhöhe von
$w=0.2m$ entlastet werden?
Mit der Zuflussgeschwindigkeit $V_o=4.7/(1.6\cdot0.7)=4.2ms^{-1}$ ist die
Energiehöhe $H_o=0.7+4.2^2/19.62=1.6m$ und die Froudezahl $F_o=1.60$,
also liegt schwach *schiessender* Abfluss vor. Mit $W=0.2/1.6=0.125$
und $y_o=0.7/1.6=0.44$ ist der Randwert $X_r=0.37$ nach Bild 17.9a). Der
Unterwasserabfluss soll $Q_u=4.7-0.7=4.0m^3s^{-1}$ betragen, deshalb folgt
aus Gl.(17.18) $y_u=0.35$ und nach Bild 17.9a) liest man als zugehörigen
Wert $X_u=2.1$ ab. Die Rückrechnung ergibt $\Delta X=2.1-0.37=1.73$, also
$\Delta x=1.73\cdot1.6=2.8m$. Das Bauwerk hat also eine Länge von 2.8m.

Die vorangehenden Beispiele zeigen das recht umfangreiche Berechnen mit den Diagrammen. Vergleicht man die Resultate mit denen nach konventioneller Berechnung, so stellt man eine bedeutende *Reduktion* des seitlichen Ausflusses fest. Dies ist wesentlich auf die Einflüsse von Anströmgeschwindigkeit und Anströmrichtung zurückzuführen.

Bis jetzt wurde das Sohlen- und Reibungsgefälle nicht explizit berücksichtigt, sondern eine Energielinie parallel zur Kanalsohle vorausgesetzt. Wird die Rechnung verallgemeinert durchgeführt, so treten bedeutende Verkomplizierungen auf, die keine diagrammhafte Lösung mehr rechtfertigen, sondern die direkte *numerische Analyse* erfordern. Häufig liegen aber die Problemstellungen so, dass das Totalgefälle J fast gleich Null ist und deshalb die Bilder 17.8 und 17.9 das Resultat immerhin näherungsweise widerspiegeln.

17.5.2 Ähnlichkeitslösungen

Wie in Kap.18 kann auch hier untersucht werden, ob die Profile $y(X)$ für verschiedene Wehrhöhen W ähnlich sind. Es lassen sich drei Fällen unterscheiden (Bild 17.10):
- Fall 1 : $1>y>W$, resp. y_{PN}, also für beide Grenzzustände $y=1$ und $y=W$, resp. y_{PN} mit einer horizontalen Asymptote endend,
- Fall 2 : $1>y>y_c$, entsprechend horizontal an der Stelle $y=1$ aber vertikal endend und
- Fall 3 : $y_c>y>W$, resp. y_{PN}, d.h. vertikal beginnend und horizontal endend.

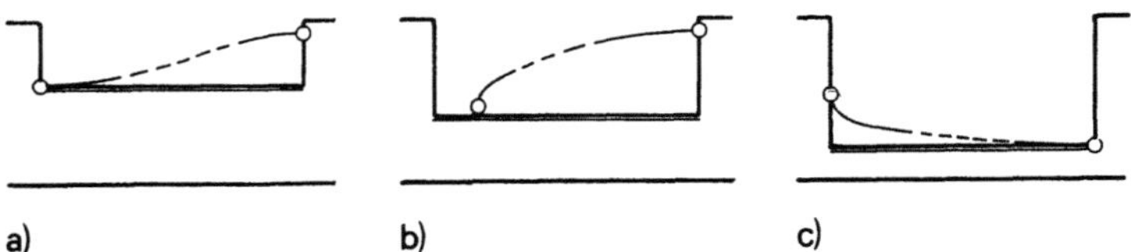

Bild 17.10 Grenzzustände beim Abfluss im prismatischen Streichwehr mit (o) Endwert.

Für den *Fall 1* wird analog zu Kap.18 als Referenzlänge $X[y=(1+W)/2]=X_{-1/2}$ eingeführt, also die Lage, welche sich bei halber Überfallhöhe einstellt. Man erhält

$$X_{-1/2} = 3.8 tg(90°W) \qquad (17.25)$$

und weiter für das normierte Oberflächenprofil $Y_{-}=(y-W)/(1-W)$ in Abhängigkeit von
der auf $X_{-1/2}$ bezogenen Lagekoordinate $X_{-}=X/X_{-1/2}$ den linearen Ausdruck (Bild
17.11a)

$$Y_{-} = (5/8)(X_{-}+1.8) . \qquad (17.26)$$

Diese Beziehung gilt für $0.20<Y_{-}<0.95$. Sie entspricht Gl.(18.25).

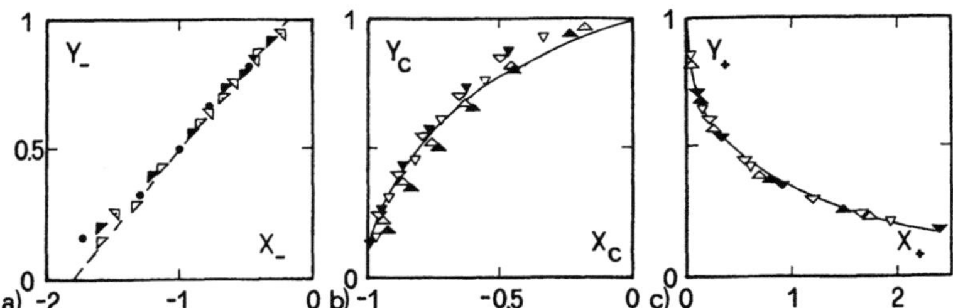

Bild 17.11 Zweiparametrige Wasserspiegelverläufe für das prismatische Streichwehr für
$W=(\triangledown)0.1$, $(\Diamond)\ 0.2$, $(\square)\ 0.3$, $(\triangleleft)\ 0.4$, $(\triangleright)\ 0.5$, $(\triangledown)\ 0.6$, $(\bullet)\ 0.7$, $(\bigcirc)\ 0.8$, $(\triangledown)$
0.9.

Fall 2 lässt sich durch die Transformation $Y_{c}=(y-2/3)/(1-2/3)=3y-2$ als Wassertiefe
und $X_{c}=X/\chi_{c}<0$ mit χ_{c} als Länge des Profils zwischen den Werten $y=2/3$ und $y=1$
analysieren. Man erhält für

$$\chi_{c} = 1.1 + 1.9[tg90°(1.5W)^{1.5}] \qquad (17.27)$$

und im Bereich $0<W<0.55$ (Bild 17.11b)

$$Y_c = (1 + X_c)^{0.4} \, . \tag{17.28}$$

Für schiessenden Abfluss (*Fall 3*) führt man $Y_+ = (y-W)/(2/3-W)$ ein. Analog zum Wert $X_{-1/2}$ ist nun $X(Y_+=1/3)=X_{+1/3}$ mit

$$X_{+1/3} = 3.4(1 - 1.2W^2) \, , \tag{17.29}$$

weiter folgt für das Wasserspiegelprofil bei Schiessen (Bild 17.11c)

$$Y_+ = 1 - 0.65X_+^{0.3} \, . \tag{17.30}$$

Damit liegt durch die Gln.(17.26), (17.28) und (17.30) eine zweiparametrige Darstellung der Spiegelprofile im prismatischen Streichwehr vor.

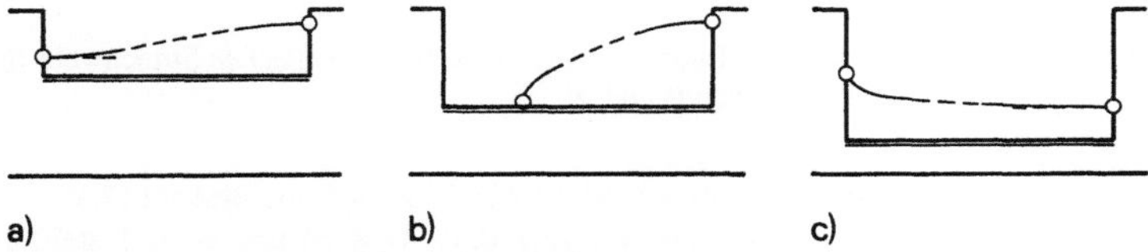

a)   b)   c)

Bild 17.12   Spiegelverlauf bei konvergierendem Streichwehr mit (– – –) Pseudo-Normalabfluss, (o) Randwert.

Für das *konvergierende* Streichwehr ergeben sich mehrere Fälle, es sollen aber lediglich die zum prismatischen Streichwehr entsprechenden Fälle betrachtet werden (Bild 17.12). Für $y_{PN}<y<1$ wird als Bezugslänge wiederum $X_{-1/2}=X[(1+y_{PN})/2]$ gewählt, für $y_{PN}<y<2/3$ entsprechend $X_{+1/3}=X(Y_{+1/3}=1/3)$ mit $Y_{+1/3}=(y-y_{PN})/(2/3-y_{PN})$. Für alle Werte $-0.4{\leq}\Theta{\leq}-0.05$ gelten analog zum prismatischen Streichwehr

$$X_{-1/2} = 2 + 10W^{2.5} \, , \tag{17.31}$$

$$\chi_c = 8.2[1 + 7(-\Theta)^{1.6}]W \, , \tag{17.32}$$

$$X_{+1/3} = -0.02/(\Theta W) \, , \tag{17.33}$$

und die Profilgleichungen lauten (Bild 17.13)

$$Y_- = 1 - Tgh^{1.5}(-0.74X_-) \tag{17.34}$$

$$Y_c = [sin(1 + X_c)90°]^{0.75}, \tag{17.35}$$

$$Y_+ = 1 - 0.70 X_+^{0.35}. \tag{17.36}$$

Damit lässt sich der Abfluss ebenfalls im nicht-prismatischen Verteilkanal näherungsweise durch eine zweiparametrige Darstellung erfassen. Von der dimensionsbehafteten
Darstellung her wird jedoch eine zusätzliche Transformation benötigt.

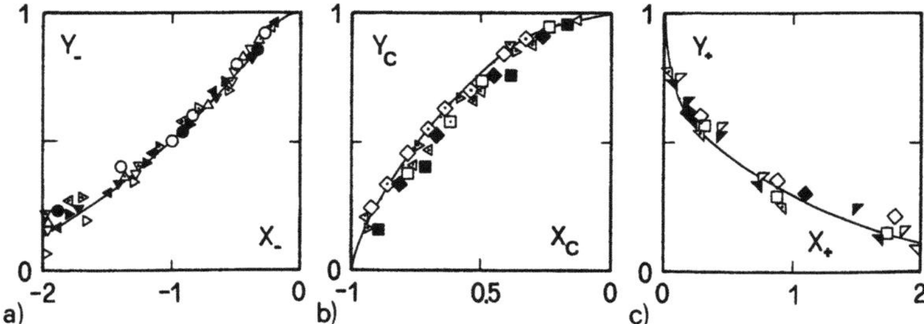

Bild 17.13   Zweiparametrige Profilgleichungen im *nicht-prismatischen* Streichwehr für
verschiedene Werte von Θ und W.

Beispiel 17.7

Berechne nochmals anhand der Ähnlichkeitslösung Beispiel 17.5.
Mit $H_u=0.55m$, $y_u=0.94$, $y_{PN}=0.85$, $W=0.64$ und $Θ=-0.1$ stellt sich
Fall 1 ein. Also folgt $X_{-1/2}=2+10·0.64^{2.5}=5.28$. Weiter ist mit $Y_{-u}=$
$(y_u-y_{PN})/(1-y_{PN})=(0.94-0.85)/(1-0.85)=0.60$ der entsprechende X_--Wert
aus Gl.(17.34) $X_{-u}=-(1/0.74)Arctgh(1-Y_{-u})^{2/3}=-1.35·Arctgh(0.54)=$
$-1.35·0.60=-0.82$. Die dimensionslose Streichwehrlänge beträgt $\Delta X=$
-9.75, also ist $\Delta X_-=-9.75/5.28=-1.85$ und damit $X_{-o}=-0.82-1.85=$
-2.67, woraus $Y_{-o}=1-Tgh^{1.5}(0.74·2.67)= 0.056$, also $y_o=0.056(1-$
$0.85)+0.85=0.86$, d.h. praktisch Pseudo-Normalabfluss wie auch nach
Beispiel 17.5 folgt.

Beispiel 17.8

Rechne auch Beispiel 17.6 nach.
Beim prismatischen Streichwehr ist nach Gl.(17.30) vorzugehen. Mit
$W=0.125$ gilt für $X_{+1/3}=3.4(1-1.2·0.125^2)=3.34$. Weiter folgt mit
$y_o=0.44$ für $Y_{+o}=(0.44-0.125)/(0.66-0.125)=0.59$, also $X_{+o}=[(1-$
$Y_{+o})/0.65]^{1/0.30}=0.215$. Für $y_u=0.35$ wird $Y_{+u}=(0.35-0.125)/(0.66-$
$0.125)=0.42$ und damit $X_{+u}=0.685$, also $\Delta X_+=0.685-0.215=0.47$,
folglich $\Delta X=0.47·3.34=1.57$, verglichen mit $1.73(+10\%)$ aus Beispiel
17.6.

Die Berechnung nach 17.5.2 bietet sich also nicht direkt an, da zusätzlich zu 17.4 eine
Transformation eingerechnet werden muss. Sie dürfte numerisch aber sinnvoll sein
anstelle der jeweiligen Integration einer Differentialgleichung, da deren Lösung sonst nur
diagrammhaft vorliegt. Der eigentliche Wert der Ähnlichkeitslösung liegt jedoch in der
Kompaktheit, mit der sich ein komplexes Problem erfassen lässt. So können damit
beispielsweise beliebige Experimente auf eine einzige Beziehung gebracht werden, wie

dies deutlich aus Kap.18.4 hervorgeht. Bild 17.14 vergleicht ähnliche Abflüsse im prismatischen und konvergierenden Streichwehr.

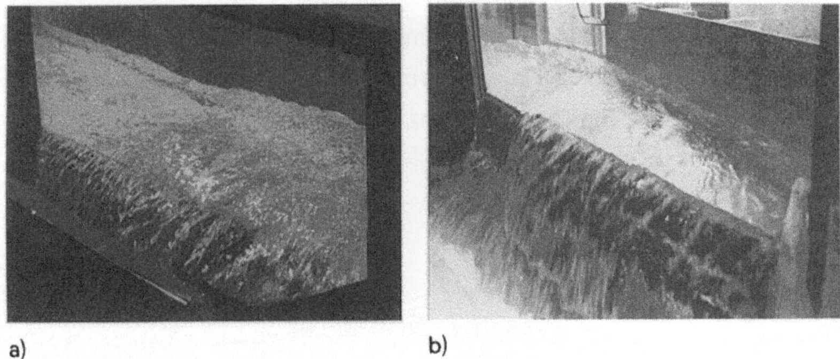

Bild 17.14   Streichwehr bei schwach schiessendem Zufluss und Kanal a) prismatisch,
b) konvergierend.

17.6 Verteilkanal

Ein Verteilkanal mit beliebiger Ausflussgeometrie zeichnet sich aus durch *Einzelöff-nungen*, welche serienmässig angeordnet sind. Hat man es beispielsweise mit Streich-wehren nach Bild 17.15 zu tun, so liesse sich jedes Einzelstreichwehr nach dem vorhergehenden Schema berechnen, dann müsste bis zur nächsten Öffnung eine Stau- oder Senkungskurve gerechnet werden, um anschliessend wiederum das nächstfolgende Streichwehr in Rechnung zu stellen. Da dieses Unterfangen schnell zu einem beträcht-lichen Aufwand führt, soll nach einer Vereinfachung gesucht werden.

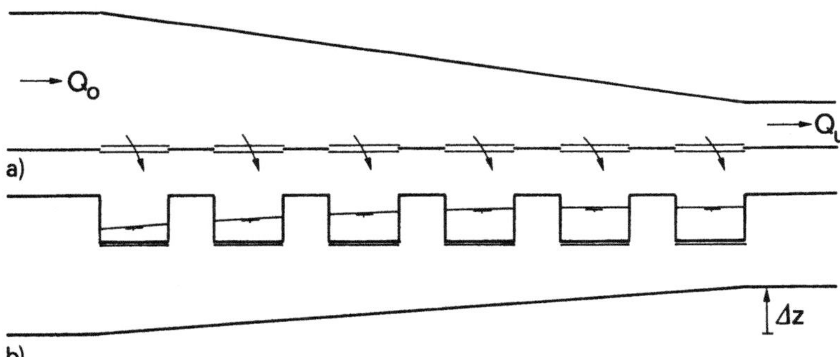

Bild 17.15   Verteilkanal mit Breitenreduktion und Bodengegenneigung a) Grundriss und
b) Längsschnitt.

Liegen mehr als etwa fünf Einzelöffnungen in einem nicht zu grossen Abstand vor, d.h. beträgt der Abstand zweier Öffnungen weniger als rund zehnmal die Zuflusswassertiefe, so lässt sich anstelle des Ausflusssystems ein *Ersatzsystem* des Verteilkanals betrachten. Dieses zeichnet sich aus durch eine Ersatzöffnung, deren Länge L_E gleich der Gesamtlänge aller Einzelöffnungen und deren Länge L_V gleich der Länge des Verteilkanals ist (Bild 17.16). Bezüglich der Reibung wird demnach die Länge L_V betrachtet mit $J_{fa} = \int_{L_V} J_f dx$, während der seitliche Ausfluss sich nur auf die Länge L_E bezieht.

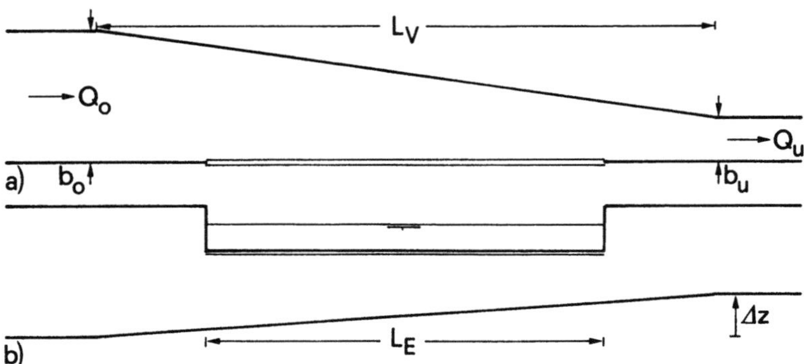

Bild 17.16   Ersatzsystem eines Verteilkanals im a) Grundriss und b) Längsschnitt.

Das Ersatzsystem verhält sich praktisch identisch wie der Verteilkanal, falls die Länge der Einzelöffnung nicht zu klein wird. Dann nämlich verändert sich der Ausflusswinkel und damit die Ausflussmenge. Anders ausgedrückt wird dann die Annahme eines *kontinuierlich* veränderlichen Abflusses verletzt. Am Anfang und am Ende einer Ausflussöffnung liegen Diskontinuitätsstellen vor, die Sprünge in der Geschwindigkeitsverteilung hervorrufen. Am Anfang einer scharfkantigen Öffnung wirken Kontraktionseffekte, die eine zu kleine Ausflussintensität gegenüber einer entsprechenden Anordnung in der Mitte eines Verteilkanals ergeben, während am Ende des Verteilkanals die Ausflussintensität infolge der schrägen Anströmung vergleichsmässig zu gross ist (Bild 17.17).

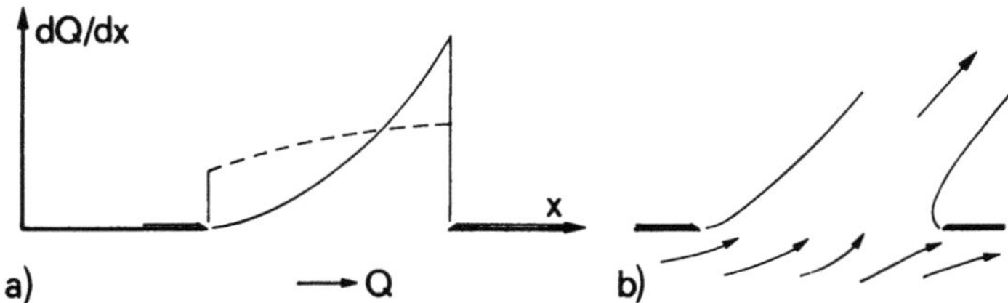

Bild 17.17   Ausflussvorgang an zweidimensionaler Öffnung a) Ausflussintensität bei (—) kurzer und (- - -) langer Öffnung, b) Anströmung bei kurzer Öffnung (schematisch).

Beispiel 17.9

Gegeben ein prismatischer Rechteckkanal der Breite b=0.50m, dessen Zufluss Q_o=0.45m^{3}s^{-1} beträgt. Dieser ist auf eine Länge von L_v=25m zu verteilen.

Um eine halbwegs *uniforme Verteilung* zu erzielen, ist durchwegs strömender Abfluss sicherzustellen. Die kritische Tiefe beträgt h_{co}=(Q_o^2/gb^2)$^{1/3}$=(0.45^2/9.81·0.5^2)$^{1/3}$=0.44m, also muss H_o mindestens H_o=H_{co}=1.5·0.44=0.66m betragen.

Mit den Angaben lassen sich zwei Parameter bestimmen, nämlich die Überfallänge ΔL und die Wehrhöhe w. Geht man sicherheitshalber von einem Zuflusswert y_o=0.75 (F_o=0.82) aus, so folgt nach Gl.(17.18) für $H_o^{3/2}$=[Q/(gb^2)$^{1/2}$]/y_o[2(1–y_o)]$^{1/2}$ = [0.45/(9.81·0.5^2)$^{1/2}$]/ 0.75[2(1–0.75)]$^{1/2}$=0.54, entsprechend H_o=0.665m, gewählt H_o=H= 0.69m.

Die Länge des Streichwehrs hängt von der Wehrhöhe ab, Gl.(17.27) ergibt den Zusammenhang. Es folgt etwa $\Delta X(0)$=1.1, $\Delta X(0.2)$=1.6, $\Delta X(0.4)$=2.8 und $\Delta X(0.5)$=4.2, entsprechend $\Delta x(0)$=0.55m, $\Delta x(0.2)$= 0.8m, $\Delta x(0.4)$=1.4m und $\Delta x(0.5)$=2.1m. Wahl Δx=2m, d.h. 5 Einzelöffnungen à 0.40m Länge und W=0.50, entsprechend w=0.50·0.69= 0.35m. Aus Bild 17.8a) folgt mit X_u=0, X_o=2/0.5=4 für W=0.50 die Wassertiefe y_o=0.70, womit das Ziel erreicht ist.

Die Lagen der Öffnungsmitten sind x_1=–0.20m, x_2=–0.60m, x_3= –1.0m, x_4=–1.4m, x_5=–1.8m, also $X_{1..5}$=–0.4, ...–3.6. Die zugehörigen Wassertiefen sind y_1=0.996, y_2=0.97, y_3=0.92, y_4=0.85, y_5=0.76, und daraus die Durchflüsse Q_1=0.08m^{3}s^{-1}, Q_2=0.24m^{3}s^{-1}, Q_3=0.37m^{3}s^{-1}, Q_4=0.466m^{3}s^{-1}, Q_5=0.473m^{3}s^{-1}. Als Differenzdurchflüsse folgen ΔQ_{12}=0.16m^{3}s^{-1}, ΔQ_{23}=0.13m^{3}s^{-1}, ΔQ_{34}= 0.10m^{3}s^{-1}, ΔQ=0.01m^{3}s^{-1}, was die Ausflusszunahme in Längsrichtung klar aufzeigt.

Beispiel 17.10

Berechne die Reibungsverluste längs eines Verteilkanals!

Die Reibungsverluste lassen sich nur annähernd berechnen, da sowohl der Wasserspiegel h(x) als auch der Durchfluss Q(x) explizit unbekannt sind. Überschlägig lässt sich eine *lineare* Variation aller Parameter annehmen, also verändern sich die Wassertiefe h(x), die Querschnittsbreite b(x) und die Geschwindigkeit V(x) wie

$$h(x) = h_o + (h_u - h_o)(x/L),$$
$$B(x) = b_o + (b_u - b_o)(x/L),$$
$$V(x) = V_o + (V_u - V_o)(x/L).$$

Damit lassen sich die Verhältniswerte α_o=(h_u–h_o)/h_o, β_o=(b_u–b_o)/b_o und γ_o=(V_u–V_o)/V_o sowie die Relativlage X_L=x/L einführen.

Nach Manning und Strickler gilt für das Reibungsgefälle

$$J_f = \frac{V^2}{K^2 R_h^{4/3}} \tag{17.37}$$

und für den Mittelwert über die Länge L

$$J_{fa} = \int_0^1 J_f dX_L . \tag{17.38}$$

Einsetzen der Bestimmungsgleichungen in Gl.(17.38) ergibt

$$J_{fa} = \frac{V_o^2}{K^2 R_{ho}^{4/3}} \int_0^1 (1+\gamma_o X_L)^2 (R_{ho}/R_h)^{4/3} dX_L \cong$$

$$\cong J_{fo} \int_0^1 (1+\gamma_o X_L)^2 (R_{ho}/R_h) dX_L \, . \qquad (17.39)$$

Das Verhältnis der hydraulischen Radien ist mit $\delta_o = h_o/b_o$ gleich

$$\frac{R_{ho}}{R_h} = \frac{1}{1+2\delta_o} \frac{1}{1+\alpha_o X_L} + \frac{2\delta_o}{1+2\delta_o} \frac{1}{1+\beta_o X_L} \, . \qquad (17.40)$$

Als Resultat der Integration folgt

$$J_{fa}/J_{fo} = \frac{1}{(1+2\delta_o)\alpha_o^3} [2\alpha_o^2\gamma_o + (1/2)\alpha_o^2\gamma_o^2 - \alpha_o\gamma_o^2 + (\gamma_o-\alpha_o)^2 ln|1+\alpha_o|]$$

$$+ \frac{2\delta_o}{(1+2\delta_o)\beta_o^3} [2\beta_o^2\gamma_o + (1/2)\beta_o^2\gamma_o^2 - \beta_o\gamma_o^2 + (\gamma_o-\beta_o)^2 ln|1+\beta_o|] \, . \quad (17.41)$$

Für den *prismatischen* Verteilkanal ($\beta_o = 0$) gilt

$$J_{fa}/J_{fo} = \frac{1}{(1+2\delta_o)\alpha_o^3} [2\alpha_o^2\gamma_o + (1/2)\alpha_o^2\gamma_o^2 - \alpha_o\gamma_o^2 + (\gamma_o-\alpha_o)^2 ln|1+\alpha_o|]$$

$$+ \frac{2\delta_o}{1+2\delta_o} [1 + \gamma_o + (1/3)\gamma_o^2] \, . \qquad (17.42)$$

Hier hängt das Verhältnis J_{fa}/J_{fo} von den drei Parametern α_o, γ_o und δ_o ab, Bild 17.18 zeigt eine Auswertung für $V_u=0$, also $\gamma_o=-1$. Daraus ersieht man das Resultat $J_{fa}/J_{fo} \leq 1/3$, d.h. das mittlere Reibungsgefälle ist immer kleiner als $(1/3)$ des Reibungsgefälles bezogen auf die Zuflussströmung.

Für *Pseudo-Normalabfluss* folgt näherungsweise $\alpha_o=\gamma_o=0$, $\beta_o=(Q_u-Q_o)/Q_o$, also nach Gl.(17.41)

$$J_{fa}/J_{fo} = \frac{2\delta_o}{1+2\delta_o} \frac{ln|1+\beta_o|}{\beta_o} \, . \qquad (17.43)$$

Eine Auswertung ergibt, dass das auf J_{fo} bezogene mittlere Reibungsgefälle mit δ_o zu- und mit zunehmendem β_o abnimmt (Bild 17.18b).

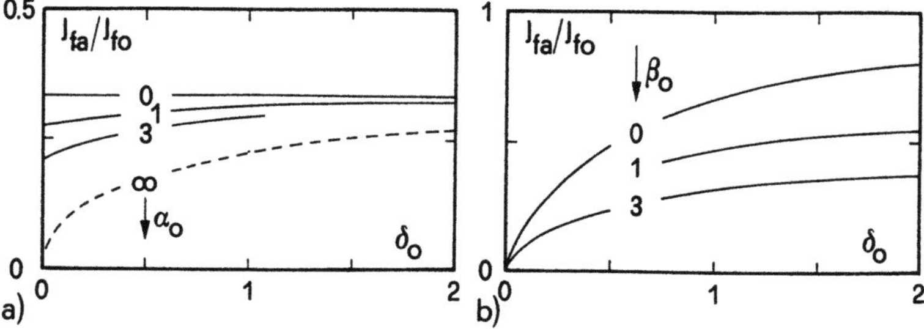

Bild 17.18 Verhältnis des mittleren Gefälles J_{fa} zum Zufluss-Reibungsgefälle J_{fo} in Abhängigkeit von $\delta_o = h_o/b_o$ für verschiedene Wasserspiegelgefälle $\alpha_o=(h_u-h_o)/h_o$ bei a) $V_u=0$ ($\gamma_u=-1$), b) Pseudo-Normalabfluss.

Für die lange Öffnung hängt der Ausflusswinkel lediglich ab von der relativen Öffnungsgeometrie, etwa y und W beim Streichwehr, resp. h/w und F. Bei einer *kurzen* Öffnung tritt jedoch zusätzlich die Länge ΔL der Einzelöffnung hinzu. Diese lässt sich nur dimensionslos darstellen durch die Viskosität und die Oberflächenspannung des Fluids, es treten demnach *Massstabseffekte* auf. Bild 17.19 zeigt eine Serie von Aufnahmen bei gleichen Zuflussbedingungen, bei welchen die Länge einer Einzelöffnung im 300mm breiten Rechteckkanal stetig reduziert wird. Bis zu rund ΔL=50mm ergibt sich praktisch keine Änderung, dann aber nimmt der Auflusswinkel gegen ϕ=90° zu, d.h. bei sehr kleiner Öffnung verlässt der Ausfluss den Verteilkanal etwa rechtwinklig zur Berandung.

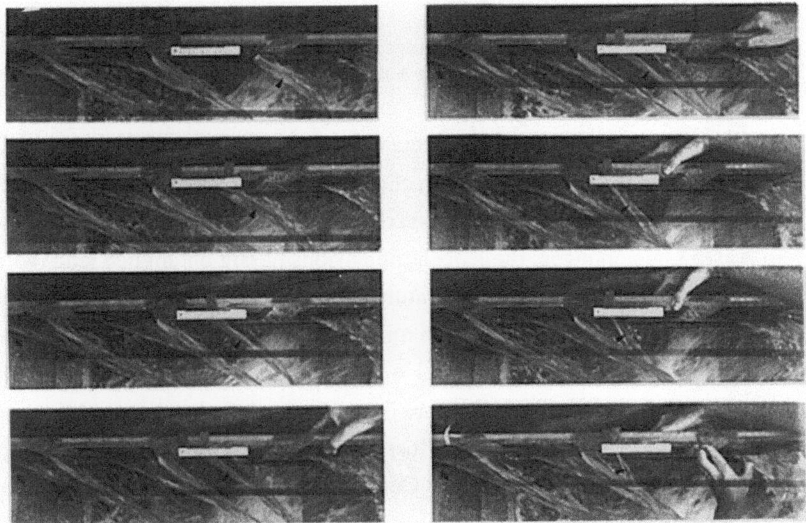

Bild 17.19   Ausfluss aus Verteilkanal bei stetiger Abnahme der Öffnungslänge, sonst jedoch unveränderten Bedingungen mit ΔL[mm]=200, 100, 50, 30, 20, 10, 5, 1 (Hager, 1984).

Bringt man also vor dem Überfall eine gelochte Platte an, so stellt sich ein Ausfluss mit stark geänderter Richtung gegenüber dem 'langen' Streichwehr ein. Bild 17.20 veranschaulicht deutlich diesen Effekt durch den Vergleich von verschiedenartig ausgebildeten Ausflussöffnungen. Dadurch tritt im Extremfall ein Winkel ϕ=90° auf, wodurch sich der Trennverlust nach Gl.(17.5) verändert und die vorliegende Analyse ungültig wird. Als *minimale Öffnungslänge* ΔL wird deshalb etwa die ein- bis zweifache Zuflusswassertiefe betrachtet. Dann stellt sich ein noch halbwegs kontinuierlicher Ausfluss ein.

Über Verteilkanäle liegt relativ wenig Literatur vor. Erwähnenswert sind die Arbeiten an der Oklahoma State University (Sweeten, et al., 1969; Sweeten und Garton, 1970; Uhl und Garton, 1972), welche sich auf einen Rechteckverteilkanal mit Syphonauslässen beziehen. Da die Fliessgeschwindigkeit aber etwa $1\mathrm{ms}^{-1}$ beträgt, treten keine bedeutenden Abweichungen vom senkrecht angeströmten Überfall auf, der *Reibungseinfluss* ist hingegen zu berücksichtigen.

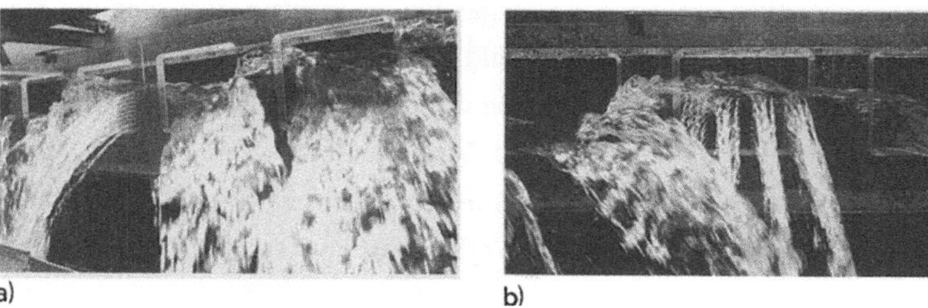

Bild 17.20 Ausfluss aus Verteilkanal, ausgebildet mit Streichwehren. Einfluss der Öffnungslänge auf Richtung des Ausflussstrahls.

Sweeten und Garton (1970) betrachteten den mit Streichwehren ausgebildeten Verteilkanal, da er einfacher und praxisgerechter funktioniert. Aufbauend auf dem Energiesatz, in welchem lediglich die Reibungsverluste enthalten sind, sowie auf eigens entwickelten Ausflussgleichungen, die jedoch dimensionsmässig untauglich sind, wird ein Berechnungsmodell vorgestellt und mit Naturmessungen verglichen. Leider lassen sich mit diesen Angaben keine Nachrechnungen mit dem hier vorgeschlagenen Modell durchführen.

Pseudo-Normalabfluss wurde erst erstaunlich spät als einfaches konstruktives Mittel zur Erzeugung von gleichmässigem Ausfluss erkannt. In diesem Zusammenhang darf insbesondere Prof. Ramamurthy von der Concordia Universität in Montreal erwähnt worden. Er hat seit 1975, zusammen mit anderen, diesen ausgezeichneten Ausflusszustand eingehend untersucht. Grundsätzlich liegen drei Möglichkeiten zur Ausflussbeeinflussung vor (Bild 17.21).

* lokale Bodeneinbauten,
* lokale Kanalverengung oder
* Zunahme der Wehrhöhe.

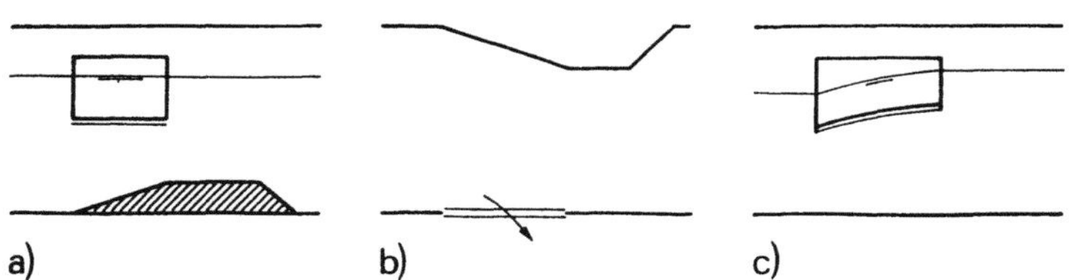

Bild 17.21 Beeinflussung des Pseudo-Normalabflusses durch lokale Einbauten (Ramamurthy, et al., 1975).

Im Gegensatz zu späteren Arbeiten wird hier jedoch nur *lokal* ein uniformer Ausflusszustand angestrebt, der Querschnitt des Verteilkanals also beibehalten. Erst 1978 unterbreiten Ramamurthy, et al. ihren Vorschlag vom angepassten Unterwasserkanal, wie er in Bild 17.5 dargestellt ist.

Ohne rechnerisch auf den Pseudo-Normalabfluss einzugehen, beziehen sich Chao und Trussell (1980) ebenfalls auf den Verteilkanal. Sie weisen insbesondere die Veränderlichkeit des Überfallbeiwertes mit der Froudezahl nach, obwohl sie sich nicht auf den lokalen, sondern auf den Ausfluss einer Einzelöffnung beziehen. Zur Erzeugung einer uniformeren Ausflussströmung schlagen sie vor:

- Anpassung der Ausflussgeometrie (z.B. Wehrhöhe),
- Vergrösserung des Verteilkanals zur Geschwindigkeitsreduktion,
- lineare Breitenreduktion, ohne den Pseudo-Normalabfluss zu nennen,
- lineare Breitenreduktion kombiniert mit Wehrhöhenanpassung,
- Reduktion der Öffnungslänge unter Beibehaltung der Wehrhöhe.

Die dritte Möglichkeit wird für Abwasser daher eindeutig empfohlen.

Beispiel 17.11	Gegeben ein Verteilkanal von der Länge L_V=15m, der Zuflussbreite b_o=1.2m mit Q_o=2.1m³s⁻¹. Wie ist er zu gestalten, falls die Hälfte des Durchflusses zu verteilen ist und eine minimale Wehrhöhe w=0.40m einzuhalten ist?

Die kritische Zuflusstiefe beträgt vorerst $h_{co}=[Q_o^2/(gb_o^2)]^{1/3}=$ $(2.1^2/9.81·1.2^2)^{1/3}$=0.68m, also H_{co}=1.02m. Um nicht zu hohe Froudezahlen zu erzielen, wird H_o=1.10m gewählt, d.h. W=w/H= 0.4/1.10=0.36.

Für eine zum Boden parallel verlaufende Energielinie hat unter Pseudo-Normalabfluss die Breite von b_o=1.2m auf b_u=0.60m abzunehmen. Bild 17.4 ergibt den Zusammenhang zwischen y_{PN} und Θ. Beispielsweise folgt mit W=0.36 für y_{PN}(–0.05)=0.51, y_{PN}(–0.1)= 0.59, y_{PN}(–0.2)=0.69 und y_{PN}(–0.4)=0.80, also hat Θ kleiner als –0.2 zu sein, oder die Wehrhöhe ist zu vergrössern. Wahl W=0.36 und Θ=–0.3, also y_{PN}=0.75, $\bar{Q}'/k$=–0.3·0.75[2(1–0.75)]^{1/2}=–0.16 nach Gl.(17.19), entsprechend mit k=1 für Q'=dQ/dx=–1·0.16(9.81·1.1³)^{1/2}=–0.57 und $\Delta x=\Delta Q/Q'$=1.05/0.57=1.83m. Mit $\Theta=\theta$=–0.3 folgt für $\Delta L=\Delta B/\Theta$= 0.6/0.3=2m, also fast derselbe Wert. Als Überfallhöhe ergibt sich mit h_{PN}=0.75·1.1=0.83m und w=0.36·1.1=0.40m der Wert h_{PN}–w=0.43m.

Der Verteilkanal lässt sich etwa durch 5 Einzelöffnungen der Länge 0.40m ausbilden, der Verengungswinkel im Ersatzsystem beträgt dann nur noch Θ=–0.6/15=–0.04, es ist deshalb eine zweite Kontroll-Berechnung durchzuführen.

Das Bemessungsvorgehen von Verteilkanälen ist recht umfangreich, zudem sollte in der Schlussrechnung die Reibung berücksichtigt werden. Vorerst wird man für den *Bemessungsabfluss* den Pseudo-Normalabflusszustand voraussetzen, für andere Durchflüsse nach 17.5 den Wasserspiegel ermitteln, um schliesslich - ev. numerisch - die Lage des Wasserspiegels, das Ausflussverhalten und die Entlastungskapazität fetzulegen. Es sollte, wie bereits bei der Einzelöffnung, auf durchgehend strömenden - in Ausnahmefällen auf durchgehend schiessenden Abfluss geachtet werden. Froudezahlen im Bereich von 0.75<F<1.5 sind konstruktiv auszuschalten. Bild 17.22 zeigt die graphische Wirkung eines Verteilkanals mit eng hintereinander angeordneten Einzelöffnungen.

Bild 17.22   Verteilkanal mit Streichwehren als Ausflusselement.

17.7 Kanalverzweigung

17.7.1 Fliessverhalten

Unter einer Kanalverzweigung (engl.: channel division; franz.: canal à dérivation) versteht man ein Bauwerk, welches einen Zufluss in mehrere Teilabflüsse aufteilt. Solche Kanäle sind vergleichbar mit einem Verteilkanal, sie gelten aber analog wie die Kanalvereinigung als hydraulisch *kurze* Elemente. Dagegen wären der Sammelkanal, resp. der Verteilkanal lange Elemente.

Allgemein sind Trennströmungen in der hydraulischen Beschreibung komplizierter als Vereinigungsströmungen. Letztere zeichnen sich durch nahezu eindimensionalen Zufluss aus, während bei der Trennströmung grossräumige Ablösungen, ähnlich wie im Diffusor, auftreten können. Es ist deshalb nicht verwunderlich, dass praktisch alle Beiträge zur Trennströmung experimenteller Art sind. Nachfolgend sollen die wichtigsten Eigenheiten von Trennströmungen bei *strömendem* Abfluss angegeben werden, eine ausführliche Zusammenstellung findet sich bei Hager (1991).

Bild 17.23a) bezieht sich auf die Kanalgeometrie im Rechteckkanal mit δ als Verzweigungswinkel. In Bild 17.23b) ist die komplexe Sekundärströmung im sich verzweigenden Kanal schematisch widergegeben. Die Abzweigung induziert nämlich eine starke Bodenströmung, die sich insbesondere bei Feststofftransport manifestiert. So werden

Fassungsbauwerke für wasserbauliche Anlagen entgegen der üblichen Meinung nicht im Abzweiger, sondern im geradeaus führenden Unterwasserkanal angeordnet, da dort praktisch kein Sediment hingelangt.

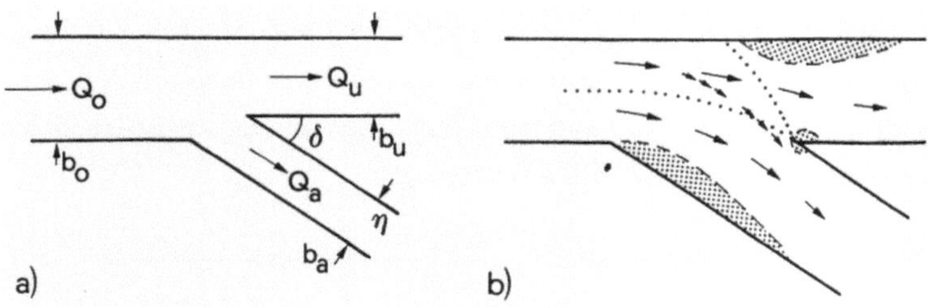

Bild 17.23 Kanalverzweigung a) Definitionsskizze, b) ($\rightarrow$) Oberflächen- und ($\rightarrow\rightarrow\rightarrow$) Bodenströmung sowie ($\cdot\cdot\cdot$) entsprechende Trennstromlinien mit Ablösungszonen (schattiert).

Mock (1960) untersuchte das Fliessverhalten im Rechteckkanal bei überall gleicher Kanalbreite b. Bedeutet $q_a=Q_a/Q_o$ das Verteilverhältnis mit den Indizes «a», «u» und «o» für die abzweigende, die Unterwasser- und die Oberwasser-Strömung, so gelten für die Verlustbeiwerte

$$\xi_u = \frac{H_o - H_u}{V_o^2/2g} \quad \text{und} \quad \xi_a = \frac{H_o - H_a}{V_o^2/2g} \tag{17.44}$$

die Beziehungen

$$\xi_a = 1 - (5/4)q_a + 0.725q_a[1 + q_a^2]tg(\delta/2) , \tag{17.45}$$

$$\xi_u = 0.45q_a(q_a - 0.5) . \tag{17.46}$$

Daraus folgt:
- diese Angaben stimmen fast perfekt mit denjenigen für Druckrohre überein. Auch hier gilt deshalb das Übertragungsgesetz von Druckabflüssen auf strömende Freispiegelabflüsse (Kap.2),
- der Verlustbeiwert ξ_u des durchgehenden Stranges ist unabhängig vom Verzweigungswinkel, was sich auch beim Verteilkanal bewahrheitet,
- Hinsichtlich ξ_u können sowohl positive als auch negative Verlustbeiwerte auftreten, d.h. die Energiehöhe kann im durchgehenden Strang zu- oder abnehmen,
- beim abgehenden Strang liegen bedeutendere Verluste vor, die insbesondere für $q_a\rightarrow1$ signifikant vom Verzweigungswinkel δ abhängen.

Der mittlere *Strömungsverlauf* lässt sich durch Bild 17.24 beschreiben. Für $q_a=0$ wird im Abzweigungskanal eine kräftige Rotationsbewegung angeregt. Da die Wassertiefe der tangential vorbeiströmenden Hauptströmung praktisch gleich derjenigen im Abzweiger ist, folgt $\xi_a(0)=1$.

Für $q_a>0$ tritt eine Analogie zur Krümmerströmung auf. Je nach der Grösse des Verzweigungswinkels und des Durchflussverhältnisses treten demnach Ablösungen an der 'Krümmerinnenseite' sowie gegenüber im Hauptkanal auf. Damit stellen sich bedeutende Fliessverluste ein, wie aus Gl.(17.45) hervorgeht.

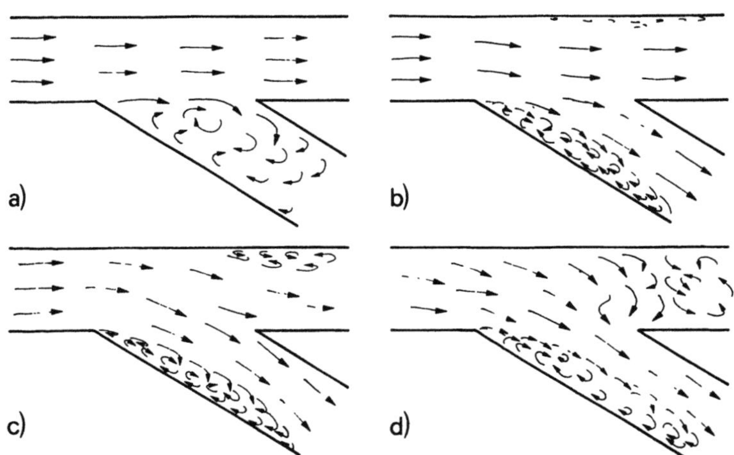

Bild 17.24   Abflussformen in Kanalverzweigung für $q_a=Q_a/Q_0=$ a) 0, b) 1/3, c) 2/3, d) 1 (nach Mock, 1960).

17.7.2 T-Verzweigung

Unter der T-Verzweigung versteht man eine Anordnung mit durchgehendem Hauptast ($b_0=b_u$) und davon unter 90° abzweigendem Seitenast (Bild 17.25). Für $F_u<F_0<0.75$ gilt demnach ohne Rückstau aus dem Abzweiger für die Durchflussverteilung

$$q_a = Q_a/Q_0 = (1.55-1.45F_0)\beta_a + 0.16(1 - 2F_0) . \tag{17.47}$$

Dabei bedeutet $\beta_a=b_a/b_0\leq1$ das Breitenverhältnis. Über den Zusammenhang zwischen Unter- und Oberwasser liegt keine Angabe vor.

Lakshmana Rao, et al. (1968) bezogen sich ebenfalls auf die Kanalverzweigung und fanden alternativ zu Gl.(17.47) für die *Durchflussverteilung*

$$Q_u/Q_0 = tgh[5(0.56 - F_a)F_u^{1/2}] , \tag{17.48}$$

wobei sich Abflüsse mit $F_a>1/3$ durch $F_a=1/3$ berechnen (Bild 17.26b). Für $F_a>1/3$ stellt sich in der Verzweigung ein Wechselsprung ein. Die *Kontraktion* C_c im Abzweigekanal (Bild 17.26c) hängt lediglich von F_u ab und lässt sich ausdrücken durch

$$\frac{1 - C_c}{1 - C_{c\infty}} = [tgh(3F_u)]^{2/3} \tag{17.49}$$

mit $C_{c\infty}$ als Kontraktionskoeffizienten für $F_u>>0$

$$C_{c\infty} = (2/3)tgh(3.5F_a) . \tag{17.50}$$

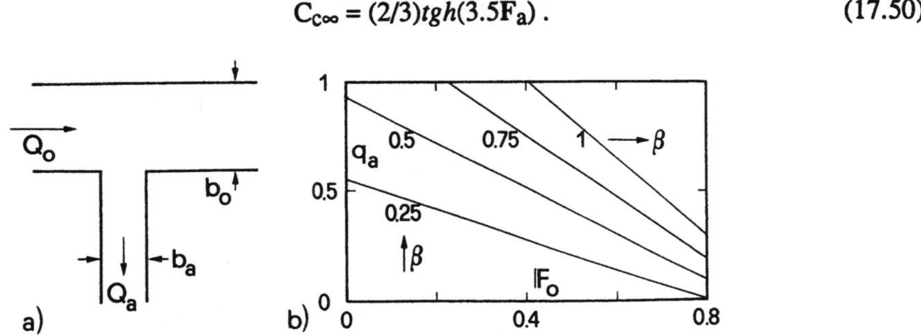

Bild 17.25   T-Verzweigung a) Anordnung, b) Durchflussverhältnis $q_a=Q_a/Q_o$ in Abhängigkeit von F_o bei schiessendem Abfluss im Abzweigekanal ($F_a>1$) für verschiedene Breitenverhältnisse $\beta_a=b_a/b_o$ nach Krishnappa und Seetharamiah (1963).

Der Querschnitt maximaler Kontraktion (Bild 17.26a) befindet sich etwa um die Länge $b_a/2$ vom Abzweigerkanaleinlauf entfernt. Die Länge der Ablösungszone L_a hängt ebenfalls von F_u und F_a ab und lässt sich nach Bild 17.26d) ermitteln.

Die mittlere *Abzweigerichtung* $C\delta$ (Bild 17.26a) variiert nur mit F_u und folgt der Beziehung

$$C = (2/3)(1-F_u) . \tag{17.51}$$

Bei $Q_u=0$ ($q_a=1$) liegt also eine bedeutendere Querrichtung als bei grösserem Abfluss im Unterwasserkanal vor.

Beispiel 17.12   Gegeben eine Kanalverzweigung mit $b_u=1.2$m und $b_a=0.80$m. Ermittle die wichtigsten hydraulischen Eigenschaften für $Q_o=0.75m^3s^{-1}$, $Q_u=0.60m^3s^{-1}$ und $F_u=0.22$.
Mit $Q_u/Q_o=0.6/0.75=0.8$ und $F_u=0.22$ folgt aus Gl.(17.48) für $F_a=0.56-1/(5F_u^{1/2})$ $arctgh(Q_u/Q_o) = 0.56-0.43(1/2)$ $ln[(1+0.8)/(1-0.8)]=0.09$. Weiter ist $C_{c\infty}=(2/3)tgh(3.5\cdot0.09)=0.20$, also $(1-C_c)/(1-C_{c\infty})=[tgh(3\cdot0.22)]^{2/3}=0.69$ nach Gl.(17.49), womit $C_c=1-0.69(1-0.20)=0.45$. Nach Bild 17.25c) ist C_c eher kleiner, der Abfluss im

Abzweiger wird also beträchtlich eingeschnürt. Der mittlere Einlauf-
winkel beträgt mit C=(2/3)(1–0.22)=0.52 nach Gl.(17.51) rund
0.52·90°=47°, die eingeschnürte Stelle liegt 0.5·0.8=0.40m stromab
vom Einlaufquerschnitt und die Länge der Einschnürungszone ist
L_a/b_a=4 nach Bild 17.25d), entsprechend L_a=4·0.8=3.2m.

Joliffe (1981) untersuchte strömenden und schiessenden Abfluss in Kanalverzweigungen mit *teilgefüllten Rohren* identischen Durchmessers bei δ=90°. Für *strömendes*
Unterwasser (F_u<0.6) gilt unabhängig vom Sohlengefälle

$$Q_a/Q_o = exp[-(7/3)F_u] \, , \tag{17.52}$$

während bei *schiessendem* Zufluss (F_0>1) für die Durchflussverteilung gilt

$$Q_a/Q_o = F_o/(8.8F_o - 4) \, . \tag{17.53}$$

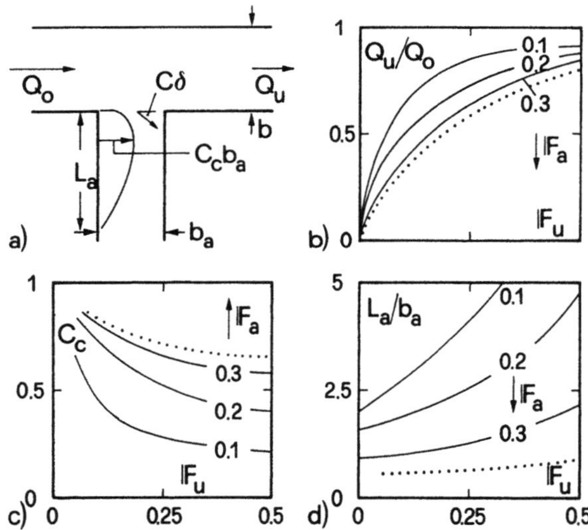

Bild 17.26   T-Verzweigung a) Definitionsskizze, b) Durchflussverteilung, c) Kontrak-
tionsbeiwert C_c und d) Länge der Ablösungszone L_a/b_a in Abhängigkeit der
Froudezahlen $F_u=Q_u/(gb_u^2h_u^3)^{1/2}$ und $F_a=Q_a/(gb_a^2h_a^3)^{1/2}$ nach Lakshmana
Rao, et al. (1968). (· · ·) Wassersprung im Abzweigekanal.

Ramamurthy, et al. (1990) untersuchten den Einfluss des Einstaus bei der T-Verzweigung mit unveränderlicher Breite b. Bild 17.27 zeigt eine in der Diskussion abgeleitete
Beziehung zwischen den Wassertiefen $Y=h_o/h_u$, dem Durchflussverhältnis $q_a=Q_a/Q_o$ und
der Unterwasser-Froudezahl $F_u=Q_u/(gb^2h_u^3)^{1/2}$. Dabei ist Y auf 0.80 zu beschränken, da

sich sonst lokal ein Wassersprung einstellt.

Beispiel 17.13   Gegeben eine T-Verzweigung der Breite b=1.2m, mit h_u=0.8m und Q_u=0.95m^{3}s^{-1}. Wie gross ist die Oberwassertiefe bei Q_o=1.2m^{3}s^{-1}? Mit $1-q_a$=1–0.25/1.2=0.79 und F_u=0.95/(9.81·1.2^2·0.8^3)$^{1/2}$=0.35 wird Y=0.95 nach Bild 17.27, also h_o=0.95h_u=0.95·0.8=0.86m und F_o=1.2/(9.81·1.2^2·0.76^3)$^{1/2}$=0.48.

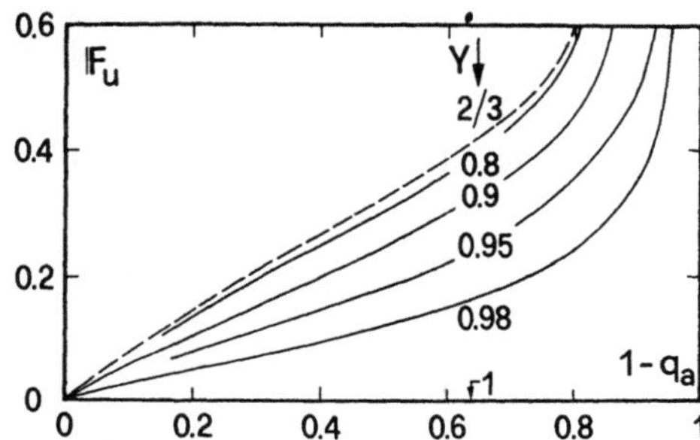

Bild 17.27   Wasserspiegelverhältnis Y=h_o/h_u an T-Verzweigung in Abhängigkeit des Durchflussverhältnisses 1–q_a und der Froudezahl F_u im Unterwasserkanal.

Literaturnachweis

- Chao, J.-L. und Trussell, R.R. (1980). Hydraulic design of flow distribution channels. *Journal of Environmental Engineering Division* ASCE **106**(EE2): 321-334; **106**(EE6): 1212-1213; **107**(EE1): 299-303; **107**(EE2): 432-433; **107**(EE5): 1109.

- De Marchi, G. (1934). Saggio di teoria del funzionamento degli stramazzi laterali. *L'Energia Elettrica* **11**(11): 849-860.

- Favre, H. (1933). *Contribution à l'étude des courants liquides*. Rascher: Zürich.

- Hager, W.H. (1984). Some scale effects in distribution channels. Symposium on *Scale Effects in Modelling Hydraulic Structures* **2.9**: 1-6. H. Kobus, ed. Technische Akademie: Esslingen.

- Hager, W.H. (1985). Bodenöffnung in Entlastungsanlagen von Kanalisationen. *Gas - Wasser - Abwasser* **65**(1): 15-23.

- Hager, W.H. (1986). L'écoulement dans des déversoirs latéraux. *Canadian Journal of Civil Engineering* **13**(5): 501-509.

- Hager, W.H. (1987). Lateral outflow over side weirs. *Journal of Hydraulic Engineering* **113**(4): 491-504; **115**(5): 682-688.

- Hager, W.H. (1991). Abflussverhältnisse in Kanalverzweigungen. *Korrespondenz Abwasser* **38**(10): 1350-1357.

- Hager, W.H. und Volkart, P. (1986). Distribution channels. *Journal of Hydraulic*

Engineering **112**(10): 935-952; **114**(2): 235.

- Joliffe, I.B. (1981). Accurate pipe junction model for steady and unsteady flows. 2nd Int. Conf. on *Urban Storm Drainage* Urbana: 93-100.
- Krishnappa, G. und Seetharamiah, K. (1963). A new method of predicting the flow in a 90° branch channel. *La Houille Blanche* **18**(7): 775-778.
- Lakshmana Rao, N.S., Sridharan, K. und Yahia Ali Baig, M. (1968). Experimental study of the division of flow in an open channel. Conf. on *Hydraulics and Fluid Mechanics*: 139-142. The Institution of Engineers, Australia: Sydney.
- Mock, F.-J. (1960). Strömungsvorgänge und Energieverluste in Verzweigungen von Rechteckgerinnen. *Mitteilung 52*. Institut für Wasserbau und Wasserwirtschaft, TU Berlin: Berlin.
- Ramamurthy, A.S., Subramanya, K. und Carballada, L. (1975). Uniformly discharging outlets for irrigation systems. Proc. 2nd World Congress on Water Resources, *Water for Human Needs* **5**: 323-326.
- Ramamurthy, A.S., Subramanya, K. und Carballada, L. (1978). Uniformly discharging lateral weirs. *Journal of Irrigation and Drainage Division* ASCE **104**(IR4): 399-412.
- Ramamurthy, A.S., Tran, D.M. und Carballada, L.B. (1989). Open channel flow through transverse floor outlets. *Journal of Irrigation and Drainage Engineering* **115**(2): 248-254; **117**(1): 148-151.
- Ramamurthy, A.S., Tran, D.M. und Carballada, L.B. (1990). Dividing flow in open channels. *Journal of Hydraulic Engineering* **116**(3): 449-455; **118**(4): 634-637.
- Sweeten, J.M. und Garton, J.E. (1970). The hydraulics of an automated furrow irrigation system with rectangular side weir outlets. *Trans. American Society Agricultural Engineers* **13**: 746-751.
- Sweeten, J.M., Garton, J.E. und Mink, A.L. (1969). Hydraulic roughness of an irrigation channel with decreasing spatially varied discharge. *Trans. American Society Agricultural Engineers* **12**: 466-470.
- Uhl, V.W. und Garton, J.E. (1972). Semi-portable sheet metal flume for automated irrigation. *Trans. American Society Agricultural Engineers* **15**: 256-260.
- Yen, B.C. and Wenzel, H.G. (1970). Dynamic equations for steady spatially varied flow. *Journal of Hydraulics Division* ASCE **96**(HY3): 801-814.

Bezeichnungen

a	[m]	Bodenschlitzbreite
A	[-]	=a/H Relativbodenöffnung

b	[m]	Kanalbreite
B	[m]	variable Kanalbreite
c_k	[-]	Kronenformeinfluss
C	[-]	Abzweigekoeffizient
C_c	[-]	Kontraktionsbeiwert
C_d	[-]	Durchflussbeiwert
E	$[m^4 s^{-1}]$	auf (ρg) bezogene Energie
F	$[m^2]$	Querschnittsfläche
F	[-]	Froudezahl
g	$[ms^{-2}]$	Erdbeschleunigung
h	[m]	Wassertiefe
H	[m]	Energiehöhe
J	[-]	Totalgefälle
J_e	[-]	Energielinienneigung
J_f	[-]	Reibungsgefälle
J_L	[-]	Zusatzverlustgefälle
J_s	[-]	Sohlengefälle
k	[-]	Konstante
K	$[m^{1/3} s^{-1}]$	Reibungsbeiwert
L_a	[m]	Länge der Ablösungszone
L_E	[m]	Länge des Ersatzsystems
L_v	[m]	Verteilkanallänge
n^*	[-]	Anzahl Ausflusseiten
p	[m]	Ausflussdruckhöhe
q	[-]	Ausflussintensität
q_a	[-]	Verteilverhältnis
Q	$[m^3 s^{-1}]$	Durchfluss
R_h	[m]	hydraulischer Radius
s	[m]	Höhe der Seitenöffnung
S	[-]	=s/H Relativöffnungshöhe
u	$[ms^{-1}]$	Ausflussgeschwindigkeit
V	$[ms^{-1}]$	Geschwindigkeit
w	[m]	Wehrhöhe
W	[-]	=w/H relative Wehrhöhe
x	[m]	Längskoordinate
X	[-]	dimensionslose Längskoordinate
X_L	[-]	Relativlage

y	[-]	= h/H Relativwassertiefe
ΔL	[m]	Überfallänge
ΔQ	[m^{3}s^{-1}]	Entlastungsdurchfluss
Δz	[m]	Sohlanstieg
α_0	[-]	Wasserspiegeldifferenz
β_a	[-]	Breitenverhältnis
β_0	[-]	Breitendifferenz
γ_0	[-]	Geschwindigkeitsdifferenz
δ	[-]	Verzweigungswinkel
δ_0	[-]	Querschnittsmass
ϕ	[-]	Ausflusswinkel
θ	[-]	Verengung
Θ	[-]	bezogene Verengung
λ_s	[-]	Relativlänge
ρ	[kgm^{-3}]	Dichte
σ	[-]	Pseudo-Normalabfluss-Parameter
χ_c	[-]	Maximallänge ohne Fliesswechsel
ξ_a	[-]	Verlustbeiwert des abzweigenden Strangs
ξ_u	[-]	Verlustbeiwert des durchgehenden Strangs

Indizes

a	Mittelwert, Abzweiger		o	Oberwasser
c	kritischer Abfluss		PN	Pseudo-Normalabfluss
M	Maximal		r	Randwert
N	Normalabfluss		u	Unterwasser

18 ENTLASTUNGSBAUWERK

Ein Mischsystem steht und fällt mit den Entlastungsbauwerken. Sind diese schlecht eingestellt, so gelangt nach jedem grösseren Regen zuviel Schmutzwasser in den Vorfluter. Es ist deshalb vordringlich, der Hydraulik von Entlastungsbauwerken spezielles Augenmerk zu schenken.

Es werden zwei verschiedene Streichwehrtypen besprochen, nämlich der Regelfall mit hochgezogener Überfallkrone und das niedrige Streichwehr, welches häufig in bestehenden Systemen vorliegt. Beide Fälle lassen sich nicht allein durch die Überfallformel des senkrecht angeströmten Wehres berechnen, sondern die Einflüsse von Zuflussgeschwindigkeit, Anströmrichtung und Wehrgeometrie spielen ebenfalls in den Abflussvorgang hinein.

Trotz der umständlichen Beziehungen wird versucht, ein möglichst einfaches Berechnungsverfahren anzugeben, das auf die verschiedenen Fragestellungen eine Antwort gibt. Zudem wird angestrebt, ein Regelbauwerk so zu vereinheitlichen, dass eine Vielzahl von Parametern entfallen und das Entlastungsbauwerk somit zukünftig standardisiert eingesetzt werden kann. Auf die Dringlichkeit der systematischen experimentellen Analyse wird hingewiesen.

18.1 Einleitung

Nach Fahrner, et al. (1990) herrscht heute ein grosses Wirrwarr hinsichtlich der Ausführung von Entlastungsbauwerken in der Mischkanalisation. Neben dem scharfkantigen, breitkronigen und rundkronigen Wehr (Kap.10) treten zusätzlich eine grosse Zahl von 'Sonderformen' auf, die eine nachträgliche Ermittlung der Entlastungsmenge praktisch verunmöglichen. Ferner fehlt heute in dieser Hinsicht auch jede *Standardisierung*, weshalb es schwierig ist, das Entlastungsverhalten von Kanalisationssystemen rechnerisch zu ermitteln. Dass dieser Missstand in Zukunft verbessert werden muss, liegt auf der Hand, denn nur so lässt sich der Wirkungsgrad und die Umweltverträglichkeit eines Mischsystems abschätzen.

Grundsätzlich liegen heute zwei Formen von Entlastungsbauwerken vor, nämlich das Streichwehr (engl.: side weir; franz.: déversoir latéral) mit einem *Überfall* und das im englischen Sprachraum eingeführte 'Leaping Weir' (deutsch: Springüberfall) als *Bodenöffnung*. Wie in Kap.20 erwähnt, wird das Leaping Weir nur bei ausgeprägt schiessendem Zufluss eingesetzt und hat sich dort bewährt. Das Streichwehr lässt sich in zwei Ausführungsformen erstellen:

* einerseits mit hochgezogener Überfallkante und damit als Ursprung von Rückstau ins Oberwasser bei strömendem Zufluss, oder

* andererseits mit niedriger Überfallkante, längs welcher sich schiessender Abfluss ausbilden kann.

Das Streichwehr mit *hochgezogener Überfallkante* entspricht dem klassischen Entlastungsbauwerk, da sich übersichtliche hydraulische Abflussverhältnisse ausbilden. Infolge des hohen Rückstaus bildet sich der unmittelbare Zufluss strömend aus, Wassersprünge stellen sich u.U. im Oberwasser ein. Bei einem flachen Zuflusskanal lässt sich dieser aber idealerweise als *Speicherkanal* gestalten. Das Querprofil des Streichwehrs ist U-förmig und der Übergang zwischen Zufluss und weitergehender Drosselstrecke wird durch ein sich *linear verengendes* Gerinne ausgebildet. Die Sohle ist im Bereich des Streichwehrs relativ steil, damit sich bei einem Durchfluss kleiner als der kritische Zufluss kein Rückstau ausbildet. Die Überfallkante kann ein- oder zweiseitig ausgebildet werden, und der nachfolgende Sammelkanal sollte *rückstaufrei* sein. Bild 18.1 zeigt die heute im deutschen Sprachraum typische Bauform mit konvergierendem Grundriss und divergierendem Längsschnitt. Die Wehrkrone ist immer horizontal und sollte zu späteren Anpassungsarbeiten als verschiebbares Blech ausgebildet werden. Der Überfallbereich ist üblicherweise unverbaut durch Tauchwände, da sich dann hydraulisch andere Verhältnisse einstellen.

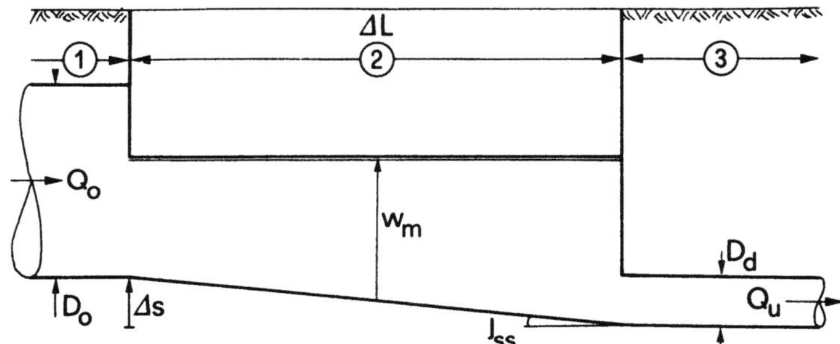

Bild 18.1   Typische Ausbildung des Streichwehrs mit *hochgezogener* Überfallkante. ① Zulaufkanal, ② Streichwehr der Länge ΔL und ③ Drosselstrecke.

Daneben existiert aber auch das Streichwehr mit *niedriger Überfallkante*. Es lässt einen kürzeren Bau zu, erzeugt üblicherweise keinen Rückstau, ist baulich einfacher, aber führt i.a. zu hydraulisch schwer erfassbaren Strömungen und wird deshalb nicht mehr empfohlen. Leider liegen bis heute keine systematischen Experimente zum Entlastungsverhalten dieser Streichwehrform vor, weshalb deren Vorzüge nicht zum Tragen kommen.

In der Folge soll versucht werden, das Streichwehr mit hochgezogener Überfallkante detailliert zu analysieren und einen Berechnungsgang anzugeben, der die effektiven Verhältnisse nachzeichnet. Daneben wird aber auch das Streichwehr mit niedriger Überfallkante untersucht, treten doch diese Bauwerke häufig in bestehenden Netzen auf. Vorerst sollen jedoch die heutigen Kenntnisse zusammengefasst und die Bauwerksformen möglichst standardisiert werden. Nur so ist es möglich, anhand von gangbaren Versuchsprogrammen die Wirkung von Regenentlastungen genauer zu quantifizieren. Die Ableitungen beziehen sich ausschliesslich auf strömenden oder schwach schiessenden Zufluss, da bei $F_o>1.5$ sich der in Kap.20 besprochene Springüberfall anbietet.

18.2 Streichwehr mit hochgezogener Überfallkante
18.2.1 Grundlagen

Anhand einer Literaturübersicht weist Hager (1993) nach, dass bis heute keine umfassende Studie über das Standardbauwerk vorliegt. Zu erwähnen sind lediglich die Arbeiten von Kallwass (1964), der massgeblich die heutige Form entwickelt hat. Weiter zu erwähnen ist die Arbeit von Taubmann (1972), in welcher einzelne Versuche zu dieser Bauwerksform ausgeführt, leider aber allgemeine Schlussfolgerungen nicht gezogen wurden. Schliesslich ist wiederum der SIA (1980) zu erwähnen, der sich um eine rechnerische Behandlung des Abflusses über Streichwehre mit hochgezogener Überfallkante (engl.: high-crested side weir; franz.: déversoir latéral à seuil haut) verdient gemacht hat. Ein modifiziertes Verfahren soll in der Folge betrachtet werden. Es lässt sich üblicherweise anwenden, wenn jedoch die Verhältnisse so kompliziert werden wie etwa in Basel, worüber Siegenthaler (1981) berichtet, sind auch heute Modellversuche angezeigt. Insbesondere lässt sich damit u.U. eine *Optimierung* eines bestehenden Projektes erzielen und eine grössere Sicherheit bei solch grossen Bauwerken gewährleisten.

18.2.2 Beschreibung des Bauwerks

Regenüberläufe (engl.: sewer side weir; franz.: déversoir latéral de décharge) mit hochgezogener Überfallkante und anschliessender Drosselstrecke stellen heute im deutschen Sprachraum das *Regenentlastungsbauwerk* (engl.: storm water outlet; franz.: déchargeur de pluie) dar. Es soll möglichst bei neu zu bearbeitenden Projekten verwendet werden. Die Vorteile dieses Bauwerktyps sind (SIA, 1980):

- Geringe Mehrbelastung der Drosselstrecke bei Maximalzufluss Q_M,
- Grössere Sicherheit gegen Eindringen von Hochwasser aus dem Vorfluter,
- Ausnutzung des Kanalspeichervolumens.

Demgegenüber sind die folgenden *Nachteile* zu erwähnen:

- Kanalanschlüsse im Oberwasser sind auf unzulässigen Rückstau hin zu kontrollieren und
- die minimal zulässigen Fliessgeschwindigkeiten (Kap.4) sind einzuhalten, damit keine Ablagerungen auftreten.

Die *Abflussverhältnisse* sind mindestens für drei Durchflüsse zu verifizieren, nämlich für den Trockenwetteranfall Q_T, den kritischen Anfall Q_K und den Maximalanfall Q_M. Entgegen dem Vorschlag des SIA (1980), welcher das Maximalgefälle im Zuflusskanal auf 10‰ setzt, ist nachzuweisen, dass sich im Zuflussbereich der Regenentlastung *strömender Abfluss* einstellt. Im Regelfall ist aus Symmetriegründen die *zweiseitige* Anordnung einer Überfallkante anzustreben.

Das Streichwehr besteht aus drei Teilen, nämlich (Bild 18.1):

- dem Zuflussbereich als Übergang zwischen Kreisprofil vom Durchmesser D_O auf den Entlastungsteil,

- dem eigentlichen Streichwehr mit horizontaler Wehrkrone und der mittleren Wehrhöhe w_m, dem Sohlengefälle $J_{ss}=\Delta s/\Delta L$, wobei Δs den Sohlenabsturz und ΔL die Bauwerkslänge beschreiben, sowie

- der Drosselstrecke (Index «d») vom Durchmesser D_d, dem Sohlengefälle J_{sd} und der Länge L_d.

Das entlastete Abwasser fällt im Regelfall ohne seitlichen Rückstau in den Sammelkanal, der in den Vorfluter mündet.

Je nach Durchfluss Q hat das Streichwehr eine andere Funktion:

- Bei *Trockenwetterdurchfluss* Q_T soll Pseudo-Normalabfluss längs der Streichwehrsohle herrschen,

- bei *kritischem Durchfluss* Q_K springt das Streichwehr gerade noch nicht an, also alles Abwasser fliesst durch die Drosselstrecke, und

- bei *Maximaldurchfluss* Q_M hat die Trennschärfe mindestens 20% zu sein, d.h. es dürfen höchstens 20% von Q_K mehr zur Kläranlage fliessen.

In der Folge soll die Berechnung des Streichwehrs mit hoher Überfallkante aufgezeigt werden, wobei hinsichtlich der Drosselstrecke auf Kap.9 verwiesen sei.

18.3 Berechnung der Regenentlastung

18.3.1 Zulaufbereich

Im Zulaufbereich zum Streichwehr geht es darum, die Wehrhöhe w_o am Streichwehranfang festzulegen, den Sohlenabsturz Δs zu berechnen sowie die Minimalgeschwindigkeit bei kritischem Anfall zu ermitteln.

Die *Wehrhöhe* w_o auf der Zulaufseite hat zwischen $0.5D_o$ und $0.8D_o$ zu liegen (ATV 1993). Damit ergeben sich hinsichtlich Zuflusskanal und Entlastung optimale Verhältnisse. Die *Sohlhöhendifferenz* Δs zwischen Zu- und Auslauf der Entlastung (Bild 18.1) hat mindestens 3cm zu betragen und kann so gewählt werden, dass sich bei Q_T eine konstante Wassertiefe h_T längs des sich verengenden Streichwehrbodens einstellt.

Bei gegebenen Durchflüssen Q_T, Q_K und Q_{oM} sowie D_o und D_u als Durchmesser lassen sich demnach alle Grössen der Entlastung mit Ausnahme der Länge bestimmen.

Beispiel 18.1   Gegeben die Durchflüsse $Q_T=0.018m^3s^{-1}$, $Q_K=0.18m^3s^{-1}$ und $Q_M=2m^3s^{-1}$, ein Zuflusskanal mit $D_o=1.10m$ und $J_{so}=0.4\%$, ein Drosselkanal mit $D_d=0.35m$, $J_{sd}=0.5\%$ und $L_d=35m$. Bemesse die Entlastung für eine Rauhigkeit von $K=85m^{1/3}s^{-1}$ (nach SIA, 1980).
Tabelle 18.1 gibt die hydraulischen Charakteristika des Zuflusskanals (Index «o») bei Normalabfluss (Index «N») nach Kap.5 und 6. Daraus ersieht man für alle Durchflüsse eine Froudezahl von nahezu Eins.

Tabelle 18.1 Zuflussbedingungen für Beispiel 18.1 bei verschiedenen Durchflüssen.

Zustand	Durchfluss $[m^3s^{-1}]$	q_N $[-]$	Normal-abflusstiefe $[m]$	Normalabfluss-geschwindigkeit $[ms^{-1}]$	Froudezahl $[-]$	Energiehöhe $[m]$
Trockenwetter	0.018	0.003	0.065	0.79	1.30	0.097
kritisch	0.180	0.026	0.207	1.44	1.28	0.311
Maximal	2.000	0.289	0.840	2.59	0.86	1.183

Unter der Annahme einer *Wehrhöhe* $w_o=D_o/2=0.55m$ ergibt sich für $Q_K=0.18m^3s^{-1}$ die Zuflussgeschwindigkeit $V_{oK}=0.18/0.475=0.38ms^{-1}$, was nach Kap.3 zwar zu tief liegt. Man wird wohl in den seltensten Fällen die hohen Werte nach Tab.3.5 erzielen. Nach SIA (1980) darf die Minimalgeschwindigkeit V_{mo} vor Regenüberläufen jedoch bis auf

$$V_{mo}(Q_K)\ [ms^{-1}] = 0.5 - 0.3J_{so}\ [‰] \tag{18.1}$$

reduziert werden, also bei 0.4% auf $V_{mo}=0.38ms^{-1}$.

Die *Sohlhöhendifferenz* berechnet sich aus dem Durchfluss Q_T und geht von identischer Wassertiefe h_{oT} im Zulauf und h_{uT} im Auslauf aus. Nach Gl.(5.16)$_2$ folgt mit $y_{Nu}=h_{Nu}/D_d=h_{No}/D_d$

$$J_{ss}^{1/2} = \frac{Q/(KD_u^{8/3})}{(3/4)y_{Nu}^2[1-(7/12)y_{Nu}^2]}. \tag{18.2}$$

Für $h_{No}=0.065m$ nach Tab.18.1 wird $y_{Nu}=0.186$, also mit $Q/(KD_u^{8/3})=$ $0.018/(85 \cdot 0.35^{8/3})=0.0035$ das Gefälle $J_{ss}^{1/2}=0.0035/0.0254=0.138$, entsprechend $J_{ss}=1.9\%$. Der Wert Δs bestimmt sich dann aus $J_{ss}\Delta L$ bei bekannter Überfallänge.

18.3.2 Überfallbereich

Überfall-Formel

Nach Kap.10 wird der *senkrecht* angeströmte Überfall im Rechteckkanal beeinflusst durch:

- die relative Wehrhöhe (h–w)/h,
- die absolute Überfallhöhe h–w,
- die Kronengeometrie,
- die Überfallanordnung und
- das Fluid.

Bei Wasser oder Abwasser von üblicher Qualität hat das Fluid keinen namhaften Einfluss auf den Überfallvorgang. Standardmässig soll die *scharfkantige* Überfallkrone angeordnet werden, die bei vollkommener Belüftung auch nicht in Rechnung zu stellen ist. Sie lässt sich - u.U. verplombt - zudem konstruktiv bei Veränderung eines Abflussparameters einfach verstellen. Werden kleine Überfallhöhen unter ca 50mm ausgeschlossen, so darf auch die Überfallhöhe (h–w) ausser Acht gelassen werden, da dann sowohl die Viskosität als auch die Oberflächenspannung des Fluids belanglos sind. Es bleibt damit lediglich die relative Wehrhöhe als Parameter. Auch diese die Zuflussgeschwindigkeit beeinflussende Grösse darf vernachlässigt werden, falls man die Überfallgleichung auf die *Energiehöhe* anstatt auf die Überfallhöhe im Zuflusskanal bezieht durch

$$Q = C_D b (2g)^{1/2} (H - w)^{3/2} . \tag{18.3}$$

Dabei bedeuten C_D den auf die Zuflussenergiehöhe $H = h + Q^2/[2gb^2h^2]$ bezogenen Überfallbeiwert, b die Überfallbreite, g die Erdbeschleunigung und w die Wehrhöhe. Je nach Kronengeometrie wird $C_D = 0.402$ beim scharfkantigen und $C_D = 0.325$ beim breitkronigen Überfall. Für den rundkronigen Überfall nimmt C_D zu mit der relativen Kronenausrundung H/R (Kap.10).

Das Streichwehr entspricht einem Überfall, der je nach Abflusskonfiguration *schief* angeströmt wird. Im Unterschied zum senkrecht angeströmten Überfall ist zusätzlich den folgenden, z.T. örtlich veränderlichen Parametern Rechnung zu tragen (Hager, 1987):

- Wassertiefe,
- Zuflussgeschwindigkeit,
- Ausflusswinkel,
- Kanalgeometrie und
- Überfallanordnung.

Während die Wassertiefe und die Energiehöhe beim senkrecht angeströmten Überfall fast identisch sind, kann die Energiehöhe beim Streichwehr beträchtlich über der Wassertiefe liegen. Dagegen wird das Streichwehr praktisch nie senkrecht angeströmt, die Einflüsse von Zuflussgeschwindigkeit und Anströmrichtung kompensieren sich demnach mehr oder weniger. Überlicherweise ist die Überfallwand am Kronenbereich vertikal, bei Streichwehren im Kreisprofil mit niedriger Überfallkante wird infolge flacherer Kronenneigung eher mehr Wasser den Überfall verlassen. *U-Profile* bei Streichwehren mit hoher Überfallkante dürfen jedoch praktisch als Rechteckkanäle betrachtet werden.

Streichwehre mit *konvergierendem* Profil in Fliessrichtung haben eine in Fliessrichtung gestellte Kronenlinie, deren Entlastung wird demnach infolge der Geschwindigkeitskomponente in Kronenlängsrichtung grösser als beim prismatischen Streichwehr.

Nach Hager, et al. (1982) gilt unter Berücksichtigung der besprochenen Effekte die umständliche, aber *verallgemeinerte Überfallgleichung*

$$\frac{dQ}{dx} = -0.6n^* c_k (gH^3)^{1/2} (y-W)^{3/2} \left[\frac{1-W}{3-2y-W} \right]^{1/2} \left[1-(\theta+J_{ss})\left(\frac{3(1-y)}{y-W} \right)^{1/2} \right] . \tag{18.4}$$

Darin berücksichtigt:
- n^* die Anzahl der Ausflusseiten, $n^* = 1$, oder 2,

- c_k den Einfluss der Kronenform, $c_k=1$ für die scharfkantige Krone,
- $(gH^3)^{1/2}(y-W)^{3/2}=g^{1/2}(h-w)^{3/2}$ die massgebende Überfallhöhe,
- $[(1-W)/(3-2y-W)]^{1/2}$ den Einfluss der Zuflussgeschwindigkeit und Ausflussrichtung,
- der letzte Klammerterm den Einfluss der seitlichen Verengung θ und des Sohlengefälles J_{ss}.

Da Gl.(18.4) für das Streichwehr im Rechteckprofil abgeleitet worden ist, darf sie ohne weiteres auf das *U-Profil* übertragen werden. Alle Längen sind auf die lokale Energiehöhe $H=H(x)$ normiert, nämlich die Relativwassertiefe $y=h/H$ und die Relativwehrhöhe $W=w/H$.

Es lassen sich zwei *Extremfälle* diskutieren. Für das senkrecht angeströmte Streichwehr gilt praktisch $h=H$, also $y=1$ und damit wird sowohl der erste als auch der zweite Term von Gl.(18.4) in eckiger Klammer gleich Eins und Gl.(18.4) wird identisch mit Gl.(18.3). Dieser Abflussvorgang stellt sich asymptotisch am Streichwehrende mit vollkommener seitlicher Entlastung ein (engl.: dead-end). Die mittlere Geschwindigkeit sinkt dann auf den Wert Null.

Der andere Extremfall eines Streichwehrs ergibt sich für den Fall $y{\rightarrow}W$, also falls praktisch keine Entlastung mehr vorliegt. Der erste Korrekturterm wird dann $3^{-1/2}$, d.h. es werden dann nur noch etwa 60% des besprochenen Maximalfalles ($y{\rightarrow}1$) entlastet. Der zweite Korrekturterm geht als Produkt mit $(y-W)^{3/2}$ gegen Null. Er hat nur einen geringen Einfluss von maximal etwa 10%. Bei einer Konvergenz des Profils von ca. 10% ($\theta{=}{-}0.1$) sowie für $y=0.8$ bei $W=0.5$ wird er 1.14. Häufig wird diese Variabilität der Ausflussintensität mit der Wassertiefe $h(x)$ vernachlässigt.

Für *praktische Fragestellungen* darf der Abfluss über standardisierte Streichwehre deshalb angenähert werden durch

$$\frac{dQ}{dx} = -0.6n^*c_w(gH^3)^{1/2}(y-W)^{3/2}\left[\frac{1-W}{3-2y-W}\right]^{1/2}, \tag{18.5}$$

wobei Einflüsse der Kronengeometrie und der Grundrissanordnung im Parameter c_w als Konstante verpackt sind. Für den *Regelfall* eines scharfkantigen, nahezu prismatischen Streichwehrs gilt dabei $c_w=1$. Bei anderer Kronengeometrie, also etwa breit- oder rundkronig, wird auf Hager, et al. (1982) verwiesen.

Beispiel 18.2   Berechne die *Ausflussintensität* dQ/dx für ein Streichwehr mit U-Profil vom Durchmesser $D=0.7m$ bei einer Wassertiefe von $h=0.55m$, einem Durchfluss von $Q=0.21m^3s^{-1}$ bei einer Überfallhöhe von $w=0.40m$. Das Streichwehr hat dabei einen Zuflussdurchmesser $D_o=1.2m$ und einen Abgangsdurchmesser von $D_u=0.25m$ bei einer Länge von $\Delta L=2.8m$ und einer Sohlhöhendifferenz von $\Delta s=0.05m$.
Mit $J_{ss}=\Delta s/\Delta L=0.05/2.8=0.018$ sowie $\theta=(D_u-D_o)/\Delta L=(0.25-1.2)/2.8=-0.34$

wird $(\theta+J_{ss})=-0.32$. Weiter wird die Querschnittsfläche $F=\pi D^2/8+(h-D/2)D=$ $0.39\cdot0.7^2+(0.55-0.35)0.7=0.331m^2$, also $V=Q/F=0.21/0.331=0.634ms^{-1}$ und $V^2/(2g)=0.021m$, womit $H=h+V^2/(2g)=0.55+0.02=0.57m$. Daraus folgen die Relativwerte $y=h/H=0.965$ und $W=0.4/0.57=0.70$. Einsetzen in Gl.(18.4) ergibt für den scharfkantigen, zweiseitigen Überfall $dQ/dx=$ $-0.6\cdot2\cdot1(9.81\cdot0.57^3)^{1/2}$ $(0.965-0.70)^{3/2}$ $[(1-0.70)/(3-2\cdot0.965-0.70)]^{1/2}$ $[1-(-0.32)(3(1-0.965)/(0.965-0.70))^{1/2}] = -1.2\cdot1.348\cdot0.136\cdot0.90\cdot1.20 =$ $-0.238m^2s^{-1}$. Hier ist also der Korrekturfaktor c_w mit 1.20 recht gross. Üblicherweise würde man mit der Formel $dQ/dx=-C_dn*(2g)^{1/2}(h-w)^{3/2}$ rechnen. Mit $C_d=0.42$ als mittlerem Überfallbeiwert folgt $dQ/dx=$ $-0.42\cdot2\cdot19.62^{1/2}(0.55-0.40)^{3/2}=0.216m^2s^{-1}$, also ein hauptsächlich infolge von θ leicht kleinerer Wert.

Wasserspiegelverlauf

Neben dem Überfallgesetz muss als zweite Beziehung zusätzlich der Wasserspiegelverlauf vorgegeben werden. Er lässt sich allgemein aus dem *Impulssatz* ableiten (Kap.1) und als Differentialgleichung anschreiben. Näherungsweise darf die Kompensation von Sohlengefälle mit den Strömungsverlusten beim unverbauten seitlichen Ausfluss angenommen werden (Sinniger und Hager, 1989). Letztere umfassen sowohl die Reibungsverluste als auch die Zusatzverluste infolge des Trennvorgangs. Bei Einbauten im Kronenbereich, beispielsweise von Tauchwänden, darf diese Annahme nicht unbedingt getroffen werden.

Vereinfacht kann das *Wasserspiegelprofil* allein mit den beiden Randwassertiefen h_o im Zulauf- und h_u im Auslaufquerschnitt angeschrieben werden durch (Bild 18.2)

$$h(x) = h_o + (h_u - h_o)(x/\Delta L)^{1/2} , \qquad\qquad (18.6)$$

mit x als Längskoordinate vom Streichwehranfang, womit $h(x=0)=h_o$ und $h(x=\Delta L)=h_u$. Für beide Fälle $h_o<h_u$ (Strömen) und $h_o>h_u$ (Schiessen) wird dabei der generell richtige Wasserspiegelverlauf vorgegeben. Bei strömenden Abflüssen steigt damit der Wasserspiegel in Fliessrichtung, bei schiessenden sinkt er, vorerst schnell, dann langsamer.

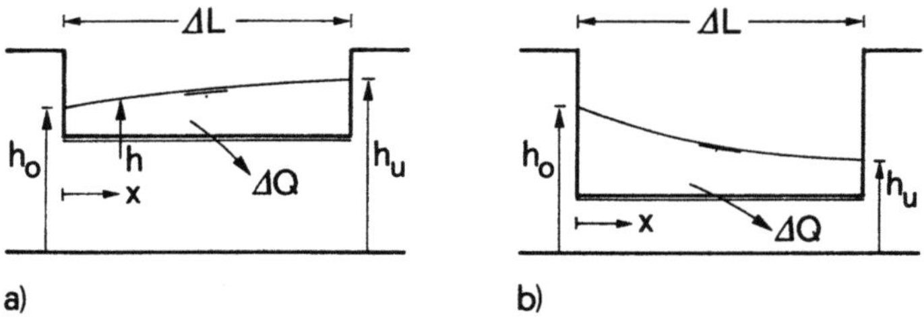

Bild 18.2 Typischer Wasserspiegelverlauf bei a) strömendem und b) schiessendem Abfluss.

Die *mittlere Wassertiefe* h_m über die Streichwehrlänge berechnet sich zu

$$h_m = h_o + \frac{2}{3}(h_u - h_o) \; . \tag{18.7}$$

Die rechnerisch mittlere Überfallhöhe ist damit grösser als das arithmetische Mittel.

Unter der Voraussetzung $H_o = H_u$ gilt also weiter nach dem *Energiesatz nach Bernoulli*

$$h_o + \frac{Q_o^2}{2gF_o^2} = h_u + \frac{Q_u^2}{2gF_u^2} \; . \tag{18.8}$$

Da üblicherweise Δs grösser als die Summe aller Energieverluste ist und die Unterwassergeschwindigkeit $Q_u^2/(2gF_u^2)$ klein ausfällt, gilt weiter für die Oberwassertiefe

$$h_o = h_u - \frac{Q_o^2}{2gF^{*2}} \; . \tag{18.9}$$

Um eine explizite Gleichung für die gesuchte Oberwassertiefe h_o zu erzielen, soll vorerst die Querschnittsfläche F^* mit der Wassertiefe $h=h_u$ berechnet werden. In der zweiten Iteration kann die erste Näherung eingesetzt werden. Diese Vereinfachung lässt sich durchführen, da in nullter Approximation $h_o = h_u$ gilt.

Überfallbeziehung

Unter Berücksichtigung von Gl.(18.5) gilt nun für den entlasteten Durchfluss

$$\frac{\Delta Q}{\Delta L} = 0.6 n^* c_w g^{1/2} (h_m - w_m)^{3/2} \left[\frac{H_m - w_m}{3H_m - 2h_m - w_m} \right]^{1/2} , \tag{18.10}$$

resp. nach Berücksichtigung von Gl.(18.7)

$$\frac{\Delta Q}{\Delta L} = \frac{1}{3} 0.6 n^* c_w g^{1/2} (h_o + 2h_u - 3w_m)^{3/2} \left[\frac{H_u - w_m}{9H_u - 2h_o - 4h_u - 3w_m} \right]^{1/2} \tag{18.11}$$

oder nach Einsetzen von $h_u = H_u$ infolge der kleinen Unterwassergeschwindigkeit

$$\frac{\Delta Q}{\Delta L} = 0.2 n^* c_w g^{1/2} (h_o + 2h_u - 3w_m)^{3/2} \left[\frac{h_u - w_m}{5h_u - 2h_o - 3w_m} \right]^{1/2} , \tag{18.12}$$

entsprechend

$$\frac{\Delta Q}{g^{1/2}D_0 h_u^{3/2}} = 0.2\left[\frac{h_0}{h_u} + 2 - 3\frac{w_m}{h_u}\right]^{3/2}\left[\frac{1 - \dfrac{w_m}{h_u}}{5 - 2\dfrac{h_0}{h_u} - 3\dfrac{w_m}{h_u}}\right]^{1/2}\frac{n^* c_w \Delta L}{D_0}\ . \qquad (18.13)$$

Üblicherweise muss jedoch bei bekannten Werten von h_0 und Q_0 die *Länge des Streichwehrs* ermittelt werden. Mit

$$F^* = (\pi/8)D_0^2 + (h_0 - D_0/2)D_0 \cong D_0 h_0 \cong D_0 h_u \qquad (18.14)$$

als Oberwasserquerschnittsfläche ergibt sich für einen rechteckigen Ersatzquerschnitt nach Gl.(18.9)

$$\frac{h_0}{h_u} = 1 - \frac{(Q_u + \Delta Q)^2}{2g D_0^2 h_u^3}\ . \qquad (18.15)$$

Damit lässt sich nach den Gln.(18.13) und (18.15) die *Relativstreichwehrlänge* $\lambda_s = n^* c_w \Delta L/D_0$ ausdrücken in Abhängigkeit von den Relativdurchflüssen $\Delta Q/(g D_0^2 h_u^3)^{1/2}$ und $Q_u/(g D_0^2 h_u^3)^{1/2}$ sowie von w_m/h_u. Da $Q_u \ll \Delta Q$ für den Maximalanfall Q_M gilt, soll einfachheitshalber der Fall $\Delta Q \to 0$ betrachtet werden. Bild 18.3 zeigt eindeutig die Zunahme der Streichwehrlänge λ_s mit zunehmendem Wehrhöhenanteil w_m/h_u.

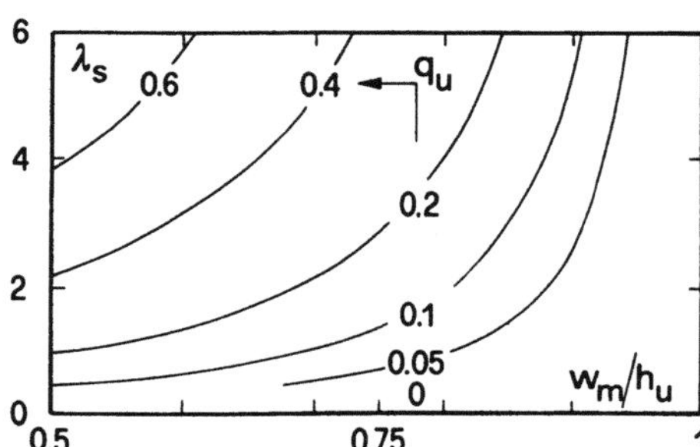

Bild 18.3 Relativlänge $\lambda_s = n^* c_w \Delta L/D_0$ des Streichwehrs in Abhängigkeit von der mittleren Wehrhöhe w_m/h_u für verschiedene Ausflussintensitäten $q_u = \Delta Q/(g D_0^2 h_u^3)^{1/2}$ bei $Q_u \to 0$.

Beispiel 18.3 Gegeben ein Streichwehr mit $Q_{0M} = 1.2 m^3 s^{-1}$, $Q_u = 0.07 m^3 s^{-1}$, $D_0 = 0.90m$, $D_u = 0.20m$ und $w_m = 0.5m$. Wie gross wird die Streichwehrlänge ΔL für $h_u = 0.80m$?
Konventionell wird mit $C_d = 0.42$ und

$$\Delta Q = n^* C_d (2g)^{1/2} (h_u - w_m)^{3/2} \Delta L \qquad (18.16)$$

die Streichwehrlänge $\Delta L = 1.130/[0.42 \cdot 19.62^{1/2}(0.8 - 0.5)^{3/2}] = 3.70m$.
Nun sind die Parameter $\Delta Q/(g D_0^2 h_u^3)^{1/2} = 1.13/(9.81 \cdot 0.9^2 0.8^3)^{1/2} = 0.56$ und $w_m/h_u = 0.5/0.8 = 0.625$, also $n^* c_w \Delta L/D_0 = 5.76$ und somit folgt mit $n^* c_w = 1$

als Streichwehrlänge $\Delta L=5.76 \cdot 0.9=5.18m$, also mit Gl.(18.15) für $h_o/h_u=0.84$, entsprechend $h_o=0.84 \cdot 0.80m= 0.67m$.

Setzt man anstelle von h_u in Gl.(18.16) das arithmetische Mittel $\bar{h}_m= (1/2)(h_o+h_u)=(0.67+0.80)/2=0.74m$, so wird $\Delta L=5.17m$. Zufälligerweise stimmt dieses Resultat mit dem genaueren nach Bild 18.3 praktisch überein. Die erforderliche Streichwehrlänge von $\Delta L=5.18m$ ist aber beträchtlich grösser als $\Delta L=3.70m$ nach Gl.(18.16). Dies ist den Einflüssen des veränderlichen Oberflächenprofils und der schiefen Ausflussströmung zuzuschreiben.

Beispiel 18.4   Wieviel entlastet ein zweiseitiges Streichwehr bei einer Unterwassertiefe $h_u=1.2m$, $w_m=0.8m$ mit Durchmessern $D_o=1.5m$, $D_u=0.35m$ bei einer Länge $\Delta L=4.5m$?

Mit $w_m/h_u=0.8/1.2=0.67$ und $\lambda_s=2 \cdot 1 \cdot 4.5/1.5=6$ wird $q_u \cong 0.5$ (Bild 18.3), genau ergibt sich $q_u=0.506$, also $\Delta Q=0.506(9.81 \cdot 1.5^2 1.2^3)^{1/2}=3.12m^3s^{-1}$. Daraus folgt für das Wassertiefenverhältnis $h_o/h_u=1-(1/2)q_u^2=1-0.5 \cdot 0.506^2= 0.87$, also $h_o=0.87 \cdot 1.2=1.05m$.

Im Vergleich ergibt sich aus Gl.(18.16) als Entlastungsdurchfluss $\Delta Q=2 \cdot 0.41 \cdot 19.62^{1/2}(1.2-0.8)^{3/2}4.5=4.13m^3s^{-1}$, also gegenüber der genauen Berechnung rund 30% zu viel. Bezieht man sich auf die mittlere Überfallhöhe $\bar{h}_m=(1/2)(1.05+1.20)=1.125m$, so wird $\Delta Q=3.03m^3s^{-1}$.

Gl.(18.13) ist insofern vorteilhaft, als explizit auf die *Relativstreichwehrlänge* λ_s gelöst werden kann. Durch Taylorapproximationen unter Einbezug von Gl.(18.15) kann sie sogar vereinfacht werden zu

$$q_u = 0.6(1-W_m)^{3/2}\left[1 - \frac{0.36q_u^2}{(1-W_m)}\right]\lambda_s \ . \tag{18.17}_1$$

Dabei bedeutet $W_m=w_m/h_u$ und $q_u=\Delta Q/(gD_o^2h_u^3)^{1/2}$. Für kleine Werte von q_u entfällt der Klammerterm und es entsteht die tiefste Approximation (18.16). Die Ausflussreduktion infolge seitlicher Anströmung hängt demnach entscheidend von $q_u=\Delta Q/(gD_o^2h_u^3)^{1/2}$ ab. Da h_o und h_u nicht sehr verschieden sind und ΔQ bei Maximalanfall praktisch Q_o entspricht, gilt etwa für $q_u=\Delta Q/(gD_o^2h_u^3)^{1/2} \cong Q_o/(gD_o^2h_o^3)^{1/2} \cong F_o$. Demnach wächst die Abminderung des seitlichen Ausflusses mit der Zufluss-Froudezahl F_o. Je grösser also F_o, desto kleiner wird der seitliche Ausfluss. Dieser Zusammenhang lässt sich aus dem konventionellen Ansatz nicht ableiten. Es versteht sich von selbst, dass alle Ableitungen nur für *strömenden Zufluss* bei Streichwehren mit hoher Überfallkante gelten.

Gl.(18.17) lässt sich näherungsweise auch *explizit* auf q_u lösen mit dem Resultat

$$\frac{\Delta Q}{(gD_o^2h_u^3)^{1/2}} = 0.6(1 - W_m)^{3/2}\lambda_s[1 - (0.36(1-W_m)\lambda_s)^2] \ . \tag{18.17}_2$$

In erster Approximation entsteht wiederum Gl.(18.16), in zweiter Approximation folgt ein quadratischer Term, der bei kleiner Entlastungsmenge - entsprechend $h_u \rightarrow w_m$ oder

$\Delta L \to 0$ - verschwindet, sonst aber einen kleineren Ausfluss erzeugt. Damit höhere Korrekturterme nicht einflussreich werden, gilt Gl.(18.17_2) nur für $(1-W_m)\lambda_s < 0.25$.

Beispiel 18.5   Berechne nochmals Beispiel 18.4 mit Gl.(18.17)!
Gegeben $W_m=0.67$, $\lambda_s=6$, die Lösung von Gl.(18.17_1) ist iterativ also $q_u=0.505$ und damit praktisch identisch mit Beispiel 18.4.
Nach Gl.(18.17_2) wird der Korrekturterm $0.36(1-W_m)\lambda_s=0.36\cdot0.33\cdot6=0.72$, er ist demnach zu gross und Gl.(18.17_2) darf nicht angewendet werden.

Die Gln.(18.17) erlauben deshalb die einfache Ermittlung sowohl:
- der notwendigen Überfallänge ΔL beim Bemessungszufluss Q_M,
- des Entlastungsdurchflusses ΔQ bei anderen, kleineren Durchflüssen, als auch
- der notwendigen Überfallhöhe w_m.

Damit kann praktisch explizit auf alle wichtigen Fragestellungen die Überfallgleichung unter Einbezug des Energiesatzes angewendet werden. Gegenüber der heute üblichen Berechnung wird *kein Abminderungsfaktor* für den Überfallbeiwert in Rechnung gestellt, sondern es werden aufgrund physikalischer Überlegungen die hydraulischen Abflusseigenheiten nachgebildet.

Verfahren von Uyumaz und Muslu

Ein vereinfachtes Verfahren zur Berechnung des seitlichen Ausflusses wurde von Uyumaz und Muslu (1985) für den *prismatischen Kreiskanal* vom Durchmesser D veröffentlicht. Gilt als Ausflussgesetz Gl.(18.16) mit $h_m=(1/2)(h_e+h_u)$ anstelle von h_u mit h_e als Endtiefe (Bild 18.5), so hängt der Überfallbeiwert C_d massgeblich ab von:
- der Zulauf-Froudezahl F_0,
- der relativen Wehrhöhe w/D und
- der relativen Wehrlänge $\Delta L/D$.

Die Auswertungen beziehen sich auf den scharfkantigen Überfall für Abflüsse mit $0.24<w/D<0.56$, $1<\Delta L/D<3.4$ und $F_0<2$. Die Daten wurden durch Hager (1993) reanalysiert und es folgt für *Strömen* bei fast vertikaler Ausflusswand

$$C_{dm} = 0.40 + 0.01(\Delta L/D) - \frac{0.185F_0^2}{\Delta L/D}. \tag{18.18}$$

Auch aus dieser Darstellung geht der dominante Effekt der Zufluss-Froudezahl hervor, der den Ausflusswert vermindert gegenüber der senkrechten Anströmung mit $F_0 \to 0$. Das zweite Merkmal ist der Einfluss der Streichwehrlänge, der einerseits statisch im zweiten Term eine Vergrösserung von C_{dm} hervorruft, jedoch je nach Zuströmung beim Streichwehranfang den Ausfluss bei hoher Froudezahl durch den dritten Term vermindert. Es ist zudem beachtlich, dass Gl.(18.18) nur bis etwa $\Delta L/D=4$ gilt, darüber hinaus sind die ·in $\Delta L/D$ enthaltenen *Randeffekte* klein und Gl.(18.18) ist ungültig. Weiterhin ist auch anzumerken, dass sich Gl.(18.18) nur iterativ anwenden lässt, da die Wassertiefe h_e vorerst unbekannt ist. Eine ausführliche Darstellung geht auch aus Naudascher (1992) hervor.

18.3.3 Drosselbereich

Sowohl bei strömendem als auch bei schiessendem Abfluss im Streichwehr ist die Drosselstrecke (Kap.9) unabhängig vom Zulauf zu berechnen. Für gegebene Werte von Sohlengefälle J_{sd}, Drosselstreckenlänge L_d, Drosseldurchmesser D_d und Rauhigkeit K_d (Bild 9.4) ist die Beziehung zwischen Durchfluss $Q=Q_d$ und Oberwassertiefe h_{od} vorerst zu ermitteln. Dabei sind die Einlaufverluste und die Rohrreibung in Rechnung zu stellen, und der beim jeweiligen Durchfluss sich einstellende Abflusstyp zu ermitteln. Die Gln.(9.12) und (9.13) beziehen sich auf Schützen- und Druckabfluss.

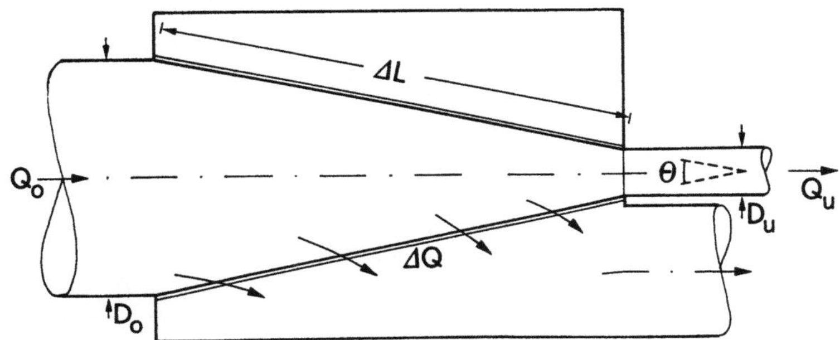

Bild 18.4   Zweiseitiges Streichwehr mit Drosselstrecke bei hochgezogener Überfallkante.

Ist einmal die Beziehung $Q_d(h_{od})$ bezüglich der Drossel, resp. $Q_u(h_u)$ bezüglich des Streichwehrs ermittelt, so wird am einfachsten für verschiedene Unterwasserszenarien die zugehörige Streichwehrberechnung durchgeführt. Bei strömendem Abfluss ist dabei der Streichwehrabfluss als logische Fortsetzung der hydraulischen Berechnung von der Drosselstrecke her zu betrachten. Tritt jedoch schiessender Streichwehrzufluss nach 18.4 auf, so sind für einen Zuflusszustand verschiedene Drosseloberwassertiefen h_{od} in Betracht zu ziehen, das konjugierte Wassertiefenprofil zu ermitteln und mit dem entsprechend strömenden Fliessabschnitt zu vergleichen. Das recht aufwendige Verfahren wird in 18.4.5 vorgestellt. Leider liegen bis heute keine Versuche zum Standardbauwerk vor.

18.4 Streichwehr mit niedriger Überfallkante
18.4.1 Abflusseigenschaften

Im Gegensatz zum Streichwehr mit hoher Überfallkante kann sich bei niedriger Überfallkante *schiessender Abfluss* längs des Streichwehrs einstellen. Da der Abfluss kurz oberwasserseitig der Drosselstrecke praktisch keine Geschwindigkeit mehr besitzt, muss sich dann zusätzlich ein *Wassersprung* entwickeln, der für hydraulisch unübersichtliche Fliessverhältnisse sorgt. Streichwehre mit niedriger Überfallkante sind somit rechnerisch infolge des komplexen Abflusses der eindimensionalen Rechnung wenig zugänglich.

Bild 18.5 zeigt das Streichwehr mit niedriger Überfallkante. Im Zuflussbereich senkt sich der Wasserspiegel - ähnlich wie bei einem Endüberfall (Kap.11) infolge der Druckumlagerung - von der Zulauftiefe h_0 auf die Endtiefe h_e ab. Bei einem *Fliesswechsel* von Strömen im Zulaufkanal zu Schiessen im Überfallbereich stellt sich die kritische Tiefe leicht im Oberwasser des Endquerschnitts ein. Bei schiessendem Zufluss senkt sich die Wassertiefe ebenfalls von h_0 auf h_e ab. Die Absenkung ist dabei umso grösser, je näher die Froudezahl F_0 im Zuflusskanal bei Eins ist, für einen hohen Wert von F_0 gilt $h_e \rightarrow h_0$.

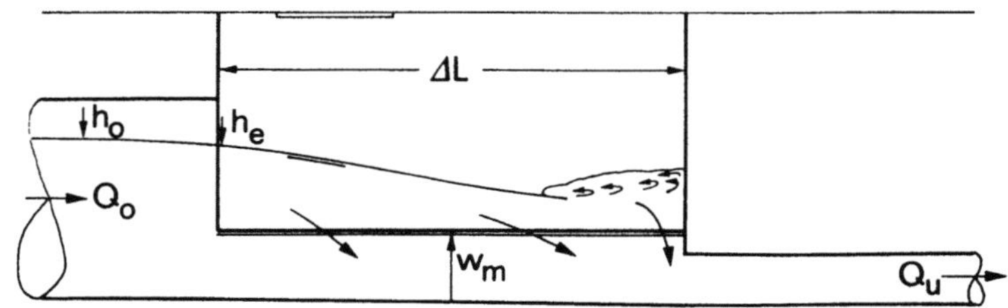

Bild 18.5   Bezeichnungen am Streichwehr mit niedriger Überfallkante.

Längs des Streichwehrs beschleunigt sich der Abfluss bis zum Querschnitt, an dem der Wassersprung beginnt. Ein Teil des Abflusses nahe des Bodens wird nur langsam verzögert, während sich an der Oberfläche eine Rückströmung einstellt. Je nach Unterwassereinstau prallt der Wassersprung auf die Abschlusswand auf und erzeugt stark vertikale Geschwindigkeitskomponenten oder im Unterwasser des Wassersprungs stellt sich noch ein strömender Abflussbereich vor dem Übergang in die Drosselstrecke ein (Bild 18.6). Der *Aufprall-Wassersprung* (engl.: impact hydraulic jump; franz.: ressaut hydraulique d'impact) weicht beträchtlich vom klassischen Wassersprung (Kap.7) ab und ist bis heute keiner Detailanalyse unterzogen worden. Der längs des Streichwehrs sich einstellende Wassersprung gleicht schon mehr der Basiskonfiguration und darf deshalb überschlägig durch den konventionellen Berechnungsansatz angenähert werden. Unklar bis heute bleibt jedoch der Ausflussmechanismus längs eines Streichwehrs mit Wassersprung. Es stellt sich insbesondere die Frage, ob Streichwehrabfluss mit

Wassersprüngen rechnerisch überhaupt zugänglich ist. Der Wassersprung längs eines Streichwehrs mit U-Profil ist durch Hager, et al. (1982) rechnerisch erläutert und durch Nachrechnung mit Modellergebnissen verglichen worden. In der Folge soll dieser Frage anhand von Nachrechnungen von Experimenten nachgegangen werden. Vorerst beziehen sich die Ableitungen jedoch auf den kontinuierlichen Abfluss im *prismatischen* Streichwehr, um anschliessend das sich verengende Streichwehr mit niedriger Überfallkante der Berechnung zugänglich zu machen.

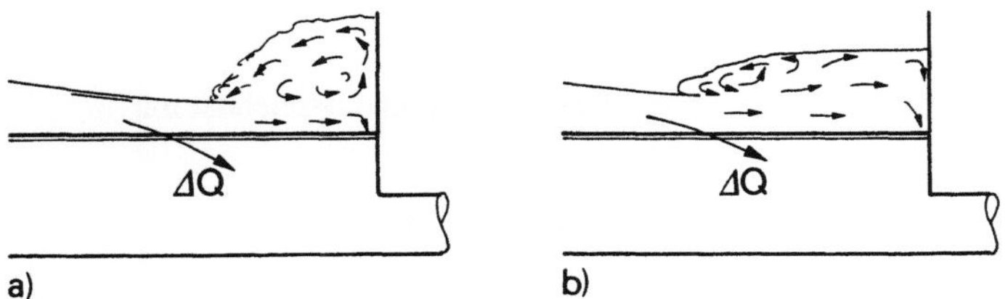

Bild 18.6 Wassersprung längs des Streichwehrs mit niedriger Überfallkante a) Aufprallstrahl, b) Fliesswechsel mit strömendem Unterwasserbereich.

18.4.2 Prismatisches Streichwehr

Obwohl die Streichwehre von Regenentlastungen im Grundriss immer vom Zuflusskanal mit Durchmesser D_o auf die Drosselstrecke mit Durchmesser D_u konvergieren, stellt das prismatische Streichwehr mit $D_o=D_u=D$ einen wichtigen Spezialfall dar. Es soll hier vorerst genauer untersucht werden, da diese Konfiguration versuchstechnisch einige Aufmerksamkeit erhalten hat. Eine zusammenfassende Darstellung wurde von Hager (1993) gegeben.

Um den Berechnungsgang halbswegs übersichtlich zu gestalten, sollen die folgenden *Vereinfachungen* getroffen werden:

- Die Querschnittsfläche F als Funktion von Durchmesser D und Wassertiefe h lässt sich für h/D<0.85 besser als 10% annähern durch die Potenzformel

$$F = (h/D)^{1.4}D^2, \tag{18.19}$$

- das Energieliniengefälle J_e längs des Streichwehrs wird durch das Sohlengefälle J_s etwa kompensiert,
- der Abfluss längs des Streichwehrs ist mit Ausnahme von Wassersprüngen stetig variabel, d.h. Anfangs- und Endzone haben vergleichsmässig eine kurze Ausdehnung,
- im Bereich von Wassersprüngen wird das übliche Ausflussgesetz als gültig vorausgesetzt, und der schiessende und strömende Abflussbereich werden wie bei Stau- und Senkungskurven zusammengehängt,

- durch den Ausflussvorgang entstehen keine zusätzlichen Ausflussverluste,
- die Wehrhöhe w sei konstant und
- die mittlere Wassertiefe h(x) genügt für die Beschreibung von Kanal- und Ausflussströmung.

Unter Voraussetzung *konstanter Energiehöhe* H bezüglich der Sohle ($J_s=J_e$) gilt demnach als Zusammenhang zwischen Wassertiefe h und Durchfluss Q

$$H = h + \frac{Q^2}{2gF^2} \, .$$ (18.20)

Setzt man die Ableitung des Ausdruckes dH/dx=0 und bezeichnet mit

$$X = \frac{x}{(D/H)^{0.6}H} \quad , \quad y = h/H$$ (18.21)

die dimensionslose Längskoordinate und die Relativwassertiefe sowie die relative Ausflussintensität mit $q=[dQ/dx]/(gH^3)^{1/2}$, so wird mit der numerischen Konstanten c=0.737 (Hager, 1994)

$$\frac{dy}{dX} = \frac{0.372(1-y)^{1/2}q}{(y-c)y^{0.4}} \, .$$ (18.22)

Nach Hager (1987) gilt für die Ausflussintensität, d.h. den seitlichen Ausfluss pro Einheitslänge, bezogen auf die Grösse $(gH^3)^{1/2}$ nach Gl.(18.5)

$$q = -0.6n^*[(y-W)^3(1-W)/(3-2y-W)]^{1/2} \, .$$ (18.23)

Dabei bedeuten n* wiederum die Anzahl der Ausflusseiten (n*=1 oder 2) und W=w/H die auf H normierte Wehrhöhe w. Einsetzen in Gl.(18.22) ergibt also

$$\frac{dy}{n^*dX} = \frac{0.223[(1-y)(y-W)^3(1-W)]^{1/2}}{(y-c)y^{0.4}[3-2y-W]^{1/2}} \, .$$ (18.24)

Demnach hängt der Wasserspiegel y(X) nur von der Wehrhöhe W und von der kritischen Tiefe $c=h_c/H=0.737$ ab. Der Wasserspiegel wird *horizontal*, d.h. der Zähler wird Null für (Bild 18.7):

- y=1, also am Totwasserende eines Streichwehrs, nachdem alles Wasser entlastet ist,
- y=W, also falls die Wassertiefe gleich der Wehrhöhe wird.

Demgegenüber stellt sich ein *vertikaler* Wasserspiegel, d.h. der Nenner wird Null für kritischen Abfluss (y=c) ein. Damit hat Gl.(18.24) die Bedeutung einer verallgemeinerten Stau- und Senkungskurve. Sie lässt sich allgemein unter den folgenden beiden *Randbedingungen* lösen:

- X(y=1)=0 für strömenden Abfluss (c<y<1) und
- X(y=c)=0 für schiessenden Abfluss (W<y<c).

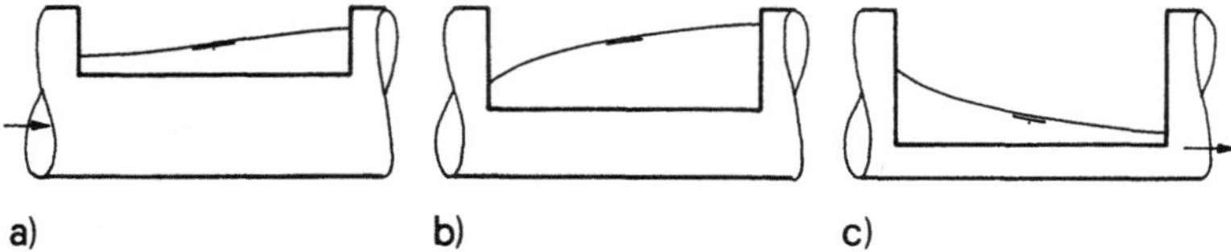

Bild 18.7   Allgemeiner Verlauf des Wasserspiegels im *prismatischen* Streichwehr
a) Fall 1, b) Fall 2, c) Fall 3.

Die *allgemeine Lösung* von Gl.(18.24) lässt sich numerisch finden und ist in Bild 18.8 wiedergegeben.

Aus Bild 18.8 lassen sich drei Fälle ableiten, nämlich (Bild 18.7):

- Fall 1 mit c<y<1 und W>c, entsprechend einem S-förmigen Profil für strömenden Abfluss,
- Fall 2 mit c<y<1 und W<c, entsprechend einem Profil, das vertikal beginnt und ebenfalls Strömen darstellt sowie
- Fall 3 mit W<y<c, das auch vertikal beginnt, aber schiessendem Abfluss angehört.

Nachteilig an der Darstellung nach Bild 18.8 ist neben den Koordinaten y und n*X der dritte Parameter W, welcher eine Schar von Kurven beschreibt. Unter Beachtung der *Profilähnlichkeit*, d.h. der Kurven-Abbildung der erwähnten drei Fälle in je eine Kurve, gilt näherungsweise für die Fälle 1 bis 3 (Hager, 1994)

$$\frac{y-W}{1-W} = 1.06 + 0.32(1-W)^{1.15}n^*X, \tag{18.25}$$

$$\frac{y-W}{1-W} = 1 - \left[\frac{n^*X}{exp[1.4tg(W/1.4)]}\right]^{0.4}, \tag{18.26}$$

$$\frac{y-W}{c-W} = 0.8 - \frac{0.3(n^*X)^{1/2}}{[1.4-2.5(W-0.1)^{2.5}]^{1/2}}. \tag{18.27}$$

Alle drei Näherungsbeziehungen gelten nur solange die linke Seite positiv bleibt. Bis heute liegen Versuchsergebnisse, durch die die Gln.(18.25) bis (18.27) verifiziert werden können, nur für den Fall 3 vor. Es handelt sich dabei hauptsächlich um die Ergebnisse von Sassoli (1963) und Buffoni, et al. (1986). Beide gingen von *prismatischen* Kreisrohren mit Durchmesser D=200mm aus, deren Gefälle 0.1, resp. 0.2% war. Wehrlängen zwischen 600 und 1200mm und Wehrhöhen zwischen 50 und 133mm wurden darin eingebaut. Sassoli untersuchte einseitige Streichwehre, während Buffoni, et al. mit zweiseitiger Anordnung arbeiteten.

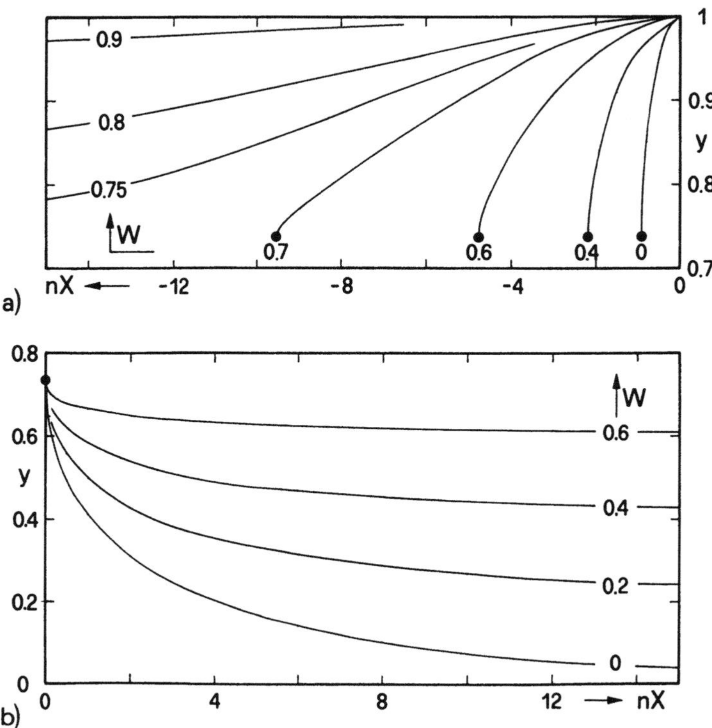

Bild   18.8   Allgemeine Lösung y(n*X) für verschiedene Wehrhöhen W von Gl.(18.24) für a) Strömen und b) Schiessen. (•) kritische Tiefe (Hager, 1993).

Hager (1993) wertete diese Messungen mit den vorangehenden Parametern nochmals aus und fand, dass Gl.(18.27) den Anfangsbereich gut beschreibt, dann jedoch zu hoch liegt. Wichtiger ist die Profilähnlichkeit in der vorgeschlagenen Darstellung, lassen sich doch alle Experimente für *schiessenden* Abfluss explizit durch die Beziehung darstellen

$$\frac{y-W}{c-W} = N \exp\left[\frac{-n^*X/2}{1.4-2.5|W-0.1|^{2.5}}\right] . \tag{18.28}$$

Dabei gilt N=0.725 für n*=1 und N=0.80 für das zweiseitige Streichwehr. Gl.(18.28) gilt entweder bis ans Streichwehrende oder bis zum Fuss eines durch Unterwassereinstau hervorgerufenen Wassersprungs.

Beispiel 18.6   Gegeben ein prismatisches, einseitiges Streichwehr mit D=0.90m, einem Zufluss Q_o=1.2m^{3}s^{-1}, einer Wehrhöhe w=0.40m und einer Länge ΔL=3.7m. Wieviel Wasser wird bei einer Anfangstiefe h_e=0.65m entlastet?

Mit h_e=0.65m wird H_e=0.65+1.2^2/[19.62·0.9^4(0.65/0.9)$^{2.8}$]=0.93m nach Gl.(18.19). Weiter gilt W=0.40/0.93=0.43 und c=0.737. Der zur Anfangswassertiefe y_e=h_e/H=0.65/0.93=0.70 zugehörige Lageparameter ist X_e=–0.48 nach Gl.(18.28). Mit der Streichwehrlänge ΔL=3.7m wird ΔX = 3.7/[(0.9/0.93)$^{0.6}$0.93]=4.06, also X=X_e+ΔX=–0.48+4.06=3.58. Einsetzen in Gl.(18.28) ergibt (y–W)/(c–W)=0.17, also y=y_u=0.48 und damit h_u=0.48·0.93=0.45m. Daraus berechnet sich der Durchfluss am Streichwehrende zu Q_u=F_u[2g(H–h_u)]$^{1/2}$=(0.45/0.90)$^{1.4}$0.9^2[19.62(0.93–0.45)]$^{1/2}$= 0.94m^{3}s^{-1} nach Gl.(18.20) und somit ΔQ=Q_o–Q_u=1.20–0.94=0.26m^{3}s^{-1}.

Mit der üblichen Überfallformel bezogen auf h=h_e, 5% Reduktion des üblichen Überfallbeiwertes auf 0.40 ergibt sich ΔQ=0.40·19.62$^{1/2}$(0.65– 0.40)$^{3/2}$3.6= 0.81m^{3}s^{-1}. Dieser Wert ist dreimal zu gross! Bezieht man sich auf die *a priori* unbekannte Endtiefe, so folgt mit h=(1/2)(h_e+h_u)=0.55m der Ausfluss ΔQ=0.37m^{3}s^{-1}, was aber noch immer um 43% zu hoch ist. Bei schiessenden Abflüssen kann deshalb - auch nur näherungsweise - *nicht* mit dem üblichen Ansatz gerechnet werden.

18.4.3 Konvergierendes Streichwehr

Da heute die Drosselstrecke ein fester Bestandteil des Streichwehrs als Entlastungsbauwerk ist, muss längs der Entlastung der Durchmesser reduziert werden. Dadurch ergibt sich ein weiterer Parameter, nämlich der *Verengungswinkel* θ (Bild 18.4). Weiter tritt nun aber auch als Erschwernis hinzu, dass die Lagekoordinate x explizit auf der rechten Seite einer um den Einflussterm der Verengung erweiterten Gl.(18.24) erscheint, damit also kein Integral dy/dX=f_1(y), sondern eine Differentialgleichung dy/dX=f_2(X,y) zu lösen ist. Dies erschwert zusätzlich die Darstellung der allgemeinen Lösung, da nun die Randbedingung auch in Abhängigkeit der Lage X_r zu fixieren ist.

Hager, et al. (1982) haben das allgemeine Problem im Sinne einer oben aufgezeigten Erweiterung für das *U-Profil*, dessen Querschnittsfläche durch F/D^2=(h/D)$^{1.5}$ angenähert wurde, gelöst. Im vorliegenden, eher auf das *Kreisprofil* ausgelegte Verfahren stellt sich die Beziehung F/D^2=(h/D)$^{1.4}$ als besser heraus. Prinzipiell besteht jedoch kein Unterschied zwischen den beiden Verfahren, jedoch wurde in 18.4.2 ein auf Messwerten geeichtes Modell eruiert, welches auch für den allgemeineren Fall angewendet wird. Dass dabei gewisse Ungenauigkeiten resultieren ist unumgänglich. Andererseits steht nun als Alternative zum Modell Hager, et al. (1982) ein Berechnungsvorgehen zur Verfügung, das in der Anwendung 'einfacher' ist. Dass man sich jedoch nicht täuschen lassen soll und ein einfach überblickbares Berechnen erwartet, dürfte wohl in der Komplexität des Streichwehrproblems liegen. Abflüsse in Streichwehren mit veränderlicher Breite, variablem Durchfluss und eventuell einem Fliesswechsel zählen zu den schwierigsten Aufgaben der stationären Freispiegelhydraulik. Deshalb ist die heutige Tendenz, solche Bauwerke schon gar nicht zu bauen, vorläufig gerechtfertigt, bei genauerer Kenntnis der hydraulischen Sachverhalte jedoch nicht zwingend.

Setzt man also anstelle eines prismatischen Streichwehrs ein Streichwehr mit linear *konvergierendem* Durchmesser voraus, entsprechend

$$D(x) = D_0 - \theta x \qquad (18.29)$$

mit $\theta = (D_0 - D_u)/\Delta L$ als Verengungsmass, so ergibt sich ein kontinuierlicher Übergang vom Zulauf zum Ablaufrohr im Streichwehr mit Drosselstrecke. Die Profilverengung zieht jedoch einen Übergang vom Kreis- auf das U-Profil nach sich, welcher nur durch zusätzliche Parameter erfassbar ist. Um das Verfahren aus 18.4.2 jedoch auch auf konvergierende Streichwehre anwenden zu können, soll auch hier Gl.(18.19) vorausgesetzt werden, obwohl für h/D>1 die effektive Querschnittsfläche kleiner und damit die Geschwindigkeit grösser wird. Für h/D>1 ist die Geschwindigkeit jedoch durchwegs klein und der Fliesszustand praktisch immer strömend, weshalb dies weniger wichtig ist. Das vorhergehende Verfahren kann erst dann modifiziert werden, wenn systematische Versuche im Streichwehr mit Drosselstrecke vorliegen.

Unter Berücksichtigung der Veränderung des Durchmessers D mit der Längskoordinate x nach Gl.(18.29) lautet dann die *Gleichung für den Wasserspiegel*

$$\frac{dy}{dX} = \frac{0.372(1-y)^{1/2}q}{(y-c)y^{0.4}} + \frac{1.2y(1-y)(dD/dx)}{3.8(D/H)^{0.4}(y-c)} \cdot \qquad (18.30)$$

Vergleicht man dies mit Gl.(18.22), so ist das Glied mit der Durchmesserveränderung dD/dx noch hinzugekommen. Einsetzen von Gl.(18.23) ergibt weiter

$$\frac{dy}{n^*dX} = \frac{0.223[(1-y)(y-W)^3(1-W)]^{1/2}}{(y-c)y^{0.4}[3-2y-W]^{1/2}} - \frac{0.316\theta}{n^*(D/H)^{0.4}} \frac{y(1-y)}{y-c} \cdot \qquad (18.31)$$

Die rechte Seite von Gl.(18.31) besteht aus zwei positiven Termen, die entweder als Differenz eine positive oder negative Zahl ergeben. Betrachtet man den Ausdruck $(D/H)^{0.4}$ als Korrekturterm, setzt man dafür also $(D_m/H)^{0.4}$ anstelle von $D_0(1-\theta x/D_0)$ ein und umgeht damit die Einführung eines von x abhängigen Zusatzparameters, so verändert sich die Funktion dy/dX wiederum nur mit y.

Aus Gl.(18.31) geht hervor, dass dann für eine bestimmte Wassertiefe h_{PN} die Wasserspiegelneigung dy/dX=0 wird, d.h. der Wasserspiegel parallel zur Sohle verläuft und sich sogenannter *Pseudo-Normalabfluss* (Index «PN») nach Kap.17 einstellt. Diese Wassertiefe, resp. die Relativhöhe $y_{PN}=h_{PN}/H$, gehorcht der Gleichung (Bild 18.9)

$$\Theta_{PN} = \frac{\sqrt{2}\theta}{n^*(D_m/H)^{0.4}} = \frac{[(1-W)(y-W)^3]^{1/2}}{y^{1.4}[(1-y)(3-2y-W)]^{1/2}} \cdot \qquad (18.32)$$

Für $y_{PN}>0.4$ lässt sich die rechte Seite auch annähern durch

$$\Theta_{PN} = \frac{(y-W)^{3/2}}{(1-y)^{1/2}} \cdot \qquad (18.33)$$

Die Verengung Θ_{PN} des Streichwehrs, bei der sich Pseudo-Normalabfluss einstellt, hängt demnach massgeblich von $y-W$ ab.

Beispiel 18.7   Berechne die Pseudo-Normalabflusstiefe h_{PN} für Beispiel 18.6, falls anstelle eines konstanten Durchmessers $D_u=0.50$m angenommen wird.
Mit $W=0.43$ und $\theta=(0.9-0.5)/3.7=0.11$ sowie unter der Annahme von $D\cong D_m=0.70$m, also $(D/H)^{0.4}=0.89$ berechnet sich mit dem Wert $\Theta_{PN}=2^{1/2}0.11/(1\cdot0.89)=0.17$ aus Gl.(18.32) für $y_{PN}=0.62$, aus Gl.(18.33) folgt der Wert $y_{PN}=0.65$.

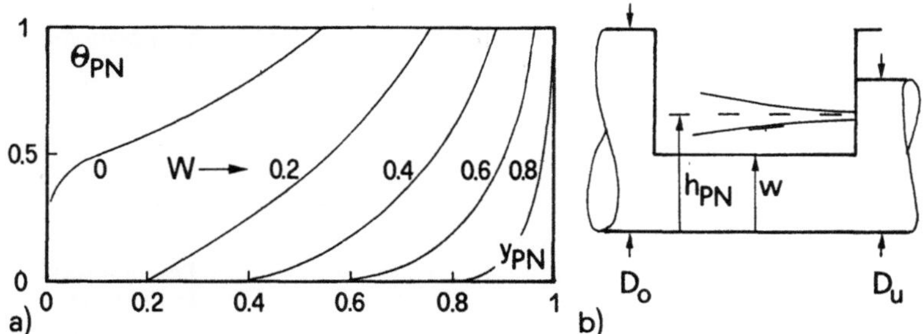

Bild 18.9   Pseudo-Normalabfluss a) Verengungswinkel $\Theta_{PN}(y_{PN},W)$ nach Gl.(18.32), b) schematischer Verlauf mit (——) $h(x)$ und (– –) h_{PN}.

Der Korrekturterm T infolge der Durchmesserreduktion (dD/dx) in Gl.(18.31) lässt sich darstellen als Produkt aus $\Theta=-0.316\theta/[n^*(D_m/H)^{0.4}]$ mal $T_y=y(1-y)/(y-c)$. θ strebt gegen Null für $H/D_m\to0$, also bei kleinen Zuflüssen und bei $\Theta\to0$. Üblicherweise besitzt θ die Grössenordnung von 0.1 und $(D_m/H)^{0.4}\cong1$, womit Θ eine Grössenordnung von 10^{-2} hat. Die Funktion T_y ist sowohl für $y=0$ und 1 gleich Null und besitzt einen Pol bei $y=c$. Man kann deshalb den Einfluss von T nicht pauschal vernachlässigen, aber als Korrektur am Einfluss des seitlichen Ausflusses betrachten. Schreibt man anstelle von Gl.(18.31)

$$\frac{dy}{n^*dX} = \frac{0.223[(1-y)(y-W)^3(1-W)]^{1/2}}{(y-c)y^{0.4}[3-2y-W]^{1/2}}\left[1-\frac{\Theta y^{1.4}(1-y)^{1/2}[3-2y-W]^{1/2}}{[(1-W)(y-W)^3]^{1/2}}\right] \qquad (18.34)$$

und fasst $y \to W$ als einen Grenzfall ohne seitlichen Ausfluss auf, so gilt: Für $y-W>0.2$ bleibt der Zusatzterm in y und W relativ klein, die Grössenordnung 10^1 wird jedenfalls nicht überschritten. Mit $y_m=(1/2)(y_o+y_u)$ und $W_m=(1/2)(W_o+W_u)$ darf man also das Produkt

$$P = \frac{\sqrt{2}\theta}{n^*(D_m/H)^{0.4}} \; \frac{y_m^{1.4}(1-y_m)^{1/2}[3-2y_m-W_m]^{1/2}}{[(1-W_m)(y_m-W_m)^3]^{1/2}} \tag{18.35}$$

als unabhängig von X annähern und somit Gl.(18.31) ersetzen durch

$$\frac{dy}{n^*(1-P)dX} = \frac{0.223[(1-y)(1-W)(y-W)^3]^{1/2}}{y^{0.4}(y-c)[3-2y-W]^{1/2}}, \tag{18.36}$$

d.h. die Gleichung (18.24) des Wasserspiegels für das *prismatische* Streichwehr. Deren Lösungen, also die Gln.(18.25) bis (18.27), resp. Gl.(18.28), gelten also gleichfalls, es ist lediglich eine Koordinatentransformation von $n^*X \to n^*(1-P)X$ durchzuführen. Diese vereinfachte Methode rechtfertigt sich nur solange, bis systematische Versuche zu dieser Abflussform vorliegen. Dann müssen die Resultate mit Gl.(18.31) verglichen und daraus Bemessungsgleichungen abgeleitet werden.

Beispiel 18.8	Untersuche nochmals Beispiel 18.6, wobei jetzt aber der Durchmesser von $D_o=0.90$m auf $D_u=0.50$m abnehme!

Es gilt gleichfalls $H=H_e=0.93$m, $W=0.43$ und $y_e=0.70<c$. Bei schiessendem Zufluss nimmt der Wasserspiegel in Fliessrichtung ab, im Vergleich zum prismatischen Streichwehr ist die Abnahme aber reduziert. Nach Beispiel 18.6 gilt $y_u=0.48$, in Beispiel 18.7 ist jedoch $y_{PN}=0.62=y_u$ gefunden worden. Nach Gl.(18.7) gilt deshalb als Mittelwert $y_m=0.65$.
Mit den Werten $\theta=0.4/3.7=0.11$, $n^*=1$ und $(D_m/H)^{0.4}=0.89$ wird demnach $P=[1.41\cdot0.11/(1\cdot0.89)][0.65^{1.4}0.35^{1/2}1.27^{1/2}0.57^{-1/2}0.22^{-3/2}]=0.175\cdot4.68$ $=0.82$. Dieser Korrekturfaktor ist sehr *gross* und das Verfahren gilt nur mehr überschlägig.
Als Randbedingung für die Anwendung von Gl.(18.28) gilt $h(x=x_r)=h_e$, resp. $y(X=X_r)=y_e$, durch Einsetzen mit den Werten $y_e=0.70$, $W=0.43$, $c=0.737$ und $N=0.725$ folgt wiederum $n^*X_r=-0.48$, wobei nun $n^* \to n^*(1-P)$ gesetzt werden muss.
Am Unterwasserende ist $\Delta x=x_u-x_r=3.7$m, entsprechend dimensionslos $\Delta X=3.7/[(0.7/0.93)^{0.6}0.93]=4.72$, also $n^*(1-P)X_u=1(1-0.82)(4.72-0.48)=$ 0.76. Einsetzen in Gl.(18.28) gibt $(y_u-W)/(c-W)=0.725\cdot0.737=0.534$, also $y_u=0.534(0.737-0.43)+0.43=0.595$. Dieser Näherungswert ist kleiner als die Pseudo-Normalabflusstiefe, was physikalisch unmöglich ist.

Ist $P>0.5$, so ist der Einfluss der Durchmesserreduktion nachhaltig, d.h. der Wasserspiegel wird dann durch den Pseudo-Normalabfluss signifikant beeinflusst. Näherungsweise darf dann y_{NP} gleich der Unterwassertiefe gesetzt werden. Es wird also die mittlere Wassertiefe nach Gl.(18.7) berechnet und der seitliche Ausfluss näherungsweise nach

Gl.(18.23) ermittelt.

Beispiel 18.9   Berechne nochmals Beispiel 18.8!
Gegeben D_o=0.90m, D_u=0.50m, Q_o=1.2m³s⁻¹, w=0.40m, ΔL=3.7m und h_e=0.65m. Weiter bekannt ist H=0.93m und h_{PN}=$y_{PN} \cdot H$=0.62·0.93m= 0.58m.
Die mittlere Überfallhöhe beträgt nach Gl.(18.7) h_m=0.70+(2/3)(0.58–0.70)= 0.62m, entsprechend y_m=0.62/0.93=0.67. Mit W=0.43 ergibt sich nach Gl.(18.23) für die mittlere Ausflussintensität q=–0.6·1[0.24³0.57/1.23]^{1/2}= –0.048, also $\Delta Q/\Delta x$=–0.048(9.81·0.93³)^{1/2}=–0.135m²s⁻¹ und deshalb ΔQ=0.135·3.7=0.50m³s⁻¹. Dies ist praktisch eine doppelt so hohe Entlastung wie in Beispiel 18.6.

Der Pseudo-Normalabfluss ist deshalb ein wichtiges Hilfmittel, den seitlichen Ausfluss zu vergleichmässigen und dadurch zu *kurzen* Bauwerken zu gelangen. Von dieser Möglichkeit wird heute zu wenig profitiert. Bild 18.10 zeigt das prismatische Streichwehr und zum Vergleich das *konvergierende Streichwehr* sowohl bei Strömen als auch bei Schiessen. In beiden Fällen bewirkt das sich verengende Streichwehr einen ausgeglicheneren Wasserspiegel.

Aus diesen Gründen lässt sich der Pseudo-Normalabflusszustand u.U. sogar als *Bemessungsgrundlage* heranziehen. Fällt nämlich die Randwassertiefe mit der Pseudo-Normalabflusstiefe zusammen, so herrscht entlang des Streichwehrs konstante Wassertiefe. Dieser Zustand lässt sich jedoch nur für *einen* Zufluss Q_o, eben beispielsweise für den Maximalanfall, erzielen. Diese Methode wird bei Verteilkanälen (Kap.17) eingehend besprochen.

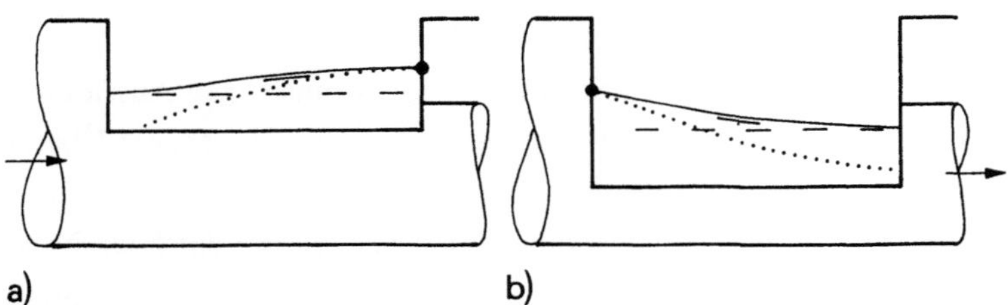

Bild 18.10 Vergleich von (· · ·) prismatischem und (—) konvergierendem Streichwehr bei a) Strömen und b) Schiessen. (•) Randbedingung, (– – –) Pseudo-Normalabflusstiefe.

18.4.4 Wassersprung im Streichwehr

Wassersprünge treten bei Streichwehren mit niedriger Überfallkrone recht häufig auf. Dieser Fall deckt sich jedoch in keiner Art mit dem vereinfachten Abflussschema. Bild 18.11 zeigt deutlich den Unterschied zwischen der vereinfachten Berechnung mit einem linearen Wasserspiegelverlauf zwischen den Randwerten h_o und h_u, sowie der verfeinerten Berechnung mit schiessendem Abfluss bei Streichwehrbeginn und anschliessend strömendem Abfluss.

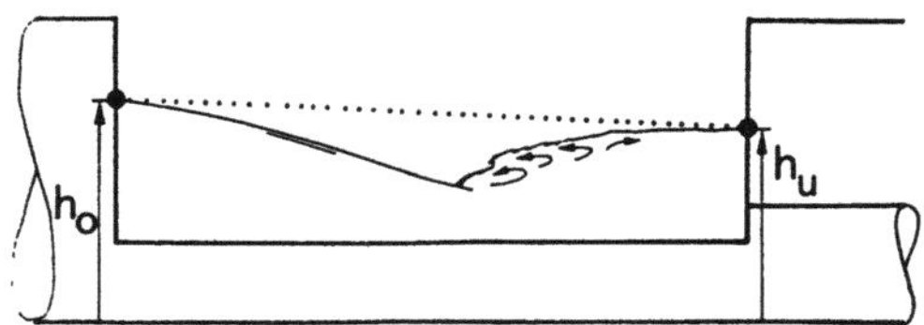

Bild 18.11 (—) Wasserspiegelverlauf bei Streichwehr mit Wassersprung, ($\cdots$) vereinfachter linearer Verlauf zwischen den Randwerten, ($\bullet$) Randwerte.

Je nach der Lage des *Wassersprungendes* bezüglich des Streichwehrendes kann der Wasserspiegel typisch oder weniger typisch ausgeprägt sein. In Bild 18.6a) stellt sich ein sogenannter Aufprall-Wassersprung ein, der extrem kurz, dafür aber hoch ist. Bild 18.6b) mit dem Rollerende oberhalb des Streichwehrendes darf als typisch bezeichnet werden. Dieser Wassersprung dürfte der Berechnung zugänglicher sein als der Aufpralltyp. Bis heute liegen jedoch keine Versuchsresultate vor.

Basierend auf dem Impulssatz (Kap.1), in welchem die nicht-beeinflusste seitliche Ausflusskomponente vernachlässigt wird, findet Hager (1994) nach verschiedenen Vereinfachungen als Beziehung für die *konjugierten Tiefen* h_1 vor und h_2 nach dem Wassersprung

$$h_2/h_1 = F_1 . \tag{18.37}$$

Dieses Resultat ähnelt dem Verhältnis der konjugierten Tiefen im Rechteckkanal, dort gilt nach Kap.7 als tiefste Approximation bekanntlich $h_2/h_1 = \sqrt{2}F_1$.

Gl.(18.37) ist mit den Daten von Sassoli (1963) für einseitigen Ausfluss und von Buffoni, et al. (1986) für zweiseitigen Ausfluss verglichen worden, die Übereinstimmung ist zufriedenstellend, jedenfalls für kleinere Froudezahlen $F_1 < 3$. Somit lassen sich auch Streichwehre mit Wassersprüngen immerhin behelfsmässig durch ein Näherungsverfahren berechnen. Als Rollerlänge L_r und Sprunglänge L_j können dabei vorläufig die für das U- und Rechteckprofil ermittelten Näherungen angenommen werden (Kap.7). Es gilt demnach überschlägig

$$L_r \cong 4.5h_2, \tag{18.38}$$

$$L_j \cong 6.0h_2. \tag{18.39}$$

Der *Aufprallwassersprung* wurde bis heute nicht untersucht, er folgt vermutlich anderen Gesetzmässigkeiten. Ist also der Sprungfuss näher als die Rollerlänge am Einlauf der Drosselstrecke, so sind die oben erwähnten Ableitungen mit Vorsicht zu geniessen.

18.4.5 Berechnungsschema im konvergierenden Streichwehr

Im konvergierenden Streichwehr mit niedriger Überfallkante tritt häufig ein Wassersprung auf. Dieser muss also in das Berechnungsschema eingebaut werden, da nur so das komplexe Abflussbild halbwegs mit der Realität übereinstimmt.

Im Streichwehr stellen sich grundsätzlich Stau- und Senkungskurven ein, wie sie in Kap.8 für den Kanal mit unveränderlichem Durchfluss besprochen werden. Dabei spielen die Normalabflusstiefe und die kritische Tiefe eine wesentliche Rolle, im konvergierenden Streichwehr sind dies analog die *Pseudo-Normalabflusstiefe* und die *kritische Tiefe*. Während bei üblichen Stau- und Senkungskurven die lokale Veränderlichkeit der Wassertiefe durch das Gefälle und den Fliesswiderstand hervorgerufen werden, lassen sich diese Einflüsse im vorliegenden Problem infolge des dominanten Effekts des seitlichen Ausflusses vernachlässigen. Trotzdem gelten dieselben Grundregeln auch bei Abflüssen mit lokal variablem Durchfluss, nämlich:

- *strömender Abfluss* beginnt mit einer Unterwasserbedingung und die Berechnung schreitet entgegen der Fliessrichtung voran,

- *schiessender Abfluss* hingegen wird durch das Oberwasser beeinflusst, von einer Oberwasserbedingung ausgehend sind die Berechnungs- und Strömungsrichtung identisch.

Dementsprechend sind die beiden Fliesszustände getrennt zu berechnen.

In einer verallgemeinerten Berechnungsmethode müssen also vorerst die Randbedingungen, d.h. Wassertiefe und Durchfluss, sowohl am oberen (Index «o») als auch am unteren (Index «u») Rand bekannt sein. Anschliessend wird durchgehend schiessender Abfluss berechnet und schliesslich vom Unterwasserrand her verifiziert, ob:

- tatsächlich durchgehend schiessender Abfluss auftritt,

- ein Wassersprung entsteht oder gar

- sich durchgehend strömender Abfluss einstellt.

Je nach dem Resultat lässt sich der Wasserspiegel $h(x)$ und damit die Durchflussverteilung $Q(x)$ ermitteln. Das *Berechnungsschema* lautet demnach:

1. Zusammenstellung der Oberwassercharakteristika Q_o, K_o, J_{so}, D_o sowie der Unterwassercharakteristika Q_u, K_u, J_{su}, D_u.

2. Berechnung der Normalabflusstiefen h_{No} und h_{Nu}.

3. Berechnung der kritischen Abflusstiefen h_{co} und h_{cu}.

4. Angabe der Randbedingungen h_o und h_u, Berechnung der zugehörigen Energiehöhen H_o und H_u und der Relativrandwassertiefen $y_o=h_o/H_o$ und $y_u=h_u/H_u$.

5. Angabe der mittleren Wehrhöhe w, resp. $W_o=w_m/H_o$ und $W_u=w_m/H_u$ und der Streichwehrlänge ΔL.

6. Berechnung des Parameters Θ nach Gl.(18.32) und damit der beiden Pseudo-

Normalabflusstiefen h_{PNo} und h_{PNu}.

7. Ermittlung des Wasserspiegels $h(x)$ im *schiessenden* Bereich unter Berücksichtigung des Pseudo-Normalabflusses. Simultane Berechnung der konjugierten Wassertiefe $h_2(x)$ nach Gl.(18.37).

8. Ermittlung des Wasserspiegels $h(x)$ im *strömenden* Bereich, Vergleich mit dem Profil der konjugierten Wassertiefe $h_2(x)$.

9. Festlegung des effektiven Oberflächenprofils $h(x)$ und des zugehörigen Durchflussprofils $Q(x)$.

10. Diskussion der Lösung, Anpassungsvorschläge.

Aus dieser Zusammenstellung bemerkt man den umfangreichen Aufwand zur Ermittlung der Fliessvorgänge im Streichwehr mit Fliesswechsel. Es ist dies sicherlich ein Grund, dass solche Entlastungsbauwerke nicht gerade attraktiv sind. Ein alternatives Verfahren wurde auch durch Hager, et al. (1982) besprochen.

Beispiel 18.10   Gegeben ein Zulaufkanal mit D_o=1.25m, dessen Gefälle 1% beträgt, die Rauhigkeit nach Strickler K_o=85m$^{1/3}$s^{-1} ist und der maximale Durchfluss sich auf Q_o=4m^{3}s^{-1} beläuft. Das einseitige Streichwehr besitzt eine Länge von ΔL=6.5m und eine Wehrhöhe von w_m=0.60m. Im Unterwasserkanal ist eine Drosselstrecke von D_u=0.30m eingebaut, die Unterwasserdrucklinie liegt auf 0.90m über der Sohle. Wie verläuft der Wasserspiegel bei Q_u=0.1m^{3}s^{-1}?

1. Q_o=4m^{3}s^{-1}, K_o=85m$^{1/3}$s^{-1}, J_{so}=1%, D_o=1.25m; Q_u=0.1m^{3}s^{-1}, K_u=–, J_{su}=–, D_u=0.30m.

2. *Normalabfluss* q_{No}=0.260, also y_{No}=0.694 und h_{No}=0.87m nach Kap.5. Bei Drosselstrecke unbekannt.

3. *Kritischer Abfluss* h_{co}=1.07m und h_{cu}=0.24m nach Kap.6. Die zugehörige Froudezahl des Normalabflusses beträgt F_{No}=1.91.

4. Die *Randbedingungen* (Index «r») lauten also:
oben h_{or}=h_{No}=0.87m, Q_o=4m^{3}s^{-1}, H_o=1.87m;
unten h_{ur}=0.90m, Q_u=0.10m^{3}s^{-1}, H_u=0.91m. Aus der Energiehöhendifferenz allein ersieht man bereits das Auftreten eines Wassersprungs.

5. *Streichwehr* mit Wehrhöhe w_m=0.60m, entsprechend W_o=0.6/1.87=0.32 und W_u=0.6/0.91=0.66. Wehrlänge ΔL=6.5m.

6. *Pseudo-Normalabfluss* Streichwehrverengung θ=(1.25–0.3)/6.5=0.146, also mit $(D_m/H_o)^{0.4}$=(0.775/1.87)$^{0.4}$=0.70 und einseitigem Ausfluss n^*=1 folgt Θ_o=1.41·0.146/(1·0.7)=0.29, womit y_{PN}=0.58 nach Gl.(18.32) und somit h_{PNo}=0.58·1.87=1.08m>h_o. Pseudo-Normalabfluss beeinflusst demnach den schiessenden Abfluss nicht.
Vom Unterwasser her entsteht mit $(D_m/H_u)^{0.4}$=0.94 für den Wert Θ_u= 1.41·0.146/(1·0.94)=0.22, also y_{PN}=0.86 und h_{PNu}=0.86·0.91=0.78m.

7. Als Gleichung des Wasserspiegels gilt nach Gl.(18.28)

$$\frac{y(X)-0.32}{0.737-0.32} = 0.725exp\left[\frac{-X/2}{1.4-2.5(0.32-0.1)^{2.5}}\right], \qquad (18.40)$$

also

$$y(X) = 0.32 + 0.302exp(-0.372X) . \qquad (18.41)$$

Mit der Randbedingung h_{No}=0.87m, entsprechend y_o=0.87/1.87=0.465 wird X_o=2. Tabelle 18.2 zeigt nun die Entwicklung des Wasserspiegels. Der Durchfluss berechnet sich nach Gl.(18.20) zu

$$Q = (h/D)^{1.4}D^2[2g(H-h)]^{1/2} \,, \tag{18.42}$$

die Froudezahl F_1 je nach Durchmesser $D(x)$, Wassertiefe $h(x)$ und Durchfluss $Q(x)$ nach Gl.(6.35). Die konjugierte Wassertiefe ist also höchstens gleich 1.35m und nimmt dann ab.

Tabelle 18.2 Wasserspiegelprofil vom Oberwasser her für H_o=1.87m, Q_o=4m^{3}s^{-1}.

x [m]	0	1	2	3	4	5	6	6.5
D [m]	1.25	1.10	0.96	0.81	0.67	0.52	0.37	0.30
X [-]	2.0	2.37	3.60	4.65	5.96	7.76	10.48	12.42
y [-]	0.464	0.43	0.40	0.37	0.35	0.34	0.33	0.32
h [m]	0.87	0.80	0.75	0.70	0.66	0.63	0.61	0.60
Q [m^{3}s^{-1}]	(4.15)	3.55	3.06	2.56	2.14	1.74	1.37	1.19
F_1 [-]	1.55	1.69	1.77	1.85	1.92	1.94	1.93	1.93
h_2 [m]	1.35	1.35	1.33	1.30	1.27	1.22	1.18	1.16
h_{eff} [m]	0.87	0.80	0.75	0.70	0.66	0.85	1.10	1.20
Q [m^{3}s^{-1}]	4.0	3.55	3.06	2.56	2.14	1.70	1.30	1.00

8. Der Wasserspiegel im *strömenden* Bereich lässt sich nicht angeben, da h_u=0.90m immer unter h_2 liegt. Demnach stellt sich durchgehend schiessender Abfluss ein mit einem Aufprallwassersprung, welcher eine Höhe von rund 1.20m besitzt. Dessen Länge ist nur abschätzbar und beträgt rund $L_p \cong L_r/3$=1.5h_2=1.75m. Als mittlere Wassertiefe längs des Wassersprungs gilt nach Gl.(18.7) h_{mu}=0.64+(2/3)(1.2–0.64)=1.01m, der zugehörige Ausfluss ist nach konventioneller Berechnung rund ΔQ=0.42·19.62$^{1/2}$(1.01–0.60)$^{3/2}$1.75=0.85m^{3}s^{-1}.

9. Das effektive Oberflächenprofil lässt sich demnach nur näherungsweise nach Tabelle 18.2 festlegen.

10. Das geforderte Ziel, nämlich mit einer Randwassertiefe h_{ru}=0.9m einen Durchfluss von ΔQ=4–0.1=3.9m^{3}s^{-1} zu entlasten, lässt sich demnach nicht erreichen. Man muss dafür sorgen, dass h_{ru} grösser wird. Dabei ist ein *Minimalwert* von h_{ru}=1.2m vorauszusetzen.

Beispiel 18.11 Berechne nochmals Beispiel 18.10 unter der Voraussetzung h_{ru}=1.3m. Die Schritte 1 bis 3 sowie 5 und 7 bleiben sich gleich. Es gilt jedoch

4. Die *Randbedingung* am Unterwasserende lautet mit h_{ru}=1.3m, Q_u=0.1m^{3}s^{-1} nun H_u=1.30m. Der Energieverlust ist drastisch verkleinert auf (1.87–1.30)/1.87=30%.

6. *Pseudo-Normalabfluss*. Mit den Werten θ=0.146, $(D_m/H_u)^{0.4}$= (0.775/1.3)$^{0.4}$=0.81, W_m=0.6/1.3=0.46 und n^*=1 wird Θ=0.25, also y_{PN}=0.71, entsprechend h_{PN}=0.92m.

8. Aufbauend auf Gl.(18.25) folgt

$$\frac{y-W}{1-W} = 1.06 + 0.32(1-0.46)^{1.15}1 \cdot X \,, \tag{18.43}$$

also

$$y(X) = 0.46 + 0.54(1.06+0.16X) = 1.03 + 0.085X. \tag{18.44}$$

Tabelle 18.3 stellt den Wasserspiegelverlauf für strömenden Abfluss dar. Als Randwert berechnet sich mit X_r=–0.35 der Wert x_r=–0.35(0.3/1.30)$^{0.6}$1.3=–0.19m. Damit lassen sich die dimensionslosen Lagekoordinaten X und deshalb y(X) nach Gl.(18.44) ermitteln.

9. Das *effektive* Oberflächenprofil ist in Tabelle 18.3 festgelegt. Es zeichnet sich durch einen Wassersprung an der Stelle x=5.8m aus, d.h. der

Wassersprung ist wiederum deformiert. Die Durchflussverteilung $Q(x)$ folgt unter Berücksichtigung der Energiehöhen H_o und H_u nach Gl.(18.20).

Tabelle 18.3 Wasserspiegelverlauf vom Unterwasser her für $H_u=1.30$m.

x [m]	6.5	6	5	4	3	2	1	0
D [m]	0.30	0.37	0.52	0.67	0.81	0.96	1.10	1.25
X [-]	−0.35	−1.13	−2.25	−3.08	−3.78	−4.34	−4.85	−5.28
y [-]	1.0	0.93	0.84	0.77	0.71	0.66	0.62	0.58
h [m]	1.30	1.21	1.09	1.00	0.92	0.86	0.81	0.75
h_2 [m]	1.16	1.18	1.22	1.27	1.30	1.33	1.35	1.35
h_{eff} [m]	1.30	1.21	0.63	0.66	0.70	0.75	0.80	0.87
Q [m³s⁻¹]	0.10	0.96	1.70	2.14	2.56	3.06	3.55	4.00

10. Die vorliegende Lösung zeigt den umständlichen Berechnungsgang klar auf. Man müsste bei praktischen Problemen sicherlich noch mehrere Unterwassertiefen annehmen und so den seitlichen Ausfluss ΔQ mit h_u variieren. Es liesse sich je nach Fragestellung auch eine reduzierte Bauwerkslänge ermitteln, der Zwischenbereich ist, wie bereits von Hörler und Hörler (1973) besprochen, in der Tat wenig effizient.

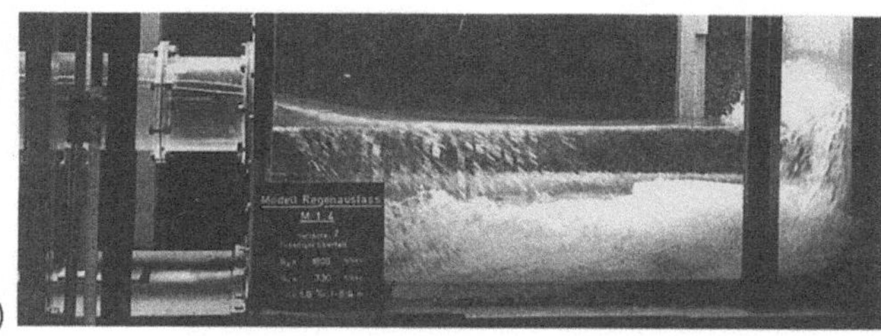

Bild 18.12 Streichwehr mit zweiseitig niedriger Überfallkante bei $J_{so}=0.1\%$ und $Q_o=10Q_K$ (Taubmann 1972) für a) kurzes und b) langes Bauwerk.

18.5 Abschliessende Bemerkungen

Wie bereits von Hager (1993) festgestellt wurde, ist man sich heute zwar über die Form eines Entlastungsbauwerks ziemlich einig, jedoch wurde der auftretende Abfluss hydraulisch nie *systematisch* analysiert. Daran sind verschiedene Ursachen schuld:

* Um halbwegs in vernünftiger Modellgrösse zu arbeiten und damit das Modellgesetz nach Froude vorauszusetzen, bedarf es eines minimalen Drosseldurchmessers von 0.15 bis 0.20m. Damit Einflüsse der Oberflächenspannung nicht dominant werden, muss eine minimale Überfallhöhe von 30 bis 50mm erzielt werden, und damit sich der Abfluss stetig verhält, muss das Streichwehr mindestens dreimal so lang wie der Zulaufdurchmesser sein. Modelltechnisch ergibt dies beträchtliche Abmessungen, vor denen man sich scheut.

* Die Geometrie des Entlastungsbauwerks wird durch eine Vielzahl von Parametern beeinflusst, so etwa den Durchmesser, das Sohlengefälle, die Wehrhöhen, die Rauhigkeiten sowohl im Ober- als auch im Unterwasserquerschnitt. Hinzu treten zwei Wassertiefen und zwei Durchflüsse, und als Messgrössen wären mindestens die Profile der Wassertiefe und des Durchflusses zu ermitteln. Dieser Aufwand ist beträchtlich, selbst an wenigen Modelltypen.

* Damit jedoch ein vernünftiges Berechnungsmodell gefunden wird, und auch Vereinfachungen sowie hydraulische und betriebliche Optimierungen erreicht werden können, ist die systematische Analyse des Streichwehrs mit hoher, aber auch niedriger Überfallkante unumgänglich. Beispielsweise wird bis heute der Pseudo-Normalabflusszustand überhaupt noch nicht als optimaler Fliesszustand erkannt, resp. in das Bemessungsvorgehen eingebaut.

* Liegen einmal ausführliche Versuchsresultate vor, so lassen sich mit diesen Berechnungsmodelle eichen, die u.U. von den vorliegenden abweichen. In jedem Fall bleibt die hydraulische Bemessung eines Streichwehrs in der Abwassertechnik ein schwieriges Unterfangen. Würde man auf Pseudo-Normalabfluss bemessen, so ergäben sich Vereinfachungen.

* Angesichts der besprochenen Punkte ist es heute richtig, das Streichwehr mit niedriger Überfallkante nicht zur Ausführung zu empfehlen. Der Übergang vom Kanal- zum Streichwehrabfluss einerseits und der Wassersprung längs der Überfallkante andererseits ergeben hydraulisch komplexe Verhältnisse. Liegen jedoch gesicherte hydraulische Erkenntnisse vor, und sprechen auch gewässerschützerische Gründe für diesen Streichwehrtyp, so lassen sich damit beträchtliche Einsparungen in der Streichwehrlänge erzielen, wie bereits Hörler und Hörler (1973) eindeutig nachgewiesen haben.

Literaturnachweis

- ATV (1993). Richtlinien für die hydraulische Dimensionierung und den Leistungsnachweis von Regenwasser-Entlastungsanlagen in Abwasserkanälen und -leitungen. *Arbeitsblatt* **A111**. Abwassertechnische Vereinigung: St. Augustin.

- Buffoni, F., Sassoli, F. und Viti, C. (1986). Ricerca sperimentale sugli sfioratori bilaterali in canali a sezione circolare. *XX Convegno di Idraulica e Costruzioni Idrauliche* Padova C(2): 679-688.

- Fahrner, H., Peter, G. und Seybold, W. (1990). Problematik der Entlastungsmessung an Überlaufbauwerken der Mischkanalisation. *Korrespondenz Abwasser* **37**(10): 1175-1188.

- Hager, W.H. (1987). Lateral outflow over side weirs. *Journal of Hydraulic Engineering* **113**(4): 491-504; **115**(5): 684-688.

- Hager, W.H. (1993). Streichwehre mit Kreisprofil. *gwf - Wasser/Abwasser* **134**(3): 156-163.

- Hager, W.H. (1994). Supercritical flow in circular-shaped side weirs. *Journal of Irrigation and Drainage Engineering* **120**(1).

- Hager, W.H., Hager, K. und Weyermann, H. (1982). Die hydraulische Berechnung von Streichwehren in Entlastungsbauwerken der Kanalisationstechnik. *Gas - Wasser - Abwasser* **63**(7): 309-329.

- Hörler, A. und Hörler, E. (1973). Streichwehre mit niedrigen Überlaufschwellen in kreisförmigen Kanälen. *gwf - Wasser/Abwasser* **114**(2): 579-584.

- Kallwass, G.J. (1964). Beitrag zur hydraulischen Berechnung gedrosselter Regenüberläufe. *Dissertation* TH Karlsruhe: Karlsruhe.

- Naudascher, E. (1992). *Hydraulik der Gerinne und Gerinnebauwerke.* Springer: Wien.

- Sassoli, F. (1963). Ricerca sperimentale sugli sfioratori laterali in canale a sezione circolare. *VIII Convegno di Idraulica* Pisa A(12): 1-19.

- SIA (1980). Sonderbauwerke der Kanalisationstechnik. *SIA-Dokumentation* **40**. Schweizerischer Ingenieur- und Architektenverein: Zürich.

- Siegenthaler, A. (1981). Hydraulische Modellversuche der Regenauslässe Riehenstrasse Basel. *Gas - Wasser - Abwasser* **61**(5): 152-156.

- Sinniger, R.O. und Hager, W.H. (1989). *Constructions hydrauliques - Ecoulements stationnaires.* Presses Polytechniques Romandes: Lausanne.

- Taubmann, K.-C. (1972). Regenüberläufe. *Gas-Wasser-Abwasser* **52**(10): 297-308.

- Uyumaz, A. und Muslu, Y. (1985). Flow over side weirs in circular channels. *Journal of Hydraulic Engineering* **111**(1): 144-160.

Bezeichnungen

b	[m]	Kanalbreite
c	[-]	= 0.737
c_k	[-]	Kronenformeinfluss
c_w	[-]	Pauschalparameter
C_d	[-]	Durchflussbeiwert
C_D	[-]	auf H bez. Durchflussbeiwert
D	[m]	Durchmesser
F	[m^2]	Querschnittsfläche
F	[-]	Froudezahl
g	[ms^{-2}]	Erdbeschleunigung
h	[m]	Wassertiefe
H	[m]	Energiehöhe
J_s	[-]	Sohlengefälle
K	[m$^{1/3}$s^{-1}]	Reibungsbeiwert
k_s	[m]	äquivalente Rauheit
L_d	[m]	Länge der Drosselstrecke
L_j	[m]	Sprunglänge
L_r	[m]	Rollerlänge
n^*	[-]	Anzahl Ausflusseiten
N	[-]	Beiwert
P	[-]	Korrekturbeiwert
q	[-]	Ausflussintensität
q_u	[-]	$=\Delta Q/(gD_u^2 h_u^3)^{1/2}$
Q	[m^{3}s^{-1}]	Durchfluss
R	[m]	Kronenausrundung
V	[ms^{-1}]	Geschwindigkeit
w	[m]	Wehrhöhe
W	[-]	=w/H relative Wehrhöhe
x	[m]	Längskoordinate
X	[-]	dimensionslose Längskoordinate
y	[m]	= h/H Relativwassertiefe
ΔL	[m]	Überfallänge
ΔQ	[m^{3}s^{-1}]	Entlastungsdurchfluss
Δs	[m]	Sohlabsturz
θ	[-]	Verengung
Θ	[-]	bezogene Verengung

λ_s [-]   Relativlänge

Indizes

c	kritischer Abfluss	PN	Pseudo-Normalabfluss
d	Drosselstrecke	r	Randwert
e	Endquerschnitt	s	Streichwehrsohle
K	kritisch	T	Trockenwetter
m	Mittelwert	u	Unterwasser
M	Maximal	1	Zufluss zu Wassersprung
N	Normalabfluss	2	Abfluss nach Wassersprung
o	Oberwasser		

19 SAMMELKANAL

Im Sammelkanal nimmt der Durchfluss lokal zu. Da solche Bauwerke relativ kurz sind, darf der Einfluss von Wandreibung vereinfacht in Rechnung gestellt werden. Nur so ist die verallgemeinerte Berechnung des Sammelkanals möglich. Der Unterschied zwischen dem Abfluss im U-Profil und im Ersatzrechteckprofil ist klein, womit sich die Berechnung auf das zweite Profil bezieht.

Auf den Abfluss mit singulärem und kritischem Punkt wird speziell eingegangen. Der zweite Fall lässt sich unter Einbezug des Gefälles sogar formelmässig beschreiben. Somit entfallen langwierige Integrationen oder Differenzenrechnungen.

Schliesslich wird der dreidimensionale Abfluss im Sammelkanal unter Einbezug der Rotationsströmung erläutert. Es werden Grössenordnungen für die seitliche Wasserspiegelüberhöhung infolge des Zulaufs angegeben, und es wird auf die Gefährlichkeit von Tornadowirbeln hingewiesen.

19.1 Einleitung

Unter einem Sammelkanal (engl.: side channel; franz.: canal collecteur) versteht man ein Bauwerk, das seitlich zufliessendes Wasser sammelt und in Längsrichtung weiterleitet. Das einfachste Beispiel eines Sammelkanals ist wohl die Dachrinne. Jede Kanalisation ist ebenfalls ein Sammelsystem, nur spricht man hier nicht von einem Sammelkanal, da die seitliche Wasserzuführung punktuell erfolgt, während bei einem üblichen Sammelkanal diese örtlich verteilt ist. Um die Theorie des stetig veränderlichen Abflusses anwenden zu können, muss die seitliche Zuleitungslänge etwa eine Grössenordnung mehr haben als die mittlere Wassertiefe. Haben diese beiden Längen dieselbe Grössenordnung, spricht man von einer punktuellen seitlichen Zuführung, oder einer *Stromvereinigung* (Bild 19.1). Diese werden im Kap.16 behandelt.

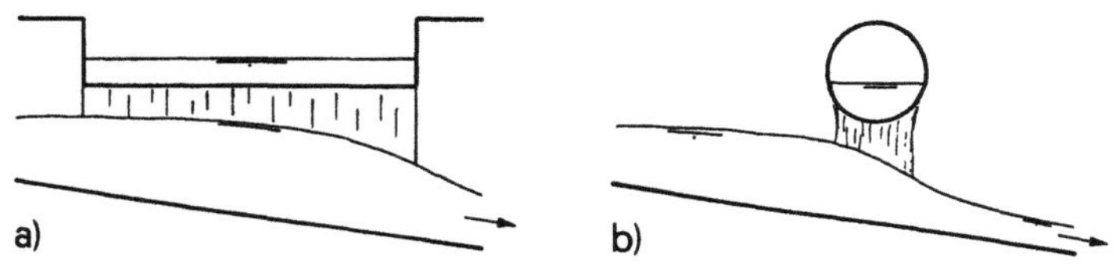

Bild 19.1   Seitliche Wasserzuführung in a) Sammelkanal und b) Kanalvereinigung.

Vereinfacht lässt sich der Sammelkanal eindimensional berechnen, falls die Querbewegungen im Abfluss vernachlässigt werden. In der Folge soll, aufbauend auf den üblichen hydraulischen Berechnungsannahmen, der stetig veränderliche Abfluss mit *linear* zunehmendem Durchfluss untersucht werden. Dabei wird die Gleichung für den Wasserspiegel hergeleitet, dann werden plausible Annahmen eingeführt, die deren Integration erlauben. Die verallgemeinerte Lösung ist analog zu derjenigen für den Verteilkanal (Kap.17), sie lässt sich graphisch in einem Diagramm darstellen. Im Anschluss an die eindimensionale Lösung werden räumliche Effekte diskutiert.

19.2 Basisgleichung

Stetig veränderliche Abflüsse mit *örtlich* veränderlichem Durchfluss können:

- entweder Strömungen mit lokal abnehmendem Durchfluss sein, wie sie in Streichwehren oder Bodenöffnungen auftreten (Kap.17 und 18),
- oder Strömungen mit lokal zunehmendem Durchfluss entsprechen, beispielsweise wie sie im Sammelkanal vorliegen.

Die Ableitung der Bewegungsgleichung fusst auf dem *Impulssatz*, in dem der seitliche Zuflussimpuls $(\rho g)U cos\phi(dQ/dx)$ mit ρ als Dichte, $U cos\phi$ als Zuflussgeschwindigkeitskomponente in Fliessrichtung und dQ/dx als seitliche Zuflussintensität in Rechnung gestellt wird. Unter der Annahme von hydrostatischer Druckverteilung und uniformer Geschwindigkeitsverteilung folgt für das Wasserspiegelgefälle (Naudascher 1992)

$$\frac{dh}{dx} = \frac{J_s - J_f - \left[2 - \frac{U cos\phi}{V}\right]\frac{QQ'}{gF^2} + \frac{Q^2}{gF^3}\frac{\partial F}{\partial x}}{1 - F^2}. \tag{19.1}$$

Dabei bedeutet h die Wassertiefe, x die Längskoordinate, J_s das Sohlengefälle, J_f das Reibungsgefälle, $V=Q/F$ die Kanalgeschwindigkeit, $Q'=dQ/dx$ der seitlich zukommende Durchfluss pro Einheitslänge, F die Querschnittsfläche, g die Erdbeschleunigung und $\partial F/\partial x$ die Querschnittsveränderung in Längsrichtung (Bild 19.2). Der bekannte Term $F^2=Q^2(\partial F/\partial h)/(gF^3)$ ist die in Kap.6 besprochene Froudezahl.

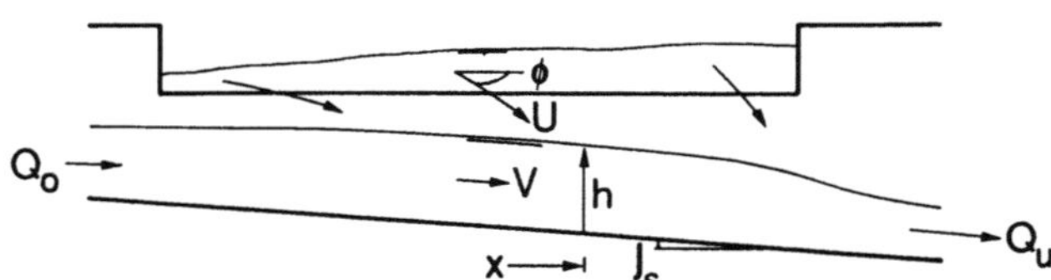

Bild 19.2   Sammelkanal, Bezeichnungen.

Für $Q'=0$ - also ohne seitlichen Zufluss - reduziert sich Gl.(19.1) auf Gl.(6.25) oder Gl.(8.6), ist zusätzlich $\partial F/\partial x=0$ - also der Kanal prismatisch - so ergibt sich Gl.(8.9) der Stau- und Senkungskurven. Bei Gl.(19.1) handelt es sich um die einfachste Art einer allgemeinen Kanalabflussgleichung bei stationärer Strömung. Häufig werden zusätzlich die α- und β-Werte für nichtuniforme Geschwindigkeitsverteilung, Terme für nichthydrostatische Druckverteilung und der Einfluss der Stomlinienneigung (Kap.1) eingebaut. Alle diese Zusatzterme sind jedoch nur näherungsweise bekannt, insbesondere ist deren Variation mit x und h üblicherweise unbekannt.

Gl.(19.1) lässt sich auch durch den *Energiesatz* ableiten mit dem Resultat (Hager 1987)

$$H = z + h + \frac{Q^2}{2gF^2}, \qquad \frac{dH}{dx} = -\left[J_f + \left(1 - \frac{U\cos\phi}{V}\right)\frac{QQ'}{gF^2} \right], \qquad (19.2)$$

wobei $dz/dx = -J_s$ dem Sohlengefälle, $dH/dx = H' = H'_f + H'_L$ dem Energieliniengefälle und $H'_f = -S_f$ dem Reibungsgefälle entspricht. Das zusätzliche Gefälle H'_L infolge seitlicher Vereinigung berechnet sich durch

$$H'_L = -\left(1 - \frac{U\cos\phi}{V}\right)\frac{QQ'}{gF^2} . \qquad (19.3)$$

Je nachdem Q' positiv (seitlicher Zufluss) oder negativ (seitlicher Ausfluss) ist, ändert H'_L das Vorzeichen. Bei Verteilkanälen kann so die Kanalenergiehöhe in Fliessrichtung zunehmen, was einem Energiegewinn auf Kosten des Ausflusses entspricht. Diese Anomalie widerspiegelt sich auch im Kap.2 mit negativen Verzweigungsverlustbeiwerten.

Sind alle Parameter in Gl.(19.1) als Funktionen von h und x bekannt, so lässt sich nach Vorgabe einer Randbedingung $h(x=x_r)=h_r$ das Wasserspiegelprofil ermitteln. Je nachdem der Abfluss strömend ($F<1$) oder schiessend ($F>1$) ist, muss entgegen oder in Fliessrichtung gerechnet werden (Kap.8). Eine Ausnahme bilden Abflüsse, bei denen ein *Fliesswechsel* ($F=1$) auftritt. Dann muss nämlich, vom kritischen Punkt ausgehend, sowohl stromauf als auch stromab gerechnet werden. Am kritischen Punkt ($F=1$) können zwei Fälle auftreten:

- entweder ein *singulärer Punkt* $x=x_s$, bei dem sowohl der Zähler als auch der Nenner von Gl.(19.1) Null ist und für dh/dx ein vorerst undefinierter Wert entsteht. Eine Analyse liefert dann das singuläre Gefälle h'_s,
- oder ein *kritischer Punkt* $x=x_c$ stellt sich ein, bei dem $F=1$ erfüllt ist, der Zähler in Gl.(19.1) jedoch verschieden von Null ausfällt und damit das Wasserspiegelgefälle dh/dx gegen unendlich strebt. Die Bedingung von stetig veränderlichem Durchfluss ist dann lokal nicht erfüllt.

Wie in der Folge gezeigt wird, können beide Fälle in der Praxis auftreten. Vorerst wird die Gleichung des Wasserspiegels so vereinfacht, dass eine allgemeine Lösung ermittelt werden kann. Diese wird dann als eine Art von verallgemeinerten Stau- und Senkungskurven in einem Diagramm dargestellt und diskutiert. Stellt sich im Unterwasserkanal schiessender Abfluss ein, so ergeben sich speziell einfache Verhältnisse.

19.3 Sammelkanal mit Rechteckprofil.

19.3.1 Gleichung des Wasserspiegels

Üblicherweise nimmt man bei Sammelkanälen eine seitlich *konstante Zuflussintensität* $p_s=Q_s/L_s$ sowie keine Impulskomponente längs der Wehrkrone an. Obwohl diese Voraussetzungen beispielsweise bei Ausflüssen aus Streichwehren mit lokal variabler Durchflussverteilung nicht richtig sind, dürfen sie immerhin in erster Näherung gemacht werden. Q_S ist der seitliche Zufluss auf der Länge L_s des Sammelkanals (Index «s»), der in Vertikalrichtung dem Sammelkanal zuströmt.

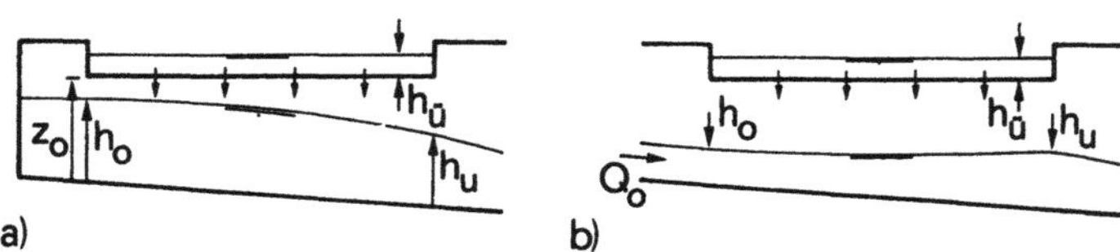

Bild 19.3   Sammelkanal a) ohne Oberwasserkanal, Abfluss strömend und b) mit Oberwasserkanal, Abfluss schiessend.

Der Ursprung x=0 (Index «o») am oberen Ende des Sammelkanals entspricht entweder dem Totwasserquerschnitt bei zuflussfreier Anordnung oder dem Anfang der seitlichen Einleitung bei einem Zufluss $Q_o{\neq}0$. Index «u» bezieht sich auf den Auslaufquerschnitt, von welchem ab der Zufluss wieder konstant und gleich $Q=Q_u=Q_o+p_sL_s$ ist (Bild 19.3).

Bei einem Kanalgefälle J_s besitzt der seitliche Zufluss eine Impulskomponente $U cos\phi=[2g(z_o+h_ü+J_sx-h)]^{1/2}J_s$ in Fliessrichtung x. Dabei entspricht z_0 der Höhendifferenz zwischen Wehrkrone und Bodenhöhe an der Stelle x=0, $h_ü$ der Überfallhöhe und J_s dem Sohlengefälle. Bei üblichen Verhältnissen mit mässiger seitlicher Einleitungshöhe $h_ü$, üblichem Sohlengefälle von maximal einigen Prozenten und nicht zu tief angelegtem Sammelkanal darf der Ausdruck $U cos\phi/V$ gegenüber Eins vernachlässigt werden. Die Berechnung liegt zudem hinsichtlich Rückstau auf der sicheren Seite. Damit muss der Einfluss verschiedener Sekundärparameter nicht berücksichtigt werden.

In Analogie zum Streichwehr liegt der Gedanke nahe, *Pseudo-Normalabfluss* durch einen längs divergierenden Sammelkanal zu erzielen. Nach Gl.(19.3) ist für $U cos\phi/V{\rightarrow}0$ das Energieverlustgefälle $H_L'=-QQ'/(gF^2)$, näherungsweise also mit dem mittleren Querschnitt F_m über die Zulauflänge L_s integriert $\Delta H_L=-Q_u^2/(2gF_m^2){\approx}V_u^2/(2g)$. Diese Beziehung gilt insofern nur als Näherung, als die Variation der Wassertiefe h(x) nicht berücksichtigt ist. Die Verluste nehmen also mit der Ausflussgeschwindigkeitshöhe $V_u^2/(2g)$ zu. Vergleicht man die beiden in Bild 19.4 skizzierten Fälle mit identischen Ausflussbreiten b_u, so ist energetisch der *prismatische Sammelkanal* vorzuziehen. Konstruktiv wird man oft auf eine Mittellösung zurückgreifen und so eine 'leicht' divergierende Grundrissanordnung wählen, die insbesondere auch mit dem seitlich zukommenden Verteilkanal zusammenpasst. Bewährt haben sich Anordnungen, die einer rechteckigen Einheit von Verteil- und Sammelkanal entsprechen und deren Zwischenwand diagonal den Rechteckgrundriss schneidet. Damit wird die abnehmende Breite des Verteilkanals (Kap.16) erzielt und der Sammelkanal als Ergänzung zum rechteckigen Schachtgrundriss betrachtet.

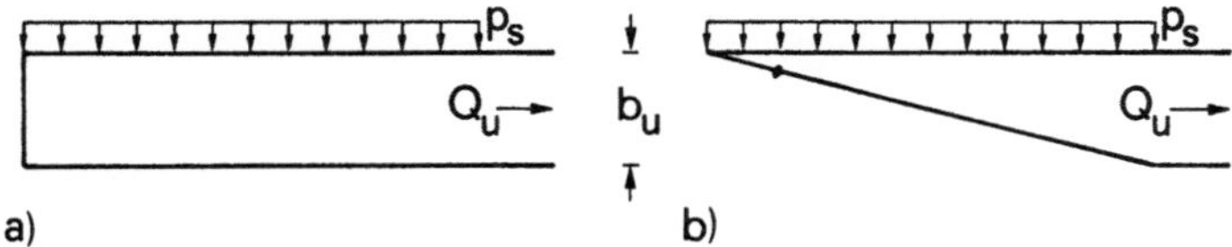

Bild 19.4   Grundrissformen des Sammelkanals a) prismatisch, b) dreieckförmig divergierend.

Um die Berechnung übersichtlich zu gestalten, soll deshalb der *prismatische Sammelkanal* als Normalfall betrachtet werden. Ferner wird das Reibungsgefälle J_f nicht lokal variabel, sondern als Mittelwert $J_{fm}=(J_{fo}+J_{fu})/2$ eingesetzt. Diese Vereinfachung ist berechtigt, weil:

- einerseits die Einleitungslänge L_s nicht sehr lang ist im Vergleich zur mittleren Wassertiefe und deshalb die Berechnung nicht nachhaltig beeinflusst und
- andererseits das Berechnungsverfahren nur unnötig verkompliziert würde.

Sammelkanäle werden in Kanalisationen rechteckig oder als U-Profil ausgeführt. Bei der massgebenden Belastung dürfte letzteres immer mindestens halbvoll gefüllt sein. Damit darf das Rechteckprofil als gute Annäherung an ein U-Profil betrachtet werden, wenn dessen Boden um den Wert $[1/2-(\pi/8)]D=0.107D$, also um gut 10% vom Durchmesser über dem Halbkreisboden liegt. Anders ausgedrückt wird bei einem U-förmigen Sammelkanal der Boden des *Ersatzprofils* um 0.107D über dem U-Profil gelegt, und dann die Berechnung im Rechteckprofil durchgeführt. So lässt sich ein geschlossenes Berechnungsschema angeben, sonst müsste der halbkreisförmige untere und der rechteckige obere Teil des U-Profils getrennt berechnet werden.

Unter diesen Voraussetzungen lautet die *Gleichung des Wasserspiegels* nach Gl.(19.1)

$$\frac{dh}{dx} = \frac{J_s - J_{fm} - \dfrac{2p_s^2 x}{gb^2h^2}}{1 - \dfrac{p_s^2 x^2}{gb^2h^3}}. \tag{19.4}$$

Das Wasserspiegelprofil h(x) hängt deshalb nur noch von den Parametern J_s, J_{fm}, p_s und b ab. Bezeichnet man als Differenz $J=J_s-J_{fm}$ das von x unabhängige *Ersatzgefälle* des Sammelkanals, und führt die Relativwerte

$$x_s = \frac{8p_s^2}{gb^2J^3}, \quad h_s = \frac{4p_s^2}{gb^2J^2} \tag{19.5}$$

ein, so ergibt sich anstelle von Gl.(19.4)

$$\frac{dy}{dX} = 2\frac{y^3 - Xy}{y^3 - X^2}. \tag{19.6}$$

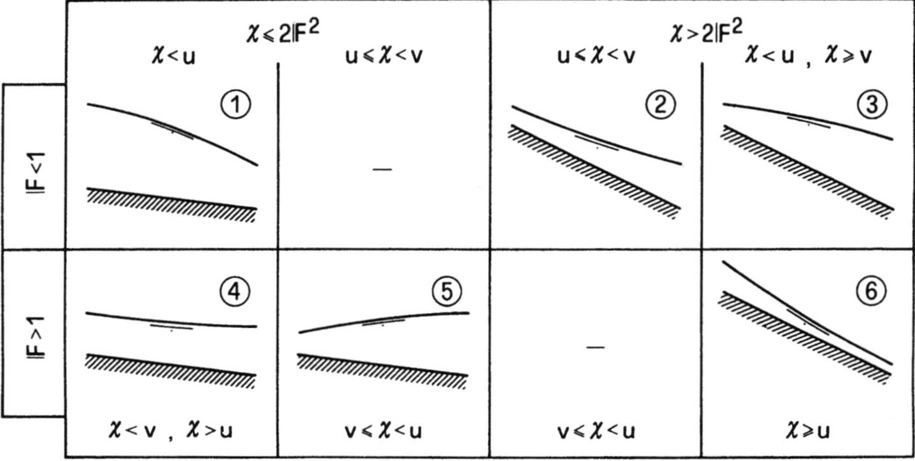

Bild 19.5   Klassifikation des Wasserspiegels mit den Parameter χ_s, u und v (Hager und Bremen, 1990).

Dabei sind $X=x/x_s$ und $y=h/h_s$ auf die Koordinaten $(x_s;h_s)$ normierte Längskoordinate und Wassertiefe. Gl.(19.6) wird *singulär*, d.h. Nenner und Zähler der rechten Seite verschwinden simultan, falls $X=y=0$ oder $X=y=1$ wird. Der erste Fall soll nicht weiter analysiert werden, da er der Konfiguration $F\to\infty$ entspricht. Für den zweiten Fall $X=y=1$ wird jedoch $F=1$, also es stellt sich kritischer Abfluss ein. Im Gegensatz zum dritten Fall $y^3=X^2$ ($F=1$) und $y^3\neq Xy$ mit einem kritischen Punkt und lokal vertikalem Wasserspiegel spricht man beim zweiten Fall vom *singulären Punkt*. Das Wasserspiegelgefälle am Fliesswechsel $x=x_s$ von $F<1$ (Strömen) zu $F>1$ (Schiessen) wird dann $(dh/dx)_s=1-(3)^{-1/2}$ und die Lösung in der Umgebung des singulären Punktes lautet

$$y = 1 + (1 - 3^{-1/2})(X - 1), \quad |X - 1| \ll 1. \tag{19.7}$$

Sie wird zur Initialisierung der numerischen Berechnung des Wasserspiegels y(X) nach

Gl.(19.6) benötigt. Für Abflüsse mit kritischem Punkt wird auf Hager (1985) verwiesen.

19.3.2 Allgemeine Lösung

Die Klassifikation des Wasserspiegels lässt sich nach Bild 19.5 vornehmen. Dabei wird unterschieden zwischen zunehmender und abnehmender Wassertiefe mit Krümmungsmittelpunkt über oder unter dem Boden des Sammelkanals. Die Klassifikationsparameter sind $\chi_s = J/(p_s h/Q)$, $u = (1+3^{-1/2})F^2 + (1-3^{-1/2})$ und $v = (1-3^{-1/2})F^2 + (1+3^{-1/2})$. Bild 19.6 zeigt die Gesamtlösung des Wasserspiegels $y(X)$ im Bereich $0 \leq X \leq 5$ und $0 \leq y \leq 3$ sowie den kritischen und den Pseudo-Normalabfluss.

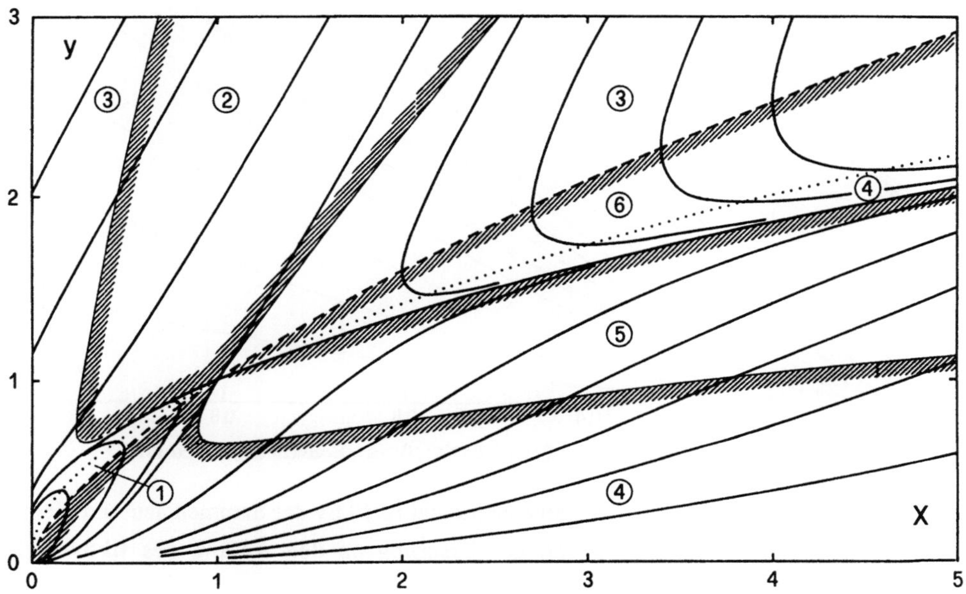

Bild 19.6 Gesamtlösung der Wasserspiegel $y(X)$ für den Sammelkanal im rechteckigen Ersatzprofil. Klassifikation nach Bild 19.5. (– – –) kritischer Abfluss, (· · ·) Pseudo-Normalabfluss.

Bereich ① in Bild 19.5 ist von speziellem Interesse, da er sich für Sammelkanäle mit einem Totwasserabschluss immer einstellt. In Bild 19.7 ist er nochmals vergrössert widergegeben. Für kleine Werte von X gilt näherungsweise anstelle von Gl.(19.6) $dy/dX = 2$, also $y - y_u = 2(X - X_u)$ oder $h(x) - h_u = J(x - x_u)$. Speziell ist $h_0 = h_u - Jx_u$.

Beispiel 19.1   Gegeben ein Sammelkanal mit $Q_s = 0.5 \text{m}^3\text{s}^{-1}$, $L_s = 4\text{m}$, $Q_0 = 0$, $b = 0.7\text{m}$, $J_s = 0.2\%$ und $K = 80 \text{m}^{1/3}\text{s}^{-1}$. Wie verläuft der Wasserspiegel?

1. *Normalabfluss.* Mit $q_N=Q/(KJ_s^{1/2}b^{8/3})=0.418$ wird $y_N=h_N/b=0.795$, also $h_N=0.7\cdot0.795m=0.56m$.

2. *Kritischer Abfluss.* Mit $h_c=[Q^2/(gb^2)]^{1/3}=[0.5^2/(9.81\cdot0.7^2)]^{1/3}=0.373m$ ist der Normalabfluss strömend, da die zugehörige Froudezahl $F_N=Q/(gb^2h_N^3)^{1/2}=0.5/(9.81\cdot0.7^2 0.56^3)^{1/2}=0.54<1$ ist.

3. *Singulärer Punkt.* Nach Gl.(19.5) gilt mit $p_s=Q_s/L_s=0.5/4=0.125m^2s^{-1}$ und $J\cong J_s$ für $x_s=8.0\cdot0.125^2/(9.81\cdot0.7^2 0.002^3)=3.25\cdot10^6 m>L_s$. Effektiv ist $J<J_s$, also x_s noch grösser. Weiter gilt für die Wassertiefe im singulären Punkt $h_s=4\cdot0.125^2/(9.81\cdot0.7^2 0.002^2)=3250m$.

4. *Wasserspiegelprofil.* Für $x=L_s$ wird $X=4/3.25\cdot10^6=1.23\cdot10^{-6}$. Damit lässt sich keine Lösung aus Bild 19.6 entnehmen. Auf jeden Fall befindet man sich im Bereich ①, da im Bereich ③ Unterwassereinstau vorliegen würde. Die Lösung zu diesem Beispiel wird unten einfacher gefunden.

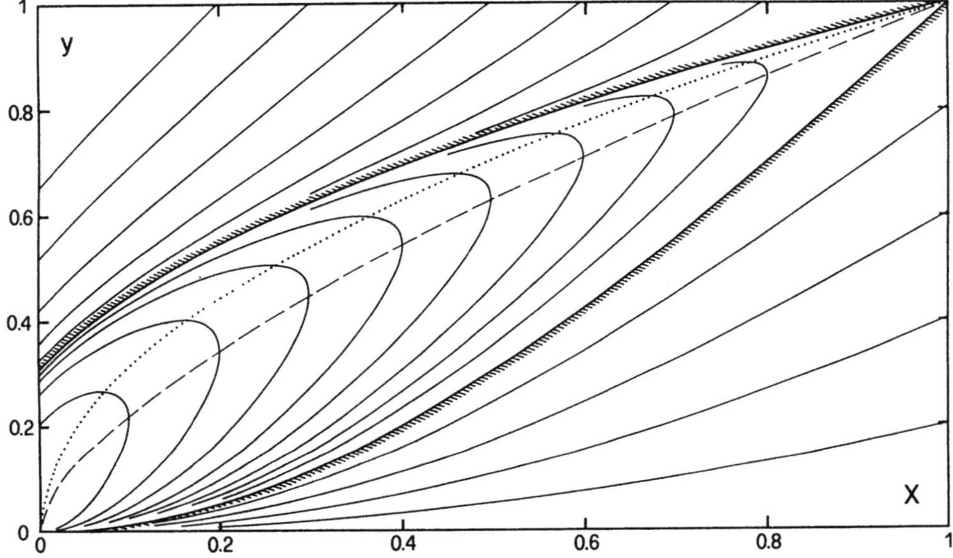

Bild   19.7   Wasserspiegel $y(X)$ in Bereich $0\leq X\leq1$, $0\leq y\leq1$. Bezeichnungen Bild 19.6.

Bei Problemen mit Zufluss Q_o im Oberwasserkanal ist fiktiv der Sammelkanal um die Länge $L_o=Q_o/p_s$ zu verlängern und der Ursprung an den Anfang des fiktiven Sammelkanals zu setzen.

Beispiel 19.2   Gegeben ein Sammelkanal von $L_s=7m$ Länge bei $b=1.1m$ Breite und einem Sohlengefälle von 3% sowie $K=85m^{1/3}s^{-1}$. Wie verläuft der Wasserspiegel für einen seitlichen Zufluss $Q_s=0.7m^3s^{-1}$, falls der Zufluss $Q_o=0.9m^3s^{-1}$ im Oberwasserkanal praktisch Normalabflusszustand besitzt?

1. *Normalabfluss.* Im Oberwasserkanal gilt $q_{No}=Q_o/(KJ_s^{1/2}b^{8/3})=$ $0.9/(85\cdot0.03^{1/2}1.1^{8/3})=0.047$, also $y_{No}=0.18$, entsprechend $h_{No}=$ $0.18\cdot1.1m=0.20m$ sowie im Unterwasserkanal $q_{Nu}=Q_u/(KJ_s^{1/2}b^{8/3})=$ $1.6/(85\cdot0.03^{1/2}1.1^{8/3})=0.084$, also $y_{Nu}=0.27$ und $h_{Nu}=0.295m$.

2. *Kritischer Abfluss.* Im Oberwasserkanal gilt $h_{co}=[Q_o^2/(gb^2)]^{1/3}=$ $[0.9^2/(9.81\cdot1.1^2)]^{1/3}=0.41m$ und somit $F_{No}=Q_o/(gb^2h_{No}^3)^{1/2}=2.92$ sowie im Unterwasserkanal $h_{cu}=[Q_u^2/(gb^2)]^{1/3}=[1.6^2/(9.81\cdot1.1^2)]^{1/3}=0.60m$. Beide Normalabflüsse sind also schiessend mit $F_{No}=2.92$ und $F_{Nu}=2.90$.

3. *Singulärer Punkt.* Unter der Annahme $J_s \simeq J$ gilt in erster Näherung für $x_s=8(1.6/7)^2/(9.81 \cdot 1.1^2 0.03^3)=1304\text{m}>L_s$, es stellt sich also kein singulärer Punkt ein. Weiter ist $h_s=Jx_s/2=0.03 \cdot 1304/2=19.55\text{m}$.

4. *Wasserspiegelprofil.* Mit dem Randwert $h_r=h_{No}=0.20\text{m}$ wird $y_r=h_r/h_s=0.20/19.55=0.010$. Der *fiktive Ursprung* berechnet sich durch $x_o=Q_o/p_s=0.9/(0.7/7)=9\text{m}$ oberhalb der seitlichen Zuflussstrecke, also gilt für den Randwert $X_r=x_r/x_s=x_o/x_s=9/1304=0.0069$.

Die Werte $(X_r;y_r)$ sind sehr klein, es lassen sich aus Bild 19.6 keine Werte ablesen. Näherungsweise berechnet man also die Wasserspiegelneigung im Randpunkt nach Gl.(19.6) zu $(dy/dX)_r=2(0.01^3-0.0069 \cdot 0.01)/(0.01^3-0.0069^2)=2.91$, womit

$$y=y_r+(dy/dX)_r(X-X_r).$$

Für $x_u=x_o+L_s=16\text{m}$ wird $X_u=16/1304=0.0123$, also $y_u=0.01+2.91(0.0123-0.0069)=0.0256$ und $h_u=y_u h_s=0.0256 \cdot 19.55\text{m}=0.50\text{m}$, Das Profil ist vom Typ ④ (Bild 19.5). Weiter im Unterwasser ist mit den Randwerten $(x_r;h_r)_u=(16\text{m};0.50\text{m})$ eine Senkungskurve asymptotisch an die Normalabflusstiefe $h_{Nu}=0.295\text{m}$ zu rechnen (Kap.8).

Dieses Beispiel zeigt das relativ aufwendige Berechnungsvorgehen, wobei der effektive Reibungsgradient J_f noch in einer zweiten Approximation in Rechnung zu stellen wäre.

Beispiel 19.3   Berechne den Reibungsgradienten J_{fu} nach Beispiel 19.2!
Mit der Formel von Manning und Strickler für das Rechteckprofil

$$J_f = \frac{Q^2}{K^2 b^2 h^2}\left(\frac{b+2h}{bh}\right)^{4/3}$$

gilt nämlich $J_{fo}=[0.9/(85 \cdot 1.1 \cdot 0.20)]^2[(1.1+2 \cdot 0.20)/(1.1 \cdot 0.20)]^{4/3}=0.03$ im Oberwasserquerschnitt wie vorausgesetzt und im Unterwasserquerschnit $J_{fu}=[1.6/(85 \cdot 1.1 \cdot 0.5)]^2[(1.1+2 \cdot 0.50)/(1.1 \cdot 0.50)]^{4/3}=0.007$, also der Mittelwert $J_{fm}=(0.03+0.007)/2=0.0185$ und $J=J_s-J_{fm}=0.03-0.0185=0.0115$. Die weitere Untersuchung ohne Diagramm wird nun vorteilhaft mit Gl.(19.4) durchgeführt, da so die Umrechnung auf $(x_s;h_s)$ entfällt. Mit den Randwerten $(x_r;h_r)=(9\text{m};0.20\text{m})$ wird $(dh/dx)_r=[0.0115-2 \cdot 0.1^2 9/(9.81 \cdot 1.1^2 0.2^2)]/[1-0.1^2 9^2/(9.81 \cdot 1.1^2 0.2^3)]=0.049$ und damit $h_u=0.2+0.049 \cdot 7=0.542\text{m}$. Der erste Schätzwert war also um rund 10% zu klein.

Nun könnte in einer dritten Iteration J_{fm} nochmals berechnet und mit dem neuen Wert J die Unterwassertiefe ermittelt werden. Dieses Verfahren ist mit einem grösseren Rechenaufwand verbunden.

19.3.3 Fliesswechsel

Hinsichtlich des *Berechnungsvorgehens* kann man sich an Kap.8 halten. Bei Gl.(19.4) handelt es sich ja um nichts als eine Verallgemeinerung von Gl.(8.45). Also sind:

- stömende Abflüsse *entgegen* der Fliessrichtung zu rechnen, bei Fliesswechsel dient der kritische Punkt als Ausgangsbasis und
- schiessende Abflüsse *in* Fliessrichtung zu rechnen, bei Fliesswechsel dient der kritische Punkt als Ausgangspunkt.

Bei Sammelkanälen stellt sich für Sohlengefälle J_s grösser als das kritische Gefälle J_c (Kap.6) ein Sonderfall ein. Im Unterwasser $x>L_s$ eines prismatischen Kanals konstanten Gefälles und unveränderlicher Rauheit kann sich nach Kap.6 kein Fliesswechsel einstellen. Also muss der Übergang von $F<1$ auf $F>1$ längs des Sammelkanals auftreten. Wie sich nachweisen lässt (Chow 1959), entspricht der *singuläre Punkt* $x=x_s$ dem Kontrollquerschnitt. Im Oberwasser von $x<x_s$ herrscht dann also Strömen, für $x>x_s$ stellt sich Schiessen ein (Bild 19.8).

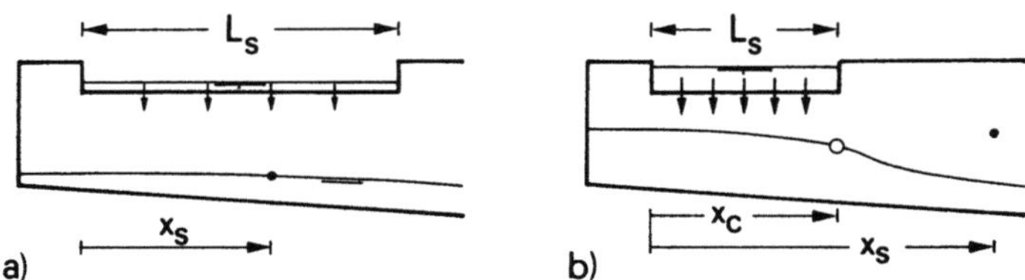

Bild 19.8   Abfluss im Sammelkanal mit (·) singulärem Punkt, a) längs und b) ausserhalb der seitlichen Einleitungsstrecke. (o) kritischer Punkt.

Bei Fällen mit $x_s>L_s$ liegt der singuläre Punkt ausserhalb des seitlichen Zuflusses, in dem Gl.(19.6) noch gilt. Deshalb wird der Abfluss durch den *kritischen Punkt* $x=x_c$ mit $F=1$, also mit der Wassertiefe $h=h_c$, forciert. Wie sich nachweisen lässt (Hager 1985), entspricht *nur* dann der Übergangsquerschnitt vom seitlichen Zufluss ($p_s>0$) zu keinem Zufluss ($p_s=0$) dem Kontrollquerschnitt. Häufig wird *a priori* der Querschnitt an der Stelle $x=L_s$ dem Kontrollquerschnitt gleichgesetzt. Dies ist wohl häufig beim Bemessungsabfluss der Fall, mit der Gl.(19.5) muss jedoch nachgewiesen werden, dass $8p_s^2/(gb^2J^3)>L_s$ gilt. Dazu ist deshalb eine grosse spezifische Beaufschlagung p_s/b sowie ein kleines Ersatzgefälle J nötig.

Beispiel 19.4	Gegeben ein Sammelkanal mit $b=0.6$m, $J_s=2\%$, $Q_o=0$, $Q_u=0.2$m^{3}s^{-1} und $L_s=10$m. Wie verläuft der Wasserspiegel bei $K=85$m$^{1/3}$s^{-1}? 1. *Normalabfluss.* Mit $q_{Nu}=0.2/(85\cdot0.02^{1/2}0.6^{8/3})=0.065$ wird $y_{Nu}=0.225$, also $h_{Nu}=0.135$m. 2. *Kritischer Abfluss.* Mit $h_{cu}=[0.2^2/(9.81\cdot0.6^2)]^{1/3}=0.225$m stellt sich schiessender Abfluss im Unterwasserkanal ein. Das kritische Gefälle beträgt $J_{cu}=[0.2/(85\cdot0.6\cdot0.225)]^2[(0.6+2\cdot0.225)/(0.6\cdot0.225)]^{4/3}=0.005$. 3. *Singulärer Punkt.* Um eine bessere erste Approximation zu erzielen, wird für $J=J_s-J_{cu}=0.02-0.005=0.015$ gesetzt. Mit $p_s=0.2/10=0.02$m^{2}s^1 folgt $x_s=8.0.02^2/(9.81\cdot0.6^20.015^3)=268$m und $h_s=4\cdot0.02^2/(9.81\cdot0.6^20.015^2)=2.01$m. Es stellt sich demnach kritischer Abfluss am Ende des Unterwasser-Sammelkanals ein. 4. *Wasserspiegelprofil.* Mit den Randwerten $(x_r;h_r)=(10$m$;0.225$m$)$, resp. $(X_r;y_r)=(0.037;0.112)$ bestimmt sich mit Bild 19.7 die Oberwassertiefe zu rund $y_o=0.10$, also $h_o=0.1h_s=0.20$m. Eine genauere Methode folgt in 19.3.4.
Beispiel 19.5	Welcher Wasserspiegel resultiert für einen Minimalabfluss $Q_u=0.02$m^{3}s^{-1} mit den Parametern nach Beispiel 19.4?

1. *Normalabfluss.* Mit $q_{Nu}=0.02/(85{\cdot}0.02^{1/2}0.6^{8/3})=0.0065$ wird $y_{Nu}=0.05$, entsprechend $h_{Nu}=0.03$m.

2. *Kritischer Abfluss.* Mit $h_c=[0.02^2/(9.81{\cdot}0.6^2)]^{1/3}=0.0485$m ist der Unterwasserabfluss schiessend. Das zugehörige kritische Gefälle beträgt $J_{cu}=[0.02/(85{\cdot}0.6{\cdot}0.0485)]^2[(0.6+2{\cdot}0.0485)/(0.6{\cdot}0.0485)]^{4/3}=0.0045$.

3. *Singulärer Punkt.* Mit $J=J_s{-}J_{cu}=0.0155$ und $p_s=0.02/10=0.002$m^{2}s^{-1} wird $x_s=8{\cdot}0.002^2/(9.81{\cdot}0.6^2 0.0155^3)=2.43$m und $h_s=Jx_s/2=0.0155{\cdot}2.43/2=0.019$m. Für diesen kleinen Abfluss stellt sich also der Kontrollquerschnitt an der Stelle $x=x_s$ ein. Für $0{\le}x{\le}2.43$m ist der Abfluss strömend, für $x>2.43$m schiessend.

4. *Wasserspiegelprofil.* Mit $(x_s;h_s)=(2.43$m$;0.019$m$)$ wird der Randwert $X_u=L_s/h_s=10/2.43=4.11$. Nach Bild 19.6 geht man also längs der flacheren Kurve durch den Punkt (1;1), welche auch die Grenze zwischen den Bereichen ④ und ⑤ darstellt und erhält an der Stelle $X=4.11$ den Wert $y_u=1.90$, entsprechend $h_u=1.9{\cdot}0.019=0.036$m. Die zugehörige Froudezahl beträgt $F_u=1.56$.

Beispiel 19.5 zeigt wie sehr klein die Abflüsse sein müssen, damit sich ein singulärer Punkt einstellt. Bei Bemessungsaufgaben wird deshalb wohl nie ein singulärer, sondern praktisch immer ein *kritischer Punkt* auftreten. Diesem Sonderfall soll deshalb noch spezielle Aufmerksamkeit geschenkt werden.

19.3.4 Kritischer Abfluss

Häufig ist ein Sammelkanal oben geschlossen. Bei Kanälen mit konstantem Gefälle J_s, welches im Unterwasserbereich grösser als das kritische Gefälle J_{cu} ist, stellt sich üblicherweise der Fliesswechsel am *Übergang* zwischen Sammelkanal und Unterwasserkanal ein. Dieser Fall soll hier genauer betrachtet werden. Die Auswertungen basieren auf Bild 19.6.

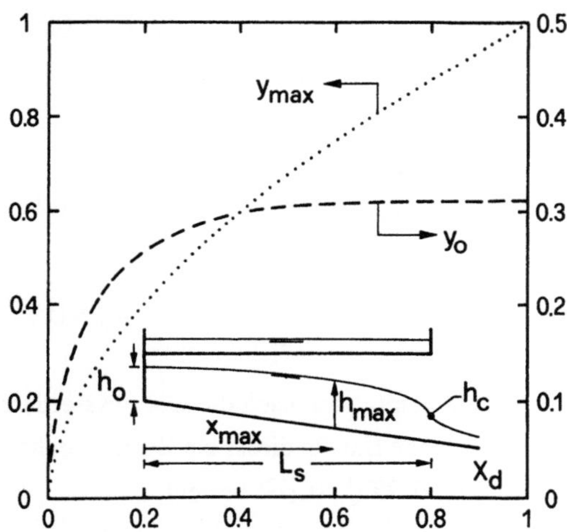

Bild 19.9   Sammelkanal mit kritischem Unterwasserausfluss $h_d=h_c$ a) Bezeichnungen, b) (– – –) y_0 und ($\cdot\cdot\cdot$) y_{max} als Funktionen von X_d.

Es bezeichne der Index «d» den Übergangsquerschnitt, an welchem sich kritischer Abfluss ($F=1$) einstellt. Weiter stelle «max» die Stelle mit maximaler Wassertiefe dar (Bild 19.9) und «o» den Oberwasserquerschnitt mit $Q_o=0$. Die in Bild 19.9 dargestellten Beziehungen $y_o=h_o/h_d$ und $y_{max}=h_{max}/h_d$ in Abhängigkeit von $X_d=L_s/x_s$ lassen sich genauer als 5% ausdrücken durch

$$y_{max} = X_d^{1/\sqrt{3}} , \quad X_d>0.02; \tag{19.8}$$

$$y_o = 0.311[Tgh(5X_d)]^{1/\sqrt{3}} , \quad X_d>0.05. \tag{19.9}$$

Die Lage des Maximums $X_{max}=y_{max}^2$ folgt nach Gl.(19.6).

Bezeichnet $i_s=p_s/b$ die *Zuflussbeaufschlagung* je Meter Länge und Breite des Sammelkanals, so folgt mit $X_d=L_s/x_s=gL_sJ^3/(8i_s^2)$ nach Gl.(19.8)

$$h_{max} = 1.2 \frac{i_s^{0.845} L_s^{0.577}}{g^{0.423}J^{0.268}} ; \quad x_{max} = \left[\left(\frac{gJ^3}{8i_s^2}\right)L_s\right]^{0.155}L_s. \tag{19.10}$$

Die *Maximalwassertiefe* h_{max} hängt demnach entscheidend von der Beaufschlagung i_s und weniger von der Länge L_s ab. Der Einfluss des totalen Gefälles J ist nur bescheiden.

Die *Oberwassertiefe* $h_o=y_oh_s$ lässt sich folgendermassen annähern

$$h_o/h_s = 0.311(5X_d)^{1/\sqrt{3}} , \qquad X_d < 0.1; \tag{19.11}$$

$$h_o/h_s = 0.311, \qquad X_d > 0.3. \tag{19.12}$$

Setzt man die Abkürzungen ein, so folgt

$$h_o \simeq 0.95 \frac{i_s^{0.845}L_s^{0.577}}{g^{0.423}J^{0.268}} = 0.79h_{max} , \qquad X_d < 0.1; \tag{19.13}$$

$$h_o \simeq 1.25 \frac{i_s^2}{gJ^2} , \qquad X_d > 0.3. \tag{19.14}$$

Für relativ kurze Sammelkanäle beträgt demnach die Oberwassertiefe rund 80% der Maximalwassertiefe, während für lange Kanäle direkt ein Zusammenhang mit der kritischen Tiefe $h_{cu}^3=Q_u^2/(gb^2)$ der Art $h_o=1.25h_{cu}^3/(L_s^2J^2)$ besteht.

Beispiel 19.6 Neurechnung von Beispiel 19.4.
1. *Normalabfluss.* $h_{Nu}=0.135$m.
2. *Kritischer Abfluss.* $h_{cu}=0.225$m.
3. *Singulärer Punkt.* $x_s=268$m, $h_s=2.01$m, entsprechend $X_d=10/268=0.0373$.

4. *Wasserspiegelprofil.* $y_{max}=0.0373^{1/\sqrt{3}}=0.150$ nach Gl.(19.8), also für die *maximale* Wassertiefe $h_{max}=0.150\cdot2.01m=0.30m$ und für $y_o=0.311[Tgh(5\cdot0.0373)]^{1/\sqrt{3}}=0.311\cdot0.184^{0.577}=0.117$ nach Gl.(19.9), also für die *Oberwassertiefe* $h_o=0.117\cdot2.01m=0.235m$.
Die Beaufschlagung beträgt $i_s=Q_u/(L_sb)=0.2/(10\cdot0.6)=0.0333ms^{-1}$. Mit Gl.(19.10) folgt $h_{max}=1.2\cdot0.033^{0.845}10^{0.577}/(9.81^{0.423}0.015^{0.268})=$ 0.298m, also praktisch dasselbe Resultat wie vorher. Für x_{max} gilt $[9.81\cdot0.015^3/(8\cdot0.033^2)10]^{0.155}10=6m$.
Für die Oberwassertiefe folgt mit $X_d=0.0373<0.1$ nach Gl.(19.13) $h_o \simeq$ $0.79h_{max}=0.79\cdot0.30=0.237m$, also ebenfalls das bereits berechnete Resultat.

19.3.5 Vergleich mit U-Profil

Der Sammelkanal mit U-Profil wurde vereinfacht bereits in Kap.15 betrachtet. Für *kritischen Abfluss* im Übergangsquerschnitt gilt mit $\bar{y}=\bar{h}_o$ /D unter Vernachlässigung des Gefällseinflusses nach Gl.(15.15)

$$\bar{y}_o^{5/2}\left(1-\tfrac{1}{4}\bar{y}_o\right) = 2.92\left[Q_u^2/(gD^5)\right]^{2/3}. \qquad (19.15)$$

Dieselbe Berechnung im Rechteckprofil, also für J=0, führt auf die Beziehung

$$y_o = \sqrt{3}\left[(Q_u^2/(gb^5)\right]^{1/3}. \qquad (19.16)$$

Für mindestens halb gefüllte U-Profile gilt als Zusammenhang mit dem Rechteckprofil $\bar{h}_o$ $=h_o+0.11D$, sowie D=b. Für einen bestimmten Wert y_o folgen dann für $Q_u/(gb^5)^{1/2}$ die in Tabelle 19.1 zusammengestellten Zahlen. Die Unterschiede zwischen den Gl.(19.15) und (19.16) sind rund 2%, also praktisch vernachlässigbar. Das Konzept des Ersatzprofiles darf also angewendet werden.

Tabelle 19.1   Relativdurchfluss $Q_u/(gb^5)^{1/2}$ nach a) Gl.(19.15) und b) Gl.(19.16) in Abhängigkeit von y_o.

y_o	0.5	0.6	0.7	0.8	0.9	1
a)	0.157	0.203	0.254	0.309	0.367	0.427
b)	0.155	0.204	0.257	0.314	0.375	0.439

Interessant ist ein Spezialfall in Gl.(19.16). Wird die rechte Seite durch die kritische Tiefe $h_{cu}=[Q_u^2/(gb^2)]^{1/3}$ ausgedrückt, so folgt das bekannte Resultat $h_o/h_{cu}=\sqrt{3}$. Diese häufig verwendete Beziehung gilt also nur bei J=0, d.h. falls das mittlere Reibungsgefälle J_{fm} durch das Sohlengefälle J_s kompensiert wird. Der Energieverlust infolge seitlichen Zuflusses beträgt dann $\Delta H=H_o-H_{uc}=h_o-(3/2)h_{uc}=(\sqrt{3}-1.5)h_{uc}= 0.232h_{uc}=\xi_s(V_u^2/2g)$ mit

$\xi_s = 2 \cdot 0.232 = 0.464$. Dieser Verlustbeiwert ist also recht gross und vergleichbar mit dem *Einlaufverlust* nach 2.3.4. Er darf keineswegs vernachlässigt werden.

19.4 Praktische Aspekte mit Sammelkanälen

Sammelkanäle weisen im Gegensatz zur vorangehenden eindimensionalen Berechnung eine ausgeprägte *räumliche* Strömung auf. Je nach dem Unterwassereinstau werden dabei eine oder zwei Rotationsbewegungen der Hauptlängsströmung überlagert. Bild 19.10 zeigt drei Querschnitte von Sammelkanälen, der eine mit freiem Abfluss und einem Tauchstrahl, der zweite mit eingestautem Abfluss und einem Wellstrahl (Oberflächen-strahl). Beim dritten Fall fliesst das Wasser auf einer geneigten Ebene dem trapezförmigen Sammelkanal zu. Die in 19.3 ermittelte *mittlere* Wassertiefe gibt natürlich keine Auskunft über den seitlichen Aufstau t_s im Sammelkanal. Wie durch Hager und Bremen (1990) nachgewiesen wurde, entspricht die eindimensionale Rechnung in etwa der minimalen Wassertiefe im Querschnitt, der Wandaufstau infolge Rotationsbewegung ist also darin nicht enthalten.

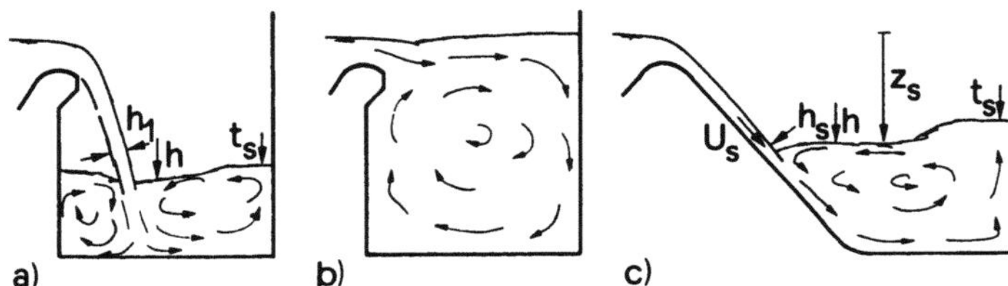

Bild 19.10   Strömungskonfiguration im Sammelkanal mit Rechteckprofil bei a) freiem und b) eingestautem Unterwasser; c) freier Abfluss im Trapezpro-fil.

Vereinfacht darf man den Abfluss im Sammelkanal als *Überlagerung* des Primär-abflusses mit der Rotationsbewegung betrachten. Der Zweite hängt dabei stark von der Einleitungsart in den Sammelkanal und dessen Geometrie ab. Bis heute liegen nur spärliche Angaben dazu vor, so beispielsweise von Gedeon (1962), Marangoni (1963) mit speziellem Bezug auf Kläranlagen, USBR (1938), Viparelli (1952), sowie von Hager und Bremen (1990). Aufgrund von japanischen Modellversuchen gilt mit $P_h = b + 2h$ als benetztem Umfang für ein Quergefälle von rund 1(hor):0.6(ver) mit den Bezeichnungen nach Bild 19.10c)

$$\frac{t_s}{h} = 1 + 5.5\left[\frac{p_s^2}{ghP_h}\,(z_s/h)^{1/2}\right]^{1/2}. \qquad (19.17)$$

Dabei ist z_s die Höhendifferenz zwischen dem Zulaufspiegel und der mittleren Kanal-wassertiefe. Im *rechteckigen* Sammelkanal (Bild 19.10a) fanden Hager und Bremen

$$\frac{t_s}{h} = 1 + \gamma_s \frac{p_s U_s}{gh^2} \tag{19.18}$$

mit $\gamma_s \simeq 1$ als Proportionalitätsfaktor, der jedoch bis $\gamma_s = 1.5$ ansteigen konnte. $U_s = p_s/h_s$ ist die seitliche Einleitungsgeschwindigkeit und h die lokale Wassertiefe nach der eindimensionalen Berechnung. Nach Gl.(19.17) und (19.18) nimmt $(t_s/h-1)$ proportional mit der Beaufschlagungsintensität p_s und der Zulaufgeschwindigkeit U_s zu, jedoch mit zunehmender mittlerer Wassertiefe h ab.

Sammelkanäle münden am Unterwasserende oft in ein Rohr. Bei *Überbelastung*, also bei hohem Unterwassereinstau, können sich eigenartige Abflussverhältnisse einstellen. Bild 19.11 zeigt eine Anordnung im Längsschnitt, bei der das abgehende Rohr 'Schützenabfluss' aufweist, also oben unter Druck steht, im Rohr selbst aber nicht voll-läuft. Bei genügend hohem Wasserspiegel im Sammelkanal bildet sich ein Wellstrahl nach Bild 19.10b), d.h. es bildet sich im Gegensatz zur üblichen Anordnung nach Bild 19.10a) ein einziger *Rotationswirbel* als Sekundärströmung. Da dieser näherungsweise einem Potentialwirbel entspricht, nimmt die Geschwindigkeit in Richtung Wirbelkern zu. Im Kern selbst ist die Rotationsgeschwindigkeit so hoch, dass nach der Bernoulligleichung Unterdruck entsteht. Als Druckausgleich bildet sich deshalb gegen die Fliessrichtung ein Wirbelschlauch, der mit Luft gefüllt ist, sich längs des Sammelkanals ausdehnt und an der Oberwasserwand 'klebt'. Solche Wirbel wurden von Hager (1990) ausführlich beschrieben.

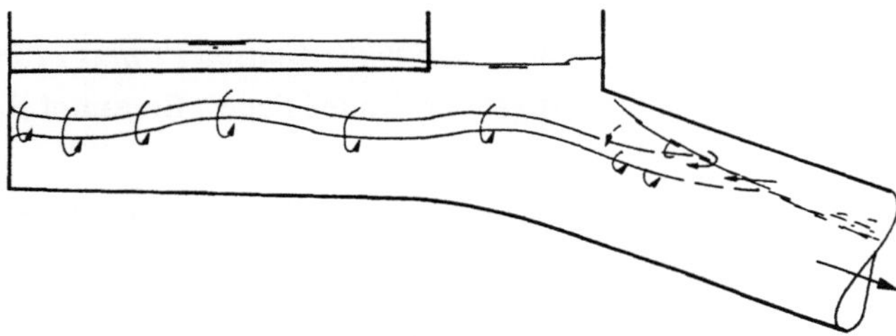

Bild 19.11 Längswirbel im Sammelkanal bei Überbelastung.

Durch die Anwesenheit der *Längswirbel* wird der Primärabfluss natürlich gestört. Weiter wird durch den Schachtauslauf nicht nur Wasser sondern nun auch Luft transpor-tiert, d.h. die Kontraktion des Wasserabflusses wird erhöht und damit der Rückstau ver-grössert. Drittens werden durch den u.U. instabilen Längswirbel Pulsationen angeregt, die sich ins Unterwasserrohr fortsetzen, und viertens wird die freie Luftzirkulation am Rohreinlauf empfindlich gestört. Alle diese Phänomäne weisen darauf hin, einen solchen Abflusszustand unter allen Umständen zu vermeiden. Dementsprechend soll das abgehende Unterwasserrohr genügend gross ausgebildet werden, damit sich der 'Schützenabfluss' (Kap.9) gar nicht ausbilden kann. Weitere Anhaltspunkte über die hydraulische Ausbildung folgen aus Kap.6.

Literaturnachweis

* Bremen, R. und Hager, W.H. (1989). Experiments in side-channel spillways. *Journal of Hydraulic Engineering* **115**(5): 617-635.
* Chow, V.T. (1959). *Open Channel Hydraulics*. McGraw-Hill: New York.
* Gedeon, D. (1962). Diskussion zu Side-channel spillway design. *Journal of Hydraulics Division* ASCE **88**(HY6): 227-231.
* Hager, W.H. (1985). Trapezoidal side-channel spillways. *Canadian Journal of Civil Engineering* **12**: 774-781.
* Hager, W.H. (1987) Lateral outflow over side weirs. *Journal of Hydraulic Engineering* **113**(4): 491-504; 1989, **115**(5): 684-688.
* Hager, W.H. (1990). Tornado-Wirbel im Wasserbau. *Wasser, Energie, Luft* **82** (11/12): 325-330.
* Hager, W.H. und Bremen, R. (1990). Flow features in side-channel spillways. *XXII Convegno di Idraulica e Costruzioni Idrauliche* Cosenza **4**: 91-105.
* Marangoni, C. (1963). Un particulare tipo di sfioratore costruito all´estremità della derivazione "Castelletto-Nervesa". *VIII Convegno di Idraulica* Pisa C(4): 1-10.
* Naudascher, E. (1992). *Hydraulik der Gerinne und Gerinnebauwerke*. Springer: Wien und New York.
* USBR (1938). Model studies of spillways. *Boulder Canyon Project - Final Reports*. Bulletin 1 Part VI, Hydraulic Investigations. United States, Bureau of Reclamation: Denver, Colorado.
* Viparelli, C. (1952). Sul proporzionamento dei colletori a servizio di scarichi di superficie. *L´Energia Elettrica* **29**(6): 341-353.

Bezeichungen

b	[m]	Kanalbreite
D	[m]	Durchmesser
F	[m^2]	Querschnittsfläche
F	[-]	Froudezahl
g	[ms^{-2}]	Erdbeschleunigung

h	[m]	Wassertiefe
$\bar{h}$	[m]	Wassertiefe im U-Profil
h_s	[m]	Wassertiefe am singulären Punkt
$h_{\ddot{u}}$	[m]	Überfallhöhe
H	[m]	Energiehöhe
H_f'	[-]	Verlustgefälle infolge Wandreibung
H_L'	[-]	Verlustgefälle infolge seitlicher Einleitung
i_s	[ms^{-1}]	$=p_s/b$ Zuflussbeaufschlagung
J_f	[-]	Reibungsgefälle
J_s	[-]	Sohlengefälle
K	[m$^{1/3}$s^{-1}]	Rauhigkeitsbeiwert
L_s	[m]	Einleitungslänge
p_s	[m^{2}s^{-1}]	seitliche Einleitungsintensität
P_h	[m]	benetzter Umfang
Q	[m^{3}s^{-1}]	Durchfluss
Q_s	[m^{3}s^{-1}]	seitlicher Zufluss
Q'	[m^{2}s^{-1}]	seitliche Zuflussintensität
q_N	[-]	Normalabflussparameter
t_s	[m]	Wasserspiegelüberhöhung
u	[-]	Abflusscharakteristik
U	[ms^{-1}]	seitliche Zuflussgeschwindigkeit
v	[-]	Abflusscharakteristik
V	[ms^{-1}]	Kanalgeschwindigkeit
x	[m]	Längskoordinate
x_s	[m]	Lage des singulären Punktes
X	[-]	$=x/x_s$
y	[-]	$=h/h_s$
y_N	[-]	Teilfüllung
z	[m]	Vertikalkoordinate
z_0	[m]	Anfangsüberfallhöhe
z_s	[m]	Wasserspiegel-Höhendifferenz
γ_s	[-]	Proportionalitätsfaktor
ΔH	[m]	Energieverlust
ϕ	[-]	seitlicher Zuflusswinkel
ρ	[kgm^{-3}]	Dichte
χ	[-]	$=J/(p_sh/Q)=J(V/i_s)$ Relativwert
ξ_s	[-]	Verlustbeiwert

Indizes

c	kritisch	o	Oberwasser
d	forciert kritisch	r	Randwert
m	Mittelwert	s	singulär
max	Maximum	u	Unterwasser
N	Normalabfluss		

20 BODENÖFFNUNG

Bodenöffnungen werden bei stabil schiessendem Zufluss als Entlastungsbauwerke eingesetzt. Obwohl Taubmann das Konzept bereits vor über zwanzig Jahren eingeführt hat, liegt bis heute kein eindeutiges Bemessungsverfahren vor.

Das *modifizierte Verfahren von Taubmann* umgeht komplizierte Umrechnungen im Kreisprofil. Es basiert auf einem überdruckfreien Strahl, der durch eine halbelliptische Öffnung ausfliesst. Die Lage des Trennblechs sowie die Trennschärfe werden in Abhängigkeit von der Zuflusscharakteristik angegeben.

Das *Verfahren von Hager* bezieht sich auf einen Bodenausfluss bei einem Verteilkanal. Der Einfluss der Zuflussgeschwindigkeit wird berücksichtigt, hingegen ist der Abfluss infolge der relativ kurzen Öffnung nur beschränkt stetig variabel.

Infolge der bis heute noch fehlenden systematischen Überprüfung der Berechnungsverfahren werden beide Methoden vorgestellt. Bei wichtigen Bauwerken werden Modellversuche zur Überprüfung der Berechnungsresultate empfohlen.

20.1 Einleitung

In Mischwasserkanalisationen haben sich zwei Typen von Entlastungsanlagen eingebürgert. Für strömenden Abfluss wird das *Streichwehr* mit hoher Ueberfallkante eingesetzt mit einer unterwasserseitigen Drosselung des Schmutzwasserkanals (Kap.18). Dieses Konzept kann bei schiessendem Abfluss jedoch nicht angewendet werden, da dann Wassersprünge im Ueberfallbereich auftreten würden, die sich je nach Durchfluss an verschiedenen Lagen einstellen.

Um den schiessenden Abfluss über die Entlastungsstelle hinaus zu gewährleisten, hat sich der *Springüberfall* (engl.: Leaping weir) eingebürgert. Die Entlastung entspricht dabei einer Öffnung in der Kanalsohle, deren Länge auf den kritischen Abfluss abgestimmt ist. Wird der kritische Abfluss überschritten, so fliesst ein Teil des Zuflusses geradeaus in den Unterwasserkanal, der kritische Abfluss jedoch durch die Bodenöffnung weiter zur Kläranlage. Diese baulich recht einfache Anordnung hat sich bis heute bewährt, durch den Einbau eines Bodenblechs lässt sich die Öffnung auch an einen veränderten Bemessungsabfluss anpassen.

Bodenöffnungen sind bekannt im Wasserbau, wo sie als "Tirolerwehr" in alpinen Wasserfassungen eingesetzt werden. Als Kanalquerschnitt tritt dann immer das Rechteck auf. Es existiert eine beträchtliche Literatur über das Tirolerwehr, dessen Bodenöffnung durch einen Rechen abgedeckt ist und somit Geschiebe grösser als der Stababstand von der Fassung fernhält. In der Kanalisationstechnik finden sich vergleichsweise nur wenige Angaben zum Entlastungsvorgang, hauptsächlich infolge der grossen Parameterzahl, des aufwendigen Modellbaus und des mühsamen Versuchsablaufs (Hager 1992). In der Folge soll vorerst die Problemstellung erläutert, dann das Berechnungsverfahren nach Taubmann modifiziert vorgestellt und schliesslich Anwendungsbeispiele durchgerechnet werden. Es wird empfohlen, bei wichtigen Bauwerken die Abmessungen und das Gesamtkonzept anhand eines Generalmodells zu überprüfen.

20.2 Modifizierte Berechnung nach Taubmann
20.2.1 Berechnungsvoraussetzungen

Taubmann (1972) kommt das Verdienst zu, den Springüberfall soweit standardisiert und vereinfacht zu haben, dass er einer hydraulischen Berechnung zugänglich wird. Bild 20.1 zeigt eine Prinzipskizze mit dem Zulauf, dem Klärablauf und der darüber liegenden Entlastung. Um keine Pulsationen zu erzeugen, wird eine *Abflussbelüftung* bei der Trennung vorgesehen. Damit stabiler Zufluss und wenig gestörte Abflussbedingungen herrschen, setzt Taubmann voraus (SIA, 1980):

* minimale Zufluss-Froudezahl $F=1.5$,
* keine Kaliberänderung und kein seitlicher Zufluss auf der Länge $10D_0$,
* konstantes Sohlgefälle von mindestens rund 1% und
* gerader Zulauf, um möglichst Stosswellen zu vermeiden.

Damit herrscht im Zulaufrohr praktisch schiessender *Normalabfluss*.

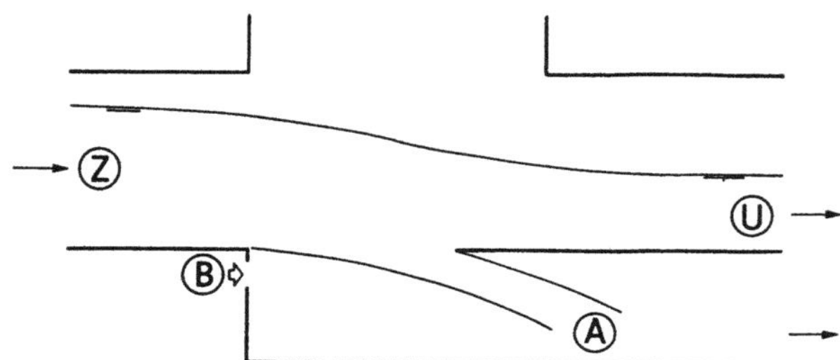

Bild 20.1 Springüberfall ohne Drosselung (schematisch) mit Z Zuflusskanal, A Klärablauf und U Entlastungskanal. B Belüftungsrohr.

Der Springüberfall von Taubmann (1972) zeichnet sich wie folgt aus (Bild 20.2):

* das *Zulaufrohr* vom Durchmesser D_0 wird über die Entlastung hinaus weitergezogen, um Störungen möglichst klein zu halten,
* die Entlastung besteht aus einer *rechteckigen Öffnung* im Kreiskanal, in welche ein Trennblech eingelassen ist,
* das *Trennblech* entspricht geometrisch einer Halbellipse mit den Halbachsen $\bar{a}$ und $\bar{b}$,
* um die Entlastung an den u.U. veränderlichen Bemessungsdurchfluss anzupassen, lässt sich das Trennblech in Längsrichtung verschieben,
* der *Klärablauf* lässt sich mit und ohne Drosselung ausführen.

Weiterhin ist konstruktiv sicherzustellen, dass die Länge der Bodenöffnung mindestens 50cm beträgt, und im Unterwasser keine abflussstörenden Elemente wie Krümmer, Einbauten oder Vereinigungen liegen, die den Springüberfall einstauen.

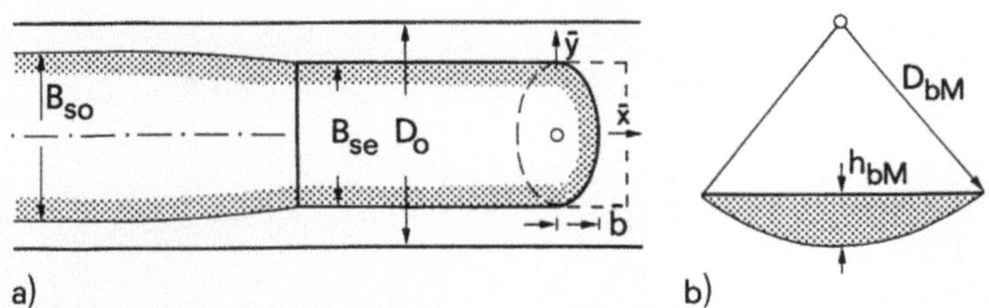

Bild 20.2 Trennblech a) Grundriss und b) Querschnitt der Trennebene.

Die Bemessung wird für zwei Belastungszustände durchgeführt, nämlich für den:

- *kritischen Schmutzwasseranfall* $Q=Q_K$, bei dem also der Gesamtdurchfluss der Kläranlage zugeführt werden muss und

- maximalen Anfall $Q=Q_M$, um die Trennschärfe nachzuweisen, d.h. den auf Q_K bezogenen Mehrabfluss zu ermitteln.

Die Berechnung von Taubmann bezieht sich auf drei Querschnitte, nämlich den Zulauf (Index «o»), den Endquerschnitt (Index «e») bei der Absturzkante und den Unterwasserquerschnitt (Index «u»).

Das Berechnungsprinzip lautet wie folgt (Bild 20.3):

- Als massgebende Stromlinien werden die obere und untere Strahlkurve angenommen,

- beide Kurven werden durch die konventionellen «Wurfparabeln» ersetzt, der interne Strahldruck also vernachlässigt,

- bei kritischem Abwasseranfall Q_K berührt die *obere Strahlkurve* das Trennblech gerade,

- bei maximalem Durchfluss Q_M errechnet sich der Klärabfluss als Produkt von Geschwindigkeit und Querschnittsfläche unter dem Trennblech, wobei als massgebende Begrenzung die *untere Strahlkurve* betrachtet wird.

20.2.2 Trennblech

Die Berechnung von Taubmann lässt sich unter Einführung der Teilfüllung $y=h/D$ und der Froudezahl F vereinfachen. Nach Hager (1992) gilt für die *Lage des Trennbleches*

$$\frac{L_{bM}}{h_{oK}} = (1 + J_{so})^{1/2}\left[F_{oK} + \frac{1}{2F_{oK}} + \left(\frac{F_{oK}^2 + F_{oK}-1}{2F_{oK}}\right)y_{oK}\right] . \tag{20.1}$$

Dabei bedeuten $y_{oK}=h_{oK}/D_o$ die Teilfüllung des Normalabflusses bei $Q=Q_K$ und $F_{oK}=Q_K/(gD_oh_{oK}^4)^{1/2}$ die zugehörige Froudezahl (Bild 20.3). Bei bekanntem Sohlengefälle J_{so}, gegebener Wandrauheit oder Rauhigkeitsbeiwert K, fixiertem Durchmesser

D_0 und festgelegtem Durchfluss Q_K lässt sich also die Lage des Bleches explizit errechnen.

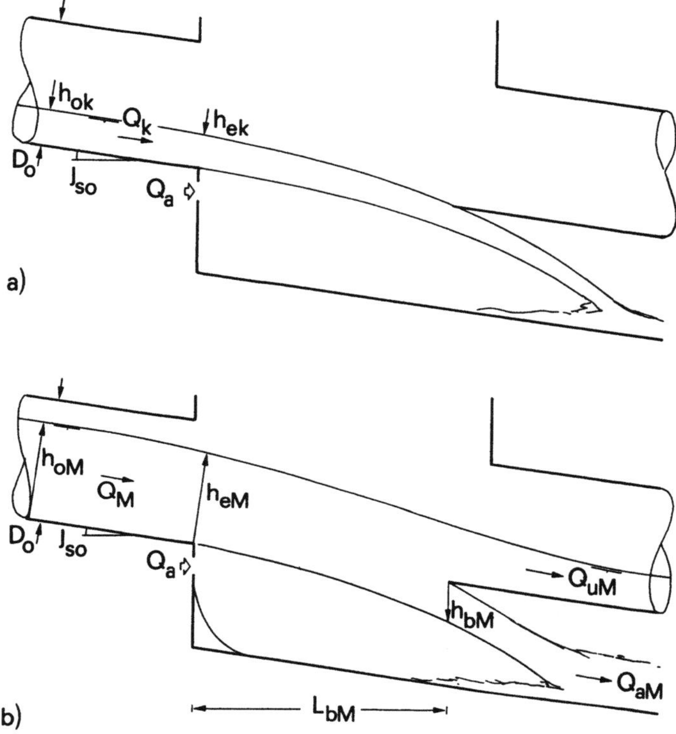

Bild 20.3 Springüberfall bei a) kritischem und b) maximalem Zufluss.

Beispiel 20.1 Gegeben ein Zuflusskanal mit D_0=0.60m, J_{so}=3.5%, K=85m$^{1/3}$s^{-1} und einem kritischen Anfall Q_K=0.22m^{3}s^{-1}. Berechne die Lage des Trennbleches. Mit h_{oK}=0.17m (nach SIA 1980) folgt als Teilfüllung y_{oK}=0.17/0.60=0.283 und als Froudezahl F_{oK}=0.22/(9.81·0.60·0.17^4)$^{1/2}$=3.14. Einsetzen in Gl.(20.1) ergibt L_{bM}/h_{oK}=1.035$^{1/2}$[3.14+1/(2·3.14)+0.283(3.14^2+3.14−1)/(2·3.14)=3.91, also L_{bM}=3.91·0.17=0.664m>0.50m. Die Lage des Bleches beträgt also 0.66m ab Absturzkante.

Der Berechnung des Bleches wird die *Ellipse* mit den Halbachsen $\bar{a}$ und $\bar{b}$ zugrundegelegt. Dabei ist $\bar{a}=B_{se}/2$ die längere, in Querrichtung orientierte Achse und $\bar{b}=\bar{a}/2$ die kürzere, in Längsrichtung angeordnete Achse (Bild 20.2). Es gilt geometrisch

$$B_{se}/D_0 = 2(y_e - y_e^2)^{1/2} \tag{20.2}$$

mit $y_e=h_e/D_0$. Das *Endtiefenverhältnis* hängt dabei folgendermassen von F_0 und y_0 ab

$$h_e/h_o = \frac{2F_o^2}{1 - y_o^2 + 2F_o^2} \, .$$

$$(20.3)$$

Damit lassen sich $\bar{a}$ und $\bar{b}$ ermitteln.

Beispiel 20.2   Berechne die Blechgeometrie von Beispiel 20.1.
Mit $y_{oK}=0.283$ und $F_{oK}=3.14$ folgt für das Endtiefenverhältnis $h_{eK}/h_{oK}=$
$2\cdot3.14^2/(1-0.283^2+2\cdot3.14^2)=0.955$ und damit $h_{eK}=0.955h_{oK}=0.955\cdot0.17=$
0.162m. Also gilt weiter mit $y_{eK}=0.162/0.60=0.27$ für $B_{seK}/D_o=2(0.27-$
$0.27^2)^{1/2}=0.888$ und $B_{seK}=0.533$m. Die Halbachsen betragen demnach $\bar{a}=$
$B_{seK}/2=0.267$m und $\bar{b}=0.133$m.

20.2.3 Maximalanfall

Die Berechnung der *Trennschärfe* gestaltet sich mühsam. Näherungsweise darf das explizite Verfahren nach Hager (1992) wiederum verwendet werden. Für den *effektiven* Klärabfluss Q_{aeff} bei Maximalbelastung ergibt sich dann in Abhängigkeit von der Zulauf-Froudezahl F_{oM} und der Zulauf-Teilfüllung y_{oM}

$$\frac{Q_{a\,eff}}{D_o^2(2gh_{oM})^{1/2}} = y_{oK}^{1.6}\left[0.30F_{oM}^2 exp^2(y_{oM}/2) + 1\right]^{1/2} .$$

$$(20.4)$$

Die *Wassertiefe* im Zulaufkanal bei Maximalanfall beträgt h_{oM}, die zugehörige Teilfüllung also $y_{oM}=h_{oM}/D_o$ und die entsprechende Froudezahl $F_{oM}=Q_M/(gD_oh_{oM}^4)^{1/2}$. Da sowohl $exp(y_{oM}/2)$ als auch F_{oM} immer grösser als Eins sind, folgt überschlägig anstelle von Gl.(20.4) sogar

$$\frac{Q_{a\,eff}}{D_o^2(2gh_{oM})^{1/2}} = 0.55y_{oK}^{1.6}\,F_{oM}\,exp(y_{oM}/2) .$$

$$(20.5)$$

Daraus lässt sich erkennen, dass der Effektivabfluss und damit die *Trennschärfe*

$$T_s = \frac{Q_{a\,eff} - Q_K}{Q_K}$$

$$(20.6)$$

massgebend von den Teilfüllungen y_{oM} und y_{oK} sowie der Froudezahl F_{oM} abhängen.

Beispiel 20.3   Wie gross ist die Trennschärfe für $h_{oM}=0.486$m und $Q_M=1.17$m^{3}s^{-1} nach
Beispiel 20.1?
Mit $h_{oK}=0.17$m und $h_{oM}=0.486$m wird $y_{oK}=0.283$ und $y_{oM}=0.81$, ferner
$F_{oM}=17/(9.81\cdot0.6\cdot0.486^4)^{1/2}=2.04$. Damit wird $Q_{aeff}/[D_o^2(2gh_{oM})^{1/2}]=$
$0.283^{1.6}[0.30\cdot2.04^2exp^2(0.81/2)+1]^{1/2}=0.26$ nach Gl.(20.4) und 0.223,
entsprechend -14% nach Gl.(20.5). Daraus folgt für $Q_{aeff}=$
$0.26\cdot0.6^2(2\cdot9.81\cdot0.486)^{1/2}=0.290$m^{3}s^{-1}. Nach SIA (1980) ergibt sich
0.310m^{3}s^{-1}. Die Trennschärfe wird demnach $T_s=(0.29-0.22)/0.22=32\%$.

20.3 Verfahren nach Hager

Im Gegensatz zum Verfahren nach Taubmann hat sich Hager (1985) auf eine Ausflussströmung aus einem Kanallängsschlitz bezogen. Da die Öffnungslänge relativ gering ist, also L_b/D_o die Grössenordnung von 1 hat, dürfen zusätzliche Verluste vernachlässigt und die Energielinie praktisch parallel zur Sohle angenommen werden (Bild 20.4).

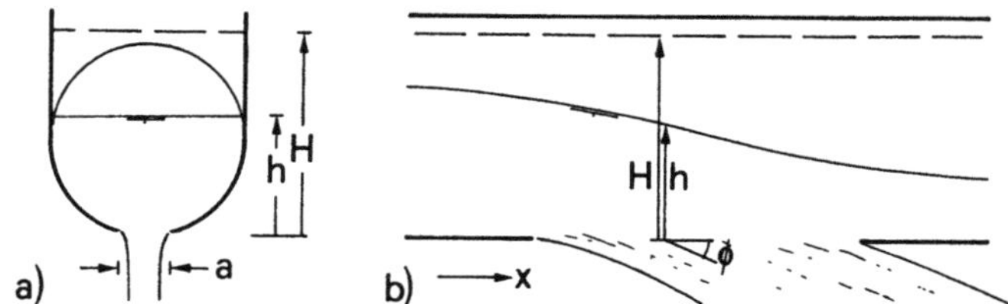

Bild 20.4 Schematische Anordnung einer schlitzförmigen Längsbodenöffnung.

Für das *prismatische* U-Profil mit dem Durchmesser D gilt näherungsweise die Flächenbeziehung

$$F = (Dh^3)^{1/2} \tag{20.7}$$

und damit als *Gleichung des Wasserspiegels* Y(X) analog zum Verteilkanal mit Streichwehr (Kap.17)

$$\frac{dY}{dX} = \left(\frac{2(1-Y)}{Y}\right)^{1/2} \frac{Q'/(gH^3)^{1/2}}{3-4Y} \tag{20.8}$$

mit der dimensionslosen Längskoordinate und der normierten Wassertiefe

$$X = x/(DH)^{1/2}, \quad Y = h/H. \tag{20.9}$$

H stellt dabei die unveränderliche Energiehöhe bezüglich der Sohle dar. Gl.(20.7) entspricht nicht der unter 20.2 vorausgesetzten Beziehung, da sie im Mittel ein U-Profil beschreibt.

Dem konventionellen *Ausflussgesetz* Q'(x)=dQ/dx mit A=a/H als relativer Schlitzöffnung wird noch die von der lokalen Geschwindigkeit abhängige Ausflussrichtung überlagert, womit (Hager 1985)

$$Q' = -\mu A(2gH^3)^{1/2}\left(\frac{h}{2H-h}\right)^{1/2}. \tag{20.10}$$

Setzt man Gl.(20.10) in Gl.(20.8) ein, so folgt weiter als dimensionslose Gleichung des Wasserspiegels

$$\frac{dY}{dX} = \frac{2\mu A}{4Y-3}\left(\frac{1-Y}{2-Y}\right)^{1/2}. \tag{20.11}$$

Diese Gleichung muss für $Y>3/4$ (Strömen) gegen und für $Y<3/4$ (Schiessen) in Fliessrichtung gelöst werden. Setzt man als zugehörige *Randbedingungen* $Y(X=0)=1$ und $Y(0)=3/4$ analog wie in den Kap.17 und 18, so lautet die Lösung für $\mu=0.62$ (Bild 20.5)

$$2\mu AX = 2(1 - Y)^{3/2} (2 - Y)^{1/2} - Arcosh(3 - 2Y) + C_1 \tag{20.12}$$

mit $C_1=0$ für Strömen und $C_1=0.683$ für Schiessen. Näherungsweise darf für $Y<0.5$ mit C_2 als Integrationskonstante gesetzt werden

$$AX = 1.41 - 2.5Y^{8/9} + C_2. \tag{20.13}$$

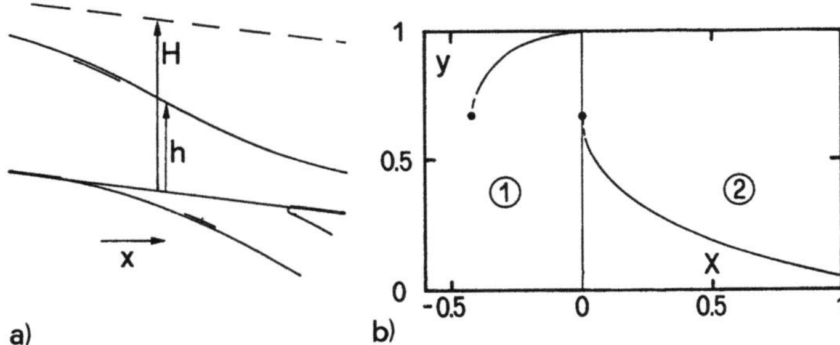

Bild 20.5 Lösung der Gleichung (20.11) mit $X=ax/(DH^3)^{1/2}$ und $y=h/H$ für ① Strömen und ② Schiessen.

Beispiel 20.4

Wie lange muss eine Bodenöffnung mit den Angaben nach Beispiel 20.1 sein, falls alles Wasser in die Entlastung fliesst?

Mit $Q_K=0.22m^3s^{-1}$ und $h_{oK}=0.17m$ ergibt sich als Geschwindigkeit $V_{oK}=Q_K/F_K=0.22/(0.60\cdot0.17^3)^{1/2}=4.05ms^{-1}$, also als Energiehöhe $H_{oK}=0.17+4.05^2/19.62=1.01m$. Damit folgt $Y_{oK}=0.17/1.01=0.168$. Mit der Randbedingung $Y(X=0)=Y_{oK}$ und der Ausflussbedingung $Y(X=X_u)=0$ wird nach Gl.(20.12) $2\mu AX_u=2\cdot2^{1/2}-Arcosh(3)-2(1-0.168)^{3/2}(2-0.168)^{1/2}+Arcosh(3-2\cdot0.168)=0.65$. Mit $a=B_{se}=0.533m$ wird $A=0.533/1.01=0.53$ und damit $X_u=0.65/(2\cdot0.62\cdot0.53)=0.99$, also $x_u=0.99(0.60\cdot1.01)^{1/2}=0.77m$.

Da $\bar{a}=0.267m$ und $\bar{b}=0.133m$ betragen (Beispiel 20.2), ist die Fläche der Halbellipse $F=\pi\bar{a}\bar{b}/2$ und die Länge des zur Halbellipse zugehörigen Rechtecks $L_R=(\pi/4)\bar{b}=0.105m$. Also würde die Öffnungslänge $L_b=0.79+(0.133-0.105)=0.80m$ betragen, entsprechend 13cm mehr als nach Beispiel 20.1.

Beispiel 20.5

Berechne den Mehrabfluss nach den Angaben von Beispiel 20.3.
Mit $h_{oM}=0.486m$ und $Q_M=1.17m^3s^{-1}$ wird die Zuflussgeschwindigkeit $V_{oM}=Q_M/F_{oM}=1.17/(0.60\cdot0.486^3)^{1/2}=4.46ms^{-1}$, also die Energiehöhe $H_{oM}=0.486+4.46^2/19.62=1.50m$. Damit folgt für die Randbedingung $Y_r(0)=0.486/1.5=0.324$.

Mit der Schlitzbreite $a=0.533m$ wird $A=0.533/1.50=0.355$ und mit der Öffnungslänge $\Delta x=0.664m-0.03m=0.634m$ ergibt sich als Relativlage $X_u=0.634/(0.60\cdot1.50)^{1/2}=0.67$. Gl.(20.13) lautet somit $0.355\cdot0.67=1.41-2.5Y_u^{8/9}-1.41+2.5Y_r^{8/9}$. Löst man auf die Unbekannte $Y_u=(0.324^{8/9}-0.355\cdot0.67/2.5)^{9/8}=0.231$ so folgt $h_u=0.231\cdot1.5=0.35m$. Der zugehörige Durchfluss lässt sich aus der Bernoulli-Gleichung errechnen zu $Q_u=F_u[2g(H-h_u)]^{1/2}=(0.6\cdot0.35^3)^{1/2}[19.62(1.5-0.35)]^{1/2}=0.763m^3s^{-1}$ und damit $\Delta Q=Q_o-Q_u=1.17-0.763m^3s^{-1}=0.407m^3s^{-1}$. Gegenüber der Berechnung von Taubmann ist der Mehrabfluss also bedeutend höher.

Hager (1985) hat dasselbe Beispiel durchgerechnet, dabei jedoch anstelle der auf Gl.(20.7) basierenden Ausgangswerte V_o, H_o die effektiven Werte ermittelt. Obwohl Gl.(20.7) eine grobe Näherung darstellt, verändert sie das Wesen der Berechnung nicht und gestattet insbesondere die einfache Berechnung des Wasserspiegels ohne den zusätzlichen Parameter h_o/D_o. Weiter wird in der vorliegenden Berechnung nicht auf die *Absenkung des Zuflusses* von h_o auf die Endtiefe h_e infolge der Stromlinienkrümmung eingegangen (Kap.11). Diese nimmt nach Hager (1985) etwa linear ab mit dem Parameter $\bar{A}=a/(DH)^{1/2}$ und lässt sich annähern durch

$$h_e/h_o = 1 - \frac{2}{3}\bar{A}, \quad \text{falls } \bar{A}\leq0.4 . \tag{20.14}$$

Gl.(20.14) gilt nur für $h_e/h_o\geq h_{ef}/h_o$ mit

$$h_{ef}/h_o = \frac{8}{7}\bar{A}^{1/2}, \quad \text{falls } \bar{A}<0.4. \tag{20.15}$$

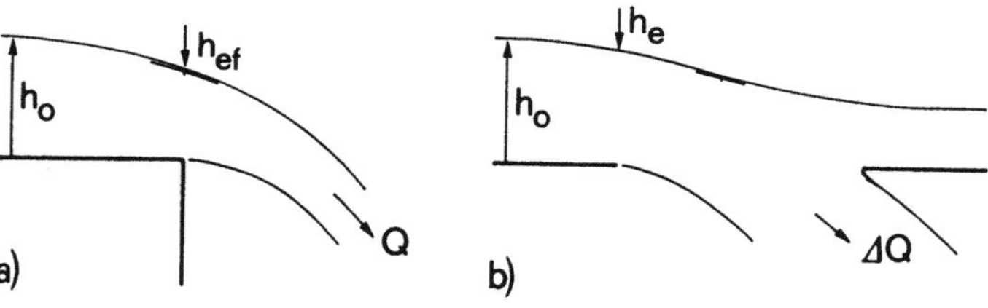

Bild 20.6 Absenkung des Wasserspiegels bei schiessendem Zufluss, a) Endüberfall und b) Analogie beim Bodenauslass.

Beispiel 20.6

Wie gross ist die Absenkung für die beiden bereits betrachteten Durchflüsse $Q_K=0.22m^3s^{-1}$ und $Q_M=1.17m^3s^{-1}$?
Kritischer Anfall: Mit $a=0.533m$, $D=D_o=0.60m$, $h_{oK}=0.17m$ und $H_{oK}=1.01m$ nach Beispiel 20.4 wird $a/(D_oH)^{1/2}=0.533/(0.60\cdot1.01)^{1/2}=0.685$ und damit $h_e=h_{ef}=(8/7)0.17\cdot0.685^{1/2}=0.161m$.
Maximalanfall: mit $h_{oM}=0.486m$ und $H_{oM}=1.50m$ nach Beispiel 20.5 wird $\bar{A}=0.533/(0.60\cdot1.50)^{1/2}=0.562>0.4$, also $h_e=h_{ef}=(8/7)0.486\cdot0.562^{1/2}=0.416m$.

Mit diesen modifizierten Randwassertiefen wird sowohl die Öffnungslänge kürzer als auch der Mehrabfluss bei Maximalanfall leicht geringer. Es bleiben jedoch namhafte Differenzen bestehen zwischen den Berechnungsverfahren nach Taubmann (1972) und Hager (1985). Diese lassen sich letzlich nur durch genauere, auf Experimenten aufbauenden Berechnungen bereinigen. Da bis heute eine verlässliche Datenbasis fehlt, werden vorläufig beide Verfahren empfohlen.

20.4 Vergleich der Berechnungsmethoden
20.4.1 Berechnungsvorschlag

Der Arbeitsaufwand beider Originalverfahren ist etwa gleich, das modifizierte Verfahren nach Taubmann nach 20.2 ist dagegen um einiges einfacher. Taubmann geht von der Strahlgeometrie aus, berücksichtigt dabei aber Messresultate, die sich auf das Rechteck- und nicht auf das Kreisprofil beziehen (Kap.11). Wie Hager (1992) gezeigt hat, liegen bei gleicher Froudezahl F_0 die obere und untere *Strahlbegrenzungslinie* mit Ausnahme von $F_0=1$ immer tiefer als beim entsprechenden Rechteckprofil. Der Ausflussstrahl aus dem Rechteckkanal wird zudem seitlich geführt, beim Kreisprofil hingegen dehnt sich der Strahl seitlich aus. Inwieweit ein freier Strahl in die Atmosphäre mit einem Strahl in einen Klärkanal des Springüberfalls mit beträchtlichen Druckumlagerungen verglichen werden kann, müsste ebenfalls abgeklärt werden. Aus der Dissertation von Taubmann gehen entsprechende Messungen nicht hervor, noch scheint er Kenntnis von den Arbeiten Biggieros (1963, 1969) gehabt zu haben.

Das vorliegende Verfahren fusst auf der hydraulischen Theorie der Abflüsse mit lokal abnehmendem Durchfluss. Im Vergleich zu den üblichen klassischen Ansätzen, beispielsweise nach De Marchi, ist aber das Ausflussgesetz durch Experimente im Rechteckkanal abgesichert. Im Gegensatz zum üblichen Ausfluss aus Behältern wird die Abflussdynamik in Rechnung gestellt. Dagegen wird die nichthydrostatische Druckverteilung im Ausflussbereich nicht, und die Querschnittsgeometrie nur vereinfacht berücksichtigt. Am einschränkendsten erscheint jedoch die Annahme eines *stetig veränderlichen Abflusses*. Springüberfälle sind üblicherweise im Vergleich zum Profildurchmesser oder zur Zulaufwassertiefe kurz, es treten also bedeutende Änderungen aller am Abfluss beteiligten Grössen auf, die bestimmt einen Einfluss auf die Genauigkeit der Berechnung haben.

Abschliessend kann im Sinne einer Eingabelung empfohlen werden, mit beiden Ansätzen ein Problem zu berechnen, bis eine genauere und insbesonders besser verifizierte Methode vorliegt. Darnach sollten sowohl die Bodenöffnung als auch das Streichwehr einem systematischen Messprogramm unterzogen werden, damit sich diese wichtigen Bauwerke hydraulisch bemessen lassen.

20.4.2 Berechnungsvorgehen

Die Berechnung ist mindestens für die beiden Durchflüsse Q_K und Q_M durchzuführen.

1. *Normalabfluss im Zulauf*

   Mit bekannten Werten J_{SO}, K_O, D_O und Q wird die Normalabflusstiefe h_O ermittelt. Damit lässt sich $V_O=Q/F_O$ berechnen sowie die Energiehöhe H_O bestimmen.

2. *Endtiefe h_e*

   Die Endtiefe h_e hängt vom Parameter $\overline{A}=a/(D_OH_O)^{1/2}$ ab und berechnet sich nach den Gln.(20.14) und (20.15).

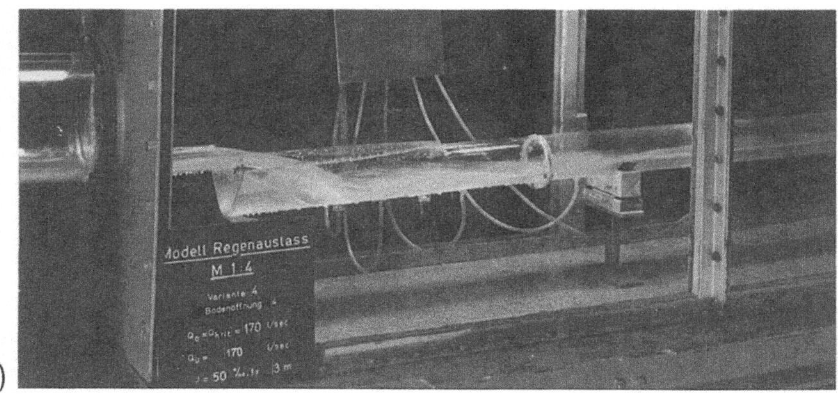

a)

b)

Bild 20.7 Bodenöffnung kombiniert mit Streichwehr bei a) kritischem Zufluss und b) Maximalanfall (VAW 9676 und 9680).

3. *Geometrie der Bodenöffnung*

   Unter der Randbedingung $X(Y=Y_e)=0$ sowie unter der Ausflussbedingung

$X(Y=0)=X_a$ lässt sich die relative Länge X_a der rechteckigen Ersatzöffnung mit Gl.(20.13) ermitteln. Daraus folgt $L_a=X_a(D_oH_o)^{1/2}$.

4. *Trennschärfe*

Mit bekannter Schlitzbreite a und berechneter Schlitzlänge L_a werden die beiden Parameter $X_M=L_a/(D_oH_{oM})^{1/2}$ und $A=a/H_{oM}$ ermittelt. Mit der Randbedingung $Y(X=0)=Y_{eM}=h_{eM}/H_o$ ergibt sich aus Gl.(20.13) die relative Unterwassertiefe

$$AX = 2.5(Y_{eM}^{8/9} - Y_u^{8/9}) , \qquad (20.16)$$

also die Unterwassertiefe $h_u=Y_uH_o$ und der entlastete Durchfluss

$$Q_u = F_u[2g(H_o-h_u)]^{1/2}. \qquad (20.\,17)$$

Damit lässt sich der Klärablauf bei Maximalanfall $Q_{ab}=Q_o-Q_u$ angeben und die Trennschärfe T_s berechnen.

Literaturnachweis

- Biggiero, V. (1963). Sul tracciamento dei profili delle vene liquide. *Convegno di Idraulica* Pisa **A11**: 1-19.
- Biggiero, V. (1969). Scaricatori di piena per fognature. *Ingegneri* **10**(11/12).
- Hager, W.H. (1985). Bodenöffnungen in Entlastungsanlagen von Kanalisationen. *Gas - Wasser - Abwasser* **65**(1): 15-23.
- Hager, W.H. (1992). Vereinfachte Berechnung von Springüberfällen. *Gas - Wasser - Abwasser* **72**(7): 469-475.
- SIA (1980). Sonderbauwerke der Kanalisationstechnik. *SIA-Dokumentation* **40**. Schweizerischer Ingenieur- und Architektenverein: Zürich.
- Taubmann, K.-C. (1972). Regenüberläufe. *Gas - Wasser - Abwasser* **52**(10): 297-308.

Bezeichnungen

a	[m]	Schlitzöffnung
$\bar{a}$	[m]	längere Halbachse des elliptischen Trennblechs
A	[-]	=a/H relative Schlitzöffnung
$\bar{A}$	[-]	auf $a/(DH)^{1/2}$ bezogene Schlitzbreite
$\bar{b}$	[m]	kürzere Halbachse des elliptischen Trennblechs

B_s	[m]	Oberflächenbreite
C	[-]	Integrationskonstante
D	[m]	Durchmesser
F	[m^2]	Querschnittsfläche
F	[-]	Froudezahl
g	[ms^{-2}]	Erdbeschleunigung
h	[m]	Wassertiefe
h_e	[m]	Endwassertiefe bei schiessendem Zufluss
h_{ef}	[m]	Endtiefe beim freien Endüberfall
H	[m]	Energiehöhe
J_f	[-]	Reibungsgefälle
J_s	[-]	Sohlengefälle
K	[m$^{1/3}$s^{-1}]	Rauhigkeitsbeiwert
L_a	[m]	Ausflusslänge
L_b	[m]	Trennblechlage
Q	[m^{3}s^{-1}]	Durchfluss
Q_a	[m^{3}s^{-1}]	Ausfluss
Q'	[m^{2}s^{-1}]	seitliche Ausflussintensität
T_s	[-]	Trennschärfe
V	[ms^{-1}]	mittlere Geschwindigkeit
x	[m]	Längskoordinate
X	[-]	auf $(D_o H)^{1/2}$ bezogene Längskoordinate
y	[-]	Teilfüllung
Y	[-]	auf H bezogene Wassertiefe
μ	[-]	Ausflussbeiwert

Indizes

b	Blech	M	maximal
e	Endquerschnitt	o	Zulaufquerschnitt
eff	effektiv	r	Randbedingung
E	Ellipse	R	Rechteck
K	Klärabfluss	u	Unterwasserquerschnitt

Autorenverzeichnis

Die Seitenzahlen in Standardschrift beziehen sich auf Textangaben, während die *Italicschrift* auf entsprechende Literaturangaben verweist.

Springer-Verlag und Umwelt

Als internationaler wissenschaftlicher Verlag sind wir uns unserer besonderen Verpflichtung der Umwelt gegenüber bewußt und beziehen umweltorientierte Grundsätze in Unternehmensentscheidungen mit ein.

Von unseren Geschäftspartnern (Druckereien, Papierfabriken, Verpackungsherstellern usw.) verlangen wir, daß sie sowohl beim Herstellungsprozeß selbst als auch beim Einsatz der zur Verwendung kommenden Materialien ökologische Gesichtspunkte berücksichtigen.

Das für dieses Buch verwendete Papier ist aus chlorfrei bzw. chlorarm hergestelltem Zellstoff gefertigt und im pH-Wert neutral.